U0247934

谨以此书祝贺

北京师范大学数学学科成立110周年！

北京师范大学数学科学学院成立20周年！

北京师范大学数学家文库

李仲来文集

数学生物学

李仲来◎著

SHUXUE
SHENGWUXUE

2024・北京

图书在版编目（CIP）数据

数学生物学：李仲来文集 / 李仲来著 .-- 北京：北京师范大学出版社，2024.--（北京师范大学数学家文库）. --ISBN 978-7-303-30121-8

Ⅰ. Q-332

中国国家版本馆 CIP 数据核字第 20247XR103 号

数　学　生　物　学　：　李　仲　来　文　集
SHUXUE SHENGWUXUE：LIZHONGLAI WENJI

出版发行：北京师范大学出版社 www.bnupg.com
北京市西城区新街口外大街 12-3 号
邮政编码：100088
印　　刷：北京盛通印刷股份有限公司
经　　销：全国新华书店
开　　本：710 mm × 1 000 mm　1/16
印　　张：38.5
插　　页：8
字　　数：600 千字
版　　次：2024 年 12 月第 1 版
印　　次：2024 年 12 月第 1 次印刷
定　　价：128.00 元

策划编辑：岳昌庆　　责任编辑：岳昌庆
美术编辑：李向昕　　装帧设计：李向昕
责任校对：段立超　　责任印制：马　洁

2005 年 12 月 25 日，主持北京师范大学数学系成立 90 周年庆祝大会暨王世强、孙永生、严士健、王梓坤和刘绍学教授 5 部数学文集首发式（左起，下同）。

前排：郭柏灵、严加安、林群、石钟慈、杨乐、严士健、王世强、王元、丁伟岳、丁夏畦、刘绍学。

后排：王凤雨、李仲来、郑启明、陆善镇、文兰、王梓坤、钟秉林、唐守正、陈木法、保继光。

2015 年 10 月 25 日，主持北京师范大学数学学科成立 100 周年庆典。

前排：唐守正、马志明、万哲先、姜伯驹、董奇、王梓坤、张恭庆、石钟慈、崔俊芝。

后排：周向宇、李安民、陈木法、郭柏灵、严加安、文兰、彭实戈、席南华、袁亚湘。

▲ 1965 年 6 月，北京市延庆县靳家堡公社中心小学毕业合影(*：教师，下同)。
第 1 排：李仲来、郭存礼、从金才、白来生、曹大写、赵海仙、辛玉双、晏凤兰、从春凤。
第 2 排：郑玉华、段廷蕊、郎秀芝、王留珍、薛红纪、张文杰*、丁代夫、苏永荣、段富月、苏永梅、李桂英、郎淑君。
第 3 排：晏红俊、王吉学、郎永发、郎正滨、闫造牛、白长义、郭元起、晏春喜、晏留生、郎永林、王振义、赵富海、田永成。
第 4 排：闫顺昌、晏和平、王学勤、郭文忠、贾石柱、于玉生、白长石、王希福、薛桂贤、苏造全、白根海、曹金存。

▲ 1975 年 4 月 20 日，北京师范大学数学系教育革命实践小分队在颐和园。
前排：程书肖*、赵景周*、焦长生、李仲来、史志刚、王建军、刘博新、叶钟益。
后排：张通慧、李和平、李雅珍、陈玉琴、王淑清、李艾青*、刘丽珍、赵淑华、谢宇*、夏国华。

1985 年 11 月，北京师范大学数学系首届（1986 届）助教进修班学员结业合影。

第 1 排：陈方权*、周美珂*、罗承忠*、邝荣雨*、刘美*、赵桢*、沈复兴*、蒋滋梅*、张英伯*、张益敏*、阎瑞果*、陈向明*。

第 2 排：刘和平、丁勇、郭元术、沈云付、袁学海、郝成功、张永清、李仲来、祝家贵、刘智新、伊保林、陈显强、李维鸣。

第 3 排：朱江、王允俐、何淦瞳、眭毅成、刘亚平、陈迪荣、汪飞星、张敏燮、颜跃新、张晓声、刘万荣、石焕南、马柏林。

2014 年 6 月 26 日，出席北京师范大学 2014 届毕业典礼。

张保洲、卢忠林、李春密、李仲来、张荣强、于丹、林洪。

2012 年 2 月 15 日，北京师范大学数学系党总支/学院党委历任书记座谈会。
前排：池无量、王振稼、刘友渔、王树人、李英民。
后排：李勇、保继光、刘继志、周美珂、李仲来。

2007 年 5 月 5 日，哈佛大学。
前排：刘林海、魏国、肖铠、刘宁、葛岳静、许燕、夏春婷、李玉德、杨利慧、宋丽慧、张保洲。
后排：石中英、耿向东、李仲来、张奇伟、刘学敏、毛亚庆、周星、齐元涛。

2011 年 1 月 18 日，香港中文大学。

▲ 2007 年 9 月 19 日，为北京师范大学生命科学学院本科生讲课。

▲ 2008 年 6 月 21 日，庆祝刘来福教授 70 华诞。
第 1 排：熊慰、陈凤飞、王青芸、李慧慧、崔丽、苏傲雪、徐海英、郑秀灯、加春燕。
第 2 排：李仲来、保继光、葛剑平、刘来福、徐汝梅、陈克伟、何青、郇中丹、曾文艺。
第 3 排：唐志宇、金青松、黄海洋、韩心慧、刘继红、贾鹂、高鑫、尹承军。
第 4 排：张鲁燕、李沛、许王莉、王冬琳、张媛媛、王妍、王玉栋、张勇、王建康、陈友华。
第 5 排：李金明、李军焘、曹胜玉、张丽梅、汪玥、王昕、韩文静、王宾辉、张博宇、张明。

1976年3月，北京市延庆县千家店公社。指导中学教师测量班。
前部：李仲来、高德凤、辛占军、张玉君、刘尚友、贾汉琴。
后部：刘满良、沈玉清。

2004年7月4日，北京市密云县九道湾。
李仲来、龚建华、李小文、王劲峰。

2012年9月23日，吉林省地方病第一防治研究所。
前排：李仲来、王成贵、李书宝、张洪信。
后排：鞠成、刘振才、周方孝、张博宇。

▲ 2002～2021 年，主编北京师范大学数学系 / 学院史、志、论著目录、纪念文集、硕士研究生入学试题封面。

1950年，秦皇岛。大嫂张秀英、母亲孟秀英、父亲李元助、大哥李仲元。

2002年8月26日，与夫人赵小蕊在龙庆峡景区“神仙院”。

2021年2月26日，与女儿李鸣在中国人民革命军事博物馆参观纪念中国人民志愿军抗美援朝出国作战70周年主题展览。

自序

1953年8月8日我出生于北京市延庆县(现称延庆区)田宋营乡(1956年划归靳家堡乡，1958年改称公社，2000年划归张山营镇)西羊坊村．父亲李元助(1903—1960)务农，中共地下党员，地下党组织负责人．母亲孟秀英(1908—1994)家务．大哥李仲元(1926—1951)在抗美援朝战争中牺牲，家中定为烈属．大嫂张秀英(1933—2005)任村妇救/联会主任．

1959年9月至1965年7月，一至三年级在西羊坊上小学复式班，老师史满存．四至六年级在靳家堡中心小学，全校四至六年级分别有2，2，1个班．我所在的班，班主任依次是四年级孙全蕊、五年级李茂林和王金华、六年级张文杰老师．

1965年9月至1968年7月在张山营公社上板泉学校读初中．一、二年级班主任依次是梁树亚和刘起增老师．1966年10月下旬，学校开始“停课闹革命”，班主任(1966年7月以前在姚家营中学工作)被造反派揪回姚家营中学批斗，班内无人管理，回村务农．1968年6月，学校发

“复课闹革命”通知，我们回校学习，赶上“老三届”(1966 届～1968 届中学毕业生)的末班车.

1968 年 8 月至 1974 年 10 月在村务农，其中 1970 年 12 月 10 日至 1971 年 12 月 31 日在延庆县水利工程河口水库(现称龙庆峡)做修水库之前的准备工作，并学会石匠，这是我一生中除数学外，掌握的唯一手艺，可惜没有派上用场. 后转北京市水利工程白河堡水库，1972 年 1 月 7 日回村务农. 1973 年任生产队记工员，1974 年任生产队会计.

1974 年 10 月 4 日被推荐到北京师范大学数学系学习. 在那个时代作为“可以教育好的子女”能被推荐上大学，主要还是个人表现优秀，加入了共青团组织，被评为公社劳动模范. 上大学后的数学任课教师主要为程书肖、孙永生、谢宇、赵景周，等. 1977 年 2 月 2 日加入中国共产党，无预备期. 1977 年 7 月毕业后留数学系任教. 属于“未摘帽”(即未获硕士、博士学位)的工农兵大学生(现称大学普通班)毕业生. 1981 年 3 月，1986 年 7 月，1993 年 6 月，1998 年 7 月，2008 年 12 月，2014 年 12 月依次被聘为助教，讲师，副教授，教授，三级教授，二级教授. 2018 年 10 月退休.

1977 年 8 月 8 日，我在北京师范大学数学系报到后，任教可以分为 3 个阶段.

第 1 阶段是 1977 年 8 月至 1986 年 1 月，为学习和知识积累阶段. 1977 年 9 月至 1982 年 1 月，除教学工作外，旁听 1977 级～1978 级本科生的课程，并参加考试，成绩优良. 1984 年 9 月考上北京师范大学数学系基础数学助教进修班，与硕士生同堂上课，同卷考试，把硕士研究生课程的学分修满，1986 年 1 月结业.

第 2 阶段是从 1986 年 1 月到 2001 年 12 月及 2003 年，2012 年至 2014 年，除教学和管理工作外，主要为研究数学生物学阶段. 本文集选用的论文主要是在这个阶段. 1986 年，吉林省地方病第一防治研究所(也称全国鼠疫布氏菌病防治基地)王成贵来到数学系，希望合作研究达乌尔黄鼠鼠疫预报. 当时，我系搞生物数学的陈克伟，接下了这项课题. 由于合作方希望能有两人参加，所以陈克伟邀请了我. 1988 年，该项课题获吉林省卫生厅批准，因为陈克伟已赴美国，所以我承接了该课题. 受该课题影响，我的研究方向从此改为生物数学. 1989 年开始在《中国地方病防治杂志》《中国(中华)地方病学杂志》《地方病通报》等医学杂志发表论文.

从生物学角度研究，1993 年在生物学杂志《兽类学报》上发表哺乳类动物论文．我在该杂志连续发表 5 篇论文，其中 3 篇是第一作者，2 篇是独立作者．再从昆虫学角度研究，1995 年在生物学杂志《昆虫学报》上发表昆虫论文．我在该杂志发表 10 篇论文，其中 9 篇是第 1 作者．还在其他生物学杂志发表 24 篇论文，其中独立，第 1 作者，通讯作者依次为 4 篇，25 篇，1 篇.

从预防医学角度，成功地预报 1996 年在鄂尔多斯地区和 1998 年在锡林郭勒草原暴发的动物鼠疫，这在国际尚无先例．对沙鼠鼠疫，在 1995 年通知该地区注意监测，1996 年 4 月鄂托克前旗暴发了强烈的沙鼠鼠疫．沙鼠鼠疫流行后，江泽民、李鹏等国家主要领导人对该地区暴发鼠疫非常关注，均做重要批示．鄂托克前旗人民政府和鄂托克前旗财政局、鄂托克旗人民政府和鄂托克旗财政局出具的应用证明：根据预报结果，从 1995 年起，当地就注意了鼠密度和流行动态，并采取以保护人群为目的的主动预防措施．由于事先采取预防措施，动物鼠疫流行以来，未发生人间鼠疫病人，也未开展大面积的灭鼠工作，节约了大量的人力、物力和财力，经济效益至少应为 200 万元(20 世纪 60 年代不变价格)，并取得了良好的社会效益．与内蒙古自治区流行病防治研究所和鄂尔多斯市地方病防治站合作，完成课题《鄂尔多斯沙鼠疫源地动物鼠疫大流行预测的研究》．鉴定结果认为：长爪沙鼠种群动态研究已达国内、外先进水平．与吉林省地方病第一防治研究所合作，完成课题《黄鼠鼠疫动物病预测预报方法的研究》．鉴定结果认为：其预报模型结构合理，稳定性强，达到国内先进水平．先后建立了 5 种动物鼠疫(长爪沙鼠、达乌尔黄鼠、阿拉善黄鼠、布氏田鼠、喜马拉雅旱獭)预报的数学模型，以及布鲁氏菌病预报的数学模型.

黄鼠鼠疫的监测指标研究．在研究黄鼠体蚤和巢蚤的关系时，发现体蚤指数能够预测巢蚤指数．该结论在鼠疫监测中实施(取消巢蚤指数调查项目)，这将节约大量的人力、物力，而且有重要的生态学意义．这是因为，在鼠疫监测中，常用的监测指标有鼠密度、体蚤指数、洞干蚤指数、巢蚤指数等．就整体而言，巢蚤数量的取得，要比其他指标的取得费力很多. 事实上，这需要年复一年地在草原上挖坑，每个窝巢面积少则几平方米，多则十多平方米，不仅破坏草原的植被，而且花费大量的人力、物力.

长爪沙鼠种群数量与降水量关系研究. 给出降水量与鼠疫流行的关系. 降水量是影响沙鼠种群数量最重要的气象因子的结论，以及在四季降水量中，6 月～8 月降水量是影响沙鼠种群数量最重要的因子. 由当年沙鼠秋密度和当年 4 月至翌年 3 月降水量，可预报翌年沙鼠春密度；而翌年沙鼠秋密度可通过翌年沙鼠春密度和当年 11 月至翌年 10 月的降水量来预报. 这些关系和结果对沙鼠鼠疫预报有重要意义.

1996 年～1998 年主持完成国家自然科学基金项目《北方三种鼠疫动物病预警系统研究》. 2012 年～2014 年主持完成卫生部卫生行业科研专项子课题《我国鼠疫风险评估及预测预警方法研究》，将预警系统在鼠疫监测中实施. 1998 年提出建立北京人间鼠疫应急预案. 在医学杂志发表论文 69 篇，其中独立和第 1 作者 46 篇.

研究高师院校数学系的课程设置、能力培养、人才选拔和教育激励机制、高考效度、学生的知识和能力结构、不同生源的教学质量以及全国技工学校高考改革试验等问题.

第 3 阶段是 2002 年及 2004 年至今，为研究数学史阶段. 这是我研究工作大的转向，极大地影响我研究数学生物学论文的产出.

2002 年是北京师范大学百年校庆. 2001 年 12 月，在数学系党政联席会议上讨论校庆活动时，时任数学系主任的郑学安①建议，让我负责做一本宣传册，内容类似于北京大学数学系 80 周年系庆时编的《北京大学数学系成立 80 周年纪念册》. 当时我明确表示不同意出版此类纪念册的宣传品. 我认为应该出版一部正式的数学系史. 在数学系教师及校友的大力支持下，我主编出版《北京师范大学数学系史(1915～2002)》. 由于原始材料是我查阅，再加上平时我收集数学系的一部分有关资料，使我进一步思考如何系统地收集和整理北京师范大学数学系的历史资料，尽可能地正式发表或出版.

2002 年～2021 年主编《北京师范大学数学科学学院史料丛书》，在

① 本文提及的人名基本均直呼其名，下同.

北京师范大学出版社出版 14 部.《北京师范大学数学科学学院史(1915～2015)》《北京师范大学数学科学学院志(1915～2020)》《北京师范大学数学科学学院论著目录(1915～2015)》《北京师范大学数学科学学院硕士研究生入学考试试题(1978～2017)》可以看作学院史料建设的四部曲，是学院的四件大事. 其中院系史的编写，引领了国内数学院系史编写和资料收集，带动了北京师范大学的院系史编写和资料收集.

2002 年～2021 年主编《北京师范大学数学家文库》中(以年龄大小为序)汤璪真、范会国、白尚恕、王世强、孙永生、严士健、王梓坤、刘绍学、赵桢、李占柄、罗里波、汪培庄、王伯英、刘来福、陈公宁、陆善镇、王昆扬、张英伯的数学文集共 18 部在北京师范大学出版社出版. 主编傅种孙、钟善基、丁尔陞、曹才翰、孙瑞清、王敬庚、王申怀、钱珮玲的数学教育文选共 8 部在人民教育出版社出版. 主编傅种孙诞辰 110 周年纪念文集，赵慈庚、张禾瑞、蒋硕民诞辰 100 周年纪念文集共 4 部均在《数学通报》编辑部出版. 2018 年，主编《王梓坤文集》8 卷本在北京师范大学出版社出版.

2008 年～2018 年任学院教学指导委员会主任. 2005 年～2021 年，主持修订学院教师在科学出版社、高等教育出版社和北京师范大学出版社出版的教材，并在北京师范大学出版社主持编写 4 个系列：数学及应用数学专业课程系列、公共课大学数学系列、数学教育课程系列、数学学科硕士研究生课程系列教材. 主编公共课大学数学系列的 6 部教材全都入选普通高等教育本科“十二五”国家级规划教材.

任教以来，发表数学教学研究论文 20 余篇. 培养应用数学学科生物数学方向硕士研究生 34 人，博士研究生 3 人；数学教育学术型/专业型硕士研究生 3 人. 毕业研究生中张博宇和李慧慧先后获国家优秀青年科学基金，许王莉获新世纪优秀人才支持计划，陈慧超在哈佛大学工作. 发表其他科研论文 200 余篇. 编著书 9 部. 获省级科技进步奖 2 项，高等教育北京市教学成果奖 1 等奖和高等教育国家级教学成果奖 2 等奖(排第 2 名). 获 1995 年北京市优秀教师称号，2008 年北京师范大学第 5 届本科生教学特等奖，2009 年宝钢优秀教师奖，2010 年北京市高等学校教学名师奖，2018 年北京市翱翔育人奖，2020 年京师优秀作者，等.

1995年～2004年任数学与数学教育研究所副所长. 1996年将硕士研究生招生按数学一级学科命题，1998年研究生院将其在全校推广. 2004年～2016年任学院党委书记期间，学院党委连续6次被学校评为北京师范大学先进基层党组织，这在学校各学部、院、系是唯一的. 另外，本文集选取了在此期间完成的7篇论文.

为中学数学教育所作的主要工作，最早的是在大学期间的1976年3月～4月，我们班13名同学到延庆县4个公社顶班教育实习，替换出13名中学教师，另有千家店中学两名高中教师和两名高二学生，共17人，由我给他们办了3个星期的测量短训班，做了3周中学教师的教师. 在星期日，我还为千家店的中学生讲了3小时的测量课. 在《数学通报》发表24篇文章. 参加1993年全国高考数学命题. 所做的主要工作有：2010年3月至2020年6月参加北京青少年科技创新学院“翱翔计划”，直到北京师范大学第二附属中学数学基地点撤销，主要工作是指导高中一年级的拔尖学生在两年内完成一篇论文，并任数学基地组组长；2008年开始至今担任丘成桐中学数学奖北部赛区数学评审委员会评委，2015年开始至今任北部赛区数学评审委员会组长/主席；2014年开始至今任北京师范大学直属附校(园)专业技术职务聘任总评委和数学学科评议组组长，2018年开始至今任北京师范大学附校(园)正高级教师评议组评委；在2004年～2013年担任北京市青少年科技俱乐部的拔尖学生所写论文的评委和面试评委.

李仲来

2023年11月26日

目　录

一、数学生态学

长爪沙鼠种群密度与气象因子的关系/3
达乌尔黄鼠数量的三种调查方法对比分析/11
四种坡度的黄鼠密度抽样研究/15
蚤数量与宿主数量和气象因子的关系/20
二齿新蚤和方形黄鼠蚤松江亚种存活力的进一步研究/29
内蒙古察哈尔丘陵啮齿动物种群数量的波动和演替/37
黄鼠体蚤和宿主密度的年间动态关系/49
黄鼠巢蚤和宿主密度的年间动态关系/55
高原鼠兔体重生长动态模型的数值拟合/62
二齿新蚤和方形黄鼠蚤松江亚种存活力的再次研究/78
黄鼠洞干蚤和宿主密度的年间动态关系/85
哈尔滨郊区人为鼠疫疫源地鼠类种群动态分析/92
长爪沙鼠寄生蚤指数和气象因子关系的研究/100
锡林郭勒草原布氏田鼠数量的周期性和啮齿动物群落的演替/110
两种蚤在宿主体表分布的聚集度/118
长爪沙鼠体蚤和巢蚤数量研究/122
实验条件下小型啮齿动物体重与体长模型的数值拟合/130
内蒙古三种地区啮齿动物调查方法研究/136

锡林郭勒草原布氏田鼠体蚤和巢蚤数量动态及蚤类群落演替/141
方形黄鼠蚤松江亚种和二齿新蚤存活力的对数线性回归模型/149
哈尔滨郊区人为鼠疫疫源地蚤类种群动态分析/155
秃病蚤蒙冀亚种与长爪沙鼠密度的状态空间模型/162
方形黄鼠蚤松江亚种吸血活动的再次研究/166
布氏田鼠雄性繁殖强度的研究/172
鄂尔多斯荒漠草原降水与长爪沙鼠种群数量关系/186

二、预防医学

长爪沙鼠动物鼠疫预测方法的研究/195
动物鼠疫监测数学模型的研究/201
布鲁氏菌病监测中的数学问题/209
地方性氟中毒流行程度的综合评判数学模型/214
SARS 预测的数学模型及其研究进展/219
北方三种动物鼠疫预警系统研究/230
鄂尔多斯荒漠草原动物鼠疫流行与降水量的关系/237
1901 年～1991 年鄂尔多斯地区动物鼠疫流行周期分析/244
鄂尔多斯长爪沙鼠动物鼠疫的动态预报/248
布氏田鼠鼠疫流行周期和动态预报/250
1950 年～1998 年中国和美国人间鼠疫动态模型/255
中国 1901 年～2000 年人间鼠疫动态规律/260
达乌尔黄鼠鼠疫预报的数学模型（Ⅰ）/267
达乌尔黄鼠鼠疫预报的数学模型（Ⅱ）/273
达乌尔黄鼠鼠疫预报的数学模型（Ⅲ）/281
达乌尔黄鼠鼠疫预报的数学模型（Ⅳ）/291
达乌尔黄鼠鼠疫预报的数学模型（Ⅴ）/297
达乌尔黄鼠鼠疫预报的数学模型（Ⅵ）/301
达乌尔黄鼠鼠疫预报的数学模型（Ⅶ）/306

达乌尔黄鼠鼠疫预报的数学模型（Ⅷ）/312
吉林省人间布鲁氏菌病动态模型/317
吉林省畜间布鲁氏菌病动态模型/324
吉林省羊间与人间布鲁氏菌病疫情关系及预测/331
SARS 预测的 SI 模型和分段 SI 模型/333
中国现代数学家寿命分析/342
我收集日本法西斯的罪行/351

三、数学史

北京师范大学数学科学学院发展的特色、亮点与重大事件/361
编著高等院校院/系史的几个问题/382
北京师范大学数学系“老五届”研究/389
北京师范大学数学系教育革命实践小分队研究/397
北京师范大学数学系工农兵学员研究/414
北京师范大学数学系“新三届”研究/426

四、应用统计、数学教育及其他

系统聚类递推公式的推广/437
系统聚类分析中应注意的两类问题/442
曲线回归变点模型及其求解/448
我国国民收入增长模型研究/457
双进组合三角在计算不定积分中的应用/462
由可重复组合数构成的组合三角
——杨辉三角的又一性质/471
I. J. Matrix 定理及推广
——初中代数中两个习题的引申/476
教育评价中确定因素权重的两种方法/481
从点到直线距离公式的应用谈起/487
从我国艾滋病人数增长规律谈起/493

如何发现开普勒第三定律/496

椭圆-卡西尼卵形线/501

因子分析在数学系不同发展阶段课程设置上的应用/505

评价专科生能力培养的一种方法/515

职业技术师范院校招生考试改革试验评估/525

生物学科本科生数学课程一条龙教学研究/531

应用数学难在什么地方？/536

院系领导体制和运行机制研究/546

数学科学学院离退休教师工作总结/557

与组合数有关的不定积分公式/562

附录

论文和著作目录/571

后记/598

Contents

Ⅰ. Mathematical Ecology

Analysis on the Relationship between Density of *Meriones Unguiculatus* and Meteorological Factors /3

Comparative Analysis of Three Survey Methods for the Number of *Spermophilus Dauricus* /11

Sampling Study on Population of *Spermophilus Dauricus* with Four Slopes /15

Analysis on the Relationships among Flea Index, Population of *Meriones Unguiculatus* and Meteorological Factors /20

Further Studies on Survival of Fleas *Neopsylla Bidentatiformis* and *Citellophilus Tesquorum Sungaris* /29

Fluctuation and Succession of Population of Rodents in Chahaer Hills, Inner Mongolia /37

The Yearly Dynamics Relationship between Body Flea Index and Population of *Spermophilus Dauricus* /49

The Yearly Dynamics Relationship between Burrow Nest Flea Index and Population of *Spermophilus Dauricus* /55

Numerical Fitting on Dynamic Model of Body Weight Growth in Plateau Pika *Ochotona Curzoniae* /62

Restudy on Survivorship of the Fleas *Neopsylla Bidentatiformis* and *Citellophilus Tesquorum Sungaris* /78

The Yearly Dynamics Relationship between Burrow Track Flea Index and Population of *Spermophilus Dauricus* /85

Analysis on the Population Dynamics of Rodents in Man-Made Plague Focuses of Haerbin Suburbs /92

Studies on Relationships among Parasitic Flea Index of *Meriones Unguiculatus* and Meteorological Factors /100

Annual Cycle of Brandt's Vole *Microtus Brandti* and Succession of Rodent Community in Xilinguole Grasslands /110

Aggregation Degree of Distribution of Two Fleas, *Citellophilus Tesquorum Sungaris* and *Neopsylla Bidentatiformis*, on Host Body /118

Studies on Dynamics of Body and Burrow Nest Fleas of *Meriones Unguiculatus* /122

Numerical Fitting on Models of Body Weight and Body Length in Small Rodents under Laboratory Conditions /130

Study on Surveillance Methods of Rodents in Three Regions, Inner Mongolia /136

Studies on Dynamics of Body and Burrow Fleas of *Microtus Brandti* and Succession of Their Community /141

Log-Linear Regression Models on Survivorship of Fleas *Citellophilus Tesquorum Sungaris* and *Neopsylla Bidentatiformis* /149

An Analysis on the Population Dynamics of Fleas in the Man-Made Plague Focuses of Haerbin Suburbs /155

Statespace Model between *Nosopsyllus Laeviceps Kuzenkovi* and Population of *Meriones Unguiculatus* /162

Further Studies on Blood Sucking Activities of the Flea *Citellophilus Tesquorum Sungaris* /166

Intensity of Male Reproduction in Brandt's Vole *Microtus Brandti* /172

The Relationship between Rainfall and *Meriones Unguiculatus* Population in the Desert-Grasslands in Ordosi /186

Ⅱ. Preventive Medicine

Studies on Prediction Methods of *Meriones Unguiculatus* Epizootic Plague /195

Studies on Mathematical Models of Epizootic Plague Surveillance /201

Mathematical Problems of Brucellosis Surveillance /209

Mathematical Models Evaluating Comprehensively the Prevalent Degrees of Endemic Fluorosis /214

Review of Mathematical Models on SARS Forecasting and Its Research Process /219

Studies on Early Warning Systems of Three Species Epizootic Plagues in Northern Part of China /230

Analysis on the Relationship between the Epizootic Plague in Ordosi Desert-Grasslands and the Rainfall /237

Analysis of Epidemic Period of Epizootic Plague in Ordosi Region in 1901～1991 /244

Dynamic Forecast of *Meriones Unguiculatus* Plague Epizootic in Ordosi /248

Epidemic Periodicity and Dynamic Forecast of Plague of *Microtus Brandti* /250

Dynamic Models of Human Plague in China and America during 1950～1998 /255

Dynamic Laws of Human Plague in China during 1901～2000 /260

Mathematical Models for Forecast of Epizootic Plague of *Spermophilus Dauricus* (Ⅰ) /267

Mathematical Models for Forecast of Epizootic Plague of *Spermophilus Dauricus* (Ⅱ) /273

Mathematical Models for Forecast of Epizootic Plague of *Spermophilus Dauricus* (Ⅲ) /281

Mathematical Models for Forecast of Epizootic Plague of *Spermophilus Dauricus* (Ⅳ) /291

Mathematical Models for Forecast of Epizootic Plague of *Spermophilus Dauricus* (Ⅴ) /297

Mathematical Models for Forecast of Epizootic Plague of *Spermophilus Dauricus* (Ⅵ) /301

Mathematical Models for Forecast of Epizootic Plague of *Spermophilus Dauricus* (Ⅶ) /306

Mathematical Models for Forecast of Epizootic Plague of *Spermophilus Dauricus* (Ⅷ) /312

Dynamic Models of Human Brucellosis in Jilin Province /317

Dynamic Models of Animals Brucellosis in Jilin Province /324

Relationship and Prediction of Brucellosis Epidemic Situation between Sheep and Human in Jilin Province /331

SI Models and Piecewise SI Model on SARS Forecasting /333

Analysis of the Life of Modern Chinese Mathematicians in 20th Century /342

The Crimes of Japanese Fascists I Collected /351

Ⅲ. History of Mathematics

The Characteristic, Highlights and Major Events in School of Mathematical Sciences, Beijing Normal University /361

Several Problems in Editing College(Department) History of Colleges and Universities /382

Research on Laowujie Students of the Department of Mathematics, Beijing Normal University /389

Research on Educational Revolution Practice Team of the Department of Mathematics, Beijing Normal University /397
Research on Worker-Peasant-Soldier Students of the Department of Mathematics, Beijing Normal University /414
Research on Xinsanjie Students of the Department of Mathematics, Beijing Normal University /426

Ⅳ. Applied Statistics, Mathematics Education and Others

The Generalization of Hierarchical Cluster Recurrence Formulas /437
Two Attentive Problems in Hierarchical Cluster Analysis Methods /442
The Modelling with Curve Regression Change Points and Its Solving Processes /448
National Income Growth Model in China /457
The Application of a Combinatorial Triangle with Repetition in Calculating Indefinite Integral /462
Combination Triangle Consisting of Repeatable Combinations ——A Property of the Yang Hui Triangle /471
I. J. Matrix Theorem and Extension——Extension of Two Exercises in Junior Algebra /476
Two Methods of Determining the Weight of Factors in Education Evaluation /481
Talking about the Application of the Distance Formula from Point to Line /487
Talking about the Law of the Increase of AIDS Number in China /493
How to Discover Kepler's Third Law /496
Ellipse-Cassini's Oval /501

Application of Factor Analysis to Investigate Courses Offered in Department of Mathematics during Different Development Stages /505

A Method of Evaluation of Abilities Fostered for Students /515

Evaluation of Experiment in Reforming Entrance Examination Vocational Technical Teacher Colleges /525

Research on the One-Stop Teaching of Mathematics Course for Undergraduates in Biology /531

Where Is the Difficulty in Applied Mathematics? /536

Research on the Leadership System and Operation Mechanism of Colleges and Departments /546

Summary on the Work of Retired Teachers in the School of Mathematical Sciences /557

Indefinite Integration Formulas with Combination Numbers /562

Appendix

Bibliography of Papers and Works /571

Postscript by the Author /598

一、数学生态学

I. Mathematical Ecology

兽类学报，
1993，13(2)：131-135.

长爪沙鼠种群密度与气象因子的关系①

Analysis on the Relationship between Density of *Meriones Unguiculatus* and Meteorological Factors

摘要 根据内蒙古自治区伊克昭盟②鄂托克旗和鄂托克前旗 1975 年～1989 年长爪沙鼠(简称沙鼠)密度监测数据和本地区气象站的 7 项气象因子资料，给出了气象因子与鼠密度的最优回归子集模型和标准回归模型.

结论 年降水量是影响鼠密度变动的最重要的气象因子.求出了年降水量与鼠密度的曲线回归模型.

关键词 长爪沙鼠；种群密度；气象因子；最优回归子集；曲线回归.

长爪沙鼠 *Meriones unguiculatus*③ 种群密度的变动，在一定程度上受地理环境和气候条件的影响.夏武平等(1982)论述过降水量是影响沙鼠密度变化的重要气候条件，但系统地研究气候因素与沙鼠种群密度动态的，尚不多见.本文着重讨论气候因素与沙鼠种群密度的几种关系.

§1. 材料与方法

样地选在内蒙古自治区鄂托克旗查布苏木和鄂托克前旗布拉格苏木，地处北纬 38°10′～39°，东经 106°42′～107°45′.根据土壤、地形、植被将调查区划分为 4 种栖息地类型：(1) 短花针茅 *Stipa breviflora*、无芒隐

① 收稿：1991-11-08；收修改稿：1992-09-08.
本文与张万荣合作.
② 现鄂尔多斯市.
③ 本书中的动、植物名第 1 次出现时，汉字后列拉丁学名，之后不再列出.

子草 *Cleistogenes songorica* 为代表的沙砾质高平原台地.(2) 油蒿 *Artemisia ordosica* 为代表的平缓沙地.(3) 盐爪爪 *Kalidium gracile*、白刺 *Nitraria sibirica*、芨芨草 *Achnatherum splendens* 为代表的盐湿凹地.(4) 藏锦鸡儿 *Caragana tibetica* 台地.

在 4 种栖息地内,1975 年～1989 年每年春季 4 月～5 月,秋季 10 月～11 月进行沙鼠密度调查(缺 1976 年,1978 年调查资料).样方以公顷为单位,采用 24 h 弓形铗法将鼠捕尽,对捕获只数进行登记.每年两次调查数据的均值作为鼠密度 y.气象数据取自鄂托克前旗吉拉气象站.气象因子取:x_1=年均气温、x_2=年均相对湿度、x_3=年总降水量、x_4=年均气压、x_5=年均地表温度(0 cm)、x_6=年蒸发量、x_7=年日照.监测区在气象站半径为 50 km 的范围内.数据见表 1.1.

表 1.1 1975 年～1989 年沙鼠密度和气象资料

年度	鼠密度 /只·(hm^{-2})	年均气温 /℃	年均相对湿度 /%	年降水量 /mm	年均气压/mb①	年均地面温度 /℃	年蒸发量 /mm	年日照 /h
1975	59.75	7.6	56	195.7	864.0	10.1	2 517.6	2 919.8
1977	8.08	7.3	53	294.0	864.3	9.9	2 362.0	2 958.4
1979	12.76	7.6	49	267.3	864.0	10.2	2 537.8	2 868.7
1980	12.77	7.4	47	147.3	864.2	10.4	2 769.4	3 089.0
1981	0.84	7.2	50	218.1	864.7	10.1	2 353.5	2 654.2
1982	0.30	7.8	49	147.4	864.4	11.0	2 611.5	2 679.2
1983	2.40	7.4	51	198.2	864.7	10.0	2 434.8	2 472.3
1984	21.40	6.4	51	355.9	863.8	9.3	2 179.6	2 802.0
1985	118.00	7.1	51	417.2	863.8	10.1	2 240.9	2 855.5
1986	30.52	6.6	50	203.0	867.8	9.7	2 388.3	3 067.6
1987	57.30	8.4	45	181.5	867.3	11.1	2 910.5	3 103.7
1988	76.20	7.0	50	287.4	867.9	10.1	2 357.4	2 917.2
1989	162.00	7.3	57	350.4	867.6	10.7	2 350.1	2 874.0
$\bar{x}$	43.25	7.3	51	251.0	865.3	10.2	2 462.6	2 866.3
s	50.24	0.5	3	85.4	1.7	0.5	205.5	182.6
最小值	0.30	6.4	45	147.3	863.8	9.3	2 179.6	2 472.3
最大值	162.00	8.4	57	417.2	867.9	11.1	2 910.5	3 103.7
cv/%	116.15	6.9	6	34.0	0.2	4.9	8.4	6.4

注.$\bar{x}$:mean, s:standard deviation, cv:coefficient of variance.

① 1 mb=100 Pa=0.1 kPa.

1.1 基本统计分析

首先,为比较鼠密度和各气象因素的变异程度,求其变异系数 cv,得鼠密度的 cv 最大,且最高年度鼠密度是最低年度密度的 540 倍表明,密度在不同年度波动变化剧烈. 其次是年降水量,其 cv 在 7 个气象因素中居第一位,且多雨年的年降水量(1985)是旱年(1980,1982)的 2.83 倍. 其余气象因子的 cv 较小.

1.2 种群密度与气象因子的最优回归子集

利用回归分析或逐步回归分析方法,可以建立鼠密度 y 与气象因子 $x_1 \sim x_7$ 的关系模型. 从全回归角度,可以研究气象因子与种群密度的几种关系.

取鼠密度 y 作为因变量,气象因子 $x_1 \sim x_7$ 为自变量,则 7 个气象因子的一切可能的回归模型有 $C_7^i(i=1,2,\cdots,7)$ 个含 i 个气象因子的回归,共有 $2^7-1=127$ 个可能的回归. 从中找出一个最好的,它所包含的因子的回归模型即为所求,称为最优回归子集模型.

为节约篇幅,我们仅写出含 i $(i=1,2,\cdots,7)$ 个因子中的最优回归模型,结果见表 1.2. 表 1.2 是按回归模型中因子个数的多少依次排列的. 例如,表 1.2 中的(1.2),其回归模型为

$$y=-644.2040+0.4817x_3+55.5010x_5,$$

上式是从含有两个因子的 21 个回归模型中按残差平方和 Q,选出最小的一个所得. 其余类推. 显著性检验:

(1.1) (1.6) (1.7)为 $P<0.05$①, (1.2)～(1.5)为 $P<0.01$.

为在表 1.2 中选出最优的回归模型,据 Aitkin(1974)提出的 R^2 充分集的范围选取. 设

$$R_0^2=1-(1-R_p^2)\left[1+\frac{pF_\alpha(p,n-p-1)}{n-p-1}\right],$$

称满足 $R^2>R_0^2$ 的集为充分集. 在 R^2 充分集中的因子才有资格被选为最优子集. 然后在满足该子集中选 R^2(全相关系数)较大的,且增加因子后,R^2 增加幅度很小(或 Q 减少幅度很小),在此原则下,选出的即为最优回归模型.

---

① 显著性检验:P 大写,变量 p 小写,下同.

表 1.2 $i(i=1,2,\cdots,7)$个气象因子的最优回归模型

(1.i)	b_0	b_1	b_2	b_3	b_4	b_5	b_6	b_7	R^2	Q
(1.1)	−45.714 1			0.354 4					0.362 8	19 301.2
(1.2)	−644.204 0			0.481 7		55.501 0			0.618 0	11 572.5
(1.3)	−9 956.558 0			0.466 8	10.891 6	44.913 8			0.741 2	7 839.2
(1.4)	−11 858.970 0		7.754 2	0.555 1	12.635 9		0.177 2		0.832 2	5 081.8
(1.5)	−10 810.260 0		6.802 5	0.504 3	11.379 2	26.788 1	0.106 6		0.857 3	4 322.4
(1.6)	−8 720.321 0	−42.602 4	7.819 3	0.531 7	8.797 0	49.768 4	0.172 8		0.882 2	3 568.0
(1.7)	−9 078.363 0	−46.999 9	8.089 2	0.559 5	9.215 5	47.741 0	0.201 0	−0.014 4	0.882 9	3 545.9

在本模型中，$n=13$，$p=7$，$R_7^2=0.8829$，取 $\alpha=0.05$，$F_\alpha(7,5)=4.88$，$R_0^2=1-(1-0.8829)(1+7\times4.88\div5)=0.0829$. 因表 1.2 中 R^2 均大于 R_0^2，故(1.1)～(1.7)均可选为最优子集. 又 R_4^2 较大，且 R_5^2,R_6^2，R_7^2 增加幅度很小(相邻的 R_i^2 之差小于 0.03)，故(1.4)为最优回归模型.

若采用逐步回归，引入和剔除气象因子的临界值均取 2，其回归方程为

$$y=-10160.0200+5.0492x_2+0.3914x_3+10.8085x_4+48.6731x_5, \tag{1.8}$$

显著性检验：$P<0.01$.

(1.8)是一种局部最优回归. 与(1.4)比较，令相关系数 $R^2=0.8264$ 略低于(1.4)的 $R^2=0.8322$，且入选气象因子有一个与(1.4)不同. 故本文提供了一个局部最优且不是总体最优的逐步回归的例子.

1.3 最优标准回归模型

将表 1.1 数据做标准化处理后，得最优标准回归模型为

$$y'=0.5016x_2'+0.9434x_3'+0.4228x_4'+0.7248x_6', \tag{1.9}$$

其中 $x_i'(i=2,3,4,6)$ 与 y' 分别表示标准化因子. 计算 x_i 与 y 的偏相关系数，得 $r_{2y,346}=0.7050(P<0.01)$，$r_{3y,246}=0.8365(P<0.001)$，$r_{4y,236}=0.7150(P<0.01)$，$r_{6y,234}=0.7252(P<0.01)$，这里 $r_{2y,346}$ 表示去掉气象因子 x_3,x_4,x_6 的影响后，x_2 与 y 的偏相关系数，其余类推.

1.4 年降水量与鼠密度的曲线回归模型

由表 1.2 看出，无论取几个气象因子的回归，年降水量 x_3 均入选；又在最优回归模型中，年降水量与鼠密度的偏相关系数最大($P<0.001$)，因此，有必要考虑年降水量与鼠密度的曲线回归. 在 20 种曲线模型(花英，1989)中选取 F 值大的回归模型为

$$y=-3.13912+0.00067x_3^2, \tag{1.10}$$

显著性检验：$F=6.98>F_{0.05}(1,11)=4.84$.

虽然我们还可找出更高次的多项式回归模型，但从实用角度考虑，讨论略去.

§2. 结果与讨论

2.1 十年九旱的鄂尔多斯荒漠草原,年降水量的多少直接影响植物生长,植物及其种子是沙鼠的食物,因而食物条件的优劣则会影响沙鼠自身鼠密度的变化.从鼠密度看,最高年度1989年鼠密度是最低年份1982年的540倍,变化区间为〔0.32,162〕表明,该鼠密度变幅非常之大.若按照吉拉气象站从1969年建站到1989年的年降水量数据,则$(\bar{x}\pm s)=(270.7\pm 78.0)$mm,按$\bar{x}\pm s$将年降水量年度分类,则旱、正常、多雨年的年降水量依次为$x<190$ mm,190 mm$\leqslant x\leqslant$350 mm,$x>350$ mm.由表1.1,鼠密度最高的1985年和1989年均为多雨年,且旱年1980年和1982年的鼠密度也很低.又由于鼠密度与年降水量正相关,$R=0.602\ 4$ $(P<0.05)$,因此,在不考虑其他影响鼠密度的各种因素(如该鼠自身繁殖能力强、鼠疫动物病流行等)的前提下,年降水量的多少在相当程度上左右着鼠密度,由年降水量变幅较大引起鼠密度的波动范围较大.

2.2 (1) 由于在7个气象因子中,无论进行全部回归筛选,还是逐步回归,年降水量因子均入选且显著影响鼠密度;(2) 由于建立的最优回归模型单位不同,不能直接比较系数,我们求出了标准回归模型(1.9)后,得到年降水量对鼠密度的系数0.943 4最大且明显高于其他系数,又年降水量与鼠密度的偏相关关系极为显著$(P<0.001)$表明,年降水量作为预报沙鼠密度的气象因子,所起的作用是举足轻重的.从年降水量与鼠密度的曲线回归(1.10)看出,当年降水量以平方速度增长时,即年降水量越多,则鼠密度增长越快.

2.3 光是一个重要的生态因子,它有多方面的作用(其中以太阳光为最重要).实际上,沙鼠生存所必需的全部能量,都直接或间接地来源于太阳光,即日照.从全部回归筛选结果看,日照起的作用最少.又气温是一种经常起作用、到处起作用的气象因子,它是气象因子中最重要的因子之一.但在最优回归中,气温未能入选.由于水、热、光是生物最重要的气候因子,当它们的变化幅度在动物的适应范围时,它们对动物的影响很大程度上是间接的,即通过牧草生长的影响作用于食物条件,而气候因子对牧草的影响未必是线性的.即可能是非线性的.因此,日照和气温在模型中未入选,可能与我们给出的仅为线性模型及缺少植被数据引起.

根据多年观察证实，在食物条件优良的年度（如 1984 年～1985 年），即使在寒冷的冬季，沙鼠也大量繁殖，这是因为其冬巢有适宜繁殖的小气候条件存在. 在线性模型中，光与气温对沙鼠密度的直接影响较小，但这两因子对植物生长有直接影响. 在风调雨顺的好年景，光与气温在 6 月～8 月对鄂尔多斯荒漠草原的植物生长有影响，在 9 月对种子植物成熟有直接影响. 由表 1.1，1984 年～1985 年年降水量在 13 年中最多，但年均气温分别为 6.4 ℃，7.1 ℃均低于历年平均值 7.3 ℃，且 1984 年在 13 年中最低，但年日照分别为 2 802.0 h，2 855.5 h 与历年平均值 2 866.3 h 很接近，其他年度的年日照时数变化波动较大. 由此表明，当连续两年降水量充足，年均气温偏低且年日照时数稳定时，沙鼠密度可能幅度升高.

2.4 从最优回归和局部最优模型看，气象因子 $x_1 \sim x_6$ 对沙鼠密度均有一定的作用，对其生存有一定影响，但绝不能代替其他因子对沙鼠密度产生的影响. 如鼠疫流行对鼠密度的影响，人工影响等均是不能忽略的. 也就是说，仅由气象站所提供的数据是不足以解决全部鼠密度问题的. 本文仅从气象因子角度，利用线性模型，从数量研究了对鼠密度影响的一个方面. 而现实中的某些气象因子，对鼠密度的影响可能是非线性的. 我们只是研究了气象因子与鼠密度的线性关系，又由于缺少植物调查数据，而以气象因子直接解释动物种群密度波动是个困难的问题.

2.5 利用多元回归分析，我们建立了气象因子与种群动态的数学模型，且 7 个气象因子对鼠密度均有一定的影响. 为了筛选因子，采用最优回归子集法，它是随着电子计算机技术的发展而产生的一套算法，目前已有取代逐步回归的趋势. 利用该法，我们求出了最优模型. 从理论上讲应是较好的，但由于各种测量误差，所求的不一定是全局最优解. 在实际问题中，最优回归模型一般比别的回归方法得到的模型更好.

参考文献

[1] 么枕生，丁裕国. 气候统计. 北京：气象出版社，1990.

[2] 方开泰，全辉，陈庆云. 实用回归分析. 北京：科学出版社，1988.

[3] 孙儒泳. 动物生态学原理. 北京：北京师范大学出版社，1987.

[4] 花英. 计算机自动优选回归曲线方程. 数理统计与管理，1989，(6)：39-40.

[5] 夏武平，廖崇惠，钟文勤，孙崇潞，田云. 内蒙古阴山北部农业区长爪沙鼠的种群动态及其调节的研究. 兽类学报，1982，2(1)：51-71.

[6] 赵肯堂.长爪沙鼠的生态观察.生态学杂志,1960,4(4):155-157.

[7] 秦长育.长爪沙鼠的一些生态学资料.兽类学报,1984,4(1):43-51.

[8] Aitkin M A. Simultaneous inference and the choice of variable subsets in multiple regression. Technometrics,1974,16(2):221-227.

Abstract According to the density of *Meriones unguiculatus* and seven factors data of meteorological phenomena in Etuoke Banner and Etuoke Qian Banner of Yikezhao League, Inner Mongolia Autonomous Region in 1975～1989. the optimum regression subsets of multipic linear regression analysis is conducted. The model of standard regression is also obtained. The conclusion is as following: Yearly rainfall is a main factors of meteorological phenomena affecting *M. unguiculatus* density. The model of curve regression analysis between the yearly rainfall and the density of *M. unguiculatus* is given.

Keywords *Meriones unguiculatus*; population density; meteorological factors; optimum regression subsets; curve regression analysis.

中国地方病防治杂志(中国地方病防治),
1993,8(3):169-170.

达乌尔黄鼠数量的三种调查方法对比分析[①]

Comparative Analysis of Three Survey Methods for the Number of *Spermophilus Dauricus*

准确调查及预测啮齿动物数量,是现代生态学研究领域的主要课题之一.达乌尔黄鼠(简称黄鼠)*Spermophilus dauricus* 是我国松辽平原察哈尔丘陵鼠疫自然疫源地主要储存宿主,选择出一种方法较为准确地掌握黄鼠数量对于鼠疫监测及考核灭鼠效果等至关重要.为此,我们对 1 hm^2,10 hm^2 样带法进行了对比调查,现报告如下.

§1. 方法与结果

调查地区为吉林省西北部真草草原景观区.调查时间为 4 月 10 日～25 日,黄鼠同一生态期内.调查人员均为有 3 年～5 年捕鼠的技工,使用同一型号弓形铗;选出三块观察区,分别以 1 hm^2,10 hm^2 样带法进行数量调查.调查前技工经严格训练,统一方法,严格操作,具有可比性.

在 120 个 1 hm^2 样方中,捕鼠数:15 个样方捕 0 只,33 个样方捕 1 只,…,1 个样方捕 6 只,为方便,其捕鼠结果见表 1.1.同理,46 个 10 hm^2 样方捕鼠结果见表 1.2.样带共有 10 个 10 hm^2 样方,分别捕鼠 4 只,5 只,6 只,7 只,10 只,11 只,12 只,15 只,17 只,22 只.由于样方、样带的单位不同,将其化为 1 hm^2 单位捕鼠只数,这只需将表 1.2 和样带捕鼠只数均除以 10.

① 本文与李书宝合作.

表 1.1 1 hm² 样方捕鼠只数（$n_1=120$）

样方个数	15	33	40	23	7	1	1
每个样方捕鼠/只	0	1	2	3	4	5	6

表 1.2 10 hm² 样方捕鼠只数（$n_2=46$）

样方个数	4	8	9	10	4	4	3	1	2	1
每个样方捕鼠/只	3	4	5	6	7	8	9	10	11	12

用

$$n_1=120,\ \bar{x}_1=1.842,\ s_1^2=1.395;$$

$$n_2=46,\ \bar{x}_2=0.609,\ s_2^2=0.050;$$

$$n_3=10,\ \bar{x}_3=1.090,\ s_3^2=0.334,$$

分别表示 1 hm²，10 hm²，10 hm² 样带的样方个数、平均值和方差. 由于 3 组数据近似服从正态分布，对其做方差分析. 首先，为检验各组数据方差是否相等，用哈特莱检验

$$F_{\max}=\frac{s_{\max}^2}{s_{\min}^2}=\frac{1.395}{0.334}$$

$$=4.177>F_{(\max)(0.01)}(n_1-1,3)$$

$$=F_{(\max)(0.01)}(119,3)=1.00,$$

故 3 组数据方差不等. 因此，方差分析的一般运算方法在此处不适用. 采用近似 F' 值检验法，其公式为

$$\frac{F'(MS_{组间})'}{(MS_{误差})'},$$

其中权数

$$w_i=\frac{n_i}{s_i^2}\ (i=1,2,3),$$

加权总权数

$$\bar{x}_w=\frac{\sum_{i=1}^{3}w_i\bar{x}_i}{\sum_{i=1}^{3}w_i},$$

误差均方

$$(MS_{误差})'=1+\frac{2(t-2)}{t^2-1}\sum_{i=1}^{3}\left[\frac{\left(1-\frac{w_i}{\sum\limits_{i=1}^{3}w_i}\right)^2}{n_i-1}\right],$$

组间均方

$$(MS_{组间})'=\sum_{i=1}^{3}w_i\ \frac{(\bar{x}_i-\bar{x}_w)^2}{t-1},$$

自由度

$$v_1=t-1,$$

$$v_2'=\frac{t^2-1}{3\sum\limits_{i=1}^{3}\left[\frac{\left(1-\frac{w_i}{\sum\limits_{i=1}^{3}w_i}\right)^2}{n_i-1}\right]}.$$

经计算，得 $w_1=86.0215$，$w_2=920$，$w_3=29.9401$，$\bar{x}_w=0.7253$；$(MS_{组间})'=61.8481$，$(MS_{误差})'=1.0280$；$v'_1=2$，$v'_2=23.7828\approx24$. 故

$$F'=\frac{61.8481}{1.0280}\approx60.1635>F_{0.001}(2,24)=9.34,$$

此即样方不同，所捕鼠数有极为显著的差异($P<0.001$). 但是，这 3 种样方哪一种捕鼠效果最好？采用样本不等的最小显著差数法. 结果为

1 hm^2 样方与 10 hm^2 样方

$$|\bar{x}_1-\bar{x}_2|=1.233,\quad P<0.001.$$

1 hm^2 样方与 10 hm^2 样带

$$|\bar{x}_1-\bar{x}_3|=0.752,\quad P<0.05.$$

10 hm^2 样方与 10 hm^2 样带

$$|\bar{x}_2-\bar{x}_3|=0.481,\quad P>0.10.$$

由上表明，在 3 种样方中，1 hm^2 样方是最好的捕鼠调查样方，且 1 hm^2 样方与 10 hm^2 样方捕鼠只数差异极为显著 ($P<0.001$)，与 10 hm^2 样带差异显著 ($P<0.05$). 10 hm^2 样方与样带差异不显著 ($P>0.10$).

一般认为，1 hm^2 样方捕鼠只数代表实有鼠数的 85%[1]. 故 10 hm^2 样方捕鼠只数代表实有鼠数的 $0.85\times0.61\div1.84=28.18\%$，10 hm^2 样带捕鼠只数代表实有鼠数的 $0.85\times1.09\div1.84=50.35\%$.

§2. 讨论与分析

关于鼠类数量调查,方法很多.最近 Ротшильд 和 Дятов 等关于野外调查中样方大小、样方布局等运用统计学原理提出调查方法的最佳化(Одтимтзашия)[2].我国在鼠疫监测中均应用 1 hm² 方法;在鼠疫控制区考核验收中采用 10 hm² 方法.根据过去对比观察,1 hm²方法第 1 天内捕到黄鼠基本可代表面积内鼠数[1].经 3 种方法对比分析,1 hm² 方法效果最好;10 hm² 方法只代表面积内鼠数的 28.18%;样带法代表面积内鼠数的 50.35%;后两种方法效果差.实际上各地在考核验收中应用 10 hm² 方法,结果密度很低,而次年捕鼠又相当多.所以,我们建议在今后考核验收及监测中均应采用 1 hm² 方法为好.

参考文献

[1] 关秉钧. 四十年文集(1949 年～1989 年). 中国地方病防治杂志编辑部, 1989:80.

[2] Ротшидьд Е В. Пространственная структура природного очага чумы метолы ее изучения издагельство москоского универигина. 1978:74.

中国地方病防治杂志(中国地方病防治),
1994,9(2):69-70.

四种坡度的黄鼠密度抽样研究①

Sampling Study on Population of *Spermophilus Dauricus* with Four Slopes

摘要 根据吉林省西北部草原4种坡度和3种抽样比例的达乌尔黄鼠(简称黄鼠)密度调查资料,利用双因素有交互作用的方差分析,得到坡度与抽样方法独立($P>0.25$).利用双因素方差分析,得到不同抽样比例间的差异不显著($P>0.50$),坡度间的差异极为显著($P<0.001$).用最小显著差数法检验,得到坡脚与其他3种坡度间的鼠密度差异极为显著($P<0.001$),缓坡、坡顶和坡底的鼠密度差异不显著($P>0.10$).给出了坡度X与鼠密度Y的回归模型

$$Y=0.868\,8+0.320\,9X,\ P<0.05.$$

关键词 达乌尔黄鼠;密度;坡度;抽样;方差分析.

准确找出黄鼠密度的密集地区,集中在少量地点按抽样所需样本规模收集可检材料,则能提高动物鼠疫监测功效.为此,我们对在4种不同坡度中采用不同的黄鼠抽样比例进行了研究.

§1. 材料与方法

调查地区为吉林省西北部真草草原景观区.调查时间为4月10日~25日.用国家测绘总局1∶10万比例尺地形图做底图,放大成1∶1万比例尺,野外踏查实测.每年观测区各为10 000 hm²,划分为5 000 hm²,

① 本文与李书宝、唐玉红合作.

2 500 hm^2，2 500 hm^2 共 3 块，将地形分为 4 种坡度：坡脚 4°～7°，缓坡 2°～4°，坡顶 0°～2°，坡底 0°～2°. 在这些坡度中，采用不同的抽样方法，抽取样方均为 1 hm^2. 在 5 000 hm^2 中抽取 25 hm^2，样方分两行等距平行排列，行间距为 400 m，方间距为 500 m，用 0.5%抽样；在 2 500 hm^2 中抽取 25 hm^2，样方排成 1 行，方间距为 500 m，用 1%抽样；在 2 500 hm^2 中抽取 75 hm^2，方间距为 300 m，行间距为 400 m，用 3%抽样. 采用 24 h 1 hm^2 弓形铗法进行调查[1]. 结果见表 1.1.

表 1.1 黄鼠密度调查 只/hm^2

抽样/%	坡度						
	坡脚		缓坡		坡顶		坡底
	1979	1980	1979	1980	1979	1980	1980
0.5	4.00	2.44	1.45	1.36	1.00	1.50	1.00
1.0	2.50	2.50	1.92	1.78	1.75	0.83	1.00
3.0	1.95	2.88	1.87	1.56	1.65	1.47	1.33

1.1 有交互作用的双因素方差分析

在实际问题中，影响黄鼠密度的因素往往是很多的. 这些因素对考虑指标的影响如何，什么因素是主要的，因素之间有无交互效应，都是调查鼠密度时应注意的问题. 我们将对此作一系列的分析. 先考虑双因素重复试验的有交互效应的方差分析，看其是否有交互效应. 结果见表 1.2.

表 1.2 有交互效应的双因素方差分析

方差来源	平方和	自由度	均方差	F 值	显著性检验
坡 度	7.664 9	3	2.555 0	10.105 1	$P<0.01$
抽 样	0.019 4	2	0.009 7	0.038 4	$P>0.50$
交互效应	1.157 6	6	0.192 9	0.763 1	$P>0.25$
误 差	2.275 6	9	0.252 8		
总 和	11.117 5	20			

1.2 双因素方差分析

由表 1.2 知，坡度与抽样法无交互作用（$P>0.25$），相应的平方和

1.157 6 只不过是误差的一种反映,可将该项与误差平方和 2.275 6 合并,相应的自由度也合并,以提高分析的精度,此即是考虑无交互效应的双因素方差分析.结果见表 1.3.

表 1.3　无交互效应的双因素方差分析

方差来源	平方和	自由度	均方差	F 值	显著性检验
坡　度	7.664 9	3	2.555 0	11.163 0	$P<0.001$
抽　样	0.019 4	2	0.009 7	0.042 4	$P>0.50$
误　差	3.433 2	15	0.228 9		
总　和	11.117 5	20			

1.3　单因素方差分析

由表 1.3,3 种抽样方法之间的差异是不显著的($P>0.50$),因此,可考虑单因素(坡度)的方差分析,先做方差齐性检验.用

$$n_1=6,\ \bar{x}_1=2.711\ 7,\ s_1^2=0.486\ 3;$$

$$n_2=6,\ \bar{x}_2=1.656\ 7,\ s_2^2=0.054\ 0;$$

$$n_3=6,\ \bar{x}_3=1.366\ 7,\ s_3^2=0.135\ 6;$$

$$n_4=3,\ \bar{x}_4=1.110\ 0,\ s_4^2=0.036\ 3;$$

分别表示坡脚、缓坡、坡顶、坡底的数据个数、平均值和方差.其哈特莱检验

$$F_{\max}=\frac{s_{\max}^2}{s_{\min}^2}=\frac{0.486\ 3}{0.036\ 3}=13.396\ 7<F_{(\max)(0.05)}(5,\ 4)=13.70,$$

故各组数据方差相等($P>0.05$).方差分析结果见表 1.4.

表 1.4　单因素方差分析

方差来源	平方和	自由度	均方差	F 值	显著性检验
坡度	7.664 9	3	2.555 0	12. 580 3	$P<0.001$
误差	3.452 6	17	0.203 1		
总和	11.117 5	20			

1.4　多重检验

由表 1.4,不同坡度间黄鼠密度差异极为显著($P<0.001$).但是,这 4 种坡度哪种坡度鼠密度最大?采用样本不等的最小显著差数法[2].结果为

坡脚与缓坡 $|\bar{x}_1-\bar{x}_2|=1.055$， $P<0.001$. (1.1)

坡脚与坡顶 $|\bar{x}_1-\bar{x}_3|=1.345$， $P<0.001$. (1.2)

坡脚与坡底 $|\bar{x}_1-\bar{x}_4|=1.602$， $P<0.001$. (1.3)

缓坡与坡顶 $|\bar{x}_2-\bar{x}_3|=0.290$， $P>0.20$. (1.4)

缓坡与坡底 $|\bar{x}_2-\bar{x}_4|=0.547$， $P>0.10$. (1.5)

坡顶与坡底 $|\bar{x}_3-\bar{x}_4|=0.257$， $P>0.20$. (1.6)

1.5 坡度与密度的关系

将 4 种坡度的度数取中值作为自变量 X，密度均值为因变量 Y，得回归模型为

$$Y=0.8688+0.3209X, \tag{1.7}$$

显著性检验：$r=0.9746>r_{0.05}(2)=0.9500$. 其结果见表 1.5.

表 1.5 不同坡度的黄鼠密度

坡度	坡脚	缓坡	坡顶	坡底
度数	4°～7°	2°～4°	0°～2°	0°～2°
密度/只	2.711 7	1.656 7	1.366 7	1.110 0

§2. 分析与讨论

2.1 由表 1.2 知，坡度与抽样，对黄鼠密度无交互效应($P>0.25$)，因此，两指标独立，故今后在鼠密度调查时可分别考虑这两指标.

2.2 双因素方差分析结果表明，不同的抽样比例结果，其鼠密度无显著差异($P>0.50$)，虽然本文与文献[1]处理方式不同，但结果是一致的. 此即说明，0.5%抽样可以得到与 1%，3%抽样的结果($P>0.50$)，样本越小，越能节省人力、物力.

2.3 考虑两指标可能有交互作用的前提下，不同坡度的黄鼠密度有很显著的差别($P<0.01$)；不考虑交互作用，不同坡度间的黄鼠密度有极为显著的差异($P<0.001$)，这就使得结果更有意义，且显著性检验的水平提高了一个档次. 因此，在调查鼠密度时，必须注意坡度这个主要因素.

2.4 对不同坡度黄鼠密度的检验：由(1.1) ～ (1.3)，坡脚与其他 3 种坡度密度差异极为显著($P<0.001$)；由 (1.4) ～ (1.6)，其余 3 种坡度 (缓坡、坡顶、坡底)间的密度差异均不显著($P>0.10$)，由此表明，坡

脚密度极为显著地高于其余3种坡度.因此,该地区黄鼠密度密集地区是坡脚,今后无论是在调查密度还是研究鼠疫在自然界保存地点,坡脚应是监测重点.

2.5 回归模型(1.7)给出的坡度与鼠密度的关系($P<0.05$)表明,坡度和密度有显著的正相关且在0°~7°内,坡度每增加1°,密度增加0.32.注意这里给出的是坡度而不是海拔,且坡度的变化范围较小.文献[3]研究了阿拉善黄鼠密度随海拔的增高而降低,其海拔变化幅度较大.该结论与本文结论正好相反.

参考文献

[1] 李书宝.我国动物鼠疫监测数学模型及电子计算机应用的研究.中华流行病学杂志,1990,11(特刊1号):151.

[2] 中国科学院数学研究所统计组.常用数理统计方法.北京:科学出版社,1973,62.

[3] 秦长育,丁彦昌,赵坤,等.阿拉善黄鼠某些生态调查及数量分布相关回归分析.中华流行病学杂志,1985,(鼠疫论文专辑Ⅱ):86.

Abstract According to the collected data in the northwest part grassland of Jilin Province, the bifactor interaction analysis of variance is conducted to independence between four slopes and three sampling methods of *Spermophilus dauricus* density ($P>0.25$). And again, the bifactor analysis of variance is obtained to not significant difference among the populations for three sampling methods ($P>0.50$), and very significant difference among the four slopes ($P<0.001$). Using to the least significant difference method, we are known, the difference of density are existed between the foot of a slope and the other slopes, respectively ($P<0.001$), and the difference are not existed among the slow slope, the top of a slope and bottom ($P>0.10$). Finally, the regression model between the slope and density is obtained.

Keywords *Spermophilus dauricus*; density; slope; sample; analysis of variance.

昆虫学报，
1995，38(4)：442-447.

蚤数量与宿主数量和气象因子的关系①

Analysis on the Relationships among Flea Index, Population of *Meriones Unguiculatus* and Meteorological Factors

摘要 根据内蒙古自治区鄂托克旗和鄂托克前旗1975年～1989年长爪沙鼠(简称沙鼠)密度、蚤指数监测数据和本地区气象站的7项气象因子资料，分别求出了蚤指数与鼠密度的直线和曲线的回归模型，与气象因子的最优回归子集模型和标准回归模型，给出了鼠蚤因子和气象因子间的典型相关分析.

结论 宿主数量变化导致蚤指数变化；气象因子综合影响蚤指数；相对湿度和地表温度是影响蚤数量变动的重要因子；气象因子对蚤指数的影响大于对鼠密度的影响.

关键词 蚤指数；长爪沙鼠；气象因子；数学模型.

蚤数量与宿主数量，已做过一些研究. Свиридов Г Г(1963) 曾报道了大沙土鼠 *Rhombomys opimus* 数量与其寄生蚤数量的调查[1]. 马立名(1988) 研究过达乌尔黄鼠、黑线仓鼠 *Cricetulus barabensis*、喜马拉雅旱獭 *Marmota himalayana* 和达乌尔鼠兔 *Ochotona daurica* 数量与蚤指数关系[2]. 李书宝(1988)给出了达乌尔黄鼠密度与蚤指数的相关分析[3]. 李仲来等(1993)研究了松辽平原达乌尔黄鼠密度和气象因子与蚤指数关系[4]. 本文将从多种角度，对长爪沙鼠密度、蚤指数和气象因子的关系进行研究.

---

① 收稿：1993-08.

本文与张万荣、马立名合作.

§1. 材料与方法

样地选在内蒙古自治区鄂托克旗查布苏木和鄂托克前旗布拉格苏木，地处北纬 38°10′～39°，东经 106°42′～107°45′. 根据土壤、地形、植被将调查区划分为 4 种栖息地类型：(1) 短花针茅、无芒隐子草为代表的沙砾质高平原台地. (2) 油蒿为代表的平缓沙地. (3) 盐爪爪、白刺、芨芨草为代表的盐湿凹地. (4) 藏锦鸡儿台地.

在 4 种栖息地内，1975 年～1989 年每年春季 4 月～5 月，秋季 10 月～11 月进行沙鼠数量调查(缺 1976 年，1978 年调查资料). 样方以公顷为单位，采用 24 h 弓形铗法，对捕获只数进行登记. 每年两次调查数据的均值作为鼠密度 y_1，寄生蚤数量用指数 y_2 表示. 气象数据取自鄂托克前旗吉拉气象站. 气象因子取：x_1＝年均气温、x_2＝年均相对湿度、x_3＝年降水量、x_4＝年均气压、x_5＝年均地表温度(0 cm)、x_6＝年蒸发量、x_7＝年日照. 监测区在气象站半径为 50 km 的范围内. 数据见表 1.1.

1.1 基本统计分析

由表 1.1 知鼠密度、蚤指数的变异系数 cv 最大，且最高年度鼠密度、蚤指数分别是最低年度的 540 倍，18 倍，表明密度和蚤指数在不同年度的波动变化剧烈. 气象因子的 cv 较小，年降水量略大.

1.2 蚤指数与鼠密度的回归模型

首先，求其直线回归模型为

$$y_2 = 0.44552 + 0.01661 y_1, \tag{1.0}$$

显著性检验：$F = 8.71 > F_{0.05}(1,11) = 4.84$.

再考虑曲线回归. 在 20 种曲线模型中[5]，选取 F 值大的相应的回归模型为

$$y_2 = 0.65304 + 0.00012 y_1^2, \tag{1.0$'$}$$

显著性检验：$F = 13.81 > F_{0.01}(1,11) = 9.65$.

若我们求二次曲线模型 $y_2 = b_0 + b_1 y_1 + b_2 y_1^2$，并做逐步回归，引入和剔除变量的临界值均取 2，结果也为(1.2). 由此表明，(1.2)恰为多项式回归中的逐步回归模型.

表 1.1 1975 年～1989 年沙鼠密度和气象资料

年度	鼠密度 /只·(hm^{-2})	蚤指数 /只	年均气温 /℃	年均相对温度 /%	年降水量 /mm	年均气压 /mb	年均地面温度 /℃	年蒸发量 /mm	年日照 /h
1975	59.75	1.98	7.6	56	195.7	864.0	10.1	2 517.6	2 919.8
1977	8.08	0.48	7.3	53	294.0	864.3	9.9	2 362.0	2 958.4
1979	12.76	0.35	7.6	49	267.3	864.0	10.2	2 537.8	2 868.7
1980	12.77	0.37	7.4	47	147.3	864.2	10.4	2 769.4	3 089.0
1981	0.84	0.42	7.2	50	218.1	864.7	10.1	2 353.5	2 654.2
1982	0.30	1.86	7.8	49	147.4	864.4	11.0	2 611.5	2 679.2
1983	2.40	0.73	7.4	51	198.2	864.7	10.0	2 434.8	2 472.3
1984	21.40	0.28	6.4	51	355.9	863.8	9.3	2 179.6	2 802.0
1985	118.00	0.27	7.1	51	417.2	863.8	10.1	2 240.9	2 855.5
1986	30.52	0.74	6.6	50	203.0	867.8	9.7	2 388.3	3 067.6
1987	57.30	1.68	8.4	45	181.5	867.3	11.1	2 910.5	3 103.7
1988	76.20	1.17	7.0	50	287.4	867.9	10.1	2 357.4	2 917.2
1989	162.00	4.80	7.3	57	350.4	867.6	10.7	2 350.1	2 874.0
$\bar{x}$	43.25	1.16	7.3	51	251.0	865.3	10.2	2 462.6	2 866.3
s	50.24	1.26	0.5	3	85.4	1.7	0.5	205.5	182.6
最小值	0.30	0.27	6.4	45	147.3	863.8	9.3	2 179.6	2 472.3
最大值	162.00	4.80	8.4	57	417.2	867.9	11.1	2 910.5	3 103.7
cv/%	116.15	107.84	6.9	6	34.0	0.2	4.9	8.4	6.4

1.3 蚤指数与气象因子的最优回归子集

取蚤指数 y_2 作为因变量，气象因子 $x_1 \sim x_7$ 为自变量，利用回归模型或逐步回归模型方法，建立 y_2 与 $x_1 \sim x_7$ 的关系模型.

由于 7 个气象因子的一切可能的回归模型有 $C_7^i (i=1,2,\cdots,7)$ 个含 i 个气象因子的回归，共有 $2^7-1=127$ 个可能的回归，从中找出一个最好的，它所包含的因子的回归模型即为所求，称为最优回归子集模型.

为节约篇幅，仅写出含 $i(i=1,2,\cdots,7)$ 个因子中的最优回归模型，结果见表 1.2. 表 1.2 是按回归模型中因子个数的多少依次排列的. 例如，

表 1.2 i (i = 1,2,…,7)个气象因子的最优回归模型

(1.i)	b_0	b_1	b_2	b_3	b_4	b_5	b_6	b_7	全相关系数 R^2	残差平方和 Q
(1.1)	−12.799 3					1.367 9			0.294 0	3.344 2
(1.2)	−32.027 6		0.280 9			1.856 9			0.785 5	4.054 7
(1.3)	−262.481 0		0.276 2		0.269 5	1.611 6			0.906 8	1.761 5
(1.4)	−229.142 3	−0.551 5	0.270 1		0.230 1	2.114 6			0.917 7	1.555 2
(1.5)	−215.898 2	−0.962 2	0.303 1		0.212 2	2.115 7	0.001 4		0.928 2	1.357 5
(1.6)	−232.768 0	−1.093 6	0.311 0		0.233 3	2.065 0	0.002 1	−0.000 6	0.933 1	1.265 3
(1.7)	−271.036 3	−1.734 6	0.350 8	0.005 9	0.275 0	1.747 1	0.006 6	−0.002 3	0.961 5	0.727 3

表 1.2 中的(1.3),其回归模型为

$$y_2=-262.4810+0.2762x_2+0.2695x_4+1.6116x_5.$$

上式是从含有 3 个因子的 35 个回归模型中按残差平方和 Q,选出最小的一个所得.其余类推.显著性检验:(1.1)为 $P<0.10$,(1.2)~(1.5)为 $P<0.001$,(1.6)~(1.7)为 $P<0.01$.

为在表 1.2 中选出最优的回归模型,据 Aitkin(1974)提出的 R^2 充分集的范围选取[6].设

$$R_0^2=1-(1-R_p^2)\left[1+\frac{pF_\alpha(p,n-p-1)}{n-p-1}\right],$$

称满足 $R^2>R_0^2$ 的集为充分集.在 R^2 充分集中的因子才有资格被选为最优子集.然后在满足该子集中选 R^2(全相关系数)较大的,且增加因子后,R^2 增加幅度很小(或 Q 减少幅度很小),在此原则下,选出的即为最优回归模型.

在本模型中,$n=13$,$p=7$,$R_7^2=0.9615$,$F_{0.05}(7,5)=4.88$,$R_0^2=1-(1-0.9615)(1+7\times4.88\div5)=0.6985$,故表 1.2 中(1.2)~(1.7)可选为最优子集.因 R_3^2 较大,且 R_4^2~R_7^2 增加幅度很小(相邻的 R_i^2 之差小于 0.02),故(1.3)为最优回归模型.拟合结果见表 1.3.

表 1.3 回归模型(1.7)拟合

年份	蚤指数/只	回归值	残 差
1975	1.98	1.911 3	0.068 7
1977	0.48	0.573 8	−0.093 8
1979	0.35	0.304 7	0.045 3
1980	0.37	0.681 6	−0.311 6
1981	0.42	0.338 0	0.082 0
1982	1.86	1.674 3	0.185 7
1983	0.73	1.002 0	−0.272 0
1984	0.28	−0.242 4	0.522 4
1985	0.27	0.590 2	−0.320 2
1986	0.74	0.736 1	0.003 9
1987	1.68	1.427 4	0.252 6
1988	1.17	1.404 8	−0.234 8
1989	4.80	4.728 9	0.071 1

若采用逐步回归,引入和剔除气象因子的临界值同取 2～4.5 中任一值,则回归模型恰为(1.3). 由此表明,本文中的局部最优回归(即逐步回归)恰为最优回归模型.

将表 1.1 数据做标准化处理后,得最优标准回归模型为

$$y_2'=0.715\,4x_2'+0.361\,0x_4'+0.638\,8x_5', \tag{1.8}$$

其中 $x_i'(i=2,4,5)$ 与 y_2' 分别表示标准化因子.

1.4 鼠蚤因子与气象因子的典型相关分析

经计算,得第一组标准系数的典型变量为

$u_1=0.317\,1y_1+0.760\,8y_2$,

$v_1=-0.692\,5x_1+0.866\,7x_2+0.615\,0x_3+0.382\,2x_4+$

$0.684\,2x_5+1.100\,3x_5-0.270\,6x_7$,

典型相关系数 $\lambda_1=0.989\,0$, 显著性检验:

$$Q_1=39.75>\chi^2_{0.001}(14)=36.12.$$

第二组标准系数的典型变量为

$u_2=1.300\,6y_1-1.101\,5y_2$,

$v_2=0.187\,9x_1-0.387\,3x_2+0.958\,5x_3-0.005\,7x_4-$

$0.179\,1x_5-0.155\,9x_6+0.357\,6x_7$,

$\lambda_2=0.826\,8$, 显著性检验: $Q_2=8.05>\chi^2_{0.25}(6)=7.84$.

§2. 结果与讨论

2.1 在鄂尔多斯暖温型荒漠草原,秃病蚤蒙冀亚种 *Nosopsyllus laeviceps kuzenkovi*、同形客蚤指名亚种 *Xenopsylla conformis conformis*、吻短纤蚤 *Rhadinopsylla dives* 分别占主要宿主长爪沙鼠体蚤组成的 52.3%,27.2%,10.8%,余为其他蚤[7]. 跳蚤和宿主之间的关系,是在长期进化过程中适应下来的. 跳蚤不能离开宿主,其数量变化也受宿主数量变化的影响. 由模型(1.0)和(1.0)′看出,宿主数量的升降,会显著导致蚤指数的升降($P<0.05$). 由于鼠数量和蚤指数的单位不一致,考虑变异系数分别为 116.15%和 107.84%,表明其变异程度基本一致,且密度略大于蚤指数.

2.2 计算蚤指数 y_2 与气象因子 x_1～x_7 的相关系数依次为 $r_{y_2x_1}=0.281\,9$, $r_{y_2x_2}=0.528\,8$, $r_{y_2x_3}=0.053\,6$, $r_{y_2x_4}=0.464\,3$, $r_{y_2x_5}=0.540\,3$,

$r_{y_2x_6}=0.0760$, $r_{y_2x_7}=0.0269$. 显著性检验：$r_{y_2x_j}$ $(j=1,3,4,6,7)$, $P>0.10$; $(j=2,5)$, $0.05<P<0.10$ 表明，各气象因子对蚤指数的相关关系不显著($P>0.05$)，即没有一种因子是单独、显著地起作用. 而回归模型结果(1.7)表明，7 个气象因子对蚤数量有显著影响($P<0.01$)，是共同起作用的. 由拟合值表 2.1，蚤数量残差均在 $y_2-\hat{y}_2\in[-2\hat{\sigma},\ 2\hat{\sigma}]=[-0.7628,\ 0.7628]$置信带内($P<-2\hat{\sigma}\leqslant y_2-\hat{y}_2\leqslant 2\hat{\sigma})=0.95$($\hat{\sigma}$ 为标准误差)，表明气象因子能够较好地拟合蚤指数 .

7 个气象因子对蚤指数能够综合起作用($P<0.01$)并不等于同等看待一切因子. 无论是从最优回归子集还是逐步回归，入选气象因子均为相对湿度 x_2、地表温度 x_5 和气压 x_4. 由于气象因子单位不一致，不能对系数进行比较，考虑做标准化变换后所求的标准回归模型(1.8)，结果为相对湿度和地表温度的系数分别为 0.715 4 和 0.638 8，且接近于气压系数 0.361 0 的 2 倍；又在全部回归筛选中，相对湿度和地表温度入选次数依次居第一、二位，表明对蚤指数影响最大的气象因子是相对湿度和地表温度.

从表 1.3 看，降水量对蚤指数的影响较少，但降水量是影响长爪沙鼠的重要气候条件[8,9]. 因相对湿度、巢内湿度都受降水量影响，故也可影响蚤数量.

光是一个重要的生态因子，它有多方面的作用，其中以太阳光为最重要. 由于跳蚤怕光，喜欢钻在宿主的毛层中，以避免光线刺激，因此，反映在回归模型中所起的作用较小.

跳蚤数量的变动，受多种因素的影响. 除各方面都依赖于宿主外，气象因子 $x_1\sim x_7$ 对蚤指数有显著的影响($P<0.01$). 但仅由气象站所提供的数据是不足以解决蚤数量的波动[10,11]. 利用线性模型，从数量上研究了对蚤指数影响的一个方面，而现实中的某些气象因子对其影响可能是非线性的. 如 1984 年的拟合值残差落在置信带内是满足要求的，但拟合值是负值就是一个不合理现象，它表明可能有某种非线性关系.

2.3 在将宿主和寄生因子、气象因子作为两组变量研究时，

(1) 由于典型相关变量 u_1 与 v_1 的关系密切 ($P<0.001$)，因 u_1 中鼠蚤系数的比例为 0.317 4 ∶ 0.760 8＝1 ∶ 2.4，知气象因子对蚤指数的密切关系优于鼠密度. 在 v_1 中，起作用较大的依次为蒸发量、相对湿度、

地表温度、气温等,即温湿因子显著影响蚤指数.蒸发量在 v_1 中起的作用大,其原因可能是在鄂尔多斯荒漠草原,由于气候干燥引起,但巢内温度不会明显增高,这样可能对蚤繁殖有利.

(2) 典型相关变量 u_2 与 v_2 的相关检验 $P<0.25$,从 v_2 看,起作用的主要为降水量,又降水量与 u_2 中鼠密度同号,表明降水量增多时,鼠密度上升,反之亦然.注意到 u_2 中蚤指数为负号,即当鼠数量增加时,蚤指数可能下降.这是因为,在长爪沙鼠骤增年份,由于降水量较多,洞内湿度太高,蚤死亡数量太多,繁殖数量大大降低,鼠与蚤数量可能呈负相关趋势.

2.4 蚤指数与宿主数量、气象因子的关系密切,它还与动物鼠疫流行与否关系密切($P<0.01$).这是因为,1975 年,1987 年~1989 年为长爪沙鼠动物鼠疫流行年度.将动物鼠疫流行年和未流行年数量化为 1 和 0,计算蚤指数与相应年度间的相关系数 $r=0.687\ 6>r_{0.01}(11)=0.683\ 5$.因此,进行蚤数量动态研究,对流行病学分析和鼠疫动物病预测预报,同样具有重要意义.

参考文献

[1] Свиридов Г Г. Прнменение радиоактивных изотопов в изучении некоторых вопросов экологии блох. Сообщение 2. Контакт зверьков и интенсивность обмена эктопаразитами в популяции большой песчанки. Зоолж, 1963, 42(6):947.

[2] 马立名.蚤数量与宿主数量关系.昆虫学报,1988,31(1):50.

[3] 李书宝.黄鼠数量与蚤指数及无鼠面积的相关回归关系.中国地方病防治杂志,1989,4(S):44.

[4] 李仲来,王成贵,马立名.达乌尔黄鼠密度和气象因子与蚤指数的关系.中国媒介生物学及控制杂志,1993,4(4):282.

[5] 花英.计算机自动优选回归曲线方程.数理统计与管理,1989,9(6):39.

[6] Aitkin M A. Simultaneous inference and the choice of variable subsets in multiple regression. Technometrics,1974,16(2):221.

[7] 张万荣,李忠元,胡全林,等.鄂尔多斯鼠疫自然疫源地主要蚤类的媒介意义.中国媒介生物学及控制杂志,1991,2(5):312.

[8] 夏武平,廖崇惠,钟文勤,等.内蒙古阴山北部农业区长爪沙鼠的种群动态及

其调节的研究. 兽类学报,1982,2(2):51.

[9] 李仲来,张万荣. 长爪沙鼠种群数量与气象因子的关系. 兽类学报,1993,13(2):131.

[10] 孙儒泳. 动物生态学原理. 北京:北京师范大学出版社,1987:165.

[11] 徐汝梅. 昆虫种群生态学. 北京:北京师范大学出版社,1987:200.

Abstract According to the population of *Meriones unguiculatus*, flea index and data of seven meteorological factors in Etuoke Banner and Etuokeqian Banner, Inner Mongolia Autonomous Region in 1975 ~ 1989, models of linear and curve regression between the flea index and the population of *M. unguiculatus* were obtained respectively. The optimum regression subsets of multipic linear regression were conducted between the flea index and meteorological factors. And then, the model of standard regression was also obtained. The canonical correlation analysis explained such relationships of the flea index and their hosts population to the meteorological factors. The conclusions are as follows: The population of *M. unguiculatus* was the main factor affecting flea index. The meteorological factors exerted summing-up influence on the flea population, and yearly average relative humidity and temperature in the field were the two main factors with influence. Moreover, the flea index was influenced by the meteorological data greater than the population density of their hosts.

Keywords flea index; *Meriones unguiculatus*; meteorological factor; mathematical model.

寄生虫与医学昆虫学报，

1996，3(1)：44-49.

二齿新蚤和方形黄鼠蚤松江亚种存活力的进一步研究①

Further Studies on Survival of Fleas *Neopsylla Bidentatiformis* and *Citellophilus Tesquorum Sungaris*

摘要 以1985年～1990年实验室观察二齿新蚤和方形黄鼠蚤松江亚种(简称方形黄鼠蚤)新羽化蚤在不吸血、吸一次血后再不吸血、每日喂血1 h三种条件下，在不同温、湿度下的存活日数，利用折线回归，求出蚤存活力发生转变的温、湿度.主要结果是：(1) 蚤存活力随温度上升而下降，随湿度上升而增加；(2) 在每日喂血1 h条件下，湿度折点为蚤存活力的极值点，雄蚤、雌蚤存活力有明显差异且雄蚤小于雌蚤；(3) 与前两种吸血条件比较，在每日喂血1 h条件下存活力增加最明显；(4) 对两种蚤的雄蚤、雌蚤分别做吸血与温度、吸血与湿度，共8种双因素方差分析，得到吸血次数的多少是影响蚤存活力的最重要因素；温度的作用大于湿度；吸血与温度的交互作用大于吸血与湿度的交互作用.

关键词 存活力；温度；湿度；二齿新蚤；方形黄鼠蚤松江亚种.

对蚤存活力的研究，是重要的生态学课题之一. 马立名(1990，1991，1992，1993)对二齿新蚤 *Neopsylla bidentatiformis* 和方形黄鼠蚤松江亚种 *Citellophilus tesquorum sungaris* 在不同条件下的存活力分别进行了观察. 本文在此基础上，从几种角度对其进行总体研究.

---

① 国家自然科学基金资助项目(39570638).

收稿：1995-07-20.

本文与马立名合作.

§1. 材料与方法

以1985年～1990年实验观察蚤的存活力为资料.蚤存活力取下列条件:新羽化蚤不供给血液、吸一次血后再不吸血、每日喂血1 h.新羽化蚤是羽化后24 h以内的蚤.共观察蚤21 041只，其中二齿新蚤雄蚤5 185只、雌蚤5 122只，方形黄鼠蚤雄蚤5 309只、雌蚤5 425只.按不同温度、湿度,以存活日数为标准.方法:(1)新羽化蚤不供给血液:将其放玻璃杯中滤纸片上，置实验条件下，每日定时检出死蚤,显微镜下鉴定性别，计数,直到全部死亡为止.每组蚤每日观察10只左右,重复10次以上.实验温度用恒温箱控制,湿度以干燥罐内盛有不同浓度的氢氧化钾水溶液来调节.(2)蚤吸一次血不再吸血:将新羽化蚤放小白鼠身上1 h，显微镜下选出饱血蚤,观察步骤同(1).以血液消化尽的死亡蚤作为有效观察蚤.(3)蚤每日喂血1 h:蚤每日定时放小白鼠身上喂血1 h,其余步骤同前.在二齿新蚤和方形黄鼠蚤湿度分别控制在(90±5)%和(70±5)%前提下，观察温度为(单位:℃)5，10，15，20，25，30,35，控制精度±0.5 ℃；温度均控制在(25±0.5)℃前提下，观察湿度为(单位:%)0，10，30，50,70,90,100，控制精度±5%.各条件下观察蚤数及各组均值和标准误差见文献(马立名，1990，1991，1993)，二种蚤在不同湿度下每日吸血1 h的结果原文未附表.

为方便,引入下列记号:温度℃，湿度RH；d_0,d_1,$d_{1\mathrm{h}}$分别表示未吸血、吸一次血后再不吸血、每日喂血1 h新羽化蚤在不同条件下的存活日数.

计算方法:(1)采用折线回归(李仲来,1994)求出蚤存活力与温度、湿度的模拟曲线.(2)蚤的吸血因素取3个水平:新羽化蚤吸血0次、吸血1次后不再吸、每日喂血1 h;另一因素温度取7个水平(按本实验的设计),湿度固定在:二齿新蚤(90±5)%、方形黄鼠蚤(70±5)%(或另一因素湿度取7个水平、温度固定在(25±0.5)℃)，按雄蚤或雌蚤，两种蚤分别做双因素(吸血与温度、吸血与湿度)有交互作用的方差分析共8组.由于本实验各区组的实验蚤数不相等且实验蚤数与相应的行、列蚤数不成比例，采用非加权平均数法的方差分析(吴世农，1991)进行计算.

§2. 结果与讨论

利用折线回归，我们求出了24条折线模型(图2.1,图2.2,其中有6

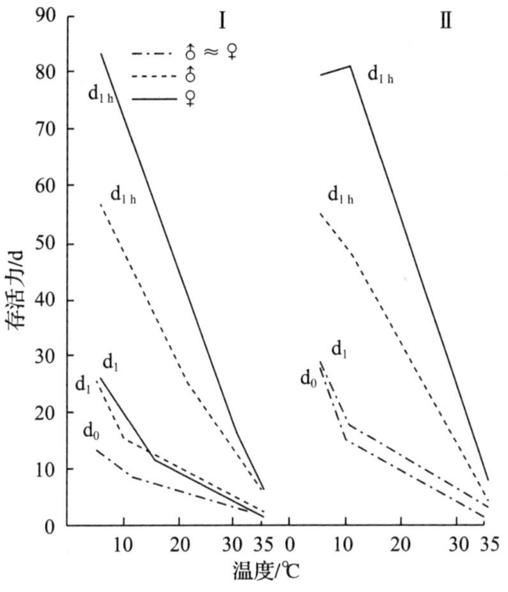

图 2.1　蚤在不同温度下的存活折线

Ⅰ:二齿新蚤　Ⅱ:方形黄鼠蚤

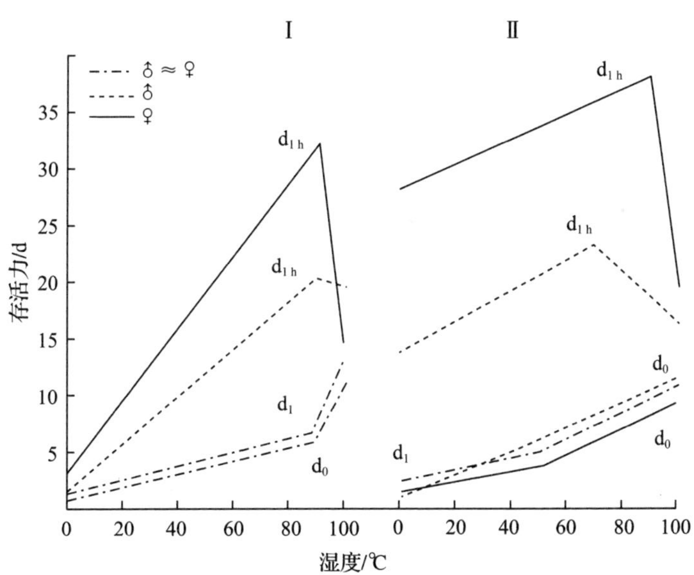

图 2.2　蚤在不同湿度下的存活折线

Ⅰ:二齿新蚤　Ⅱ:方形黄鼠蚤

条几乎重合).

这里,采用折线回归模型的原因是:

对蚤存活力与温度、湿度,找出不同类型的模拟曲线是容易的,但不同曲线的比较是不大好办的.为此,我们希望找出同一类型的模拟曲线,这在多数情况下是可以办到的,但有些情况,用 20 种曲线(花英,1989)也不能模拟出令人满意的结果.这是因为,我们想要模拟的曲线在某些温度、湿度范围内与另一些范围内出现了转变,因此,考虑其在不同范围服从不同的直线方程

$$d=\begin{cases}a_0+b_0x, & x\leqslant k,\\ a_1+b_1x, & x>k.\end{cases} \tag{2.1}$$

在转变点 k,存活力应连续变化,即满足

$$a_0+b_0k=a_1+b_1k, \tag{2.2}$$

一般的拟合方法是把数据人为地分为两部分,然后分别进行拟合,这将产生以下问题:一是人为分段的主观性太强,二是求出的模型在转变点 k 一般不满足(2.2).为求出满足(2.2)的(2.1),采用如下方法,首先给出在 k 连续的表达式

$$d=a_0+b_0x+(b_1-b_0)(x-k)H(x-k), \tag{2.3}$$

其中 a_0,b_0,b_1,k 为待定参数,$H(x-k)=\begin{cases}0, & x\leqslant k,\\ 1, & x>k,\end{cases}$ a_1 可由 $a_1=a_0-(b_1-b_0)k$ 导出.显然,由(2.3)可导出(2.1)(2.2),反之亦然.其次,设 $y_1=x$,$y_2=(x-k)H(x-k)$,$c_0=b_1-b_0$,则(2.3)化为二元回归模型 $d=a_0+b_0y_1+c_0y_2$.对实验的温度、湿度值,取剩余平方和最小的回归模型,则可确定(2.3)及相应的满足(2.2)的折线模型(2.1).

在文献(马立名,1990,1991,1992,1993)中,对蚤在不同温度、湿度下的 3 种吸血状态是分别考虑的,这就难以分析出内在关系.我们采用双因素方差分析,共得到了 8 组结果(表 2.1).

表 2.1 8 种双因素方差分析

性别	来源	二齿新蚤				方形黄鼠蚤			
		自由度	均方差	F	P	自由度	均方差	F	P
♂	吸血	2	1 014.48	56.34	<0.001	2	743.88	43.28	<0.001
	温度	6	309.86	17.21	<0.001	6	420.61	24.47	<0.001
	交互效应	12	65.67	3.65	<0.001	12	43.45	2.53	<0.01
	残 差	2 715	18.00			2 681	17.19		
♀	吸血	2	2 775.87	76.20	<0.001	2	3 016.76	97.78	<0.001
	湿度	6	538.69	14.79	<0.001	6	651.43	21.11	<0.001
	交互效应	12	174.42	4.79	<0.001	12	156.11	5.06	<0.01
	残差	2 667	36.43			2 736	30.85		
♂	吸血	2	109.23	29.74	<0.001	2	370.61	39.30	<0.001
	湿度	6	72.15	19.64	<0.001	6	23.62	2.50	<0.05
	交互效应	12	8.11	2.21	<0.01	12	5.30	0.56	>0.25
	残差	2 428	3.67			2 586	9.43		
♀	吸 血	2	309.97	41.14	<0.001	2	1 473.70	97.77	<0.001
	湿度	6	77.80	10.33	<0.001	6	24.85	1.65	>0.10
	交互效应	12	28.98	3.85	<0.001	12	21.87	1.45	>0.05
	残差	2 413	7.53			2 647	15.07		

温度对蚤存活力的影响 在实验温度范围内，利用折线模型求出了蚤存活力发生改变的转变温度，并将其分为两部分.

对二齿新蚤：

(1) 未吸血雄蚤、雌蚤存活力 d_0 发生转变的温度均为 10 ℃且蚤存活曲线近似相等，当低(高)于 10 ℃时，蚤存活力下降速度快(慢)；

(2) 在吸一次血后再不吸血情况下，雄蚤存活力发生转变的温度(10 ℃)小于雌蚤的转变温度(15 ℃)，低(高)于折点温度时，蚤存活力下降速度快(慢)；

(3) 在每日喂血 1 h，雄蚤、雌蚤存活力转变温度分别为 20 ℃，30 ℃，但折点前后蚤存活力下降速度无明显差别.

对方形黄鼠蚤：

(1) 由于折点相同，表明蚤吸血次数的改变对蚤存活力转变点未产生影响；

(2) 雄蚤、雌蚤的 d_0 近似相等，d_1 也近似相等，且低(高)于折点温度时，蚤存活力下降速度快(慢)；

(3) 在每日喂血 1 h 情况下，雄蚤在折点前后的下降速度无明显区别，雌蚤有明显区别且为极值点，表明在 10 ℃时，雌蚤的 d_{1h} 最大.

按方差分析 F 值大小有如下关系：

蚤吸血次数＞温度＞交互效应，且存在显著差异($P<0.01$).

由雌蚤吸血因素的 F 值均大于雄蚤，表明吸血对雌蚤存活力的作用大于雄蚤.

湿度对蚤存活力的影响 在实验温度范围内，二齿新蚤的折点均为90%；方形黄鼠蚤 d_1 和 d_{1h} 的折点有差异，表明吸血次数的改变对二齿新蚤存活力转变点没有影响，对方形黄鼠蚤 d_0 和 d_{1h} 的折点有影响且雄蚤折点小于雌蚤. 折点为 d_{1h} 极值点，表明它是蚤在该实验条件下的最适湿度：二齿新蚤是 90%、方形黄鼠蚤的雄蚤、雌蚤分别是 70%与 90%. 除此情形外，对二齿新蚤的 d_0 和 d_1，当湿度低(高)于折点湿度时，蚤存活力上升慢(快)且折点左端上升速度明显小于右端；但方形黄鼠蚤的 d_0 和 d_1 在折点前后变化不明显.

按方差分析 F 值大小有如下关系：

蚤吸血次数＞湿度＞交互效应.

由雌蚤吸血因素的 F 值均大于雄蚤，表明吸血对雌蚤存活力的作用大于雄蚤.

雄蚤、雌蚤存活力比较 由图 2.1、图 2.2，雄蚤、雌蚤 d_0 和 d_1 的 16 条折线有 12 条基本重合、4 条略有差别，表明在未吸血、吸一次血后再不吸血的情况下，两种蚤在不同温度、湿度下的存活力无明显差别；在每日喂血 1 h 情况下，雌蚤存活力高于雄蚤且有明显差别.

蚤吸血次数对存活力影响的比较 由图 2.1，图 2.2，在不同温度、湿度条件下，蚤吸血次数对蚤存活力影响有如下关系：

雌蚤的 d_{1h}＞雄蚤的 d_{1h}＞d_1＞d_0(图 2.2(Ⅱ)雄蚤的 d_0 除外)，

表明吸血次数的增加延长了蚤的存活力. 在每日喂血 1 h 时，蚤的存活力增加最明显，在另外两种情况下无明显差异.

本文方差分析是将温度或湿度分别固定后考虑蚤存活力与蚤吸血次数的关系，若将温度和湿度固定的条件去掉，则可进行不同的温度、湿度对蚤吸血次数的总体分析，而不同温度、湿度对蚤存活力将会有不同程度的影响，进一步分析需设计温度、湿度、吸血次数的三因素方差分析，并可能得到在不同吸血次数下，适应于蚤存活力的温度、湿度值的最适条件. 但此工作量很大，可利用正交实验设计（即只做部分实验，但这部分实验却能较全面地反映情况，且能达到预期目的）方法来实现.

最后指出，本文的折线回归属变点分析，而在折点连续的表达式，陈希孺(1991)称是一个不大好办的问题，一般是采用逐步修正法. 作者最近已给出了几类特殊曲线（如直线、指数曲线、对数曲线、幂函数曲线等）和一般曲线在变点连续的表示法、计算方法以及在计算机上实现的通用算法，结果见本文集《曲线回归变点模型及其求解》第 448～456 页. 但几条折线的不同折点，差异是否显著，折点左右的直线斜率差异是否显著，同一类型折线折点相同，折线的斜率差异是否显著等问题的检验方法尚未解决，故本文关于折线的讨论只是直观的比较结果.

参考文献

[1] 马立名. 二齿新蚤和方形黄鼠蚤松江亚种成虫在不同条件下寿命的观察. 昆虫知识，1990，27(6)：358-359.

[2] 马立名. 两种未吸血幼蚤的耐饥力. 四川动物，1991，10(4)：12-14.

[3] 马立名. 二齿新蚤和方形黄鼠蚤松江亚种成虫寿命与温、湿度的关系. 地方病通报，1992，7(4)：89-91.

[4] 马立名. 二齿新蚤和方形黄鼠蚤松江亚种的耐饥力. 中国媒介生物学及控制杂志，1993，4(5)：350-354.

[5] 吴世农. 高级管理统计方法. 北京：中国对外经济贸易出版社，1991：232-240.

[6] 李仲来. 折线回归在卫生统计中的应用. 中国卫生统计，1994，11(3)：26-27.

[7] 陈希孺. 变点统计分析简介. 数理统计与管理，1991，(1)：55-58；(2)：52-59.

[8] 花英. 计算机自动优选回归曲线方程. 数理统计与管理，1989，(6)：39-46.

Abstract The laboratory studies from 1985～1990 showed the survival of the new emerged fleas, *Neopsylla bidentatiformis* and *Citellophilus tesquorum sungaris*, on three different feeding conditions, no blood supply, feeding blood only once for an hour and feeding blood an hour each day, and also on different temperature (Temp) and relative humidity (RH) conditions. The Temp and RH at which the survival ability of fleas changed were found with polygonal line regression method.

The main conclusion were

(1) in most cases, the survival of fleas decreased with the Temp. increasing, but increased with the RH increasing;

(2) the change point of RH was the maximum survival of fleas on the condition of feeding blood an hour each day, and there was a significant difference in survival between males and females, female survival was higher than male;

(3) the survival of fleas increased significantly on the condition of feeding blood an hour each day, compared with other two feeding conditions;

(4) the results of 8 two-way ANOVA (feeding and Temp. or feeding and RH for different species and sexes respectively) were that the feeding times played the most important role in survival of fleas, the effect of Temp on survival was higher than that of RH's, the interaction of feeding and Temp was higher than that of feeding and RH.

Keywords survival; temperature; relative humidity; *Neopsylla bidentatiformis*; *Citellophilus tesquorum sungaris*.

兽类学报，
1997,17(2):118-124.

内蒙古察哈尔丘陵啮齿动物种群数量的波动和演替[1]

Fluctuation and Succession of Population of Rodents in Chahaer Hills, Inner Mongolia

摘要 根据内蒙古自治区正镶白旗乌宁巴图苏木 1974 年～1993 年啮齿动物密度监测资料进行分析，得到如下结果.共捕啮齿动物 13 种，其中达乌尔黄鼠(简称黄鼠)(67.85%)为优势种、五趾跳鼠 *Allactaga sibirica*(10.16%)为次优势种，长爪沙鼠、布氏田鼠 *Microtus brandti*、达乌尔鼠兔为常见种，余为少见种.黄鼠密度与个体数(单位面积上啮齿动物的个体数之和)呈正相关($P<0.000\ 1$)、五趾跳鼠与个体数、黄鼠密度呈负相关($P<0.001$).个体数 y 与黄鼠密度 x_1、五趾跳鼠密度 x_2 的回归模型为:$y=1.065+0.916x_1+0.310x_2$($P<0.000\ 1$).黄鼠密度显著地影响鼠类的多样性和均匀性.另外，本文给出了种群增长的分段 Logistic 模型

$$N(t)=\frac{K}{1+\dfrac{K-N(t_0)}{N(t_0)}\exp\{-[r_0(t-t_0)+(r_1-r_0)(t-t_c)H(t-t_c)]\}},$$

其中 $N(t)$是在时刻 t 种群的密度，K 是环境容纳量，r_0 和 r_1 是种群的瞬时增长率，t_c 是转变点，$H(t-t_c)=\begin{cases}1, & t\geqslant t_c,\\ 0, & t<t_c.\end{cases}$ 利用非线性模型的正割法(DUD, Doesn't use derivatives)，可同时确定模型的所有参数(包括变点 t_c 在内).并用于描述黄鼠密度和个体数的种群动态.

关键词 啮齿动物；密度；达乌尔黄鼠；相关分析；多样性；分段 Logistic 模型.

---

① 国家自然科学基金资助项目(39570638).
收稿:1996-03-07;收修改稿:1997-02-20.
本文与刘来福、张耀星合作.

啮齿动物组成和演替规律，短期的静态研究较多，中长期的动态研究近年来已引起许多学者注意．而关于内蒙古啮齿动物组成和演替规律，已有的短期研究有钟文勤等(1981)、周庆强等(1982)；关于啮齿动物群落结构的研究有刘纪有(1988)、陈俨梅(1989)、米景川等(1990)、米景川(1993)；灭鼠后鼠类群落演替的研究有侯希贤等(1993)；长期的动态研究很少，仅有张万荣等(1991)研究了鄂尔多斯荒漠草原鼠类群落的演替，但资料是不连续的，其主要原因是缺少大量的野外监测资料(Jassby et al,1990)．张耀星等(1995)对正镶白旗乌宁巴图苏木啮齿动物 20 年的波动规律给出了初步描述，本文在此基础上对其进行研究．

§1. 材料与方法

样地选在内蒙古自治区正镶白旗乌宁巴图苏木，地处北纬 42°7′～43°11′，东经 114°～115°34′，总面积约 755 km^2．海拔 1 600 m～1 700 m．年均气温 2.0 ℃，年均降水量 366.2 mm，年均日照 2 919.3 h．属于内蒙古高原察哈尔丘陵干草原景观．根据地形、植被将调查区划分为 4 种栖息地类型：(1) 锦鸡儿 *Caragana microphylla*、克氏针茅 *Stipa krylovii*、冷蒿 *Artemisia frigida* 阳坡麓．(2) 羊草 *Aneurolepidium chinense*、克氏针茅阴坡麓．(3) 羊草、克氏针茅、糙隐子草塔拉(蒙古语：平原)．(4) 芨芨草、马蔺 *Iris ensata*、星毛委陵菜 *Potentilla acaulis* 洼地．土壤以淡栗钙土和沙质栗钙土为主．栖息地内啮齿动物见表 1.1.

调查方法：每年 4 月，当黄鼠完全出蛰后，采用 24 h 弓形铗法，单公顷样方捕鼠：在样方内见洞下铗，置铗于洞口，每 4 h 查看一次捕鼠情况．1981 年前按栖息地随机抽样 2 hm^2～5 hm^2，1981 年后采用定点分层抽样．对捕获的各种啮齿动物分别进行登记．20 年共调查面积 3 318 hm^2，年均($\bar{x} \pm s$)=(166±89)hm^2；共捕鼠 11 111 只，年均(556±461)只，其他结果见表 1.1.

表 1.1　1974 年～1993 年啮齿动物密度

只/hm^2

年度	Ni	Sd	As	Mu	Mb	Od	Cb	Ps	Ce	Mg	Mm	Pr
1974	5.738	5.430	0.000	0.162	0.000	0.146	0.000	0.000	0.000	0.000	0.000	0.000
1975	7.951	6.765	0.000	0.794	0.000	0.392	0.000	0.000	0.000	0.000	0.000	0.000
1976	3.663	2.031	0.175	1.038	0.000	0.419	0.000	0.000	0.000	0.000	0.000	0.000
1977	1.325	0.292	0.350	0.325	0.000	0.358	0.000	0.000	0.000	0.000	0.000	0.000
1978	1.106	0.311	0.439	0.278	0.000	0.067	0.011	0.000	0.000	0.000	0.000	0.000
1979	1.256	0.156	0.611	0.286	0.000	0.119	0.058	0.025	0.000	0.000	0.000	0.000
1980	1.675	0.283	1.008	0.100	0.000	0.283	0.000	0.000	0.000	0.000	0.000	0.000
1981	0.836	0.145	0.509	0.024	0.000	0.139	0.018	0.000	0.000	0.000	0.000	0.000
1982	1.573	0.307	0.707	0.293	0.000	0.113	0.100	0.047	0.000	0.000	0.000	0.000
1983	2.353	0.413	0.373	1.193	0.000	0.320	0.007	0.000	0.000	0.033	0.013	0.000
1984	1.994	0.924	0.797	0.228	0.038	0.000	0.000	0.000	0.000	0.000	0.006	0.000
1985	4.335	2.630	0.278	0.495	0.758	0.174	0.000	0.000	0.000	0.000	0.000	0.000
1986	4.298	2.271	0.195	0.073	1.669	0.076	0.003	0.003	0.000	0.000	0.000	0.009
1987	4.337	3.576	0.238	0.000	0.448	0.029	0.006	0.000	0.000	0.000	0.000	0.000
1988	4.335	3.579	0.396	0.024	0.280	0.000	0.012	0.000	0.043	0.000	0.000	0.000
1989	3.500	3.260	0.140	0.050	0.010	0.000	0.030	0.000	0.010	0.000	0.000	0.000

续表

年度	Ni	Sd	As	Mu	Mb	Od	Cb	Ps	Ce	Mg	Mm	Pr
1990	2.110	1.976	0.049	0.037	0.024	0.000	0.000	0.000	0.000	0.000	0.000	0.000
1991	3.603	3.282	0.013	0.308	0.000	0.000	0.000	0.000	0.000	0.000	0.000	0.000
1992	6.882	6.382	0.000	0.500	0.000	0.000	0.000	0.000	0.000	0.000	0.000	0.000
1993	7.897	7.862	0.000	0.034	0.000	0.000	0.000	0.000	0.000	0.000	0.000	0.000
$\bar{x}$	3.538	2.594	0.313	0.312	0.164	0.132	0.012	0.003	0.003	0.002	0.001	0.001
s	2.216	2.425	0.294	0.342	0.407	0.145	0.024	0.010	0.009	0.007	0.003	0.002
%	100.0	67.85	10.16	9.01	8.11	4.08	0.44	0.15	0.07	0.05	0.03	0.03

注:Ni:个体数;Sd:黄鼠,As:五趾跳鼠,Mu:长爪沙鼠,Mb:布氏田鼠,Od:达乌尔鼠兔,Cb:黑线仓鼠,Ps:黑线毛足鼠 *Phodopus sungorus*,Ce:短耳仓鼠 *Cricetulus eversmanni*,Mg:狭颅田鼠 *Microtus gregalis*,Mm:北方田鼠 *Microtus mandarinus*,Pr:小毛足鼠 *Phodopus roborovskii*,子午沙鼠 *Meriones meridianus*(0.024只·(hm^{-2}),1990),小家鼠 *Mus musculus*(0.007只·(hm^{-2}),1982).

子午沙鼠和小家鼠因论文发表时,排版困难,排在注中.

1.1 相关分析

计算表 1.1 指标间的相关系数(后 8 种鼠略),得到表 1.2.

表 1.2 相关系数

个体数	达乌尔黄鼠	五趾跳鼠	长爪沙鼠	布氏田鼠	达乌尔鼠兔
1.000	0.971****	−0.704***	0.107	0.139	−0.067
	1.000	0.744***	0.037	0.009	0.209
		1.000	−0.126	−0.103	0.122
			1.000	−0.194	0.692***
				1.000	−0.137
					1.000

注:其中个体数为单位面积上啮齿动物的个体数之和,即每月捕获各种群的密度之和(曾宗永,1994),****,*** 依次表示 $P<0.0001$,$P<0.001$,余为 $P>0.10$.

1.2 黄鼠密度、五趾跳鼠密度与个体数间的线性回归模型

设 y=个体数、x_1=黄鼠密度、x_2=五趾跳鼠密度,则

$$y=1.235+0.880x_1, \quad P<0.0001. \tag{1.1}$$

$$x_2=0.548-0.090x_1, \quad P<0.0002. \tag{1.2}$$

$$y=1.065+0.916x_1+0.310x_2, \quad P<0.0001. \tag{1.3}$$

将表 1.1 中个体数、黄鼠密度、五趾跳鼠密度作标准化处理后为 y',x_1',x_2',得相应于(1.3)的标准回归模型为

$$y'=1.002x_1'+0.041x_2'. \tag{1.4}$$

1.3 多样性分析

鼠类年度多样性采用 Shanon-Wiener 指数 H,公式为 $H=-\sum P_i\ln P_i$,相应地,均匀性指数 $E=H/\ln S$,其中 S 为年度鼠类种数,P_i 为第 i 种鼠类的个体数占年度各鼠类总个体数的比例. 结果见表 1.3.

表 1.3 各年度鼠类的多样性和群落组成

年度	种数	多样性	均匀性	年度	种数	多样性	均匀性
1974	3	0.246	0.224	1984	5	1.065	0.662
1975	3	0.516	0.470	1985	5	1.161	0.721
1976	4	1.078	0.777	1986	8	1.008	0.485
1977	4	1.383	0.998	1987	5	0.607	0.377
1978	5	1.286	0.799	1988	6	0.645	0.360
1979	6	1.390	0.776	1989	6	0.331	0.184
1980	4	1.075	0.775	1990	5	0.322	0.200
1981	5	1.091	0.678	1991	3	0.315	0.287
1982	7	1.485	0.763	1992	2	0.260	0.376
1983	7	1.321	0.679	1993	2	0.028	0.041

1.4 黄鼠密度和个体数增长的分段 Logistic 模型

根据鼠类密度不稳定的程度,大致可分为较不稳定和极不稳定两种类型,黄鼠可归为前一种(赵肯堂,1981). 由于黄鼠密度不可能无限增长或维持在某一水平上,因此,常用的 Logistic 模型不能较好地描述黄鼠密度波动规律.这是因为,随着环境条件的改变,受某些因素的影响,如食物、气象、人为因素等,种群的瞬时增长率将发生改变.例如,在 1975 年～1978 年,乌宁巴图苏木组织了全苏木范围内的灭鼠,因此,1976 年～1978 年鼠密度明显下降. 停止灭鼠后,鼠密度开始回升.为描述灭鼠前后 20 年鼠类种群动态,考虑组建在不同的阶段具有不同瞬时增长率的 Logistic 模型.

如果一个具有 Logistic 增长特征的种群 $N(t)$ 在时刻 t_c 之前具有瞬时增长率 r_0,时刻 t_c 后它转变为 r_1,那么种群的动态模型可用如下的模型来描述

$$\frac{\mathrm{d}N}{\mathrm{d}t}=\begin{cases} r_0 N\left(1-\dfrac{N}{K}\right), & t<t_c, \\ r_1 N\left(1-\dfrac{N}{K}\right), & t_c\leqslant t, \end{cases} \tag{1.5}$$

其中 K 是环境容纳量. 对于初始值 $N(t_0)=N_0$,模型(1.5)可解出为

$$N(t)=\begin{cases}\dfrac{K}{1+\dfrac{K-N(t_0)}{N(t_0)}\exp\{-r_0(t-t_0)\}}, & t\leqslant t_c,\\[2ex] \dfrac{K}{1+\dfrac{K-N(t_c)}{N(t_c)}\exp\{-r_1(t-t_c)\}}, & t_c\leqslant t,\end{cases}\tag{1.6}$$

其中

$$N(t_c)=\frac{K}{1+\dfrac{K-N(t_0)}{N(t_0)}\exp\{-r_0(t_c-t_0)\}},$$

它是由生物种群 $N(t)$在时刻 t_c 的连续性决定的.(1.6)所确定的函数 $N(t)$的导数在时刻 t_c 是不连续的.它表明在时刻 t_c，外界环境发生了转折性变化，致使种群的增长速率在 t_c 有一个突然的改变.它也是种群增长过程的一个重要参数，通常称 t_c 为变点(连续变点或一阶连续变点)(Krishnaiah et al,1988).模型(1.6)称为分段 Logistic 模型.

如何利用种群动态的观测值给出模型参数的估计是模型组建的重要环节.当变点不存在时，(1.6)是一个普通的非线性模型，它的参数通常可由非线性最小二乘法(如 Gauss-Newton 法等)给出估计.当变点存在时,分段拟合的方法无法保证模型(1.6)在变点的连续性，况且当变点未知时，选取的人为性很强.我们在利用阶梯函数给出模型(1.5)(1.6)统一表达式的基础上,给出了得到模型所有参数的最小二乘估计的算法,以及用于描述黄鼠密度、个体数的种群动态模型.

记 $H(t-t_c)$为在 t_c 点具有单位跳跃函数

$$H(t-t_c)=\begin{cases}0, & t<t_c,\\ 1, & t\geqslant t_c,\end{cases}$$

则模型(1.5)可改写为

$$\frac{\mathrm{d}N}{\mathrm{d}t}=[r_0+(r_1-r_0)(t-t_c)H(t-t_c)]N\left(1-\frac{N}{K}\right).$$

对其积分，模型可解出

$$N(t)=\frac{K}{1+\dfrac{K-N(t_0)}{N(t_0)}\exp\{-[r_0(t-t_0)+(r_1-r_0)(t-t_c)H(t-t_c)]\}}\tag{1.7}$$

$$=\frac{K}{1+\exp\{\alpha+\beta t+\gamma(t-t_c)H(t-t_c)\}},$$

其中 $\alpha=\ln\dfrac{K-N(t_0)}{N(t_0)}+r_0t_0$，$\beta=-r_0$，$\gamma=r_1-r_0$.

模型的参数可以由种群动态的观测值，利用非线性回归的 DUD 法(Ralston et al，1979)来估计.

先求出黄鼠密度 x_1 的关系模型(在 SUN-470 工作站，用 SAS(Statistical Analysis System)软件计算)，由于 1975 年～1978 年连续灭鼠，其余年度灭鼠工作再未连续开展(1989 年又曾组织一次捕鼠未考虑)，则黄鼠密度在 1978 年后基本上处于自然增长状态，故取转变点为 1978 年. 将年度减去 1970(下同)，利用 DUD 法，得

$$x_1=\frac{7.015}{1+\exp\{-10.117+1.758t-2.125(t-8)H(t-8)\}},\quad t=4,5,\cdots,23. \tag{1.8}$$

$$=\begin{cases}\dfrac{7.015}{1+\exp\{-10.117+1.758t\}}, & t<8,\\[2ex] \dfrac{7.015}{1+\exp\{6.885-0.367t\}}, & t\geqslant 8,\end{cases}$$

剩余平方和 $Q=20.77$.

$$y=\frac{7.542}{1+\exp\{-7.382+1.818t-1.404(t-8)H(t-8)\}},\quad t=4,5,\cdots,23. \tag{1.9}$$

$$=\begin{cases}\dfrac{7.542}{1+\exp\{-7.382+1.818t\}}, & t<8,\\[2ex] \dfrac{7.542}{1+\exp\{3.850+0.414t\}}, & t\geqslant 8,\end{cases}$$

剩余平方和 $Q=28.21$.

§2. 结果讨论

正镶白旗的鼠密度已连续监测 20 年，1975 年～1978 年，乌宁巴图苏木组织了全苏木范围内的灭鼠，因此，1976 年～1978 年鼠密度明显下降；1989 年又曾组织一次捕鼠，故 1990 年鼠密度偏低，其余年度灭鼠工作再未连续开展. 从环境影响看，由于该地区属典型草原牧业区，虽然有

过度放牧现象，草场均有些退化，但该地自然生态环境没有太大的改变，仍保持原始牧场形式，环境对啮齿动物密度和群落结构影响较小. 故本文统计的啮齿动物密度在大多数年度基本上处于自然增长状态.

由表 1.1,啮齿动物共 13 种，如果再加上该地区 1981 年～1993 年夜行鼠监测，其中有两种鼠不包括在表 1.1 中，它们是大林姬鼠 *Apodemus peninsulae*、褐家鼠 *Rattus norvegicus*，这样共有 15 种啮齿动物，占国内啮齿动物 16 科 211 种的 7.1%(王玉玺,等，1993). 由于黄鼠、五趾跳鼠分别占个体数的 67.85%,10.16%，因此它们是该地区的优势种和次优势种；长爪沙鼠占 9.01%,布氏田鼠占 8.11%,达乌尔鼠兔占 4.08%是常见种；黑线仓鼠,黑线毛足鼠,短耳仓鼠,狭颅田鼠,北方田鼠,小毛足鼠,子午沙鼠,小家鼠为少见种. 再看表 1.1，长爪沙鼠在 20 年中仅有 1 年没捕到，有两年达到每公顷 1 只多,其余均在 1 只以下，密度较小. 而布氏田鼠仅在 1984 年～1990 年捕到,这是因为，在这段时期，锡林郭勒盟南部正蓝旗、正镶白旗、镶黄旗、太仆寺旗布氏田鼠密度大发生引起，这表明附近的田鼠密度波动可引起该地区田鼠密度波动，是一种波及鼠种，但 1991 年后没捕到，可能与该地区不是它的主要分布区有关.

从相关分析看，黄鼠密度和五趾跳鼠密度与个体数关系极为显著($P<0.001$)；前者呈正相关、后者呈负相关、且两者之间呈负相关($P<0.001$)，表明黄鼠密度波动规律与个体数波动一致，但五趾跳鼠相反. 注意到 1975 年～1978 年灭鼠，黄鼠密度下降，五趾跳鼠密度上升,这种由灭鼠造成的不同鼠种密度演替的相互作用，改变了该地区啮齿动物的结构值得注意. 长爪沙鼠与达乌尔鼠兔呈显著的正相关($P<0.001$)，但由于它们占啮齿动物的比例较小，其作用不明显. 其他主要啮齿动物间的相关未达到显著标准($P>0.10$).

由回归模型(1.1)(1.2)知,个体数、五趾跳鼠密度均可由黄鼠密度得到；利用模型(1.3)(1.4),可综合考虑黄鼠和五趾跳鼠与个体数间的关系($P<0.000\,1$).

考虑多样性，我们看到，不同年度的多样性和均匀性均呈两头低，中间高. 造成此种状态的原因之一是由于 1975 年～1978 年持续灭鼠，黄鼠密度急剧下降，其他鼠类密度上升且呈多样化. 因此，表 1.2 中取得多样性和均匀性数据的前提条件是不同的，这里有灭鼠期(1975 年～1978 年、1989 年)的特征，也有 1979 年灭鼠后鼠类种群恢复的特征. 再注意到黄鼠密度达到 80%以上的 1974 年～1975 年,1987 年～1993 年，多样性均小于 0.65、均匀性均小于 0.47,尤其是 1993 年，黄鼠密度比例高达 99.56%，多样性和均匀性均接近于零;黄鼠密度低于 80%以下的年度，多样性均大于 1；1982 年多样性最高(1.485)，黄鼠比例为 19.5%是比较低的；1977 年均匀性最高(0.998)，但该年黄鼠比例(22.0%)是比较低的，且所捕黄鼠、五趾跳鼠、长爪沙鼠、达乌尔鼠兔各占比例均在 25%左右，故均匀性接近于 1. 我们又计算了黄鼠与多样性和均匀性间的相关系数，结果是极为显著的($P<0.001$). 由此得到：黄鼠密度的高低显著地影响多样性和均匀性.

表 1.1 所列黄鼠密度和个体数监测资料，显然它们无法用任何传统的种群动态模型来描述. 由于动态过程具有两端高、中间低的特点，我们用分段 Logistic 曲线模型(1.5)(1.7)来拟合. 结果表明时刻 t_c 之前，黄鼠及个体数呈 Logistic 曲线下降趋势；而时刻 t_c 之后，呈 Logistic 曲线上升趋势. 这是因为，转变点 t_c 前后黄鼠及个体数所处的环境(灭鼠和不灭鼠) 发生了明显的改变. 当转变点 t_c 未知时，本文方法同样适用.

梁杰荣等(1984)的研究表明，高寒草甸灭鼠后高原鼠兔 *Ochotona curzoniae* 和中华鼢鼠 *Myospalax fontanieri* 密度恢复按 Logistic 曲线增长，本文的结果表明，灭鼠后黄鼠密度恢复也按 Logistic 曲线增长. 另外，从 1989 年的灭鼠结果看，1 次灭鼠 40%，第 2 年即可恢复到原来水平.

参考文献

[1] 王玉玺，张淑云．中国兽类分布名录(二)．野生动物，1993,(3):6-11.

[2] 刘纪有．内蒙古北部荒漠草原鼠类群落结构及其流行病学意义．地方病通报，1988,3(3):38-42.

[3] 米景川，王瓘，王成国．内蒙古荒漠草原东段啮齿动物群落的聚类分析．兽类学报，1990,10(2):145-150.

[4] 米景川．内蒙古北部荒漠草原啮齿动物群落分类及其多样性研究．地方病通报，1993,8(2):54-57.

[5] 陈伻梅．内蒙古锡林河流域不同生境中鼠类群落结构及现存量研究．生态

学报，1989,9(3):235-239.

[6] 张万荣，刘纪有，李仲来，周振钢，尚培基，刘福生，郝树峰，尤志成．鄂尔多斯荒漠草原鼠类群落的演替及疫源地宿主的多样性．中国媒介生物学及控制杂志，1991,2(4):257-260.

[7] 张耀星，达林台，巴特尔，刘歧山，王晓华．内蒙古正镶白旗乌宁巴图苏木20年啮齿动物种群数量监测报告．中国媒介生物学及控制杂志，1995,6(4):310-312.

[8] 周庆强，钟文勤，孙崇潞．内蒙古白音锡勒典型草原区鼠类群落多样性的研究．兽类学报，1982,2(1):89-94.

[9] 钟文勤，周庆强，孙崇潞．内蒙古白音锡勒典型草原区鼠类群落的空间配置及其结构研究．生态学报，1981,1(1):12-21.

[10] 侯希贤，董维惠，周延林，杨玉平，张耀星，薛小平．草原灭鼠后鼠类群落演替的研究．中国媒介生物学及控制杂志，1993,4(4):271-274.

[11] 赵肯堂,主编．内蒙古啮齿动物．呼和浩特:内蒙古人民出版社,1981:239-245.

[12] 梁杰荣，周立，魏善武，王祖望，孙儒泳．高寒草甸灭鼠后鼠兔和鼢鼠数量恢复的数学模型．生态学报,1984,4(1):88-98.

[13] 曾宗永．北美 Chihuahuan 荒漠啮齿动物群落动态Ⅰ．年间变动和趋势．兽类学报，1994,14(1):24-34.

[14] Jassby A D, Powell T M. Detecting changes in ecological time series. Ecology, 1990,71(6):2 044-2 052.

[15] Krishnaiah P R, Miao B Q. Review about estimation of change points. In: Krishnaiah P R, Rao C R editors. Handbook of statistics. Amsterdam: Elsevier Science Publishers B V, 1988,7:375-402.

[16] Ralston M L, Jennrich R I. DUD, a derivative-free algorithm for nonlinear least squares. Technometrics, 1979,20(1):7-14.

Abstract According to the population of rodents in Wuningbatu Sumu, Zhengxiangbai Banner, Inner Mongolia Autonomous Region during 1974～1993, the authors have found that there were 13 rodent species, with *Spermophilus dauricus* (67.85%) as the dominant species and *Allactaga sibirica* (10.16%) came second, the common species were *Meriones unguiculatus*, *Microtus brandti* and *Ochotona daurica*, and the other species were very few. The correlation between the number of individuals (the sum of population densities of rodents in unit area) and density of *S. dauricus* was positive ($P<0.0001$), between *A. sibirica* and the number of individuals, and between *A. sibirica* and *S. dauricus* were negative, respectively ($P<0.001$). The regression model was (the number of individuals)$=1.065+0.916\times$(density of *S. dauricus*)$+0.310\times$(density of *A. sibirica*) ($P<0.0001$). The diversity and evenness of rodents were influenced significantly by the density of *S. dauricus*.

In another part, a Logistic piecewise model of the population growth

$$N(t)=\frac{K}{1+\frac{K-N(t_0)}{N(t_0)}\exp\{-[r_0(t-t_0)+(r_1-r_0)(t-t_c)H(t-t_c)]\}}$$

was introduced, where $N(t)$ was a population density at time t, K was a carrying capacity, r_0 and r_1 were instantaneous rates of increase, t_c was a change point, $H(t-t_c)=\begin{cases}1, & t\geqslant t_c,\\ 0, & t<t_c.\end{cases}$ The parameters and the change point were determined at the same time by the multivariate secant (DUD, Doesn't use derivatives) method of the nonlinear model. Finally, two simulation examples in the density of *S. dauricus* and the number of individuals were given respectively.

Keywords rodent; density; *Spermophilus dauricus*; correlation analysis; diversity; Logistic piecewise model.

昆虫学报，
1997,40(2):166-170.

黄鼠体蚤和宿主密度的年间动态关系①

The Yearly Dynamics Relationship between Body Flea Index and Population of *Spermophilus Dauricus*

摘要 根据内蒙古自治区正镶白旗乌宁巴图苏木1981年～1993年达乌尔黄鼠(简称黄鼠)密度和体蚤指数监测资料进行分析，得到如下结果．共检体蚤10种，其中，方形黄鼠蚤蒙古亚种(简称黄鼠蚤) *Citellophilus tesquorum mongolicus* (72.38%)和光亮额蚤 *Frontopsylla luculenta* (18.03%)分别为优势和次优势蚤种，阿巴盖新蚤 *Neopsylla abagaitui*、二齿新蚤为常见种，余为少见种．宿主密度与蚤指数均呈指数增长，鼠密度 y 与蚤指数 x 的关系是极为显著的($P<0.0001$)，关系为 $y=\exp\{-0.6206+0.1989t\}$，$x=1.6109+0.8997y$．黄鼠蚤比例的高低显著地影响体蚤的多样性和均匀性．宿主密度与染蚤率呈正相关关系($P<0.10$)．

关键词 体蚤指数；达乌尔黄鼠密度；方形黄鼠蚤蒙古亚种；年间变动；多样性．

达乌尔黄鼠密度和体蚤数量关系，已做过一些研究．马立名(1988)描述了在灭鼠前后2年～3年内黄鼠数量与其寄生蚤指数和染蚤率的消长规律[1]，李书宝(1988)给出了黄鼠密度与蚤指数的相关分析[2]，李仲来等(1993)研究了松辽平原黄鼠密度和气象因子与蚤指数的关系[3]，这些均属于静态研究，但黄鼠与体蚤的种类组成和演替规律的动态研究未见报道，其主要原因是缺少大量的野外监测资料[4]，本文对其进行研究.

① 国家自然科学基金资助项目(39570638).
收稿：1995-06-21；收修改稿：1996-01-17.
本文与张耀星合作.

§1. 材料与方法

样地位于内蒙古自治区正镶白旗乌宁巴图苏木，地处北纬 42°7′～43°11′，东经 114°～115°34′. 海拔在 1 600 m～1 700 m 之间，总面积约 755 km². 属于内蒙古高原察哈尔丘陵干草原景观. 境内主要鼠类有黄鼠、五趾跳鼠、长爪沙鼠、达乌尔鼠兔等. 土壤以栗钙土和沙质栗钙土为主，植物以禾本科 Graminane、菊科 Compositae、豆科 Leguminosae 为优势种和常见种.

调查方法：每年 4 月，当黄鼠完全出蛰后，采用 24 h 弓形铗法捕鼠，对捕获活体黄鼠，每年随机抽取 300 只左右，单只袋装，在检蚤室用乙醚麻醉后，用篦子或毛刷梳蚤，对获得的蚤鉴定分类，计算公式：

体蚤指数＝总蚤数÷总检黄鼠数，

某种蚤指数＝某种蚤数÷总检黄鼠数，

鼠体染蚤率＝染蚤黄鼠数÷总检黄鼠数×100%.

1.1 基本统计分析

这 13 年共调查面积 1 955 hm²，年均(150±80)hm²；共检黄鼠 3 897 只，年均(300±284)只，其中带蚤鼠数 2 781 只，年均(214±188)只；获蚤总数 14 274 只，年均(1 098±857)只，总染蚤率 71.4%；总蚤指数 3.66 只，其他结果见表 1.1. 相关分析见表 1.2(后 5 种蚤略).

表 1.1 1981 年～1993 年黄鼠密度和体蚤指数

年度	黄鼠密度/只·(hm⁻²)	体蚤指数/只	Ct/只	Fl/只	Na/只	Nb/只	Op/只	Fw/只	Lp/只	Os/只	Rd/只	Ok/只
1981	0.15	2.43	1.033	1.100	0.133	0.083	0.000	0.083	0.000	0.000	0.000	0.000
1982	0.31	2.32	0.737	1.526	0.000	0.000	0.053	0.000	0.000	0.000	0.000	0.000
1983	0.41	2.29	0.891	0.545	0.073	0.145	0.436	0.182	0.018	0.000	0.000	0.000
1984	0.92	2.97	2.154	0.556	0.106	0.125	0.016	0.010	0.000	0.000	0.000	0.003
1985	2.63	3.51	2.696	0.634	0.133	0.045	0.000	0.000	0.000	0.000	0.000	0.000
1986	2.27	3.05	2.354	0.545	0.112	0.018	0.019	0.006	0.000	0.000	0.000	0.000
1987	3.58	2.90	2.315	0.392	0.149	0.026	0.014	0.005	0.000	0.000	0.000	0.000

续表

年度	黄鼠密度/只·(hm^{-2})	体蚤指数/只	Ct/只	Fl/只	Na/只	Nb/只	Op/只	Fw/只	Lp/只	Os/只	Rd/只	Ok/只
1988	3.58	3.70	2.680	0.693	0.285	0.033	0.004	0.000	0.000	0.000	0.000	0.000
1989	3.26	3.47	2.488	0.523	0.407	0.043	0.016	0.000	0.000	0.000	0.000	0.000
1990	1.98	2.69	1.587	0.380	0.727	0.000	0.000	0.000	0.000	0.000	0.000	0.000
1991	3.28	6.91	3.792	1.275	1.817	0.025	0.000	0.000	0.000	0.000	0.000	0.000
1992	6.38	9.19	6.465	1.736	0.937	0.000	0.019	0.000	0.038	0.000	0.000	0.000
1993	7.86	8.45	5.600	1.980	0.660	0.000	0.100	0.010	0.060	0.030	0.010	0.000
$\bar{x}$	2.82	4.14	2.676	0.914	0.426	0.042	0.052	0.023	0.009	0.002	0.001	0.000
s	2.30	2.39	1.721	0.547	0.510	0.048	0.119	0.053	0.019	0.008	0.003	0.001
%		100.00	72.38	18.03	7.73	1.00	0.53	0.20	0.09	0.02	0.01	0.01

注：Ct:黄鼠蚤,Fl:光亮额蚤，Na:阿巴盖新蚤，Nb：二齿新蚤，Op:角尖眼蚤 *Ophthalmopsylla praefecta*，Fw：圆指额蚤 *Frontopsylla wagneri*，Lp：多齿细蚤 *Leptopsylla pavlovskii*，Os：谢氏山蚤 *Oropsylla silantiewi*，Rd:五侧纤蚤 *Rhadinopsylla dahurica*，Ok：短跗鬃眼蚤 *Ophthalmopsylla kukuschkini*.

表 1.2　相关系数

鼠密度	蚤指数	黄鼠蚤	光亮额蚤	阿巴盖新蚤	二齿新蚤	角尖眼蚤
1.000 0	0.865 5****	0.926 6****	0.527 8	0.468 9	−0.567 7*	−0.192 1
	1.000 0	0.963 3****	0.750 1**	0.701 0**	−0.446 8	−0.131 6
		1.000 0	0.614 9*	0.584 2*	−0.460 7	−0.220 1
			1.000 0	0.395 1	−0.416 8	−0.043 1
				1.000 0	−0.383 9	−0.219 4
					1.000 0	0.564 7*
						1.000 0

注：****，**，* 分别表示 $P<0.000\,1$，$P<0.01$，$P<0.05$，其余为 $P>0.05$.

1.2　蚤指数与鼠密度关系

先求出鼠密度 y_1，蚤指数 y_2，黄鼠蚤蚤指数 y_3 的关系模型(计算在 SUN-470 工作站，用 SAS 软件完成)，为方便，将年度减去 1 980(下同)，

利用非线性回归的 DUD 法[5]，得

$$y_1=\exp\{-0.6206+0.1989t\},\quad t=1,2,\cdots,13, \tag{1.1}$$

剩余平方和 $Q=12.31$.

$$y_2=\exp\{0.2370+0.1459t\},\ t=1,2,\cdots,13,\ Q=16.32. \tag{1.2}$$

$$y_2=1.6109+0.8997\ y_1,\quad P<0.0001. \tag{1.3}$$

$$y_3=0.7249+0.6929\ y_1,\quad P<0.0001. \tag{1.4}$$

1.3 多样性分析

年度多样性采用 Shanon-Wiener 指数 H，公式为 $H=-\sum P_i\ln P_i$，相应的均匀性指数 $E=H/\ln S$，S 为年度蚤种数，P_i 为第 i 种蚤的个体数占年度各蚤种的总个体数的比例[6]．结果见表 1.3.

表 1.3 各年份蚤类的多样性和均匀性

年度	种数	多样性	均匀性	年度	种数	多样性	均匀性
1981	5	1.112 6	0.691 3	1988	5	0.794 2	0.493 5
1982	3	0.725 1	0.660 0	1989	5	0.854 0	0.530 6
1983	7	1.548 7	0.795 9	1990	3	0.941 6	0.857 1
1984	7	0.853 4	0.438 5	1991	4	1.012 7	0.730 5
1985	4	0.691 6	0.498 9	1992	5	0.830 6	0.516 1
1986	6	0.730 9	0.392 9	1993	8	0.935 7	0.450 0
1987	6	0.681 0	0.380 1				

1.4 黄鼠密度与染蚤率关系

1981～1993 年黄鼠体蚤染蚤率(%)依次为

68.1， 68.4， 69.1， 69.1， 64.2， 57.9， 75.2，

71.7， 98.4， 70.2， 92.5， 89.3， 78.0.

其相关系数 $r=0.4835$ ($P<0.10$).

§2. 结果与讨论

正镶白旗的黄鼠密度已连续监测 20 年，但蚤的全面监测 20 世纪 80 年代才逐渐积累了较系统的资料．1976 年～1978 年，乌宁巴图苏木组织了全苏木范围内的灭鼠，1989 年又曾组织一次捕鼠，故 1990 年黄鼠密度偏低，其余年份灭鼠工作再未连续开展．因此，本文统计资料的黄鼠

密度基本上处于自然增长状态．马立名描述了在灭鼠前后二三年内按月考虑，蚤指数的高低与宿主密度的高低是一致的[1]，本文的结果表明，由(1.1)(1.2)，若按年度考虑，宿主密度与蚤指数均呈指数增长，且由(1.3)，黄鼠密度的增高导致蚤指数的增高，其关系是极为显著的($P<0.000\ 1$).

由表 1.1，黄鼠体蚤共检蚤 4 科 7 属 10 种，年均(5.2±1.5)种，其中黄鼠蚤(72.38%)、光亮额蚤(18.03%)依次为体蚤的优势种和次优势种，阿巴盖新蚤(7.73%)、二齿新蚤(1.00%)为常见种，角尖眼蚤、圆指额蚤、多齿细蚤、谢氏山蚤、五侧纤蚤、短跗鬃眼蚤为少见种．由于黄鼠蚤占鼠体蚤的 72.38%，以及(1.4)给出的黄鼠蚤与宿主的关系方程($P<0.000\ 1$)，表明它与黄鼠密度的关系极为密切.

从相关分析看，黄鼠密度与黄鼠蚤密度关系极为显著($P<0.000\ 1$)；黄鼠体蚤与黄鼠蚤、光亮额蚤、阿巴盖新蚤的关系均很显著($P<0.01$)；黄鼠蚤与光亮额蚤、阿巴盖新蚤关系显著 ($P<0.05$)；黄鼠密度与 4 种(蚤指数、黄鼠蚤、光亮额蚤、阿巴盖新蚤)蚤指数均呈一定的正相关；鉴于黄鼠蚤、光亮额蚤和阿巴盖新蚤与二齿新蚤、角尖眼蚤均呈一定的负相关，表明黄鼠蚤、光亮额蚤、阿巴盖新蚤与黄鼠密度和总蚤指数的升降关系一致且密切，二齿新蚤、角尖眼蚤与黄鼠密度和 4 种(蚤指数、黄鼠蚤、光亮额蚤、阿巴盖新蚤)蚤指数的升降关系相反.

考虑蚤多样性，从总体考虑，黄鼠蚤比例高时，多样性偏低．特别，1983 年多样性最高(1.548 7)，这是因为黄鼠蚤比例(38.9%)较低，又该年蚤种多，均匀性偏高(0.795 9)．1987 年多样性(0.681 0)和均匀性(0.381 0) 均最低，其原因是在该年检的 6 种蚤中，黄鼠蚤所占比例(79.8%)最高引起．事实上，从整体看均匀性多数偏低，黄鼠蚤在总体中占了较高的比例(72.4%)；1990 年均匀性偏高(0.857 1)，该年检蚤 3 种，黄鼠蚤比例(58.9%)偏低．由此我们得出：不同年度的蚤类多样性是不一致的．黄鼠蚤比例的高低显著地影响体蚤的多样性和均匀性．此外，我们还计算了总蚤指数、蚤种数、多样性和均匀性间的相关系数，仅有多样性和均匀性间呈正相关 $r=0.655\ 8$($P<0.05$)，表明多样性指标越高，均匀性越高，反之亦然.

最后考虑黄鼠密度与染蚤率关系，其相关系数 $r=0.483\ 5$ ($P<0.10$)表明，宿主密度与染蚤率呈正相关关系，但未达到显著水平 $P<0.05$. 这与马立名描述的在灭鼠前后二三年内黄鼠数量与其染蚤率的消长规律差异显著[1]有一定的区别.

参考文献

[1] 马立名．蚤数量与宿主数量关系．昆虫学报，1988,31(1):50-54.

[2] 李书宝．黄鼠数量与蚤指数及无鼠面积的相关回归分析．中国地方病防治杂志,1989，4(S):44-46.

[3] 李仲来，王成贵，马立名．达乌尔黄鼠密度和气象因子与蚤指数的关系．中国媒介生物学及控制杂志，1993,4(4):282-283.

[4] Jassby A D, Powell T M. Detecting changes in ecological time series. Ecology, 1990, 71(6):2 044-2 052.

[5] Ralston M L, Jennrich R I. DUD, a derivative-free algorithm for nonlinear least squares. Technometrics, 1979, 20(1):7-14.

[6] Pielou E C,著. 卢泽愚，译. 数学生态学. 北京:科学出版社,1991:308-331.

Abstract According to the fluctuation of population of *Spermophilus dauricus* and the index for body flea in Wuningbatu Sumu, Zhengxiangbai Banner, Inner Mongolia Autonomous Region during 1981～1993, the authors have found that there are ten flea species, with *Citellophilus tesquorum mongolicus* (72.38%) as the dominant species and *Frontopsylla luculenta* (18.03%) comes second, the common species are *Neopsylla abagaitui* and *N. bidentatiformis*, and the other species are very few. The host population and the flea index increase exponentially during this period and the correlation between them is very significant ($P<0.0001$), i. e., (host population)$=\exp\{-0.6206+0.1989t\}$, (flea index)$=1.6109+0.8997\times$(host population). The diversity and evenness of flea are influenced significantly by the proportion of *C. t. mongolicus* in the flea population and the relation between host density and flea infection rate is positively correlated ($P<0.10$).

Keywords rat body flea index; density of *Spermophilus dauricus*; *Citellophilus tesquorum mongolicus*; interannual fluctuation; diversity.

昆虫学报，
1998,41(1):77-81.

黄鼠巢蚤和宿主密度的年间动态关系①

The Yearly Dynamics Relationship between Burrow Nest Flea Index and Population of *Spermophilus Dauricus*

摘要 根据内蒙古自治区正镶白旗乌宁巴图苏木 1981 年～1993 年达乌尔黄鼠(简称黄鼠)密度和巢蚤指数监测资料进行分析,得到如下结果.共检巢蚤 10 种,其中方形黄鼠蚤蒙古亚种(45.4%,简称黄鼠蚤)为优势蚤种,光亮额蚤(25.0%)和阿巴盖新蚤 (21.3%)为次优势蚤种,二齿新蚤和角尖眼蚤为常见种,余为少见种．鼠密度与巢蚤指数的关系不显著($P>0.10$)、与巢染蚤率关系显著($P<0.05$). 不同年度的蚤类多样性和均匀性比较稳定．巢蚤指数 y 和体蚤指数 x 的关系是显著的($P<0.02$),模型为 $y=4.0849+8.7483x$. 巢蚤指数的均值是体蚤指数的 9.74 倍且差异显著($P<0.005$).

关键词 巢蚤指数;达乌尔黄鼠密度;方形黄鼠蚤蒙古亚种;年间变动;多样性.

关于达乌尔黄鼠密度与体蚤数量关系,已做过一些研究[1~3],但黄鼠与巢蚤数量关系,做过的研究有黄鼠洞内蚤的空间分布[4],它属于短期(3年)动态研究,而关于黄鼠与巢蚤的种类组成和演替规律的动态研究未见报道,主要原因是缺少大量的野外监测资料[5]. 事实上,巢蚤数量的取得,需要年复一年地在草原上挖坑,每个窝巢面积少则几平方米,多则十多平方米,这不仅破坏了草原的植被,而且花费大量的人力、物力．一般

① 国家自然科学基金资助项目(39570638).
收稿:1996-07-08;收修改稿:1996-10-15.
本文与张耀星合作.

地，体蚤和巢蚤的种类是不完全相同的．通常，我们研究的体蚤是蚤类数量的一部分，这就不能全面地反映蚤的波动规律．因此，对巢蚤进行研究，不仅有重要的生态学意义，而且能够比较确切地了解蚤类组成.

§1. 材料与方法

样地见文献[6]．调查方法：每年 4 月，当黄鼠完全出蛰后，采用 24 h 弓形铗法捕鼠．在此期间，随机挖有效黄鼠巢穴 40 个左右，将鼠洞剖开后，取巢垫物及表面巢土一起装入布袋，在检蚤室检蚤，对获得的蚤鉴定分类．计算公式：

巢蚤指数＝总蚤数÷总检巢数，

某种蚤指数＝某种蚤数÷总检巢数，

鼠巢染蚤率＝染蚤巢数÷总检巢数×100％.

1.1 基本统计分析

这 13 年共调查面积 1 955 hm^2，年均(150±80)hm^2；共挖巢 579 个，年均(45±32)个；带蚤巢数 458 个，年均(35±22)个；获蚤总数 17 224 只，年均(1 325±848)只，总染蚤率 79.1％；总蚤指数 29.75 只，其他结果见表 1.1. 相关系数见表 1.2(后 5 种蚤略).

表 1.1 1981 年～1993 年黄鼠密度和巢蚤指数

年度	黄鼠密度/只·(hm^{-2})	巢蚤指数/只	Ct/只	Fl/只	Na/只	Nb/只	Op/只	Fw/只	Ap/只	Rd/只	Lp/只	Oa/只
1981	0.15	17.90	5.91	4.93	5.52	0.00	1.43	0.12	0.00	0.00	0.00	0.00
1982	0.31	12.88	5.81	3.91	2.03	0.19	0.53	0.41	0.00	0.00	0.00	0.00
1983	0.41	14.63	4.63	3.73	2.77	1.07	1.73	0.33	0.37	0.00	0.00	0.00
1984	0.92	13.20	5.77	4.03	2.48	0.00	0.92	0.01	0.00	0.00	0.00	0.00
1985	2.63	13.84	7.40	1.28	2.55	2.36	0.24	0.00	0.00	0.00	0.01	0.00
1986	2.27	35.98	19.43	9.44	6.38	0.69	0.00	0.03	0.00	0.00	0.01	0.00
1987	3.58	33.19	14.00	8.13	7.07	2.97	1.00	0.00	0.00	0.00	0.03	0.00
1988	3.58	39.06	21.50	8.40	9.10	0.00	0.06	0.00	0.00	0.00	0.00	0.00
1989	3.26	49.42	23.32	14.94	10.81	0.03	0.10	0.23	0.00	0.00	0.00	0.00

续表

年度	黄鼠密度/只·(hm^{-2})	巢蚤指数/只	Ct/只	Fl/只	Na/只	Nb/只	Op/只	Fw/只	Ap/只	Rd/只	Lp/只	Oa/只
1990	1.98	56.69	18.90	15.80	4.74	17.10	0.00	0.00	0.05	0.10	0.00	0.00
1991	3.28	114.10	43.00	29.00	42.10	0.00	0.00	0.00	0.00	0.00	0.00	0.00
1992	6.38	97.93	41.13	21.80	34.53	0.00	0.00	0.00	0.00	0.33	0.00	0.13
1993	7.86	25.64	11.73	7.91	6.00	0.00	0.00	0.00	0.00	0.00	0.00	0.00
$\bar{x}$	2.82	40.34	17.12	10.25	10.47	1.88	0.46	0.09	0.03	0.03	0.00	0.01
s	2.30	32.60	12.86	8.07	12.73	4.68	0.61	0.14	0.10	0.09	0.01	0.04
%		100.00	45.39	25.01	21.28	6.31	1.63	0.23	0.08	0.05	0.02	0.01

注：Ct:黄鼠蚤,Fl:光亮额蚤,Na:阿巴盖新蚤,Nb：二齿新蚤,Op:角尖眼蚤,Fw：圆指额蚤,Ap：原双蚤田野亚种 *Amphipsylla primaris mitis*,Rd:五侧纤蚤,Lp：多齿细蚤,Oa：阿州山蚤 *Oropsylla alaskensis*.

表 1.2　相关系数

鼠密度	巢蚤指数	黄鼠蚤	光亮额蚤	阿巴盖新蚤	二齿新蚤	角尖眼蚤
1.000 0	0.442 8	0.515 4°	0.413 4	0.429 4	−0.122 9	−0.608 4*
	1.000 0	0.976 5****	0.983 2****	0.945 0****	0.087 7	−0.540 4*
		1.000 0	0.948 5****	0.927 9****	−0.021 3	−0.623 6°
			1.000 0	0.904 5****	0.129 7	−0.540 8*
				1.000 0	−0.194 9	−0.403 6
					1.000 0	−0.169 2
						1.000 0

注：****,*,° 分别表示 $P<0.000\,1$,$P<0.05$,$P<0.10$,其余为 $P>0.10$.

1.2　多样性分析

年度多样性采用 Shanon-Wiener 指数 H,$H=-\sum P_i \ln P_i$,相应的均匀性指数 $E=H/\ln S$,S 为年度巢蚤种数,P_i 为第 i 种蚤的个体数占年度各蚤种的总个体数的比例[7]. 结果见表 1.3.

表 1.3 各年份蚤类的多样性和均匀性

年度	种数	多样性	均匀性	年度	种数	多样性	均匀性
1981	5	1.318 6	0.819 3	1988	4	1.008 4	0.727 4
1982	6	1.314 8	0.733 8	1989	6	1.090 7	0.608 7
1983	7	1.649 9	0.847 9	1990	6	1.309 1	0.730 6
1984	5	1.229 1	0.763 7	1991	3	1.083 8	0.986 5
1985	6	1.244 8	0.694 8	1992	5	1.094 9	0.680 3
1986	6	1.075 2	0.600 1	1993	3	1.060 5	0.965 3
1987	6	1.366 2	0.762 5				

1.3 黄鼠密度与巢染蚤率关系

1981～1993 年黄鼠巢染蚤率(%)依次为

71.4,78.1,83.3,83.8,63.2,70.2,90.3,82.0,93.5,89.7,100,100,100,其相关系数 $r=0.631\ 3$ ($P<0.05$).

§2. 结果与讨论

正镶白旗的黄鼠密度已连续监测 20 年,但巢蚤的全面监测 20 世纪 80 年代才逐渐积累了较系统的资料．1976 年～1978 年,乌宁巴图苏木组织了全苏木范围内的灭鼠,1989 年又曾组织一次捕鼠,故 1990 年黄鼠密度偏低,其余年度灭鼠工作再未连续开展．因此,本文统计资料的黄鼠密度基本上处于自然增长状态．由表 1.1,黄鼠巢蚤共检蚤 4 科 8 属 10 种,年均(5.2±1.2)种,其中黄鼠蚤 (45.39%)为巢蚤的优势种,光亮额蚤 (25.01%)和阿巴盖新蚤(21.28%) 为巢蚤的次优势种,二齿新蚤(6.31%) 为常见种,角尖眼蚤(1.63%)、圆指额蚤、原双蚤田野亚种、五侧纤蚤、多齿细蚤、阿州山蚤为少见种.

从相关分析看,黄鼠巢蚤与黄鼠蚤、光亮额蚤、阿巴盖新蚤的关系均极为显著 ($P<0.000\ 1$)且均呈正相关、又三种蚤之间的关系也均极为显著 ($P<0.000\ 1$)且均呈正相关,表明黄鼠蚤、光亮额蚤、阿巴盖新蚤与巢蚤指数的升降关系一致且极为密切,由于这三种蚤已占总巢蚤的 91.65%,故它们数量的多少已能够描述巢蚤数量动态．黄鼠密度与巢蚤指数、黄鼠蚤、光亮额蚤、阿巴盖新蚤的蚤指数均呈一定的正相关但未达

到显著性水平($P<0.05$),其原因是,1992年～1993年黄鼠密度在这13年最高,由于新鼠洞较多,巢蚤数量反而低引起．二齿新蚤虽然数量占总巢蚤的6.31%,但与其他蚤均不相关($P>0.10$),注意到1990年灭鼠,该蚤指数很高(17.10只),其原因尚待研究．虽然角尖眼蚤与黄鼠密度和前5种蚤指数均呈一定的负相关,但由于数量占总巢蚤的1.63%,故影响很小.

考虑蚤多样性,由于巢蚤种数年均(5.2±1.2)种,多样性年均(1.218 9±0.176 9)且方差较小,从整体考虑,巢蚤多样性比较稳定．特别,1983年多样性最高(1.649 9),这是因为黄鼠蚤比例(31.7%)略低,均匀性略高(0.847 9). 从整体看均匀性年均(0.763 1±0.117 7)且方差较小,故比较稳定．在1991年,1993年仅检蚤3种,且均为优势和次优势蚤种,故均匀性较高．由此我们得到:不同年度的蚤类多样性是比较稳定的．此外,我们还计算了总蚤指数、蚤种数、多样性和均匀性间的相关系数,仅有蚤种数和多样性间呈正相关 $r=0.666\ 1$ ($P<0.05$),表明蚤种数越高,多样性指标越高;蚤种数和均匀性间呈负相关 $r=-0.627\ 1$($P<0.05$),表明蚤种数越高,均匀性越低,这是因为,黄鼠蚤、光亮额蚤、阿巴盖新蚤这三种蚤所占比例太高的原因.

考虑黄鼠密度与巢染蚤率关系,其相关系数 $r=0.631\ 3$ ($P<0.05$),表明宿主密度与染蚤率呈显著正相关,即巢染蚤率与黄鼠密度的种群密度关系一致.

将文献[6]的体蚤数据和本文巢蚤数据进行比较分析,有如下结果.

从蚤种看,体蚤和巢蚤有9种相同,各有1种不同:体蚤未检到原双蚤田野亚种,巢蚤未检到短跗鬃眼蚤表明,一般地,黄鼠体蚤和巢蚤的种数是不完全相同的,体蚤种数不一定少于巢蚤种数.

从数量看,巢蚤指数远远大于体蚤指数,这与费荣中[4]的结果一致．巢蚤平均指数是体蚤平均指数的9.74倍．巢蚤和体蚤平均指数检验：做方差齐性检验[8]：$F=185.77$ ($P<0.01$),知方差不等．再做Aspin-Welch检验:$t'=3.99\ 3>t_{0.005}(13)=3.372$,故体蚤平均指数和巢蚤平均指数的差异很显著．计算巢蚤指数 y 和体蚤指数 x 的回归模型

$$y=4.084\ 9+8.748\ 3x,\ P<0.02.$$

由此我们得到,体蚤指数能够预测巢蚤指数．虽然体蚤指数只是巢蚤指

数的 10%,但从模型的显著性检验结果($P<0.02$)看,已能满足要求.

每种巢蚤和体蚤平均指数的比较. 按大小排列,优势种、次优势种、常见种的顺序相同,少见种略有差异. 黄鼠蚤、光亮额蚤、阿巴盖新蚤巢蚤平均指数分别是体蚤平均指数的 6.40,11.21,24.58 倍,且平均指数差异很显著(均先做方差齐性检验,再做 Aspin-Welch 检验,$P<0.005$).

三种主要的巢蚤和体蚤指数的相关分析. 其相关系数见表 2.1.

表 2.1 相关系数

	巢黄鼠蚤	巢光亮额蚤	巢阿巴盖新蚤
体黄鼠蚤	0.639 4*	0.526 2°	0.625 4*
体光亮额蚤	0.262 5	0.246 5	0.416 4
体阿巴盖新蚤	0.838 4***	0.917 6***	0.880 9***

注:其中 ***,*,° 分别表示 $P<0.001$,$P<0.05$,$P<0.10$,其余为 $P>0.10$.

从整体看,三种主要的巢蚤和体蚤指数均呈一定的正相关. 阿巴盖新蚤的巢蚤和体蚤指数的相关极为显著($P<0.001$),表明其波动规律相当一致;黄鼠蚤的巢蚤和体蚤指数的相关显著($P<0.05$),其波动规律是一致的; 光亮额蚤的巢蚤和体蚤指数呈一定的正相关($P>0.10$),但未达到显著性水平($P<0.05$).

多样性比较. 在这 13 年中,每年的巢蚤多样性均大于相应年度的体蚤多样性,前者的均值 1.218 9 与后者的均值 0.900 9 差异显著($P<0.01$); 这 13 年中有 12 年的巢蚤均匀性大于相应年度的体蚤均匀性,但前者的均值 0.763 1 与后者的均值 0.675 6 差异不显著($P>0.10$). 巢蚤多样性和均匀性大于相应年度的体蚤多样性和均匀性的原因是体蚤指数受多种因素影响, 如捕获宿主方式、宿主状态、人为因素等,而巢蚤指数则受影响很小.

参考文献

[1] 马立名. 蚤数量与宿主数量关系. 昆虫学报,1988,31(1):50-54.

[2] 李书宝. 黄鼠数量与蚤指数及无鼠面积的相关回归分析. 中国地方病防治杂志,1989,4(S):44-46.

[3] 李仲来,王成贵,马立名. 达乌尔黄鼠密度和气象因子与蚤指数的关系. 中国媒介生物学及控制杂志,1993,4(4):282-283.

[4] 费荣中,李景原,徐宝娟,等．达乌尔黄鼠洞内蚤的空间分布. 昆虫学报,1981,24(4)：397-402.

[5] Jassby A D, Powell T M. Detecting changes in ecological time series. Ecology,1990,71(2):2 044-2 052.

[6] 李仲来,张耀星．黄鼠体蚤和宿主密度的年间动态关系. 昆虫学报,1997,40(2):166-170.

[7] Pielou E C,著．卢泽愚，译．数学生态学. 北京:科学出版社,1991:308-331.

[8] 刘来福，程书肖．生物统计．北京：北京师范大学出版社,1988:203-206.

Abstract According to the fluctuation of population of *Spermophilus dauricus* and its nest flea index in Wuningbatu Sumu, Zhengxiangbai Banner, Inner Mongolia Autonomous Region during 1981～1993, the authors have found that there are ten flea species with *Citellophilus tesquorum mongolicus* (45.4%) as the most dominant member, *Frontopsylla luculenta* (25.0%) the second and *Neopsylla abagaitui* (21.3%) the third. *N. bidentatiformis* and *Ophthalmopsylla praefecta* are only of common occurrence whereas other species are rather scarce. The correlation between the host population and its burrow nest flea index is not significant ($P>0.10$). But the correlation between the host population and its burrow nest infecting flea rate is significant ($P<0.05$). The diversity and evenness of flea species seem stable in different years. Furthermore, the correlation between the body flea index and burrow nest flea index is significant ($P<0.02$), i. e., (burrow flea index) = 4.084 9 + 8.748 3 × (body flea index). The mean value of the burrow flea index is 9.74 times as high as that of the body flea index, and the difference between them is significant ($P<0.005$).

Keywords rate nest flea index; population density of *Spermophilus Dauricus*; *Citellophilus tesquorum mongolicus*; yearly species fluctuation; species diversity.

兽类学报，

1998,18(3):196-201.

高原鼠兔体重生长动态模型的数值拟合①

Numerical Fitting on Dynamic Model of Body Weight Growth in Plateau Pika *Ochotona Curzoniae*

摘要 介绍了高原鼠兔室外体重生长的分段 Logistic-指数饱和模型

$$W(t)=\begin{cases}\dfrac{K}{1+\dfrac{K-W(t_0)}{W(t_0)}\exp\{-[r_1(t-t_0)]\}}, & t\leqslant t_c;\\ W_a-\exp\{-r_2(t-t_c)\}[W_a-W(t_c)], & t\geqslant t_c,\end{cases}$$

其中 $W(t)$ 是在时刻 t 鼠兔的体重，K 是体重饱和量，r_1 和 r_2 是体重的瞬时增长率，t_c 是转变点，W_a 是成体体重，$W(t)$ 在 $t=t_c$ 连续. 利用非线性模型的正割法(DUD)，可同时确定模型的所有参数(包括转变点 t_c 在内)，并分别得到描述高原鼠兔室外体重生长动态的模型为

$$\text{雄性 } W(t)=\begin{cases}\dfrac{201.966\,7}{1+\exp\{3.113\,2-0.089\,9t\}}, & 0\leqslant t\leqslant 33.815\,8,\\ 185.462\,8-122.342\,8\exp\{-0.009\,686t\}, & 33.815\,8\leqslant t\leqslant 80,\end{cases}$$

$$\text{雌性 } W(t)=\begin{cases}\dfrac{225.913\,0}{1+\exp\{3.175\,1-0.084\,5t\}}, & 0\leqslant t\leqslant 32.000\,0,\\ 128.131\,4-211.214\,2\exp\{-0.051\,0t\}, & 32.000\,0\leqslant t\leqslant 80.\end{cases}$$

高原鼠兔 (室内)体重生长的分段直线-直线-对数-指数饱和模型为

$$W(t)=\begin{cases}10.676\,1+2.601\,6t, & 0\leqslant t\leqslant 9.194\,6,\\ 0.116\,1+3.750\,1t, & 9.194\,6\leqslant t\leqslant 28.705\,3,\\ -19.231\,9+37.829\,2\ln t, & 28.705\,3\leqslant t\leqslant 61.235\,9,\\ 150.204\,1-56.349\,2\exp\{-0.023\,0\,t\}, & 61.235\,9\leqslant t\leqslant 105.\end{cases}$$

关键词 高原鼠兔；体重生长；转变点；分段模型.

---

① 国家自然科学基金资助项目(39570638).

收稿：1997-05-20；收修改稿：1998-03-24.

曲线拟合是生态模型中重要的研究内容之一. 对高原鼠兔体重生长动态模型,其增长曲线呈 S 型. 叶润蓉等(1989)(以下简称"叶文")试图用哺乳动物生长的 von Bertalanffy 方程、Gompertz 方程和 Logistic 方程描述鼠兔增长,但均不能完善地描述鼠兔的体重生长过程. 主要原因是鼠兔体重增长曲线在某日龄阶段出现转折. 为了更好地描述鼠兔体重增长曲线,周立,等(1987)(以下简称"周文")利用分段 Logistic-指数饱和曲线,"叶文"利用分段直线-直线-对数-指数饱和曲线分别对室外和室内的鼠兔体重生长曲线进行拟合,效果较好. 但如何划分阶段一般是人为的,本文在去掉人为的分段条件下对其进行研究.

§1. 材料与方法

材料见"周文"表 1～2(转抄见本文表 1.1)和 "叶文"表 2(转抄见本文表 1.2～表 1.3).

表 1.1　高原鼠兔的体重、体长、耳长和后足长(转抄[1])

日龄 /d	动物数 /只	平均体重/g $\bar{x}\pm s$	平均体长/mm $\bar{x}\pm s$	平均耳长/mm $\bar{x}\pm s$	平均后足长/mm $\bar{x}\pm s$
0	36	11.2±1.2	57.6±4.3	5.0±0.9	11.9±0.6
1	34	13.5±1.3	60.3±4.8	5.9±0.4	12.6±0.7
2	34	15.5±2.0	65.4±4.8	6.3±0.3	13.6±1.0
3	34	17.4±2.9	71.2±5.2	6.6±0.2	15.0±1.0
4	34	21.0±2.7	77.4±3.7	7.7±1.1	16.1±0.9
5	34	24.6±4.1	83.7±4.0	7.8±0.7	17.4±1.0
6	34	26.4±4.1	88.7±4.2	8.6±0.5	18.5±1.1
7	34	29.0±4.4	93.2±3.6	9.8±0.6	19.3±0.9
8	34	31.0±5.6	98.2±8.6	11.2±0.9	20.4±1.0
9	34	34.3±5.3	102.9±8.7	12.4±1.0	21.4±0.8
10	33	37.2±5.6	105.6±7.0	13.3±1.1	22.2±1.0
11	33	41.2±6.0	107.2±7.1	14.2±1.3	22.8±0.7
12	33	45.2±6.2	111.3±6.7	15.1±1.4	23.5±0.9
13	33	48.9±6.4	114.2±5.9	15.7±1.0	24.1±0.7

续表

日龄/d	动物数/只	平均体重/g $\bar{x}\pm s$	平均体长/mm $\bar{x}\pm s$	平均耳长/mm $\bar{x}\pm s$	平均后足长/mm $\bar{x}\pm s$
14	33	52.8±6.4	117.7±6.5	16.5±9.8	24.5±0.8
15	33	56.7±5.6	124.1±4.3	17.4±1.4	25.2±0.8
16	33	60.4±5.6	126.0±4.8	17.7±1.2	25.7±0.9
17	33	63.5±5.7	129.6±4.8	18.3±1.2	25.9±1.0
18	33	67.4±6.0	133.6±4.9	18.6±1.1	25.9±1.0
19	33	71.7±6.5	136.5±5.5	18.9±1.1	26.9±1.1
20	33	75.9±7.9	140.9±6.1	19.6±1.2	27.3±1.2
21	33	79.0±6.1	144.7±4.5	19.8±1.2	27.6±1.1
22	33	82.1±7.1	146.2±4.9	20.1±1.2	27.8±1.0
23	33	85.9±6.8	148.8±5.1	20.3±1.2	27.9±1.0
24	33	89.7±6.8	151.5±5.5	20.6±1.3	28.1±1.0
25	33	94.0±8.0	154.7±5.9	20.9±1.6	28.3±1.1
30	33	108.3±11.4	161.8±5.4	21.5±1.5	28.8±1.0
35	33	115.8±12.0	165.7±3.8	21.9±1.4	29.4±0.9
40	33	121.0±14.6	169.1±4.6	22.3±1.3	29.5±0.7
45	33	125.9±16.5	171.8±4.6	22.3±1.3	29.7±0.6
50	33	128.5±17.8	172.5±5.1	22.6±1.3	29.9±0.6
55	33	132.3±19.9	174.4±4.4	22.6±1.3	29.9±0.8
60	33	135.1±21.7	175.6±4.0	22.6±1.2	30.0±0.8
65	33	138.2±22.8	176.4±4.3	22.6±1.2	30.1±0.8
70	33	138.1±24.7	177.1±4.2	22.6±1.2	30.1±0.8
75	33	140.4±24.4	177.2±4.3	/	/
80	33	140.7±24.8	177.5±4.7	/	/
85	33	142.3±25.2	177.5±4.4	/	/
90	33	143.5±24.3	177.5±4.5	/	/
95	33	144.4±24.5	177.6±4.3	/	/
100	33	144.6±25.3	177.6±4.4	/	/
105	33	144.7±25.1	177.7±4.2	/	/

表 1.2　高原鼠兔体重生长观测值(♂)(转抄[4])

日龄/d	数量/只	平均值/g	范围/g
1	12	9.28	8.00～11.00
2	16	10.90	11.00～12.80
3	6	11.20	10.00～13.05
4	6	12.36	11.00～14.50
5	10	13.33	10.50～18.00
6	6	15.08	13.50～19.00
7	3	16.67	15.00～18.00
8	17	17.59	13.00～20.00
9	6	18.08	17.00～23.00
10	8	19.75	17.00～24.00
11	6	20.66	18.00～23.50
12	6	21.83	19.50～27.00
13	6	23.50	20.00～30.00
14	12	25.75	23.00～31.00
15	4	29.75	27.00～31.00
16	7	31.60	30.00～34.00
17	11	34.90	32.00～38.00
18	9	37.78	35.00～44.00
19	14	39.57	34.00～42.00
20	10	42.30	40.00～45.00
21	22	47.13	42.00～52.00
22	18	50.69	42.00～57.00
23	15	54.00	45.00～57.00
24	12	57.91	50.00～60.00
25	12	60.50	54.00～65.00
26	6	60.00	52.00～66.00
27	17	66.00	56.00～71.00
28	10	69.30	54.00～92.00

续表

日龄/d	数量/只	平均值/g	范围/g
29	9	76.25	68.00～84.00
30	9	80.56	74.00～84.00
31	14	87.39	82.00～112.00
32	16	91.06	86.00～98.00
33	13	91.15	72.00～101.00
34	12	99.25	86.00～104.00
35	12	99.50	85.00～108.00
36	10	103.10	94.00～110.00
37	3	103.67	99.00～101.00
38	9	100.45	80.00～111.00
39	6	98.84	78.00～108.00
40	5	104.00	97.00～112.00
41	6	87.00	46.00～112.00
42	4	103.00	89.00～120.00
43	9	106.89	84.00～124.00
44	8	102.37	49.00～118.00
45	3	104.34	90.00～112.00
46	2	90.50	90.00～91.00
47	7	107.00	77.00～122.00
48	9	111.67	90.00～123.00
49	5	113.20	90.00～122.00
50	5	118.20	109.00～125.00
51	4	121.25	109.00～133.00
52	2	120.00	112.00～128.00
53	5	114.40	103.00～130.00
54	5	112.40	109.00～115.00
55	7	115.71	58.00～151.00
56	5	116.00	104.00～132.00

续表

日龄/d	数量/只	平均值/g	范围/g
57	8	110.62	46.00～141.00
58	6	122.84	114.0～149.00
59	10	118.40	104.00～135.00
60	14	122.21	96.00～140.00
61	7	117.28	50.00～147.00
62	10	122.20	59.00～157.00
63	3	103.67	60.00～137.00
64	10	119.00	80.00～139.00
65	8	123.62	105.00～139.00
66	5	122.40	108.00～139.00
67	5	112.20	68.00～134.00
68	3	118.67	108.00～124.00
69	7	115.00	98.00～125.00
70	6	119.81	110.00～125.00
71	2	126.50	126.00～127.00
72	7	120.42	105.00～135.00
73	4	124.00	120.00～129.00
74	3	123.67	118.00～131.00
75	5	131.00	117.00～147.00
76	4	132.75	128.00～139.00
77	3	127.00	120.00～132.00
78	6	129.00	118.00～134.00
79	5	130.80	116.00～143.00
80	5	130.40	116.00～140.00

① 1 日龄～14 日龄为自然状态下人工模拟洞穴饲养鼠数据，下表同．

表 1.3 高原鼠兔体重生长观测值(♀)(转抄[4])

日龄/d	数量/只	平均值/g	范围/g
1	12	9.28	8.00～11.00
2	16	10.90	11.00～12.80
3	6	11.20	10.00～13.05
4	6	12.36	11.00～14.50
5	10	13.33	10.50～18.00
6	6	15.08	13.50～19.00
7	3	16.67	15.00～18.00
8	17	17.59	13.00～20.00
9	6	18.08	17.00～23.00
10	8	19.75	17.00～24.00
11	6	20.66	18.00～23.50
12	6	21.83	19.50～27.00
13	6	23.50	20.00～30.00
14	12	25.75	23.00～31.00
15	9	28.89	26.00～31.00
16	7	31.28	26.00～33.00
17	15	34.37	33.00～36.00
18	16	37.00	33.00～41.00
19	21	40.09	38.00～42.50
20	14	43.07	38.00～53.00
21	39	45.89	43.00～52.00
22	25	49.98	40.00～54.00
23	21	53.85	45.00～60.00
24	20	55.30	43.00～60.00
25	4	59.25	56.00～64.00
26	3	60.67	58.00～63.00
27	13	62.07	59.00～68.00
28	21	63.09	48.00～76.00

续表

日龄/d	数量/只	平均值/g	范围/g
29	29	71.79	57.00～102.00
30	20	78.07	65.00～85.00
31	15	86.67	78.00～97.00
32	21	89.47	70.00～104.00
33	7	87.00	78.00～92.00
34	13	90.30	77.00～103.00
35	10	92.90	92.00～99.00
36	9	92.23	72.00～99.00
37	9	93.89	89.00～100.00
38	6	98.50	85.00～110.00
39	12	96.91	84.00～100.00
40	19	99.94	81.00～110.00
41	33	102.81	85.00～118.00
42	23	108.17	86.00～118.00
43	23	108.91	89.00～123.00
44	12	106.41	91.00～115.00
45	7	111.42	104.00～117.00
46	4	109.25	102.00～115.00
47	4	108.75	103.00～119.00
48	5	108.40	97.00～118.00
49	9	124.45	92.00～142.00
50	6	105.00	99.00～110.00
51	14	106.21	70.00～128.00
52	8	105.25	78.00～122.00
53	6	101.50	74.00～110.00
54	7	113.14	95.00～126.00
55	5	114.40	99.00～125.00
56	10	116.20	102.00～129.00

续表

日龄/d	数量/只	平均值/g	范围/g
57	9	117.34	96.00～129.00
58	6	117.00	46.00～126.00
59	15	117.13	60.00～125.00
60	17	115.70	102.00～121.00
61	14	118.50	70.00～132.00
62	16	126.18	103.00～139.00
63	13	122.23	94.00～139.00
64	12	121.58	86.00～142.00
65	11	121.72	101.00～132.00
66	11	118.36	101.00～135.00
67	9	121.23	102.00～144.00
68	12	118.67	87.00～134.00
69	14	124.64	101.00～149.00
70	9	126.22	111.00～144.00
71	11	123.82	95.00～140.00
72	13	123.38	101.00～135.00
73	12	127.25	114.00～149.00
74	11	125.81	114.00～141.00
75	17	128.88	112.00～144.00
76	9	124.78	108.00～134.00
77	7	114.14	81.00～134.00
78	11	118.18	100.00～140.00
79	7	127.00	108.00～142.00
80	10	121.00	106.00～135.00

为描述室外鼠兔体重生长动态."周文"提出用分段 Logistic-指数饱和曲线进行拟合.微分模型为

$$\frac{\mathrm{d}W}{\mathrm{d}t}=r_1W\left(1-\frac{W}{K}\right),\quad 0\leqslant t\leqslant t_c, \tag{1.1}$$

$$\frac{\mathrm{d}W}{\mathrm{d}t}=r_2(W_a-W),\quad t_c\leqslant t\leqslant 80,\tag{1.2}$$

模型的解为

$$W(t)=\begin{cases}\dfrac{K}{1+\dfrac{K-W(0)}{W(0)}\exp\{-(r_1t)\}}, & 0\leqslant t\leqslant t_c. \quad (1.3)\\ W_c-\exp\{-r_2(t-t_c)\}[W_a-W(t_c)], & t_c\leqslant t\leqslant 80. \quad (1.4)\end{cases}$$

其中 $W(t)$是在时刻 t 鼠兔体重,K 是体重饱和量,W_a 是成体体重,r_1 和 r_2 是体重的瞬时增长率,t_c 是转变点,它是 $W(t)$增长过程的一个重要参数,通常称 t_c 为转变点(Change point,模型中的某个或某些量起突然变化的点, Krishnaiah et al, 1988).$W(t)$在 $t=t_c$ 时连续. 在“周文”中,取 $t_c=29$,模型见该文.

如何利用鼠兔体重生长动态的观测值给出模型参数的估计是模型组建的重要环节. 当转变点不存在时,(1.3)和(1.4)是一个普通的非线性模型,它的参数通常可由非线性最小二乘法(如 Gauss-Newton 法等)给出估计. 当转变点存在时,如不考虑当 $t=t_c$ 时,$W=W(t_c)$的约束条件,分段拟合的方法一般不能保证模型(1.3)和(1.4)在转变点的连续性;如考虑该约束条件,当转变点未知时,选取的人为性很强. 本文在给出模型(1.3)和(1.4)统一表达式的基础上,利用 DUD 法(Ralston et al, 1978)得到模型所有参数的最小二乘估计,并用于描述鼠兔体重生长动态模型.

模型(1.3)和(1.4)可简化为

$$W(t)=\begin{cases}\dfrac{K}{1+\exp\{\alpha+\beta t\}}, & 0\leqslant t\leqslant t_c, \quad (1.5)\\ A+B\exp\{\gamma t\}, & t_c\leqslant t\leqslant 80, \quad (1.6)\end{cases}$$

其中 $\alpha=\ln\dfrac{K-W(0)}{W(0)}$,$\beta=-r_1$,$\gamma=-r_2$,$A=W_a$,$B=[W(t_c)-W_a]\cdot\exp\{r_2t_c\}$;连续性约束条件为

$$\frac{K}{1+\exp\{\alpha+\beta t_c\}}=A+B\exp\{\gamma t_c\}.\tag{1.7}$$

在条件(1.7)的约束下,模型(1.5)和(1.6)中的 7 个参数有 6 个是独立的,利用注记中的(2.2)(2.3),(1.5)(1.6)可合并为一个表达式

$$W(t)=\frac{K}{1+\exp\left\{\frac{\alpha+\beta(t_c+|t|-|t-t_c|)}{2}\right\}}+$$

$$B\exp\left\{\gamma\frac{t_c+80+|t-t_c|-|t-80|}{2}\right\}-B\exp\{\gamma t_c\},\ 0\leqslant t\leqslant 80. \tag{1.8}$$

利用注记中的(2.1),参数 A 可由下式确定

$$A=\frac{K}{1+\exp\{\alpha+\beta t_c\}}-B\exp\{\gamma t_c\}. \tag{1.9}$$

为描述室内鼠兔体重生长动态,“叶文”在未考虑连续性约束条件下,提出用分段直线-直线-对数-指数饱和模型拟合

$$W(t)=\begin{cases}a+bt, & 0\leqslant t\leqslant t_1, \quad (1.10)\\ c+dt, & t_1\leqslant t\leqslant t_2, \quad (1.11)\\ e+f\ln t, & t_2\leqslant t\leqslant t_3, \quad (1.12)\\ g+h\exp\{it\}, & t_3\leqslant t\leqslant 80, \quad (1.13)\end{cases}$$

其中 a, b, c, d, e, f, g, h, i 为待定参数, t_1, t_2, t_3 为转变点. 对(1.10)～(1.13) 增加连续性约束条件

$$a+bt_1=c+dt_1, \tag{1.14}$$

$$c+dt_2=e+f\ln t_2, \tag{1.15}$$

$$e+f\ln t_3=g+h\exp\{it_3\}. \tag{1.16}$$

在条件(1.14)～(1.16)的约束下,模型(1.10)～(1.13) 中的 12 个参数有 9 个是独立的,利用注记中的 (2.2) 和 (2.3),(1.10)～(1.13)可合并为一个表达式

$$W(t)=a+b\frac{t_1+|t|-|t-t_1|}{2}+d\frac{t_1+t_2+|t-t_1|-|t-t_2|}{2}-dt_1+$$

$$f\ln\frac{t_2+t_3+|t-t_2|-|t-t_3|}{2}-f\ln t_2+$$

$$h\exp\left\{i\frac{t_3+105+|t-t_3|-|t-105|}{2}\right\}-h\exp\{it_3\},0\leqslant t\leqslant 105. \tag{1.17}$$

利用注记中的 (2.1),参数 c, e, g 可由 (1.14)～ (1.16)导出

$$c=a+bt_1-dt_1, \tag{1.18}$$

$$e=c+dt_2-f\ln t_2, \tag{1.19}$$

$$g=e+f\ln t_3-h\exp\{it_3\}. \tag{1.20}$$

模型(1.8)和(1.17)的参数可以分别由室外和室内鼠兔体重生长动态的观测值,利用 SAS 软件中非线性回归模型的 DUD 法估计.

§2. 结果与讨论

利用“周文”表1～表2数据和SAS软件中非线性模型的DUD法(以下同),得鼠兔(室外)体重生长的分段Logistic-指数饱和模型为

$$
\text{雄性 } W(t)=\begin{cases}\dfrac{201.9667}{1+\exp\{3.1132-0.0899t\}}, & 0\leqslant t\leqslant 33.8158,\\ 185.4628-122.3428\exp\{-0.009686t\}, & 33.8158\leqslant t\leqslant 80,\end{cases}
$$

剩余平方和 $Q=1\,579$, t_c 的置信度为95%的置信区间是[31.59, 36.04].

$$
\text{雌性 } W(t)=\begin{cases}\dfrac{225.9130}{1+\exp\{3.1751-0.0845t\}}, & 0\leqslant t\leqslant 32.0000,\\ 128.1314-211.2142\exp\{-0.0510t\}, & 32.0000\leqslant t\leqslant 80,\end{cases}
$$

$Q=1\,010$, t_c 的置信度为95%的置信区间是[28.97, 35.03].

利用“叶文”表2雄性和雌性鼠兔数据合并的资料,得鼠兔(室内)体重生长的分段直线-直线-对数-指数饱和模型为

$$
W(t)=\begin{cases}10.6761+2.6016t, & 0\leqslant t\leqslant 9.1946,\\ 0.1161+3.7501t, & 9.1946\leqslant t\leqslant 28.7053,\\ -19.2319+37.8292\ln t, & 28.7053\leqslant t\leqslant 61.2359,\\ 150.2041-56.3492\exp\{-0.0230t\}, & 61.2359\leqslant t\leqslant 105,\end{cases}
$$

$Q=10.662\,0$, t_1, t_2, t_3 的置信度为95%的置信区间分别是

[8.51, 9.88], [28.40, 29.01], [52.93, 69.54].

在“周文”和“叶文”中,鼠兔体重增长发生改变的转变点的取法,可能是根据图形按日龄和经验近似确定.本文将转变点连同其他分段模型中的待估参数一起进行估计,在一定程度上避免了人为性.与“周文”的方法相比,对鼠兔雄性模型:剩余平方和 $Q=2\,763$,雌性模型 $Q=1\,771$;本文的雄性模型:$Q=1\,579$,雌性模型 $Q=1\,010$. 与“叶文”的方法相比,鼠兔模型的 $Q=20.963\,1$;本文的模型 $Q=10.662\,0$. 因此,本文模型的拟合效果均优于“周文”和“叶文”.

由室外鼠兔雄性和雌性体重增长发生改变的转变点 t_c 的置信度为95%的置信区间依次是[31.59, 36.04], [28.97, 35.03],表明体重生长发生转变的初始点雄性晚于雌性2.62 d、结束点雄性晚于雌性1.01 d;雄

性和雌性体重增长发生改变的变点置信区间的长度依次为 4.45 d, 6.06 d,雄性小于雌性.

在"叶文"中,先将鼠兔体重分为 4 个阶段. 又根据鼠兔的生长、行为和性成熟等情况,把它们的生长分为 4 个阶段. 乳鼠兔阶段:出生至 10 日龄;幼鼠兔阶段:10 日龄~30 日龄;亚成体阶段:30 日龄~65 日龄;成体阶段:65 日龄后性器官发育成熟阶段. 而由本文室内鼠兔转变点 $t_1=9.2$, $t_2=28.7$, $t_3=61.2$ 的情况看,亚成体阶段划分为 30 日龄~60 日龄;成体阶段划分为 60 日龄后可能更好. 当然,"叶文"对鼠兔亚成体和成体阶段的划分标准(65 d) 已落在置信区间 [52.93, 69.54] 内.

一般地说,我们习惯于用 10 d,30 d(或称一个月),60 d (或称两个月)将鼠兔体重生长分为几个阶段. 从另一角度看,"周文"用 30 d, "叶文"用 10 d,30 d,65 d 将鼠兔体重生长分为若干阶段. 从本文用拟合方法角度求出的转变点看,"周文"的雄性和雌性鼠兔体重生长的转变点分别为 33.8 d,32.0 d,"叶文"的转变点分别为 9.2 d,28.7 d,61.2 d,从最接近的十位整数看,对鼠兔体重生长的转变点也应分别取为 10 d,30 d, 60 d. 而对亚成体和成体阶段的划分,如考虑性器官发育,可采用 Liu 等(1994)求雄性布氏田鼠体重与睾丸长的转变点相类似的方法确定.

注记 在一定条件下,常用的曲线,如 von Bertalanffy 曲线、Gompertz 曲线、Logistic 曲线一般只能描述动物个体及其部分的生长曲线. "周文"和"叶文"用分段曲线模型对鼠兔生长资料进行拟合,可能更好地描述生长动态,其想法很好,但难点是转变点 t_c 的确定,现在一般认为转变点问题的研究开始于 Page(1954). 转变点问题的实际重要意义是无可怀疑的,但在转变点的连续性约束如何表示,陈希孺(1991)称是一个不大好办的问题. 这里给出一般曲线在转变点连续的 1 种表示方法,在实际问题中,使用它可解决大多数问题.

设 $t_0<t_1<\cdots<t_{n+1}$, $t_1,t_2,\cdots,t_n$ 是 $W(t)$ 的 n 个转变点,

$$W(t)=\begin{cases} W_0(t), & t_0\leqslant t\leqslant t_1, \\ W_1(t), & t_1\leqslant t\leqslant t_2, \\ \cdots\cdots \\ W_n(t), & t_n\leqslant t\leqslant t_{n+1}. \end{cases}$$

$W_i(t)$ 在 $[t_i,t_{i+1}]$ 连续 $(i=0,1,2,\cdots,n)$,满足

$$W_i(t_{i+1})=W_{i+1}(t_{i+1}) \quad i=0,1,2,\cdots,n-1, \tag{2.1}$$

则 $W(t)$ 是 $[t_0,t_{n+1}]$ 上的连续函数,且可表示为

$$W(t)=\sum_{i=0}^{n}W_i(U_i(t))-\sum_{i=1}^{n}W_i(t_i), \tag{2.2}$$

其中

$$u_i(t)=\frac{t_1+t_{i+1}+|t-t_i|-|t-t_{i+1}|}{2}, i=0,1,2,\cdots,n. \tag{2.3}$$

利用(2.2)和(2.3),可得到(1.8)和(1.17); 利用(2.1),可得到(1.9)和(1.18)～(1.20).

如何确定在转变点连续的曲线族的类型,并无一般的规则.不过,可以采取如下方法.如果曲线族是同一类型,作者给出了若干常用的曲线族折线公式:直线折线、指数折线、Logistic 折线、两种双曲线折线、分数指数折线、抛物线折线、幂函数折线、对数折线公式等,还可导出若干折线公式,从略.如果曲线族是不同类型,曲线类型可采用画图法或根据专业知识确定,笔者给出了在转变点连续的一般曲线的 3 种表示方法.这可参阅本文集《曲线回归变点模型及其求解》第 448～456 页.

当确定了一般曲线在转变点连续的表示方法后,应给出其参数估计.由于分段曲线模型是一类非线性模型,可以利用非线性模型中的方法确定各参数.常用的方法如 Gauss-Newton 法, Marquardt 法(1963)等,均需计算各参数的偏导数,而本文公式在转变点的偏导数不存在.因此,这些方法不能使用.采用 Ralston 等提出的 DUD 法确定各参数,该法的使用可见 Ralston 等(1978) 或李仲来(1997).

最后的问题是在计算上如何实现,这只需调用 SAS 软件中非线性模型的 DUD 法,在计算机上即可实现. 如果曲线族是同一类型,笔者已给出了 SAS 语句(李仲来,1997). 如果曲线族是不同类型,以本文模型(1.8)为例,可采用如下 SAS 语句.

```
proc nlin method=dud;
parms K=α=β= γ=B= tc=;
W1=K/ (1+exp(a+β* (tc+abs(t) -abs (t-tc)) /2));
W2=B *exp(γ* (tc+80+abs(t-tc) -abs (t-80)) /2) -B *
exp(y *tc);
model W=W1+W2;
```

参考文献

[1] 叶润蓉,梁俊勋. 人工饲养条件下高原鼠兔生长和发育的初步研究. 兽类学报, 1989,9(2):110-118.

[2] 李仲来. DUD 法拟合生态学中的非线性模型. 生态学杂志,1997,16(2):73-77.

[3] 陈希孺. 变点统计分析简介. 数理统计与管理,1991,(1):55-58;(2):52-59.

[4] 周立,刘季科,刘阳. 高原鼠兔种群生产量生态学的研究 Ⅰ. 高原鼠兔体重生长动态数学模型的研究. 兽类学报,1987,7 (1):67-78.

[5] Krishnaiah P R, Miao B Q. Review about estimation of change points. In: Krishnaiah P R, Rao C R, editors. Handbook of statistics. Amsterdam: Elsevier Science Publishers B V, 1988,7:375-402.

[6] Liu Zhilong, Li Zhonglai, Liu Laifu, Sun Ruyong. Intensity of male reproduction in Brandt's vole *Microtus brandti*. Acta Theriologica,1994,39(4):389-397.

[7] Marquardt D W. An algorithm for least-squares estimation of nonlinear parameters, SIAM J Appl Math, 1963,11(2):431-441.

[8] Page E S. Continuous inspection schemes. Biometrika, 1964, 41(1-2):100-115.

[9] Ralston M L, Jennrich R I. DUD, a derivative-free algorithm for nonlinear least squares. Technometrics,1978, 20(1):7-14.

Abstract A piecewise Logistic-Exponential saturation model of growth of body weight in the plateau pika *Ochotona curzoniae* under the natural conditions is introduced.

$$W(t)=\begin{cases}\dfrac{K}{1+\dfrac{K-W(t_0)}{W(t_0)}\exp\{-[r_1(t-t_0)]\}}, & t\leqslant t_c;\\ W_a-\exp\{-r_2(t-t_c)\}[W_a-W(t_c)], & t\geqslant t_c,\end{cases}$$

where: $W(t)$ is the body weight (g) in time (t), K is the saturation body weigth, r_1 and r_2 are instantaneous growth rates, t_c is a change point, $W(t)$ is a continuous function at $t=t_c$. The parameters and the change points are determined at the same time by the multivariate secant (DUD, Doesn't use derivatives) method of the nonlinear model. The curves of growth of body weight are as follows.

for males

$$W(t)=\begin{cases}\dfrac{201.966\,7}{1+\exp\{3.113\,2-0.089\,9t\}}, & 0\leqslant t\leqslant 33.815\,8,\\ 185.462\,8-122.342\,8\exp\{-0.009\,686t\}, & 33.815\,8\leqslant t\leqslant 80,\end{cases}$$

for females

$$W(t)=\begin{cases}\dfrac{225.913\,0}{1+\exp\{3.175\,1-0.084\,5\,t\}}, & 0\leqslant t\leqslant 32.000\,0,\\ 128.131\,4-211.214\,2\exp\{-0.051\,0t\}, & 32.000\,0\leqslant t\leqslant 80.\end{cases}$$

A piecewise Linear-Linear-Logarithmic-Exponential saturation model of growth of body weight in the plateau pika under the condition artificial feeding is also introduced. It is

$$W(L)=\begin{cases}10.676\,1+2.601\,6t, & 0\leqslant t\leqslant 9.194\,6,\\ 0.116\,1+3.750\,1t, & 9.194\,6\leqslant t\leqslant 28.705\,3,\\ -19.231\,9+37.829\,2\ln t, & 28.705\,3\leqslant t\leqslant 61.235\,9,\\ 150.204\,1-56.349\,2\exp\{-0.023\,0t\}, & 61.235\,9\leqslant t\leqslant 105.\end{cases}$$

Keywords Plateau pika *Ochotona curzoniae*; body weight growth; change point; piecewise model.

寄生虫与医学昆虫学报，
1998,5(3):174-178.

二齿新蚤和方形黄鼠蚤松江亚种存活力的再次研究①

Restudy on Survivorship of the Fleas *Neopsylla Bidentatiformis* and *Citellophilus Tesquorum Sungaris*

摘要 以1985年～1990年实验室观察二齿新蚤和方形黄鼠蚤松江亚种(简称方形黄鼠蚤)新羽化蚤在不同温度、吸血次数、湿度、性别4种条件下的存活率，利用多元线性回归分析方法，得到如下结果：温度越高，蚤存活率越低；当蚤吸血次数越多时，或湿度越高时，或蚤为雌蚤时，蚤存活率越高．对标准回归模型系数的绝对值作多重比较(Bon，Duncan，LSD法)得知：

(1) 温度与吸血次数的系数差异不显著 ($P>0.05$)；

(2) 湿度与性别的系数差异不显著 ($P>0.05$)；

(3) 温度与湿度的系数、温度与性别的系数、吸血次数与湿度的系数、吸血次数与性别的系数差异均显著($P<0.05$).

结论 温度和吸血次数是影响蚤存活率的主要因素，湿度和性别是次要因素．

关键词 蚤存活率；温度；吸血；湿度；性别.

马立名(1990，1991，1992，1993)对二齿新蚤和方形黄鼠蚤松江亚种在不同条件下的存活力分别进行了观察，李仲来等(1996)利用折线回归和8种双因素方差分析对蚤存活力做了进一步研究．本文将马立名 (1990～1993)的若干种实验情况综合成一个总体，对两种蚤的存活率进行研究．

---

① 国家自然科学基金资助项目(39570638).
收稿：1997-07-08.
本文与马立名合作.

§1. 材料与方法

材料见李仲来等(1996). 为方便,引入以下记号:温度 T,吸血 Fd,湿度 RH,性别 S. 首先,将马立名(1990~1993)对二齿新蚤和方形黄鼠蚤在不同条件下的存活率分别进行统计. 自变量取:在二齿新蚤和方形黄鼠蚤湿度分别控制在(90±5)%和 (70±5)%的前提下, 温度(单位:℃)取 5, 10, 15,20, 25, 30, 35, 控制精度±0.5 ℃; 吸血次数 (未吸血: $Fd=0$,吸一次后再不吸血: $Fd=1$, 每日喂血 1 h: $Fd=2$); 在二齿新蚤和方形黄鼠蚤温度均控制在(25±0.5)℃的前提下,湿度(单位:%)取 0,10,30,50,70,90,100,控制精度±5%,性别(雄蚤:$S=0$,雌蚤:$S=1$). 对每种蚤,试验次数均为 78 种[其中去掉了 6 种重复试验结果,

对二齿新蚤: 去掉 $(T, Fd, RH, S)=(25, 2, 90, ♂)$,(25,1,90,♂),(25,0,90 ,♂),(25,0,90,♀),(25,1,90,♀),(25,2,90,♀);

对方形黄鼠蚤:去掉$(T,Fd,RH,S)=(25,0,70,♂)$,(25,1,70,♂),(25,2,70,♂),(25,0,70,♀),(25,1,70,♀),(25,2,70,♀).

实际试验中并未做这些重复试验]. 计算方法:对选定某天的蚤存活率 R,依次求出每天蚤存活率 R 与温度、吸血次数、湿度、性别的多元回归模型、标准回归模型和最优回归子集[固定某一天,分别计算 4 个因素与蚤存活率的一切可能的回归模型,共有 C_4^i 个含 $i(i=1,2,3,4)$个因素的回归,即有 $2^4-1=15$ 个可能的回归,分别选出含 1,2,3,4 个因素中的按复相关系数 R^2 最大的模型即为所求]. 对标准回归模型的 4 个因素系数的绝对值作单因素方差分析后, 并作多重比较 (Bon, Duncan, LSD 法). 计算用 SAS 软件完成.

§2. 结果与讨论

对二齿新蚤和方形黄鼠蚤的存活率,分别求出每天的回归模型,如对第 10 天二齿新蚤存活率的回归模型为

$$R(10)=47.0124-2.8965T+23.5769Fd+0.3783RH+3.9231S, \tag{2.1}$$

显著性检验:$F=47.03$,$P=0.0001$. 由于选取影响蚤存活率 R 的 4 个因素的量纲不同,为便于回归模型系数的比较,将原始数据标准化后求蚤存活率的标准回归模型

$$r(10)=-0.5591T+0.4795Fd+0.3110RH+0.0489S, \tag{2.2}$$

其中 r,T,Fd,S,RH 分别表示标准化因子. 为节约篇幅,本文仅列出(单

位:d)1,5,10,15,20,30,40,50,60,70,80,90,100 蚤存活率的标准回归模型(表 2.1,T:温度,B:吸血次数,H:湿度,S:性别). 在 100 d 后,仅在每日喂血 1 h,二齿新蚤在 $RH=(70\pm5)\%$、方形黄鼠蚤在 $RH=(90\pm5)\%$的条件下,各仅有 3 种温度(5 ℃,10 ℃,15 ℃)的存活率不为 0,其余因素的存活率均为 0,故标准回归模型均略去. 顺便指出,如性别取值为(雄蚤:$S=1$,雌蚤:$S=0$),(2.2)性别的系数为-0.0489, 即与原系数反号, 其余系数均不改变.

由表 2.1 中二齿新蚤存活率的回归模型显著性检验均为 $P<0.006$,故温度、吸血次数、湿度、性别能够预报蚤的存活率. 由存活率的标准回归模型看出,由温度的系数为负值,即温度越高,蚤存活率越低;吸血次数、湿度、性别的系数为正值,即蚤吸血次数越多时,或湿度越高时,或蚤为雌蚤时,蚤存活率越高. 考虑影响蚤存活率的标准回归模型系数的绝对值的大小,从整体分析,相对说来,温度、吸血次数对蚤存活率的影响较大;湿度、性别对蚤存活率的影响较小.

按 4 个因素的顺序分别考虑其对蚤存活率的影响.

(1) 由表 2.1,温度系数的绝对值比较大,表明温度是影响蚤存活率的重要因子,在 10 d 时,存活率系数最大(0.559 1);在 1 d 时存活率系数最小(0.135 4),在 2 d 以后存活率系数均大于 0.3.

(2) 与温度的系数相比,吸血次数的系数也比较大,由此表明吸血次数也是影响蚤存活率的重要因子,在 14 d 时存活率系数最大(0.562 9);在 80 d 时存活率系数最小(0.213 1). 如果对每日喂血 1 h,Fd 取大于 2 的值,其系数有一些变化但变化不大,模拟的结果表明,依次取 $Fd=2$, 3,…,24,当 $Fd=6$ 时,其系数平均值最大,$(\bar{x}\pm s)=(0.385\ 1\pm 0.116\ 2)$,其他系数的值不变. 当 $Fd=2$ 时,其系数平均值为$(\bar{x}\pm s)=(0.361\ 3\pm0.115\ 2)$与 $Fd=6$ 时系数的均值差异不显著($t=0.547\ 6$, $P>0.20$),故本文仅列出了 $Fd=2$ 的系数.

(3) 湿度的系数基本上随着存活天数的增长而减少,表明蚤存活的天数越长,湿度的作用越小. 在 3 d 时湿度对存活率的影响最大(0.643 9);在 80 d 时湿度对存活率的影响最小(0.038 7),是最大值的 1/17.①

(4) 性别的系数基本上随着存活天数的增长从小到大,表明蚤存活的天数越长,性别的作用越大. 在 40 d～50 d 之间,其系数变化较大. 在 40 d 以前,存活率系数小于 0.1;50 d 以后,存活率系数大于 0.13, 其作用是 40 d

① 数 a 与数 b 之比,写成 a/b,下同.

以前存活率系数的 1.5 倍. 在 1 d 时性别对存活率的影响最小(0.014 7); 在 70 d 时性别对存活率的影响最大 (0.143 3), 是最小值的 9.75 倍.

方形黄鼠蚤存活率的系数与二齿新蚤基本上类似,影响存活率的 4 个因素的系数达到最大值和最小值的天数不同的有:

(1) 方形黄鼠蚤存活率的吸血系数达到最大值的天数(13 d)与二齿新蚤仅差 1 d. 前者吸血次数最小值(0.222 2)天数早于后者 10 d,且前者湿度系数达到最小值(0.027 2)的天数也早于后者湿度最小值(0.038 7)10 d.

(2) 方形黄鼠蚤存活率的性别系数在 60 d 达到最大值(0.195 1),二齿新蚤存活率的性别系数在 70 d 达到最大值(0.143 3),前者天数早于后者 10 d,且系数也大于后者.

对影响二齿新蚤存活率的 4 个因素的系数绝对值作单因素方差分析,$F=20.16$,$P=0.000\ 1$, 表明温度、吸血次数、湿度、性别的系数对存活率的影响差异显著. 用三种多重比较法(Bon, Duncan, LSD: Lowest significant difference)均得到如下结果:温度与吸血次数的系数差异不显著($P>0.05$);湿度与性别的系数差异不显著($P>0.05$);温度与湿度的系数、温度与性别的系数、吸血次数与湿度的系数、吸血次数与性别的系数差异均显著($P<0.05$). 对方形黄鼠蚤标准回归模型的 4 个因素的系数绝对值作单因素方差分析,$F=25.00$,$P=0.000\ 1$,其余结果均与二齿新蚤的相同. 由此得到结论:按影响存活率的因素(温度、吸血次数、湿度、性别)的系数分类, 温度和吸血次数是主要因素, 湿度和性别是次要因素. 李仲来等(1996)对方形黄鼠蚤和二齿新蚤存活力分别用 4 种双因素方差分析得到的结论是在固定两个因素(性别和温度、性别和湿度),对另外两个因素(吸血次数和湿度、吸血次数和温度)分别作双因素 ANOVA (Analysis of variance) 得到的,本文结论是分别将影响这两种蚤存活率的 4 个因素综合在一起后,作为一个整体进行研究,因此,得到的是整体的结论.

为节约篇幅,本文仅列出影响蚤存活率的最优回归子集的入选因素(表 2.1),回归模型略去. 如果入选一个因素,1 d~4 d,湿度是主要因素;在 5 d~40 d,两种蚤的入选因素不大一致;40 d 后,温度是主要因素. 入选两个因素,在 1 d~2 d,吸血次数和湿度是主要因素;3 d~7 d,两种蚤的入选因素不大一致;8 d 后,温度和吸血次数是主要因素. 入选三个因素,在 10 d 前,温度、吸血次数、湿度是主要因素;11 d~50 d,两种蚤的入选因素不大一致;在 50 d 后, 温度、吸血次数、性别是主要因素. 入选 4 个因素的结果上面已作分析.

表 2.1 二齿新蚤和方形黄鼠蚤存活率的标准回归模型和 $i(i=1,2,3)$ 个因素的最优回归子集

蚤种	天数	温度	吸血	湿度	性别	F 值	P	最优回归子集		
								(1)	(2)	(3)
二齿新蚤	1	−0.135 4	0.339 5	0.450 1	0.014 7	10.45	0.000 1	H	BH	TBH
	5	−0.430 2	0.339 2	0.572 2	0.064 4	52.83	0.000 1	H	TH	TBH
	10	−0.559 1	0.479 5	0.311 0	0.048 9	47.03	0.000 1	T	TB	TBH
	15	−0.497 1	0.554 4	0.236 3	0.068 3	36.77	0.000 1	B	TB	TBH
	20	−0.465 2	0.532 1	0.181 8	0.079 0	24.91	0.000 1	B	TB	TBH
	30	−0.462 9	0.464 9	0.149 4	0.069 3	17.45	0.000 1	T	TB	TBH
	40	−0.447 6	0.392 4	0.111 1	0.097 1	12.10	0.000 1	T	TB	TBH
	50	−0.425 7	0.341 1	0.087 5	0.138 6	9.46	0.000 1	T	TB	TBS
	60	−0.392 6	0.277 0	0.059 2	0.142 2	6.58	0.000 1	T	TB	TBS
	70	−0.353 0	0.231 0	0.043 0	0.143 3	4.77	0.001 8	T	TB	TBS
	80	−0.330 3	0.213 1	0.038 7	0.137 6	4.03	0.005 3	T	TB	TBS
	90	−0.360 5	0.238 7	0.045 4	0.137 8	5.01	0.001 3	T	TB	TBS
	100	−0.390 1	0.293 9	0.068 1	0.138 9	6.91	0.000 1	T	TB	TBS
	$\bar{x}$	−0.403 8	0.361 3	0.181 1	0.098 5					
	s	0.102 2	0.115 2	0.169 6	0.043 8					

续表

蚤种	天数	温度	吸血	湿度	性别	F 值	P	最优回归子集		
								(1)	(2)	(3)
方形黄鼠蚤	1	−0.118 1	0.349 4	0.449 1	0.008 0	9.91	0.000 1	H	BH	TBH
	5	−0.437 1	0.459 5	0.421 4	0.044 0	35.12	0.000 1	T	TB	TBH
	10	−0.613 6	0.560 8	0.166 4	0.040 0	54.01	0.000 1	T	TB	TBH
	15	−0.588 3	0.598 0	0.084 6	0.103 6	50.57	0.000 1	T	TB	TBS
	20	−0.536 8	0.589 2	0.016 2	0.141 6	35.09	0.000 1	B	TB	TBS
	30	−0.477 9	0.542 7	0.043 5	0.140 8	22.32	0.000 1	B	TB	TBS
	40	−0.462 1	0.446 4	0.071 9	0.136 1	14.66	0.000 1	T	TB	TBS
	50	−0.433 8	0.371 1	0.056 1	0.174 7	10.54	0.000 1	T	TB	TBS
	60	−0.369 6	0.287 7	0.041 3	0.195 1	6.52	0.000 2	T	TB	TBS
	70	−0.341 9	0.222 2	0.027 2	0.167 5	4.49	0.002 7	T	TB	TBS
	80	−0.338 9	0.240 7	0.028 5	0.163 4	4.64	0.002 1	T	TB	TBS
	90	−0.392 2	0.278 7	0.034 9	0.149 1	6.37	0.000 2	T	TB	TBS
	100	−0.383 3	0.286 6	0.038 6	0.130 0	6.13	0.000 3	T	TB	TBS
	$\overline{x}$	−0.422 6	0.402 5	0.113 8	0.122 6					
	s	0.127 0	0.137 7	0.147 8	0.057 6					

参考文献

[1] 马立名. 二齿新蚤和方形黄鼠蚤松江亚种成虫在不同条件下寿命的观察. 昆虫知识,1990,27(6):358-359.

[2] 马立名. 两种未吸血幼蚤的耐饥力. 四川动物,1991,10(4):12-14.

[3] 马立名. 二齿新蚤和方形黄鼠蚤松江亚种成虫寿命与温、湿度的关系. 地方病通报,1992,7(4):89-91.

[4] 马立名. 二齿新蚤和方形黄鼠蚤松江亚种的耐饥力. 中国媒介生物学及控制杂志,1993,4(5):350-354.

[5] 李仲来,马立名. 二齿新蚤和方形黄鼠蚤松江亚种存活力的进一步研究. 寄生虫与医学昆虫学报,1996,3(1):44-49.

Abstract The laboratory studies from 1985～1990 showed the survival rate of the new emerged fleas, *Citellophilus tesquorum sungaris* and *Neopsylla bidentatiformis*, on four different conditions, temperature (T), frequency of blood feeding (Fd), relative humidity (RH) and sex (S). Using multiple linear regression method, the following results were herewith given. That, the higher the T the lower the survival rate of fleas; The higher the Fd, or the RH was, or the flea was female, the higher was the survival rate of fleas. Multiple comparison (Bon, Duncan; LSD method) among the absolute values of four standard regression coefficients showed the following results, i. e.

(1) there was no significant difference between the coefficient of T and Fd ($P>0.05$);

(2) there was no significant difference between the coefficient of RH and S ($P>0.05$);

(3) there existed significant differences ($P<0.05$) between all the following coefficient pairs T and RH, T and S, Fd and RH, and Fd and S. Conclusions: T and Fd were the top factors, Followed by RH and S, for the fleas survival.

Keywords survival rate of flea; temperature; blood feeding; relative humidity; sex.

昆虫学报，
1998，41(4)：396-400.

黄鼠洞干蚤和宿主密度的年间动态关系①

The Yearly Dynamics Relationship between Burrow Track Flea Index and Population of *Spermophilus Dauricus*

摘要 根据内蒙古自治区正镶白旗乌宁巴图苏木 1981 年～1993 年达乌尔黄鼠(简称黄鼠)密度和洞干蚤指数监测资料进行分析，得到如下结果. 共检洞干蚤 9 种，其中方形黄鼠蚤蒙古亚种(简称黄鼠蚤，66.0%)为优势蚤种，光亮额蚤(23.6%)为次优势蚤种，阿巴盖新蚤和二齿新蚤为常见种，余为少见种. 鼠密度 x 与洞干蚤指数 y 的关系显著($P<0.03$)，模型为 $y=0.249\ 1+0.059\ 6x$. 洞干蚤指数和染蚤率关系不显著($0.05<P<0.10$). 黄鼠蚤数量的高低显著地影响洞干蚤的多样性和均匀性. 洞干蚤指数和体蚤指数 x_1 的关系是显著的($P<0.05$)，模型为 $y=0.270\ 9+0.050\ 4x_1$. 洞干蚤指数和巢蚤指数 x_2 的关系是显著的($P<0.07$)，模型为 $y=0.276\ 52+0.003\ 48x_2$. 三种蚤指数之间有如下近似关系：

巢蚤指数：体蚤指数：洞干蚤指数=100：10：1.

关键词 洞干蚤指数；达乌尔黄鼠密度；方形黄鼠蚤蒙古亚种；年间变动；多样性.

关于达乌尔黄鼠密度与体蚤数量关系，已做过一些研究[1~3]，但黄鼠与洞干蚤数量关系，做过的研究有黄鼠洞内蚤的空间分布[4]，它属于短期(3 年)动态研究，而关于黄鼠与洞干蚤的种类组成和演替规律的动态研究未见报道，主要原因是缺少大量的野外监测资料[5]. 本文对其进行研究.

---

① 国家自然科学基金资助项目(39570638).
收稿：1996-10-16；收修改稿：1997-03-10.
本文与张耀星合作.

§1. 材料与方法

样地见文献[6]. 调查方法：每年 4 月，当黄鼠完全出蛰后，采用 24 h 弓形铗法捕鼠. 在此期间，随机抽取 40 cm 深的黄鼠洞干约 2 000 个，用直径约 1.5 cm、长 100 cm 的胶管，一端缠 40cm 长的法兰绒布套制成的探蚤管进行探蚤，每洞探 3 次以上，对获得的蚤在昆虫室鉴定分类. 计算公式：

$$\text{洞干蚤指数}=\text{总蚤数}\div\text{总探洞数},$$

$$\text{某种洞干蚤指数}=\text{某种蚤数}\div\text{总探洞数},$$

$$\text{鼠洞干染蚤率}=\text{染蚤洞干数}\div\text{总探洞数}\times 100\%.$$

1.1 基本统计分析

这 13 年共调查面积 1 955 hm^2，年均(150±80) hm^2；共探黄鼠洞 25 286 个，年均 (1 945±1 224) 个；带蚤洞数 3 885 个，年均(299±239)个；获蚤总数 9 547 只，年均(734±745)只，总染蚤率 15.4%；总蚤指数 0.38 只，其他结果见表 1.1. 相关系数(后 5 种蚤和未分类蚤略)见表 1.2.

表 1.1 1981～1993 年黄鼠密度和洞干蚤指数

年度	黄鼠密度/只·(hm^{-2})	洞干蚤指数/只	Ct/只	Fl/只	Na/只	Nb/只	Fw/只	Op/只	Ap/只	Np/只	Lp/只	Nc/只
1981	0.15	0.09	0.050	0.024	0.004	0.003 5	0.000	0.000	0.000 0	0.000 0	0.000 0	0.008 0
1982	0.31	0.22	0.116	0.064	0.010	0.015 7	0.011	0.006	0.000 0	0.000 0	0.000 0	0.000 0
1983	0.41	0.29	0.120	0.112	0.008	0.035 0	0.007	0.010	0.000 0	0.000 0	0.000 0	0.001 0
1984	0.92	0.22	0.101	0.081	0.014	0.007 9	0.009	0.005	0.000 0	0.000 0	0.000 0	0.000 0
1985	2.63	0.37	0.270	0.081	0.010	0.006 0	0.000	0.000	0.000 0	0.000 0	0.000 0	0.000 6
1986	2.27	0.69	0.538	0.128	0.022	0.001 6	0.001	0.001	0.000 2	0.000 0	0.000 0	0.000 0
1987	3.58	0.66	0.533	0.098	0.021	0.003 1	0.000	0.000	0.000 0	0.000 0	0.000 0	0.000 0
1988	3.58	0.59	0.385	0.138	0.055	0.002 2	0.000	0.000	0.000 6	0.000 6	0.000 3	0.000 0
1989	3.26	0.23	0.170	0.035	0.023	0.000 0	0.002	0.000	0.000 0	0.000 0	0.000 0	0.000 0

续表

年度	黄鼠密度/只·(hm^{-2})	洞干蚤指数/只	Ct/只	Fl/只	Na/只	Nb/只	Fw/只	Op/只	Ap/只	Np/只	Lp/只	Nc/只
1990	1.98	0.22	0.118	0.057	0.041	0.000 3	0.000	0.002	0.000 0	0.000 0	0.000 0	0.000 0
1991	3.28	0.67	0.255	0.160	0.245	0.005 0	0.000	0.000	0.000 0	0.000 0	0.000 0	0.000 0
1992	6.38	0.64	0.368	0.193	0.075	0.000 0	0.000	0.000	0.000 0	0.000 0	0.000 0	0.000 0
1993	7.86	0.53	0.250	0.236	0.043	0.000 0	0.000	0.000	0.000 0	0.000 0	0.000 0	0.000 0
$\bar{x}$	2.82	0.42	0.252	0.108	0.044	0.006 2	0.002	0.002	0.000 1	0.000 0	0.000 0	0.000 8
s	2.30	0.22	0.162	0.062	0.064	0.009 7	0.004	0.003	0.000 2	0.000 2	0.000 1	0.002 3
%		100	66.0	23.6	6.9	1.7	0.67	0.60	0.20	0.02	0.01	0.24

注：Ct:黄鼠蚤；Fl:光亮额蚤；Na:阿巴盖新蚤；Nb:二齿新蚤；Fw:圆指额蚤；Op:角尖眼蚤；Ap:原双蚤田野亚种；Np:近代新蚤东方亚种 *Neopsylla pleskei orientalis*；Lp:多齿细蚤；Nc:未分类蚤.

表 1.2 相关系数

黄鼠密度	洞干蚤指数	黄鼠蚤	光亮额蚤	阿巴盖新蚤	二齿新蚤
1.000 0	0.631 0*	0.472 9	0.799 4**	0.303 9	−0.525 3°
	1.000 0	0.888 0****	0.746 8**	0.505 8°	−0.299 7
		1.000 0	0.459 4	0.131 7	−0.360 4
			1.000 0	0.445 9	−0.124 1
				1.000 0	−0.194 1
					1.000 0

注：****，**，*，°分别表示 $P<0.000\ 1$，$P<0.01$，$P<0.05$，$P<0.10$.

1.2 多样性分析

其年度多样性采用 Shanon-Wiener 指数 H，公式为 $H=-\sum P_i \ln P_i$，相应的均匀性指数 $E=H/\ln S$，S 为年度洞干蚤种数，P_i 为第 i 种蚤的个体数占年度各蚤种的总个体数的比例[7]，未分类蚤按一种计算(表 1.3).

表 1.3 各年份蚤类的多样性

年度	种数	多样性	均匀性	年度	种数	多样性	均匀性
1981	5	1.168 0	0.725 7	1988	7	0.913 8	0.469 6
1982	6	1.265 4	0.706 2	1989	4	0.781 0	0.563 4
1983	7	1.314 3	0.675 4	1990	5	1.041 1	0.646 9
1984	6	1.239 6	0.691 8	1991	4	1.115 0	0.804 3
1985	5	0.739 3	0.459 3	1992	3	0.930 6	0.847 0
1986	7	0.650 4	0.334 2	1993	3	0.918 0	0.835 6
1987	4	0.586 0	0.422 7				

1.3 黄鼠密度与巢染蚤率关系

1981 年～1993 年黄鼠洞干染蚤率（%）依次为

7.52， 13.73， 14.18， 9.13， 18.76， 22.69， 24.75，
20.56， 10.47， 10.44， 27.50， 20.71， 18.21，

其相关系数 $r=0.4943$，$0.05<P<0.10$.

§2. 结果与讨论

正镶白旗的黄鼠密度已连续监测 20 年，但洞干蚤的全面监测 20 世纪 80 年代才逐渐积累了较系统的资料. 1976 年～1978 年，乌宁巴图苏木组织了全苏木范围内的灭鼠，1989 年又曾组织一次捕鼠，故 1990 年黄鼠密度偏低，其余年份灭鼠工作再未连续开展. 因此，本文统计资料的黄鼠密度基本上处于自然增长状态. 由表 1.1，黄鼠洞干蚤共检蚤 3 科 6 属 9 种(不含未分类蚤)，年均(5.1±1.4)种，其中黄鼠蚤(66.0%)为洞干蚤的优势种，光亮额蚤(23.6%)为洞干蚤的次优势种，阿巴盖新蚤(6.9%)和二齿新蚤(1.7%)为常见种，圆指额蚤、角尖眼蚤、原双蚤田野亚种、近代新蚤东方亚种、多齿细蚤为少见种.

从相关分析看，黄鼠洞干蚤与黄鼠蚤、光亮额蚤、阿巴盖新蚤的关系均呈正相关($P<0.10$)、又三种蚤之间的关系也均呈一定的正相关，表明黄鼠蚤、光亮额蚤、阿巴盖新蚤与洞干蚤指数的升降关系基本一致，由于这三种蚤已占总洞干蚤的 96.95%，故它们数量的多少已能够描述洞干蚤数量动态. 黄鼠蚤与洞干蚤相关显著($P<0.0001$)，表明黄鼠蚤数量的

高低极为显著地影响洞干蚤数量. 这是因为,4 月是黄鼠出蛰期,其觅食、追逐交尾等活动较为频繁,这样,增加了蚤类脱落于洞干的机会. 又黄鼠蚤占体蚤的 72.38%[6],由此推算,脱落的黄鼠蚤应占比例高些. 实际上,黄鼠蚤占洞干蚤的 66.0%. 光亮额蚤与洞干蚤相关显著 ($P<0.01$)的原因是由于该种蚤在黄鼠体蚤中占 18.03%和在黄鼠巢蚤中占 25.01%所造成的. 黄鼠密度与洞干蚤指数、黄鼠蚤、光亮额蚤、阿巴盖新蚤的蚤指数均呈一定的正相关. 鼠密度 x 与洞干蚤指数 y 的关系显著 ($P<0.03$),模型为 $y=0.249\,1+0.059\,6x$. 二齿新蚤与黄鼠密度和洞干蚤指数、黄鼠蚤、光亮额蚤、阿巴盖新蚤的蚤指数均呈一定的负相关,但由于数量占总洞干蚤的 1.7%,故影响很小.

考虑蚤多样性,由于多样性年均(0.974 0±0.239 7)且方差较小,均匀性年均(0.629 4±0.166 0)且方差较小. 计算总洞干蚤指数、优势蚤种黄鼠蚤、次优势蚤种光亮额蚤与多样性、均匀性间的相关系数,仅得黄鼠蚤与多样性间呈极为显著的负相关 ($P<0.001$)、与均匀性间呈显著的负相关 ($P<0.05$). 由此我们得到:黄鼠蚤在蚤指数中占的比例越高(低),多样性和均匀性越低(高),且不同年份的蚤类多样性是比较稳定的. 此外,我们还计算了总蚤指数、蚤种数、多样性和均匀性间的相关系数,仅有蚤指数和多样性间呈负相关 $r=-0.569\,3$ ($P<0.05$),表明蚤指数越高,多样性指标越低;多样性和均匀性间呈正相关 $r=0.662\,1$ ($P<0.05$),表明多样性越高,均匀性越高.

考虑黄鼠密度与洞干染蚤率关系,其相关系数 $r=0.494\,3$ ($0.05<P<0.10$),表明宿主密度与染蚤率呈正相关但未达到显著水平 ($P<0.05$).

将体蚤、巢蚤数据[6,8]和本文洞干蚤数据进行比较分析,有如下结果. 从蚤种看,由于洞干蚤中检出近代新蚤,但体蚤、巢蚤未检出,表明黄鼠体蚤、巢蚤、洞干蚤的种数一般是不完全相同的.

从数量看,巢蚤指数远远大于体蚤指数[6,8],且均值差异很显著($P<0.005$),总蚤指数比值为巢蚤指数÷体蚤指数=9.74;由本文结果,体蚤指数远远大于洞干蚤指数,且均值差异很显著($P<0.005$),总蚤指数比值为体蚤指数÷洞干蚤指数=10.89. 由此我们得到三种蚤指数之间有如下近似关系:巢蚤指数∶体蚤指数∶洞干蚤指数=100∶10∶1. 如果按年

度分别计算巢蚤指数÷体蚤指数、体蚤指数÷洞干蚤指数，($\bar{x} \pm s$)分别为(9.769 2±5.362 7)只、(11.646 2±6.003 1)只，比值落在此范围的年份均为77%.

计算洞干蚤指数 y 和体蚤指数 x_1、洞干蚤指数和巢蚤指数 x_2 的回归模型，得

$y=0.207\,9+0.050\,4x_1$， $P=0.048\,9, r=0.555\,2$.

$y=0.276\,52+0.003\,48x_2$， $P=0.067\,2, r=0.522\,1$.

由此我们得到，体蚤指数、巢蚤指数能够预测洞干蚤指数，但体蚤指数的预测效果优于巢蚤指数.

考虑四种主要蚤种之间的顺序关系. 按高低排列，无论巢蚤、体蚤、洞干蚤指数，黄鼠蚤均为优势种；光亮额蚤、阿巴盖新蚤、二齿新蚤依次为第2～4种.

注意到一个有趣的现象. 在鼠体上的黄鼠蚤与洞干蚤指数相关显著 $r=0.619\,7$ ($P<0.05$)，鼠巢的黄鼠蚤与洞干蚤指数相关显著($r=0.613\,9$)($P<0.05$)，但洞干蚤的黄鼠蚤与体蚤指数相关不显著 $r=0.240\,0$($P>0.10$)，洞干蚤的黄鼠蚤与巢蚤指数相关不显著($r=0.249\,5$)($P>0.10$)，因此，体蚤和巢蚤中的黄鼠蚤显著影响洞干蚤，又因为黄鼠蚤占洞干蚤的66.0%，这在一定程度上推断出：黄鼠洞干蚤主要由黄鼠在洞干运动时体蚤中的黄鼠蚤脱落和巢蚤中的黄鼠蚤运动到洞干组成. 洞干的黄鼠蚤虽与体蚤和巢蚤有一定的正相关，但不能显著影响体蚤和巢蚤.

参考文献

[1] 马立名. 蚤数量与宿主数量关系. 昆虫学报，1988，31(1)：50-54.

[2] 李书宝. 黄鼠数量与蚤指数及无鼠面积的相关回归分析. 中国地方病防治杂志，1989，4(S)：44-46.

[3] 李仲来，王成贵，马立名. 达乌尔黄鼠密度的气象因子与蚤指数的关系. 中国媒介生物学及控制杂志，1993，4(4)：282-283.

[4] 费荣中，李景原，徐宝娟，等. 达乌尔黄鼠洞内蚤的空间分布. 昆虫学报，1981，24(4)：397-402.

[5] Jassby A D, Powell T M. Detecting changes in ecological time series. Ecology, 1990, 71(6): 2 044-2 052.

[6] 李仲来，张耀星. 黄鼠体蚤和宿主密度的年间动态关系. 昆虫学报，1997，

40(2): 166-170.

[7] Pielou E C,著. 卢泽愚，译. 数学生态学. 北京:科学出版社,1991,308-331.

[8] 李仲来,张耀星. 黄鼠巢蚤和宿主密度的年间动态关系. 昆虫学报,1998,41(1):77-81.

Abstract According to the fluctuation of population of *Spermophilus dauricus* and its burrow track flea index in Wuningbatu Sumu, Zhengxiangbai Banner, Inner Mongolia Autonomous Region during 1981～1993, the authors have found that there are nine flea species with *Citellophilus tesquorum mongolicus* (66.0%) as the most dominant member, and *Frontopsylla luculenta* (23.6%) the second. *Neopsylla abagaitui* and *N. bidentatiformis* are only of common occurrence whereas the other species are rather scare. The correlation between the burrow host population and its burrow track flea index is significant ($P<0.03$), i. e., (burrow track flea index) = 0.249 1 + 0.059 6 × (host population). But the correlation between the burrow track flea index and its infecting flea rate is not significant ($0.05<P<0.10$), and the diversity and evenness of flea species are influenced significantly by the proportion of *C. t. mongolicus* in the flea population. Furthermore, the relationship between the burrow track flea index and body flea index is significant ($P<0.05$), i. e., (burrow track flea index) = 0.270 9 + 0.050 4 × (body flea index), and that between the burrow track flea index and burrow nest flea index is also significant ($P<0.07$), i. e., (burrow track flea index) = 0.276 52 + 0.003 48 × (burrow nest flea index). Finally, the approximate relationships among the three kinds flea index as following: (burrow nest flea index) : (body flea index) : (burrow track flea index) = 100 : 10 : 1.

Keywords rat burrow track flea index; population density of *Spermophilus dauricus*; *Citellophilus tesquorum mongolicus*; yearly species fluctuation; species diversity.

兽类学报,

1999,19(1):37-42.

哈尔滨郊区人为鼠疫疫源地鼠类种群动态分析①

Analysis on the Population Dynamics of Rodents in Man-Made Plague Focuses of Haerbin Suburbs

摘要 根据黑龙江省哈尔滨市郊区人为鼠疫疫源地1952年~1996年达乌尔黄鼠(简称黄鼠)密度监测资料,建立了黄鼠密度的自回归模型 $D_t=0.1374+1.1302D_{t-1}-0.4754D_{t-2}+0.8033D_{t-3}-0.4680D_{t-4}$,对1997年~2000年的密度进行了预测. 1952年~1980年,人工捕黄鼠率极为显著地影响黄鼠密度($P<0.001$). 在该地区,1982年~1996年共捕啮齿动物6种,其中黄鼠和大仓鼠为野外优势种,褐家鼠为室内优势种,其余为常见种. 大仓鼠 x_1、黑线仓鼠 x_2、黑线姬鼠 *Apodemus agrarius* 均与夜行鼠总捕获率 y 正相关($P<0.01$). 设 x_3=小家鼠,x_4=褐家鼠,逐步回归模型为 $y=0.5219+1.1733x_1+1.0312x_2+1.1273x_3+0.9242x_4$ ($P<0.0001$). 黄鼠密度与捕获率不相关($P>0.10$).

关键词 人为鼠疫疫源地;达乌尔黄鼠密度;大仓鼠;褐家鼠;种群动态.

[中图分类号] Q958.1.11

1950年以前,哈尔滨郊区基本上属于农区,大部分土地已经开垦,原始植被已被破坏,但荒地和地格仍然与耕地交错成网,坟地星罗棋布,适宜黄鼠栖息. 由于日本在该地区秘密建立细菌武器研制中心第731部队,长期设立禁区,在驻地周围强占土地,驱逐居民,致使大片农田荒芜,杂草

① 国家自然科学基金资助项目(39570638).

收稿:1998-03-24;收修改稿:1998-11-06.

本文与杨岩、陈曙光合作.

从生,加以起伏的自然地貌,为黄鼠保持稳定的高数量创造了条件.1945年8月9日,日本在投降前夕,为掩盖其向我国发动细菌战争的严重罪行,将设在哈尔滨市南郊平房地区北纬45°25′,东经126°40′的第731部队细菌工厂炸毁,致使大批染疫鼠蚤到处扩散,传染了平房及其周围地区的鼠类,引起了当地鼠间鼠疫流行并传染给人类,并由此形成了国际上唯一的一块人为鼠疫疫源地.该地区地理位置:南面和西面有金兀术运粮河,东有阿什河,北临松花江,形成了一块相对独立的地区,其中有鼠面积64 305 hm^2,分布在17个乡镇,252个自然村(屯).1950年～1959年在黄鼠、大仓鼠 *Cricetulus triton*、褐家鼠、小家鼠鼠体上均分离出鼠疫菌.在当地政府领导下,经1957年后进行消灭黄鼠,使黄鼠密度控制在一个较低的水平.再加上开荒、造林、兴修水利、平坟、城市建设等改造措施,使原来的自然景观逐渐变为文化景观,破坏了黄鼠的栖息环境,在1962年～1982年,黄鼠密度一直低于0.3只/hm^2,且未检出鼠疫菌.但是,在1983年～1994年,又从黄鼠体中检出27份阳性血清,故该地区鼠疫疫源仍然存在.因此,对这种类型的人为鼠疫疫源地的鼠类种群进行分析,可加深对人类灭鼠和生态学灭鼠的认识,以及为人类反生物战提供一定的借鉴经验.关于黄鼠数量的变动已经做过研究的有费荣中等[1]、罗明澍等[2]、李仲来等[3,4];在人为鼠疫疫源地地区,从医学角度的研究有纪树立[5]、邹立国等[6,7]、方喜业[8],但未见黄鼠以及鼠类种群变动趋势的报道.本文对此进行了研究.

§1. 材料与方法

黄鼠密度调查:监测地区位于黑龙江省哈尔滨郊区的松花江中游的南部,属于草原黑土地带东北中部草原景观区.气候属于大陆性气候,年最高气温33.3 ℃、最低气温－41.4 ℃,最高月降水量216.6 mm.全年结冰期约5个月,每年地面11月开始结冻,3月开始融化,5月中旬全部解冻.该地除沿江河有部分低洼草甸和部分军事用地外,所有土地已被开垦.在田埂、坟地、小块草甸、路基两侧主要生长的有羊草、茵陈蒿 *Artemisia capillaris* 等.土壤以黑钙土及变质黑钙土为主.

1.1 调查方法

1952年～1981年每年4月～9月初,逢雨顺延(缺1966年～1971

年资料)，当黄鼠完全出蛰后，采用 24 h 弓形铗法，样方以 1 hm^2 为单位，按不同栖息地(耕地、荒地、坟地、水坝、道基) 逐月调查. 在样方内见黄鼠洞下铗，置铗于洞口，每 2 h 查看一次捕鼠情况，早晨和黄昏各一次. 1981 年前按栖息地随机抽样 (2～5) hm^2，每年平均调查面积约为 530 hm^2，调查黄鼠密度的均值作为年密度；1982 年后监测正规化，采用定点分层抽样，1982 年～1996 年每年平均调查面积约为 370 hm^2，调查时间为每年 4 月、7 月，两次调查黄鼠密度的均值作为年密度(表 1.1).

表 1.1 黄鼠密度 只/hm^2

年份	密度	年份	密度	年份	密度	年份	密度
1952	18.10	1962	0.30	1978	0.13	1988	0.59
1953	21.15	1963	0.27	1979	0.02	1989	0.26
1954	12.67	1964	0.05	1980	0.04	1990	0.36
1955	15.00	1965	0.10	1981	0.05	1991	1.13
1956	17.60	1972	0.002	1982	0.29	1992	1.61
1957	5.00	1973	0.03	1983	0.36	1993	1.03
1958	0.40	1974	0.01	1984	0.48	1994	0.63
1959	1.76	1975	0.01	1985	0.36	1995	0.68
1960	1.05	1976	0.04	1986	0.57	1996	0.53
1961	0.96	1977	0.01	1987	0.36		

由于表 1.1 的黄鼠密度缺 1966 年～1971 年监测资料，主要原因是在“文化大革命”期间，鼠疫监测工作中断造成的. 将 1965 年和 1972 年密度作等分插值，得 1966 年～1971 年的密度(单位：只/hm^2)依次为 0.086，0.072，0.058，0.044，0.030，0.016，这样做的目的是为了保证数据的连续性. 当然，黄鼠密度不可能按照插值的规律变化. 但由表 1.1 看出，“文化大革命”前两年(1964 年～1965 年) 和“文化大革命” 中 (1972 年～1976 年) 的黄鼠密度很低，从当时的灭鼠记录可以看出，灭鼠工作未间断，黄鼠密度很低是比较可信的. 夏武平曾指出，“文化大革命”期间鼠害研究受到的影响较小[9]. 对鼠密度作自相关分析，并求自回归模型. 计算用 SAS 软件完成，下同.

1.2　野外夜行鼠调查

1982 年后，在上述同一监测区，每年 4 月～9 月每月用 5 m 铗线法按不同栖息地(耕地、坟地、水坝、道基)逐月调查，每月布铗 200 次，总捕获率作为年捕获率 (表 1.2).

表 1.2　野外夜行鼠捕获率　　%

年份	捕获率	大仓鼠	黑线姬鼠	黑线仓鼠	小家鼠	褐家鼠
1982	6.74	2.83	1.50	2.08	0.33	0.00
1983	12.34	4.17	1.25	4.92	1.75	0.25
1984	13.25	7.33	2.25	3.00	0.25	0.42
1985	10.58	4.00	1.75	1.58	2.25	1.00
1986	5.42	4.25	0.83	0.17	0.00	0.17
1987	7.82	5.08	1.33	0.25	0.83	0.33
1988	6.49	4.00	1.08	1.33	0.00	0.08
1989	3.75	2.25	1.08	0.42	0.00	0.00
1990	5.25	2.17	0.83	1.25	0.58	0.42
1991	4.39	2.06	0.50	0.22	0.94	0.67
1992	4.50	1.50	0.89	0.50	0.61	1.00
1993	4.29	2.06	0.78	0.28	0.67	0.50
1994	4.74	1.80	1.67	0.07	0.67	0.53
1995	6.20	3.27	1.13	1.07	0.53	0.20
1996	4.67	1.87	0.60	0.27	0.20	1.73
$\bar{x}$	6.70	3.24	1.16	1.16	0.64	0.49
s	3.02	1.59	0.47	1.34	0.63	0.46

1.3　家栖鼠调查

1982 年后，每年 4 月～9 月每月在室内布铗 200 次，共布铗 1 200 次，平均捕获率 2.36%，其中褐家鼠占 80%，小家鼠占 20% (数据略).

§2. 结果与讨论

2.1　黄鼠密度分析

1949 年以来，当地政府积极开展防治鼠疫工作. 1951 年～1953 年，灭鼠的重点主要放在家鼠上. 有计划地开展灭黄鼠工作，始于 1957 年～1958 年. 计算 1952 年～1965 年，1972 年～1980 年哈尔滨地区人工捕黄鼠在捕鼠总数中所占的比例 x 与黄鼠密度 y 间的回归模型为：$y=9.8110-10.5977x$，$r=-0.6859$，$P=0.0003$，故人工捕黄鼠比例极为显著地影响黄鼠密度.

由表 1.1，黄鼠密度($\bar{x}\pm s$) = (2.67±5.69) 只/hm²；由于黄鼠密度均大于 5.0 只/ hm² 或小于 1.8 只/hm²，故均值 $\bar{x}$ 不能反映种群密度的集中趋势. 因变异系数 cv=213%，且最高年份(1953) 密度 21.15 只/hm² 是最低年份(1972) 密度 0.002 只/hm² 的 10 575 倍，这是因为灭鼠前后黄鼠密度变化剧烈引起.

如果按年代计算黄鼠密度，20 世纪 50，60，70，80，90 年代的 ($\bar{x}\pm s$) (只/ hm²)依次为 (11.46±8.00)，(0.46±0.44)，(0.03±0.04)，(0.34±0.19)，(0.85±0.43).

由此看到，这 44 年的黄鼠密度波动呈两头高、中间低，而 20 世纪 50 年代又明显分为两段：1952 年～1956 年，密度为($\bar{x}\pm s$) = (16.91±3.22) 只/hm²，经 1957 年灭鼠后，黄鼠密度明显下降；20 世纪 60，70，80 年代的平均密度均小于 0.5 只/hm²，其主要原因是由于持续、大面积以防治鼠疫为目标进行灭鼠后，使黄鼠密度控制在一个较低的不足危害的水平；以及人类对自然环境的改造，使原来的自然景观逐渐变为文化景观，黄鼠分布已由连续的带状分布，改变为孤立的点状分布，故改造生态环境，也是控制黄鼠密度的根本措施之一.

黄鼠密度的自相关系数

$r(1)=0.7899$，$r(2)=0.5586$，$r(3)=0.4890$，$r(4)=0.2994$，$r(5)=0.0732$，$r(6)=0.0193$，其余略去.

其中 $r(i)$ 表示黄鼠密度在 t 年份与 $t+i$ 年份的线性相关程度，i 为滞后年份. 求自回归模型 $A(p)$：$p=1,2,3$ 时不收敛；$p=4$ 时，AIC=205.446，$p=5$ 时，AIC=206.085，故取 $p=4$，且满足白噪声残差为独立的条件($P>0.05$)，模型为

$$D_t=0.1374+1.1302D_{t-1}-0.4754D_{t-2}+0.8033D_{t-3}-0.4680D_{t-4}. \tag{2.1}$$

由黄鼠密度的自相关系数和自回归模型知道，在 t 年黄鼠密度与前 4 年密度的相关关系密切，利用 (2.1)，预测 1997 年～2000 年的黄鼠密度依次为(单位：只/hm²) 0.44，0.63，0.75，0.79.

虽然黄鼠每年繁殖一次，其种群动态波动不会太大，但灭鼠前后种群波动可能大. 拟合其数量波动，曾采用分段直线拟合吉林省黄鼠种群动态[4]，采用分段 Logistic 曲线拟合察哈尔丘陵黄鼠种群数量波动[3]，如用这两种方法拟合表 1.1 数据，预测效果很差，故采用时间序列方法，这方面国内已有何森等[10]应用三次指数平滑拟合了板齿鼠 *Bandicota indica* 种群数量等，但使用时间序列一般要求数据≥30. 从 $r(1)=0.7899$ 和 (2.1) D_{t-1} 的系数看出，头一年黄鼠密度对第二年的影响最大. 随着滞后年份 i 的增加，自相关系数 $r(i)$的作用，即在 t 年的黄鼠密度与 $t+i$ 年的密度的相关程度越来越小.

2.2 夜行鼠分析

从 1982 年后，布铗 20 700 次，捕鼠 1 331 只，捕获率 6.43%. 由表 1.1～表 1.2，共捕啮齿动物 3 科 5 属 6 种，除黑线仓鼠外，其余 5 种均被列为重要的啮齿动物[11]. 家栖鼠仅捕到 2 种，褐家鼠为优势种，小家鼠为次，这与我国城市家鼠组成的顺位一致[12]. 从野外鼠种看，除黄鼠外，大仓鼠为优势种，其捕获率占总捕获率的一半（47.9%）；黑线仓鼠（17.5%）和黑线姬鼠（16.5%）为次优势种；两种家栖鼠：褐家鼠（8.1%）和小家鼠（10.0%）在野外所占比例较小. 由此得到，该地区鼠主要分为 3 类.（1）野外白天活动鼠类：黄鼠；（2）野外晚间活动鼠类：大仓鼠、黑线仓鼠、黑线姬鼠；（3）野外和家栖鼠：褐家鼠和小家鼠.

计算夜行鼠捕获率指标间的相关系数，得到表 2.1.

表 2.1　相关系数

总捕获率	大仓鼠	黑线姬鼠	黑线仓鼠	小家鼠	褐家鼠
1.000 0	0.820 7***	0.722 4**	0.830 9***	0.494 6°	−0.102 0
	1.000 0	0.658 4**	0.510 0°	0.065 4	−0.307 1
		1.000 0	0.470 0°	0.399 7	−0.247 9
			1.000 0	0.225 2	−0.232 1
				1.000 0	0.246 0
					1.000 0

注：其中***，**，°依次表示 $P<0.001$，$P<0.01$，$P<0.10$，其余为 $P>0.10$.

由此看出，大仓鼠 x_1、黑线仓鼠 x_2、黑线姬鼠均与总捕获率正相关（$P<0.01$），它们之间呈一定的正相关（$P<0.10$）. 计算总捕获率 y 与 5

种鼠的逐步回归模型,设 x_3=小家鼠,x_4=褐家鼠,入选和剔除变量的临界值 $F=2$,得

$$y=0.5219+1.1733x_1+1.0312x_2+1.1273x_3+0.9242x_4,$$

$$F=192.10,\ P=0.0000.$$

2.3 夜行鼠总捕获率与黄鼠密度的关系

夜行鼠总捕获率与黄鼠密度的相关系数 $r=-0.4053$ ($P=0.1339$),因为黄鼠是白天活动,夜间偶尔出来觅食,从表 1.2 看,这 15 年捕获的野外夜行鼠中未捕到黄鼠,故黄鼠密度与捕获率无显著的相关关系 ($P>0.10$).

参考文献

[1] 费荣中,李景原,商志宽,杨清杰. 达乌尔黄鼠的生态研究. 动物学报, 1975, 21 (1): 18-29.

[2] 罗明澍,钟文勤. 达乌尔黄鼠种群生态的一些资料. 动物学杂志,1990, 25(2):50-54,60.

[3] 李仲来,刘来福,张耀星. 内蒙古察哈尔丘陵啮齿动物种群数量的波动和演替. 兽类学报,1997,17 (2):118-124.

[4] 李仲来,李书宝,周方孝. 吉林省达乌尔黄鼠种群动态分析. 动物学杂志, 1998,33 (1):35-37.

[5] 纪树立,主编. 鼠疫. 北京:人民卫生出版社,1988:19, 41-42.

[6] 邹立国,谢音凡,杨岩. 哈尔滨地区人为鼠疫疫源地现状浅析. 中国地方病学杂志, 1988, 7 (6): 340,343,358.

[7] 邹立国,姜宁,张贺丽,谢音凡. 哈尔滨郊区黄鼠鼠疫疫点分布特点调查. 中国地方病学杂志,1991,10(5):313-314.

[8] 方喜业,主编. 中国鼠疫自然疫源地. 北京:人民卫生出版社,1990: 155-161.

[9] 夏武平. 我国 55 年来的兽类学. 动物学杂志, 1989, 24 (4): 45-49.

[10] 何淼,林继球,翁文英. 板齿鼠种群数量中长期预测的时间序列模型. 兽类学报, 1996, 16 (4): 297-302.

[11] 邓址. 啮齿动物的生态与防治. 北京: 北京师范大学出版社, 1989: 284-323.

[12] 李镜辉,刘起勇,杨庭祥. 全国部分城乡家鼠鼠情监测三年结果分析. 中国鼠类防制杂志,1988,4 (4):273-275.

Abstract According to the population of the rodents in man-made plague focuses of Haerbin suburbs, Heilongjiang Province of China in 1952～1996, the autoregression model of density of *Spermophilus dauricus* was obtained using time sequence method, i. e. $D_t = 0.1374 + 1.1302D_{t-1} - 0.4754D_{t-2} + 0.8033D_{t-3} - 0.4680D_{t-4}$. And the forecasting densities of them were given in 1997～2000. The densities of *S. dauricus* were influenced very significantly by the artificial rodenticide rates of them ($P<0.001$) in 1952～1980. There were six rodent species in this region from 1982～1996, with *S. dauricus* and *Cricetulus triton* as the outdoor dominant species, and *Rattus norvegicus* as the indoor. And the common species were others. There existed positive correlation relationship between the catch rate of night rodent and *C. triton*, and *C. barabensis*, and *Apodemus agrarius* respectively ($P<0.01$). The stepwise regression model was (the catch rate of night rodent) $=0.5219+1.1733\times$(*C. triton*) $+1.0312\times$(*C. barabensis*) $+1.1273\times$(*Mus musculus*) $+0.9242\times$(*R. norvegicus*) ($P<0.0001$). There was not relationship between the density of *S. dauricus* and the catch rate of night rodent ($P>0.10$).

Keywords man-made plague focuses; density of *Spermophilus dauricus*; *Cricetulus triton*; *Rattus norvegicus*; population dynamics.

昆虫学报，
1999，42(3)：284-290.

长爪沙鼠寄生蚤指数和气象因子关系的研究[①]

Studies on Relationships among Parasitic Flea Index of *Meriones Unguiculatus* and Meteorological Factors

摘要 根据内蒙古自治区土默特平原1983年～1985年长爪沙鼠(简称沙鼠)巢蚤、体蚤、洞干蚤指数和6项气象资料进行分析，得到如下结果.

①共获蚤11种，其中秃病蚤蒙冀亚种(简称秃病蚤)(67.50%)是优势种，二齿新蚤(22.65%)为次优势种.

② 3种蚤指数的均值差异显著($P<0.000\ 1$).

③ 体蚤指数X与洞干蚤指数Y相关显著($P<0.05$)，模型为$Y=0.004\ 9+0.024\ 8X$，巢蚤与体蚤、巢蚤与洞干蚤指数的相关不显著($P>0.25$).

④ 沙鼠密度与3种蚤指数的相关均不显著($P>0.10$).

⑤ 在巢蚤中，月温度是影响巢秃病蚤唯一的气象因子($P<0.05$).

⑥ 分别求出鼠体的秃病蚤和同形客蚤指名亚种与气象因子的最优回归子集($P<0.003$，$P<0.05$)，洞干的秃病蚤和二齿新蚤与气象因子的最优回归子集($P<0.000\ 7$，$P<0.01$)，月蒸发量是影响秃病蚤的最重要因子.

⑦ 春季与冬季、夏季与冬季巢蚤指数差异显著($P<0.05$)；春季与冬季、夏季与冬季体蚤指数差异显著($P<0.05$)；春季与冬季、夏季与秋季、夏季与冬季洞干蚤指数差异显著($P<0.05$).

关键词 巢蚤；体蚤；洞干蚤；秃病蚤蒙冀亚种；长爪沙鼠；气象因子.

---

① 国家自然科学基金资助项目(39570638).
收稿：1997-07-03；收修改稿：1997-09-02.
本文与陈德合作.

蚤类全年世代研究，特别是冬季生态，结合不同地区的主要寄生宿主及其媒介进行分析，是苏联20世纪60年代～70年代以来的新动向[1]，我国在20世纪70年代开始填补空白. 关于沙鼠的蚤类数量动态的初步描述，已有的逐月调查报道有李效岚（调查地点和时间：宁夏灵武县（现：灵武市），1974年6月～1975年5月），秦长育等（宁夏陶乐县①，1979年5月～1980年6月），刘纪有等（内蒙古四子王旗，1979年5月～1981年4月），陈德（内蒙古土默特平原，1983年4月～1985年12月），张万荣等（内蒙古鄂托克前旗，1985年4月～1986年3月）[2~6]，李仲来等讨论了不同年度沙鼠体蚤数量和气象因子的关系[7]，关于在不同月份沙鼠巢蚤、体蚤、洞干蚤指数的关系，与气象因子的关系，在不同季节蚤指数间的关系报道少见. 本文对此进行了研究.

§1. 材料和方法

样地位于内蒙古自治区土默特平原，北纬40°28′～40°38′，东经109°23′～110°47′. 调查区北侧的乌拉山和大青山高出平原约1 000 m，使平原与北部的内蒙古高原截然分开；南临黄河与鄂尔多斯高原. 平原北半部为山前洪积冲积平原，南半部为黄河冲积平原. 地形由南向北缓缓升高，海拔1 000 m～1 300 m. 土壤为栗钙土. 根据土壤、地形、植被将调查区分为4种栖息地类型：

(1) 本氏针茅 *Stipa bungeana*、三芒草 *Aristida adscensionis*、糙隐子草、狭叶锦鸡儿 *Caragena stenophylla* 砾质壤土山前坡麓；

(2) 羊草、冷蒿、牛枝子 *Lespedeza potaninii* 沙土壤山前洪积冲积平原；

(3) 盐爪爪、白刺、芨芨草、羊草壤土盐化草甸；

(4) 沙蓬 *Agriophyllum squarrosum*、绵蓬 *A. arenarium*、雾冰藜 *Bassia dasyphylla* 等沙生植物为主的半固定、固定起伏沙地.

4种不同类型地理景观呈带状分布，沙鼠在各类栖息地均有广泛分布.

在4种栖息地内，1983年4月～11月、1984年～1985年每月进行

① 2004年被撤销，所辖乡镇分别划入石嘴山市平罗县、银川市兴庆区.

沙鼠和蚤指数调查. 调查方法：以 hm^2 为单位，采用 24 h 弓形铗法捕鼠，每月调查 5 hm^2. 在此期间，每月随机挖有效沙鼠巢穴约 30 个，将鼠洞剖开后，取巢垫物及表面巢土一起装入布袋，在检蚤室检蚤，对获得的蚤鉴定分类. 计算公式：

$$y_1 = \text{巢蚤指数} = \text{总蚤数} \div \text{总检巢数},$$

$$\text{某种巢蚤指数} = \text{某种蚤数} \div \text{总检巢数}.$$

对捕获活体沙鼠，每月随机抽取约 230 只，单只袋装，在检蚤室用乙醚麻醉后，用篦子或毛刷梳蚤，对获得的蚤鉴定分类，计算公式：

$$y_2 = \text{体蚤指数} = \text{总蚤数} \div \text{总检鼠数},$$

$$\text{某种体蚤指数} = \text{某种蚤数} \div \text{总检沙鼠数}.$$

每月随机抽取沙鼠洞干约 540 个，用白绒布包制的软胶管探入洞道 30 cm～40 cm，停留半分钟，每洞连探 3 次，对获得的蚤在昆虫室检蚤，鉴定分类. 计算公式：

$$y_3 = \text{洞干蚤指数} = \text{总蚤数} \div \text{总探洞数},$$

$$\text{某种洞干蚤指数} = \text{某种蚤数} \div \text{总探洞数}.$$

气象数据取自包头气象站. 气象因子取：x_1＝月均气温、x_2＝月均相对湿度、x_3＝月降水量、x_4＝月均地表温度（0 cm）、x_5＝月蒸发量、x_6＝月日照时数.

分析方法：(1) 对巢蚤、体蚤、洞干蚤指数作方差分析（ANOVA），再作多重检验（LSD 法）. (2) 对 3 种蚤指数作相关分析；对沙鼠密度与 3 种蚤指数作相关分析. (3) 用全回归分别求 3 种蚤指数与气象因子的最优回归子集后，再分别求出巢蚤、体蚤、洞干蚤的优势种和次优势种（或常见种）与气象因子的最优回归子集. (4) 按 4 月～5 月、6 月～8 月、9 月～10 月、11 月至翌年 3 月划分春、夏、秋、冬四季，分别对 3 种蚤指数作 ANOVA，再作多重检验（LSD 法）. 计算均用 SAS 软件完成.

§ 2. 结果与讨论

开展蚤指数的逐月调查，对研究蚤类动态规律有重要意义，但需要花费大量的人力、物力和财力. 近 10 年来，此项工作在我国已少见. 本文选内蒙古土默特平原的逐月监测资料，主要原因是它在现有资料中调查时间最长和较完整，除内蒙古四子王旗资料为 2 年外，其余均为 1 年. 鉴于文献[2～6]多为描述性研究，本文对其进行更深入的研究.

2.1 基本统计分析

32 个月共检沙鼠 7 430 只,月均 232 只,共挖巢 1 004 个，月均 31 个，获巢蚤总数 6 134 只，月均 192 只；获体蚤总数 1 759 只，月均 55 只;共探洞 17 584 个,月均 550 个,获洞干蚤总数 158 只,月均 5 只,且有关系:巢蚤指数均值＞体蚤指数均值＞洞干蚤指数均值.对巢蚤、体蚤、洞干蚤指数作 ANOVA($F=18.56$，$P<0.001$)，即 3 种蚤指数均值差异极为显著.再作多重检验（LSD 法),知巢蚤与体蚤、巢蚤与洞干蚤、体蚤与洞干蚤指数、均值差异极为显著($P<0.001$),其结果用字母标记法[8](表 2.1),且表 2.1 是按月、四季蚤指数均值从大到小排列的.

表 2.1　沙鼠巢蚤、体蚤和洞干蚤季节指数

分类	蚤指数/只	$\bar{x}\pm s$/只	LSD	范围/只	变异系数/%
月	巢	8.349±10.825	a	1.056～59.000	129.66
月	体	0.190±0.178	b	0.000～0.646	93.68
月	洞干	0.010±0.011	c	0.000～0.038	111.46
冬季	巢	14.302±16.474	a	4.125～59.000	115.18
秋季	巢	8.011±5.164	ab	2.278～15.600	64.46
夏季	巢	4.543±3.151	b	1.059～9.167	69.34
春季	巢	3.479±2.922	b	1.056～8.750	84.00
春季	体	0.282±0.232	a	0.000～0.494	82.15
夏季	体	0.281±0.221	a	0.000～0.646	78.75
秋季	体	0.148±0.060	ab	0.034～0.199	40.32
冬季	体	0.088±0.074	b	0.000～0.222	83.94
夏季	洞干	0.020±0.010	a	0.010～0.038	48.77
春季	洞干	0.014±0.009	ab	0.006～0.029	62.24
秋季	洞干	0.007±0.004	b	0.001～0.014	67.69
冬季	洞干	0.000±0.000	b	0.000～0.000	

巢蚤、体蚤、洞干蚤共获蚤 4 科 7 属 11 种，其中秃病蚤(67.50%)是优势种，二齿新蚤(22.65%)为次优势种,其余蚤种为同形客蚤指名亚种、不常纤蚤 *Rhadinopsylla insolita*、弱纤蚤 *R. tenella*、黄鼠蚤蒙古亚种、角尖眼蚤指名亚种 *Ophthalmopsylla praefecta praefecta*、短跗鬃眼蚤、光亮额蚤、阿巴盖新蚤、前凹眼蚤 *O. jettmari* 为常见种和少见种.

将巢蚤、体蚤、洞干蚤的优势种和常见种排序，巢蚤：秃病蚤 66.3%、二齿新蚤 25.0%、不常纤蚤 5.5%、其他蚤 3.2%；体蚤：秃病蚤 74.4%、同形客蚤指名亚种 9.6%、二齿新蚤 7.6%、其他蚤 8.4%；洞干蚤：秃病蚤 77.8%、二齿新蚤 8.2%、同形客蚤指名亚种 7.6%、其他蚤 6.3%.

2.2 相关分析

经计算得：巢蚤与体蚤指数的相关系数 $r=-0.1211$，$P=0.5090$；巢蚤与洞干蚤指数 $r=-0.2747$，$P=0.1281$；体蚤与洞干蚤指数 $r=0.4142$，$P=0.0184$，知体蚤指数 X 与洞干蚤指数 Y 相关显著($P<0.05$)，模型为 $Y=0.0049+0.0248X$.

沙鼠密度与巢蚤指数的相关系数 $r=-0.1289$，$P=0.4820$；鼠密度与体蚤指数 $r=0.2818$，$P=0.1181$；鼠密度与洞干蚤指数 $r=0.0150$，$P=0.9351$，知沙鼠密度和 3 种蚤指数均不相关($P>0.10$). 放宽标准：鼠密度与巢蚤、体蚤指数有一定的相关 ($0.11<P<0.13$)，但未达到显著性检验标准($P<0.05$).

2.3 巢蚤、体蚤、洞干蚤指数与气象因子的最优回归子集

巢蚤指数 y_1 与气象因子 $x_1\sim x_6$ 的回归模型不显著 ($F=0.84$，$P=0.5500$). 求巢蚤指数与 $x_1\sim x_6$ 的最优回归子集，仅得温度对巢蚤有显著影响 ($F=5.42$，$P=0.0269$). 再分别考虑：① 巢蚤中优势种秃病蚤与 $x_1\sim x_6$ 的回归模型不显著 ($F=0.73$，$P=0.6329$). 求秃病蚤与 $x_1\sim x_6$ 的最优回归子集，仅得秃病蚤指数$=8.4480-0.2870x_1$ ($F=4.58$，$P=0.0406$). ② 巢蚤中次优势种二齿新蚤与 $x_1\sim x_6$ 的最优回归子集均不显著($P>0.50$). 由此说明气象因子对巢蚤指数无综合影响，只有温度对秃病蚤有显著影响($P<0.05$). 由于温度的系数是负值，即温度越高，秃病蚤指数越低；反之亦然.

利用全回归建立体蚤指数 y_2 与 $x_1\sim x_6$ 的 6 个最优回归子集均满足 $P<0.003$(模型略). 分别考虑体蚤优势种秃病蚤和常见种同形客蚤指名亚种与 $x_1\sim x_6$ 的回归模型见表 2.2 的(1)～(6)和(13)～(18). 例如表 2.2 的 (2)，回归模型：设体秃病蚤指数$=y$，$y=0.1786-0.0032x_2+0.00076x_5$，此式是从两个因子的 21 个回归模型中按复相关系数的平方 R^2，选出最大的一个所得，其余类推. 洞干蚤指数 y_3 与 $x_1\sim x_6$ 的最优回归子集均满足 $P=0.0001$ (模型略). 分别考虑洞干蚤的优势种秃病蚤和常见种二齿新蚤与 $x_1\sim x_6$ 的回归模型见表 2.2 的(7)～(12)和(19)～(24).

表 2.2　含 i (i=1,2,…,6)个气象因子的最优回归模型

指数	(i)	b_0	b_1	b_2	b_3	b_4	b_5	b_6	F	P
体秃病蚤	(1)	0.013 8					$0.0^{3}78$①		18.48	0.000 2
	(2)	0.178 6		−0.003 2			$0.0^{3}76$		11.42	0.000 2
	(3)	0.554 1		−0.003 9			0.001 2	−0.001 6	9.96	0.000 1
	(4)	0.793 7	0.005 2	−0.006 0			$0.0^{3}78$	−0.002 0	7.55	0.000 3
	(5)	0.771 0	0.005 6	−0.005 5	$-0.0^{3}31$		$0.0^{3}79$	−0.002 0	5.89	0.000 9
	(6)	0.785 1	0.004 9	−0.005 6	$-0.0^{3}30$	$0.0^{3}97$	$0.0^{3}75$	−0.002 1	4.72	0.002 4
洞干秃病蚤	(7)	−0.003 5					$0.0^{4}64$		35.07	0.000 1
	(8)	0.011 8					$0.0^{4}86$	$-0.0^{4}74$	19.44	0.000 1
	(9)	0.007 7		$0.0^{4}60$			$0.0^{4}85$	$-0.0^{4}69$	12.73	0.000 1
	(10)	−0.002 8	$-0.0^{3}23$	$0.0^{3}15$			$0.0^{3}11$	$-0.0^{4}52$	9.38	0.000 1
	(11)	−0.004 0	$-0.0^{3}21$	$0.0^{3}18$	$-0.0^{4}16$		$0.0^{3}11$	$-0.0^{4}52$	7.28	0.000 2
	(12)	−0.000 9	$-0.0^{3}36$	$0.0^{3}16$	$-0.0^{4}15$	$0.0^{3}21$	$0.0^{4}97$	$-0.0^{4}58$	5.86	0.000 6
体同形客蚤指名亚种	(13)	−0.013 5					$0.0^{3}16$		12.41	0.001 4
	(14)	−0.026 4	−0.001 3				$0.0^{3}29$		7.21	0.002 9

续表

指数	(i)	b_0	b_1	b_2	b_3	b_4	b_5	b_6	F	P
	(15)	0.042 7			$-0.0^{3}17$		$0.0^{3}27$	$-0.0^{3}27$	5.29	0.005 1
	(16)	0.030 9	$-0.0^{3}60$		$-0.0^{3}12$		$0.0^{3}32$	$-0.0^{3}25$	3.92	0.012 3
	(17)	−0.009 0	−0.001 2	$0.0^{3}43$	$-0.0^{3}15$		$0.0^{3}37$	$-0.0^{3}19$	3.09	0.025 4
	(18)	0.006 8	−0.002 0	$0.0^{3}32$	$-0.0^{3}14$	0.001 1	$0.0^{3}33$	$-0.0^{3}22$	2.51	0.048 9
洞干二齿	(19)	$-0.0^{3}24$					$0.0^{5}60$		14.75	0.000 6
新蚤	(20)	$0.0^{3}45$			$-0.0^{4}10$	$0.0^{4}62$			9.74	0.000 6
	(21)	$0.0^{3}34$	$-0.0^{3}12$		$-0.0^{5}80$	$0.0^{3}17$			7.24	0.001 0
	(22)	$-0.0^{3}31$	$-0.0^{3}14$	$0.0^{4}13$	$-0.0^{4}10$	$0.0^{3}18$			5.45	0.002 4
	(23)	−0.002 4	$-0.0^{3}14$	$0.0^{4}22$	$-0.0^{4}10$	$0.0^{3}17$		$0.0^{5}69$	4.44	0.004 7
	(24)	−0.003 6	$-0.0^{3}14$	$0.0^{4}33$	$-0.0^{4}10$	$0.0^{3}14$	$0.0^{5}35$	$0.0^{5}83$	3.63	0.009 9

① $0.0^{3}78=0.000\ 78$，下同.

由于最优回归子集均能显著地预测体蚤指数($P<0.003$) 和洞干蚤指数 ($P<0.000\ 1$),故气象因子对体蚤指数的影响小于洞干蚤指数.

先考虑气象因子对沙鼠体蚤和洞干蚤的优势种秃病蚤的影响.由表2.2 的模型(1)～(12),① 蒸发量全部入选,表明它是影响秃病蚤指数的最重要因子,其系数为正,即蒸发量越高,鼠体和洞干的秃病蚤越多,反之亦然;② 日照时数、湿度和温度是影响秃病蚤的主要因子(分别入选 9 次,9 次,6 次), 由于日照的系数是负值,即日照时数越多,沙鼠体和洞干的秃病蚤越少;湿度与鼠体秃病蚤的系数为负,即湿度越高,沙鼠体的秃病蚤越少;湿度与洞干的秃病蚤的系数为正,即湿度越高,沙鼠洞干的秃病蚤越多;温度与鼠体秃病蚤的系数为正,即温度越高,沙鼠体的秃病蚤越多;温度与洞干的秃病蚤的系数为负,即温度越高,沙鼠洞干的秃病蚤越少;③ 降水量和地表温度对体蚤和洞干蚤的影响最小(入选 4 次,2 次),降水量的系数为负,即降水量多时,沙鼠体和洞干的秃病蚤少;地表温度的系数为正,即地表温度高时,沙鼠体和洞干的秃病蚤多.

再考虑气象因子对沙鼠体蚤的常见种同形客蚤指名亚种的影响, 由表 2.2 的模型(13)～(18),① 蒸发量全部入选,表明它是影响同形客蚤指名亚种指数的最重要因子,其系数为正,即蒸发量越高,同形客蚤指名亚种越多;② 温度、降水量、日照时数是影响秃病蚤的主要因子(均入选 4 次)且系数均为负,即温度越高、降水量和日照时数越多时,沙鼠体的同形客蚤指名亚种越少;③ 湿度和地表温度对同形客蚤指名亚种的影响最小(入选 2 次,1 次) 且系数均为正,即湿度和地表温度高时,同形客蚤指名亚种指数高.

最后考虑气象因子对洞干蚤的常见种二齿新蚤的影响. 由表 2.2 的模型(19)～(24),① 降水量和地表温度是影响二齿新蚤指数的主要因子(均入选 5 次),降水量系数为负,即降水量越高,二齿新蚤指数越低;地表温度系数为正,即地表温度越高,二齿新蚤指数越高;② 温度和湿度是影响二齿新蚤的次要因子 (入选 4 次,3 次),温度系数为负,即温度越高,二齿新蚤指数越低;湿度系数为正,即湿度越高,二齿新蚤指数越高;③ 蒸发量和日照时数对二齿新蚤的影响较小 (均入选 2 次) 且系数均为正,即蒸发量大和日照时数高时, 二齿新蚤指数高.

除上面讨论的蚤种外,沙鼠巢蚤、体蚤和洞干蚤其他常见种和少见种所占的比例很小,气象因子对其影响的讨论略.

2.4 四季蚤指数比较

表 2.1 巢蚤、体蚤和洞干蚤指数的变异系数较大，其原因是未按季节考虑. 以下按月平均温度划分四季：温度在(0～20)℃为春季和秋季，温度不小于 20 ℃为夏季，温度不大于 0 ℃为冬季，春、夏、秋、冬四季划分为 4 月～5 月，6 月～8 月，9 月～10 月，11 月～翌年 3 月. 这与按 3 月～5 月，6 月～8 月，9 月～11 月，12 月～翌年 2 月划分四季[9]的区别在于冬季加长 2 个月，而恰在 11 月至翌年 3 月，未检到洞干蚤. 未检到体蚤的有 3 个月(1986 年 8 月；1984 年 3 月和 4 月). ① 对巢蚤指数作 ANOVA，$F=2.08$，$P=0.1249$. 多重检验(LSD 法)：春季与冬季、夏季与冬季蚤指数差异显著($P<0.05$)，其余季节之间差异不显著($P>0.05$)；② 对体蚤指数作 ANOVA(表 2.1)，$F=3.17$，$P=0.0396$. 多重检验(LSD 法)：春季与冬季、夏季与冬季蚤指数差异显著($P<0.05$)，其余季节之间差异不显著 ($P>0.05$)；③ 对洞干蚤指数作 ANOVA，$F=16.29$，$P<0.0001$. 多重检验(LSD 法)：春季与秋季、夏季与秋季、夏季与冬季蚤指数差异显著($P<0.05$)，其余季节之间差异不显著($P>0.05$).

参考文献

[1] 柳支英，主编. 中国动物志：昆虫纲：蚤目. 北京：科学出版社，1986:48-50.

[2] 李效岚. 长爪沙鼠蚤群组成与季节数量变动. 中华流行病学杂志，1982，(鼠疫论文专辑Ⅰ)：159.

[3] 秦长育，李枝林，张维太，等. 宁夏荒漠草原长爪沙鼠寄生蚤数量消长调查. 中华流行病学杂志，1985，(鼠疫论文专辑Ⅱ)：136.

[4] 刘纪有. 内蒙古北部荒漠草原地区沙土鼠寄生蚤类的季节消长. 昆虫学报，1986，29 (2)：167-173.

[5] 陈德. 土默特平原长爪沙鼠主要寄生蚤生态学特点及流行病学意义. 内蒙古地方病防治研究，1992，19 (2)：59-61.

[6] 张万荣，李忠元，胡全林，等. 鄂尔多斯鼠疫自然疫源地主要蚤类的媒介意义. 中国媒介生物学及控制杂志，1991，2(5)：312-315.

[7] 李仲来，张万荣，马立名. 蚤数量与宿主数量和气象因子的关系. 昆虫学报，1995，38(4)：442-447.

[8] 刘来福，程书肖. 生物统计. 北京：北京师范大学出版社，1988：256.

[9] 王文辉，主编. 内蒙古气候. 北京：气象出版社，1990：54.

Abstract According to the burrow flea index, body flea, burrow track flea of the *Meriones unguiculatus* and the six meteorological factors in Tumete plain, Inner Mongolia Autonomous Region during 1983～1985, it was found that ① there were eleven flea species, with *Nosopsyllus laeviceps kuzenkovi* (67.50%) as the dominant species, *Neopsylla bidentatiformis* (22.65%) came second; ② the differences of the mean values among the three kinds flea index were significant ($P<0.0001$); ③ the correlation between the body flea and burrow track was significant ($P<0.05$), i.e., (burrow track flea index) = 0.0049 + 0.0248 × (body flea index), the correlations between the burrow flea and the body flea and between the burrow flea and the burrow track flea were not significant ($P>0.25$) respectively; ④ the correlation between the density of *M. unguiculatus* and the three kinds flea index was not significant ($P>0.10$); ⑤ the monthly mean temperature was the only meteorological factor affecting the *N. l. kuzenkovi* of the burrow flea ($P<0.05$); ⑥ the optimum regression subsets of multiple linear regression among the body flea (*N. l. kuzenkovi and Xenopsylla conformis conformis*) and the meteorological factors ($P<0.003$ and $P<0.05$), and among the burrow track flea (*N. l. kuzenkovi* and *N. bidentatiformis*) and the meteorological factors ($P<0.0007$ and $P<0.01$) were conducted, and the monthly evaporation was a main factor affecting the *N. l. kuzenkovi* of the body flea and the burrow track flea; ⑦ the differences in burrow flea indexes between spring and winter and between summer and winter were significant ($P<0.05$), the differences in body flea indexes between spring and winter and between summer and winter were significant ($P<0.05$), the differences in burrow track flea indexes between spring and winter, between summer and autumn and between summer and winter were significant ($P<0.05$).

Keywords rat burrow flea; rat body flea; rat burrow track flea; *Nosopsyllus laeviceps kuzenkovi*; *Meriones unguiculatus*; meteorological factor.

动物学研究，
1999,20(4):284-287.

锡林郭勒草原布氏田鼠数量的周期性和啮齿动物群落的演替[①]

Annual Cycle of Brandt's Vole *Microtus Brandti* and Succession of Rodent Community in Xilinguole Grasslands

摘要 根据内蒙古阿巴嘎旗那仁宝力格苏木1979年～1997年啮齿动物监测资料，利用变动指数(S)，得知布氏田鼠(简称田鼠)密度的年际动态具有一定的周期性. 1989年～1997年共捕啮齿动物10种，其中田鼠占88.45%，达乌尔鼠兔(简称鼠兔)占5.37%. 总密度(单位面积上啮齿动物的密度之和)y、田鼠密度x_1、鼠兔密度x_2间均呈正相关($P=0.000\ 1$)，回归模型为：$y=0.880\ 6+1.004\ 8x_1+0.877\ 9x_2$ ($P=0.000\ 1$). 田鼠密度显著地影响鼠类的多样性和均匀性. 1970年～1997年，田鼠在鼠类群落中占绝对优势.

关键词 布氏田鼠；密度；周期；多样性；演替.

[中图分类号]Q959.837

研究布氏田鼠数量的周期性有重要意义. 关于其年动态的研究，Любецкая等(1985)通过共17年的资料认为其年度变化为不规则的剧烈数量变动；房继明等(1994)对田鼠分布区的边缘区资料分析后认为，可能不存在周期性数量的年动态；又据张洁等(1979)的资料分析，认为在中心区可能存在周期性. 就此分歧本文研究中心区田鼠数量年动态的周期性及该地区啮齿动物的组成、关系和演替规律.

---

① 国家自然科学基金资助项目(39570638).
收稿：1998-09-25；收修改稿：1999-01-18.
本文与刘天驰合作.

§1. 材料与方法

样地位于内蒙古阿巴嘎旗那仁宝力格苏木查干敖包镇周围，北纬 44°36′，东经 114°10′，海拔约 1 210 m，年均气温 1.0 ℃，年降水量 245 mm，年日照约 3 000 h，无霜期约 105 d. 该地区属低山丘陵，西部和南部地势平坦而开阔，岗地和凹地集中分布在东部和北部. 土壤为淡栗钙土. 主要植物为克氏针茅、冷蒿、多根葱 *Allium polyrrhizum*、糙隐子草、羊草、小叶锦鸡儿 *Caragana microphylla*、银灰旋花 *Convolvulus ammanii*. 将调查区分为塔拉、岗地和凹地 3 种栖息地类型.

调查方法：在 3 种栖息地内，1989 年～1997 年每年 4 月～5 月、9 月～10 月（分别简称春季和秋季）进行鼠密度调查. 以 hm^2 为单位，采用 24 h 弓形铗法，单公顷样方捕鼠：头一天在样方内堵洞，第二天在鼠挖开的洞口下铗，每 4 h 查看 1 次捕鼠情况. 1981 年前按栖息地随机抽样 2 hm^2～5 hm^2，1981 后采用定点分层抽样. 对捕获各种啮齿动物分别进行登记（表 1.1）. 1979 年～1988 年春季田鼠密度依次为（单位：只/hm^2）：169.00，182.00，53.49，62.95，58.08，35.08，93.32，51.50，43.09，132.00.

1985 年和 1988 年有啮齿动物调查资料，1989 年春季未调查田鼠密度. 这 19 年（1979 年～1997 年）共调查面积 531 hm^2，年均 $(\bar{x} \pm s) = (28 \pm 22)$ hm^2；共捕鼠 18 755 只，年均（987±733）只.

计算表 1.1 各指标间的相关系数，田鼠和鼠兔密度与总密度的回归模型，对田鼠密度作自相关分析. 对鼠类作多样性分析. 计算用 SAS 软件完成.

§2. 结果与讨论

监测阿巴嘎旗的鼠密度共 19 年. 由表 1.1 可见，共捕啮齿动物 10 种，将所捕的各种鼠的只数分别相加，再除以总个体数，得到各种鼠类所占的百分比. 其中田鼠占个体数的 88.45%，鼠兔占 5.37%，黑线毛足鼠占 2.70%，五趾跳鼠占 1.34%，长爪沙鼠占 1.19%，灰仓鼠 *Cricetulus migratorius* 占 0.45%，小家鼠占 0.20%，黑线仓鼠占 0.17%，短耳仓鼠占 0.10%，达乌尔黄鼠占 0.05%.

表 1.1 啮齿动物密度 只/hm^2

年-月	Td	Mb	Od	Ps	As	Mu	Cm	Mm	Cb	Ce	Sd
1989-09	1.68	0.02	0.67	0.59	0.02	0.16	0.00	0.14	0.08	0.00	0.00
1990-05	1.87	0.00	0.00	0.20	1.67	0.00	0.00	0.00	0.00	0.00	0.00
1990-10	0.70	0.00	0.40	0.25	0.00	0.00	0.00	0.05	0.00	0.00	0.00
1991-05	0.33	0.00	0.30	0.00	0.03	0.00	0.00	0.00	0.00	0.00	0.00
1991-10	7.51	4.30	1.18	1.68	0.00	0.35	0.00	0.00	0.00	0.00	0.00
1992-04	1.01	0.35	0.48	0.00	0.00	0.15	0.00	0.00	0.00	0.00	0.03
1992-10	5.02	3.23	1.55	0.03	0.08	0.13	0.00	0.00	0.00	0.00	0.00
1993-04	11.33	10.19	0.13	0.00	0.63	0.38	0.00	0.00	0.00	0.00	0.00
1993-10	15.82	14.63	0.88	0.06	0.25	0.00	0.00	0.00	0.00	0.00	0.00
1994-04	30.26	29.13	0.25	0.00	0.38	0.50	0.00	0.00	0.00	0.00	0.00
1994-10	296.00	292.00	4.00	0.00	0.00	0.00	0.00	0.00	0.00	0.00	0.00
1995-04	127.00	120.75	1.75	0.00	1.50	0.00	3.00	0.00	0.00	0.00	0.00
1995-10	220.50	215.50	2.00	0.00	0.00	0.00	1.50	0.00	0.00	1.00	0.50
1996-04	54.51	53.25	0.00	0.00	0.00	0.63	0.25	0.00	0.38	0.00	0.00
1996-10	38.83	38.00	0.33	0.33	0.00	0.00	0.17	0.00	0.00	0.00	0.00
1997-04	40.36	40.29	0.00	0.00	0.07	0.00	0.00	0.00	0.00	0.00	0.00
1997-10	118.67	117.33	0.67	0.00	0.00	0.00	0.00	0.00	0.00	0.67	0.00

注．Td:总密度;Mb:布氏田鼠; Od:达乌尔鼠兔;Ps:黑线毛足鼠; As:五趾跳鼠; Mu:长爪沙鼠; Cm: 灰仓鼠;Mm:小家鼠;Cb:黑线仓鼠;Ce:短耳仓鼠;Sd:达乌尔黄鼠.

2.1 布氏田鼠数量的周期性

Stenseth 等(1980)使用变动指数 S(Cyclical index S)区分田鼠数量波动的周期性. 设 D_i 为第 i 年的种群密度,则各年以常用对数 $\lg D_i$ 的标准差 S 为变动指数. 当 $S<0.5$ 时,种群为非周期性波动;当 $S>0.5$ 时为周期性波动. 因 1989 年春季密度未调查,用秋季密度 0.02 代替;又 1990 年春季和秋季密度、1991 年春季密度为 0,用 0.001 代替. 根据 1979 年～

1997 年年密度,计算得 $S=1.385>0.5(n=19)$;据 1979 年～1997 年春季密度,得 $S=1.698>0.5(n=19)$;据 1989 年～1997 年秋季密度,得 $S=1.875>0.5(n=9)$;据 1989 年～1997 年春季和秋季密度,得 $S=1.939>0.5(n=17)$;故布氏田鼠种群具有一定的年动态周期性,其原因有待深入探讨.

姜永禄(1987)指出,据锡林郭勒盟地方病防治站调查,1970 年～1984 年,田鼠种群数量有明显的年际变化,曾于 1970 年,1975 年和 1981 年出现过 3 次数量高峰. 在本文调查区域,田鼠种群数量高峰为 1970 年,1975 年,1980 年,1985 年,1988 年和 1995 年,明显具有一定的周期波动,间隔年份分别为 5,5,5,3 和 7 年,$(\bar{x}\pm s)=(5.0\pm 1.4)$年. 樊振亚(1988)指出,据调查,1950 年,1957 年 和 1964 年阿巴嘎旗那仁宝力格苏木等地区曾发生大批田鼠死亡,估计当时可能存在其数量高峰. 如果加上 1950 年～1964 年的估计连同 1970 年～1995 年田鼠种群数量高峰,间隔年份分别为 7,7,6,5,5,5,3,7. 当田鼠数量在 1989 年下降到极低时(0.02 只/hm^2),其密度恢复到较高水平,大约需 5 年时间;当田鼠密度下降幅度不大时,如 1984 年(35.08 只/hm^2)和 1987 年(43.09 只/hm^2),大约经过 1 年时间,其密度即可恢复到较高水平.

Taitt 等(1985)提出另一个变动指数 S_1^2,以各年 $\ln D_i$ 的方差 S_1^2 为变动指数. 当 $S_1^2<0.5$ 时,则仅有季节动态;当 $S_1^2>1.0$ 时则有周期性年动态. 实际上,这两个变动指标有关系 $S=S_1^2/\ln 10$,故

$$S>0.5 \text{ 等价于 } S_1^2>0.5\ln 10=1.151\,3, \quad (2.1)$$

或者

$$S_1^2>1.0 \text{ 等价于 } S>1/\ln 10=0.430\,3, \quad (2.2)$$

$$S_1^2<0.5 \text{ 等价于 } S<0.5/\ln 10=0.217\,1. \quad (2.3)$$

由(2.1) 和 (2.2) 看出,两个周期性年动态指标 $S>0.5$ 和 $S_1^2>1.0$ 略有差别.

房继明等(1994)通过 1986 年 9 月～1989 年 10 月的资料分析,$S=0.434(n=15)$,$S_1^2=0.771(n=5)$,认为可能不存在周期性数量的年动态,其研究是布氏田鼠的边缘区. 他们又计算了张洁等(1979)1973 年 6 月～1976 年 8 月的资料,$S=0.274<0.5(n=22)$,$S_1^2=1.108>1(n=5)$,认为在中心区可能存在周期性. 在本文研究的中心区内,无论年密度、春季密度或秋季密度,布氏田鼠种群均具有一定的年动态周期性. 在北方

温带及寒带的许多地区，许多田鼠亚科种类都表现有较强的 3 年～4 年数量周期波动(张知彬，1996)，布氏田鼠的数量周期略高于它们.

2.2 相关分析、田鼠和鼠兔密度与总密度的回归模型

计算表 1.1 各指标间的相关系数(后 5 种鼠略)，得到总密度 y 与田鼠密度 x_1、总密度与鼠兔密度 x_2、田鼠密度与鼠兔密度的相关系数分别为 $r=0.999\,9, 0.817\,0$ 和 $0.813\,5$，$P=0.000\,1$，表明田鼠密度和鼠兔密度波动规律与总密度波动一致，回归模型为

$$y=1.158\,4+1.013\,5x_1, F=67\,759.95, P=0.000\,1. \tag{2.4}$$

$$x_2=0.316\,4+0.009\,786x_1, F=29.35, P=0.000\,1. \tag{2.5}$$

$$y=0.880\,6+1.004\,8x_1+0.877\,9x_2, F=37\,911.64, P=0.000\,1. \tag{2.6}$$

其余鼠类间的相关系数均不显著($P>0.05$). 将表 1.1 中总密度、田鼠密度、鼠兔密度作标准化处理后依次为 y', x_1', x_2'，得相应于 (2.6) 的标准回归模型为

$$y'=0.991\,4x_1'+0.010\,4x_2'. \tag{2.7}$$

由模型 (2.4) (2.5) 得知，总密度、鼠兔密度均可由田鼠密度预测；利用模型(2.6)，可综合考虑田鼠和鼠兔密度与总密度间的关系 ($P=0.000\,1$). 由(2.7) 的标准回归系数，可看出田鼠和鼠兔密度在总密度中所占的比例关系.

对 1979 年～1997 年田鼠密度作自相关分析：自相关系数 $r(1)=0.512\,8$, $r(2)=0.369\,6$, $r(3)=-0.047\,0$，其余略去. 其中 $r(i)$ 表示田鼠密度在 t 年份与 $t+i$ 年份的自相关程度，i 为滞后年份. 由 $r(1)$ 和 $r(2)$ 的值看出，头一年春季和秋季的田鼠密度对第二年的影响最大. 随着滞后年份 i 的增加，$r(i)$的作用，即在 t 年的田鼠密度与 $t+i$ 年的密度的相关程度越来越小.

2.3 多样性分析

春季或秋季的鼠类多样性采用 Shanon-Wiener 指数 H，公式为 $H=-\sum P_i \ln P_i$；相应地，均匀性指数 $E=H/\ln S$，其中 S 为春季或秋季的鼠类种数，P_i 为第 i 种鼠类的个体数占春季或秋季的各鼠类总个体数的比例. 结果见表 2.1.

表 2.1　鼠类的多样性和均匀性

时间	种数	多样性	均匀性
1988-04	6	0.171	0.096
1989-09	7	1.411	0.725
1990-05	2	0.341	0.491
1990-10	3	0.876	0.797
1991-05	2	0.271	0.391
1991-10	4	1.087	0.784
1992-04	4	1.098	0.792
1992-10	5	0.828	0.514
1993-04	4	0.417	0.301
1993-10	4	0.320	0.231
1994-04	4	0.198	0.143
1994-10	2	0.072	0.103
1995-04	4	0.248	0.179
1995-10	5	0.137	0.085
1996-04	4	0.133	0.096
1996-10	4	0.126	0.091
1997-04	2	0.013	0.019
1997-10	3	0.069	0.063

从表 2.1 可以看出，1989 年秋季的种数和多样性最高，均匀性较高，其原因可能是田鼠数量调节的规律所支配，其密度急剧下降，其他鼠类呈多样化. 再注意到田鼠密度达到 90%以上的 1993 年～1997 年，多样性小于 0.42，均匀性小于 0.31，1997 年多样性和均匀性接近于 0. 田鼠与多样性($r=-0.506\ 3$，$P=0.038\ 1$) 和均匀性的相关系数($r=-0.559\ 5$，$P=0.019\ 5$) 均为负相关 ($P<0.05$)，故田鼠密度的高低显著地影响多样性和均匀性.

2.4　啮齿动物组成和演替规律

啮齿动物组成和演替规律近年来已引起许多学者注意. 关于该地区啮齿动物组成或演替规律的研究有赵肯堂(1981)、刘纪有(1988)、姜永禄

(1988)、侯希贤等(1993). 据 1979～1980 年在阿巴嘎旗和锡林浩特市调查,野栖昼间活动的 7 种鼠类以田鼠为主,捕获率占 97.79%,其余 6 种是鼠兔(0.20%)、黑线毛足鼠(0.93%)、五趾跳鼠(0.29%)、长爪沙鼠(0.36%)、灰仓鼠(0.18%)和短耳仓鼠(0.25%)(姜永禄,1988). 1985 年捕获的 6 种鼠类也以田鼠为主,密度占 98.34%,其余 5 种是鼠兔(0.27%)、黑线毛足鼠(0.61%)、五趾跳鼠(0.33%)、长爪沙鼠(0.28%)和灰仓鼠(0.17%). 1990 年捕获的 4 种鼠类中无田鼠. 1995 年捕获的 7 种鼠类又以田鼠为主,密度占 96.31%. 故除去鼠类种群回升期外,田鼠在鼠类群落中均占绝对优势,其余啮齿动物种类比较稳定且数量变化不大.

参考文献

[1] 刘纪有. 内蒙古北部荒漠草原鼠类群落结构及其流行病学意义. 地方病通报,1988,3(3):38-42. [Liu J Y, The structure of rat community and its epidemiological significance in the desertsteppe in northern Inner Mongolia. Endemic Dise Bull,1988,3(3):38-42.]

[2] 张知彬. 鼠类种群数量的波动与调节. 见:王祖望,张知彬,主编. 鼠害治理的理论与实践. 北京:科学出版社,1996:145-165. (Zhang Z B. Population fluctuation and regulation of small mammals. In: Wang Z W, Zhang Z B ed. Theory and practice of rodent pest management. Beijing: Sci Press, 1996: 145-165.)

[3] 张洁,钟文勤. 布氏田鼠种群繁殖的研究. 动物学报,1979,25(3):250-259. [Zhang J, Zhong W Q. Investigations of reproduction in populations of Brandt's voles. Acta Zool Sin,1979,25(3):250-259.]

[4] 房继明,孙儒泳. 布氏田鼠数量和空间分布的年际动态及周期性初步分析. 动物学杂志,1994,29(6):35-37. [Fang J M, Sun R Y. Preliminary analysis of annual fluctuation of Brandt's vole *Microtus brandti*. Chin J Zool,1994,29(6):35-37.]

[5] 姜永禄. 锡林郭勒高原布氏田鼠鼠疫自然疫源地的研究. 见:王淑纯,宋延富,主编. 鼠疫研究进展. 北京:中国环境科学出版社,1988:218-225. (Jiang Y L, Study on plague natural foci of Xilinguole Plateau in *Microtus brandti*. In: Wang S C, Song Y F ed. Adv in plague study. Beijing: Chin Environment Sci Pub House, 1988:218-225.)

[6] 侯希贤，董维惠，周延林，等. 草原灭鼠后鼠类群落演替的研究. 中国媒介生物学及控制杂志，1993，4(4)：271-274. [Hou X X，Dong W H，Zhou Y L et al. A study on succession of rodent community in grassland after chemical control. Chin J of Vec Biol and Cont，1993，4(4)：271-274.]

[7] 赵肯堂，主编. 内蒙古啮齿动物. 呼和浩特：内蒙古人民出版社，1981：252-261.（Zhao K T ed. Rodents in Inner Mongolia. Huhehaote：The Peop Pub House of Inner Mongolia，1981：252-261.）

[8] 樊振亚. 布氏田鼠鼠疫的研究. 见：王淑纯，宋延富，主编. 鼠疫研究进展. 北京：中国环境科学出版社，1988：47-54.（Fan Z Y. Research on plague in *Microtus brandti*. In：Wang S C，Song Y F ed. Adv in plague study. Beijing：Chin Environment Sci Pub House，1988：47-54.）

[9] Stenseth N C，Framstad E. Reproductive effort and optimal reproductive rates in small rodents. Oikos，1980，34(1)：23-34.

[10] Taitt M J，Krebs C J. Population dynamics and cycles. In：Tamarin R H ed. Biology of new world *Microtus brandti*，1985：567-620.

[11] Любецкая Е В，Любецкая А К. Имита ционная модель природной популяшии лолёвки Ърандга *Microtus brandti*. Биологические. Науки，1985，6：104-108.

Abstract The population data of rodents in Narenbaolige Sumus，Abaga Banner，Inner Mongolia during 1979～1997 showed annual cyclical fluctuations of *Microtus brandti* population to a certain degree by cycling index（*S*）. There were 10 rodent species，with *M. brandti*（88.45%）and *Ochotona daurica*（5.37%）in 1989～1997. There were positive correlation relationships among the total densities（the sum of population densities of rodents in unit area），density of *M. brandti* and *O. daurica*（$P=0.0001$）. The regression model was：(the total densities)＝0.880 6＋1.004 8×(density of *M. brandti*)＋0.877 9×(density of *O. daurica*)（$P=0.0001$）. The diversity and evenness of rodents were influenced significantly by the density of *M. brandti*. Absolute dominant species was *M. brandti* in rodent community during 1970～1997.

Keywords Brandt's vole *Microtus brandti*；density；cycle；diversity；succession.

昆虫知识(应用昆虫学报),
1999,36(2):89-91.

两种蚤在宿主体表分布的聚集度①

Aggregation Degree of Distribution of Two Fleas, *Citellophilus Tesquorum Sungaris* and *Neopsylla Bidentatiformis*, on Host Body

摘要 在8种温度下,方形黄鼠蚤松江亚种(简称方形黄鼠蚤)和二齿新蚤在鼠体上呈聚集分布,且聚集度呈两端高,中间低.当温度在17 ℃～20 ℃时,聚集度发生改变.蚤数量在约100只时,两种蚤的聚集度的相关极为显著($r=0.988\ 5$, $P=0.000\ 1$).对4种聚集度指数,建议只需考虑某一种即可.

关键词 聚集度,方形黄鼠蚤松江亚种,二齿新蚤,温度.

用不同的聚集指标表示不同虫态的空间图式的变化,以获取不同的生物学信息,再与昆虫的有关生态及行为特征相联系,可以解释这种空间图式变化的生物学机理,以及将有关生物学过程的作用和强度数量化.20世纪80年代以来,用聚集指标表示不同虫态空间图式变化的论文已有许多,但在不同温度下,蚤在宿主体表分布的聚集度描述报道很少,本文对其进行了研究.

§1. 材料与方法

材料见文献[1].文献[1]对方形黄鼠蚤和二齿新蚤在不同温度(单位:℃)(5,10,15,20,25,30,35,40,控制精度±1 ℃)条件下,在小白鼠鼠

① 收稿:1998-02-26.

本文与马立名合作.

背的前部和后部、鼠腹的前部和后部的分布分别进行观察，并给出了初步分析，数据见文献[1]的图1，图2，图4，图5. 用$\frac{s^2}{\bar{x}}$计算蚤在鼠体上的聚集度，并求出两种蚤聚集度的相关系数. 计算用 SAS 软件完成.

§2. 结果与讨论

2.1 计算方形黄鼠蚤和二齿新蚤在宿主体表分布的聚集度（表2.1），蚤数量在约1 100只以下时，蚤在鼠体上的聚集度$\frac{s^2}{\bar{x}}$均显著大于1（$P<0.05$），故两种蚤在鼠体上均呈聚集性分布.

温度固定在25 ℃，当每次实验蚤数10只，50只，100只左右（实验10次），蚤在鼠体上的动态，从聚集到高度聚集，聚集度明显上升；每次实验蚤数500只左右（实验10次）时，方形黄鼠蚤和二齿新蚤的聚集度分别为2.092 5，1.699 4，呈致密随机状态（$P>0.05$）.

表2.1 两种蚤在宿主体表分布的聚集度

温度/℃	方形黄鼠蚤		二齿新蚤	
	n	聚集度	n	聚集度
5	125	10.418 7***	119	8.366 9***
10	96	8.111 1***	75	3.497 8**
15	110	5.878 8***	98	3.115 6*
20	97	4.986 3**	113	5.011 8**
25	103	15.284 8***	106	11.811 3***
30	110	24.303 0***	103	33.796 1***
35	124	31.440 9***	106	42.528 3***
40	134	37.542 3***	106	56.364 8***
25	534	31.163 5***	509	32.169 6***
25	1 099	85.741 9***	1 096	96.445 3***
25	5 051	2.092 5	4 994	1.699 4

注：***，**，*分别表示$P<0.001$，$P<0.01$，$P<0.05$，其余为$P>0.05$.

2.2 考虑蚤数量在约 100 只时，蚤在鼠体上的聚集度. 由表 2.1，两种蚤在鼠体上的聚集度呈两头高，中间低. 用分段直线[2]求出其关系为

方形黄鼠蚤

$$\frac{s^2}{\bar{x}}=\begin{cases}12.676\,1-0.454\,0\,t, & 5\leqslant t\leqslant 18.628\,3,\\ -26.049\,4+1.625\,4t, & 18.628\,3\leqslant t\leqslant 40,\end{cases}$$

剩余平方和 $Q=7.58$，当温度为 18.63 ℃时，方形黄鼠蚤的聚集度 $\frac{s^2}{\bar{x}}=4.221\,1$ 最小，转折温度的 95%的置信区间为[17.43,19.82].

二齿新蚤

$$\frac{s^2}{\bar{x}}=\begin{cases}10.244\,7-0.525\,1\,t, & 5\leqslant t\leqslant 18.911\,7,\\ -50.151\,4+2.668\,5t, & 18.911\,7\leqslant t\leqslant 40,\end{cases}$$

$Q=44.85$，当温度为 18.91 ℃时，二齿新蚤的聚集度 $\frac{s^2}{\bar{x}}=0.313\,6$ 最小，转折温度的 95%的置信区间为[17.10,20.72].

将两种蚤聚集度发生改变的温度的置信区间综合，当温度在 17 ℃～20 ℃时，蚤在鼠体上的聚集度发生改变.

蚤数量在约 100 只时(即考虑表 2.1 中去掉后 3 行数据)，两种蚤聚集度的相关系数 $r=0.988\,5$ $(n=8, P=0.000\,1)$，表明虽然蚤种不同，但在不同温度下，两种蚤聚集度的相关程度极为显著.

当温度为 25 ℃时，两种蚤聚集度的相关系数 $r=0.998\,7$ $(n=4, P=0.001\,3)$，表明虽然蚤种不同，但聚集度的相关程度很显著.

2.3 4 种聚集度的比较. David 等给出的聚集度指标(也称扩散系数[3]) $D=\frac{s^2}{\bar{x}}$; Cassie 等的聚集度指标(负二项分布的 k 值的倒数[4]) $C=\frac{s^2-\bar{x}}{\bar{x}^2}$; Lloyd 的聚集度指标(平均拥挤度与平均密度的比值[5]) $L=\frac{m^*}{\bar{x}}$，其中 $m^*=\frac{\sum x_i(x_i-1)}{\sum x_i}$，$x_i$ 为第 i 个样方中的个体数; Morisita 的扩散指标[6] $M=\frac{\sum x_i(x_i-1)}{\sum (x_i-1)\bar{x}}$. 当 $\sum x_i$ 较大，$\sum x_i-1\approx\sum x_i$，此时，$L\approx M$，故只需讨论 D,C,L 间的关系. 事实上，任两种聚集度均可由另一种聚集度得出

$$C=\frac{D-1}{\bar{x}}, \qquad L=1+\frac{D-1}{\bar{x}},$$

$$D=1+C\bar{x}, \qquad L=1+C,$$

$$D=1+(L-1)\bar{x}, \quad C=L-1.$$

4 种聚集度指标是描述同一事物的不同方面，从结果看，均可化为某一种聚集度指标的研究. 因此，作者建议：

这 4 种聚集度只需考虑 1 种即可. 顺便指出，由如上 3 行 C, D, L 的表达式中任一行，都能够容易地检查出有关的著作或论文中聚集度的计算错误.

参考文献

[1] 马立名. 蚤类在宿主体表的分布及温度和蚤数的关系. 昆虫学报，1989，32(1)：68-73.

[2] 李仲来. DUD 法拟合生态学中的非线性模型. 生态学杂志，1997，16(2)：73-77.

[3] David F N，Moore P G. Notes on contagious distributions in plant populations. Ann Bot Lond N S，1954，18：47-53.

[4] Cassie R M. Frequency distribution models in the ecology of plankton and other organisms. J Anim Ecol，1962，31：65-92.

[5] Lloyd M. Mean crowding. J Anim Ecol，1967，36：1-30.

[6] Morisita M. Measuring of dispersion of individuals and analysis of the distributional patterns. Mem Fac Sci Kyushu U Series E(Biol)，1959，2：215-235.

Abstract Distribution of *Citellophilus tesquorum sungaris* and *Neopsylla bidentatiformis* on host body is aggregative on eight temperature conditions. Aggregation degree is higher on both ends of the temperature range, and lower in the middle. Aggregation degree changes in the temperature (17 ℃～20 ℃). There exists significant correlation between aggregation degrees of *C. t. sungaris* and *N. bidentatiformis* when flea number is about one hundred ($r=0.988\,5$, $P=0.000\,1$). It is suggested that only one of four aggregation degree index should be adopted.

Keywords aggregation degree; *Citellophilus tesquorum sungaris*; *Neopsylla bidentatiformis*; temperature.

昆虫学报,
2000,43(1):58-63.

长爪沙鼠体蚤和巢蚤数量研究①

Studies on Dynamics of Body and Burrow Nest Fleas of *Meriones Unguiculatus*

摘要 1982年～1996年对内蒙古自治区鄂托克前旗长爪沙鼠(简称沙鼠)体蚤和巢蚤的数量进行了调查和分析,得到如下结果.获体蚤15种,同形客蚤指名亚种(50.8%)和秃病蚤蒙冀亚种,简称秃病蚤(40.6%)为优势种.获巢蚤15种,秃病蚤(74.3%)为优势种;盔状新蚤 *Neopsylla galea*(11.9%)和叶状切唇蚤突高亚种 *Coptopsyllus lamellifer ardua*(8.1%)为常见种.年巢蚤指数的均值是年体蚤指数的6.92倍.体蚤指数与巢蚤指数不相关($P>0.05$),体染蚤率与巢染蚤率不相关($P>0.05$).不同年份的体蚤和巢蚤多样性比较稳定.连续两年春季或秋季秃病蚤巢蚤指数大于10只后,可能流行动物鼠疫.

关键词 体蚤;巢蚤;长爪沙鼠;秃病蚤蒙冀亚种;同形客蚤指名亚种.

[中图分类号] Q968.1 **[文献标识码]**A

长爪沙鼠体蚤和巢蚤数量关系,已做过一些研究[1~6];在鄂尔多斯地区,张万荣等(1991)研究了该地区主要蚤类的季节动态[5],李仲来等讨论了沙鼠体蚤数量和气象因子的关系[7];关于沙鼠体蚤和巢蚤的关系、种类组成和演替规律的年间动态研究未见报道,主要原因是缺少大量的野外监测资料[8].本文对其进行了研究.

① 国家自然科学基金资助项目(39570638).
收稿:1997-03-02;收修改稿:1998-12-24.
本文与张万荣、严文亮合作.

§1. 材料与方法

样地位于内蒙古自治区鄂托克前旗布拉格苏木，北纬 38°30′～39°，东经 107°～107°45′，海拔 1 200 m～1 300 m，年均气温 7 ℃，年均降水量 260 mm，年日照 2 900 h. 将调查区按照土壤、地形、植被划分地理生境，划分方法为：根据该监测区内 1∶25 000 比例尺地形图，室内放大成 1∶10 000 比例尺地形图，然后到野外踏查实测，按地貌植被划分生境，分别计算各类生境面积，以各类生境面积按 0.5%分层抽样，每年调查的环境一致. 样方以 100 m×100 m 为单位. 采用 24 h 弓形铗法调查沙鼠数量. 划分的 4 种栖息地类型：(1) 短花针茅、无芒隐子草为代表的沙砾质高平原台地；(2) 油蒿为代表的平缓沙地；(3) 盐爪爪、白刺、芨芨草为代表的盐湿凹地；(4) 藏锦鸡儿台地.

在 4 种调查区内，1982 年～1996 年每年 4 月～5 月、10 月～11 月(分别简称春季和秋季)进行沙鼠体蚤和巢蚤数量调查(1982 年，1984 年秋季和 1983 年春季未做调查；1992 年春季未调查巢蚤). 体蚤和巢蚤指数调查方法采用鼠疫全国重点监测点监测试行方案中媒介昆虫监测方法：对捕获活体沙鼠，每季分别在每种栖息地各随机抽取约 30 只～40 只，单只袋装，在检蚤室用乙醚麻醉后，用毛刷梳蚤，对获得的蚤鉴定分类. 计算公式：

体蚤指数＝总蚤数÷总检沙鼠数，

某种蚤指数＝某种蚤数÷总检沙鼠数.

在此期间，每季分别在每种栖息地各随机挖有效沙鼠巢穴约 2 个，将鼠洞剖开后，取巢垫物及表面巢土单独装入布袋，在检蚤室检蚤，对获得的蚤鉴定分类. 计算公式：

巢蚤指数＝总蚤数÷总检巢数，

某种蚤指数＝某种蚤数÷总检巢数.

将每年 4 月～5 月、10 月～11 月资料合并，分别计算各种蚤指数，再除以调查季节数，作为年资料.

对调查资料进行 t 检验，相关分析，年度多样性分析采用 Shanon-Wiener 指数 H，公式：$H=-\sum P_i \ln P_i$，相应的均匀性指数 $E=H\div \ln S$，S 为年度体蚤或巢蚤蚤种数，P_i 为第 i 种蚤的个体数占年度各蚤种的总个体数的比例.

§2. 结果与讨论

按照寄生方式,即根据蚤类依附宿主和吸血频繁的寄生程度可分为三种类型:游离型、半固定型和固定型;而游离型又可分为巢蚤型、毛蚤型、毛蚤型兼巢蚤型,但实际上区分几种类型比较困难.而测定蚤类的数量变动一般采用成虫的指数,其中有宿主体外寄生蚤指数,适用于毛蚤;宿主洞蚤指数以至巢内指数,适用于巢蚤;室内游离蚤指数,适用于住房畜舍[9].本文主要研究野外蚤类的数量变动,故采用宿主体外寄生蚤指数和巢内指数(表2.1和表2.2).

表 2.1 沙鼠体蚤和巢蚤指数 只

年份	体蚤		巢蚤		春季体蚤		春季巢蚤		秋季体蚤		秋季巢蚤	
	Xc	Nl	Nl	Ng	Xc	Nl	Nl	Ng	Xc	Nl	Nl	Ng
1982	1.43	0.26	8.50	0.00	1.43	0.26	8.50	0.00	/	/	/	/
1983	1.06	0.98	5.08	0.00	/	/	/	/	1.06	0.98	5.08	0.00
1984	0.26	0.06	1.00	0.00	0.26	0.06	1.00	0.00	/	/	/	/
1985	0.09	0.19	8.55	0.18	0.04	0.08	0.50	0.00	0.15	0.33	10.33	0.22
1986	0.20	0.37	5.33	0.13	0.30	0.34	0.20	0.20	0.10	0.41	15.60	0.00
1987	1.04	0.49	2.89	5.53	0.52	0.49	3.09	0.00	3.55	0.48	2.63	13.13
1988	0.09	0.37	3.53	0.07	0.13	0.25	2.10	0.00	0.02	0.59	6.40	0.20
1989	0.40	0.36	1.38	0.25	0.40	0.30	0.73	0.27	0.44	0.61	11.00	0.00
1990	0.20	0.44	1.85	0.40	0.39	0.65	1.67	0.67	0.05	0.29	1.88	0.35
1991	0.10	0.17	3.69	0.00	0.21	0.08	3.60	0.00	0.01	0.25	3.73	0.00
1992	0.42	0.20	0.42	0.00	0.81	0.18	/	/	0.03	0.22	0.42	0.00
1993	0.07	0.14	1.67	0.00	0.05	0.14	0.50	0.00	0.08	0.15	2.25	0.00
1994	0.09	0.27	5.42	0.00	0.11	0.31	10.00	0.00	0.06	0.22	2.14	0.00
1995	0.56	0.42	11.75	0.50	0.81	0.46	19.00	0.00	0.01	0.32	9.33	0.67
1996	0.10	0.47	6.32	1.00	0.17	0.56	1.38	0.00	0.00	0.34	9.91	1.73
$\bar{x}$	0.41	0.35	4.49	0.54	0.40	0.30	4.02	0.09	0.43	0.40	6.21	1.25
s	0.43	0.22	3.25	1.41	0.39	0.19	5.45	0.20	0.98	0.22	4.62	3.60

注.Xc:同形客蚤指名亚种;Nl:秃病蚤蒙冀亚种;Ng:盔状新蚤.

表 2.2 各年份蚤类的多样性

年份	体蚤			巢蚤		
	种数	多样性	均匀性	种数	多样性	均匀性
1982	7	0.791 6	0.406 8	4	0.302 9	0.218 5
1983	4	0.853 0	0.615 3	9	0.718 6	0.327 0
1984	6	1.305 9	0.728 9	2	0.387 2	0.558 6
1985	12	1.382 1	0.556 2	6	0.359 3	0.200 5
1986	9	1.029 0	0.468 3	6	0.668 2	0.372 9
1987	6	0.715 3	0.399 2	4	0.715 7	0.516 3
1988	5	0.656 1	0.407 6	5	0.351 4	0.218 3
1989	7	1.137 9	0.584 8	3	0.717 5	0.653 1
1990	8	0.968 0	0.465 5	4	1.133 4	0.817 6
1991	3	0.905 9	0.824 6	2	0.413 8	0.597 0
1992	6	0.955 2	0.533 1	4	1.149 1	0.828 9
1993	6	1.286 6	0.718 1	2	0.661 6	0.954 4
1994	4	1.014 9	0.732 1	3	0.704 4	0.641 2
1995	5	0.851 2	0.528 9	6	0.670 2	0.374 0
1996	5	0.680 9	0.423 0	3	0.743 2	0.676 5
$\bar{x}$	6	0.968 9	0.559 5	4	0.646 4	0.530 3
s	2	0.228 0	0.138 1	2	0.257 4	0.239 0

在 1982 年～1996 年,检沙鼠 4 633 只,年均 309 只;染蚤鼠数 1 491 只,年均 99 只;体染蚤率 32.18%;获体蚤 3 950 只,年均 263 只;共挖巢 222 个,年均 15 个;染蚤巢数 138 个,年均 9 个;巢染蚤率 62.16%,高于体染蚤率,是体染蚤率的 1.9 倍;获巢蚤 1 206 只,年均 80 只.从监测结果看,共获体蚤 5 科 11 属 15 种,年均 (6.2±2.2)种,其中同形客蚤指名亚种(50.8%)和秃病蚤(40.6%)为优势种,长吻角头蚤 *Echidnophaga oschanini*(2.9%)、方形黄鼠蚤蒙古亚种(1.4%)、叶状切唇蚤突高亚种(0.96%)、盔状新蚤(0.84%)、迟钝中蚤指名亚种 *Mesopsylla hebes hebes*(0.63%)、阿巴盖新蚤(0.43%)、角尖眼蚤指名亚种(0.30%)、二齿新蚤(0.28%)、前凹眼蚤(0.25%)、吻短纤蚤(0.23%)、弱纤蚤(0.20%)、光亮额蚤(0.05%)和短距狭蚤 *Stenoponia formozovi*(0.05%)为少见种.获巢蚤 5 科 10 属 15 种,年均 (4.2±1.9) 种,秃病蚤(74.3%)为优势种;盔状新蚤(11.9%)和叶状切唇蚤突高亚种

(8.1%)为常见种;少见种所占比例在0.08%～2.3%.体蚤和巢蚤中各有1种蚤不同:体蚤中未检到长突眼蚤 *Ophthalmopsylla kiritschenkoi*、巢蚤中未检到长吻角头蚤,表明沙鼠体蚤和巢蚤的种类和数量并不完全相同.

体蚤数量比较.春季体蚤0.77±0.47和秋季体蚤0.92±1.07的均值差异不显著($t=0.50, P>0.05$),表明沙鼠体蚤数量的季节差异不大.考虑前两种体蚤(表2.1),虽然同形客蚤指名亚种所占的比例(50.8%)高于秃病蚤(40.6%),但两种蚤的年体蚤($t=0.49$)、春季体蚤($t=0.92$)、秋季体蚤($t=0.10$)的均值差异均不显著($P>0.05$),即无论是春季还是秋季,这两种蚤均可认为是沙鼠体蚤的优势蚤种.

巢蚤数量比较.春季巢蚤4.53±5.38和秋季巢蚤8.96±5.49的均值差异显著($t=2.12, P<0.05$),故秋季巢蚤数量显著高于春季巢蚤.考虑前两种蚤(表2.1):由于巢秃病蚤(74.3%)已占巢蚤数量的3/4,秃病蚤和盔状新蚤的年巢蚤($t=4.32$)、春季巢蚤($t=2.60$)、秋季巢蚤($t=3.05$)的均值差异均显著($P<0.05$),故秃病蚤是沙鼠巢蚤的优势蚤种.

体蚤和巢蚤数量比较.体蚤和巢蚤是从两种角度反映沙鼠寄生蚤的数量动态.从数量看,巢蚤指数远远大于体蚤指数,且巢蚤指数÷体蚤指数=6.92,年体蚤指数0.85±0.57和年巢蚤指数5.85±3.68的均值差异显著($t=5.09$, $P<0.01$).体蚤指数容易受到捕获宿主时的方式、宿主当时的状态、人为因素的影响,但巢蚤受到的影响较小.因此,巢蚤数量更能比较客观地反映蚤类的数量规律.从季节看,春季体蚤和巢蚤均值差异显著($t=2.61$, $P<0.05$);秋季体蚤和巢蚤均值差异显著($t=5.19, P<0.01$),后者的t值大于前者,这是因为,春季和秋季体蚤均值差异不显著($P>0.05$),但春季巢蚤数量很低,秋季巢蚤数量较高,接近于寒冷季节的巢蚤高峰[3]引起.

分析一个地区多年积累的蚤指数资料,从中找出相关的数量规律,建立某种适当的模式,就有可能对动物鼠疫做出预报.在春季或秋季巢蚤中,连续两年秃病蚤指数大于10的年份是1985年～1986年秋季、1994年～1995年春季,注意到1987年,1996年春季动物鼠疫流行,即连续两年春季或秋季秃病蚤巢蚤指数大于10后,可能流行动物鼠疫.该结果对该地区动物鼠疫预报可能有重要意义.盔状新蚤在巢蚤中所占比例较高是因为1987年,1996年秋季蚤指数较高引起,而这两年恰为鼠疫流行年份,是否有流行病学意义尚待研究.

按蚤型分类:秃病蚤在鼠体(40.6%)及鼠巢(74.3%)均有检出且都占有较大比例,是沙鼠的优势蚤种;同形客蚤指名亚种数量占体蚤的50.8%,占巢蚤的2.3%,应为毛蚤型;盔状新蚤占体蚤的0.8%,占巢蚤的11.9%,应为巢蚤型.

以下均为年资料的分析.体蚤指数与巢蚤指数的相关系数$r=0.27$,故有一定的正相关但未达到显著性水平($P>0.05$).体染蚤率与巢染蚤率(%)的$r=-0.02$,不相关.其原因与沙鼠居住的洞穴结构复杂有关,以及主要蚤种在鼠体和巢内所占比例的不一致性(见上段)引起.

由于同形客蚤指名亚种和秃病蚤占体蚤的91.4%,它们的数量基本上能够描述体蚤数量动态,故仅考虑体蚤与这两种蚤的关系.沙鼠体蚤与同形客蚤指名亚种相关极显著($r=0.95$,$P<0.01$)、与秃病蚤相关很显著($r=0.65$,$P<0.01$),且两种蚤呈一定的正相关($r=0.44$,$0.05<P<0.10$)但不显著,表明同形客蚤指名亚种和秃病蚤数量的高低极为显著地影响体蚤数量且与其升降关系一致.

类似体蚤的讨论,仅考虑巢蚤与秃病蚤和盔状新蚤间的关系.沙鼠巢蚤与秃病蚤呈极显著的正相关($r=0.94$,$P<0.01$),即两者升降关系一致,又该蚤占巢蚤的74.3%,因此,其数量的高低显著地影响巢蚤数量.盔状新蚤与巢蚤相关不显著($r=0.25$,$P>0.05$),与秃病蚤不相关($r=-0.06$,$P>0.05$).从表2.1看,这15年中有7年未检到盔状新蚤,在检到该蚤的年份,其数量波动较大,故未能得到显著的相关.

体蚤多样性(表2.2),由于多样性和均匀性分别为0.97 ± 0.23,0.56 ± 0.14且方差较小,表明不同年份的多样性比较稳定.计算总体蚤指数(=该年检总体蚤数÷该年检总沙鼠数)、优势种秃病蚤和同形客蚤与多样性、均匀性的相关系数,均有一定的负相关($-0.51\leqslant r\leqslant-0.34$,$P>0.05$)但不显著,故这两种蚤在蚤指数中占的比例越高,多样性和均匀性越低,反之亦然.

巢蚤多样性和均匀性指数年均分别为0.65 ± 0.26,0.53 ± 0.24(表2.2),其方差略大于体蚤的相应值.计算总巢蚤指数(=该年检总巢蚤数÷

该年检总沙鼠巢数)、秃病蚤和盔状新蚤与多样性、均匀性的相关系数，得总巢蚤指数与均匀性负相关($r=-0.54$，$P<0.05$)、秃病蚤与均匀性负相关($r=-0.64$，$P<0.01$)，故总巢蚤指数和秃病蚤数量越高，均匀性越低，反之亦然.

参考文献

[1] 李效岚．长爪沙鼠蚤群组成与季节数量变动．中华流行病学杂志，1982，(鼠疫论文专辑Ⅰ)：159.

[2] 秦长育，李枝林，张维太，等．宁夏荒漠草原长爪沙鼠寄生蚤数量消长调查．中华流行病学杂志，1985，(鼠疫论文专辑Ⅱ)：136.

[3] 刘纪有．内蒙古北部荒漠草原地区沙土鼠寄生蚤类的季节消长．昆虫学报，1986，29 (2)：167-173.

[4] 陈德．土默特平原长爪沙鼠主要寄生蚤生态学特点及流行病学意义. 内蒙古地方病防治研究，1992，19(2)：59-61.

[5] 张万荣，李忠元，胡全林，等. 鄂尔多斯鼠疫自然疫源地主要蚤类的媒介意义. 中国媒介生物学及控制杂志，1991，2(5)：312-315.

[6] 李仲来，陈德．长爪沙鼠寄生蚤指数和气象因子关系的研究. 昆虫学报，1999，42 (3)：284-290.

[7] 李仲来，张万荣，马立名．蚤数量与宿主数量和气象因子的关系. 昆虫学报，1995，38(4)；442-447.

[8] Jassby A D, Powell T M. Detecting changes in ecological time series. Ecology, 1990, 71(6): 2 044-2 052.

[9] 柳支英，主编. 中国动物志：昆虫纲：蚤目. 北京：科学出版社，1986，53-54，128-129.

Abstract An investigation on the body fleas and burrow nest fleas of *Meriones unguiculatus* in Etuokeqian Banner of Yikezhao League, Inner Mongolia Autonomous Region during 1982～1996 was summarized as follows: There were fifteen flea species on the gerbil's body with *Xenopsylla conformis conformis*(50.8%) as the dominant one and *Nosopsyllus laeviceps kuzenkovi* (40.6%) coming second. There were fifteen flea species in the gerbil's burrow nest with *N. l. kuzenkovi* (74.3%) as the dominant species and the common species being *Neopsylla galea* (11.9%) and *Coptopsyllus lamellifer ardua* (8.1%). The index of the yearly burrow nest flea averaged 6.92 times that of the body flea. No correlation was found between the fleas of body and burrow nest($P>0.05$), and between their infection rates ($P>0.05$). Both the diversity and evenness of body and burrow nest fleas were stable relatively in different years. As the burrow nest flea index of *N. l. kuzenkovi* in spring or autumn reached above ten in two successive years, the animal plague might occur.

Keywords body flea; burrow nest flea; *Meriones unguiculatus*; *Nosopsyllus laeviceps kuzenkovi*; *Xenopsylla conformis conformis*.

兽类学报，
2000,20(2):157-160.

实验条件下小型啮齿动物体重与体长模型的数值拟合①

Numerical Fitting on Models of Body Weight and Body Length in Small Rodents under Laboratory Conditions

曲线拟合是生态学模型的重要研究内容之一. 国内外对实验条件下的小型啮齿动物的体重与体长的研究可分为 3 类：附原始数据并给出体重与体长的 Lagler 模型；附原始数据和体重与体长图形；给出体重与体长的图形或 Lagler 模型，但缺少比较系统的分析和总结. 虽然查阅了国外近几十年的有关论文，但有些文献仅能看到摘要或题目，因此，本文仅对国内附原始数据的论文作进一步探讨.

§1. 材料来源与方法

用于分析实验条件下啮齿类的体重与体长增长动态的原始数据来自板齿鼠[1]、草原兔尾鼠 *Lagurus lagurus*[2]、黄毛鼠 *Rattus losea exiguus*[3]、根田鼠 *Microtus oeconomus*[4]、小家鼠[5]、高原鼠兔[6]、黑线仓鼠[7]、高原鼢鼠 *Myospalax baileyi*[8] 和长爪沙鼠[9,10]. 体重的单位为克，体长的单位为毫米. 由于长爪沙鼠为北半球荒漠地带的鼠类，在我国长江以南的贵州及浙江均无分布，本文使用其数据是从拟合角度考虑的，并用

① 国家自然科学基金资助项目 (39570638).
收稿：1998-11-27；收修改稿：2000-01-31.

参考文献的序号加以区别.

动物的体重和体长关系一般可用 Lagler 模型(即幂函数模型)来表示:$W=aL^n$,其中 n 为维度参数;从拟合角度,一般也应是最好的模型.如果 Lagler 模型拟合效果较差,拟合效果较好的模型是什么? 为此,对常用的 6 种模型:指数模型 $W=a\mathrm{e}^{nL}$,分数指数模型 $W=a\mathrm{e}^{\frac{n}{L}}$,对数模型 $W=a+n\ln L$, 3 种双曲线模型 $W=\dfrac{L}{a+nL}$, $W=\dfrac{a+nL}{L}$, $W=\dfrac{1}{a+nL}$,将其化为线性模型后做比较,取全相关系数 R^2 最大为比较标准,试找出拟合效果较好的模型.

为估计 Lagler 模型的参数,由于体重和体长呈曲线关系,通常是将其化为对数线性模型 $\ln W=\ln a+n\ln L$,即使用线性模型方法,用最小二乘法确定参数值,再反变换得到曲线模型的估计式.但是,由于 Lagler 模型是非线性模型,应以非线性回归方法拟合,随着计算机的更新换代和新算法的提出,其实现已无任何实质性困难,故用非线性模型的 DUD 法确定 Lagler 模型的参数[11],并进行比较分析.

§ 2. 结果与讨论

在常用的含 2 个参数的 7 种模型中,由于 $W=\dfrac{1}{a+nL}$和 $W=\dfrac{a+nL}{L}$ 的含义是 W 随 L 的增大而减小,即不满足生物学要求,略去,故本文仅列出其他 5 种模型的 R^2 值(表 2.1).从数值拟合角度发现:草原兔尾鼠的雄体 ($R^2=0.989\ 5$) 和雌体 ($R^2=0.988\ 1$) 适合于指数模型,Lagler 模型的 R^2 分别为 0.972 5 和 0.974 0;长爪沙鼠[9]的分数指数模型的 $R^2=0.979\ 9$, Lagler 公式的 $R^2=0.970\ 5$;其余鼠类均适合于 Lagler 模型模拟(R^2在 5 种模型中最大).说明适合模拟人工饲养啮齿类体重与体长的 17 种状态为: Lagler 模型占 14/17=82.3%,其中 14 是表 2.1 中分别按行选出 R^2 最大的行数,以下相同;指数模型占 2/17=11.8%;分数指数模型占 1/17=5.9%.从 R^2 值的均值看,为 Lagler 模型>指数模型>分数指数模型;从标准差看,为 Lagler 模型<指数模型<分数指数模型.此即表明: Lagler 模型的拟合效果最好,其次为指数模型和分数指数模型

(指数模型和分数指数模型描述体重和体长关系缺乏较明确的生物学意义,但从拟合角度,在某一段时间内,体重和体长关系可能满足此类模型). 对数模型 $W=a+n\ln L$ 和双曲线模型 $W=\frac{L}{a+nL}$ 的拟合效果差且均未入选.

表 2.1 小型啮齿动物体重与体长模型的 R^2 值

种类	性别	aL^n	ae^{nL}	$ae^{\frac{n}{L}}$	$\frac{L}{a+nL}$	$a+n\ln L$
板齿鼠	♂	0.994 7	0.990 4	0.938 7	0.951 4	0.781 3
板齿鼠	♀	0.992 9	0.992 5	0.935 0	0.945 1	0.784 2
草原兔尾鼠	♂	0.972 5	0.989 5	0.909 6	0.977 7	0.764 9
草原兔尾鼠	♀	0.974 0	0.988 1	0.913 2	0.978 2	0.760 6
黄毛鼠	♂	0.993 1	0.988 8	0.934 1	0.981 3	0.806 9
黄毛鼠	♀	0.991 7	0.990 3	0.938 4	0.981 7	0.813 2
根田鼠	♂	0.995 5	0.987 8	0.958 0	0.968 5	0.876 7
根田鼠	♀	0.993 4	0.989 9	0.953 2	0.978 9	0.864 1
小家鼠	♂	0.998 7	0.978 6	0.978 0	0.945 9	0.905 3
小家鼠	♀	0.997 6	0.982 2	0.980 0	0.951 3	0.912 8
高原鼠兔	♂+♀	0.993 7	0.991 4	0.945 6	0.981 0	0.869 3
黑线仓鼠	♂	0.997 3	0.974 0	0.973 5	0.933 0	0.877 5
黑线仓鼠	♀	0.995 1	0.958 7	0.988 1	0.914 9	0.925 1
高原鼢鼠	♂+♀	0.987 8	0.972 5	0.930 7	0.977 7	0.899 2
长爪沙鼠[9]	♂+♀	0.970 5	0.943 9	0.979 9	0.868 2	0.905 0
长爪沙鼠[10]	♂	0.994 5	0.960 2	0.980 8	0.926 7	0.892 1
长爪沙鼠[10]	♀	0.991 8	0.951 9	0.987 2	0.911 2	0.913 0
$\bar{x}$		0.990 3	0.978 3	0.954 4	0.951 3	0.856 0
s		0.008 9	0.015 6	0.026 0	0.032 3	0.057 4

用 Lagler 模型求得的模型见表 2.2.

表 2.2　小型啮齿动物的 Lagler 模型和参数

			非线性模型				对数线性模型	
种类	性别	天数	a	n	n 的置信区间	剩余方差	a	n
板齿鼠	♂	300	$.0^{5}22$	3.48	[3.26，3.69]	202.78	$.0^{4}61$	2.87
板齿鼠	♀	300	$.0^{6}46$	3.78	[3.44，4.12]	211.89	$.0^{4}86$	2.81
草原兔尾鼠	♂	80	$.0^{5}33$	3.47	[3.04，3.90]	1.16	$.0^{3}40$	2.40
草原兔尾鼠	♀	100	$.0^{5}57$	3.33	[2.87，3.80]	1.70	$.0^{3}47$	2.35
黄毛鼠	♂	200	$.0^{4}35$	2.90	[2.74，3.06]	1.72	$.0^{3}19$	2.56
黄毛鼠	♀	200	$.0^{4}23$	3.02	[2.74，3.30]	3.97	$.0^{3}10$	2.72
根田鼠	♂	100	$.0^{3}14$	2.62	[2.49，2.76]	0.35	$.0^{3}32$	2.44
根田鼠	♀	100	$.0^{4}88$	2.71	[2.48，2.95]	0.84	$.0^{3}35$	2.41
小家鼠	♂	100	$.0^{3}29$	2.48	[2.37，2.60]	0.12	$.0^{2}38$	2.49
小家鼠	♀	100	$.0^{3}24$	2.53	[2.41，2.65]	0.09	$.0^{3}27$	2.50
高原鼠兔	♂+♀	105	.0332	2.51	[2.44，2.58]	8.20	.0010	2.27
黑线仓鼠	♂	120	$.0^{3}30$	2.49	[2.34，2.64]	0.43	$.0^{3}52$	2.36
黑线仓鼠	♀	120	.0011	2.18	[2.05，2.31]	0.23	$.0^{3}59$	2.33
高原鼢鼠	♂+♀	100	.0029	2.09	[1.91，2.28]	28.39	.0026	2.11
长爪沙鼠[9]	♂+♀	90	$.0^{3}33$	2.58	[1.80，3.36]	7.39	$.0^{3}49$	2.49
长爪沙鼠[10]	♂	91	$.0^{3}66$	2.38	[2.07，2.70]	4.85	$.0^{3}25$	2.60
长爪沙鼠[10]	♀	91	.0010	2.28	[2.01，2.55]	3.00	$.0^{3}31$	2.54
$\bar{x}$		135	.0004	2.75	2.50	3.01	.0005	2.49
s		71	.0007	0.50	0.47	0.58	.0006	0.19

雄性板齿鼠的对数模型为 $W=0.000\,061L^{2.87}$，其余类推. 对草原兔尾鼠，雄性的指数模型为 $W=\exp\{-0.675\,9+0.040\,6L\}$，雌性模型为 $W=\exp\{-0.594\,3+0.038\,9L\}$. 长爪沙鼠[9]的分数指数模型为 $W=\exp\left\{5.256\,0-\dfrac{147.023\,9}{L}\right\}$. 另外，Lagler 模型可写作 $W=a\mathrm{e}^{n\ln L}$. 因此，这三模型可统一为指数模型 $W=a\mathrm{e}^{f(L)}$，其中

$$f(L)=n\ln L，或 f(L)=nL，或 f(L)=\frac{n}{L}.$$

用非线性模型的 DUD 法确定 Lagler 模型的参数值，观测啮齿类的天数见表 2.2. 对雄性板齿鼠，模型为 $W=0.000\,002\,2L^{3.48}(\mathrm{g/mm^3})$，其余类推. 为进行比较，给出其对数线性模型 $\ln W=\ln a+n\ln L$，并用最小二乘法确定其参数值. 如果将本文研究的鼠类按性别以一种模型计算，17 种状态中，由化为对数线性模型的结果发现，$2.11\leqslant n\leqslant 2.87$；用非线性模型，$2.09\leqslant n\leqslant 3.78$，其中雌性板齿鼠的 n 最大为 3.78，高原鼢鼠的 n 最小为 2.09，若考虑 n 的 95% 的置信区间，则雌性板齿鼠的置信区间 [3.44, 4.12] 位于最右端，长爪沙鼠[9] 的置信区间 [1.80, 3.36] 位于最左端. 两种方法估计的 4 个参数，两个 a 的相关系数 $r=0.872\,1$ ($P=0.000\,1$)；两个 n 的相关系数 $r=0.592\,6$ ($P=0.012\,2$)，故估计的参数间呈显著正相关. 同一种方法估计的参数 a 和 n 间呈负相关(DUD 法：$r=-0.635\,3$，$P=0.006\,1$；对数线性模型：$r=-0.742\,1$，$P=0.000\,6$). 由于体重和体长呈曲线关系，在理论上应以非线性回归直接拟合，但直接拟合非线性回归比较复杂，故通常通过变换，将曲线直线化，求得直线模型，再反变换得到曲线模型的估计式. 由此可知，随着算法的改进，估计参数与使用的方法有关. 由于化为对数线性模型是使变换后模型的剩余方差最小，而使用非线性模型方法估计的剩余方差小于化为对数线性模型变换后的剩余方差. 因此，在估计 Lagler 模型的参数时，应使用非线性模型的方法，如 DUD 法，此时所估计的参数一般不会再有较大的改变，使用 Marquardt 法[12]. 也不会有较大的改变[13].

文献 [1～10] 中除附原始数据外，给出体重与体长模型为文献 [4,6,8,10]. 文献 [4,10] 给出了 ♂ + ♀ 的体重与体长模型. 从选用 Lagler 模型拟合啮齿类体重与体长关系，R^2 很接近 1 (表 2.1)，如板齿鼠 ($R^2=0.994\,7$, $0.992\,9$). 但剩余方差还是比较大(表 2.2). 高原鼠兔的 $R^2=0.993\,7$，其剩余方差为 8.20，叶润蓉等[6] 认为不符合 Lagler 模型. 对此类问题，可采用分段的 Lagler 模型拟合或用其他模型研究. 文献 [8] 给出的模型 $W=0.939\,54L^{0.840\,96}$ 的维度参数 $n=0.840\,96<1$ 是不可能的，计算有误.

参考文献

[1] 黄铁华,廖崇惠,秦耀亮,黄进同. 板齿鼠的生长发育. 动物学报，1980，26(4)：386-391.

[2] 蒋卫，郑强,张兰英，杨东升. 草原兔尾鼠的生长发育.动物学杂志，1995，30 (3)：27-31.

[3] 秦耀亮,廖崇惠,黄进同.黄毛鼠的生长和发育.灭鼠和鼠类生物学研究报告. 北京:科学出版社,1981,4：105-113.

[4] 梁杰荣,曾缙祥,王祖望,韩永才. 根田鼠生长和发育的研究.高原生物学集刊. 北京:科学出版社，1982,1：195-207.

[5] 王祖望,曾缙祥,李经才,戴克华.小家鼠的生长和发育.灭鼠和鼠类生物学研究报告. 北京:科学出版社，1978,3：51-68.

[6] 叶润蓉,梁俊勋. 人工饲养条件下高原鼠兔生长和发育的初步研究.兽类学报,1989,9(2):110-118.

[7] 钟品仁,主编.哺乳类实验动物. 北京：人民卫生出版社，1983:209-227.

[8] 张道川,周文扬，张堰铭. 人工饲养高原鼢鼠生长和发育的观察.兽类学报，1993，13(4)：303-306,259.

[9] 遵义医学院寄生虫学组.长爪沙鼠实验室生长繁殖的初步观察.动物学杂志,1976,(3):31-32.

[10] 刘金明,聂金荣.长爪沙鼠的生长发育. 上海实验动物科学,1989,9(4)：221-224.

[11] Ralston M L，Jennrich R I. DUD，a derivative-free algorithm for nonlinear least squares. Technometrics,1978，20(1):7-14.

[12] Marquardt D W. An algorithm for least-squares estimation of nonlinear parameters. SIAM J Appl Math，1963，11(2)：431-441.

[13] 延晓冬,赵士洞. 崔-Lawson 和 Logistic 方程参数的优化估计方法. 应用生态学报，1991，2(3)：275-279.

中国地方病防治杂志(中国地方病防治),
2000,15(1):4-6.

内蒙古三种地区啮齿动物调查方法研究①

Study on Surveillance Methods of Rodents in Three Regions, Inner Mongolia

摘要 **目的** 研究使用24 h弓形铗法和5 m铗线法调查野外夜行鼠所捕获的啮齿动物种类的关系.

方法 对察哈尔丘陵、锡林郭勒草原和鄂尔多斯荒漠草原的监测数据,用配对资料的χ^2校正公式进行比较.

结果 在察哈尔丘陵,除4种少见种外,两种方法调查的鼠类是相同的;在锡林郭勒草原和鄂尔多斯荒漠草原,夜行鼠监测中捕到的鼠类均包含在24 h弓形铗法调查的啮齿动物中.

结论 在原始面貌未改变地区,使用24 h弓形铗法调查啮齿动物,可以不做夜行鼠监测.采用单公顷24 h弓形铗法调查黄鼠数量,可以改为使用24 h弓形铗法调查啮齿动物数量,不做夜行鼠监测.

关键词 监测方法;啮齿动物.

准确调查鼠疫疫源地的啮齿动物数量,是现代生态学领域研究的主要内容之一.在同一地区,使用不同的调查方法,可能得到不同的调查结果或有某些差异. 为使调查方法简便易行,本文在原始面貌未改变地区,对内蒙古正镶白旗使用24 h弓形铗法捕获啮齿动物密度和野外夜行鼠捕

---

① 国家自然科学基金资助项目(39570638).
收稿:1999-06-28;收修改稿:1999-08-16.
本文与李书宝、刘天驰、张耀星、张万荣合作.

获的啮齿动物组成进行对比，并对单公顷 24 h 弓形铗法捕获黄鼠密度的方法进行讨论，进一步，讨论锡林郭勒草原和鄂尔多斯荒漠草原啮齿动物数量的调查方法.

§1. 材料与方法

三种调查地区为：正镶白旗乌宁巴图苏木，属于内蒙古察哈尔丘陵干草原景观；阿巴嘎旗那仁宝力格苏木，属于锡林郭勒草原；鄂托克前旗布拉格苏木，属于鄂尔多斯荒漠草原. 3 种地区概况见文献[1~3].

调查方法：3 种地区均采用 24 h 弓形铗法捕鼠（单公顷样方捕鼠：在样方内见洞下铁，置铁于洞口，每 4 h 或 2 h 查看一次捕鼠情况，黄昏和早晨各一次）. 每年 4 月～10 月每月用 5 m 铗线法按不同栖息地逐月调查野外夜行鼠. 统计两种方法捕获啮齿动物年次数（表 1.1～表 1.3），分别用配对资料的χ^2校正公式进行检验.

表 1.1　1979 年～1998 年察哈尔丘陵捕获啮齿动物年次数

方法	达乌尔黄鼠	长爪沙鼠	布氏田鼠	达乌尔鼠兔	五趾跳鼠	黑线仓鼠	黑线毛足鼠	短耳仓鼠
24 h 弓形铗法	19	16	9	8	14	12	4	2
5 m 铗线法	7	7	2	2	16	13	17	4
χ^2	10.08	7.11	5.14	4.17	0.50	0.00	11.08	0.50
P	**	**	*	*			**	

方法	小家鼠	子午沙鼠	小毛足鼠	北方田鼠	狭颅田鼠	大林姬鼠	褐家鼠
24 h 弓形铗法	2	1	1	2	1	0	0
5 m 铗线法	2	1	5	0	0	1	1
χ^2	0.00	0.00	2.25	0.50	0.00	0.00	0.00
P							

注：**，*，°分别表示 $P<0.01$，$P<0.05$，$P<0.10$，其余为 $P>0.10$，下同.

表 1.2　1989 年～1998 年锡林郭勒草原捕获啮齿动物年次数

方法	布氏田鼠	达乌尔鼠兔	五趾跳鼠	黑线毛足鼠	长爪沙鼠	灰仓鼠	小家鼠	黑线仓鼠	短耳仓鼠	达乌尔黄鼠
24 h 弓形铗法	9	9	9	7	6	4	2	2	3	2
5 m 铗线法	0	0	10	9	0	2	1	1	2	0
χ^2	7.11	7.11	0.00	0.50	4.17	0.50	0.00	0.00	0.00	0.50
P	*	*			*					

表 1.3　1981 年～1986 年鄂尔多斯荒漠草原捕获啮齿动物年次数

方法	长爪沙鼠	子午沙鼠	三趾跳鼠	五趾跳鼠	小毛足鼠	黑线仓鼠	灰仓鼠	短耳仓鼠	达乌尔黄鼠	小家鼠
24 h 弓形铗法	6	6	6	5	2	2	2	2	6	1
5 m 铗线法	3	6	6	6	6	5	3	3	1	0
χ^2	1.33	0.00	0.00	0.00	2.25	1.33	0.00	0.00	3.20	0.00
P									°	

§2. 结果讨论

在乌宁巴图苏木，由于 1981 年未做夜行鼠调查，去掉其 24 h 弓形铗法捕获啮齿动物种类，1979 年～1998 年采用 24 h 弓形铗法共调查面积 2 470 hm^2，年均$(\bar{x}\pm s)=(130\pm 99)hm^2$；共捕鼠 8 958 只，年均$(471\pm 334)$只．野外夜行鼠调查：19 年共布铗 27 256 次，捕鼠 842 只，捕获率 3.09%．

在那仁宝力格苏木，1989 年～1997 年采用 24 h 弓形铗法捕鼠，共调查面积 356 hm^2，年均$(36\pm 27)hm^2$；共捕鼠 4 633 只，年均(463 ± 317)只．野外夜行鼠调查：10 年共布铗 7 500 次，捕鼠 160 只，捕获率 2.13%．

在布拉格苏木，由于 1981 年～1986 年为 24 h 弓形铗法捕鼠，后改为洞口系数法，故仅用前一段资料：共调查面积 280 hm^2，年均$(47\pm 10)hm^2$；共捕鼠 7 839 只，年均 $(1\ 307\pm 1\ 851)$只．野外夜行鼠调查：6 年共布铗 7 768 次，捕鼠 1 015 只，捕获率 13.07%．

从 1979 年～1998 年察哈尔丘陵捕获啮齿动物年次数(表 1.1)，使用 24 h 弓形铗法和 5 m 铗线法调查野外夜行鼠，均捕获啮齿动物 13 种．北方田鼠和狭颅田鼠在夜行鼠监测中未捕到，在 24 h 弓形铗法调查中未捕获大林姬鼠和褐家鼠，表明两种方法调查的种类一般是不同的．从调查年次数看，19 年中除有两年捕获到小家鼠，其余 3 种鼠均有 1 年捕获到，故这 4 种鼠均为少见种．因此，从调查动物种类看，除少见种外，两种方法调查的啮齿类是相同的．其中达乌尔黄鼠、长爪沙鼠、布氏田鼠和达乌尔鼠兔一般为昼行性鼠类，在夜间也可能出洞，故从捕捉的年次数看，使用 24 h 弓形铗法捕获的次数显著大于 5 m 铗线法调查的次数($P<0.05$)；五趾跳鼠、黑线仓鼠、黑线毛足鼠、短耳仓鼠、小家鼠、子午沙鼠和小毛足鼠一般为夜行性鼠类，从捕捉的年次数看，除黑线毛足鼠外($P<0.01$)，使用 24 h 弓形铗法捕获的次数与 5 m 铗线法调查的次数无显著区别

(P＞0.10).虽然两种方法调查黑线毛足鼠的年次数有显著差异($P<0.01$),由于该鼠未检出鼠疫菌[4],从鼠疫监测角度,其意义不大.

从1989年～1998年锡林郭勒草原捕获啮齿动物年次数(表1.2),使用24 h弓形铗法捕获啮齿动物10种,5 m铗线法捕获野外夜行鼠6种,即夜行鼠监测中捕到的鼠均包含在24 h弓形铗法调查的啮齿动物中,未捕到的是布氏田鼠、达乌尔鼠兔、长爪沙鼠和达乌尔黄鼠,且两种方法捕到的田鼠、鼠兔、沙鼠的年次数差异显著($P<0.05$),原因是他们主要是在昼间或晨昏时活动,故夜行鼠监测中未捕到.

从1981年～1986年鄂尔多斯荒漠草原捕获啮齿动物年次数(表1.3),使用24 h弓形铗法捕获啮齿动物10种,5 m铗线法捕获野外夜行鼠9种,即夜行鼠监测中捕到的鼠均包含在24 h弓形铗法调查的啮齿动物中,且无差异显著($P>0.05$),未捕到的仅有小家鼠.

综上所述,从使用24 h弓形铗法和5 m铗线法调查野外夜行鼠所捕获的啮齿动物种类看,两种方法调查的种类一般是不同的.在察哈尔丘陵,除少见种外,两种方法调查的鼠类是相同的；在锡林郭勒草原和鄂尔多斯荒漠草原,夜行鼠监测中捕到的鼠均包含在24 h弓形铗法调查的啮齿动物中.因此,从调查方法看,在使用24 h弓形铗法调查啮齿动物的地区,建议不做夜行鼠监测.

从另一角度看,目前关于黄鼠调查,一般采用单公顷24 h弓形铗法,计算黄鼠数量,同时用5 m铗线法调查野外夜行鼠,计算捕获率.从表1.1看,若采用单公顷24 h弓形铗法,则捕获长爪沙鼠、布氏田鼠、达乌尔鼠兔和狭颅田鼠这些主要是在昼间或晨昏时活动的鼠类数量资料就会丢失.反过来,我们又去专门用5 m铗线法调查野外夜行鼠.另外,使用单公顷24 h弓形铗法调查的黄鼠密度是绝对密度,5 m铗线法的夜行鼠监测调查的捕获率是相对密度,两种资料缺乏可比性,且不能作为同一类型数据处理.因此,从调查方法看,采用单公顷24 h弓形铗法做黄鼠数量调查,建议改为使用24 h弓形铗法,可以不做5 m铗线法的夜行鼠监测.

调查啮齿动物数量有多种方法,一般应根据各个种类,栖息地条件,工作季节和目的进行选择.一方面要吸收现有方法和经验,另一方面,应根据实践经验发展数量调查方法.因此,在我国这样辽阔的土地上,要规定统一的调查方法,即使对某一种啮齿动物,如黄鼠,往往也是比较困难且不大合适的.如用 5 m 铗线法布铗 500 m,两边宽度跨 200 m(即 20 hm^2),捕获率一般要高;而弓形铗法仅 1 hm^2,范围较小.预计本文提出的建议适用于原始面貌未改变地区,但在开发地区,由于栖息地发生变化,鼠类分布区比较严格,强调用一种方法很难达到目的,还可能限制人们根据具体条件选用和创造鼠类数量调查的新方法.

参考文献

[1] 李仲来,张万荣.长爪沙鼠种群数量与气象因子的关系.兽类学报,1993,13(2):131.

[2] 李仲来,刘来福,张耀星.内蒙古察哈尔丘陵啮齿动物种群数量的波动和演替.兽类学报,1997,17(2):118.

[3] 李仲来,刘天驰.锡林郭勒草原布氏田鼠数量的周期性和啮齿动物群落的演替.动物学研究,1999,20(4):284.

[4] 方喜业,主编.中国鼠疫自然疫源地.北京:人民卫生出版社,1990:123.

Abstract **Objective** Studies on the surveillance methods for rodents population, the bowshaped clip method during 24 hours (BC24H) and the 5 m trap linear method (5MTL) from sunset in day to sunrise the next day.

Methods Compared with investigating rodent species in Chahaer hills, Xilinguole grassland and Ordosi desert grassland using χ^2 corrector formula of paired data.

Results The capturing rodent species with the two survey methods were about the same except the four species rather scare mice in Chahaer hills. All capturing mice species using 5MTL were in BC24H for Xilinguole grassland and Ordosi desert grassland.

Conclusions In the regions of the original habitats had not change, did not 5MTL. And transformed that the surveillance of *Spermophilus* population was using the bowshaped clip method in one hectare from sun to sun into BC24H.

Keywords surveillance method; rodent.

昆虫学报，
2001,44(3):327-331.

锡林郭勒草原布氏田鼠体蚤和巢蚤数量动态及蚤类群落演替①

Studies on Dynamics of Body and Burrow Fleas of *Microtus Brandti* and Succession of Their Community

摘要　1989年～1998年对内蒙古阿巴嘎旗那仁宝力格苏木布氏田鼠(简称田鼠)体蚤和巢蚤的数量进行了调查和分析，所得体蚤包括3科7属9种，其中优势种有：原双蚤田野亚种(简称原双蚤)占41.84%，近代新蚤东方亚种(简称近代新蚤)占41.18%，光亮额蚤占13.18%．所得巢蚤包括2科6属9种，其中优势种近代新蚤占74.94%；光亮额蚤占10.04%，原双蚤占8.20%，宽圆纤蚤 *Rhadinopsylla rothschildi* 占6.44%，是常见种．布氏田鼠体的原双蚤、近代新蚤、光亮额蚤和体蚤指数间呈正相关($P<0.05$)．田鼠巢的近代新蚤、光亮额蚤、宽圆纤蚤和巢蚤指数间正相关显著($P<0.01$)．春季巢蚤指数：春季体蚤指数≈5：1，秋季巢蚤指数：秋季体蚤指数≈75：1．近代新蚤既是体型蚤又是巢型蚤，为田鼠的优势蚤种；原双蚤数量占体蚤的41.84%，是体型蚤；光亮额蚤为体蚤和巢蚤中的常见种．

关键词　布氏田鼠；原双蚤田野亚种；近代新蚤东方亚种；光亮额蚤；数量动态．

[中图分类号] Q958.1；Q958.9　**[文献标识码]**A

[文章编号]0454-6296 (2001) 03-0327-05

布氏田鼠的体蚤和巢蚤数量关系，已做过一些研究[1～7]．关于田鼠在春季和秋季蚤数量(体蚤、巢蚤) 的年度间动态关系、种类组成和演替规

①　国家自然科学基金资助项目 (39570638).
收稿：1999-09-11；接受：2000-06-21.
本文与刘天驰、牛勇合作.

律的动态报道少见，主要原因是缺少大量的野外监测资料[8]. 由于蚤类是传播鼠疫和其他流行病的重要媒介，而掌握主要蚤类在自然界数量的动态关系、种类组成等，对人类成功和有效地预防人间传染病的发生，有重要的实际意义.

§1. 材料与方法

样地和田鼠密度调查方法见李仲来等[9]. 1989 年～1998 年每年 4 月～5 月、9 月～10 月（分别简称春季和秋季）进行田鼠体蚤、巢蚤数量调查. 对捕获的活体田鼠（1989 年春季未调查，秋季在 51 hm^2 样方中仅捕到 1 只田鼠，1990 年全年和 1991 年春季未捕到田鼠，故 1989 年秋季至 1991 年春季未检体蚤和巢蚤），每季随机抽取约 40 只，单只袋装，在检蚤室用乙醚麻醉后，用篦子或毛刷梳蚤，对获得的蚤鉴定分类. 计算公式：

体蚤指数＝总体蚤数÷总检田鼠数；

某种体蚤指数＝某种体蚤数÷总检田鼠数.

在此期间，每季随机挖有效田鼠巢穴约 10 个，将鼠洞剖开后，取巢垫物及表面巢土一起装入布袋，在检蚤室检蚤，对获得的蚤鉴定分类. 计算公式：

巢蚤指数＝总巢蚤数÷总检田鼠巢数；

某种巢蚤指数＝某种巢蚤数÷总检田鼠巢数.

对所得调查资料（表 1.1）进行 t 检验和相关分析，并求蚤指数与主要蚤种的回归模型.

表 1.1 布氏田鼠体蚤和巢蚤指数 /只

年-月	原双蚤田野亚种	近代新蚤东方亚种	光亮额蚤	宽圆纤蚤	多齿细蚤	方形黄鼠蚤蒙古亚种	角尖眼蚤指名亚种	不常纤蚤	五侧纤蚤指名亚种	圆指额蚤	短跗鬃眼蚤
体蚤											
1991-10	0.17	0.66	0.28	0.19	0.02	0	0	0.02	0	0	0
1992-04	5.15	4.09	1.06	0.03	0.36	0	0.03	0	0	0	0
1992-10	0.07	0.49	0.36	0	0	0	0	0	0	0	0
1993-04	2.75	1.00	0.52	0	0	0	0	0	0	0	0

续表

年-月	原双蚤田野亚种	近代新蚤东方亚种	光亮额蚤	宽圆纤蚤	多齿细蚤	方形黄鼠蚤蒙古亚种	角尖眼蚤指名亚种	不常纤蚤	五侧纤蚤指名亚种	圆指额蚤	短跗鬃眼蚤
1993-10	0.10	0.14	0.24	0.14	0	0	0.03	0	0	0	0
1994-04	1.00	1.40	0.55	0	0	0	0	0	0	0	0
1994-10	0.11	0.26	0.30	0	0	0	0	0	0.04	0	0
1995-04	0.04	0.11	0.07	0	0	0	0	0	0	0	0
1995-10	0.59	0.12	0.02	0	0	0.06	0	0	0	0	0
1996-04	3.10	2.36	0.48	0	0	0	0	0	0	0	0
1996-10	1.00	0.63	0.63	0.63	0	0	0	0	0	0	0
1997-04	0.69	5.47	0.84	0	0	0	0	0	0	0	0
1997-10	0.28	0.36	0.84	0.08	0	0	0	0	0	0	0
1998-04	0.21	2.42	0.65	0.02	0	0.16	0	0	0	0	0
1998-10	0.75	0.13	0.23	0.60	0	0	0	0	0	0	0
巢蚤											
1991-10	6.73	257.82	33.09	21.82	1.46	0	0	0	0	0.18	0
1992-04	11.40	57.05	6.80	0.35	0.60	0	0	0	0	0	0
1992-10	1.20	24.90	2.70	14.70	0	0	0.10	0	0	0	0
1993-04	6.95	22.50	3.45	0.30	0.05	0	0	0	0	0	0
1993-10	2.71	51.71	5.43	8.24	0.05	0	0.05	0	0	0	0.05
1994-04	0.75	7.42	1.00	0.25	0	0	0	0	0	0	0
1994-10	1.10	40.00	8.70	3.40	0	0	0	0	0	0	0
1995-04	1.50	16.88	2.17	0.13	0	0	0	0	0	0	0
1995-10	15.53	30.93	4.60	0.20	0	0	0	0	0.33	0	0
1996-04	2.25	26.33	3.33	0	0	0	0	0	0	0	0
1996-10	10.97	73.77	9.90	2.30	0	0	0	0	0.16	0	0
1997-04	0.20	1.30	0.10	0.10	0	0	0	0	0	0	0
1997-10	6.40	116.60	15.20	4.40	0	0	0	0	0	0	0
1998-04	0.30	3.90	0.20	0	0	0	0	0	0	0	0
1998-10	1.30	8.00	2.19	1.56	0	0	0	0	0	0	0

注:蚤指数是指在相应被检样本上查到的平均蚤数.

§2. 结果与讨论

1989年秋季以来，积累了内蒙古阿巴嘎旗的田鼠体蚤和巢蚤的系统监测资料. 在1989年～1998年，共检田鼠676只；染蚤鼠数437只；体染蚤率64.64%；获体蚤2 285只. 挖巢193个；染蚤巢数153个；巢染蚤率79.27%；获巢蚤10 518只. 从监测结果看，田鼠体蚤有3科7属9种，其中原双蚤田野亚种占41.84%，近代新蚤东方亚种占41.18%，光亮额蚤占13.18%，宽圆纤蚤占2.63%，多刺细蚤占0.57%，方形黄鼠蚤蒙古亚种(简称黄鼠蚤)占0.44%，角尖眼蚤指名亚种占0.09%，不常纤蚤占0.04%，五侧纤蚤指名亚种 *Rhadinopsylla dahurica dahurica* 占0.04%. 获巢蚤2科6属9种，其中近代新蚤占74.94%，光亮额蚤占10.04%，原双蚤占8.20%，宽圆纤蚤占6.44%，多刺细蚤占0.29%，五侧纤蚤指名亚种占0.10%，角尖眼蚤指名亚种占0.02%，圆指额蚤占0.02%，短跗鬃眼蚤占0.01%. 在体蚤和巢蚤中各有2种蚤不同：体蚤中未检到圆指额蚤、短跗鬃眼蚤，巢蚤中未检到不常纤蚤和方形黄鼠蚤，表明田鼠体蚤和巢蚤的种类和数量并不完全相同.

2.1 田鼠体蚤指数比较

春季体蚤指数=4.94±3.36 ($\bar{x}\pm s$, $n=7$)，不包括蚤指数是0的春季或秋季调查资料(以下均作同样处理)，与秋季体蚤指数1.32±0.75 ($n=8$) 的均值差异显著 ($t=2.98$, $P=0.01$)，表明田鼠体蚤数量的季节差异很大. 考虑前两种体蚤 (表1.1)，虽然原双蚤所占比例(41.84%)高于近代新蚤 (41.18%)，但两种蚤的春季体蚤 ($t=0.56$)、秋季体蚤 ($t=0.24$)的均值差异均不显著($P>0.05$)，即无论是春季还是秋季，这两种蚤均可认为是田鼠体蚤的优势蚤种.

2.2 田鼠巢蚤指数比较

春季巢蚤指数25.36±25.71($n=7$) 和秋季巢蚤指数98.81±97.82 ($n=8$) 的均值有一定差异($t=1.92$, $P=0.08$). 考虑前两种蚤 (表1.1)，由于巢近代新蚤 (74.94%) 已占巢蚤数量的3/4，近代新蚤和光亮额蚤的春季巢蚤($t=2.32$)、秋季巢蚤 ($t=2.26$) 的均值差异均显著($P<0.05$)，故近代新蚤是田鼠巢蚤的优势蚤种.

2.3 体蚤和巢蚤数量比较

体蚤和巢蚤是从两种角度反映田鼠寄生蚤的数量动态. 体蚤指数容易受捕获宿主时的方式、宿主当时的状态和人为因素的影响,但巢蚤受到的影响较小. 因此,巢蚤数量更能比较客观地反映蚤类的数量规律. 根据数量计算出的指数看,巢蚤指数远远大于体蚤指数. 春季巢蚤指数∶春季体蚤指数≈5∶1,秋季巢蚤指数∶秋季体蚤指数≈75∶1;春季体蚤和巢蚤均值有一定差异 ($t=2.08$, $P=0.06$);秋季体蚤和巢蚤均值差异显著 ($t=2.82$, $P=0.01$).

从主要蚤种看,按高低排列,体蚤为原双蚤 41.84%,近代新蚤 41.18%,光亮额蚤 13.18%;巢蚤为近代新蚤 74.94%,光亮额蚤 10.04%,原双蚤 8.20%. 近代新蚤既是体型蚤又是巢型蚤,为田鼠的优势蚤种;原双蚤数量占体蚤的 41.84%,因此,该蚤是体型蚤;光亮额蚤为体蚤和巢蚤中的常见种.

2.4 相关分析和回归模型

计算春季和秋季田鼠体蚤和巢蚤指数与 4 种主要蚤种的相关系数,得到体蚤指数与原双蚤、近代新蚤和光亮额蚤相关显著 ($P<0.01$),与宽圆纤蚤相关不显著($P>0.05$);3 种体蚤原双蚤、近代新蚤和光亮额蚤之间相关均显著 ($P<0.05$). 巢蚤指数、近代新蚤、光亮额蚤和宽圆纤蚤之间相关均显著 ($P<0.01$),与原双蚤相关不显著 ($P>0.05$).

将体蚤指数作为因变量 Y,鼠体的原双蚤 X_1、近代新蚤 X_2、光亮额蚤 X_3、宽圆纤蚤指数 X_4 作为自变量,得多元回归模型为

$$Y=-0.017+1.034X_1+1.004X_2+1.060X_3+0.958X_4,$$
$$F=3\,419.13,\ P<0.01. \tag{2.1}$$

将巢蚤指数作为因变量 y,鼠巢的原双蚤 x_1、近代新蚤 x_2、光亮额蚤 x_3、宽圆纤蚤指数 x_4 作为自变量,得多元回归模型为

$$y=-0.133+1.018\,x_1+1.008\,x_2+0.970\,x_3+1.016\,x_4,$$
$$F=413\,139.14,\ P<0.01. \tag{2.2}$$

由模型(2.1)～(2.2),可分别综合考虑体蚤和巢蚤与原双蚤、近代新蚤、光亮额蚤和宽圆纤蚤间的关系.

田鼠密度与体蚤指数的相关系数 $r=-0.39$ ($P=0.15$),与巢蚤指数的相关系数 $r=-0.08$ ($P=0.77$),相关均不显著;与体染蚤率

($r=-0.55$, $P=0.04$) 相关显著；与巢染蚤率 ($r=0.32$, $P=0.24$) 相关不显著. 一般地说，寄生蚤与宿主数量成正比[10]. 上述监测结果的可能原因是：在不同年份，田鼠密度变幅很大. 当田鼠数量骤增时，由于大部分巢穴都是新居，巢蚤大量繁殖(种群的建立)滞后于鼠类的增加，故蚤数量降低，这由表 1.1 可明显看出. 另外，1991 年秋季巢蚤数量很高，平均每个巢内有蚤 321 只，这会影响田鼠密度与巢蚤的相关.

体蚤指数与巢蚤指数的相关不显著 ($r=-0.18$, $P=0.53$). 体染蚤率与巢染蚤率相关不显著 ($r=-0.44$, $P=0.10$).

2.5 田鼠体蚤、巢蚤的种类组成和演替规律

1970 年，该地区被确定为田鼠鼠疫疫源地后，田鼠在鼠类群落中均占绝对优势，其余啮齿动物种类比较稳定且数量变化不大[9]. 由于 1971 年、1978 年、1985 年的数据有蚤类分类记录，连同近 10 年的资料一起进行分析. 1971 年体蚤：原双蚤 26.60%，近代新蚤 26.49%，光亮额蚤 20.34%，多刺细蚤 4.12%，黄鼠蚤 8.07%，角尖眼蚤指名亚种 4.86%，未分类蚤 9.52%. 1978 年体蚤：原双蚤 6.95%，近代新蚤 42.86%，光亮额蚤 47.88%，多刺细蚤 1.16%，黄鼠蚤 0.58%，未分类蚤 0.58%；巢蚤：原双蚤 34.74%，近代新蚤 42.01%，光亮额蚤 9.74%，黄鼠蚤 5.23%，不常纤蚤 7.99%，鼠兔倍蚤 *Amphalius runatus* 0.29%. 1985 年体蚤：原双蚤 11.98%，近代新蚤 49.03%，光亮额蚤 32.03%，多刺细蚤 6.96%；巢蚤：原双蚤 15.62%，近代新蚤 64.02%，光亮额蚤 20.37%. 在不同年份，原双蚤、近代新蚤、光亮额蚤一直是体蚤和巢蚤的主要蚤种，其他蚤种变化不大. 体蚤中，原双蚤在 20 世纪 70 年代初所占比例较高 (26.60%)，70 年代末所占比例很低 (6.95%)，80 年代略高 (11.98%)，演替到 90 年代的优势种(41.84%)；光亮额蚤与原双蚤的演替位次正好相反；近代新蚤一直为优势种，80 年代最高(49.03%)，90 年代仍居第 2 位. 巢蚤中，近代新蚤一直为优势种，所占比例呈上升趋势，80 年代最高(82.51%)，比 70 年代增加近 1 倍；原双蚤在 70 年代所占比例较高(34.74%)，80 年代降低为 15.62%，演替到 90 年代最低(8.20%)；光亮额蚤除 80 年代略高外 (20.37%)，其余年代所占比例变化很小.

参考文献

[1] 姜永禄. 布氏田鼠鼠疫流行概况. 地方病通报,1987, 2(4):82-86.

[2] 姜永禄. 锡林郭勒高原布氏田鼠鼠疫自然疫源地的研究. 见:王淑纯,宋延富,主编. 鼠疫研究进展. 北京:中国环境科学出版社,1988:218-225.

[3] 纪树立,贺建国,孙玺,等. 鼠疫. 北京:人民卫生出版社,1988:12-117, 176-180.

[4] 姜永禄,卢锦贵,隋风学. 媒介. 见:方喜业,主编. 中国鼠疫自然疫源地. 北京:人民卫生出版社,1990:228-231.

[5] 刘天驰. 布氏田鼠疫源地静息期鼠蚤种群调查. 中国地方病防治杂志,1992, 7 (6):373-374.

[6] 武杰. 布氏田鼠主要寄生蚤数量变动及流行病学意义. 中国地方病防治杂志,1996,11(4):238-239.

[7] 李新民,郭鹏飞,刘俊. 媒介. 见:刘纪有,张万荣,主编. 内蒙古鼠疫. 呼和浩特:内蒙古人民出版社,1997:66-71.

[8] Jassby A D, Powell T M. Detecting changes in ecological time series. Ecology, 1990, 71(6):2 044-2 052.

[9] 李仲来,刘天驰. 锡林郭勒草原布氏田鼠数量的周期性和啮齿动物群落的演替. 动物学研究,1999,20(4):284-287.

[10] 柳支英,主编. 中国动物志:昆虫纲:蚤目. 北京:科学出版社,1986:48-129.

Abstract An investigation on body and burrow fleas of the Brandt's vole *Microtus brandti*, in Narenbaolige Sumu, Abaga Banner, Inner Mongolia, during 1989～1998 was summarized. Nine flea species in seven genera in three families were found on the vole body with *Amphipsylla primaris mitis* as the dominant species (41.8%), followed by *Neopsylla pleskei orientalis* (41.2%) and *Frontopsylla luculenta* (13.2%). Nine flea species in six genera of two families were detected in the vole burrow nest with *N. p. orientalis* as the dominant species (74.9%). *F. luculenta* (10.0%), *A. p. mitis* (8.2%) and *Rhadinopsylla rothschildi* (6.4%) were commonly occurring. There was a positive correlation between the index of *A. p. mitis*, *N. p. orientalis* and *F. luculenta* and that of all the fleas on the vole body ($P<0.05$), respectively. The correlation coefficient between index of *N. p. orientalis*, *F. luculenta* and *R. rothschildi* and that of the total fleas in the vole burrow nest was significant ($P<0.01$), respectively. The proportion of burrow flea index to that of body flea was about 5∶1 in spring while it approached 75∶1 in autumn. *N. p. orientalis* was the dominant species either in the vole body fleas or in the nest ones. Of the vole body fleas 41.8% was *A. p. mitis*, which belonged to the body-type flea. *F. luculenta* was common flea species on the vole body and in its burrow.

Keywords Brandt's vole *Microtus brandti*; *Amphipsylla primaris mitis*; *Neopsylla pleskei orientalis*; *Frontopsylla luculenta*; population dynamics.

寄生虫与医学昆虫学报，
2001,8(3):170-174.

方形黄鼠蚤松江亚种和二齿新蚤存活力的对数线性回归模型[①]

Log-Linear Regression Models on Survivorship of Fleas *Citellophilus Tesquorum Sungaris* and *Neopsylla Bidentatiformis*

摘要 利用生存分析方法，建立了方形黄鼠蚤松江亚种（简称方形黄鼠蚤）和二齿新蚤新羽化蚤未吸血的雄蚤和雌蚤，吸 1 次血的雄蚤和雌蚤，每日喂血 1 h 的雄蚤，每日喂血 1 h 的雌蚤的对数线性回归模型和危险率模型，得到如下结论. 温度对两种蚤的生存影响大于湿度. 危险率随着温度的增高而增大，随着湿度的增高而减小. 在相同的温度、湿度下，生存到某天的危险率随着吸血条件的改善而降低.

关键词 方形黄鼠蚤松江亚种；二齿新蚤；存活力；危险率；对数线性回归模型.

方形黄鼠蚤松江亚种和二齿新蚤在达乌尔黄鼠鼠疫自然疫源地中是鼠疫重要的传播媒介. 马立名（1990，1991，1992，1993）对方形黄鼠蚤和二齿新蚤在不同条件下的存活力分别进行了观察，李仲来等（1996）利用折线回归，4 种双因素方差分析和多元线性回归模型（1998）对这两种蚤的存活力做了研究. 本文利用生存分析中的对数线性回归模型对其进行研究.

§1. 材料与方法

材料见李仲来等（1996）. 方法：(1) 新羽化蚤不供给血液（不吸血）：将其放玻璃杯中滤纸片上，置实验条件下，每日定时检出死蚤，显微镜下

① 收稿：2000-09-14.

本文与马巧云、马立名合作.

鉴定性别，计数，直到全部死亡为止. 每组蚤每日观察 10 只左右，重复 10 次以上. 实验温度以恒温箱控制，湿度以干燥罐内盛有不同浓度的氢氧化钾溶液来调节. (2) 蚤吸 1 次血后不再吸血：将新羽化蚤放小白鼠身上 1 h，显微镜下选出饱血蚤，观察步骤同(1). 以血液消化尽的死亡蚤作为有效观察蚤. (3) 蚤每日喂血 1 h：蚤每日定时放小白鼠身上 1 h，其余步骤同前. 在方形黄鼠蚤和二齿新蚤相对湿度分别控制在(70±5)%和(90±5)%的前提下，温度(单位：℃)取 5，10，15，20，25，30，35，控制精度±0.5℃；温度均控制在 (25±0.5)℃的前提下，相对湿度(单位：%)取 0，10，30，50，70，90，100，控制精度±5%. 分别对各种吸血条件下关于性别作方差分析后，将方形黄鼠蚤和二齿新蚤的存活时间：未吸血的雄蚤和雌蚤，吸 1 次血后再不吸血的雄蚤和雌蚤，每日喂血 1 h 的雄蚤，每日喂血 1 h 的雌蚤 4 种情况，求出生存分析中的对数线性回归模型.

生存分析中的对数线性回归模型也叫加速失效时间模型（Accelerated failure time model），模型的基本形式是 $T=T_0\exp\{\boldsymbol{bX}\}$，其中 T_0 是不考虑协变量时的基准分布的生存时间，向量 $\boldsymbol{X}$ 为对生存时间有影响的 1 组因素，向量 $\boldsymbol{b}$ 为相应因素的未知参数向量，T 为生存时间.

模型线性化为 $Y=\ln T=\boldsymbol{bX}+y_0=\sum b_i x_i+y_0$，其中 y_0 是随机项，在多数情况下 y_0 的分布函数为 $G\left(\frac{\boldsymbol{X}-\boldsymbol{a}}{\boldsymbol{c}}\right)$，$\boldsymbol{a}$ 为截距参数，$\boldsymbol{c}$ 为尺度参数. 若 $h_0(t)$ 是 T_0 的危险率〔在时间 t 活着的个体，在往后的单位区间内死亡的(条件)概率〕模型，考虑协变量时的危险率模型为 $h(t)=h_0(t\exp\{-\boldsymbol{bX}\})^{\exp\{-\boldsymbol{bX}\}}$. 常见的 4 个基准分布函数为指数型、Weibull 型、对数 Logistic 型和对数正态型. 模型选择按 AIC 信息量最小为最佳模型. 按此准则，建立对数线性回归模型，以及危险率模型. 计算用 SAS 软件完成.

§ 2. 结果与讨论

分别在各种吸血条件下对性别因素作方差分析后，知道性别仅在喂血条件下才对方形黄鼠蚤的存活时间有显著性差异($F=416.48$，$P=0.000\ 1$)；在未吸血的雄蚤和雌蚤 ($F=1.57$，$P=0.21$)，吸 1 次血后再不吸血的雄蚤和雌蚤 ($F=1.19$，$P=0.27$) 间的存活时间无显著性差异($P>0.20$). 因此，将方形黄鼠蚤的存活时间分为未吸血的雄蚤和雌蚤、吸1次血后再不吸血的雄蚤和雌蚤、每日喂血1 h的雄蚤、每日喂血1 h的雌蚤4种吸血条件.这将使研究的问题得到简化.对二齿新蚤在各种吸血条件下对性别因素作方差分析的结论与方形黄鼠蚤一致,从而对其作相同的处理.

2.1 方形黄鼠蚤

2.1.1 未吸血的雄蚤和雌蚤:拟合指数、Weibull、对数 Logistic 和对数正态分布(简称 A～D)各模型时所得的对数似然估计值(LLEV)分别为−3 507.49,−2 545.36,−2 219.80 和−2 283.80. 由 AIC 准则,此时生存时间的基准分布应选对数 Logistic 分布. 拟合对数 Logistic 分布模型的参数估计,截距、温度($Temp$)和湿度(RH)均显著($P>0.0001$),以下模型(2.3)(2.7)(2.9)(2.11)(2.13)(2.15)的截距、$Temp$ 和 RH 显著性检验均为($P>0.0001$). 模型为

$$Y=\ln T=2.027-0.076Temp+0.022RH+y_0, \tag{2.1}$$

其中 y_0 满足尺度参数为 0.275 的对数 Logistic 分布. 危险率模型为

$$h(t)=\frac{0.002\,288}{t^{-2.6364}\exp\{-0.2764\,Temp+0.0800RH\}+0.0006293t}. \tag{2.2}$$

2.1.2 吸1次血后再不吸血的雄蚤和雌蚤

拟合 A～D 各模型时所得的 LLEV 分别为−2 960.48,−1 454.64,−980.17 和−1 043.45. 由 AIC 准则,模型为

$$Y=\ln T=2.530-0.059Temp+0.014RH+y_0, \tag{2.3}$$

其中 y_0 满足尺度参数为 0.192 的对数 Logistic 分布. 危险率模型为

$$h(t)=\frac{0.000\,009\,862}{t^{-4.2083}\exp\{-0.3073Temp+0.0729RH\}+0.000\,001\,894t}. \tag{2.4}$$

2.1.3 每日喂血1 h的雄蚤:拟合 A～D 各模型时所得的 LLEV 分别为−2 197.93,−1 453.75,−1 499.58 和−1 642.18. 由 AIC 准则,此时生存时间的基准分布应选 Weibull 分布. 由拟合 Weibull 分布模型的参数估计,截距($P=0.0001$)、温度($P=0.0001$)和湿度($P=0.0208$)均显著.模型为

$$Y=\ln T=4.340-0.027Temp+0.001RH+y_0, \tag{2.5}$$

其中 y_0 满足尺度参数为 0.444 的 Weibull 分布. 危险率模型为

$$h(t) = 0.000\,128\,1t^{1.252\,3}\exp\{0.060\,81Temp - 0.002\,252RH\}. \tag{2.6}$$

2.1.4 每日喂血 1 h 的雌蚤：拟合 A～D 模型时所得的 LLEV 分别为－2 292.84，－1 341.41，－1 530.78 和－1 727.44. 由 AIC 准则，模型为

$$Y=\ln T=5.025-0.024Temp+0.000\,4RH+y_0, \tag{2.7}$$

其中 y_0 满足尺度参数为 0.387 的 Weibull 分布. 危险率模型为

$$h(t)=0.000\,005\,932t^{1.584\,0}\exp\{0.062\,0Temp-0.001\,034RH\}. \tag{2.8}$$

2.2 二齿新蚤

2.2.1 未吸血的雄蚤和雌蚤：拟合 A～D 各模型时所得的 LLEV 分别为－3 006.20，－1 490.62，－1 573.65 和－1 603.82. 由 AIC 准则，模型为

$$Y=\ln T=1.241-0.042Temp+0.018\,3RH+y_0, \tag{2.9}$$

其中 y_0 满足尺度参数为 0.354 的 Weibull 分布. 危险率模型为

$$h(t)=0.084\,8t^{1.824\,9}\exp\{0.118\,6Temp-0.051\,7RH\}. \tag{2.10}$$

2.2.2 吸 1 次血后再不吸血的雄蚤和雌蚤：拟合 A～D 各模型时所得的 LLEV 分别为－3 187.42，－1 587.89，－1 547.91 和－1 566.87. 由 AIC 准则，模型为

$$Y=\ln T=2.015-0.062Temp+0.017RH+y_0, \tag{2.11}$$

其中 y_0 满足尺度参数为 0.230 的对数 Logistic 分布. 危险率模型为

$$h(t)=\frac{0.000\,68}{t^{-3.347\,8}\exp\{-0.269\,6Temp+0.073\,9RH\}+0.000\,16t}. \tag{2.12}$$

2.2.3 每日喂血 1 h 的雄蚤：拟合 A～D 各模型时所得的 LLEV 分别为－2 242.80，－1 542.26，－1 535.81 和－1 527.54. 由 AIC 准则，模型为

$$Y=\ln T=3.170\,4-0.082\,0Temp+0.016\,5RH+y_0, \tag{2.13}$$

其中 y_0 满足尺度参数为 0.521 的对数正态分布. 危险率模型为

$$h(t)=\frac{\exp\{-1.839\,9(\ln t+0.082\,0Temp-0.016\,5RH-3.170\,4)^2\}}{t\int_t^{+\infty}\{\exp\{-1.839\,9(\ln y+0.082\,0Temp-0.016\,5RH-3.170\,4)^2\}\div y\}\,dy}. \tag{2.14}$$

2.2.4 每日喂血 1 h 的雌蚤：拟合 A～D 各模型时所得的 LLEV 分别为－2 156.68，－1 657.77，－1 681.95 和－1 680.83. 由 AIC 准则，模型为

$$Y=\ln T=3.842-0.072Temp+0.014RH+y_0, \tag{2.15}$$

其中 y_0 满足尺度参数为 0.517 的 Weibull 分布. 危险率模型为

$$h(t)=0.001\,146t^{0.934\,2}\exp\{0.139\,3Temp-0.022\,71RH\}. \tag{2.16}$$

由模型(2.1)(2.3)(2.5)(2.7)(2.9)(2.11)(2.13)(2.15)，虽然温度(单位：℃)的数值(5，10，15，20，25，30，35)多数低于湿度(单位：%)(5，10，30，50，70，90，100)，但温度系数的绝对值比湿度系数的绝对值大，即温度对两种蚤的生存影响大于湿度，温度系数的符号为负，表明温度越高，蚤的生存天数越短；湿度系数的符号为正，表明湿度越高，蚤的生存天数越长.

危险率模型(2.2)(2.4)(2.6)(2.8)(2.10)(2.12)(2.14)(2.16)是温度的增函数，是湿度的减函数，反映出危险率随着温度的增高而增大，随着湿度的增高而减小. 指数分布在生存研究中是最简单的分布，但其危险率模型是与时间 t 无关的常数，不适合描述两种蚤的生存规律. 对数正态分布是适合于危险率开始阶段增大，然后减小的生存模型，不适合于描述方形黄鼠蚤的生存规律，但适合于描述每日喂血 1 h 的雄性二齿新蚤的生存规律.

用模型(2.1)～(2.16)模拟第 1 天～第 86 天(5 天间隔)，温度为 9 ℃～25 ℃(2 ℃间隔)，湿度为 65%～90%(5%间隔)，模拟数值略，将所得结果比较得到如下结论.

在第 1 天，当温度不超过 17 ℃或温度超过 17 ℃但湿度高于 70%时，以吸 1 次血后再不吸血的雄蚤和雌蚤死亡风险最小，这与其营养状态有关.

在第 16 天以后出现吸 1 次血后再不吸血的雄蚤和雌蚤死亡风险高于未吸血的雄蚤和雌蚤，这是由未吸血蚤的剩余个体减少所致，故可推知未吸血蚤的生存期限一般是 1 天～16 天.

应当指出，两种蚤的生存分布模型一致，但危险率模型有差异. 方形黄鼠蚤未吸血的雄蚤和雌蚤、吸 1 次血后再不吸血的雄蚤和雌蚤的危险率模型为同一类型；每日喂血 1 h 的雄蚤、每日喂血 1 h 的雌蚤的危险率模型为同一类型. 但二齿新蚤的危险率模型差异较大，共有 3 种类型. 这些结果表明，不同的吸血状况以及温度和湿度的差异，对其寿命将产生影响，危险率模型反映的可能是具体的差异.

在相同的温度、湿度条件下，生存到某天的危险率随着吸血条件的改善而降低.具体反映每日喂血 1 h 的蚤的存活力大于吸 1 次血蚤，吸 1 次血蚤的存活力大于未吸血蚤.

在实验室内相同的条件下，方形黄鼠蚤的危险率较二齿新蚤低，表明方形黄鼠蚤的存活力大于二齿新蚤的存活力.

参考文献

[1] 马立名. 二齿新蚤和方形黄鼠蚤松江亚种成虫在不同条件下寿命的观察.昆虫知识，1990，27(6)：358-359.

[2] 马立名. 两种未吸血幼蚤的耐饥力 .四川动物，1991，10(4)：12-14.

[3] 马立名. 二齿新蚤和方形黄鼠蚤松江亚种成虫寿命与温、湿度的关系.地方病通报，1992，7 (4)：89-91.

[4] 马立名. 二齿新蚤和方形黄鼠蚤松江亚种的耐饥力.中国媒介生物学及控制杂志，1993，4(5)：350-354.

[5] 李仲来，马立名. 二齿新蚤和方形黄鼠蚤松江亚种存活力的进一步研究.寄生虫与医学昆虫学报，1996，3 (1)：44-49.

[6] 李仲来，马立名. 二齿新蚤和方形黄鼠蚤松江亚种存活力的再次研究.寄生虫与医学昆虫学报，1998，5(3)：174-178.

Abstract This paper constructed the Log-linear regression models and the hazard rate models of the new emerged fleas, *Citellophilus tesquorum sungaris* and *Neopsylla bidentatiformis*, no bloodsucking male flea and female flea, only once bloodsucking male flea and female flea and bloodfeeding an hour each day male flea, and bloodfeeding an hour each day female flea, using survival analysis method. The main conclusions were as follows: The effect of temperature on the survival of fleas was higher than that of relative humidity. The hazard rate of flea increased with the temperature increasing, but decreased with the relative humidity. The hazard rate of flea in a certain day decreased with the nutrition improving on the conditions of the same temperature and relative humidity.

Keywords *Citellophilus tesquorum sungaris*; *Neopsylla bidentatiformis*; survival rate; hazard rate; log-linear regression model.

昆虫学报，
2001，44(4)：507-511.

哈尔滨郊区人为鼠疫疫源地蚤类种群动态分析①

An Analysis on the Population Dynamics of Fleas in the Man-Made Plague Focuses of Haerbin Suburbs

摘要 1982年～1999年对黑龙江省哈尔滨郊区人为鼠疫疫源地达乌尔黄鼠(简称黄鼠)巢蚤、体蚤、洞干蚤指数和染蚤率进行了调查和分析. 共获蚤9种，其中方形黄鼠蚤松江亚种(简称方形黄鼠蚤)是优势种(89.39%)，其次为二齿新蚤(10.37%). 3类蚤指数、染蚤率的均值差异均显著($P<0.01$). 巢蚤与体蚤指数相关显著($P<0.05$). 巢蚤指数：体蚤指数：洞干蚤指数≈650：140：1；巢染蚤率：体染蚤率：洞干染蚤率≈165：88：1.

关键词 人为鼠疫疫源地；达乌尔黄鼠；方形黄鼠蚤松江亚种；二齿新蚤；种群动态.

[中图分类号] Q958.1；R384.3 **[文献标识码]** A

[文章编号] 0454-6296(2001) 04-0507-05

1950年以前，哈尔滨郊区基本上属于农区，大部分土地已经开垦，原始植被已被破坏，但荒地和地格仍然与耕地交错成网，坟地星罗棋布，构成了适合达乌尔黄鼠栖息的条件. 由于日本在该地区秘密建立细菌武器研制中心第731部队，长期设立禁区，在驻地周围强占土地，驱逐居民，致使大片农田荒芜，杂草丛生，加以起伏的自然地貌，为黄鼠保持稳定的高数量创造了条件. 1945年8月9日，日本在投降前夕，为掩盖其向我国

① 国家自然科学基金资助项目(39570638).
收稿：2000-06-12；接受：2001-01-12.
本文与杨岩、陈曙光合作.

发动细菌战争的严重罪行，将设在哈尔滨市南郊平房地区北纬 45°25′，东经 126°40′的第 731 部队细菌工厂炸毁，致使大批染疫鼠蚤到处扩散，传染了平房及其周围地区的鼠类，引起了当地鼠间鼠疫流行并传染到人[1,2]，该地区有 135 人感染鼠疫病，死亡 124 人[3]，由此形成了国际上唯一的一块人为鼠疫疫源地.该地区地理位置：南面和西面有金兀术运粮河，东有阿什河，北临松花江，形成了一块相对独立的地区，其中有鼠面积 64 305 hm^2，分布在 17 个乡镇，252 个自然村（屯）. 经 1957 年后持续地进行消灭黄鼠，使黄鼠密度控制在一个较低的水平. 再加上开荒、造林、兴修水利、平坟、城市建设等改造措施，使原来的自然景观逐渐变为文化景观，破坏了黄鼠的栖息环境. 在 1962 年～1982 年，黄鼠密度一直低于 0.3 只/hm^2，且未检出鼠疫菌. 但是，在 1983 年～1994 年，又检出 27 份阳性血清，故该地区鼠疫疫源仍然存在[1,2,4,5]. 因此，对这种地区的蚤类种群进行分析，可加深对人为鼠疫疫源地鼠疫主要传播媒介的认识，为人类反生物战提供一定的借鉴经验并积累重要的昆虫学资料. 鉴于未见这方面的报道，作者对此进行了研究.

§1. 材料与方法

样地和黄鼠密度调查方法见[6]. 1998 年，1999 年的黄鼠密度分别为 0.56 只/hm^2和 0.54 只/hm^2. 每年 4 月～9 月按月进行黄鼠巢蚤（如地冻，有些年份为 5 月～8 月或 5 月～9 月）、体蚤和洞干蚤数量调查. 巢蚤、体蚤和洞干蚤指数调查方法采用鼠疫全国重点监测点监测试行方案中媒介昆虫监测方法：每月分别在每种栖息地各随机挖有效黄鼠巢穴约 4 个，将鼠洞剖开后，取巢垫物及表面巢土单独装入布袋，在检蚤室检蚤，对获得的蚤鉴定分类. 计算公式：

巢蚤指数＝总蚤数÷总检黄鼠巢数；

某种巢蚤指数＝某种蚤数÷总检黄鼠巢数，

鼠巢染蚤率＝染蚤巢数÷总检黄鼠巢数×100％.

在此期间，对捕获活体黄鼠，每月分别在每种栖息地各随机抽取约 50 只，单只袋装，在检蚤室用乙醚麻醉后，用毛刷梳蚤，对获得的蚤鉴定分类. 计算公式：

体蚤指数＝总蚤数÷总检黄鼠体数；

某种体蚤指数＝某种蚤数÷总检黄鼠体数；

鼠体染蚤率=染蚤鼠数÷总检黄鼠体数×100%.

每月随机抽取 40 cm 深的黄鼠洞干约 100 个，用直径约 1.5 cm、长 100 cm 的胶管，一端缠 40 cm 长的法兰绒布套制成的探蚤管进行探蚤，每洞探 3 次，对获得的蚤鉴定分类. 计算公式：

洞干蚤指数=总蚤数÷总探黄鼠洞数；

某种洞干蚤指数=某种蚤数÷总探黄鼠洞数；

鼠洞干染蚤率= 染蚤洞干数÷总探洞干数×100%.

对调查资料进行 t 检验和相关分析，并求体蚤指数与巢蚤指数的回归模型.

§2. 结果与讨论

2.1 基本统计分析

1982 年开始系统监测人为鼠疫疫源地蚤类种群动态. 1982 年～1999 年这 18 年共挖黄鼠巢 626 个，年均 35（幅度：18～64）个；染蚤巢数 313 个，年均 17(5～32) 个；获巢蚤 2 283 只，年均 127(31～280) 只. 检黄鼠 5 823 只，年均 324(196～560) 只；染蚤鼠数 1 540 只，年均 86 (16～165)只；获体蚤 4 446 只，年均 247(27～431) 只. 检黄鼠洞干 13 934 个，年均 774 (413～1 600)个；染蚤洞干 42 个，年均 2(0～8) 个；获洞干蚤 78 只，年均 4(0～21) 只. 由监测结果，共获巢蚤 2 科 5 属 6 种，年均 $(\bar{x}\pm s)=(2.33\pm0.49)$种，其中方形黄鼠蚤占 73.76% ，二齿新蚤占 25.84%，具刺巨槽蚤 *Megabothris calcarifer* 占 0.13%，短跗鬃眼蚤占 0.13% ，不等单蚤 *Monopsyllus anisus* 占 0.09%，具带病蚤 *Nosopsyllus fasciatus* 占 0.05%. 获体蚤 2 科 5 属 8 种，年均(2.39 ± 0.61)种，其中，方形黄鼠蚤占 97.42%，二齿新蚤占 2.43%，具刺巨槽蚤占 0.05%，短跗鬃眼蚤占 0.02%，具带病蚤占 0.02%，角尖眼蚤指名亚种占 0.02%，缓慢细蚤 *Leptopsylla segnis* 占 0.02%，栉头细蚤 *L. pectiniceps* 占 0.02%. 获洞干蚤 2 科 2 属 2 种，年均(0.83 ± 0.79)种，其中方形黄鼠蚤占 89.74%，二齿新蚤占 10.26%. 由此看出，巢蚤、体蚤和洞干蚤中的种类并不完全相同. 方形黄鼠蚤占全部蚤数的 89.39%，在巢蚤、体蚤和洞干蚤中均为优势种，在体蚤中比例高达 97.42%；二齿新蚤占全部蚤数的 10.37%，排第 2 位，在巢蚤和洞干蚤中所占比例较高（分别为 25.87% 和 10.26%)，体蚤中的比例低

(2.43%)；其他蚤（共16只）均为少见种且仅占全部蚤数的0.24%.

2.2 蚤数量比较和染蚤率比较及两者间的关系

表2.1为黄鼠的巢蚤、体蚤和洞干蚤指数.这些蚤指数是从3种角度反映黄鼠寄生蚤的数量动态. 方形黄鼠蚤和二齿新蚤的年均指数（$\bar{x}\pm s$）分别为2.83±2.14，0.91±0.65（巢蚤）；0.71±0.32，0.02±0.02（体蚤）；0.006±0.009，0.001±0.001（洞干蚤）. 体蚤容易受到捕获宿主时的方式、宿主当时的状态、人为因素的影响，但巢蚤受到的影响较小.因此，巢蚤数量更能比较客观地反映蚤类的数量变动规律.从数量看，巢蚤指数（3.75±2.54）与体蚤指数（0.73±0.31）的均值、体蚤指数与洞干蚤指数（0.006±0.009）的均值差异都显著($P<0.01$)，且巢蚤指数：体蚤指数：洞干蚤指数≈650：140：1. 巢染蚤率(49.09±20.16)%与体染蚤率（25.34±10.58)%的均值、体染蚤率与洞干染蚤率（0.33±0.38)%的均值差异都显著($P<0.01$)，且巢染蚤率：体染蚤率：洞干染蚤率≈165：88：1.

表2.1 黄鼠的巢蚤、体蚤和洞干蚤指数 只

年份	巢蚤		体蚤		洞干蚤	
	方形黄鼠蚤	二齿新蚤	方形黄鼠蚤	二齿新蚤	方形黄鼠蚤	二齿新蚤
1982	9.880	1.320	1.371	0.012	0.005	0
1983	2.667	1.824	1.088	0.009	0.005	0.002
1984	4.897	1.483	0.696	0.002	0.015	0.003
1985	2.491	0.377	0.985	0.015	0.003	0.005
1986	1.364	0.545	0.905	0.004	0.018	0
1987	3.560	1.440	0.975	0.006	0.002	0
1988	1.750	0.679	0.902	0.009	0.003	0
1989	2.884	1.884	0.527	0.019	0.004	0.002
1990	4.293	2.439	0.868	0.036	0	0
1991	4.176	0.735	0.279	0.003	0	0
1992	1.234	0.406	0.867	0.002	0	0
1993	1.500	0.333	0.479	0.017	0	0
1994	0.923	0.231	0.617	0.067	0.002	0
1995	1.000	0.600	0.425	0.063	0	0
1996	1.444	0.593	0.106	0.009	0	0
1997	1.481	0.444	0.352	0.026	0	0
1998	2.056	0.333	0.710	0.065	0.010	0
1999	3.368	0.632	0.691	0.008	0.033	0

巢蚤指数与巢染蚤率的相关系数 $r=0.71$,体蚤指数与体染蚤率的 $r=0.92$,洞干蚤指数与洞干染蚤率的 $r=0.95$,这 3 个指数分别与其染蚤率正相关($P<0.01$).

2.3 3 类蚤指数间的相关

巢蚤指数与体蚤指数的 $r=0.51$ ($P=0.03$)、与洞干蚤指数的 $r=0.12$ ($P=0.64$),体蚤指数与洞干蚤指数的 $r=0.19$ ($P=0.44$),故巢蚤指数与体蚤指数正相关 ($P<0.05$),设 $y=$巢蚤指数,$x=$体蚤指数,则回归模型为 $y=0.7303+4.1021x$,即用体蚤指数能够预测巢蚤指数,此结论在鼠疫监测中有重要意义,且与正镶白旗的预测结果一致[7].

2.4 黄鼠密度与 3 种蚤指数和染蚤率间的相关

由黄鼠密度与巢蚤指数 ($r=-0.42$, $P=0.08$)、体蚤指数 ($r=-0.29$, $P=0.24$)、洞干蚤指数 ($r=-0.24$, $P=0.33$)、巢染蚤率 ($r=-0.37$, $P=0.13$)、体染蚤率 ($r=-0.18$, $P=0.46$)、洞干染蚤率 ($r=-0.38$, $P=0.12$)的相关分析,得到宿主数量与蚤指数、染蚤率均不相关 ($P>0.05$).一般地说,寄生蚤与宿主的数量关系成正比[8]的结论可能适合于自然景观地区.而该地区从 1950 年开始进行大面积的环境灭蚤;1952 年后逐步改为药物灭蚤,同时对鼠洞,以及家养猫和狗进行了灭蚤;1963 年以后已停止大面积居屋灭蚤,这是蚤与宿主的数量关系不成正比的主要原因.

2.5 主要蚤种间的相关

黄鼠蚤与二齿新蚤巢蚤 ($r=0.51$, $P=0.03$)、黄鼠蚤体巢 ($r=0.51$, $P=0.03$)正相关,其他蚤种间均不相关 ($P>0.15$).

2.6 20 世纪 80 年代和 90 年代蚤数量和染蚤率的比较

在 20 世纪 80 年代和 90 年代:巢蚤年均指数(依次为 5.11 ± 2.83 和 2.39 ± 1.24)间差异显著($P<0.05$);体蚤年均指数 (0.94 ± 0.23 和 0.53 ± 0.25) 间、巢年均染蚤率 ($63.70\%\pm12.49\%$ 和 $34.48\%\pm15.08\%$) 间、体年均染蚤率 ($31.51\%\pm7.43\%$和 $19.16\%\pm9.85\%$) 间均差异显著 ($P<0.01$),即随着时间的推移,染蚤率和蚤指数呈显著下降趋势.这是因为,自 80 年代中期以来,有计划地开展对鼠疫疫源地进行综合治理,对疫源地的有鼠区域进行改造,其中开垦荒地 20 000 多公顷,植树 3 000 多公顷,修水渠 50 000 多米,平坟 100 多公顷,以及城市建设,使黄鼠发生面积不断缩小,从而有效地控制了黄鼠和蚤数量.洞干

蚤指数及染蚤率在 80 年代和 90 年代的差异不显著（$P>0.05$），由于这 18 年共获 78 只洞干蚤，有 7 年未获蚤，8 年获蚤 1～5 只，在调查的蚤数量中所占比例很小(78/6 805=1.15%)，其作用不大，但年均染蚤率有所下降（在 80 年代和 90 年代分别为 0.43%±0.28%和 0.24%±0.46%).

2.7 蚤类组成和演替规律

据 20 世纪 50 年代初期哈尔滨市区和郊区蚤类调查资料[9]，共检蚤 18 种. 除 80 年代～90 年代调查所获的 8 种蚤外（50 年代未获角尖眼蚤指名亚种），还有人蚤 *Pulex irritans*、印鼠客蚤 *Xenopsylla cheopis*、犬栉首蚤 *Ctenocephalides canis*、猫栉首蚤指名亚种 *C. felis felis*、荆刺新蚤 *Neopsylla acanthina*、吻长纤蚤 *Rhadinopsylla jaonis*、不常纤蚤和 3 种未定种. 印鼠客蚤在 20 世纪 50 年代数量较多，60 年代以后再未发现. 从蚤种数看，80 年代～90 年代调查到的蚤种类比 50 年代减少一半.

1958 年和 1972 年的 5 月～7 月有蚤类分类记录，连同这 18 年的资料一起进行分析. 1958 年挖黄鼠巢 327 个，获蚤 932 只，其中方形黄鼠蚤占 83.80%，二齿新蚤占 12.66%，短跗鬃眼蚤占 3.00%，具刺巨槽蚤占 0.54%；1972 年挖黄鼠巢 23 个，获蚤 95 只，其中方形黄鼠蚤占 26.32%，二齿新蚤占 64.21%，短跗鬃眼蚤占 9.47%. 在不同年份，方形黄鼠蚤和二齿新蚤一直是巢蚤的主要蚤种，其他蚤种数量越来越少(1958 年 33 只，1972 年 9 只，1982 年～1999 年共 16 只).

哈尔滨郊区人为鼠疫疫源地的形成，是日本在占领时期向自然界散布鼠疫病原体的结果，从一定意义上讲，是人为制造鼠疫疫源地的一次试验. 应该指出：由于该疫源地已受到我们鼠疫防治工作的影响，并未保留原始状态. 从蚤的细菌学检验看，1956 年以前对蚤的检验数量很少，1956 年～1959 年共检蚤 7 444 只，有 70 只方形黄鼠蚤疫蚤；1950 年～1959 年检鼠 5 种共 65 125 只，有 33 只疫鼠. 1955 年以来再未发生人间鼠疫；1960 年以来再未发生鼠间鼠疫. 在 1960 年～1982 年，未检出鼠疫菌. 但在 1983 年～1994 年检出血清阳性的结果表明，该地区鼠疫防治仍是一个长期的任务，不能掉以轻心.

参考文献

[1] 纪树立，贺建国，孙玺，等. 鼠疫. 北京：人民卫生出版社，1988：19，41-42.

[2] 关秉均，张忠胜，王家瑞，等. 人为鼠疫疫源地. 见：方喜业，主编. 中国鼠疫自然疫源地. 北京：人民卫生出版社，1990：155-161.

[3] 贺建国，石宝岘，张树德，等. 东北防治鼠疫 50 年回顾. 中国地方病学杂志，1999，18(1)：73-75.

[4] 邹立国，谢音凡，杨岩. 哈尔滨地区人为鼠疫疫源地现状浅析. 中国地方病学杂志，1988，7(6)：340，343，358.

[5] 邹立国，姜宁，张贺丽，等. 哈尔滨郊区黄鼠鼠疫疫点分布特点调查. 中国地方病学杂志，1991，10(5)：313-314.

[6] 李仲来，杨岩，陈曙光. 哈尔滨郊区人为鼠疫疫源地鼠类种群动态分析. 兽类学报，1999，19(1)：37-42.

[7] 李仲来，张耀星. 黄鼠巢蚤和宿主密度的年间动态关系. 昆虫学报，1998，41(1)：77- 81.

[8] 柳支英. 蚤的种群数量和季节消长. 见：柳支英，主编. 中国动物志：昆虫纲：蚤目. 北京：科学出版社，1986：65-67.

[9] 刘俊. 啮齿动物与蚤类调查报告. 鼠疫丛刊，1958，(2)：44-47.

Abstract The burrow nest, body and burrow track fleas of the Daurian ground squirrel, *Spermophilus dauricus*, and their infecting rates in the man-made plague focuses in the suburbs of Harbin, Heilongjiang Province, China were investigated during 1982～1999. Nine flea species were found from the ground squirrel burrow nest, body and burrow track, among which *Citellophilus tesquorum sungaris* was the dominant species (89. 65%) and *Neopsylla bidentatiformis* came the second (10. 26%). There existed significant differences among the flea indexes of the three categories as well as their infecting rates ($P<0.01$). The correlation between indexes of the burrow nest flea and body flea was significant ($P<0.05$). The indexes of burrow nest flea, body flea and burrow track flea were approximate to 650 ∶ 140 ∶ 1, and their infecting rates approximate to 165 ∶ 88 ∶ 1.

Keywords man-made plague focuses; *Spermophilus dauricus*; *Citellophilus tesquorum sungaris*; *Neopsylla bidentatiformis*; population dynamics.

昆虫学报，
20002,45(S):132-133.

秃病蚤蒙冀亚种与长爪沙鼠密度的状态空间模型[①]

Statespace Model between *Nosopsyllus Laeviceps Kuzenkovi* and Population of *Meriones Unguiculatus*

摘要 给出了一个描述秃病蚤蒙冀亚种(简称秃病蚤)与长爪沙鼠(简称沙鼠)密度的状态空间模型,模型为

$$x_{t+1}=-0.336x_t+0.057y_t+0.107z_t,$$
$$y_{t+1}=0.586x_t-0.369y_t-0.274z_t,$$
$$z_{t+1}=0.189x_t+0.247y_t-0.309z_t,$$

其中 x_t, y_t 和 z_t 分别为 t 月的沙鼠密度、巢秃病蚤和体秃病蚤指数. 结果表明,模型能够较好地描述野外秃病蚤与长爪沙鼠间的关系,并发现沙鼠密度显著地影响巢秃病蚤指数.

关键词 秃病蚤蒙冀亚种;长爪沙鼠;巢蚤指数;体蚤指数;种群密度;状态空间模型.

[**中图分类号**] O212.4, Q958.1, Q968.9 [**文献标识码**] A

[**文章编号**] 0454-6296 (2002) S0-0132-02

宿主关系是蚤类最重要的生物学特征之一. 有关长爪沙鼠与蚤类数量动态的描述,已有不同年度沙鼠与体蚤数量的关系[1],本文作者对在不同月份沙鼠密度与巢蚤和体蚤指数的关系进行研究.

---

① 国家自然科学基金资助项目(39570638).
收稿:1999-09-07;接受:1999-11-25.
本文与余根坚、陈德合作.

§1. 材料与方法

样地及调查方法同文献[2]. 由于 1983 年 12 月未作调查,取 1983 年 11 月和 1984 年 1 月的平均值代替,以保证资料的连续性. 分别利用状态空间模型,建立沙鼠密度与其巢和体秃病蚤指数的相互关系模型. 计算用 SAS 软件完成.

§2. 结果与讨论

在内蒙古土默特平原 1983 年～1985 年的逐月监测资料中,共获蚤 4 科 7 属 11 种,其中在巢蚤、体蚤和洞干蚤中,秃病蚤依次占 66.3%,74.4%和 77.8%,即秃病蚤在 3 种蚤指数中是优势蚤种;而巢蚤、体蚤和洞干蚤平均指数分别为 6.110,0.237 和 0.009, 比例为巢蚤∶体蚤∶洞干蚤≈679∶26∶1. 由于洞干蚤中的秃病蚤在 3 种蚤指数中所占比例太小,故仅考虑巢蚤和体蚤中的秃病蚤与沙鼠密度的状态空间模型.

一般地说,寄生蚤与其宿主的数量关系基本上成正比[3]. 在文献[2]的相关分析中,沙鼠密度与巢蚤指数、沙鼠密度与体蚤指数均不相关($P>0.10$),原因在于按月调查的沙鼠密度及巢蚤和体蚤指数均为非平稳的时间序列,应采用与动态和时间序列有关的方法研究其关系. 因数据波动较大,将其取对数后压缩起伏量,再经过差分处理使之化为平稳的时间序列,然后利用状态空间过程分析三元时间序列,从而建立状态空间模型. 该过程适用于有动态相互关系的多种相关时间序列,可给出比每个序列独立建模更好的拟合.

多元稳定时间序列建模状态空间方法是 Akaike 给出:任一个预报空间维数有限的多元稳定时间序列都能化为状态空间形式. 特别地,任一个自回归滑动平均模型均有一个状态空间表示法;反之,任一个状态空间过程也能表示为一个自回归滑动平均模型形式.

经计算,巢秃病蚤 y_t 和体秃病蚤 z_t 与沙鼠密度 x_t 的状态空间模型为

$$x_{t+1}=-0.336x_t+0.057y_t+0.107z_t, \tag{2.1}$$

$$y_{t+1}=0.586x_t-0.369y_t-0.274z_t, \tag{2.2}$$

$$z_{t+1}=0.189x_t+0.247y_t-0.309z_t. \tag{2.3}$$

模型(2.1)表明沙鼠密度 x_{t+1} 主要受前一时刻的密度 x_t 制约,其原

因是沙鼠密度受食物的影响，而沙鼠密度的增加将会加剧食物的短缺，从而影响下一时刻的沙鼠密度. 从模型看，作用系数为－0.336，其负号解释为抑制作用. 另外，秃病蚤指数的增减对沙鼠密度的影响均比较小，这在模型中也有所反映：巢和体秃病蚤对沙鼠密度的作用仅为 0.057 和 0.107，这与通常想法一致，沙鼠密度影响巢和体蚤指数，反过来则影响较小.

模型(2.2) 表明：

① 巢秃病蚤指数 y_{t+1} 主要受前一时刻的沙鼠密度 x_t 的限制，其作用系数为 0.586，且在 (2.1)～(2.3) 中的 9 个系数中居最大. 据野外调查结果，当宿主数量增多时，其活动范围往往重叠，互相窜洞，使各洞内蚤有较多机会接触交配，其繁殖机会增多. 另外，蚤吸血的机会较少，对巢秃病蚤数量也有一定影响. 这一点，即由于宿主数量的变化而引起寄生蚤数量变化，与马立名等关于其他鼠类与其寄生蚤关系的研究结论一致[4~6].

② 巢秃病蚤指数 y_{t+1} 受前一时刻巢秃病蚤 y_t 和体秃病蚤 z_t 的制约，作用系数分别为－0.369 和－0.274. 比较(2.2)的系数，仅考虑其绝对值，t 时刻的沙鼠密度对 $t+1$ 时刻巢秃病蚤指数 y_{t+1} 的影响近似等于 t 时刻的巢秃病蚤指数与体秃病蚤指数系数的和对巢秃病蚤指数 y_{t+1} 的影响.

模型(2.3)表明：体秃病蚤指数 z_{t+1} 受前一时刻沙鼠密度 x_t 和巢秃病蚤 y_t 的影响且系数为正，受体秃病蚤 z_t 的制约为负，即体秃病蚤指数随着前一时刻沙鼠密度和巢秃病蚤指数的增高而上升，但受前一时刻体秃病蚤指数约束.

参考文献

[1] Li Zhonglai, Zhang Wanrong, Ma Liming. Analysis on the relationships among flea index, population of *Meriones unguiculatus* and meteorological factors. Acta Entomol Sin, 1995, 38 (4): 442-447. [李仲来，张万荣，马立名. 蚤数量与宿主数量和气象因子的关系. 昆虫学报, 1995, 38 (4): 442-447.]

[2] Li Zhonglai, Chen De. Studies on relationships among parasitic flea index of *Meriones unguiculatus* and meteorological factors. Acta Entomol Sin, 1999, 42 (3): 284-290. [李仲来，陈德. 长爪沙鼠寄生蚤指数和气象因子关系的研

究. 昆虫学报,1999,42(3):284-290.]

[3] Liu Zhiying ed. Siphonatera, Series Insecta, Fauna Sinica. Beijing: Sci Press, 1986:65-67. [柳支英,主编. 中国动物志: 昆虫纲: 蚤目. 北京:科学出版社, 1986:65-67.]

[4] Ma Liming. Abundance of fleas in relation to population fluctuations of their hosts. Acta Entomol Sin, 1988, 31 (1): 50-54. [马立名. 蚤数量与宿主数量关系. 昆虫学报, 1988, 31(1): 50-54.]

[5] Li Shubao. Correlation and regression analysis on population of *Spermophilus dauricus*, flea index and non-mouse area. Chin J Contr Endem Dise, 1989, 4 (S): 44-46. [李书宝. 黄鼠数量与蚤指数及无鼠面积的相关回归分析. 中国地方病防治杂志, 1989, 4 (S): 44-46.]

[6] Li Zhonglai, Wang Chenggui, Ma Liming. The relationships among population of *Spermophilus dauricus*, meteorological factors and flea index. Chin J Vector Biol Control, 1993, 4 (4): 282-283. [李仲来,王成贵,马立名. 达乌尔黄鼠密度和气象因子与蚤指数的关系. 中国媒介生物学及控制杂志, 1993, 4 (4): 282-283.]

Abstract This paper established a statespace simulation model of the monthly fluctuation patterns between the *Nosopsyllus laeviceps kuzenkovi* and *Meriones unguiculatus*. It consisted of the following formulas:

$$x_{t+1} = -0.336x_t + 0.057y_t + 0.107z_t,$$

$$y_{t+1} = 0.586x_t - 0.369y_t - 0.274z_t,$$

$$z_{t+1} = 0.189x_t + 0.247y_t - 0.309z_t,$$

where x_t is the population density of *M. unguiculatus*, y_t and z_t are respectively related to the burrow nest and the body flea index of *N. l. kuzenkovi* at t month. The simulation results exhibited satisfactory agreement with field data. The population density of *M. unguiculatus* was the main factor affecting the burrow nest flea index of *N. l. kuzenkovi*.

Keywords *Nosopsyllus laeviceps kuzenkovi*; *Meriones unguiculatus*; rat burrow nest flea index; rat body flea index; population density; statespace model.

寄生虫与医学昆虫学报，
2004,11(1):47-49.

方形黄鼠蚤松江亚种吸血活动的再次研究①

Further Studies on Blood Sucking Activities of the Flea *Citellophilus Tesquorum Sungaris*

摘要 利用 Logistic 回归和多元线性回归方法，研究性别、蚤龄和温度与方形黄鼠蚤松江亚种(简称方形黄鼠蚤)的吸血率、吸血量和消化速度的关系模型，结果如下. 蚤龄对吸血率的影响最大，其次是性别与温度. 低日龄蚤吸血率的性别差异比高日龄蚤显著，雄蚤吸血率的蚤龄差异显著大于雌蚤. 性别对吸血量的影响大于蚤龄. 低温抑制血液的消化. 温度对消化速度的影响大于蚤龄.

关键词 方形黄鼠蚤松江亚种；吸血量；消化速度；温度；性别.

方形黄鼠蚤松江亚种主要寄生于黄鼠，是黄鼠鼠疫疫源地的重要传播媒介. 1984 年～1985 年，马立名通过实验研究了方形黄鼠蚤的吸血，得出一些结论（马立名，1989a，1989b，1991，1995)，在此基础上，本文对方形黄鼠蚤的吸血活动进行更深入的研究.

§1. 材料和方法

材料见马立名 (1989b). 计算方法：求性别、蚤龄(按日龄分为高日龄蚤和低日龄蚤）和温度与蚤吸血率的 Logistic 回归模型(何晓群等，2001)，与蚤吸血量的多元线性回归模型，与蚤的血液消化时间的多元线性回归模型；温度与蚤的血液消化时间的直线模型.

---

① 收稿：2003-02-08.

本文与龚也君、马立名合作.

§2. 结果和讨论

2.1 蚤的吸血率分析

2.1.1 3个因素对蚤吸血率的影响比较：吸血 BR 为定性变量，若吸血，则 $BR=1$，若不吸血，则 $BR=0$，x_1 为性别（雄蚤值为0；雌蚤值为1），x_2 为蚤龄（低日龄蚤值为0；高日龄蚤值为1），x_3 为温度（℃），以下 $x_i(i=1, 2, 3)$ 代表的意义相同. Logistic 回归模型为

$$BR=\frac{1}{1+\exp\{-2.5451+0.7401x_1+2.0017x_2+0.0475x_3\}},$$

各自变量回归系数的 Wald 的 χ^2 值依次为 352.38，2 471.02，560.77，均有 $P<0.01$，由 Wald 值知道，3个因素对吸血率都有影响，按大小排列为：蚤龄>性别>温度.

2.1.2 吸血率的蚤龄差异、性别差异比较；由上面的分析知道，蚤龄和性别对吸血率有影响，即雄蚤与雌蚤的吸血率有差异，低日龄蚤和高日龄蚤也有差异. 将这种差异列表. 为计算方便，仅列出 500 只蚤中吸血的蚤数. 表 2.1 是马立名(1989b) 中表1的变体，由此可以比较所列的具体差.

表 2.1　500 只方形黄鼠蚤中的吸血蚤数及差

温度/℃	吸血蚤数/只				差/只			
	A	B	C	D	A−B	C−D	C−A	D−B
5	181	8	217	58	173	159	36	50
10	214	25	259	113	189	146	45	88
15	333	83	375	188	250	187	42	105
20	387	102	412	225	285	187	25	123
30	371	71	418	204	300	214	47	133
35	331	54	383	151	277	232	52	97

注．A：雄性高日龄蚤，B：雄性低日龄蚤，C：雌性高日龄蚤，D：雌性低日龄蚤.

将表 2.1 中不同性别的高日龄蚤与低日龄蚤吸血蚤数的差（A−B，C−D）理解为蚤龄差；不同蚤龄的雌蚤与雄蚤吸血蚤数的差（C−A，D−B）理解为性别差，则在实验温度下，雄蚤吸血蚤数的蚤龄差总大于雌

蚤吸血蚤数的蚤龄差;低日龄吸血蚤数的性别差总大于高日龄吸血蚤数的性别差.

2.2 蚤的吸血量分析

设BA为蚤的吸血量,则蚤的吸血量与性别、蚤龄和温度的多元线性回归模型为

$$BA=3.077\ 2+2.080\ 8x_1+1.164\ 2x_2-0.005\ 6x_3,$$

$$F=326.10,\ P=0.000\ 1.$$

各自变量回归系数偏回归系数依次为0.414 3,0.201 7,0.002 5,故3个因素对吸血量的影响可按大小排列为:性别>蚤龄>温度.各自变量回归系数的 t 值分别为26.87($P<0.01$),14.75($P<0.01$),-1.48($P>0.10$),温度与吸血量无关.去掉温度因素,只对性别与蚤龄求回归模型得

$$BA=2.963\ 5+2.083\ 8x_1+1.161\ 7x_2,\ F=487.39,\ P=0.000\ 1,$$

各自变量回归系数的 t 值依次为26.89,14.71,均有($P<0.01$).偏回归系数依次为0.414 3,0.201 7,对吸血量的影响仍排列为:

性别>蚤龄.

2.3 蚤的血液消化速度分析

2.3.1 *温度与蚤的血液消化速度的关系*:温度与蚤的血液消化速度呈指数关系(马立名,1989b),对高日龄蚤:将温度为5 ℃,10 ℃数据去掉,对低日龄蚤:只去掉5 ℃数据,重新作拟合发现,温度 x_3 与蚤的血液消化时间 DT 呈现直线相关,模型如下.

雄性低日龄蚤:$DT=12.250\ 8-0.344\ 2x_3$,

$F=762.26,\ P=0.000\ 1$;

雄性高日龄蚤:$DT=4.047\ 3-0.086\ 5x_3$,

$F=69.70,\ P=0.000\ 1$;

雌性低日龄蚤:$DT=12.170\ 3-0.332\ 3x_3$,

$F=791.63,\ P=0.000\ 1$;

雌性高日龄蚤:$DT=3.810\ 2-0.072\ 4x_3$,

$F=61.84,\ P=0.000\ 1$.

拟合指数曲线的误差平方和(求和限定在拟合直线数据的范围内)分别为2 105.91,167.04,2 101.20,48.42;拟合直线的均方误差分别为

177.68，107.20，156.24，11.18，指数曲线拟合没有直线好.在低温 5 ℃与 10 ℃下，高日龄蚤的消化速度会减小，在 5 ℃下，低日龄蚤的消化速度会减小.总的来说，当温度为 10 ℃以上时，高日龄蚤的消化天数随着温度的上升呈直线下降，温度为 5 ℃和 10 ℃时，消化天数骤然增加；当温度在 5 ℃以上时，低日龄蚤的消化天数随着温度的上升呈直线下降，温度为 5 ℃时消化天数骤然增加.

2.3.2 蚤龄对蚤的血液消化速度的影响：温度在 25 ℃以下时，低日龄蚤的消化速度低于高日龄蚤；温度在 30 ℃以上时，低日龄蚤的消化速度与高日龄蚤没有差异（马立名，1989b）.注意，在 30 ℃和 35 ℃时，出现了消化日数为 1 d 的数据，没有给出精确到 1 h 的数据，很容易产生误差.这一点，实验者在 1991 年给出了更详细的数据，并作过研究（马立名，1989b;1991）.但文中并未给出是否 30 ℃，35 ℃时存在蚤龄差异.对马立名（1991）的数据作消化时间与蚤龄的非参数 Cochran 检验：温度为 30 ℃：统计量 $Qc=9.54$，$P<0.01$；温度为 35 ℃：$Qc=3.55$，$P=0.06$，均存在蚤龄差异.说明在实验温度下，无论雄蚤与雌蚤，高日龄蚤的消化快于低日龄蚤；但在温度为 35 ℃时，蚤龄差异不大显著.

2.3.3 三因素对蚤的血液消化速度影响的差异：设 DT 为消化时间（d）；则消化时间与性别、蚤龄和温度的多元线性回归模型为

$$DT=13.4193+0.2543x_1-3.3318x_2-0.3378x_3,$$

$$F=544.41,\ P=0.0001,$$

各自变量的偏回归系数依次为 0.000 4，0.194 1，0.619 8，故性别、蚤龄和温度对消化时间的影响按大小排列为：温度＞蚤龄＞性别.自变量回归系数的 t 值依次为 1.31（$P>0.10$），−16.94（$P<0.01$），−34.29（$P<0.01$），性别与消化时间无关.去掉性别因素，只对温度和蚤龄求回归模型

$$DT=13.5310-3.3313x_2-0.3370x_3,F=814.95,\ P=0.0001,$$

各自变量回归系数的 t 值依次为 −16.93，−34.25，均有 $P<0.01$.偏回归系数依次为 0.194 2，0.619 1，因素对吸血量的影响仍为：温度＞蚤龄.

2.4 讨论

温度对蚤的吸血量没有影响，是因为血液的摄入量主要由蚤的生理结构决定，与环境的关系不大.在（5±1）℃时，蚤的新陈代谢活动降至很

低,导致消化速度明显下降.高日龄蚤在 10 ℃时,消化速度便明显下降,而低日龄蚤在 5 ℃时,消化速度才明显下降,认为高日龄蚤对低温比低日龄蚤更敏感.

除消化速度外,性别因素对吸血率、吸血量都有影响,这是因为蚤类生殖的需要.尤其是成熟卵充满腹腔的孕蚤,为了产卵不得不多次少量吸血.所以,雌性高日龄蚤往往吸入超过需要的血液来维持生殖的需要.

对于蚤的吸血率,3 个因素的影响为:蚤龄＞性别＞温度;对于蚤的吸血量:性别＞蚤龄(温度无影响);对于蚤的消化速度:温度＞蚤龄(性别无影响).由此可见,对于吸血活动的 3 个方面,没有哪一个因素占有绝对的优势.如果将 3 个因素分为两类:温度为环境因素;蚤龄、性别为生理因素,那么有结论:对吸血活动的两个方面:吸血率和吸血量,生理因素的影响大过环境因素;对消化活动,环境因素的影响大过生理因素.

对吸血率,低日龄蚤的性别差大于高日龄蚤的性别差.对于低日龄蚤,羽化后 20 h 的蚤,尚未参与繁殖,幼虫期摄入的营养还没有耗尽,这时有些蚤还不需要吸血,仅有部分蚤吸血,但雌蚤为了繁殖,吸血蚤数多于雄蚤的特性已能显示出来,雌蚤与雄蚤吸血的蚤数差别较大.对于高日龄蚤,由于繁殖,也由于生命活动,不论雌蚤与雄蚤都需要随时吸血,差不大.雄蚤吸血率的蚤龄差总大于雌蚤,进一步验证了这个解释,雄蚤的吸血蚤数总比雌蚤少,但低日龄蚤阶段,吸血蚤数的差要小于高日龄阶段,从而使雄蚤在这两个阶段吸血率的差要大于雌蚤.

参考文献

[1] 马立名. 二齿新蚤和方形黄鼠蚤松江亚种消化过程的研究. 昆虫知识,1989a,26 (1): 31-33.

[2] 马立名. 方形黄鼠蚤松江亚种的吸血活动. 地方病通报,1989b,4 (1): 107-111.

[3] 马立名. 方形黄鼠蚤松江亚种消化系数 . 中国地方病防治杂志,1991,6 (S): 77-80,封 3-4.

[4] 马立名.影响二齿新蚤和方形黄鼠蚤松江亚种吸血活动的若干生理和环境因素. 寄生虫与医学昆虫学报,1995,2(2):108-116.

[5] 何晓群,刘文卿. 应用回归分析. 北京:中国人民大学出版社,2001:214-230.

Abstract To determine the association between the sex, age and temperature of fleas *Citellophilus tesquorum sungaris* and their bloodsucking rate, engorged quantity, or digestion speed, using the Logistic regression and the multiple regression methods, respectively, the results were as follows. Among the three factors, age was the most important one for the bloodsucking rate, followed by sex and temperature. The difference of blooding rate between the male fleas and the female low-age fleas was more significant than the high-age fleas, in a similar way, the difference between the male low-age fleas and the male high-age fleas was more significant than the female fleas. Sex, day age can be lined up in a descending order of influence on the bloodsucking amounts. Low temperature suppressed the digestion of the blood. Main factor affecting the digestion speed was temperature.

Keywords *Citellophilus tesquorum sungaris*; engorged quantity; digestion speed; temperature; sex.

Acta Theriologica,
1994,39(4):389-397.

布氏田鼠雄性繁殖强度的研究①

Intensity of Male Reproduction in Brandt's Vole *Microtus Brandti*

Abstract A new method based on polygonal regression analysis to investigate the relationship between the testis (or seminal vesicle) length and body mass were used to study the dynamics of male reproductive intensity of Brandt's voles *Microtus brandti* (Radde, 1861). The results showed that the turning (join) points which could be regarded as the minimum body masses commencing sexual development increased from spring to autumn. The slope rates of regression equations which represent the sexual growth rate decreased from spring to autumn. This indicated that the sexual development of males had obvious seasonality similar to that of the females. By comparing two years, we could find that the slopes in 1987 (population increasing year) were significantly higher than those of 1988 (population decreasing year). The slopes and the percentage of the voles with body mass larger than the turning point might be reliable indexes of male reproductive intensity for studies of population dynamics in rodents.

Keywords *Microtus brandti*, male reproduction, polygonal regression analysis; new method.

---

① 收稿:1993-08-23;收修改稿:1994-05-17;接受:1994-08-04.
本文与刘志龙、刘来福、孙儒泳合作.

§ 1. Introduction

Brandt's vole *Microtus brandti* (Radde, 1861) is the major pest rodent in the pasture of typical steppe in Inner Mongolia. The population ecology and control of this rodent pest has been intensively studied in the past 40 years, such as physiological age structure, frequency of producing litters, growth rate of cohorts, age at sexual maturation, mean litter size (Anti-epidemic and Health Station 1975, Zhang and Zhong 1979, Liu 1992, Zhou et al. 1992, Liu and Sun 1993a, b). Those results were mostly based on females. Yet very little is known about the male reproduction ecology and the role of males in the population reproduction. Only Zhang and Zhong (1979) studied the monthly changes of percentage of the voles with enlarged seminal vesicles or scrotal testes in the population. We used the polygonal regression to investigate the relationship between sexual organ growth and body mass. Two male reproductive intensity indexes were presented here.

§ 2. Material and methods

The filed site was located at Hongguang Muchang (42°18′N, 115°00′E, altitude 1 346. 3 m a. s. i.), Zhengxiangbai Banner, Xilinggulei League, Inner Mongolia Autonomous Region. This site belongs to the zone of arid steppe with needle grasses and peashrubs. We obtained more than 100 voles per half month by steel snap traps from April to October 1987 and from March to September 1988. The snap traps (100 mm×45 mm) without any bait were placed on all burrow openings of the sample area at day time. Each trapping period lasted two days in summer or three days in spring and autumn. Captured voles were collected every two hours and carried to a field laboratory to be necropsied directly. The following data were collected: body mass to the nearest 0. 5 g, body length to the nearest 0. 5 mm, testis and seminal vesicle length to the nearest 0. 1 mm, net body mass (body mass without abdominal viscera) to the nearest 0.5 g.

According to the distribution of the net body masses, the voles were classified as overwintered and born in this year (Liu and Sun 1993a). Because too few voles born in this year were captured in late half of May 1988 ($n=7$), they were combined to early June (called May～June).

The rodents grow and develop continuously, but at an uneven rate. The sexual organs of young animals are undeveloped, although body mass increases rapidly. After sexual maturation is attained, the sexual organs grow slowly or remain at a relatively constant state. The sexual organs (testis or seminal vesicle) were divided into three groups: "Mature"—largest testis; "Rudimental"—lightest body mass, the testes remained thin and small and increased slowly, relative to the increase in body masses that was rapid; "Growth"—the intermediate group, the testis increased rapidly. Our problem was how to classify these three groups by using a mathematical method, and to determine the turning point between the groups.

The mean length of the testis of overwintered voles could be regarded as the turning point between "Growth" and "Mature" because the overwintered voles were all sexually mature (see Table 3.1). In the present study, "Mature" (excluding overwintered voles) is neglected because some sample sizes are too small. The numbers of deleted voles whose testes were longer than the mean of overwintered voles were as follows: 0 (late May and early June), 2(June～July), 8(July～Aug), 10(Aug～Sep) in 1987 and 0(May～June), 2 (June～July); 12 (July～Aug), 2(Aug～Sep) in 1988.

The linear regression could be used to analyze "Growth" and "Rudimental" states with respect to body mass. But the problem remaining to be solved is how to determine the turning point between two groups. For a data set of size $m(X_i, Y_i)(i=1, 2, \cdots, m)$ characterized the two random variables Y(= testis or seminal vesicle length) and X(=

body mass), where the data are ordered such as $X_1 < X_2 < \cdots < X_m$, we could select one turning point J, such that $X_1 < J < X_m$. Let

$$Y=\begin{cases}A_1+K_1X, & \text{for } X\leqslant J,\\ A_2+K_2X, & \text{for } X>J,\end{cases} \tag{2.1}$$

where: $A_1 + K_1T = A_2 + K_2T$. K_1 and K_2 stand for the slopes of the linear regressions. The polygonal regression model with one turning point J could be expressed as:

$$H(X) = C_0 + C_1X + C_2(X-J)_+, \tag{2.2}$$

where: $$(X-J)_+ = \begin{cases}0, & \text{for } X\leqslant J,\\ X-J, & \text{for } X>J,\end{cases}$$

C_0, C_1 and C_2 are parameters remaining to be determined. If we let $Z_1 = X$, $Z_2 = (X-J)_+$, then model(2.2) may be expressed as:

$$H(X) = C_0 + C_1Z_1 + C_2Z_2, \tag{2.3}$$

So the polygonal regression model(2.2) could be transformed to multivariate linear regression model(2.3).

Then turning points were determined by using the method of exhaustion. That is to search for the integral number point (J_0) such that $X_i < J_0 < X_m$, minimizes the residual sum of squares $\sum(Y_i - C_0 - C_1Z_{i1} - C_2Z_{i2})^2$ (or maximize the F value in the significance test). Where Z_{i1} and Z_{i2} were converted from the original data by the formula $Z_1 = X$, $Z_2 = (X-J)_+$. In other words, we regard all the integral numbers which are larger than X_i and smaller than X_m as the turning point and calculate multivarite regress models, the residual sum of squares and F values. By comparing all F values or values of the residual sum of squares, the turning point could be selected.

The turning point could be regarded as the minimum body mass in which sexual organs of the young began to develop rapidly. The slope of regression model was regarded as the growth rate of sexual organs. So there is a turning point (in biology not in mathematics) only when $K_2 > K_1$. If the turning point (biological) is not existing, the linear regression could be used instead of polygonal regression and expressed as

$$Y_3 = A_3 + K_3 X. \tag{2.4}$$

Fang and Sun (1989) investigated the population dynamics of Brandt's voles at the same study site and indicated that population was increasing in 1987 and decreasing in 1988.

§ 3. Results

The body masses, testis and seminal vesicle length of overwintered voles and voles born of this year were listed in Tables 3.1 and 3.2, respectively. All captured overwinterd voles had enlarged seminal vesicles and scrotal testes. From April to July in two years, there were no significant differences between the mean length of testes (seminal vesicles) for overwintered animals (e. g. April to July, testis: in 1987, $t = 0.1116$, $P > 0.10$; in 1988, $t = 1.9236$, $P > 0.05$ respectively; seminal vesicle: in 1987, $t = 1.9688$, $P > 0.05$; in 1988, $t = 1.7934$, $P > 0.05$). So we could conclude that the length of sexual organs of overwintered voles changed very little through the breeding season.

Table 3.1. The range of body mass, mean±SE length of testis and seminal vesicle length in overwintered voles *Microtus brandti*.

Year	Month	Sample size/n	Body mass/g	Mean length of testis/mm	Mean length of seminal vesicle /mm
1987	April	26	34.5～75.0	14.79±1.21	16.92±2.18
	May	92	35.5～78.0	14.92±1.37	17.22±2.52
	June	23	47.5～67.5	15.33±1.07	17.72±2.28
	July	19	48.0～68.0	14.90±0.79	18.26±2.31
1988	April	84	29.0～69.0	14.69±1.38	17.29±3.79
	May	101	40.0～71.0	15.04±1.09	18.03±2.84
	June	46	42.0～73.0	15.14±1.14	18.91±2.60
	July	16	49.0～58.0	15.34±1.21	19.05±3.56

Table 3. 2. The range of body mass, testis length, and seminal vesicle length of Brandt's voles born in this year (excluding"Mature").

Year	Month	Body mass/g	Seminal vesicle length/mm	Testis length/mm
1987	Late May	7. 0～25. 0	2. 0～ 6. 0	3. 0～10. 5
	Early June	8. 0～37. 0	1. 0～10. 0	3. 5～14. 0
	June～July	5. 0～39. 0	1. 0～13. 5	3. 5～10. 5
	July～Aug	5. 5～39. 0	1. 5～ 8. 5	1. 5～ 9. 5
	Aug～Sep	11. 0～42. 0	1. 5～ 7. 5	2. 5～ 8. 0
1988	May～June	7. 0～28. 5	1. 0～11. 0	2. 0～11. 5
	June～July	8. 0～42. 0	1. 0～14. 0	2. 0～13. 5
	July～Aug	10. 0～39. 0	1. 5～ 8. 5	1. 5～ 8. 5
	Aug～Sep	11. 0～35. 0	2. 5～ 8. 0	2. 0～ 6. 5

The polygonal regression models reached a significant level ($P<0.001$, Tables 3. 3 and 3. 4). There were significant differences between K_1 and K_2 of equations in Tables 3. 3 and 3. 4 ($P<0.001$). This indicated that the turning points were existing in those months. But in early June of 1987, K_1(0. 977 2) were larger than K_2(0. 287 7)($J=10$) and there was no significant differences between K_1 (0. 110 5) and K_2 (=0. 320 7) in late May ($J=9$). So, the (biological) turning points were not existing in late May and early June. The reason was that there were too few voles with body mass smaller than the (mathematics) turning point (late May, $n=3$). So, the linear regression models were present in Table 3. 3 and also the lightest body mass was considered as the turning point. This indicated that all the young appearing on the ground had commenced sexual growth. The turning points increased from spring to autumn significantly (Tables 3. 3 and 3. 4, $P<0.001$; mean square successive difference test, Neumann 1941, Seber 1977).

Table 3.3. Polygonal regression equations of testis length (Y) and body mass (X) of Brandt's voles (Y_3 present linear regression equation).

Year	Month	Regression equations	n	F	P	Minimum body mass at sexual maturation
1987	Late May	$Y_3 = 1.9715 + 0.3166X$	85	197.46	<0.001	15.88
	Early June	$Y_3 = 2.3634 + 0.2964X$	78	120.46	<0.001	15.64
	June～July	$Y = \begin{cases} 2.5661 + 0.0720X, & X \leqslant 23 \\ -0.8126 + 0.2189X, & X > 23 \end{cases}$	162	51.91	<0.001	37.40
	July～Aug	$Y = \begin{cases} 3.6575 + 0.0327X, & X \leqslant 29 \\ -1.8647 + 0.2231X, & X > 29 \end{cases}$	221	64.04	<0.001	39.73
	Aug～Sep	$Y = \begin{cases} 3.3536 + 0.0321X, & X \leqslant 31 \\ -0.9027 + 0.1694X, & X > 31 \end{cases}$	250	82.07	<0.001	46.65
1988	May～June	$Y = \begin{cases} 4.1441 + 0.0972X, & X \leqslant 13 \\ 1.3864 + 0.3086X, & X > 13 \end{cases}$	45	110.96	<0.001	18.15
	June～July	$Y = \begin{cases} 2.7005 + 0.1429X, & X \leqslant 20 \\ 1.0525 + 0.2253X, & X > 20 \end{cases}$	91	28.44	<0.001	26.40
	July～Aug	$Y = \begin{cases} 4.6785 + 0.0387X, & X \leqslant 24 \\ 0.4420 + 0.2152X, & X > 24 \end{cases}$	145	31.48	<0.001	30.47
	Aug～Sep	$Y = \begin{cases} 4.7936 + 0.0403X, & X \leqslant 28 \\ -1.2441 + 0.1668X, & X > 28 \end{cases}$	137	8.02	<0.001	49.43

Table 3.4. Polygonal regression equations of seminal vesicle length (Y) and body mass (X) of Brandt's voles.

Year	Month	Regression equations	n	F	P
1987	Late May	$Y=\begin{cases}1.731\,3+0.078\,7X, & X\leqslant 10\\ 0.597\,9+0.192\,1X, & X>10\end{cases}$	84	75.67	<0.001
	Early June	$Y=\begin{cases}2.111\,5+0.092\,2X, & X\leqslant 24\\ -5.852\,2+0.424\,1X, & X>24\end{cases}$	78	94.44	<0.001
	June～July	$Y=\begin{cases}2.591\,4+0.027\,1X, & X\leqslant 26\\ -1.884\,2+0.199\,3X, & X>26\end{cases}$	162	37.23	<0.001
	July～Aug	$Y=\begin{cases}1.565\,4+0.050\,3X, & X\leqslant 32\\ -2.719\,4+0.184\,2X, & X>32\end{cases}$	221	113.38	<0.001
	Aug～Sep	$Y=\begin{cases}1.436\,7+0.030\,3X, & X\leqslant 31\\ 0.822\,0+0.106\,1X, & X>31\end{cases}$	250	15.82	<0.001
1988	May～June	$Y=\begin{cases}2.382\,3+0.072\,5X, & X\leqslant 23\\ -2.658\,1+0.291\,6X, & X>23\end{cases}$	45	8.02	<0.01
	June～July	$Y=\begin{cases}1.255\,3+0.081\,8X, & X\leqslant 32\\ -2.751\,4+0.207\,0X, & X>32\end{cases}$	91	8.66	<0.001
	July～Aug	$Y=\begin{cases}1.985\,4+0.079\,5X, & X\leqslant 27\\ 1.632\,0+0.092\,6X, & X>27\end{cases}$	145	9.94	<0.001
	Aug～Sep	$Y=\begin{cases}0.198\,9+0.002\,0X, & X\leqslant 30\\ -0.537\,7+0.093\,2X, & X>30\end{cases}$	137	2.09	<0.02

K_1 of all the polygonal regression equations was much smaller. Tables 3.3 and 3.4 also indicate that K_2 had seasonal variations significantly (ANOVA, Table 3.3: 1987, $F=111.67$, $P<0.001$; 1988, $F=31.10$, $P<0.001$; Table 3.4: 1987, $F=55.47$, $P<0.001$; 1988, $F=6.93$, $P<0.05$). There were significant differences in the slopes (K_2) between 1987 and 1988 (ANOVA, Table 3.3; $P<0.001$; Table 3.4; $P<0.001$). The sexual organs of voles in 1987 grew and matured fast and early. This trend also has been shown by the females (Liu and Sun 1993b).

Males were considered to be sexually mature (could produce mature sperms) if their testes were longer than 7 mm (Zhang and Zhong 1979, Zhang 1989), Then using this value (Y_2 or $Y_3=7$) to solve the models, we could obtain the minimum body masses of male voles at sexual maturation (Table 3. 3). The percentage of the voles with body mass larger than the turning point and that of the voles with testis longer than 7 mm also could be calculated (Table 3. 5). The minimum body mass of male voles at sexual maturation and the percentages of Brandt's voles with body mass larger than the turning points and with testes longer than 7 mm in the population varies seasonally (Table 3. 5). In females, the pregnancy rates also show the obvious seasonality (Table 3. 5)(Liu and Sun 1993b). Liu and Sun (1993b) also indicated that the voles began breeding earlier in 1987 and the pregnancy rates of 1987 were relatively higher than those of 1988. The percentages of reproductive males also showed the same trend. Hence, reproductive activity of the two sexes is consistent.

Table 3. 5. The percentage of Brandt's voles with body mass larger than the turning points (A) and with testis longer than 7 mm (B) in the population.

Month	1987				1988			
	A		B		A		B	
	% of all voles	% of voles born in this yr	% of all voles	% of voles born in this yr	% of all voles	% of voles born in this yr	% of all voles	% of voles born in this yr
Late May	81. 1	97. 6	19. 0	22. 4				
Early June	76. 8	97. 4	62. 6	79. 5	25. 8	66. 7	20. 7	53. 3
June～July	55. 2	61. 6	26. 2	29. 3	34. 5	44. 1	30. 3	38. 7
July～Aug	28. 5	28. 8	7. 8	7. 9	20. 6	21. 0	18. 8	19. 1
Aug～Sep	33. 9	33. 9	8. 4	8. 4	15. 3	15. 3	13. 1	13. 1

§ 4. Discussion

In studies of rodent ecology, the reproductive conditions of females has been emphasized and widely investigated. The reproductive intensity of male rodents has been rather neglected or overlooked (Sun et al. 1977, Keller 1985). The main reasons might be that there are no reliable and quantitative indexes of male rodents reproductive activity. On the other hand, the female reproductive profermance is probably most important demographically. This had brought some authors' attentions (Kalera 1957, Sun et al. 1977, Xia et al. 1982, Zhang 1986, 1987, 1989).

The monthly variations of mean weight (length) of testes or seminal vesicle were used as indicators of the male reproduction in many studies (Zhang 1987, Kenagy and Barnes 1988, Hilton 1992, Mills et al. 1992, Wang et al. 1992, Zhou et al. 1992). Although seminal vesicles of adults could wither to varying degrees in the non-breeding season, the length of testis (or seminal vesicle) changes very little during the breeding season (Sun et al. 1977, see also Table 3.1). Some published papers had also used the percentage of the rodents with enlarged seminal vesicles or scrotal testes in the population to represent male breeding intensity (Zhang and Zhong 1979, Beacham 1980, Xia et al. 1982, Mills et al. 1992, Wang et al. 1992, Zhou et al. 1992). As long as we accept scrotal testes or enlarged seminal vesicles as the standards for grouping non-reproductive and reproductive rodents, variation of these two percentages only indicate the changes of the population structure.

The scattered plots of the testes weight against body mass without viscera had been applied to show the tendency of the male breeding intensity (e. g. Zhang 1987, 1989), but the data were not analyzed statistically. Zhang (1986) used linear regression to investigate the relationship between testis weight and body mass without viscera in striped hamsters, but he did not turn sufficient attention to the scarcity of his data. His result could not show the pattern of male reproduction as revealed in the present paper.

Another approach was taken by Sun et al. (1977) who grouped *Clethrionomys rufocanus* and *Apodemus* sp. samples into weight classes of 3 g and divided the testis (seminal vesicle) into three groups. Then the intermediate group was analyzed by using the linear regression whereas the other two groups were not analyzed. But this determination of turning points was done objectively, hence the turning point was not trustworthy.

Liu and Sun (1993a, b) indicated that Brandt's vole had a short lifespan (about one year) and the population had very high turnover rates. Before the latter half of May, the population was composed only of overwintereds. As soon as the voles born in this year entered the population, they replaced the overwintereds rapidly. Four cohorts were produced from the latter half of April to the first half of September. The voles born in spring grew and matured very rapidly and reached sexual maturation to begin breeding at 3 or 4 weeks of age. These early maturing animals had almost disappeared from the population in autumn. Whereas the young born in the middle or late summer and autumn grew slowly and did not reach sexual maturity in fall and resumed growth again the following spring. These overwintereds (having more than 30 weeks of age) constitute the breeding population in early April.

Our results also indicated that the growth and sexual development of males have an obvious seasonality similar to that of the females. This seasonality could be indicated by three aspects. The first was the turning points. In spring the voles with a body mass of 9 g initiated sexual development and in autumn the voles only with body mass larger than 31 g could begin sexual growth (Table 3. 3). The second was the growth rate of sexual organs (K_2). The growth rate could reach 0. 32 in spring and in contrast only 0. 17 in fall (Table 3. 3). The third was the minimum body mass at sexual maturation. In late May of 1987, the voles with a body mass of 15. 9 g were able to produce mature sperm. But in July～August of 1987, this minimum body mass reached 39. 7 g

(Table 3.3).

This seasonality also indicated that the vole's physiological age differed from the chronological age. As the voles having the same body mass in different seasons may belong to different age group. So one should be most cautious to use the chronological age standards such as body mass, body length, net body mass, morphology of skull and tooth to categorize the Brandt's voles into four groups such as juvenile, subadult, adult one and two. Zhang and Zhong (1979) indicated that 35% of the juvenile group in May, 1975 were pregnant. This shows that it is necessary to determine the physiological age group instead of the chronological age group or at least to use different body mass (length) standards in different seasons (Liu and Sun 1993a).

In conclusion, male voles have the same seasonal reproduction pattern as the females. Our analysis also has demonstrated that the growth rates of male sexual organs and the percentage of voles with testes longer than 7 mm or body masses larger than a given turning point could be used as indexes of male reproductive intensity.

Acknowledgements This study was a part of the Seventh Five-year-plan key work of the National Plan Committee (75-03-02-04) and supported by the National Plan Committee and the Ministry of Agriculture. We also thank Mr B. Liang, P. Yuan, J. Xue and M. Xue for their field work and Dr X. Lai and Miss T. Marcolongo for correcting the English.

References

[1] Anti-epidemic and Health Station of Xilingulei League of the Inner Mongolia Autonomous Region. An ecological study of Brandt's voles *Microtus brandti*. Acta Zool Sinica, 1975,21: 30-39. [In Chinese with English summary]

[2] Beacham T D. Breeding characteristics of Townsend's vole *Microtus townsendii* during population fluctuation. Can J Zool,1980,58:623-625.

[3] Fang J, Sun R. Seasonal changes of Brandt's voles and their relation to burrows. Acta Theriol Sinica,1989, 9: 202-209. [In Chinese with English sum-

mary]

[4] Hilton B L. Reproduction in Mexican vole, *Microtus mexicanus*. J Mammal,1992,73:586-590.

[5] Kalera O. Regulation of reproduction rate in subarctic population of vole, *Clethrionomys rufocanus*. Ann Acad Sci Fenn Ser A Biol,1957,34: 65-71.

[6] Keller B L. Reproductive pattern. [In: Biology of New World *Microtus*. Tamarin R H, ed]. Spec Publ Amer Soc Mamm,1985,8:725-778.

[7] Kenagy G J, Barnes B M. Seasonal reproduction patterns in four coexisting rodent species from the Cascade Montains, Washington. J Mammal,1988, 69:274-292.

[8] Liu Z. Study on tendency prediction of population fluctuation of Brandt's voles. Chinese J Vector Biol and Control,1992,3: 299-304. [In Chinese with English summary]

[9] Liu Z, Sun R. Study on physiological age structure of Brandt's voles *Microtus brandti*. Acta Theriol Sinica,1993a,13:50-60. [In Chinese with English summary]

[10] Liu Z, Sun R. Study on population reproduction dynamics of Brandt's voles *Microtus brandti*. Acta Theriol Sinica, 1993b, 13: 114-122. [In Chinese with English summary]

[11] Mills J N, Ellis B A,Mckee K T, Maiztegui J I, Childs J E. Reproductive characteristics of rodent assemblances in cultivated regions of central Argentine. J Mammal,1992,73:515-526.

[12] Neumann J, von Kent R H,Bellinson B H, Hart B I. The mean square successive difference. Ann Math Statist,1941, 12: 153-162.

[13] Seber G A F. Linear regression analysis. John Wiley and Sons, New York, 1977, 1-465.

[14] Sun R, Zhang Y, Fang X. On the role of male reproductive intensity in the ecological studies of the rodent reproduction. Acta Zool Sinica, 1977, 23: 187-200. [In Chinese with English summary]

[15] Wang T, Liu J, Shao M. Studies on the population reproduction characteristics of Daurian ground squirrel *Spermophilus dauricus*, Acta Theriol Sinica,1992, 12: 147-152. [In Chinese with English summary]

[16] Xia W, Liao C,Zhong W, Sun C, Tian Y. On the population dynamics and regulation of *Meriones unguiculatus* in agricultural region North to Yin

Montains, Inner Mongolia. Acta Theriol Sinica, 1982, 2; 51-71. [In Chinese with English summary]

[17] Zhang J. Studies on the population reproduction ecology of striped hamsters in Daxing Country, Beijing. Acta Theriol Sinica, 1986, 6: 45-56. [In Chinese with English summary]

[18] Zhang J. Studies on population breeding ecology of greater long-tailed hamster in Beijing Area. Acta Theriol Sinica, 1987, 7: 224-232. [In Chinese with English summary]

[19] Zhang J. On the population age and reproduction of *Apodemus agrarius* in Beijing Area. Acta Theriol Sinica, 1989, 9: 41-48. [In Chinese with English summary]

[20] Zhang J, Zhong W. Investigations of reproduction in populations of Brandt's voles. Acta Zool Sinica, 1979, 25: 250-259. [In Chinese with English summary]

[21] Zhou Q, Zhong W, Wang G. Density factor in the regulation of Brandt's voles population. Acta Theriol Sinica, 1992, 12: 49-56. [In Chinese with English summary]

动物学研究，
1996，17(1)：40-44.

鄂尔多斯荒漠草原降水与长爪沙鼠种群数量关系[①]

The Relationship between Rainfall and *Meriones Unguiculatus* Population in the Desert-Grasslands in Ordosi

Abstract We studied the meterials by multiple regression analysis, the data were yearly rainfall, season rainfall, yearly average density of *Meriones unguiculatus*, monthly density of Apr. to May, Oct. to Nov. in the period 1981～1993 in the desert-grasslands in Ordosi. The conclusions were as the following: (1) Yearly rainfall especially in June to Aug. was a main factor affecting *M. unguiculatus* population density. (2) The spring density next year could be forecasted by the autumn density this year and the rainfall of four seasons. And also, the autumn density could be forecasted by the spring density and the rainfall of four seasons.

Keywords *Meriones unguiculatus*; rainfall; population density; multiple regression analysis.

§ 1. Introduction

The fluctuation of *Meriones unguiculatus* population was influenced by the rainfall in some extent. Xia et al. (1982) proposed that the rainfall was an important climate condition affecting rodents. And Li

① 国家自然科学基金资助项目(39570638).
收稿：1994-12-26；收修改稿：1995-04-14.
本文与张万荣合作.

and Zhang (1993) described that the annual rainfall was a main factor of meteorological phenomena affecting the population dynamics of them. However, the studying on relationship between the rainfall in season and the density of population of *M. unguiculatus* was lacked so far. Our study, based principally on the population data and the rainfall, and employing multivariate techniques, allowed us to recognize the relationships.

§ 2. Meterials and methods

Sampling site was selected in Chabu Sumu in the Etuoki Banner and Bulage Sumu in the Etuokiqian Banner, Inner Mongolia. It was located at 38° 10′ N to 39° N and 106°42′ E to 107°45′ E. The four types of habitats were divided according to the soil, topography and vegetation. First, the habitat was gravel high plain platform, and the dominant plants were *Stipa breviflora* and *Cleistogenes songorica*. Second, gently sands, and *Artemisia ordosica*. Third, salt damp concave ground, and *Kalidium gracile*, *Nitraria sibirica* and *Achnatherum splendens*. Finally, platform and *Caragana tibetica*.

Density of *M. unguiculatus* was investigated in four habitats by the bowshaped clip method during 24 hours in Apr. to May (spring) and in Oct. to Nov. (autumn) in the period of 1981 to 1993. The area was fifty hectares or so every time. First, we stopped up discoverable mice holes in the field. Second, if it was opened the next day, we fixed a clip at it. Captured mice were collected every two hours in day, and duck and before dawn only once. In case we catched the mouse in some hole, and fixed clipe again and continued did it. Here, we computed only the density of *M. unguiculatus*. The formula of it was the numbers of captured/sample area (hm^2). Let Mspr and Maut be the densities ($/hm^2$) in the spring and autumn in every year respectively. The precipitation data collected at Jila meteorological observatory in Etuokeqian Banner. The surveillance radius of them was fifty kilometres. The division of the four seasons were from Apr. to Mar. for spring, June to Aug. for summer, Sep. to Oct. for autumn, and Nov. to Mar. next year for winter. Let Rspr, Rsum, Raut and Rwin be the seasonal rainfall respectively (Table 2.1).

Table 2.1 Density of *Meriones unguiculatus* and rainfall in 1981～1993

Year	Monthly density/No·(hm^{-2})		Yearly rainfall /mm	Monthly rainfall/mm				
	4～5	10～11		1～3	4～5	6～8	9～10	11～12
1981	0.6	2.7	218.1	4.6	34.4	136.4	41.6	1.1
1982	0.3	0.7	147.4	9.4	24.0	72.1	37.4	4.5
1983	0.2	1.3	198.2	15.2	52.9	78.6	50.8	0.7
1984	11.9	31.2	355.9	4.4	69.6	261.9	16.1	3.9
1985	91.3	82.0	417.2	0.8	88.3	228.7	98.0	1.4
1986	31.7	29.6	203.0	16.1	24.6	140.6	17.2	4.5
1987	60.2	18.0	181.5	7.2	11.0	127.8	32.4	3.1
1988	29.6	44.0	287.4	5.7	57.3	196.9	20.8	6.7
1989	54.5	13.0	350.4	22.5	65.6	179.2	64.3	18.8
1990	0.9	1.9	274.1	27.1	42.6	158.6	43.5	2.3
1991	3.4	2.0	195.9	17.5	69.4	73.3	30.8	4.9
1992	2.5	2.0	306.6	26.4	38.2	205.6	26.4	10.0
1993	1.6	4.6	218.3	6.3	11.0	176.2	15.1	9.7

First, let the annual rainfall be the precipitations from Nov., this year to Oct., next year, and the annual density be the mean value of densities in Apr. to May and Oct. to Nov. next year, the linear regression model

$$(\text{Annual density}) = -29.1450 + 0.1913(\text{Annual rainfall}), \tag{2.1}$$

Test of significance was $F=6.40>F_{0.05}(1,11)=4.84$. The standard regression coefficient model was

$$(\text{Annual density})' = 0.6066(\text{Annual rainfall})'. \tag{2.2}$$

Second, the multivariate linear regression model of the monthly density of spring next year NMspr vs the rainfall in the four seasons

Rspr, Rsum, Raut and Rwin this year

$$NM\text{spr} = -30.1427 + 0.2017R\text{spr} + 0.2010R\text{sum} + 0.3333R\text{aut} + 0.2786R\text{win}, \tag{2.3}$$

Test of significance was $F = 2.54 > F_{0.25}(4,8) = 1.66$. The standard regression coefficient equation

$$NM\text{spr}' = 0.2055R\text{spr}' + 0.5312R\text{sum}' + 0.3096R\text{aut}' - 0.1406R\text{win}'. \tag{2.4}$$

Similarly, we had

$$NM\text{aut} = -16.9311 - 0.8235R\text{win} + 0.1272NR\text{spr} + 0.1898NR\text{sum} + 0.3592NR\text{aut}, \tag{2.5}$$

Test of significance was $F = 4.80 > F_{0.05}(4.8) = 3.84$. And

$$NM\text{aut}' = -0.4192R\text{win}' + 0.1288NR\text{spr}' + 0.4742NR\text{sum}' + 0.3481NR\text{aut}'. \tag{2.6}$$

Third, the multivariate linear regression model of the density of spring next year NMspr vs the density of autumn this year and the rainfall in the four seasons

$$NM\text{spr} = 36.6750 + 0.8778M\text{aut} + 0.2811R\text{spr} + 0.0453R\text{sum} - 0.9534R\text{aut} - 0.6453R\text{win} \tag{2.7}$$

Test of significance was $F = 7.72 > F_{0.025}(5,6) = 5.99$. The standard regression coefficient model

$$NM\text{spr}' = 0.7151M\text{aut}' + 0.2130R\text{spr}' + 0.0930R\text{sum}' - 0.7289R\text{aut}' - 0.2584R\text{win}. \tag{2.8}$$

Similarly, we had

$$NM\text{aut} = -8.1454 + 0.4546NM\text{spr} - 0.5509\text{Rwin} + 0.2413NR\text{spr} + 0.1054NR\text{sum} - 0.0502NR\text{aut}, \tag{2.9}$$

Test of sigificance was $F = 7.57 > F_{0.01}(5,7) = 7.46$. And

$$NM\text{aut}' = 0.5638NM\text{spr}' - 0.2805R\text{win}' + 0.2445NR\text{spr}' + 0.2634NR\text{sum}' - 0.0486NR\text{aut}'. \tag{2.10}$$

§ 3. Results and discussions

It was known that, there were drought nine years out of ten in desert-grasslands in Ordosi. Therefore, the plant growth was influenced directly by annual rainfall. And the plants and its seeds were supplied as food for mouse in the region. Thus, food intakes of mouse population were influenced by the plants and seeds. As the correlation coefficient $r=0.6066$ between the population density and the annual rainfall ($P<0.05$), the yearly rainfall was a main factor affecting the density of rodents in some a great extent if we didn't consider the influent of the other factors, such as, the higher fecundity for mouse, epidemic of the plague epizootic, and so on. But, noticed that the yearly rainfall 306.6 mm in 1992 was higher than the mean value $\bar{x}=267.1$ mm ($n=27$, in 1967～1993). However, the Maut this year and NMspr were lower. The reasons may be as follows. The lower Maut was affected by the lower NMspr, it was, lower spring density was harmful to autumn reproduce, and NMspr was influenced by the Maut. of course, this problem should be discussed in wide range.

Contrasting between (2.3) and (2.5), we know, the spring density next year was influenced by the rainfalls this year ($P<0.25$), and the autumn density next year was influenced by the rainfalls of Nov. this year to Oct. Next year ($P<0.05$), and the former was less than the latter. Again seeing standard regression coefficient models (2.4) and (2.6), (i) The spring density next year was positively affected by the rainfalls of Apr. to Oct. this year, and the autumn density next year was positively affected by the rainfall of Apr. to Oct. next year. And the most important factor influenced population density was the summer rainfall in four seasons, the next was the autumn, and the third was spring. (ii) The spring and autumn densities next year were negatively affected by the fall of snow in winter. It was, the population density of next year was lower (higher), if there was a heavy (higher) fall of snow. But, we noticed that the significance level ($P<0.05$) for models (2.3) or (2.4) was not obtained. The result showed that the other factors, such as, physiological factor, et al., influenced the

*NM*spr. For all this, we compared mainly these relationships among the *NM*spr, *M*aut and the rainfall of the four seasons from of the situation point as a whole.

As we know from (2. 7) that the spring density next year could be forecasted by the autumn density this year and the rainfall. The effect was significant ($P<0.025$, $R=0.9303$). The most important factors of influent of the spring density next year were the autumn density and the autumn rainfall this year from standard regression coefficient model (2. 8).

And also, the autumn density next year could be forecasted by the rainfall from Nov. , this year to Oct. , next year and the spring density next year from (2. 9) ($P<0.01$, $R=0.9186$). And the most important factors of influent of the autumn density next year were the spring density next year and the rainfall in the winter this year, spring next year and summer from (2. 10).

Finally, we pointed that the stepwise regression was omitted. In fact, the influents of factors were obtained by the standard regression coefficient models (2. 4) (2. 6) (2. 8) and (2. 10). And, the relationships between the rainfall and vegetation, and density and vegetation were not obtained for there were not been vegetation data.

§ 4. Conclusions

The results of this study clearly indicated that:

(1) Yearly rainfall especially from June to Aug. was a main factor affecting *M. unguiculatus* population density in Ordosi desert-grasslands. The standard regression coefficient models between the density of them and the rainfall were as the following:

$$(\text{Annual density})'=0.6066\times(\text{Annual rainfall})', \qquad P<0.05,$$

$$NM\text{spr}'=0.2055R\text{spr}'+0.5312R\text{sum}'+0.3096R\text{aut}'-0.1406R\text{win}', \qquad P<0.25.$$

and

$$NMaut' = -0.4192Rwin' + 0.1288NRspr' + 0.4742NRsum' + 0.3481NRaut', \quad P < 0.05.$$

(2) The spring density next year could be forecasted by the autumn density this year and the rainfall of Apr., this year to Mar., next year. And also, the autumn density next year could be forecasted by the spring density next year and the rainfall of Nov., this year to Oct., next year.

Reference

[1] Xia Wuping, Liao Conghui, Zhong Wenqin et al. On the population dynamics and regulation of *Meriones unguiculatus* in agricultural region North to Yin Mountains, Inner Mongolia. Acta Theriol Sinica, 1982, 2(1): 51-71.

[2] Li Zhonglai, Zhang Wanrong. Analysis on the relationship between population of *Meriones unguiculatus* and meteorological factors. Acta Theriol Sinica, 1993, 13(2): 131-135.

[3] Sun Ruyong. Principles of animal ecology. Beijing: Beijing Normal Univ Publ House, 1987: 94-116, 244-280.

摘要 根据 1981 年～1993 年内蒙古鄂尔多斯荒漠草原年降水量和四季降水量、长爪沙鼠年均密度、4 月～5 月、10 月～11 月密度监测资料，利用多元回归分析模型，得到如下结论：

(1) 年降水量，特别是夏季降水量，是影响鼠密度的一个主要因素，其标准回归系数关系模型为

$$(\text{年均密度})' = 0.6066 \times (\text{年降水量})', \quad P < 0.05,$$

$$NMspr' = 0.2055Rspr' + 0.5312Rsum' + 0.3096Raut' - 0.1406Rwin', \quad P < 0.25,$$

$$NMaut' = -0.4192Rwin' + 0.1288NRspr' + 0.4742NRsum' + 0.3481NRaut', \quad P < 0.05.$$

其中后两式分别为四季降水量与春、秋季沙鼠密度的标准回归方程.

(2) 由当年秋密度和四季(当年 4 月至翌年 3 月)降水量，可预报翌年春密度($P < 0.025$)，而翌年秋密度可通过翌年春密度和四季(当年 11 月至翌年 10 月)降水量的结合来预报($P < 0.01$).

关键词 长爪沙鼠;降水量;种群密度;多元回归分析.

二、预防医学

Ⅱ. Preventive Medicine

地方病译丛，
1993，14(3)：1-4.

长爪沙鼠动物鼠疫预测方法的研究

Studies on Prediction Methods of *Meriones Unguiculatus* Epizootic Plague

文[1]指出，内蒙古高原长爪沙鼠(简称沙鼠)鼠疫自然疫源地面积达103 460 km^2，占我国疫源地总面积的23.7%.因此，研究占近四分之一疫源地面积的主要宿主沙鼠鼠疫动物病的预报和预测，对于我国的鼠防工作，均有一定的实际意义. 目前，国内外对鼠疫预报主要有3种途径：(1) 从鼠疫流行病学的基本理论出发，运用鼠疫动物病的流行因素，推测其未来的状态；(2) 运用血清学、免疫学的资料，预测鼠疫的发生和流行的趋势；(3) 利用鼠疫疫点的调查资料，建立统计公式或数学模型，研究鼠疫动物病的定量预测. 本文将从几个主要方面，对建立数学模型的预测方法进行讨论，并进一步讨论用几种数学方法预测鼠疫动物病未来的状态和流行趋势. 鉴于国内外从方法学角度对沙鼠动物鼠疫预测方面的综合研究和述评甚少，本文将对其做一总体论述.

§1. 预报因子筛选

预报鼠疫是否流行的第一步，是要确定哪些是影响鼠疫流行的主要因子，且只有符合一定规律的物理因子，才能真正反映或预报鼠疫流行动态，以及这些因子还应该是较容易获得或可提前观测的. 因子一般涉及以下几个方面：鼠、蚤、气象、生境、土壤、海拔因子等. 对沙鼠预报因子，我们认为，鼠密度、蚤指数和降水量是预测鼠疫是否流行的主要因子. 鼠蚤因子是必选的，为什么取降水量呢？从数学角度，可将 7 个气象因子作为自变量，对鼠密度做逐步回归或全回归，结果表明，降水量是 7 个气象因子中影响鼠密度的最重要因子，且与我们专业知识也是相符的.

§2. 预报方法

2.1 多元回归分析方法

多元统计分析中的各种方法以回归分析的应用为最广. 该方法自 19 世纪初提出以来，100 多年来经久不衰，其理论和方法不断得到发展. 它是利用两个或两个以上变量之间的关系，由若干个变量来预测另一个变量；用线性方程来描述和分析几个自变量和一个因变量的数量关系. 我们利用该法对鼠疫是否流行进行预报. 例如，根据 1975 年～1989 年鄂托克旗、鄂托克前旗沙鼠鼠疫流行病学调查资料及当地 6 月～8 月降水量资料，建立鼠疫预报模型[2~3]. 由于鼠疫动物病只有流行和未流行两种状态，引入伪变量 y. 若未流行，$y=0$；若流行，$y=1$. 沙鼠密度 x_1，蚤指数 x_2，6 月～8 月降水量 x_3，模型为

$$鼠疫流行动态=0.139\,51+0.004\,18x_1+0.142\,67x_2-0.001\,19\,x_3, \tag{2.1}$$

显著性检验：$P<0.10$. 对待判数据预报方法是：若 $y>0.5$，则判该年份为流行；若 $y<0.5$，则预报为未流行；$y=0.5$ 不能确定. 如将 1990 年数据鼠密度 1.38 只/hm^2，蚤指数 0.91 只，6 月～8 月降水量 158.6 mm 代入(2.1) 得 $y=0.0864<0.5$，故判为未流行年份.

在鼠疫预报中，建立了回归模型后，对给定的预报指标的值，就可求出流行动态值，进而作出判断. 其不足是：计算量略大，对“旧”数据与“新”数据同等对待，只注意以前数据拟合，不能推出未来某些指标的数据.

顺便指出，作为多元回归的特殊情形，一元回归在预测中也占有一定的地位. 例如，研究 1975 年～1990 年沙鼠密度 x 与蚤指数 y 间的关系

$$y=0.498\,72+0.016\,07x,$$

显著性检验：$F=9.23>F_{0.05}(1,12)=4.75$.

一元回归的优点是简单实用，且在小型计算器上就可实现.

曲线回归分析介绍略.

2.2 时间序列分析方法

在鼠疫流行动态预报中，称以时间顺序记载和排列的数字序列 x_1，

$x_2,\cdots,x_n$ 为数字时间序列. 如 1975 年～1990 年的鼠密度就是一种等间隔的时间序列. 一般研究大部分讨论等时间间隔的序列. 用时间序列做鼠疫流行动态预测,主要是研究鼠疫流行重要指标的时间变动趋势、季节变化、周期变化、不规则变换等规律. 它是一种属于外推的预报. 但由于该法一般要求 30 个～50 个以上数据. 因此，目前使用此法进行预报还有一定的困难.

2.3　判别分析

它是利用若干个变量的一个或几个线性组合,称为线性判别函数,将待判样本的多变量观测值划归为几个已知类之一的一种统计分析方法. 由于鼠疫有流行和未流行两种状态,我们可以按两组判别分析方法建立预报方程.

(1) Fisher 准则下的判别分析：判别的结果应使两组内区别最大,使每组内部离散性最小;换言之,即根据组间均值差与组内方差之比为极大的原则进行判别. 以[2]和 1990 年数据为例,设 x_1＝鼠密度,x_2＝蚤指数,x_3＝6 月～8 月降水量,其判别函数为

$$y=-0.003\ 46x_1-0.106\ 91x_2+0.001\ 01x_3, \tag{2.2}$$

显著性检验:$F=4.13>F_{0.05}(3,10)=3.71$.

未流行组 A 的重心 $\bar{y}(A)=0.013\ 40$,流行组 B 的重心 $\bar{y}(B)=-0.419\ 84$，综合判别指标 $y_{AB}=-0.110\ 38$. 判别准则：若 $\bar{y}(A)>y_{AB}$，对待判样本 (x_1,x_2,x_3)，若 $y=c_1x_1+c_2x_2+c_3x_3>y_{AB}$,则判为 A 组;若 $y<y_{AB}$，判为 B 组. 若 $\bar{y}(B)>y_{AB}$，①若 $\bar{y}>y_{AB}$,则判为 B 组;②若 $\bar{y}<y_{AB}$，判为 A 组. (2)的拟合率为 85.7%.

(2) Bayes 准则下的判别分析:以归属某类的概率最大或错判损失最小为原则进行判别. 以[3]和 1990 年数据为例. 其判别函数为

$$y_1=-0.336\ 47-4.648\ 61-0.053\ 91x_1+2.283\ 40x_2+0.058\ 49x_3,$$

$$y_2=-1.252\ 76-7.087\ 25-0.012\ 38x_1+3.566\ 35x_2+0.046\ 42x_3,$$

显著性检验：$F=4.13>F_{0.05}(3,10)=3.71$.

判别准则：若 $y_1(x_1,x_2,x_3)>y_2(x_1,x_2,x_3)$，则判为未流行组;若 $y_1(x_1,x_2,x_3)<y_2(x_1,x_2,x_3)$，则判为流行组. 拟合率为 85.7%.

在 Bayes 准则下的判别分析,其前提要求鼠疫流行与未流行组的两

个总体服从正态分布且两个协方差阵相等，而这样的前提一般是很难满足的，而 Fisher 准则下的判别分析不涉及这样强的条件. 但前者可给出待判样本的后验概率，而后者则不能给出.

§3. 间接预报

[4]在讨论非生物地理因素和鼠疫动物病流行的关系中指出："最近一个较新的动向是有人试图找出水文、地磁……非生物地学因素和天文学因素与鼠疫动物病流行的某些联系，尽管材料是初步的，但颇有兴趣，值得注意."在沙鼠疫源地，如何利用非生物地理因素，预报鼠疫动物病流行，将是一个令人感兴趣的课题. 纵观 1967 年～1990 年鄂尔多斯高原吉拉气象站降水量与鼠疫流行动态发现[5]，在连续 2 年降水量较多后的第 1 年～第 2 年，鼠疫动物病流行. 实际上，在十年九旱的荒漠草原，降水量决定鼠类的食物，尤其是长爪沙鼠喜食的夏雨型种子植物的丰歉. 而连续 2 年降水量充沛，为自身繁殖力强、种群数量增长率快的长爪沙鼠提供了食物条件，而第 1 年种群数量的增加是第 2 年数量大发生的基础，而大面积鼠类增多是鼠疫流行的前兆. 故可能有下列因果链：降水量多（少）→植物丰（歉）→鼠密度高(低)→鼠疫可能流行(未流行). 因此，研究该地区的降水量周期规律，计算未来 10 年内降水量可能较多的年份，对预报沙鼠数量大发生和鼠疫动物病流行动态，具有重要的理论和实际意义. 对 1967 年～1990 年降水量序列做准周期分析[6]，推测降水量周期为 6 年～8 年($P<0.10$)，且以 6 年周期最显著. 进行数值叠加，对 1991 年～2000 年降水量长期趋势给出预报，预测 1997 年为多雨年且 1996 年降水量比平均值高(是否正确尚待验证). 由此推测，如果实际降水量与连续两年降水量类别近似一致时，1996 年～1997 年沙鼠数量可能大发生，1998 年～1999 年左右可能发生鼠疫动物病流行. (注. 1998 年该地区鼠疫动物病流行)

§4. 鼠疫流行周期分析

上节曾分析，由于鄂尔多斯地区连续两年降水量充沛，可能引起鼠数量大发生，进而发生鼠疫动物病流行. 但是，据 1901 年～1945 年疫史资料记载，该地区曾发生多次人间鼠疫大流行，而现在不能精确考证，是否每次流行前均有两年降水量充沛的情形. 事实上，研究该地区动物鼠疫流行动态的周期规律，一般时间越长、周期越多越好. 这是因为，参与信息的年数越多,越能较为正确地分析出鼠疫流行动态规律.但由于历史记载及在中华人民共和国成立前,历代统治阶级对鼠疫流行不采取防治措施,以及科学不发达等原因,使得资料很不完整,且仅有人间鼠疫资料.如何将其有用的信息分析出来,从而推断鼠疫动物病的周期规律,这对研究未来鼠疫流行动态及预测,无疑具有重要意义. 我们对 1901 年～1991 年的鼠疫流行与未流行年份的时间序列做游程检验[7],发现流行年份和未流行年份的规律不是随机的,出现了若干个持续的、系统的周期过程, 其未流行年份的$(\bar{x}\pm s)=(8.86\pm 2.97)$年, 流行年份的$(\bar{x}\pm s)=(3.86\pm 2.12)$年,且推断 1999 年左右, 鼠疫动物病可能流行(注. 1998 年该地区鼠疫动物病流行). 从总的流行及未流行的周期看,鄂尔多斯地区在(12.71 ± 4.39)年左右的时间内流行一次鼠疫.

§5. 鼠疫流行灾变预测

将鼠疫动物病流行年份称为灾变年份. 利用灰色灾变预报[8]导出未来动物鼠疫可能流行的年份,采用直接建模方法,将 GM 灾变模型 GM(1,1)为 $y=1.816\,67\exp\{0.236\,64(x-1)\}(x=4,\ 5,\ \cdots,\ 12)$. 取 $x=13$, 得 $y=31.082\,7$,若四舍五入, 则 $y\approx 31$,即 1997 年该地区鼠疫动物病可能流行;若按数据严格划分,因 $y>31$,则 1998 年鼠疫动物病可能流行.(注. 1998 年该地区鼠疫动物病流行)

灰色模型是一种可以外推的模型, 即利用原始资料对未来状态进行预测时,它可用来预测未来某年鼠疫动物病流行,但它不能判定某年是否流行;回归和判别分析是不能外推的模型,但它可根据监测数据判断某年流行; 灰色模型与回归、判别分析模型有互补作用.

§6. 综合预报

在使用各种方法对鼠疫动物病未来流行动态进行预报时,尽管预报目标一致,但由于使用不同的预报方法以及不同的因素,预报的结果不尽相同,我们将其集成. 综合 §3～§5 的讨论,我们得到综合预报结果: 1997 年～1999 年,鼠疫动物病可能流行. 虽然其结果均有一定的显著性检验,但结果尚需要时间的检验.(注. 1998 年该地区鼠疫动物病流行)

§7. 讨论

预报沙鼠鼠疫动物病流行动态的各种数学模型,是对复杂的、多层次的鼠疫生态系统揭示的尝试.由于预报模型是人工结构,总要比鼠疫生态系统贫乏得多,加之收集的资料有限,以及测量、计算误差,这些都会影响预报结果的稳定性.因此,在鼠疫预报模型逐步规范化、系统化,以及长期地科学监测积累资料,数学方法和计算精度不断提高的基础上,我们将会逐步完善预报模型.

在各种预测方法中,应用较多较深入的主要有多元回归分析、时间序列分析、一元回归、周期分析等,但回归分析和时间序列分析一直是预测研究的主要对象.我们或多或少地利用这些方法,对沙鼠疫源地的某些预测问题进行了研究,而针对不同具体预测特征的预测方法,将随着研究问题的深入而逐渐涉及.

借助于数学方法,研究预测鼠疫流行动态,是从定量角度对其进行研究,而统计模型是一种经验性的模型,不能说明有关的机理,但由于易于建立,在预测中是很实用的.最后我们指出,任何一种预报方法都有一定的局限性,不同方法的结合,取长补短,以及从不同角度研究同一预报问题,对于鼠疫预测都是必要的.而研究未来若干年鼠疫动物病流行趋势及预报,是一种宏观预报,至于哪些鼠可以检出鼠疫菌,是数学方法所不能论及的.

参考文献

[1] 纪树立,等.中国鼠疫自然疫源地的发现与研究.中华流行病学杂志,1990,11(特刊1号):1.

[2] 张万荣,等.鄂尔多斯长爪沙鼠鼠疫预报的数学模型(Ⅰ).中国地方病防治杂志,1991,6(5):260.

[3] 李仲来,等.鄂尔多斯长爪沙鼠鼠疫预报的数学模型(Ⅱ).中国地方病防治杂志,1991,6(5):263.

[4] 纪树立,主编.鼠疫.北京:人民卫生出版社,1988:61-62.

[5] 张万荣,等.鄂尔多斯荒漠草原动物鼠疫流行与降水量的关系.中国地方病防治杂志,1991,6(6):323.

[6] 李仲来.1991年～2000年长爪沙鼠鼠疫动物病动态预报.中国地方病防治杂志,1992,7(3):145.

[7] 李仲来,等.1901年～1991年鄂尔多斯地区动物鼠疫流行周期分析.中国地方病防治杂志,1992,7(2):91.

[8] 邓聚龙.灰色系统基本方法.武昌:华中理工大学出版社,1987:43-162.

地方病译丛,
1994,15(4):5-9.

动物鼠疫监测数学模型的研究

Studies on Mathematical Models of Epizootic Plague Surveillance

当前,越来越多的鼠疫监测工作使用了数学的方法和手段. 这是因为,它可以对监测工作进行量化研究,而且理论上的分析往往还能使研究结果得以深化. 但是我们要指出:数学只是研究监测问题的工具和手段之一,它不能替代别的工具和手段. 因此,它在地方病学研究中只应当占一个辅助的位置. 研究监测问题,数学工具既非无足轻重,也非神通广大. 由于一切科学都必然经历从定性到定量,从粗略到精确的发展过程,这一规律便赋予了数学在鼠疫监测中永不枯竭的生命之源.

数学模型是数学的思想和方法应用于鼠疫监测研究的桥梁. 近十几年来,数学模型的研究和发展在监测分析中一直保持上升的趋势,研究的问题也在不断地深入. 一些医学和数学工作者把研究的兴趣转到了这个方向,在与预防医学有关的领域开始从事多方面的研究. 可以预言,数学与鼠疫监测的结合不仅是监测分析的需要,也是科学发展的必然. 鼠疫监测数学模型的研究前途是十分广阔的.

鼠疫监测数学模型的研究和发展的一个重要特征就是针对监测中不同的对象和研究目的,在不同的层次上进行不同类型的数学模型的组建和研究. 模型在鼠疫监测中的针对性和实用性受到了更多的重视. 一些新的思想和方法不断地引入模型的组建和研究工作. 这些工作实质上都是数学与预防医学结合方式的实践和探索.

鼠疫监测数学模型大致可分为三类.

§1. 统计模型

该类模型是定量地描述在一定条件下发生什么事情并指出发生的规律. 它一般是从具体的鼠疫监测现象出发,通过大量的监测资料,使用统计学的方法排除各种随机因素的干扰而得到所需要的规律.

1.1 描述统计

统计分析初始阶段的各种方法的统称. 主要研究如何对鼠疫监测中收集到的数据进行既能描述该组数据全貌,又能反映所要研究现象的内容和本质的各种简缩数据的方法. 内容包括统计分组,编制统计表,绘制统计图,如圆形分布图,计算各种统计量,如算术平均值、中数、众数、几何平均值、调和平均值等表示集中程度或代表值的一些统计量;标准差、平均误差、四分位差、极差、变异系数等表示数据分散程度的一些统计量;表示两个或多个变量之间相关程度的量数,如相关系数、表示变量之间变化的数量关系的回归系数等.

1.2 推断统计

统计分析后期阶段各种方法的统称. 主要研究如何根据鼠疫监测的样本所提供的信息,对总体的有关特征进行推断的理论和方法. 一般包括两部分内容:总体参数的估计与假设检验. 前者以一次性抽样实验为依据,对总体的某个数字特征作出估计. 后者则是对某种假设进行检验,根据计算结果推断所做的假设是否可以接受. 如平均数、标准差、相关系数、回归系数等特征数的总体估计及显著性差异检验. 具体检验方法如小样本检验的 t 检验、大样本检验的 U 检验以及 χ^2 检验、F 检验等.

由于上述模型计算简单,且在小型计算器上均可实现,因此,在鼠疫监测中得到了比较广泛的应用. 如利用相关或回归方程分别研究鼠密度与蚤指数、无鼠样方、海拔之间的关系等[1~4];用圆形分布选择最佳有效监测期等[5,6],利用二项分布或其他方法分别导出鼠疫动物病阳性检出率的鼠、蚤、旱獭的最低抽样量[1,5,7];用单因素方差分析讨论几种鼠密度调查方法的优劣[8],用准周期分析或非参数方法研究未来鼠疫动物病可能流行年份[9,10];用负二项分布或正态分布研讨鼠疫动物病的空间聚集性等[11,12]. 参照这些定量指标,可以用较少的人力、物力迅速发现动物鼠疫,掌握疫情动态,提高监测工作效率.

除上面讨论的单因素统计方法外,多元统计方法也在鼠疫监测中逐渐得到应用. 早在 19 世纪,就出现了处理二维正态总体的一些方法,但系统地处理多维概率分布总体的统计分析问题，则开始于 20 世纪. 人们常把 1928 年维夏特(Wishart)分布(一元统计中的 χ^2 分布的推广)的导出作为多元统计分析成为一个独立学科的标志. 20 世纪 40 年代，多元统计分析在心理、教育、生物等方面获得了一些应用. 由于应用时常需要大量的计算，加上第二次世界大战的影响，使其发展停滞了相当长的时间. 20 世纪 50 年代中期，随着电子计算机的发展，它在地质、气象、生物、经济等诸多领域得到了广泛的应用.

按多元统计分析所处理的鼠疫监测中的实际问题的性质分类，重要的有如下几种.

多元回归分析 它是研究多个自变量与一个因变量的线性关系及进行预测的一种常用的统计方法. 例如，利用达乌尔黄鼠或长爪沙鼠密度、蚤指数，以及气象因子，可建立鼠疫动物病流行动态的多元回归数学模型[13~19]. 根据未来的监测指标的值，就可计算出流行动态值，从而做出判断. 再如，研究气象因子对种群密度、蚤指数的线性关系[20~23]等.

判别分析 它所处理的问题是：对一批鼠疫动物病监测数据，在有了明确分类的前提下，在此基础上建立判别函数模型，从面对新的未知归属的监测数据确定其归属. 如利用黄鼠密度、蚤指数、洞干蚤指数及气象因子，建立鼠疫动物病流行与未流行的判别模型，并对新的监测数据进行判别[19,24].

鼠疫监测的目的是预测，即预报未来的鼠疫动物病流行趋势，以便有效地进行防治. 由于回归和判别分析均有预测功能，其建立的模型经过不断地完善和时间的检验后，将可能减少或制约那些必不可少的实验检查的范围.

聚类分析 从原则上讲，任何领域都会涉及聚类(分类)，聚类就是一种比较和鉴别. 聚类分析和判别分析的区别在于，判别分析是已知有多少类和样本来自哪一类，需要判别新抽取的样本来自哪一类；而聚类分析则既不知有几类，也不知样本中每一个来自哪一类 . 商景宏等根据地理景观、宿主、媒介、病原体四方面指标，利用相似系数法，将我国鼠疫自然疫源地分为 11 类① 20 型，以及将中国鼠疫菌划分为 6 个菌型群，22 个生态型等. 田杰对中国鼠疫菌 17 种生态型进行了近缘分析[25]. 张万荣等对鄂尔多斯草原动物鼠疫流行与降水量的聚类分析结果表明，对于鼠疫即将

① 是数值分类.

流行的降水年代类的后 1 年～后 2 年或后 2 年～后 3 年，鼠疫流行发生[26]. 赵飞等对长尾黄鼠寄生蚤的种群动态用聚类方法进行了分析[27]，等等[28,29]. 以上结果表明，聚类分析在鼠疫监测中得到了比较广泛的应用，但聚类分析和统计分析有两点区别.

其一，聚类分析虽然也像统计分析一样处理大量数据，而且这些数据往往也是从所考察的更大总体中抽取出来的，但它们不是统计意义下的随机样本，因此，一般不要求用其结果去推断总体的趋势或规律.

其二，对于大部分聚类分析，通常不涉及随机抽样，不必了解原始数据的分布性质，因而一般不需要对其结果做显著性检验. 这使得大量的聚类分析模型能够被众多的数量分类工作所吸收运用.

多元统计分析的各种方法以回归分析的应用为最广. 它与判别分析和聚类分析，被称为多元分析的三大方法. 随着计算机的普及，这些方法在鼠疫监测中将会发挥更大的作用.

除上述方法外，其他方法如主成分分析、典型相关分析等，有些方法已在鼠疫监测中得到了应用. 如武晓东关于沙鼠种群年龄指标的主成分分析[30]，笔者做的降水量与沙鼠种群数量的主成分回归模型等[31].

在统计模型中，由于所使用的资料是通过监测得到的，它集中了大量的监测信息，因此，在一定范围内，这些规律可以较真实地反映所研究的对象，比较实用，从而受到鼠疫监测工作者的欢迎. 随着监测技术和统计学方法的不断发展，它还会在鼠疫监测中保持其旺盛的生命力. 由于它主要是从所研究对象的监测中总结出来的规律，带有较多的经验色彩，在应用上、空间上和时间上都有一定的局限. 而且更重要的是它所能告诉我们的只是发生了什么，至于为什么会发生这一类问题所提供的信息比较少，因此对于一些监测中内在规律的深入理论探讨的作用就有所限制了. 随着科学的发展，统计模型也正在尝试涉足鼠疫监测中更复杂的现象与更深一些的层次，并取得一定的进展.

统计模型中值得注意的一个新的分支是时间序列分析. 它是 20 世纪 70 年代刚刚发展起来的一门新兴学科分支，其在数据的科学分析、信息的加工提取、模拟、控制和预测的实现等方面功能显著. 如果我们把多元统计分析方法(回归、判别、聚类、主成分分析等)看作是静态统计分析，那么可考虑带时间的动态数据的建模问题. 例如，对长度为 n 年的鼠疫监测密度的动态数据建立线性模型，它一般可分为以下步骤：线性建模的准备；模型参数的初步估计；模型参数的精确估计；模型阶数的识别；模型的

改进与讨论.其进一步的研究将另文讨论.(见本文集《达乌尔黄鼠鼠疫预报的数学模型(Ⅶ)》第306～311页)

回归模型和时间序列模型均是预测模型.回归模型没有考虑时间的变化,只考虑了进行分析时各变量之间的相互关系.时间序列分析考虑了时间的变化,弥补了回归模型的缺陷.回归在预测时可以内插,但一般不能外延;时间序列是一种属于外延的预报.虽然两种方法都要求有一定量的数据,但时间序列一般要求30个～50个以上的数据,目前使用该法还有一定困难.

§2. 机理模型

该类模型除告诉人们在一定条件下发生了什么之外,更重要的是对为什么发生这些现象给出了解释.这些模型的参数都有明显的意义.它不是着眼于某个特定系统的每一个细节,而且对所研究的对象加以简化,以便于抓住一类系统所共有的本质.

这类模型一般是在较严格的前提下构成明确的数学关系式,以便于从理论上进行分析,从而得出预防医学中有价值的结论来,如传染病的传播模型.

在鼠疫监测中,已经做出了一些机理模型.如李书宝的灭鼠后黄鼠数量恢复的 Logistic 模型;笔者等的长爪沙鼠种群增长的指数模型[32]、长爪沙鼠和阿拉善黄鼠流行动态预报的灰色灾变模型[31～35]、蒙古旱獭密度预报的灰色新陈代谢模型;石杲等的方形黄鼠蚤松江亚种存活率的 Logistic 拟合模型[36],以及春、秋季黄鼠密度间的 Logistic 模型[37];李继彬等的鼠蚤共存的微分方程组模型等[38].

值得注意的是,在机理模型中,很多都是根据理论建立模型或公式,然后按公式进行演绎的.它们与从大量实际资料出发,总结归纳并抽象而得出的各种回归分析的统计模型是有区别的,机理模型的正确性往往不如统计模型.目前这方面的研究正在朝着组建和分析较为复杂的模型,以增强预防医学上的针对性而努力.如把交互作用种群的模型用于讨论疾病在患病群体、易感群体和康复群体中的传播规律,就形成了传统的流行病数学模型,而当前则更具体地讨论了诸如流感、疟疾、血吸虫、艾滋病等与人类健康密切相关的疾病的不同传播特点.若将其用于具体讨论动物间鼠疫,则是一个非常困难的问题(因动物病流行过程是不能直接观察的).

一般地说,机理模型是一类可以外推的模型,它可以利用原始数据对未来的某种状态进行预测,如它可用来预测未来某年鼠疫动物病流行,但它不能判定某年是否流行,而统计模型中的回归、判别分析是不能外推的模型,但它可根据监测数据判断某年是否流行. 因此,机理模型和统计模型有互补作用.

从计算角度,机理模型一般是从某个有一定实际意义的问题出发,由此得到一个微分方程模型. 若模型可求解,则可解出一个或几个含若干参数的关系式;若模型无一般解或不能直接求解,则需求出近似解 . 而确定微分方程解的关系式中的参数以及求近似解,一般需用统计模型中的方法求解才能实现. 例如,众所周知的种群的 Logistic 增长模型

$$N_t = \frac{K}{1+\exp\{a-rt\}}$$

中的参数一般需用统计方法求解. 因此,在此意义下,机理模型和统计模型又是密不可分的,统计方法是机理模型得以实现的必不可少的主要工具和手段.

§3. 系统模型

一般说来,该模型是一个针对特定系统的尽可能详细的模型,其目的是使得模拟的结果尽可能地接近于实际情况,其规模和复杂程度都比前面的难.

鼠疫自然疫源地是一个特殊的生态系统. 无论是从统计模型,还是机理模型,以及考虑生物、物理、气象、地理、天文等方面,其一般解释都较简单. 鼠疫疫源地动态规律应把它放到整个环境中去,将其所在的生态系统的网络结构、功能关系搞清楚,通过系统模型的定量描述,才能得到解释. 虽然人们已意识到这样的问题,但在鼠疫监测中尚未开展工作.

§4. 结语

动物鼠疫监测的数学模型,不仅有数学学科中有意义的各种问题,而且还有各种各样的依靠数学工作者和预防医学工作者以及其他相关学科的专家密切友好合作才可能解决的问题. 有关问题的研究将会大大超出统计和机理模型所限定的范围. 各类模型的相互渗透和交叉,为数学模型在鼠疫监测中提供了广阔的应用前景.

参考文献

[1] 李书宝.数学模型及电子计算机技术在鼠疫流行病研究中的应用.中国地方病防治杂志,1991,6(1):29.

[2] 石杲,等.方形黄鼠蚤松江亚种存活力研究.中国地方病防治杂志,1991,6(3):164.

[3] 石杲,等.亦论黄鼠数量与无鼠面积的回归分析.内蒙古地方病防治研究,1993,18(2):55.

[4] 石杲,等.达乌尔黄鼠体蚤调查方法的探讨及计算器的应用.内蒙古地方病防治研究,1993,18(2):69.

[5] 谢寿桥.黄胸鼠鼠疫最佳监测时期与最小抽样量研究.中国地方病防治杂志,1992,7(1):37.

[6] 武杰.布氏田鼠鼠疫动物病媒介蚤染疫的时间分布.内蒙古地方病防治研究,1993,18(2):72.

[7] 王成贵,等.监测黄鼠体寄生蚤指数样本抽取比例的研究.中国地方病防治杂志,1991,6(2):84.

[8] 李书宝,等.达乌尔黄鼠数量的三种调查方法对比分析.中国地方病防治杂志,1993,8(3):169.

[9] 李仲来.1991年～2000年长爪沙鼠鼠疫动物病动态预报.中国地方病防治杂志,1992,7(3):145.

[10] 李仲来,等.1901年～1991年鄂尔多斯地区动物鼠疫流行周期分析.中国地方病防治杂志,1992,7(2):91.

[11] 赵飞,等.长尾黄鼠体外寄生蚤空间分布格局、变量转换及理论抽样量研究.地方病通报,1991,6(3):102.

[12] 滕德驰.长尾黄鼠体外寄生蚤频数的分布.地方病通报,1993,8(3):94.

[13] 张万荣,等. 鄂尔多斯长爪沙鼠鼠疫预报的数学模型(Ⅰ).中国地方病防治杂志,1991,6(5):260.

[14] 李仲来,等. 鄂尔多斯长爪沙鼠鼠疫预报的数学模型(Ⅱ).中国地方病防治杂志,1991,6(5):263.

[15] 李仲来. 预测长爪沙鼠鼠疫动物病流行动态的降水数学模型.中国地方病防治杂志,1992,7(5):265.

[16] 李仲来,等. 达乌尔黄鼠鼠疫预报的数学模型(Ⅳ).地方病通报,1990,5(4):19.

[17] 李仲来,等. 达乌尔黄鼠鼠疫预报的数学模型(Ⅴ).地方病通报,1992,7(3):50.

[18] 石杲,等. 达乌尔黄鼠巢蚤指数预报的数学模型.地方病通报,1993,8(2):73. 或见:马春林,等. 达乌尔黄鼠巢蚤指数预报的数学模型.内蒙古地方病防治研究,1992,17(2):69.

[19] 李仲来. 预测黄鼠鼠疫流行动态的数学模型.内蒙古地方病防治研究,1992,17(2):53.

[20] 张万荣,等. 动物鼠疫静息期降水与长爪沙鼠种群数量关系. 中国媒介生物学及控制杂志,1991,2(5):309.

[21] 李仲来,等. 达乌尔黄鼠密度和气象因子与蚤指数的关系. 中国媒介生物学及控制杂志,1993,4(4):282.

[22] 李仲来,等. 长爪沙鼠种群数量与气象因子的关系. 兽类学报,1993,13(2):131.

[23] 李仲来,等. 达乌尔黄鼠预报模型的路径分析. 第3届全国鼠疫学术会议论文集. 中国地方病防治杂志编辑部,1991:145.

[24] 李仲来. 长爪沙鼠动物鼠疫预测方法的研究. 地方病译丛,1993,14(3):1.

[25] 田杰. 中国鼠疫菌17种生态型的近缘分析. 地方病通报,1990,5(4):5. 或见:田杰. 模糊聚类在中国鼠疫菌生态型聚类中的应用. 中国地方病防治杂志,1992,7(2):68.

[26] 张万荣,等. 鄂尔多斯荒漠草原动物鼠疫流行与降水量的关系. 中国地方病防治杂志,1991,6(6);323.

[27] 赵飞,等. 应用模糊聚类分析考察长尾黄鼠体外寄生蚤的种群动态. 地方病通报,1991,6(2):87.

[28] 米景川. 内蒙古北部荒漠草原啮齿动物群落分类及其多样性研究. 地方病通报,1993,8(2):54.

[29] 杨国辉. Fuzzy聚类分析对鼠疫动物病流行的拟合与分析. 内蒙古地方病防治研究,1992,17(2):73.

[30] 武晓东,等. 长爪沙鼠种群年龄指标的主成分分析. 中国媒介生物学及控制杂志,1992,3(6):373.

[31] 李仲来,等. 动物鼠疫静息期降水与长爪沙鼠种群的主成分回归关系. 中国媒介生物学及控制杂志,1992,3(3):177.

[32] 李仲来,等. 长爪沙鼠种群增长的数学模型. 中国地方病防治杂志,1993,8(5):260.

[33] 李仲来,等. 鄂尔多斯长爪沙鼠动物鼠疫的动态预报. 地方病通报,1992,7(4):44.

[34] 秦长育,等. 阿拉善黄鼠鼠疫流行周期及监测剖检数量探讨. 地方病通报,1993,8(1):90.

[35] 秦长育,等. 阿拉善黄鼠鼠疫预报的数学模型. 宁夏医学杂志,1993,15(1):21.

[36] 石杲,等. Logistic曲线应用于方形黄鼠蚤松江亚种存活力的探讨. 内蒙古地方病防治研究,1992,17(2):80.

[37] 石杲,等. 达乌尔黄鼠数量预报的探讨. 内蒙古地方病防治研究,1992,17(2):77.

[38] 李继彬,等. 小型害鼠与寄生蚤类共存的生物数学模型及其定性分析. 生物数学学报,1993,8(2):33.

中国地方病防治杂志(中国地方病防治),
1999,14(1):23-25.

布鲁氏菌病监测中的数学问题①

Mathematical Problems of Brucellosis Surveillance

布鲁氏菌病(简称布病)是危害人群健康和畜牧业发展较为严重的一种疾病,流行范围广泛,在全世界约 200 个国家和地区中有 160 个国家和地区存在人畜布病[1],根据防治措施,从现实状况看,近期内还达不到消灭或基本消灭布病的目的. 因此,我们应充分利用现有技术条件和监测资料,研究布病预报,以便将损失减少到最低程度.

当前,布病监测工作已开始使用数学的方法和手段. 这是因为,它可以对监测工作进行量化研究,而且理论上的分析还能使研究结果得以深化,故有必要先对其做一概述.

§ 1. 与布病有关的数学方法和应用概况

1.1 描述统计

统计分析初始阶段的各种方法的统称. 主要研究如何对布病监测中收集到的数据进行既能描写数据概貌,又能反映所要研究现象的内容和本质的各种简缩的方法. 如李建法等用圆形分布法对布病发病季节的研究[1].

1.2 推断统计

统计分析后期阶段的各种方法的统称. 主要研究如何对布病监测的

① 收稿:1998-04-04;收修改稿:1998-07-20.

样本所提供的信息,对总体的有关特征进行推断的理论和方法．如张德金等用 χ^2 检验和 U 检验对吉林省延边牛布病免疫效果进行统计分析[2],以及用 Poisson 分布拟合布病家庭聚集性的研究[3](该文计算方法有误,具体方法可类比[4]),林东燮等关于布病与厄尔尼诺(El Nino)现象关系的讨论[5](该文未给出检验结果)等.

除上面所用的单因素统计方法外,多元统计分析将在布病监测得到应用.其主要研究内容有:化简数据结构,考虑是否能用简单的方法来表示较复杂的样本或指标,如降低指标的维数、将相关变量组变换为独立变量组等;对具有多元数据的样本或指标进行分类;分析一个变量或几个变量对其他变量的依赖关系,两组变量间的相互依赖关系等;各种统计假设的建立和检验;各种多元统计方法的计算和研究.常用的方法有:回归分析、聚类分析、判别分析、主成分分析、因子分析、典型相关分析等. 已有的研究有杨忠礼等关于布氏菌皮试与血清反应关系[6].

1.3　时间序列分析

它是属于外推的预测方法.其实质是利用历史数据构造时间序列模型进行外推,以对布病未来流行趋势进行预报.常用的方法有移动平均法、滑动平均法、自回归模型、自回归滑动平均模型等. 人和畜的布病阳性率或患病率是一种时间序列资料,故可用该法进行研究.已有的研究有陈文金用 5 项和 3 项移动平均法分别对延边地区牛布病的免疫率和阳性率进行描述[7].

从方法上讲,时间序列可能分解为趋势值、周期值、随机误差,对趋势值的研究有吴秉仁关于内蒙古 1955 年～1988 年人间布病发病趋势的对数曲线拟合[8];刘谦平等关于山西省 1963 年～1993 年人间布病发病趋势的指数曲线拟合[9],但[10]将[9]大题小做.[9]作了周期的初步分析.周期的深入研究目前少见.

1.4　马尔可夫(Markov,简称马氏)模型

它是以时间序列内部概率分布结构为出发点,应用多元时间序列分析和马氏过程的理论,从实测时间序列中总结出随机过程的概率规律.舒光亚等利用 1953 年～1983 年吉林省羊间血清学阳性率和人间布病发病数,建立概率模型,预测次年人间布病发病数[11];黄志雄等建立了广西人间猪种布病流行类型的马氏转移矩阵[12];杨裕华等利用 1956 年～1988

年山东省人间布病发病率,建立马氏模型,用转移概率进行 1989 年～1993 年的人间布病发病率的趋势预报[13];王璇等利用 1957 年～1986 年山东省济南市人间布病发病率,建立马氏模型,对 1987 年～1989 年的人间布病发病率进行预报.

1.5 灰色模型

全部信息已知的系统称为白色系统;全部信息未知的系统称为黑色系统;部分信息已知、部分信息未知的系统称为灰色系统. 1982 年邓聚龙提出灰色模型,该模型是将无规律的原始数据经累加生成或累减生成后,使其变为较有规律的生成数列再建立模型,其实质是生成数列模型,10 多年来在多种领域中得到了应用. 利用灰色预测方法对布病进行预报已有一些研究. 杜建军等利用 1985 年～1991 年河北省井陉县人间布病发病率,建立灰色数列模型,预测 1992 年～2000 年的人间布病发病率[14];李建法等利用 1988 年～1993 年河北省人间布病发病率,建立灰色模型,预测 1994 年～1997 年的人间布病发病率;陈开华利用 1990 年～1993 年四川省红原县人间布病发病和畜间阳性率,建立灰色多序列数据残差辨识模型,预测 1994 年～1995 年的人间布病发病率和畜间阳性率.

1.6 模糊(Fuzzy)数学方法

模糊数学是用数学方法研究和处理模糊现象,1965 年由美国控制论专家扎德(L. A. Zadeh)提出,主要方法有综合评判模型、模糊聚类等. 黄志雄等将布病划分为基本控制、散发流行、一般流行、流行,建立四种隶属函数,利用综合评判方法,根据最大隶属原则,判定广西人间猪种布病流行类型[12].

总起来看,以上运用数学方法处理布病监测资料已有 10 余篇论文,研究主要是利用布病监测资料(人间发病率、畜阳性率、免疫率等)对布病进行统计分析或预测. 在使用上应注意各种方法使用的条件. 应当指出,灰色预测方法适用于短期的、近似服从指数规律的序列,检验的方法较粗糙,而时间序列适用于长期的监测资料. 从方法上讲,布病动态监测资料可能分解为趋势值、周期值、随机误差,可利用自回归模型、自回归滑动平均模型等较复杂的数学方法来模拟.

§2. 需研究的问题

除上述已研究的问题外,布病监测还需研究以下问题.

2.1 利用回归模型、灰色模型、马氏模型等方法,建立各省区有关布病短期的预报模型.

2.2 建立各省区布病流行动态的时间序列预报模型.在可能的情况下,作流行趋势和周期分析(布病是否存在周期尚待讨论).

2.3 研究自然因素与布病流行的关系.

如布病的发生和流行可受气候的突变、旱涝灾害、暴风大雪、寒流、水草不良等自然因素的影响,其关系尚待研究.

2.4 社会因素与布病流行的关系.

这里,布病流行中起决定性作用的因素主要是社会因素.重视社会因素的作用,才能有效地控制和消灭布病.社会因素有:牲畜输入、生产体制改革、集市贸易、社会重视程度、未检疫和检疫不彻底、人群易感等.可采用专家预测法确定之.

2.5 自然因素和社会因素对布病流行的交互影响关系.

2.6 预测结果的综合.

经验表明,任何一种方法都有它的优、缺点和使用范围.用两种或多种方法对布病进行预测,可能得到更多有关布病预测特征的信息.如果能科学地分析和综合,一般能提高预测的精度.

2.7 建立布病预测分析系统.

目前,国内外对布病监测工作正在开展,而预报则刚刚起步.由于监测的目的是为了及时地发现布病是否流行,但实际上是被动的和滞后的.因此,布病流行预测是布病监测要解决的中心问题.国际上对此项研究开展甚少.该系统主要涉及三方面内容:布病(人、畜)流行趋势预报;利用自然因素预报布病流行;布病流行的专家系统.建立布病预测分析系统,将是数学和预防医学交叉的边缘学科中有较强应用背景的,从宏观角度研究布病未来流行状态的一个重要课题.其研究可能会加深对布病流行动态机制的认识.当然,在研究过程中,如何使用和收集整理监测资料,以及社会因素如何刻画,系统的建立、修改和完善等还有诸多问题需要逐步解决.

§3. 结语

最后指出,数学只是研究布病监测问题的工具和手段之一,它能够协助预防医学工作者去探索布病流行规律,促进我国布病防治和研究的深入开展.但它不能替代别的工具和手段,在布病研究中只能占一个辅助的地位.

参考文献

[1] 李建法,等.用圆形分布对布病发病季节高峰进行推算.首届全国中青年布病工作者学术交流会论文集.1992:11.

[2] 张德金,金浩范,李钟华,等.延边牛布病免疫效果统计方法探讨.中国地方病防治杂志,1989,4(4):254.

[3] 李建法,王书义.布鲁氏菌病患者家庭聚集性及其流行病学意义.地方病通报,1993,8(3):60.

[4] 胡松华.对《二项分布法在评价儿童麻疹免疫水平中的应用》一文的异议.中国卫生统计,1995,12(5):19.

[5] 林东燮,薛革新,严顺爱.布氏菌病与厄尔尼诺现象的关系.中国地方病防治杂志,1991,6(6):372.

[6] 杨忠礼,金根源,李全,等.布鲁氏菌素皮内变态反应与血清学反应关系的多元线性回归关系.地方病通报,1992,7(2):110.

[7] 陈文金.牛布病免疫效果的统计再分析.中国地方病防治杂志,1991,6(1):39.

[8] 吴秉仁.布氏菌病发病趋势的对数曲线拟合.中国地方病防治杂志,1994,9(1):48.

[9] 刘谦平,刘秀英,李余峰,等.趋势分析法在防治布氏菌病中的应用.中国地方病学杂志,1994,13(6):350.

[10] 刘谦平.趋势分析法在布氏菌病发病规律中的应用.中国地方病防治杂志,1996,11(4):244.

[11] 舒光亚,张洪普,陈克伟,等.布病预测的概率模型与计算机模拟.中国地方病防治杂志,1987,2(5):289.

[12] 黄志雄,黄金英,伍敏善,等.广西人间猪种布氏菌病流行类型的模糊数学模型与马尔可夫预测法的研究.地方病通报,1990,5(1):101.

[13] 杨裕华,魏庆利.马尔可夫链在布氏菌病预测上的应用.中国人兽共患病杂志,1991,7(3):31.

[14] 杜建君,王亚茹.灰色数列预测模型在布氏菌病疫情预测中的应用.中国地方病防治杂志,1994,9(4):240.

地方病通报(疾病预防控制通报),

1992,7(3):74-76.

地方性氟中毒流行程度的综合评判数学模型

Mathematical Models Evaluating Comprehensively the Prevalent Degrees of Endemic Fluorosis

摘要 给出了二阶综合评判分析地方性氟中毒流行程度的 3 种数学模型:模型Ⅰ(∧,∨),模型Ⅱ(·,∨),模型Ⅲ(·,+).讨论和比较了 3 种数学模型的区别与使用方法.

关键词 地方性氟中毒;流行程度;综合评判模型.

综合评判作为一种评判方法,已应用于地方病防治的一些领域.但是,由于其各种数学模型的实质未能在地方病防治界得到明确的论述,在应用中可能出现某种不足,甚至导致失败.由于综合评判在地方病防治界有广阔的应用前景,因此,希望本文观点能对预防医学工作者有所裨益,希望某些建议今后在应用综合评判数学模型时引起注意.

§1. 材料与方法

本节数据取自文献[1].以[1]中根据饮水型地方性氟中毒的影响因素和反映流行程度的因素,确定评判因素集为 $U=\{U_1=$饮水含氟量,$U_2=$饮高氟水年限,$U_3=$年龄,$U_4=$年人均收入,$U_5=$氟骨症,$U_6=$氟斑牙,$U_7=$尿氟,$U_8=$X 射线表现$\}$,取 $H_1=\{U_1,U_2,U_3,U_4\}$,$H_2=\{U_5,U_6,U_7,U_8\}$.

评判等级为 $V=\{V_1=$好,$V_2=$稍差,$V_3=$中差,$V_4=$极差$\}$.

一阶综合评判的权重集分别为

$$W_1=(0.46\quad 0.23\quad 0.15\quad 0.15)(\text{文[1]数据}),$$

$$W_2=(0.50\quad 0.15\quad 0.10\quad 0.25).$$

二阶综合评判的权重集合为

$$G=(0.3333\quad 0.6667).$$

为减少计算误差，本文计算结果均精确到小数点后4位.

评价矩阵 $\boldsymbol{H}_1$，$\boldsymbol{H}_2$ 分别为

$$\boldsymbol{H}_1=\begin{pmatrix}0.00 & 0.05 & 0.36 & 0.59\\ 0.20 & 0.25 & 0.30 & 0.25\\ 0.44 & 0.38 & 0.16 & 0.03\\ 0.04 & 0.20 & 0.65 & 0.12\end{pmatrix},\ \boldsymbol{H}_2=\begin{pmatrix}0.63 & 0.24 & 0.12 & 0.01\\ 0.00 & 0.03 & 0.33 & 0.64\\ 0.26 & 0.39 & 0.17 & 0.19\\ 0.47 & 0.50 & 0.03 & 0.01\end{pmatrix}.$$

评价等级分为4类：好、稍差、中差、极差，依次赋分为1，3，6，9.

根据鉴定总分1，[1.1,2.5]，[2.6,4.0]，(4.0，+∞)，得到流行程度的分类依次为非病区、轻病区、中病区、重病区.

下面给出3种常用综合评判数学模型.

设权重向量为 $\boldsymbol{A}=(a_1,a_2,\cdots,a_m)$，评价矩阵 $\boldsymbol{R}=(r_{ij})_{mn}$，决断集

$$\boldsymbol{B}=\boldsymbol{AR}=(b_1,b_2,\cdots,b_n).$$

模型Ⅰ：(∧，∨)，其中∧，∨分别表取小，取大运算，

$$b_j=\bigvee_{i=1}^{m}(a_i\wedge r_{ij}),i=1,2,\cdots,m,\ j=1,2,\cdots,n.$$

模型Ⅱ：(•，∨)，此即将模型Ⅰ中取小∧改为普通乘法•，

$$b_j=\bigvee_{i=1}^{m}(a_i\cdot r_{ij}),i=1,2,\cdots,m,\ j=1,2,\cdots,n.$$

模型Ⅲ：(•，+)，即将模型Ⅰ中的运算改为矩阵中的普通乘法•，

$$b_j=\sum_{i=1}^{m}(a_i\cdot r_{ij}),\ i=1,2,\cdots,m,\ j=1,2,\cdots,n.$$

上述3种模型可容易地推广到多阶情形，从略.

对3种综合评判数学模型，有结论：

(∧，∨)为主因素决定型，它的结果只是由最大的指标所决定，其余指标在一个范围内变化都不影响结果，而 **A** 在一定程度上失去综合评判的意义. 这种模型比较适合于单项最优就定为综合最优的情形.

(•，∨)为主因素突出型，它与(∧，∨)接近. 一般说来，评判结果比(∧，∨)细腻，它多少反映了一些非主要指标所起的作用，但 **A** 在这里也没有权系数的意义，这种模型可用于(∧，∨)型失效(不可区别)，需要

细分的情况.

（·，+）称为加权平均型，它对所有因素依权重的大小均衡兼顾，比较适合于求整体指标的情形. 这里 $\boldsymbol{B}$ 的各元素是代表相应因素重要性的权系数，即起到了权重作用. $\boldsymbol{B}$ 中元素 b_j 是各个因素共同影响的结果.

由于文献[1～2]是从整体考虑，它要根据评定等级分数，给出鉴定病区流行程度划分标准，因此应该用评判模型Ⅲ.

对文献[1]数据用模型Ⅲ计算，可得

$\boldsymbol{R}_1=\boldsymbol{W}_1\cdot\boldsymbol{H}_1=(0.1180\quad 0.1675\quad 0.3561\quad 0.3514)$，

$\boldsymbol{R}_2=\boldsymbol{W}_2\cdot\boldsymbol{H}_2=(0.4585\quad 0.2885\quad 0.1340\quad 0.1225)$，

二阶综合评判结果为

$$\boldsymbol{B}=\boldsymbol{G}\cdot\boldsymbol{L}=(0.3333\quad 0.6667)\begin{pmatrix}0.1180 & 0.1675 & 0.3561 & 0.3514\\ 0.4585 & 0.2885 & 0.1340 & 0.1225\end{pmatrix}$$
$$=(0.3450\quad 0.2482\quad 0.2080\quad 0.1988).$$

$$总分\ X=0.3450\times1+0.2482\times3+0.2080\times6+0.1988\times9=4.1268.$$

因 4.126 8>4，故陕西省定边县东关村地方性氟中毒由划分标准可划为重病区（文[1]划为中病区）.

对文献[2]数据用模型Ⅲ计算（过程略），可得总分 $X=2.8222<3$（文[2]划分标准），故划为中病区（结论与[2]相同）.

§2. 讨论与建议

从整体及计算总分进行判别，文献[1]应该用模型[（·，+），（·，+）]，结论为重病区.

我们再从另一角度考虑. 由于模型Ⅰ～Ⅲ的二阶综合评判的结合方法不同，共有 9 种不同的结合方法. 对文献[1]中数据，计算结果见表 2.1. 由此表知，就 9 种结论综合考虑，判为重病区与中病区的结果其比例为 6∶3，即判为重病区的可能性为 67%，故应判为重病区；再从 9 种方法总分的均值 $\overline{X}=4.0961$ 看，也有同样结论. 而判错（即判为中病区）的可能性为 33%. 该结论是否合适，需经专家确认及实践检验才能确定.

表 2.1　各种模型计算总分及分类

序号	二阶评判模型	总分	分类
1	[(∧,∨),(∧,∨)]	4.547 5	重病区
2	[(·,∨),(·,∨)]	3.743 7	中病区
3	[(·,+),(·,+)]	4.126 8	重病区
4	[(∧,∨),(·,∨)]	3.560 1	中病区
5	[(∧,∨),(·,+)]	4.140 0	重病区
6	[(·,∨),(∧,∨)]	4.338 2	重病区
7	[(·,∨),(·,+)]	4.326 4	重病区
8	[(·,+),(∧,∨)]	4.472 4	重病区
9	[(·,+),(·,∨)]	3.610 1	中病区

对文献[2]数据,用表 2.1 中 9 种模型进行计算,结果有 5 种模型判为重病区,4 种模型判为中病区.从结论所占比例看,似应判为重病区.

对文献[3]数据,用一阶模型(Ⅰ)~(Ⅲ)计算,均为重病区(文[3]判为重度流行区).

由于文[1]是[3]的推广,文[2]是[1]的推广,但由于[1~3]所涉及的问题均为陕西省定边县东关村的地方性氟中毒流行程度判定问题,综合各种模型的计算结果,文[1~3]判为重病区的可能性依次为 67%,56%,100%,故应判为重病区.结论是否合适,可以讨论.

综合评判自提出以来[4],文献[5,6]先后做了讨论.但目前国内绝大部分模糊数学书籍中对此讨论很少,这在某种情况下可能使预防医学工作者在应用时产生某种误解或各取所需.从实际效果看,在一般情况下,我们应该使用模型(·,+)或将几种模型(若得到不同结论时)结果综合起来考虑.

最后指出,由于文[1~3]的评判因素不同,且由此提出的依据总分划分流行程度的标准不同,其标准是否合适及能否得到专家认可,尚待讨论.

参考文献

[1] 师建国,等.饮水型地方性氟中毒流行程度的多级广义模糊综合评判.中国地方病学杂志,1990,9(6):359.

[2] 师建国，等.应用多极广义模糊综合评判分析地方性氟中毒流行程度.地方病通报,1991，6 (1)：90.

[3] 师建国.氟斑牙流行程度的模糊综合评判.中国地方病防治杂志，1990，5 (6)：375.

[4] 汪培庄.模糊数学简介（Ⅰ）. 数学的实践与认识，1980，(2)：45.

[5] 陈永义，等.综合评判的数学模型.模糊数学,1983，3 (1)：61.

[6] 王光远.论综合评判几种数学模型的实质及应用 . 模糊数学，1984，4 (4)：81.

Abstract Three second-order multifactorial mathematical models evaluating comprehensively the prevalent degrees of endemic fluorosis were generalized which could be formally expressed as model Ⅰ (∧ , ∨), model Ⅱ (• , ∨) and model Ⅲ (• , +). The differences and applications were carefully discussed and compared among the three mathematical models.

Keywords endemic fluorosis; information prevalent degree; models of comprehensive evaluations.

数理医药学杂志，
2004,17(6):481-484.

SARS 预测的数学模型及其研究进展①

Review of Mathematical Models on SARS Forecasting and Its Research Process

摘要 在抗击SARS的斗争中，许多科研工作者投入到这场没有硝烟的战斗中，并发表了若干研究论文. 从这些研究成果中可以发现，数学模型已经成为预测SARS最大病例数量和流行趋势的主要手段之一，其预测模型可以分为传染病模型和统计模型. 对这些方法进行综述，对已经发表的论文进行分析，并探讨了今后的研究热点.

关键词 SARS; 传染病模型; 统计模型.

最早发现非典型肺炎是在50多年前[1]. 2002年11月，广东佛山发现国内第1例严重急性呼吸综合征(SARS, Severe Acute Respiratory Syndrome). 2003年初，SARS开始在中国以及其他国家和地区暴发与蔓延，遍布32个国家和地区. SARS是一种传染性强、潜伏期较长、致死率较高且具有聚集性的传染病. 但是患者绝对数量很低，相对易感人口总数的比率也很低. SARS发病以成年人为主，平均年龄为35岁～45岁. 流行初期，传染给医护人员的比例较高，传播途径为近距离飞沫、体液或直接接触. 在党和政府的正确领导和全国人民的共同努力下，我国的SARS疫情逐渐得到有效控制，并已经取得了阶段性重大胜利. 2003年6月24日，世界卫生组织宣布解除对北京的旅游禁令，并将北京从疫区名单中删

① 国家自然科学基金资助项目(40341002).
收稿:2004-03-16.
本文与张丽梅合作.

除.至此,中国内地已经没有再受到世界卫生组织旅游限制的省市.

尽管如此,SARS的阴影并未完全消散,而新的病毒亦有可能继续出现.在类似的传染病突然暴发或生物恐怖活动出现之后,如何对病毒的传播进行有效控制和科学预测将成为我们抵御病毒的重要武器.自2003年4月20日开始,卫生部每天公布SARS数据,这就为关心SARS的科研工作者提供了一个充分利用这些宝贵资料的机会.利用这些资料,众多科研工作者从不同角度进行了多方面的研究,为SARS在我国流行的最大病例数量和流行趋势提供预测,从而为领导做出正确决策提供理论上的依据.在此基础上,已经收集到的论文见文献[2～28].2003年9月,举行了全国高校大学生数学建模竞赛,本科生的A题和专科生的C题,均以SARS为题目,近两千个队(每队3人)的5千多名大学生参加了SARS题目的竞赛,无疑为加强大学生对于传染病的预防意识,以及加强对传染病数学模型的认识和理解,提供了一个非常难得的锻炼机会.

基于传染病流行数据的规律,研究方法有:建立确定性的微分方程;采用系统动力学模型;基于统计学和随机过程、时间序列分析对数据进行统计建模等.这些方法不是孤立的,结合使用可能效果更好.本文根据所收集的已发表的SARS论文[2～28],对数学在SARS疫情研究中的作用做一个概括性的总结,分别阐述与分析了传染病模型、统计分析模型在SARS疫情预测与分析中的作用,综合分析了这些方法的优、缺点,以及在建模分析时应注意的问题,最后提出了一些建议.

§1. 传染病模型

1.1 微分方程模型

在传染病学模型中,较为简单基本的封闭体系模型是微分方程模型.早在1904年,Ross将此方法应用于疟疾等蚊虫传播疾病的控制.假设传染病人通过空气、食物等接触将病菌传播给健康人,并且假设:一个地区的总人数为常数 $n=I(t)+S(t)$,其中 $S(t)$ 为 t 时刻的易受传染者,$I(t)$ 为 t 时刻的传染者;单位时间内一个病人能传染的人数与当时健康人数成正比,比例系数为 k(称为传染系数):

$$\frac{\mathrm{d}I}{\mathrm{d}t}=k\ S(t)\ I(t),$$

在初始条件 $I|_t=0=I_0$ 下解方程

$$\frac{\mathrm{d}I}{\mathrm{d}t}=kI(t)[n-I(t)],$$

得

$$I(t)=\frac{n}{1+\left(\frac{n}{I_0}-1\right)\exp\{-knt\}},$$

上式称为 SI (Susceptible and infective)模型.

在 SARS 论文中,涉及 SI 模型的有文献[2～4],其中[2]利用变点的方法,得到了分段的 SI 模型,并给出了确定未知变点参数的方法,此结果在确定分段 SI 模型中有一般性.[3]利用 Fermi-Dirac 分布,实际上得到的模型也是含一个变点的 SARS 的模型.文献[5,6]给出了两种广义的 Logistic 模型.

但是,在 SI 模型中,当 $t\to+\infty$ 时,$I(t)\to n$,这表明所有的人最后都要被传染,这是不合理的.考虑到患病者痊愈后可能具有一定的免疫能力,Kermack 等在 1927 年提出了一个简单的传染病模型(简称为 SIR 模型).他将整个人口分为 3 类:易受传染者(Susceptible hosts)、传染者(Infected hosts)和病愈具有免疫力者(Recovered and immune hosts).设 t 时刻的数量分别为 $S(t)$,$I(t)$ 和 $R(t)$,有如下假设条件:人口总数保持在一个固定的水平上,$n=I(t)+S(t)+R(t)$;易感人群人数的变化率的绝对值与前两类人的乘积成正比,即 $\frac{\mathrm{d}S}{\mathrm{d}t}=-kS(t)I(t)$;病愈具有免疫力者的人数变化率与传染者的人数成正比,即 $\frac{\mathrm{d}R}{\mathrm{d}I}=\delta I(t)$,由此假定可以得出以下推论,排除的人数变化率近似等于

$$\frac{\mathrm{d}R}{\mathrm{d}t}=A\sec h^2(\beta t-\varphi),$$

其中 A,β,φ 都是正常数,通常可以通过曲线拟合确定.文献[7]给出了 SARS 传播的 SIR 模型.

但是,该模型没有考虑传染病的潜伏期、从患病者到已治愈者的治愈期、遗传性等.在此 SIR 模型的基础上,再考虑传染病的潜伏期,可以在

Kermack 模型的 3 类人中增加一类人，即感染而未发病者(Exposed hosts). 由这 4 类人的关系可以得到新的一类更复杂的传染病微分方程模型：SEIR 模型(假设病愈后获得终身免疫力)[8]. 这些模型描述的都是传染病的自然发展过程，没有考虑人的因素.

人类具有主观能动性，当个体发病后，能及时采取预防与隔离治疗等控制措施，从而不再具有对普通人群的传染能力(SARS 病人使大量医护人员被传染，医护人员作为特殊的群体应单独分析其内部传染演化规律)，因此 SARS 感染者只在潜伏期传染(假定潜伏期内感染个体具有传染力)，而潜伏期是不受人类所影响的客观参量、我们将具有潜伏期与自然免疫，只在潜伏期传染的易感(S)→潜伏(E)→免疫(R)模型称为 SER 传染模型. 该模型较好地分析刻画了 SARS 传播过程的规律. 由于潜伏期的特征没有确定性的判断依据，尤其是在 SARS 暴发初期，预防隔离措施跟不上，存在一些未被隔离的患病者. 因此可将患病者分为两类，即患病而未被隔离者和患病已被隔离者[29].

除传染模型外，病毒在空气中的传播模型可以通过微分方程进行建模. SARS 病毒在室内是通过空气中的飞沫扩散传播的. 针对这一现象，可假定咳嗽或打喷嚏喷出的气体中，SARS 病毒在近距离内是均匀分布的；假定空间无限大、忽略环境和温度的影响；假定有毒气体在空气中的传播以扩散和对流方式进行；假定问题为二维不可压非稳态问题. 在此基础上，文献[9]提出通过求解非稳态 N－S 方程和浓度守恒方程，模拟了 SARS 病毒在空气中传播的动态过程，该方法为控制 SARS 病毒的传播提供了参考依据.

1.2 动力系统模型

对于 SARS 这样一种患者绝对数量很低，相对易感人口总数的比率也很低的传染病，随机模型也许更为适宜，可以在相应的微分方程模型的基础上增加随机性考虑，或利用马氏链进行 Monte Carlo 模拟. 建立 SARS 传染的系统动力学随机模型，对 SARS 疫情控制与发展关系进行研究后，给出疫情预测结果. 系统动力学模型主要是通过仿真实验进行分析计算，主要计算结果都是未来一定时期内各种变量随时间变化的曲线. 也就是说，模型可以处理高阶次、非线性、多重反馈的复杂时变系统(如社会经济系统)的有关问题.

石耀霖[10]借鉴流体力学中宏观偏微分方程和微观分子动力学方法相结合的方法，提出一种基于对每一个病人的传染链进行追踪的SARS传播动力学随机模型，尽管计算量大幅度增加，但提高了计算结果的准确性和可靠性. 该工作对SARS不同时段进行疫情控制和不同力度控制的疫情发展后果进行了具体计算，计算结果与实际情况符合较好. 模型不仅可以定性模拟SARS传播过程中不同的发展阶段，而且可以在一定程度上定量地反馈给定参量下疫情持续时间、累计总感染病人数等特征及控制因素. 在该模型中，只考虑4个参量：感染率、潜伏期、病程长度和死亡率，其中死亡率对传染模型没有影响，潜伏期作为不受人类影响的客观参量，可变范围不大. 影响传染病传播的主要因素是感染率，感染率的微小变化都可能对结果有较大影响，因此人类要尽可能地通过改变可以控制的因素来降低感染率.

进一步的工作和更准确的结果给出将有待于收集传染病学实际资料，并需考虑空间分布的更复杂模型与进行Monte Carlo大量计算后方能得到. 文献[11]认为，SARS传播与控制系统是一个非线性的、动态反馈复杂系统. 因此应用系统动力学原理与方法，基于北京的SARS疫情统计数据，从系统动态反馈机制上研究SARS疫情态势发展特征以及防疫措施对于控制SARS疫情的作用程度. 模型具有6个调控参数，分别是：潜伏期天数、得病后入院时间、病人住院后治愈时间、隔离措施强度、个人每天接触交往的人数、地区外每天输入病例数. 选择得病后入院时间与隔离措施强度两个参数，定量研究早发现、早隔离、早治疗政策. 由此得出，得病后入院时间与隔离措施强度对于疫情发展具有很大的敏感性与相关性，其中得病后患者入院治疗时间，对于疫情控制具有更重要的意义. 所以，早发现、早隔离、早治疗能够帮助人们有效并较快地控制SARS的扩散与传播. 其他的房室模型，较简单的模型[12,13]分别研究了广东和香港的资料，拟合效果较好. 较复杂的模型有4个～6个房室的仿真模型[14～16].

§2. 统计学模型

2.1 回归模型

回归模型是非常重要的统计模型，对于已经知道的病例、发病时间、感染人数及其他一些信息,可以利用直线或者曲线拟合这些数据,从而发现它们的统计规律.一般我们考虑线性回归和非线性回归模型,对于比较复杂的情况、非线性回归模型的拟合效果明显比线性模型的好.在 SARS 的数学模型中,有众多论文用到了曲线回归模型和用统计方法确定传染病模型的参数,如文献[2～6,9～21].文献[5]建立了 4 种模型:Pearl 模型、von Bortalanffy 模型、Gompertz 模型和修正指数模型.文献[6]是以 Turner 型增长曲线的一种特殊情形作为 SARS 累计病例的非线性回归模型,在拟合和预测方面有良好的效果.

2.2 时间序列分析模型

传统的应用范围较广的时间序列分析模型是由 Box 和 Jenkins 于 1970 年提出的 ARIMA(自回归求和滑动平均)模型.ARIMA 模型的基本思路是:对于非平稳的时间序列,用若干次差分(称之为求和)使其成为平稳序列,再将此序列表示成关于序列直到过去某一点的自回归和关于白噪声的滑动平均的组合.

利用时间序列分析模型的方法有很多、常用的方法是把数据表达为经典的分解式:$x(t)=m(t)+s(t)+y(t)$,其中 $m(t)$是代表变化趋势的函数,称为趋势项;$s(t)$是已知周期的函数,称为季节项;$y(t)$为平稳随机噪声.预测的目的是估计和抽取确定性成分 $m(t)$和 $s(t)$,使得参量或噪声是一平稳过程,进而求得关于过程 $y(t)$的概率模型.分析它的性质并连同 $m(t)$和 $s(t)$达到对 $x(t)$的预测和控制.文献[18]采用了 ARIMA 模型对北京医院的病人进行建模和预测,有一定的参考价值.

2.3 随机房室模型(标准传染病模型)[17]

假设:(1) 在 t 时刻之后的一个很小的时间段内,新增一个被感染者的概率与 t 时刻有传染能力的人数、易感人群占总人口的比例成正比:

$$P_r\{\mathrm{d}N(t)=1,\mathrm{d}R(t)=0\mid F_t\}=\beta\overline{S}(t)I(t)\mathrm{d}t+o(\mathrm{d}t),$$

其中 β 为个体从健康状态进入被感染状态的可能性,简称为感染比率(Transmission rate susceptible to infected);$N(t)$是 t 时刻累计被感染人数,$I(t)$是 t 时刻有传染能力的人数,$S(t)$是 t 时刻易感人群总数,$R(t)$是 t 时刻累计治愈或死亡的人数,n 是总人口数.$\overline{S}(t)=\dfrac{S(t)}{n}$是 t 时刻易感人群占总人口的比例,可以近似为 1.(2) 在 t 时刻之后的一个很小的时间段内，新增一个死亡或治愈病例的概率与 t 时刻有传染能力的人数成正比：

$$P_r\{dN(t)=0, dR(t)=1 \mid F_t\}=\gamma I(t)dt+o(dt),$$

其中 γ 可解释为个体从被感染状态进入治愈或死亡状态的可能性，简称移出率(Removal rate).

由上面两个公式，可以推导出

$$P_r\{dN(t)=0, dR(t)=0 \mid F_t\}=1-\beta\bar{S}(t)I(t)dt-\gamma I(t)dt+o(dt),$$

由于每日只能得到一个数据，不连续，因此需将上述模型离散化，其中参数 β 和 γ 可以用矩估计的方法得到

$$\hat{\beta}=\frac{N_{t_2}-N_{t_1}}{I_{t_1}-I_{t_1+1}-\cdots-I_{t_2-1}}, \quad \hat{\gamma}=\frac{R_{t_2}-R_{t_1}}{I_{t_1}-I_{t_1+1}-\cdots-I_{t_2-1}},$$

将得到的估计值代入模型即可得到近期预测.

随着政府和民众对 SARS 重视程度的提高，各种预防隔离措施的采用，β 和 γ 的值可能会变化，因此可将 β 和 γ 设为时间的函数，用时间序列的方法得出它们的趋势和预测.

§3. 讨论

除了上面讨论的模型外，还有用 SARS 沿交通线的“飞点”传播模型[22]，小世界网络模型研究 SARS 病毒的传播[23]，病死率模型[24]，针对某一个比较小的地区(如北京市海淀区)进行的分析，其结果更容易有针对性[25].

比较上面介绍的各个模型，微分方程模型虽然具有很长的历史，但是它没有考虑到人为因素对模型的影响；系统动力学模型在理论上有很强的支持，但是相对参数很多，影响速度；统计学模型从概率统计的角度进行，拟合效果较好，但缺少机理上的分析.

上面介绍了很多分析预测 SARS 疫情的方法，各种方法对不同的情况都体现出各自的特点，我们在模型的选取时，需要注意以下几点.

(1) 在性能相当的系统中，具有较少参数的模型将更易于控制.

(2) 分段模型的选用. 由于 SARS 的传播受到了多种因素的影响，不同的社会控制措施将产生完全不同的结果，很难用一个封闭的系统进行完全刻画. 因此，与自然流行的传染病模型不同，针对不同的疫情时段，可

以采用不同的参数甚至模型.

(3) 参数估计时,要尽量避免过度拟合的问题. 由于 SARS 的传播受到多种因素的影响,具有很大的复杂度,很难直接使用简单的线性系统进行刻画. 另外,作为一个新的流行病毒,病毒传播的历史数据和临床数据都相当贫乏. 在这样的情况下,以复杂的模型和相对较少的数据进行参数估计,要尽量避免过度估计的问题.

(4) 选用简单有效的模型和快速的算法. 简单的模型一般具有较好的推广性能,用于预测将更为准确. 算法的选取则应同时考虑到在线分析的需求,以快速简明为主.

但是模型过于简单会失去实际意义,而过于复杂,由于没有足够的传染病学资料,参数也无法合理确定. 因此需要在两者之间取得适度平衡. 需要更详尽地收集有关 SARS 的流行病学资料,充分发挥模型的特点,与实际资料比较分析,对模型进行改进,使它能包含传染病学的最新研究成果,包含更复杂的机制和更完善的细节,并对传染病模型的理论有所促进.

目前模型方法中的问题难点在于缺乏详尽的、反映 SARS 疫情的实际统计数据,以及在该数据基础上的模型参数的估计值. 在更现实的模型中,还有许多因素有待考虑. 比如易感人群是否可以分为不同组,各组内有不同感染率;痊愈病人是否获得终身免疫力,是否存在感染但不发病(或极轻度发病)病例,他们是否携带病毒和具有传染性. 考虑 SARS 的空间传播,还应构造空间结构模型,以及考虑不同单元间人口流动的概率.

进一步的研究工作包括以下几个方面:首先是结合病毒机理的研究,与流行病学专家密切合作,更加合理地设计动力学模型结构与模型调控参数,改善病毒的传播和预测模型;其次是进一步的数据采集整理和分析,这部分工作包括与有关部门合作,获取流行病学调查资料,估计并设定比较符合实际的参数取值,从而完善动力学模型以及模拟结果;最后是开展 SARS 传播与控制特征、规律在不同地域上的比较研究.

从研究中可以发现,卫生部每天公布 SARS 数据,4 月 20 日至 24 日的临床诊断病例,是截止到当日 20:00;26 日之后的病例,是截止到当日 10:00. SARS 数据截止时间的不一致性,一般可以采用几种方法处理:如 t 从 3 月 1 日算起,因此,4 月 24 日化为 $t=54.42$,4 月 26 日化为 $t=$

56,依此类推.也可以采用内插的方法,使其划为同一个截止时刻.在参考文献中,一些论文注意到了这个问题,但有一些论文未提.当然,国家有关部门应该注意公布数据截止时间的一致性.

有关SARS预测的数学模型,是在特殊时期,特定环境下的研究结果.从编辑部收到论文的收稿日期看,国内最早的是5月12日[3],在5月12日~21日、22日~31日、6月1日~10日,依次收到6篇,5篇,6篇稿件.所发表SARS论文的编辑部对此都给予了高度重视,并以最快的速度发表,其发表周期之短,应该说在中国杂志中是少见的.25篇中文发表的论文涉及作者65人,79人次[$(\bar{x}\pm s)=(3.16\pm 1.72)$,范围(1~7)人],共有30个单位参加,表明发表论文是多单位、多作者共同合作的科研成果.作者单位有8篇在外省(西安3篇,上海2篇,合肥1篇,沈阳1篇,武汉1篇,以第1作者的单位为准),其余均在北京.由于北京的SARS疫情严重,但北京的科研实力在全国最强,数学模型的科研成果发表最多.有7篇论文获得基金资助.当然,论文的参考文献引用了一些网上公布的论文(不包含数据),应属于未经过审查的论文之列.

从研究资料的来源看,涉及北京的有18篇、广东8篇、香港7篇、山西3篇、内蒙古2篇、河北1篇、中国台湾1篇;中国3篇,全球、新加坡、加拿大、越南各1篇.从数据处理看,用每日新增病例和累计病例的论文较多;从数学上看,累计病例相减就得到新增病例,但数学上的处理方法等价并不能要求所求得的模型等价.

由于网上的学术论文一般比正式论文发表要早数月时间,本文的工作主要基于发表在国内学术杂志上的研究成果.本文未引用在网上查阅到的文献.

参考文献

[1] 陈化新. 对传染性非典型肺炎的历史回顾及其研究中应注意的问题. 中华流行病学杂志,2003,24(6):434-436.

[2] 李仲来,崔恒建,杨华,等. SARS预测的SI模型和分段SI模型. 遥感学报,2003,7(5):345-349.

[3] 王正行,张建玮,唐毅南. 北京SARS疫情走势的模型分析与预测. 物理,2003,32(5):341-344.

[4] 黄德生,关鹏,周宝森. Logistic回归模型拟合SARS发病及流行特征. 中国

公共卫生，2003，19(6)：1-2.

[5] 王建锋. SARS 流行预测分析. 中国工程科学，2003，5(8)：23-29.

[6] 崔恒建，李仲来，杨华，等. SARS 疫情预测预报中的分段非线性回归方法. 遥感学报，2003，7(4)：245-250.

[7] 王铎，赵晓飞. SARS 疫情的实证分析和预测. 北京大学学报(医学版)，2003，35(S)：72-74.

[8] 朱书堂，马远乐. "非典型肺炎"传播规律研究与建议. 科技导报，2003，(8)：32-35.

[9] 李光熙，陶文铨，孙晓娟. 非典型肺炎病毒在空气中传播过程的初步数值模拟. 西安交通大学学报，2003，37(7)：764-766.

[10] 石耀霖. SARS 传染扩散的动力学随机模型. 科学通报，2003，48(13)：1 373-1 377.

[11] 龚建华，孙战利，李小文，等. SARS 疫情控制的模拟分析. 遥感学报，2003，7(4)：260-265.

[12] 夏结来，姚晨，张高魁. 广东省 SARS 疫情发展的分段室模型分析. 中国卫生统计，2003，20(3)：162-163.

[13] 夏结来，吴昊. 香港非典型肺炎发病情况的室模型分析及对北京疫情进展的预测报告. 疾病控制杂志，2003，7(3)：182-184.

[14] 杨方廷，侯立华，韩军，等. 北京 SARS 疫情过程的仿真分析. 系统仿真学报，2003，15(7)：991-994.

[15] 陈吉荣，杨方廷，战守义，等. 北京 SARS 仿真模型的参数和初始值的处理. 系统仿真学报，2003，15(7)：995-998.

[16] 吴开琛，吴开录，陈文江，等. SARS 传播数学模型与流行趋势预测研究. 中国热带医学，2003，3(4)：421-426.

[17] 陈奇志. 随机模型在非典型肺炎预测及疫情分析中的应用. 北京大学学报(医学版)，2003，35(S)：75-80.

[18] 方兆本，李红星，杨建萍. 基于公开数据的 SARS 流行规律的建模及预报. 数理统计与管理，2003，22(5)：48-52，57.

[19] 叶沿林，庞丹阳，刘循序. SARS 疫情分析及对北京疫情走势的预测. 物理，2003，32(5)：345-347.

[20] 王惠文，李大鹏，龙文. SARS 疫情的状态评估和预测建模研究. 北京航空航天大学学报(社会科学版)，2003，16(2)：1-6.

[21] 张力，武欣星. 中国 SARS 疫情回顾分析. 数理医药学杂志，2004，17(1)：44.

[22] 杨华,李小文,施宏,等. SARS沿交通线的"飞点"传播模型. 遥感学报,2003,7(4):251-255.

[23] 林国基,贾珣,欧阳颀. 用小世界网络模型研究SARS病毒的传播. 北京大学学报(医学版),2003,35(S):66-69.

[24] 陈庆华. "SARS"病死率数学模型实例分析. 装备指挥技术学院学报,2003,14(4):98-101.

[25] 张利军,程代展,洪奕光. 北京市SARS疫情统计分析. 数学的实践与认识,2003,33(10):102-109.

[26] 廖远甦,刘弘. 公共安全突发事件的探测分析:利用方差多变点分析技术对SARS疫情的研究. 财经研究,2003,29(11):76-80.

[27] Riley S, Fraser C, Donnelly C A, et al. Transmission dynamics of the etiological agent of SARS in Hong Kong: impact of public health interventions. Science, 2003,300(20): 1 961-1 966.

[28] Lipsitch M, Cohen T, Cooper B, et al. Transmission dynamics and control of severe acute respiratory syndrome. Science, 2003,300(20):1 966-1 970.

[29] 方北香. 传染病动力学常微分方程模型解的整体存在唯一性. 复旦学报(自然科学版),2001,40(6):640-644,687.

Abstract Since the international outbreak of the illness known as severe acute respiratory syndrome (SARS), many researchers engaged in this battle and published many research papers. These works show that mathematical model has become important methodology in forecasting the maximum infected cases of SARS and it's epidemic trend. In this paper, two main mathematical models, the epidemic model and statistical model are reviewed, analysis and discussion on further research area is also given.

Keywords severe acute respiratory syndrome (SARS); epidemic model; statistical model.

中国地方病防治杂志(中国地方病防治),
1999,14(4):193-196.

北方三种动物鼠疫预警系统研究①

Studies on Early Warning Systems of Three Species Epizootic Plagues in Northern Part of China

摘要 本文论述建立达乌尔黄鼠、阿拉善黄鼠 *Spermophilus dauricus alaschanicus*、长爪沙鼠鼠疫预警系统. 对达乌尔黄鼠和阿拉善黄鼠鼠疫预警,预警指标取黄鼠密度,体蚤指数或洞干蚤指数;警限值:黄鼠密度为 1 只/hm^2,体蚤指数为 1 只,洞干蚤指数为 0.5 只;用时间序列方法进行趋势外推,再利用回归模型进行预警. 对两种黄鼠鼠疫疫源地预警结果为 1998 年,1999 年无动物鼠疫流行. 鄂尔多斯地区动物鼠疫预警指标取沙鼠密度、体蚤指数和 6 月～8 月降水量;警限值:沙鼠密度为 50 只/hm^2;体蚤指数为 1 只,6 月～8 月降水量警限为连续两年降水量达到 210 mm;用灰色灾变预测法等方法进行预警. 预警结果为下一个动物鼠疫流行周期是 2005 年左右.

关键词 预警; 动物鼠疫; 达乌尔黄鼠;阿拉善黄鼠; 长爪沙鼠.

我国有 10 类鼠疫自然疫源地②,它可以分为 3 大部分:北方鼠类疫源地;旱獭疫源地;南方家鼠疫源地. 在旱獭疫源地中,蒙古旱獭目前的密度呈指数下降[1],因此在近期内流行鼠疫的可能性不大,当然并不排除从俄、蒙两国传入的危险. 其余 3 种旱獭鼠疫几乎年年流行,主要目标是防止其波及人间,故预报旱獭类疫源地动物鼠疫是否流行的意义不大. 由

---

① 国家自然科学基金资助项目(39570638).
收稿:1998-11-12;收修改稿:1999-01-15.
本文与李书宝、张万荣、张耀星、周方孝、胡全林合作.
② 目前有 11 类.

此,预测目标应主要放在鼠类.在北方鼠类疫源地(4 种)中,目前公认田鼠型菌毒力低和主要媒介蚤对人叮咬能力差,因而对人危害程度小.这样,对人类构成威胁的疫源地剩下 3 种,而这 3 种疫源地的面积占我国疫源地总面积的 51.7%.从目前状况看,近几年都有一定程度的疫情.1994 年,内蒙古正镶白旗等 3 个旗和河北康保县暴发了强烈的动物鼠疫流行;鄂尔多斯沙鼠疫源地近 30 多年来 3 次鼠疫流行;最近 1 次是在 1996 年;乌兰察布疫源地沙鼠鼠疫也多年发生,有的年代波及人间;多伦县于 1997 年检出鼠疫菌;宁夏阿拉善黄鼠在 1991 年检出鼠疫菌.这些情况表明,一旦发生动物鼠疫,都将对这些地区的人群造成很大的威胁.又由于锡乌张地区(锡林郭勒盟、乌兰察布盟、张家口市)动物鼠疫疫点距北京仅 250 km,这对首都造成一定的威胁.因此,建立北方 3 种动物鼠疫预警系统后,在鼠疫预警的可能流行期内,鼠疫监测部门不仅要加强监测,而且要加强控制,开展宣传或重点预防性灭鼠,这对于保证人民的生命安全和社会稳定,具有十分重要的现实意义.

§1. 黄鼠鼠疫预警系统研究

我国有 3 类黄鼠鼠疫自然疫源地(达乌尔黄鼠、阿拉善黄鼠、长尾黄鼠).在长尾黄鼠鼠疫自然疫源地中,动物鼠疫几乎年年流行,目标是防止其波及人间,故预报其是否流行的意义不大.因此,将主要目标放在另外两种黄鼠(达乌尔黄鼠和阿拉善黄鼠)鼠疫预警.

1.1 指标选取

黄鼠鼠疫的监测指标为黄鼠密度、体蚤指数、洞干蚤指数和巢蚤指数.由于在今后的监测中将不指定必须做巢蚤调查,以黄鼠密度,体蚤指数或洞干蚤指数作为预警指标,其他指标的研究结果如下.

1.2 指标分析

预报黄鼠鼠疫是否流行,首先确定哪些是影响鼠疫流行的主要指标,只有满足一定规律的物理和环境指标,才能反映或预报鼠疫流行动态,并且这些指标还应该是较容易获得或可提前观测的.为了较准确地找到主要因素,向国内有关专家广泛征求意见(通信调查),对获得的意见加以分析,初步定为 12 个因素,并以松辽平原 1952 年～1986 年动物鼠疫流行和未流行的 40 多个点的监测资料,建立了当年黄鼠鼠疫预警的判别分析和多元回归模型[2,3],使用逐步判别分析筛选影响鼠疫流行的 6 个主要指标，拟合率是95.6%，对1987年～1989年的35个监测点资料进行预报，全部报对.对察哈尔丘陵黄鼠鼠疫预警，也建立了回归模型[4].

从含气象指标的回归模型[2~4]看，由于地区不同，使用逐步判别或回归分析筛选影响鼠疫流行的主要气象指标一般不可能相同.从文献[3]用全回归角度建立的回归模型（文献[3]中表1）可看出，由于黄鼠密度和洞干蚤指数的系数为正值，气象指标（气温、气压、地面最低温度、日照时数）的系数为负值，故考虑黄鼠密度和洞干蚤指数，可建立预警的多元回归模型.

达乌尔黄鼠鼠疫的拟合预警，从松辽平原的监测资料看，根据经验和理论确定预警指标：以黄鼠密度，体蚤指数或洞干蚤指数，可建立预警的多元回归模型或判别分析模型，气象资料可不考虑；从正镶白旗的资料看，巢蚤指数可由体蚤指数来代替[5].

1.3 确定预警指标的警限值

根据收集19个动物鼠疫流行疫点的实际监测值确定警限.黄鼠密度$(\bar{x}\pm s)=(2.3\pm1.7)$只/hm^2，警限为1只/hm^2，有4个疫点的实际值<1只/hm^2；体蚤指数$(\bar{x}\pm s)=(3.6\pm2.6)$只，警限为1只，该值恰为$\bar{x}-s$，有3个疫点的实际值<1只；洞干蚤指数$(\bar{x}\pm s)=(0.9\pm0.7)$只，警限为0.5只，有5个疫点的实际值<0.5只.有趣的是，3个预警指标的均值与中位数均相等.

1.4 趋势预警

以黄鼠密度、体蚤指数、洞干蚤指数的监测资料，用加权平均，自回归，指数平滑，ARIMA等方法进行趋势预警.

1.5 模型预警(前瞻性预警)

对动物鼠疫流行：引入变量$y=1$；不流行：$y=0$.建立y与黄鼠密度x_1，体蚤指数x_2.或洞干蚤指数x_3之间的多元回归模型，做数据拟合.若预警值大于0.5，则判为鼠疫流行；若小于0.4，则判定不流行；若在0.4与0.5，则判定可能流行.接下来的工作就是进行前瞻性预警.对黄鼠鼠疫：以黄鼠密度，体蚤指数或洞干蚤指数的监测资料，用时间序列方法进行趋势外推，推出下一年的趋势资料，再利用回归模型对动物鼠疫流行进行预警.

对松辽平原鼠疫流行预警结果为：1998年，1999年无动物鼠疫流行，结果待检验.（注.1998年，1999年该地区无动物鼠疫流行）

最后，根据新的监测资料，对原有的系统进行修改、补充和完善.

类似于上面的讨论，以阿拉善黄鼠密度、体蚤指数、洞干蚤指数，建立阿拉善黄鼠鼠疫拟合预警的多元回归模型[6]及趋势外推预警[7].

对阿拉善黄鼠鼠疫流行预警结果为:1998 年,1999 年无动物鼠疫流行,但 1999 年可能进入新的动物鼠疫流行周期,应加强鼠疫监测,结果待检验.(注.1998 年,1999 年该地区无动物鼠疫流行,2000 年该地区检出阳性血清 5 份,鼠疫疫源仍然存在)

§2. 沙鼠鼠疫预警系统研究

我国仅有一类沙鼠鼠疫自然疫源地,它分为两部分:乌兰察布高原和鄂尔多斯荒漠草原.在乌兰察布高原,自 1954 年首次证实该地区存在动物鼠疫以来,疫情几乎连年不断,并多次波及人间,其目标是防止动物鼠疫波及人间,故预报该类地区动物鼠疫是否流行的意义不大.由此,预警目标主要放在鄂尔多斯地区.

2.1 指标选取

以动物鼠疫的监测指标:沙鼠密度、体蚤指数和 6 月～8 月降水量作为预报指标,其他指标的研究结果如下.

2.2 指标分析

预报鼠疫是否流行的主要指标,鼠密度和体蚤指数是必选的,未选洞干蚤指数是因为动物鼠疫监测中未将其列为监测项目.选非生物指标降水量作为预报指标,是因为将 7 个气象因子作为自变量,对鼠密度作全回归分析,结果表明,降水量是影响沙鼠密度的最重要指标[8].为比较年降水量和 6 月～8 月降水量对预报鼠疫是否即将流行的重要程度,求出标准回归系数方程后比较得到:年降水量和 6 月～8 月降水量对预报鼠疫是否即将流行均有极为显著的影响($P<0.001$),但考虑标准回归系数模型,得到 6 月～8 月降水量对预报鼠疫是否即将流行的影响远远大于年降水量,即预报鼠疫是否即将流行的主要指标是 6 月～8 月降水量[9].

2.3 确定预警指标的警限值

根据收集 5 年 15 个动物鼠疫流行疫点的实际监测值确定警限.沙鼠密度($\bar{x}\pm s$)=(97.4±25.3)只/hm^2,警限为 50 只/hm^2;体蚤指数($\bar{x}\pm s$)=(1.7±1.2)只,警限为 1 只,有 3 个疫点的实际值<1 只;6 月～8 月降水量警限为连续 2 年达到 210 mm 后的 1 年～2 年,理由见[10].

2.4 趋势外推预警

2.4.1 该类预警不考虑预警指标,直接利用动物鼠疫动态资料及灰色灾变预测法,对未来动物鼠疫可能流行的年份进行预警.

2.4.2 以沙鼠密度 x_1、体蚤指数 x_2、6 月～8 月降水量 x_3 的监测资料,用加权平均,自回归,指数平滑,ARIMA 等方法进行趋势预警.

2.5 辅助性预警

2.5.1 为预报鄂尔多斯下一次动物鼠疫流行年份,将动物鼠疫动态资料和太阳黑子资料进行对比,预报动物鼠疫可能流行的下一个年份.

2.5.2 研究鄂尔多斯荒漠草原 1967 年～1996 年动物鼠疫流行动态与降水量资料的关系.通过比较推断出:在 6 月～8 月的降水量连续 2 年达到 210 mm 后的 1 年～2 年,动物鼠疫可能流行.对降水量资料用方差分析作准周期分析,得到降水量周期为 11 年和 8 年.进一步对该地区下一个动物鼠疫可能流行的年份也进行预警.

2.6 模型预警(前瞻性预警)

2.6.1 用灰色灾变预测法,对未来动物鼠疫可能流行的年份进行预警.

2.6.2 用动物鼠疫动态资料和太阳黑子资料进行对比,预报鼠疫可能流行的下一个年份.

2.6.3 用 1967 年～1996 年降水量资料,推断出下一个降水量连续 2 年达到 210 mm 的年份,从而对该地区下一个鼠疫可能流行的年份也进行预警.

2.6.4 多元回归模型建立和判定方法同本文 1.5 节.选沙鼠密度、体蚤指数和 6 月～8 月降水量,建立预报动物鼠疫流行动态的回归分析(直线或曲线)模型.对动物鼠疫:以沙鼠密度,体蚤指数和 6 月～8 月降水量,用时间序列方法进行趋势外推,推出下一年的趋势,再利用回归模型对动物鼠疫流行进行预警.

2.6.5 综合上述 5 个步骤,给出前瞻性预警.对鄂尔多斯鼠疫流行预警结果为:1998 年动物鼠疫流行,下一个动物鼠疫流行周期是 2005 年左右[11],结果待检验.(注.草原分到牧民各家后,建立起围挡,生态环境改变,已不能预报该地区鼠疫动物病)

最后,根据新的监测资料,对原有的系统进行修改、补充和完善.

§3. 讨论

第 1 例动物鼠疫的早期发现在动物鼠疫预警中有极重要的意义.因此,建立动物鼠疫流行预警系统,主要应预报在哪些年份,动物鼠疫可能流行.如果动物鼠疫流行存在着某种周期,按周期外推或其他方法,导出其流行的可能年份.对鄂尔多斯动物鼠疫和锡林郭勒草原布氏田鼠鼠疫预报成功的结果[12,13]表明,根据历史资料,用数学方法从宏观角度研究动物鼠疫未来流行动态,可能解决或部分解决鼠疫发生的周期性和前瞻性预警.

松辽平原黄鼠鼠疫疫源地由于原始景观发生很大变化，加之近几十年的鼠疫流行资料，以吉林省为例，1961 年动物鼠疫停息，至 1984 年的 24 年间未发现动物鼠疫，1985 年在长岭县三团乡检出 4 株鼠疫菌，至今再未发现动物鼠疫，因此，目前很难发现鼠疫流行周期. 对于此类问题，只能在充分利用现有监测资料的基础上进行外推. 由上讨论，选黄鼠密度，体蚤指数或洞干蚤指数，作为预报黄鼠鼠疫流行动态的主要因子，所建立的模型拟合率是相当高的. 拟合率高的模型所选用的因子一般可选为前瞻性预警因子. 沙鼠鼠疫流行由于存在周期，超前预警可直接利用灰色灾变模型和其他辅助性预警，对未来动物鼠疫可能流行的年份进行预警.

对指标选取：黄鼠鼠疫的预警指标为黄鼠密度，体蚤指数或洞干蚤指数. 对含栖息地类型和气象因子的回归模型表明，不考虑栖息地和气象因素，建立预警的回归模型也可达到目的. 沙鼠密度、体蚤指数和 6 月～8 月降水量，作为预报沙鼠鼠疫流行动态的指标，再考虑近 30 年来 3 次动物鼠疫流行前，当 6 月～8 月的降水量连续两年达到 210 mm 后的 1 年～2 年，动物鼠疫可能流行，提示了一个重要的预警特征：预报沙鼠鼠疫流行动态应首先考虑 6 月～8 月降水量指标. 当然，也可结合其他方面的研究结果，如考虑 6 月～8 月降水量指标对植物生长状况的影响，可通过遥感资料来考察.

参考文献

[1] 李仲来，白音孟和．蒙古旱獭密度预报的数学模型．地方病通报，1994，9(4)：82.

[2] 王成贵，李仲来，关秉钧，等. 达乌尔黄鼠鼠疫预报的数学模型(Ⅰ～Ⅱ). 中国地方病防治杂志，1989，4(S)：50；1990，5(3)：142.

[3] 李仲来，王成贵．达乌尔黄鼠鼠疫预报的数学模型(Ⅲ～Ⅴ). 地方病通报，1990，5(1)：95；1990，5(4)：19；1992，7(3)：50.

[4] 张耀星，李仲来．达乌尔黄鼠鼠疫预报的数学模型(Ⅵ). 中国地方病防治杂志，1994，9(5)：260.

[5] 李仲来，李书宝，张耀星．黄鼠体蚤和巢蚤关系的研究．中国地方病防治杂志，1995，10(6)：337.

[6] 秦长育，李仲来．阿拉善黄鼠疫源地动物鼠疫预报的数学模型．宁夏医学院学报，1995，17(2)：115.

[7] 秦长育，李仲来．阿拉善黄鼠鼠疫流行周期及监测剖检数量探讨．地方病通报，1993，8(1)：90.

[8] 李仲来,张万荣．长爪沙鼠种群数量与气象因子的关系.兽类学报,1993,13(2):131.

[9] 李仲来.预测长爪沙鼠鼠疫动物病流行的降水数学模型.中国地方病防治杂志,1992,7(5):265.

[10] 李仲来,张万荣,胡全林,等.鄂尔多斯荒漠草原动物鼠疫流行与降水量的关系和预报．中国地方病防治杂志,1997,12(5):261.

[11] 李仲来,张万荣.鄂尔多斯动物鼠疫动态预报．中国地方病学杂志,1998,17(4):223.

[12] 李仲来.张万荣.鄂尔多斯长爪沙鼠鼠疫动物病预报的前瞻性研究．中国地方病学杂志,1997,16(4):202.

[13] 李仲来,张耀星,布氏田鼠鼠疫流行周期和动态预报．中国地方病防治杂志,1998.13(4):193.

Abstract This paper discussed to construct the plague early warning systems for *Spermophilus dauricus*, *S. d. alaschanicus* and *Meriones unguiculatus*. Considering the two species Daurian ground squirrel plagues, early warning index be density of *S. dauricus* and its body flea index, or burrow track flea one. The warning limit values be that the density of *S. dauricus* be 1 (individual/hm^2), the body flea index be 1 and the burrow track flea index be 0.5. Using the time sequence method the trend values of warning index were obtained, and the early warning for the animal plagues were conducted by the regression model. The forecast results: the animal plagues will not be epidemic in 1998 and 1999. In Ordosi, early warning index be density of *M. unguiculatus* and its body flea index, and the precipitation from June to August. The warning limit values be that the gerbil density be 50 (individual/hm^2), the body flea index be 1 and the precipitation from June to August arrived the 210 mm in two successive years. The early warning for the animal plagues were conducted by the grey forecasting model and the other methods. The forecast results: the animal plagues will be epidemic in 2005 or so.

Keywords early warning; animal plague; *Spermophilus dauricus*; *Spermophilus dauricus alaschanicus*; *Meriones unguiculatus*.

中国地方病防治杂志(中国地方病防治),
1991,6(6):323-326.

鄂尔多斯荒漠草原动物鼠疫流行与降水量的关系①

Analysis on the Relationship between the Epizootic Plague in Ordosi Desert-Grasslands and the Rainfall

摘要 根据鄂尔多斯荒漠草原 1967 年～1989 年降水量资料,利用聚类分析法表明,在鄂尔多斯暖温型荒漠草原鼠疫自然疫源地,年降水量和 6 月～8 月降水量连续两年达到(390.4±28.8)mm 和(260.5±22.9)mm 后,可发生长爪沙鼠(简称沙鼠)种群数量的骤增. 动物鼠疫发生在气候干旱,大面积鼠数量从高密度开始下降,而沙鼠体蚤指数大于 1 的年份. 绘制了鼠疫流行年代 6 月～8 月降水量的置信区间. 用主成分分析法,讨论了鼠疫流行前降水因子和鼠密度与蚤指数因子的关系.

关键词 鼠疫; 长爪沙鼠; 聚类; 降水量.

降水量与沙鼠疫源地鼠疫流行的关系,国外学者 Бинский 有过论述[1],国内尚未见到研究. 本文根据鄂尔多斯荒漠草原 1967 年～1989 年的降水量资料,鼠疫流行病学资料,运用统计方法试分析如下.

§1. 材料与方法

以我国内蒙古自治区 1967 年～1989 年的鄂托克前旗吉拉、敖勒召旗镇气象台的年降水量和 6 月～8 月降水量(mm)为降水量资料,监测区在气象台半径为 50 km. 沙鼠和鼠疫动物病动态资料取自伊克昭盟地方病防治站和鄂托克前旗防疫站历年鼠疫监测资料. 降水量资料见表 1.1.

① 本文与张万荣、徐万锦、郭玉庆、严文亮、祁爱民、靳宝华合作.

表 1.1 鄂尔多斯荒漠草原降水量与动物鼠疫大流行的关系

年度	年降水量/mm	6 月～8 月降水量/mm	鼠疫动物病动态
1967	410.8	282.7	未流行
1968	377.5	268.8	未流行
1969	254.1	119.2	流行发生
1970	213.5	130.5	流行
1971	258.2	141.1	流行
1972	248.4	155.0	流行
1973	344.4	176.9	流行
1974	227.3	146.8	流行
1975	195.7	72.4	流行
1976	285.6	166.7	未流行
1977	294.0	182.0	未流行
1978	339.0	180.9	未流行
1979	267.3	201.1	未流行
1980	147.3	71.9	未流行
1981	218.1	136.4	未流行
1982	147.4	72.1	未流行
1983	198.2	78.6	未流行
1984	355.9	261.9	未流行
1985	417.2	228.7	未流行
1986	203.0	140.6	未流行
1987	181.5	127.8	流行发生
1988	287.4	196.9	流行
1989	350.4	179.2	流行

1.1 降水量的基本统计分析

年降水量和 6 月～8 月降水量的 6 个基本参数，计算结果见表 1.2.

表 1.2 1967 年～1989 年降水量统计分析 mm

	平均值	标准差	中位数	最小值	最大值	极差
年降水量	270.5	79.8	258.2	147.3	417.2	269.9
6 月～8 月降水量	161.7	60.8	155.0	71.9	282.7	210.8

从表 1.2 看出，由于年降水量和 6 月～8 月降水量的标准差与极差较大. 最大年的年降水量与最小年的年降水量之比为 2.83，最大年的

6 月～8 月降水量与最小年的 6 月～8 月降水量之比为 3.93，表明旱年与涝年降水量悬殊；又中位数均低于平均降水量，表明大部分年代的年降水量和 6 月～8 月降水量均未达到平均降水量，超过平均年降水量的年代只有 8 年，占 8/23≈35%. 从平均值看，6 月～8 月降水量占年降水量的 60%，说明降水量基本上集中在 6 月～8 月.

由表 1.1 可知，降水量与年代无明显的周期性. 但从沙鼠流行年代的 1969 年～1975 年和 1987 年～1989 年看，6 月～8 月降水量波动幅度较小. 在鼠疫大流行前的 1967 年～1968 年和 1984 年～1985 年，降水量呈高峰期. 因此，应从统计角度找出鼠疫流行前期的降水量特征及流行年代 6 月～8 月降水量的变化范围.

1.2　降水量的聚类分析

取表 1.1 中年降水量为 x_1，6 月～8 月降水量为 x_2，利用多元统计分析中的系统聚类法，对 1967 年～1989 年共 23 年的数据聚类. 采用欧氏距离

$$d_{i,j}=\left[\sum_{k=1}^{23}(x_{i,k}-x_{j,k})^2\right]^{1/2}\quad (i,j=1,2,\cdots,23)$$

求得表 1.1 的距离矩阵(从略)后，用最短距离法聚类，聚类见图 1.1.

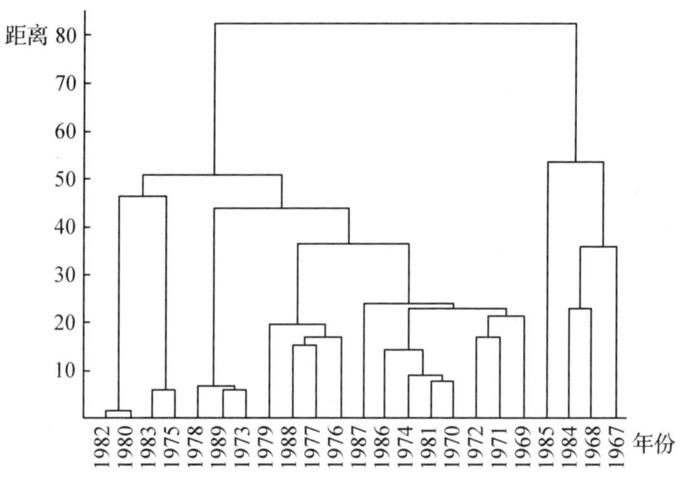

图 1.1　聚类图

从图 1.1 可见，将这 23 年的降水量分为两类，则 1967 年～1968 年和 1984 年～1985 年分为一类，我们称为第一类，其余年代为第二类.

将聚类结果与表 1.1 鼠疫动物病动态相对照,发现第一类恰为鼠疫流行发生的 1969 年,1987 年的前 1 年～前 2 年,前 2 年～前 3 年,不妨称为鼠疫即将流行的降水年代类.由此可算出该类降水量的几个基本特征见表 1.3.

表 1.3　鼠疫即将流行的降水年代类统计 mm

	平均值	标准差	最小值	最大值
年降水量	390.4	28.8	355.9	417.2
6 月～8 月降水量	260.5	22.9	228.7	282.7

1.3　鼠疫流行年代 6 月～8 月降水量的置信区间

计算表 1.1 中的年降水量与 6 月～8 月降水量间的相关系数 r,得 $r=0.8968$ ($P<0.001$),知 x_1 与 x_2 有极为显著的相关关系.又 6 月～8 月降水量的平均值占年降水量均值的 60%,故仅考虑 6 月～8 月降水量与鼠疫流行的关系.

由于 10 个流行年代 1969 年～1975 年和 1987 年～1989 年的 6 月～8 月降水量服从正态分布,取置信度为 0.95,求其置信区间为

$$[119.1 \text{ mm}, 170.1 \text{ mm}].$$

利用表 1.1 的 x_2 用置信区间对 23 个年代进行预报,流行年与静息年的报对年代分别为 6 个,10 个,符合率 70%.

1.4　鼠疫流行前降水量与鼠密度和蚤指数的主成分分析

为研究鼠疫大流行(1987 年)前降水量与沙鼠密度和蚤指数的关系,取 1981 年～1986 年的 4 种因素的数据见表 1.4.对其做主成分分析.

表 1.4　鼠疫大流行前降水量与沙鼠密度和蚤指数关系

年份	年降水量 /mm	6 月～8 月降水量 /mm	鼠密度 /只·(hm^{-2})	蚤指数 /只
1981	218.1	136.4	2.3	0.42
1982	147.4	72.1	0.5	1.86
1983	198.2	78.6	0.7	0.73
1984	355.9	261.9	21.4	0.28
1985	417.2	228.7	91.6	0.27
1986	203.0	140.6	30.5	0.74

主成分分析[2]是把多个因素化为少数几个综合因子的一种多元统计方法.在多因素的研究中,由于因素多且彼此间存在着一定的联系,因而使得数据在一定程度上反映的信息有所重叠,而且研究其分布规律较繁.主成分分析可把这种情况进行简化,即找出几个综合因子来代表原来的因素,使这些综合因子能尽可能地反映原因素的信息,且彼此之间互不相关.

取 x_1 =年降水量, x_2 = 6 月～8 月降水量, x_3 =鼠密度, x_4 =蚤指数.先计算相关矩阵

$$\boldsymbol{R}=\begin{pmatrix} 1.0000 & 0.9177 & 0.8115 & -0.7333 \\ & 1.0000 & 0.6413 & -0.7341 \\ & & 1.0000 & -0.4724 \\ & & & 1.0000 \end{pmatrix}$$

由此看出,年降水量和 6 月～8 月降水量与鼠密度呈正相关;在动物鼠疫流行前长爪沙鼠骤增的年份,与鼠体蚤指数呈负相关.

算出 $\boldsymbol{R}$ 的特征根 $\lambda_i(i=1,2,3,4)$ 和相应的特征向量.各特征根大小代表各综合因子方差大小,各特征根贡献率可由 $\lambda_i/4$ 得到,它代表各有关综合因子对总方差贡献的百分率.由于前两个特征根的累计贡献率已占总方差的 93%,取前两个特征根所对应的特征向量(见表 1.5).

表 1.5 特征向量

	年降水量/mm	6 月～8 月降水量/mm	鼠密度/只·(hm^{-2})	蚤指数/只	特征根	贡献率/%
A$_1$	0.548 7	0.523 5	0.459 8	−0.462 0	3.173 0	79.3
A$_2$	0.108 6	−0.158 1	0.720 2	0.666 7	0.544 3	13.6

由于特征向量从上到下依次表示鼠疫流行前各因素对综合因子贡献的大小,从 $\boldsymbol{A}_1$ 看出,其特征向量的系数绝对值大于 0.4 且蚤指数系数与其他 3 因素系数异号,它可解释为在流行前,降水量和鼠密度骤然增高,其蚤指数可能偏低,且年降水量和 6 月～8 月降水量的系数最大,故 $\boldsymbol{A}_1$ 可称为降水因子.注意到 $\boldsymbol{A}_2$ 中鼠密度和蚤指数系数最大且降水因素系数近似为零,可称为鼠蚤因子.

§2. 讨论

沙鼠是鄂尔多斯鼠疫自然疫源地的主要宿主，它繁殖力强、分布广、数量变幅大. 而降水量增多则沙鼠数量增高，是鼠疫大流行的前兆. 从聚类结果看，出现单独的鼠疫即将流行的降水年代类；从主成分分析看，作为鼠疫流行前的综合因子 $\boldsymbol{A}_1$ 中降水量所起的作用最大表明，年降水量和6月～8月降水量分别达到(390.4±28.8)mm 和(260.5±22.9)mm 左右的后1年或后2年，鼠疫可能发生流行.

在鄂尔多斯荒漠草原，夏季6月～8月降水量均值占年降水量的60%左右，此时是每年气温最高、变化最稳定的时期，也是植物，特别是长爪沙鼠喜食的夏雨型猪毛菜属 Salsola、沙蓬属 Agriophyllum、虫实属 Corispermum、雾冰藜属 Bassia 等种子植物的生长旺季. 因此，6月～8月降水量与沙鼠种群数量呈正相关. 如连续两年降水量保持在(260.5±22.9)mm，且降水量占全年降水量的67%以上，就是荒漠草原夏雨型种子植物丰收的年份，也是沙鼠种群数量大增的年份. 从鼠疫流行年代的6月～8月降水量的置信区间[119.1 mm，170.1 mm]看，在没有考虑沙鼠密度和蚤指数的情况下，对1967年～1989年的流行动态进行预报，符合率为70%，这足以说明，6月～8月降水量的大小对鼠疫是否流行起着重要的作用.

降水量作为预报鼠疫是否即将流行是一个非常重要的因素，但从特征向量 $\boldsymbol{A}_2$ 看出，沙鼠密度和蚤指数作为一个综合因子，以及它们在综合因子 $\boldsymbol{A}_1$ 中所起的作用(系数的绝对值均大于0.45)也是不可忽视的. 也就是说，适当的降水量及沙鼠密度和蚤指数的增加均是鼠疫发生流行所必需的.

媒介蚤类数量主要受寄生宿主沙鼠数量及温湿条件影响. 在长爪沙鼠骤增年份，由于大部分巢穴都是新居，鼠体、巢蚤被稀释，内、外环境一时不宜于蚤类大量繁殖，因而使体蚤指数在1984年，1985年分别为0.28只，0.27只，鼠与蚤数量变动呈负相关. 当沙鼠数量达到高峰期，同时进入干旱年份时，由于自身调节作用及恶劣的外环境影响，使大面积鼠数量开始下降. 但在最适生境(低凹、水分条件好)仍保持相对高数量. 当体蚤指数上升大于1时，鼠、蚤、鼠疫菌，即鼠疫流行三环节的条件臻于成熟，则鼠疫大流行发生.

参考文献

[1] Бинский O K,著．于心,译．地方病译丛,1973,3:86.

[2] 张尧庭,等.多元统计分析引论．北京:科学出版社,1982.

Abstract According to the rainfall data in Ordosi desert-grasslands in the period of 1967～1989, a cluster analysis showed in these natural foci. When the annual rainfall and the rainfall from June to August arrived the (390.4±28.8) mm and (260.5±22.9) mm respectively in two successive years, the population of *Meriones unguiculatus* would increase dramatically, the epizootic plague would occured in a dry year, the population started to decrease, and the flea index in *M. unguiculatus* was higher than 1. The permission district of June to August rainfall in the epizootic years has been drawn, and the relationship between the rainfall rodent populations density and flea index were discussed.

中国地方病防治杂志(中国地方病防治),
1992,7(2):91-92.

1901年～1991年鄂尔多斯地区动物鼠疫流行周期分析[①]

Analysis of Epidemic Period of Epizootic Plague in Ordosi Region in 1901～1991

研究鄂尔多斯荒漠草原动物鼠疫流行动态的周期规律,一般时间越长、周期越多越好.这是因为,参与信息的年数越多,越能较为正确地分析出鼠疫流行动态规律.但是,由于历史记载及在中华人民共和国成立前,历代统治阶级对鼠疫流行不采取防治措施,以及科学不发达等原因,使得资料很不完整,且仅有人间鼠疫资料.对于这些资料,如何将其有用的信息分析出来,从而推出鼠疫动物病的流行周期,这对研究未来鼠疫流行动态及预测,无疑有重要意义.

§1. 材料与方法

以我国内蒙古自治区伊克昭盟6个旗、1个县的1901年～1964年人间鼠疫流行年份资料(见表1.1)和伊克昭盟地方病防治站1965年～1991年动物鼠疫流行资料为基本数据.其中表1.1中流行年代范围是取人间鼠疫流行的相邻年份的起始和终止所间隔的年份.一般地说,动物鼠疫流行年份比人间鼠疫相应地要提前.1965年～1991年的动物鼠疫流行年份范围为1969年～1975年,1987年～1989年.

---

① 本文与张万荣合作.

表 1.1　伊克昭盟 1901 年～1964 年人间鼠疫流行年份资料

流行次序	1	2	3	4	5
达拉特旗		1917～1918	1928～1929	1942	
东胜县		1917～1918		1942	
依金霍洛旗	1907～1910	1917～1918	1926,1928～1929	1945	
乌审旗	1907～1910		1928,1930～1931		
准格尔旗		1917～1918	1928～1929	1942	
杭锦旗			1928	1942	1954
鄂托克旗			1928～1929		
流行年代范围	1907～1910	1917～1918	1926～1931	1942～1945	1954

在长达 91 年的时间序列中，有鼠疫流行年份，也有未流行年份；有的流行年份相连且两个流行年代范围间隔长短不一(见表 1.2).

表 1.2　伊克昭盟 1901 年～1991 年鼠疫流行周期年份

周期次序	年份范围	未流行年数	流行年数	合计
1	1901～1910	6	4	10
2	1911～1918	6	2	8
3	1919～1931	7	6	13
4	1932～1945	10	4	14
5	1946～1954	8	1	9
6	1955～1975	14	7	21
7	1976～1989	11	3	14
8	1990～	2		
平均值		8.00	3.86	12.71
标准差		3.66	2.12	4.39

这样，各流行年份之间是否有一定的关联性，各年份是否属于独立出现的，我们用游程检验. 将年份按从小到大依次排列. 若该年是鼠疫流行年份，取值为 1；未流行年份取值为 0，则得到一个由 0 和 1 两个数字组成的序列：

1901～1906	1907～1910	1911～1916	1917～1918	1919～1925
000000	1111	000000	11	0000000
1926～1931	1932～1941	1942～1945	1946～1953	1954
111111	0000000000	1111	00000000	1
1955～1968	1969～1975	1976～1986	1987～1989	1990～1991
00000000000000	1111111	00000000000	111	00

总年数 $n=91$，未流行年数 $n_1=64$，流行年数 $n_2=27$，游程总数 $r=15$. 游程检验$U=6.07>U_{0.002}=2.88$ ($P<0.001$). 由此说明，在1901年～1991年，鼠疫流行年数与未流行年数的规律不是随机的，出现了若干个持续的、系统的周期过程. 故在表1.2中，我们求出了各种周期的平均年份及变动范围.

§2. 讨论

(1) 在鄂尔多斯高原，历史上有记载的只有人间鼠疫流行情况、年份、波及的旗和县. 中华人民共和国成立前有49年记录，成立后又有42年记录，只是近十几年来，资料才逐渐系统化. 这91年的记录，对了解伊克昭盟的动物鼠疫流行动态是有一定作用的. 由于多数年份没有鼠密度、蚤指数等动物鼠疫流行的关键因子及气象资料，我们利用游程检验，对鼠疫流行与未流行两种状态的检验结果表明，两状态之间有一定的规律可循，且周期间有相当紧密的联系 ($P<0.001$).

(2) 我们求出的未流行年份的$(\bar{x}\pm s)=(8.00\pm3.66)$年表明，在鼠疫流行后，一般需8年左右可能再次发生动物鼠疫流行. 由此推算，因1989年是鄂尔多斯地区鼠疫动物病流行终止年份，则在1998年左右，可能再次发生流行. 注意到表1.2中1990年～1991年是刚进入未流行、且下一个周期鼠疫动物病流行尚未知，若我们考虑从1901年～1989年的7个周期，则未流行年份的$(\bar{x}\pm s)=(8.86\pm2.97)$年，则在1999年左右，可能再次发生流行. 由此推测，1998年～1999年左右，鼠疫动物病可能流行.（注. 1998年该地区鼠疫动物病流行）

由表1.2，鼠疫流行持续时间一般为$(\bar{x}\pm s)=(3.86\pm2.12)$年左右. 因1901年～1954年的流行年份均为人间鼠疫流行年份，实际上，鼠疫动物病流行时间一般大于人间鼠疫流行时间，这里我们不做人为处理了.

(3) 从表1.2的7个周期看，鄂尔多斯地区在12.7年左右的时间内流行一次鼠疫，且流行持续时间在4.4年左右.

据原始资料记载，准格尔旗1902年曾发生人间鼠疫流行，且是由外县传入，故我们未将其统计在内.

由于资料所限，本文所求周期，是在未涉及鼠疫动物病流行的各种因子下，未进行严格的周期分析论证的前提下得到的.因此，不可避免地会出现误差.而由此得到的预测，1998年～1999年左右3年～4年，鼠疫动物病可能流行的结论尚需待事实来验证.但从1995年起，就应注意鼠密度及流行动态.(注.1998年该地区鼠疫动物病流行)

参考文献

[1] 中国医学科学院流行病学微生物学研究所.中国鼠疫流行史(上册).1981：222-240.

[2] 西格尔，著．北星，译．非参数统计．北京：科学出版社，1986:138-186.

地方病通报(疾病预防控制通报),
1992,7(4):44,50.

鄂尔多斯长爪沙鼠动物鼠疫的动态预报①

Dynamic Forecast of *Meriones Unguiculatus* Plague Epizootic in Ordosi

根据我国内蒙古自治区伊克昭盟地方病防治站和鄂托克前旗防疫站1967年～1990年长爪沙鼠鼠疫动物病动态资料,利用灰色系统理论[1]建立预报鼠疫动物病流行动态模型GM(1,1).这是一种外推预报模型,可对长爪沙鼠动物鼠疫流行动态给出预报.

本文使用一种综合方法:先利用灰色预测的灾变预测法,找出生成集,然后用$Y=a\exp\{b(x-1)\}$ $(x=2,3,\cdots)$拟合.由于a和b是用最小二乘法估计,故用常用的统计方法进行显著性检验及给出拟合及预测结果.

将1967年～1990年各年份依次编号为1～24.对给定数列$x^{(0)}=(x^{0}(1),x^{(0)}(2),\cdots,x^{(0)}(24))=(1,2,\cdots,24)$,按照$x^{(0)}(i)$年动物鼠疫流行为异常值,即灾变年份,则$x^{(0)}=(3,4,5,6,7,8,9,21,22,23)$.其时间序列$x=(3,4,\cdots,12)$.去掉第一点(3,3),建立$x$与$x^{(0)}$的回归方程为

$$y=0.596\,97+0.236\,64\,(x-1),\ (x=4,5,\cdots,12) \quad (1)$$

显著性检验:$F=92.85>F_{0.001}(1,7)=29.25$.由(1),得GM灾变模型GM(1,1)为

$$Y=1.816\,61\exp\{0.236\,64(x-1)\},\ (x=4,5,\cdots,12) \quad (2)$$

---

① 收修改稿:1992-02-27.

本文与张万荣合作.

(2)的拟合结果及预报值见表 1.

表 1　GM (1, 1) 模型拟合

编号	年度	实际值	预测值	残差	残差百分比
4	1970	4	3.694 7	0.305 3	7.63
5	1971	5	4.681 1	0.318 9	6.38
6	1972	6	5.930 9	0.069 1	1.15
7	1973	7	7.514 4	−0.514 4	−7.35
8	1974	8	9.520 6	−1.520 6	−19.01
9	1975	9	12.062 5	−3.062 5	−34.03
10	1987	21	15.283 0	5.717 0	27.22
11	1988	22	19.363 3	2.636 7	11.98
12	1989	23	24.533 1	−1.533 1	−6.67
13	1997		31.083 1		

利用 (2)，取 $x=13$，则 $Y=31.083\,1\approx31$，即 1997 年动物鼠疫可能流行. 故在 1997 年左右的几年内，应加强对鼠疫流行动态的监测. 其预测结果尚须由实践验证.(注. 1998 年该地区鼠疫动物病流行)

由于模型(2)是由去掉(3, 3)求出的，故未能充分利用 1967 年～1990 年中的鼠疫流行年份所提供的信息，在数据量不大时是一个损失. 若增加点(3,3)，则所求模型为

$$Y=1.840\,18\exp\{0.235\,09(x-1)\}.\ (x=3,\ 4,\ \cdots,\ 12) \tag{3}$$

显著性检验：$F=143.70>F_{0.001}(1,\ 8)=25.42$. 显然，(3) 的 F 值明显高于去掉(3,3)所求模型的 F 值，拟合结果也优于表 1 (表略). 在 (3) 中取 $x=13$，则 $Y=30.907\,3\approx31$，与(2)的预测年代相符. 但增加一个点所求模型的机理尚须研究.

参考文献

[1] 邓聚龙. 灰色系统基本方法. 武昌：华中理工大学出版社，1987:43-162.

中国地方病防治杂志(中国地方病防治),
1998,13(4):193-194,255

布氏田鼠鼠疫流行周期和动态预报①

Epidemic Periodicity and Dynamic Forecast of Plague of *Microtus Brandti*

摘要 为研究布氏田鼠鼠疫流行周期,根据内蒙古阿巴嘎旗 1970 年～1996 年布氏田鼠鼠疫流行动态资料,利用游程检验得到结果:鼠疫流行年与未流行年有比较明显的周期过程($U=2.25, P<0.025$),鼠疫流行周期为$(\bar{x}\pm s)=(2.75\pm 0.5)$年,未流行周期为$(\bar{x}\pm s)=(3\pm 1)$年. 为预报下一个鼠疫流行年,根据该旗 1980 年～1996 年鼠疫动态资料,利用灰色灾变预测,得到模型 GM(1,1)($P<0.02$).

结论 在 1998 年～2001 年期间,动物鼠疫可能流行.

关键词 鼠疫; 流行周期; 布氏田鼠; 动态预报.

我国有 3 大部分鼠疫自然疫源地:北方鼠类疫源地;旱獭疫源地;南方家鼠疫源地. 可以分为 10 类②. 北方鼠类疫源地(共 5 类),其中的黄鼠鼠疫疫源地又有 3 种:长尾黄鼠鼠疫疫源地、达乌尔黄鼠鼠疫疫源地、阿拉善黄鼠鼠疫疫源地. 长尾黄鼠鼠疫几乎年年有流行,达乌尔黄鼠和阿拉善黄鼠鼠疫已建立了预报模型[1~6],长爪沙鼠鼠疫也建立了预报模型[7~9]. 本文研究布氏田鼠鼠疫流行的周期性,并建立鼠疫预报模型.

§1. 布氏田鼠鼠疫流行的周期性

1970 年 5 月首次在阿巴嘎旗那仁宝力格苏木分离出鼠疫菌,证实了

---

① 国家自然科学基金资助项目(39570638).

收稿:1998-03-27;收修改稿:1998-05-16.

本文与张耀星合作.

② 目前有 11 类.

我国田鼠鼠疫的存在.因此,以该地区 1970 年～1996 年的动物鼠疫流行资料为基本数据,鼠疫流行年:1970 年～1971 年,1975 年～1977 年,1980 年～1982 年,1987 年～1989 年,其余为未流行年.为检验各年之间是否有一定的关联性,做游程检验.将年从小到大依次排列.若该年是鼠疫流行年,取值为 1;未流行年取值为 0.总年数 $n=27$,流行年数 $n_1=11$,未流行年数 $n_2=16$,游程个数 $r=8$,游程检验 $U=2.25>U_{0.05}=1.96$ ($P<0.025$).

由此表明,在 1970 年～1996 年,鼠疫流行年数与未流行年数的规律不是随机的,出现了若干个持续的、系统的周期过程.鼠疫未流行年($\bar{x}\pm s$)=(4.00±2.16)年说明,在鼠疫流行后,一般需要约(4.00±2.16)年可能再次发生动物鼠疫流行.

鼠疫流行持续时间一般为 ($\bar{x}\pm s$)=(2.75±0.50)年左右,从 4 个周期看,田鼠在($\bar{x}\pm s$)=(6.75±2.36)年流行一次鼠疫,见表 1.1.

表 1.1　布氏田鼠鼠疫流行周期年份

周期次序	年份范围	流行年数	未流行年数	合计
1	1970～1974	2	3	5
2	1975～1979	3	2	5
3	1980～1986	3	4	7
4	1987～1996	3	7	10
$\bar{x}$		2.75	4.00	6.75
s		0.50	2.16	2.36

§2. 布氏田鼠鼠疫流行的灾变预报(前瞻性预报)

布氏田鼠鼠疫动态取自 1980 年～1996 年监测资料,利用灰色系统理论[10]建立预报鼠疫流行动态模型 GM(1,1).称动物鼠疫流行的年为灾变年.利用这些年预报未来动物鼠疫可能流行的年,称为灾变预报.文献[11]提出的建立 GM(1,1),实际上就是将原始时间序列数据 $t^{(0)}(i)$去掉第 1 点以后的指数函数 $a\exp\{b(t-1)\}$的拟合;先利用灰色预测的灾变预测法,找出生成集,然后用 $a\exp\{b(t-1)\}$($t=2,3,\cdots$)拟合.对 a 和 b 做最小二乘估计,并进行显著性检验及给出拟合及预报结果.

对1980年～1996年依次编号为1～17.对给定数列 $t^{(0)}(i)=\{t^{(0)}(1),t^{(0)}(2),\cdots,t^{(0)}(17)\}=(1,2,\cdots,17)$.按照 $t^{(0)}(i)$ 年动物鼠疫流行为异常值,即灾变年份,则 $t^{(0)}=(1,2,3,8,9,10)$,其时间序列 $t=(1,2,\cdots,6)$.去掉第1点(1,1),建立 t 与 $t^{(0)}$ 的回归模型为

$$\ln y_1=0.378\,96\pm0.431\,75(t-1),(t=2,3,\cdots,6) \quad (2.1)$$

显著性检验 $r=0.936\,3>r_{0.02}(3)=0.934\,3$.

由(2.1),得灾变模型GM(1,1)为

$$y_1=1.460\,76\exp\{0.431\,75(t-1)\},\ (t=2,3,\cdots,6) \quad (2.2)$$

其拟合结果和预测值见表2.1.利用(2.2),取 $t=7$,则 $y=19$,即1998年左右,动物鼠疫可能流行.(注.1998年该地区鼠疫动物病流行)

由于去掉第1点后将损失一些信息,不去掉第1点(1,1),建立 t 与 $t^{(0)}$ 的回归模型为

$$\ln y_2=0.180\,46+0.485\,89(t-1),\ (t=1,2,\cdots,6) \quad (2.3)$$

显著性检验 $r=0.962\,2>r_{0.01}(4)=0.917\,2$.

由(2.3),得灾变模型GM(1,1)为

$$y_2=1.197\,76\exp\{0.485\,89(t-1)\},\ (t=1,2,\cdots,6) \quad (2.4)$$

其拟合结果和预测值见表2.1.利用(2.4),取 $t=7$,则 $y=22$,即2001年左右,动物鼠疫可能流行.

表2.1 1980年～1996年GM(1,1)模型拟合

编号	年度	实际值	y_1		y_2	
			预测值	残差	预测值	残差
1	1980	1			1.197 7	−0.197 7
2	1981	2	2.249 5	−0.249 5	1.947 1	0.052 9
3	1982	3	3.461 0	−0.461 0	3.165 2	−0.165 2
4	1987	8	5.334 5	2.665 5	5.145 4	2.854 6
5	1988	9	8.214 9	0.785 1	8.364 5	0.635 5
6	1989	10	12.650 5	−2.650 5	13.597 4	−3.597 4
7			19.481 2		22.104 2	

§3. 结果与讨论

从1970年～1989年布氏田鼠鼠疫流行年份看,呈现出明显的周期

性. 1990 年以来,未出现新的流行周期,其原因可能是在 1987 年～1989 年春季,草原畜牧部门在该地区飞机喷洒毒饵灭鼠,杀灭率达 80%～90%,打破了布氏田鼠鼠疫流行周期规律. 在无人为干扰条件(1970 年～1989 年)下,

布氏田鼠鼠疫流行周期为$(\bar{x} \pm s)=(2.75 \pm 0.50)$年,

未流行周期为 $(\bar{x} \pm s)=(3 \pm 1)$年.

由于飞机喷洒灭鼠打破了鼠疫流行规律,则不能用 1970 年～1989 年的布氏田鼠鼠疫流行周期,推断新的流行周期,故采用灾变模型进行前瞻性预报. 将两种预报结论综合,结论为 1998 年～2001 年左右,动物鼠疫可能流行. 结果尚待验证. (注. 1998 年该地区鼠疫动物病流行)

参考文献

[1] 王成贵,李仲来,关秉钧,等 . 达乌尔黄鼠鼠疫预报的数学模型(Ⅰ). 中国地方病防治杂志,1989,4(S):50.

[2] 王成贵,李仲来,关秉钧,等. 达乌尔黄鼠鼠疫预报的数学模型(Ⅱ). 中国地方病防治杂志,1990,5(3):142.

[3] 张耀星,李仲来 . 达乌尔黄鼠鼠疫预报的数学模型(Ⅵ). 中国地方病防治杂志,1994,9(5):260.

[4] 李仲来 . 预测黄鼠动物鼠疫流行动态的两个数学模型 . 中国地方病学杂志,1990,9(6):358.

[5] 秦长育,李仲来 . 阿拉善黄鼠鼠疫流行周期及监测剖检数量探讨 . 地方病通报,1993,8(1):90.

[6] 秦长育,李仲来 . 阿拉善黄鼠疫源地动物鼠疫预报的数学模型 . 宁夏医学院学报,1995,17(2):115.

[7] 张万荣,李仲来,刘纪有 . 鄂尔多斯长爪沙鼠鼠疫预报的数学模型(Ⅰ). 中国地方病防治杂志,1991,6(5):260.

[8] 米景川,李仲来,吕卫东,等. 长爪沙鼠鼠疫预报的数学模型 . 中国地方病防治杂志,1997,12(2):109.

[9] 李仲来,张万荣 . 鄂尔多斯长爪沙鼠动物鼠疫的动态预报 . 地方病通报,1992,7(4):44.

[10] 邓聚龙 . 灰色系统基本方法 . 武昌:华中理工大学出版社,1987:43.

[11] 陈俊珍 . GM(1,1)模型与曲线 $A\exp\{ax\}$拟合 . 系统工程理论与实践,1988,8(4):67.

Abstract In order to study the epidemic periodicity of plague of *Microtus brandti*, according to the dynamic epidemic data of them in Abaga Banner, Inner Mongolia During 1970～1996, the runs testing method was conducted for the law of animal plague in epidemic years and nonepidemic years. It appeared that there might exist some kinds of yearly cycles ($U=2.25$, $P<0.025$). Conclusion was that the epidemic cycles of plague was $(\bar{x}\pm s)=(2.75\pm 0.5)$ year, and the nonepidemic $(\bar{x}\pm s)=(3\pm 1)$ year. The grey calamity model GM(1,1) was conducted for the next epidemic years using the data of them in 1980～1996 ($P<0.02$). It was possible that the animal plague will be epidemic in 1998～2001 or so.

Keywords plague; epidemic period; *Microtus brandti*; dynamic forecast.

中国地方病学杂志(中华地方病学杂志),
2001,20(3):190-191.

1950 年～1998 年中国和美国人间鼠疫动态模型[①]

Dynamic Models of Human Plague in China and America during 1950～1998

摘要 目的 研究中国和美国人间鼠疫动态规律.

方法 建立两国人间鼠疫动态的自回归模型.

结果 在 1950 年～1998 年,中国和美国人间鼠疫病例分别为 7 923 例、398 例.在二阶差分后,得到了 1950 年～1998 年中国人间鼠疫动态的 1 阶自回归模型 ARIMA (1,2,0). 给出了美国 1950 年～1998 年人间鼠疫动态的 1 阶自回归模型 AR (1).

结论 在 1999 年～2001 年,中国的人间鼠疫病例发生的趋势是上升的,美国的人间鼠疫病例发生的趋势是相对稳定的.

关键词 人间鼠疫;中国;美国;自回归模型;动态.

[中图分类号] R181. $2^{+}5$; R561. 8 **[文献标识码]** A

[文章编号]1000-4955(2001) 03-0190-02

根据人间鼠疫病例对其未来动态进行预测,有重要的实际意义. 本文利用 1950 年～1998 年中国人间鼠疫病例资料,建立时间序列动态模型;同时与 1950 年～1998 年美国人间鼠疫动态资料进行对比,为掌握中国和美国人间鼠疫数量动态提供理论依据.

§1. 材料与方法

1950 年～1998 年中国和美国人间鼠疫病例来自文献[1～4](表 1.1) . 利用时间序列分析的自回归方法建立其动态模型. 计算用 SAS 软件完成.

---

① 国家自然科学基金资助项目(39570638).
收稿:2001-01-10.

表 1.1 中国和美国人间鼠疫病例 例

年份	中国	美国	年份	中国	美国
1950	3 455	3	1975	16	20
1951	1 900	1	1976	4	16
1952	829	0	1977	7	18
1953	426	0	1978	14	12
1954	258	0	1979	8	13
1955	37	0	1980	28	18
1956	39	1	1981	1	13
1957	37	1	1982	9	19
1958	39	0	1983	25	40
1959	46	4	1984	0	31
1960	67	2	1985	6	17
1961	25	3	1986	8	10
1962	37	0	1987	7	12
1963	47	1	1988	8	15
1964	23	0	1989	10	4
1965	17	7	1990	75	1
1966	26	4	1991	33	11
1967	3	3	1992	35	13
1968	5	3	1993	29	10
1969	4	6	1994	7	14
1970	52	13	1995	12	9
1971	4	2	1996	98	5
1972	22	1	1997	43	4
1973	3	2	1998	24	8
1974	15	8			

§2. 结果

2.1 1950 年～1998 年中国人间鼠疫病例结果

鼠疫病例的自相关系数 $r(1)=0.518\ 0$，$r(2)=0.228\ 4$，$r(3)=0.112\ 2$，$r(4)=0.049\ 5$，其余略去，其中 $r(i)$ 表示鼠疫病例在 t 年与 $(t+i)$ 年的线性相关程度，i 为滞后年. 由此看出，头一年鼠疫病例对第二年的影响最大. 随着滞后年 i 的增加，自相关系数 $r(i)$ 的作用，即在 t 年的鼠疫病例与 $(t+i)$ 年的病例的相关程度越来越小.

从表 1.1 看，1950 年～1998 年鼠疫病例为非平稳的时间序列，因数据波动较大，经过二次差分处理使之化为平稳时间序列，求自回归模型 A(p)：p＝1 时，AIC＝585.6；p＝2 时，AIC＝587.5. 按 AIC 最小原则确定自回归模型阶数，取 p＝1，且满足残差自相关为独立的条件(χ^2＝3.73，P＝0.59)，模型 ARIMA(1,2,0)为

$$(1-B)^2 x_t = 47.472\,33 + \frac{a_t}{1-0.464\,08B}, \tag{2.1}$$

其中 B 为后移算子，x_t 为人间鼠疫病例数据，a_t 为随机误差. 整理(2.1)得

$$x_t = 25.441\,37 + 2.264\,08x_{t-1} - 1.928\,16x_{t-2} + 0.464\,08x_{t-3} + a_t, \tag{2.2}$$

拟合值略，1999 年～2001 年鼠疫病例的预测值为 47.15 例，115.30 例，229.77 例.(注. 鼠疫病例实际值依次为 14 例，254 例，90 例)

2.2 1950 年～1998 年美国人间鼠疫病例结果

共发生人间鼠疫 398 例，鼠疫病例的自相关系数 $r(1)=0.748\,2$，$r(2)=0.496\,4$，$r(3)=0.426\,8$，$r(4)=0.410\,5$，$r(5)=0.376\,0$，$r(6)=0.287\,6$，$r(7)=0.300\,1$，$r(8)=0.337\,9$，其余略去. 由此看出，鼠疫病例的自相关系数相关程度很高. 按年代计算鼠疫病例(见表 2.1).

表 2.1 中国和美国人间鼠疫病例按阶段比较 例

年份	中国			美国			χ^2	P
	病例	$\bar{x} \pm s$	范围	病例	$\bar{x} \pm s$	范围		
1951～1960	3 678	367.8±596.7	37～3 455	9	0.9±1.3	0～4	3 651.09	<0.01
1961～1970	239	23.9±17.4	3～52	40	4.0±3.9	0～13	141.94	<0.01
1971～1980	121	12.1±8.4	3～28	110	11.0±7.3	1～20	0.52	>0.25
1981～1990	149	14.9±22.2	0～75	162	16.2±11.7	1～40	0.54	>0.25
1991～1998	281	35.1±28.0	7～98	74	9.3±3.5	4～14	120.70	<0.01
1950～1998	7 923	161.7±563.6	0～3 455	398	8.1±8.4	0～40	6 803.34	<0.01

20 世纪 50 年代～90 年代的病例 $\bar{x} \pm s$ 波动呈两头低、中间高，变异系数 cv＝103%波动很小，中位数 M＝4 例，7 年无鼠疫病例. 求自回归模型 A(p)：p＝1 时，AIC＝310.8；p＝2 时，AIC＝311.9. 按 AIC 最小原则，取 p＝1，且满足残差自相关为独立的条件(χ^2＝6.39，P＝0.27)，模型 AR(1)为

$$x_t = 1.76249 + 0.75299 x_{t-1} + a_t, \tag{2.3}$$

拟合值略，1999 年～2001 年鼠疫病例的预测值为 7.79 例，7.63 例，7.50 例.（注. 鼠疫病例实际值依次为 94 例，6 例，2 例）

§3. 讨论

1949 年以来，我国积极开展防治鼠疫工作，人间鼠疫防治取得了巨大成就，发病人数大幅度下降. 1950 年～1998 年发生人间鼠疫 7 923 例，其中 1950 年～1954 年 6 868 例，占 86.68%. 虽然病例较多，但与 1945 年～1949 年发生人间鼠疫 140 909 例相比，仅占 6 868/140 909＝4.87%，表明鼠疫病例在 20 世纪 50 年代初期开始大幅度下降.

在此期间，美国发生人间鼠疫病例 398 例，中国人间鼠疫病例是美国的 20 倍（未考虑两国人口数量的差异）. 按年代分析，在 20 世纪 70 年代～80 年代，中国鼠疫病例与美国差异无显著意义（$P>0.25$），其余年代中国鼠疫病例与美国差异均有显著意义（$P<0.01$）.

由模型(2.2) 和(2.3) 可看出，由上一年的人间鼠疫病例，可对下几年的人间鼠疫病例进行预测.

中国除 1984 年无人间鼠疫病例外，其余每年均有人间鼠疫病例，以散发为主，间或有小的局部流行. 由模型(2.2)，此状态将会持续很长时间. 从 1990 年～2001 年的预测结果看，中国的人间鼠疫病例发生的趋势是上升的，且疫情严重. 由模型(2.3) 及 1999 年～2001 年的预测结果，美国人间鼠疫病例发生的总趋势可保持相对稳定. 补充每年的人间鼠疫病例，重新建立类似于(2.2) 或(2.3)的时间序列模型，也可对下一年的人间鼠疫病例进行预测.

参考文献

[1] 沈尔礼，侯培森，胡连友，等. 1950 年～1990 年我国人间鼠疫概况及分析. 第 3 届全国鼠疫学术会议论文集. 中国地方病防治杂志编辑部，1991：3-9.

[2] 沈尔礼. 1990 年～1994 年我国鼠疫流行概况及分析. 中华流行病学杂志，1996，17(1)：40-43.

[3] 董兴齐. 美国鼠疫概况. 中国地方病防治杂志，1999，14：55-59.

[4] 李书宝，戴绘. 世界鼠疫疫情态势及研究进展. 中国地方病防治杂志，2000，15：21-26.

Abstract **Objective** To study on dynamic laws of the human plague in China and America.

Methods The autoregressive models of human plague dynamics were set up.

Results Human plague were 7 923 and 398 cases in China and America between 1950 and 1998, respectively. The dynamic models ARIMA(1,2,0) of human plague in China and AR(1) in America between 1950 and 1998 were obtained, resectively.

Conclusions These general trends on the cases of human plague occurred have increased in China and relative stabilized in America between 1999 and 2001.

Keywords human plague; China; America; autoregressive model; dynamics.

中国地方病学杂志(中华地方病学杂志),
2002,21(4):292-294.

中国1901年～2000年人间鼠疫动态规律①

Dynamic Laws of Human Plague in China during 1901～2000

摘要 **目的** 研究中国1901年～2000年人间鼠疫动态规律.

方法 建立人间鼠疫动态的自回归模型.

结果 在20世纪,中国人间鼠疫病例为1 167 379例,死亡1 038 970例.分别得到了人间鼠疫病例动态的自回归模型ARIMA(2,1,0)和死亡病例动态的自回归模型ARIMA(3,1,0).

结论 在1901年～1960年,人间鼠疫病例主要集中在福建省、广东省、内蒙古自治区、吉林省、云南省、黑龙江省、台湾省、陕西省、山西省;1961年～2000年主要集中在云南省、青海省、西藏自治区、贵州省.在2001年～2002年,人间鼠疫病例发生的趋势是上升的,死亡病例的趋势是稳定的.

关键词 人间鼠疫;中国;自回归模型;动态.

[**中图分类号**]R181.2.5; R516.8 [**文献标识码**]A

[**文章编号**]1000-4955(2002)04-0292-03

鼠疫是严重危害人类生命的一种烈性传染病.目前尚未见到国内外关于20世纪人间鼠疫病例的较详细报道.20世纪以前,我国人间鼠疫病例的记录很不完整;进入20世纪以来,人间鼠疫病例有较为详细的记录.对其资料进行整理,将为人类积累重要的医学资料,再依据人间鼠疫病例对其动态规律进行分析,并对未来动态进行预测,有重要的实际意义.

---

① 国家自然科学基金资助项目(39570638).

收稿:2001-09-07;收修改稿:2002-03-26.

§1. 材料与方法

中国 1901 年～2000 年人间鼠疫病例来自文献[1～6]，见表 1.1，包含中国大陆黑龙江、吉林、辽宁、内蒙古、河北、山西、陕西、宁夏、甘肃、新疆、青海、四川、云南、贵州、广西、广东、福建、浙江、上海、江西、湖南和中国台湾(1949 年后未见到有关鼠疫的报道) 共 22 个省、市和自治区. 利用时间序列分析中的自回归方法建立其动态模型. 计算用 SAS 软件完成.

§2. 结果

2.1 1901 年～2000 年人间鼠疫病例动态模型

鼠疫病例的自相关系数 $r(i)=0.823, 0.630, 0.500, 0.408, 0.411, 0.428, 0.417, 0.403, i=1,2,\cdots,8$，其中 $r(i)$表示鼠疫病例在 t 年份与 $t+i$ 年份的线性相关程度，i 为滞后年份. 由此看出自相关系数 $r(i)$的作用，即在 t 年的鼠疫病例与 $t+i$ 年的病例的相关程度很高.

从表 1.1 看，1901 年～2000 年鼠疫病例为非平稳的时间序列，因数据波动较大，取对数后压缩数据起伏量，由于 1984 年鼠疫病例是 0 例，将所有年份的病例数均加 1(目的是将取对数无意义的值改变为取对数后有意义，以便充分利用原始资料所提供的信息，最后对所得结果再减去 1)，再经过 1 次差分处理使之化为平稳时间序列，求自回归模型 ARIMA $(j,1,0)$:$j=1,2,3$ 时，AIC= 254.0，253.3，255.2，按 AIC 最小原则确定自回归模型阶数，取 $j=2$，且满足残差自相关为独立的条件($\chi^2=2.75$，$P=0.60$)，模型 ARIMA(2,1,0) 为

$$(1-B)\ln x_t=-0.06746+\frac{a_t}{1+0.50924B+0.17210B^2}, \tag{2.1}$$

其中 B 为后移算子，x_t 为人间鼠疫病例加 1 后的数据，a_t 为随机误差. 整理(2.1) 得

$$\ln x_t=-0.11342+0.49076\ln x_{t-1}+0.33714\ln x_{t-2}+0.17210\ln x_{t-3}+a_t, \tag{2.2}$$

拟合值略，2001 年，2002 年鼠疫病例的预测值依次为 57.74 例，67.01 例.(注. 鼠疫病例实际值依次为 90 例，71 例)

表 1.1 中国人间鼠疫病例

例

年份	病例	死亡病例	年份	病例	死亡病例
1901	55 597	49 830	1951	1 900	499
1902	94 532	86 114	1952	829	188
1903	89 437	85 834	1953	426	189
1904	37 367	33 046	1954	258	124
1905	37 710	35 113	1955	37	18
1906	23 052	20 464	1956	39	35
1907	26 056	23 632	1957	37	35
1908	48 403	45 550	1958	39	15
1909	25 631	24 242	1959	46	30
1910	52 068	50 275	1960	67	41
1911	49 034	47 036	1961	25	19
1912	17 881	16 431	1962	37	21
1913	18 519	17 449	1963	47	38
1914	23 172	21 621	1964	23	17
1915	13 796	12 112	1965	17	11
1916	17 245	15 304	1966	26	22
1917	23 901	22 456	1967	3	2
1918	19 655	17 760	1968	5	3
1919	17 143	16 214	1969	4	1
1920	18 861	17 592	1970	52	5
1921	16 108	14 709	1971	4	2
1922	10 063	9 249	1972	22	14
1923	11 916	10 763	1973	3	0
1924	12 649	11 524	1974	15	6
1925	10 170	9 204	1975	16	5
1926	12 948	12 022	1976	4	3
1927	9 106	7 976	1977	7	5
1928	14 465	12 596	1978	14	7
1929	10 263	8 908	1979	8	6
1930	14 390	12 763	1980	28	17
1931	20 399	18 564	1981	1	0
1932	17 848	15 875	1982	9	6
1933	10 568	9 360	1983	25	15
1934	6 119	5 334	1984	0	0
1935	8 885	7 753	1985	6	2
1936	6 571	5 484	1986	8	4
1937	8 590	7 399	1987	7	2
1938	12 356	10 545	1988	8	5
1939	9 068	7 556	1989	10	6
1940	13 921	11 650	1990	75	2
1941	11 667	9 834	1991	33	11
1942	16 339	13 178	1992	35	5
1943	21 498	17 464	1993	29	6
1944	23 312	18 346	1994	7	4
1945	37 053	28 529	1995	12	0
1946	35 654	28 051	1996	98	7
1947	45 207	37 281	1997	43	0
1948	15 207	11 118	1998	24	7
1949	7 788	5 124	1999	14	5
1950	3 455	1 268	2000	254	3

2.2　1901年～2000年人间鼠疫死亡病例动态模型

鼠疫死亡病例的自相关系数，$r(i)=0.811,0.619,0.491,0.401,0.416,0.432,0.437,0.428$，$i=1,2,\cdots,8$，其余略去．由此看出，鼠疫病例的自相关系数相关程度很高．

数据处理同**2.1**．求自回归模型ARIMA$(j,1,0)$：$j=1,2,3,4$时，AIC$=239.2,238.2,234.0,234.7$，$j=3$，且满足残差自相关为独立的条件（$\chi^2=2.03, P=0.57$），模型ARIMA(3, 1, 0)为

$$(1-B)\ln y_t=-0.092\,35+\frac{a_t}{1+0.547\,25B+0.025\,62B^2-0.256\,49B^3}, \tag{2.3}$$

其中y_t为人间鼠疫死亡病例加1后的数据，整理(2.3)得

$$\ln y_t=-0.121\,56+0.452\,75\ln y_{t-1}+0.521\,63\ln y_{t-2}+0.282\,11\ln y_{t-3}-0.256\,49\ln y_{t-4}+a_t, \tag{2.4}$$

拟合值略．2001年，2002年鼠疫死亡病例的预测值依次为6.59例，3.33例．（注．鼠疫死亡病例实际值依次为7例，3例）

2.3　1951年～2000年人间鼠疫病例动态模型

中国人间鼠疫病例在20世纪50年代前后有着非常大的差异．1954年基本上控制了人间鼠疫的发生，以后的发病率逐年下降．因此，考虑后半世纪人间鼠疫病例模型．步骤与**2.1**相同．求ARIMA$(j,1,0)$：$j=1,2,3$时，AIC$=153.8,152.6,154.4$．取$j=2$（$\chi^2=1.08$, $P=0.90$），模型ARIMA(2,1,0)为

$$(1-B)\ln x_t=-0.061\,96+\frac{a_t}{1+0.622\,00B+0.267\,21B^2}, \tag{2.5}$$

其中x_t为人间鼠疫病例加1后的数据，a_t为随机误差．整理(2.5)得

$$\ln x_t=-0.117\,06+0.378\,00\ln x_{t-1}+0.354\,79\ln x_{t-2}+0.267\,21\ln x_{t-3}+a_t, \tag{2.6}$$

拟合值略．2001年，2002年鼠疫病例的预测值依次为43.63例，54.06例．（注．鼠疫病例实际值依次为90例，71例）

2.4　1951年～2000年人间鼠疫死亡病例动态模型

步骤与**2.1**相同．求ARIMA$(j,1,0)$：$j=1,2,3$时，AIC$=139.0,132.3,134.0$．取$j=2$（$\chi^2=1.21$, $P=0.88$），模型ARIMA(2, 1, 0)为

$$(1-B)\ln y_t=-0.088\,69+\frac{a_t}{1+0.850\,88B+0.406\,13B^2}, \tag{2.7}$$

其中 y_1 为人间鼠疫死亡病例加 1 后的数据，整理(2.7)得

$$\ln y_t=-0.200\ 18+0.149\ 12\ \ln y_{t-1}+0.444\ 75\ \ln y_{t-2}+0.406\ 13\ \ln y_{t-3}+a_t, \tag{2.8}$$

拟合值略. 2001 年，2002 年鼠疫死亡病例的预测值依次为 4.20 例，3.01 例.(注. 鼠疫死亡病例实际值依次为 7 例，3 例)

2.5 1901 年～2000 年人间鼠疫病例年代变化分析

从数量级角度，按年代的平均病例分析(表 2.1)，前 5 个年代，每个年代均在 5 位整数以上(20 世纪 30 年代的平均死亡病例接近 5 位整数)，50 年代下降 2 个数量级，60 年代～90 年代又下降了 1 个数量级(60 年代的平均死亡病例下降 1 个数量级，70 年代～90 年代平均死亡病例均在 7 例以下). 由此可以看到中华人民共和国成立以后开展鼠疫防治工作所取得的巨大成就.

表 2.1 中国人间鼠疫病例年代分析 例

年份	病例		死亡病例	
	$\bar{x}\pm s$	范围	$\bar{x}\pm s$	范围
1901～1910	48 985.3±25 320.7	23 052～94 532	45 410.0±23 892.6	20 464～86 114
1911～1920	21 920.7±9 965.0	13 796～49 034	20 397.5±9 813.2	12 112～47 036
1921～1930	12 207.8±2 310.7	9 106～16 108	10 971.4±2 123.7	7 976～14 709
1931～1940	11 432.5±4 730.3	6 119～20 399	9 952.0±4 361.7	5 334～18 564
1941～1950	21 718.0±13 677.4	3 455～45 207	17 019.3±11 340.6	1 268～37 281
1951～1960	367.8±596.7	37～1 900	117.4±150.3	15～499
1961～1970	23.9±17.4	3～52	13.9±11.8	1～38
1971～1980	12.1±8.4	3～28	6.5±5.2	0～17
1981～1990	14.9±22.2	0～75	4.2±4.4	0～15
1991～2000	54.9±74.5	7～254	4.8±3.3	0～11
1901～1950	23 252.9±19 100.7	3 455～94 532	20 750.0±17 909.9	1 268～86 114
1951～2000	94.7±293.0	0～1 900	29.4±78.6	0～499
1901～2000	11 673.8±17 777.7	0～94 532	10 389.7±16 345.8	0～86 114

§3. 讨论

在 20 世纪，中国人间鼠疫病例为 1 167 379 例，死亡 1 038 970 例，死亡率 89%. 除 1984 年无病例外，其余年份均有鼠疫病例.

按半个世纪划分：20 世纪前 50 年鼠疫病例是 1 162 643（死亡 1 037 502）例，后 50 年是 4 736（死亡 1 468）例，前者是后者的 245（707）倍. 前 50 年的年最少病例均大于后 50 年的年最多病例数. 前半世纪与后半世纪的死亡率分别是 89% 和 31%，差异有极显著意义（$\chi^2=16\ 328.70$，$P<0.01$）. 在前 50 年，鼠疫累计病例超过 1 万例的省（自治区）依次是福建 585 721（死亡 498 449）例、广东 280 511（274 561）例、内蒙古 93 281（81 158）例、吉林 46 452（43 736）例、云南 45 199（38 675）例、黑龙江 33 447（33 440）例、台湾 24 227（19 703）例、陕西 15 669（14 670）例、山西 12 484（12 182）例. 20 世纪 50 年代是鼠疫病例从多到少发生转变的年代. 累计病例超过 100 例的省（自治区）依次是云南 1 578（327）例、吉林 652（235）例、福建 586（154）例、青海 344（279）例、广东 257（39）例、内蒙古 224（114）例. 20 世纪 60 年代～90 年代，累计病例超过 50 例的省（自治区）依次是云南 404（2）例、青海 335（175）例、西藏 97（61）例、贵州 88（1）例. 预测 21 世纪鼠疫病例还会持续不断地发生，这是因为，目前的青海和西藏的鼠疫病例主要集中在喜马拉雅旱獭鼠疫疫源地且死亡率很高，云南和贵州的鼠疫病例主要集中在黄胸鼠 *Rattus flavipectus* 鼠疫疫源地，由于其疫源地的原始状况未发生根本改变，疫源性将会长期存在，这就决定了我国鼠疫防治工作的长期性和艰巨性.

由模型（2.2）和（2.4）可看出，由前 3 年～前 4 年的人间鼠疫病例，可对后几年的病例进行预测. 补充每年的人间鼠疫病例，重新建立类似于（2.2）和（2.4）的时间序列模型，也可对后几年的病例进行预测. 由于 20 世纪 50 年代前后鼠疫病例有着非常大的差异，建立后半世纪的鼠疫动态模型，就更有实际意义. 分别将模型（2.2）和（2.6），（2.4）和（2.8）的预测结果取平均值，得到 2001 年，2002 年鼠疫病例的预测值为 50.69 例，60.54 例，呈上升势头；死亡病例的预测值为 5.40 例，3.17 例，呈相对稳定状态.（2001 年，2002 年鼠疫病例实际值依次为 90 例，71 例；死亡病例实际值依次为 7 例，3 例）

将 20 世纪 90 年代的鼠疫病例（死亡病例）分别和七八十年代的病例（死亡病例）作非参数的 Wilcoxon 秩检验，$Z=2.46, 2.50$，$P=0.014, 0.013$（$Z=1.55, 0.46$，$P=0.120, 0.647$），故 90 年代的鼠疫病例与前两个年代的病例差异有显著意义（$P<0.05$），死亡病例差异无显著意义（$P>0.05$）. 90 年代以来，我国的鼠疫自然疫源地非常活跃，从检验的 Z 值看，有上升的趋势，但死亡病例无上升的趋势.

参考文献

[1] 中国预防医学科学院流行病学微生物学研究所．中国鼠疫流行史(上、下册)．北京:人民卫生出版社,1981.

[2] 纪树立．鼠疫．北京:人民卫生出版社,1988:10-24.

[3] 沈尔礼,侯培森,胡连友,等.1950年～1990年我国人间鼠疫概况及分析．第3届全国鼠疫学术会论文集．中国地方病防治杂志编辑部,1991:3-9.

[4] 沈尔礼.1990年～1994年我国鼠疫流行概况及分析．中华流行病学杂志,1996,17(1):40-43.

[5] 李书宝,戴绘．世界鼠疫疫情态势及研究进展．中国地方病防治杂志,2000,15(1):21-26.

[6] 李仲来.1950年～1998年中国和美国人间鼠疫动态模型．中国地方病学杂志,2001,20(3):190-191.

Abstract Objective Studies on dynamic laws of the human plague in China during 1901～2000.

Methods The autoregressive models of human plague dynamics were set up.

Results Human plague cases and dead were 1 167 379 and 1 038 970, respectively. The dynamic models ARIMA(2,1,0) of the human plague cases and ARIMA(3,1,0) of the dead were obtained, respectively.

Conclusions The human plague cases were mainly located in Fujian, Guangdong, Neimenggu, Jilin, Yunnan, Heilongjiang, Taiwan, Shanxi (陕西) and Shanxi(山西) Province (Autonomous Region) in 1901～1960, and in Yunnan, Qinghai, Xizang and Guizhou Province (Autonomous Region) in 1961～2000. The general trends on the cases of human plague are increase and of the dead are relative stable from 2001 to 2002.

Keywords human plague; China; autoregressive model; dynamics.

中国地方病防治杂志(中国地方病防治),
1989,4(S):50-52.

达乌尔黄鼠鼠疫预报的数学模型(Ⅰ)[①]

Mathematical Models for Forecast of Epizootic Plague of *Spermophilus Dauricus* (Ⅰ)

摘要 本文根据我国松辽平原1952年～1986年达乌尔黄鼠(简称黄鼠)鼠疫疫点资料，利用多元统计分析中的两组判别分析方法，给出判别鼠疫发生的两种数学模型，以及筛选后的影响鼠疫发生的主要因子和模型.

关键词 鼠疫;预报因子;两组判别分析;逐步判别分析.

鼠疫是一种自然疫源性疾病，在世界上分布很广，新的疫源地还在不断地出现. 近年来，我国松辽平原黄鼠鼠疫疫源地还在活动. 根据目前防治鼠疫的技术措施，在近期内还达不到彻底根除的情况. 因此，我们应充分利用现有技术条件和资料，研究黄鼠鼠疫预报，以便及时采取防治措施，将鼠疫控制在鼠间. 目前，国内外对鼠疫预报主要有三种途径:

(1) 从鼠疫流行病学的基本理论出发，运用鼠疫动物病的流行因素，推测其未来的状态.

(2) 运用血清学、免疫学的资料，预测鼠疫的发生和流行的趋势.

(3) 利用鼠疫疫点的调查资料，建立统计公式或数学模型，研究鼠疫动物病的定量预测. 本文建立判别分析模型.

---

① 吉林省卫生厅资助项目.

本文与王成贵、关秉钧、周方孝、陈克伟合作.

§1. 材料与方法

1.1 资料来源

以我国松辽平原地区 1952 年～1986 年以来发生动物鼠疫 40 个点和未发生鼠疫 40 个点的当年和当月的 12 个因素统计数据为基本资料.

1.2 方法

采用多组判别分析建立预报的数学模型. 采用贝叶斯(Bayes)准则,把 P 维空间划分为互不相交的多个区域,使错判的平均损失最小. 而每一个样本只能归属于多个区域中的某一个区域,而不能同时落在两个或更多个区域中,换言之,对于一个待判样本,判别它属于已知 m 组中何组的方法,是计算该样本属于第 l 组的条件概率 $P(l\mid x)(l=1,2,\cdots,m)$. 比较这 m 个概率的大小,将这个样本归入概率最大的一组. 基本原理和方法如下.

仅限于我们的模型,设有两组样本:发生和不发生鼠疫组,第 $l(l=1,2)$ 组样本数为 n_l,$(l=1,2)$,每个样本有 12 个指标(因素),原始数据为

$$x_{i,1}^{(l)},x_{i,2}^{(l)},\cdots,x_{i,12}^{(l)},\ (i=1,2,\cdots,n_l;\ l=1,2)$$

一般,$x_{k,j}^{(l)}$ 表示第 l 组的第 k 个样本第 j 个指标的原始数据($l=1,2$, $k=1,2,\cdots,n_l$, $j=1,2,\cdots,12$).

假定两组样本都是相互独立的正态随机向量

$$(x_{k,1}^{(l)},x_{k,2}^{(l)},\cdots,x_{k,12}^{(l)})\sim N(\boldsymbol{\mu}_l,\Sigma_l).$$

这里 $\boldsymbol{\mu}_l$ 是第 l 组 12 个指标的数学期望向量,Σ_l 是协方差矩阵. 在两组判别分析中,进一步假定两个组的协方差矩阵相等,即 $\Sigma_1=\Sigma_2$. 令 $n=n_1+n_2$,$\boldsymbol{\mu}_l$ 与 Σ 的估计量为 $\hat{\boldsymbol{\mu}}_l=\hat{\boldsymbol{x}}_l=(\bar{x}_1^{(l)},\bar{x}_2^{(l)},\cdots,\bar{x}_{12}^{(l)})$,$(l=1,2)$,其中 $\bar{x}_j^{(l)}$ 是第 l 组中第 j 个指标的均值($j=1,2,\cdots,12$);$\hat{\Sigma}=\dfrac{\sum_{l=1}^{2}\boldsymbol{S}_l}{n-2}$,其中 $\boldsymbol{S}_l=(S_{i,j}^{(l)})_{12\times 12}$ 为第 l 组的离差矩阵,而 $S_{i,j}^{(l)}$ 为

$$S_{i,j}^{(l)}=\sum_{k=1}^{n_l}(x_{k,i}^{(l)}-\bar{x}_i^{(l)})(\bar{x}_{k,j}^{(l)}-\bar{x}_j^{(l)}).$$

将这些估计量代入各组的多元正态分布密度表达式内,即得到各组的 12 个指标的联合分布密度.

$$P_l(x_1,x_2,\cdots,x_{12})=$$

$$|\boldsymbol{D}|^{-1/2}(2\pi)^{-6}\times\exp\left\{-\frac{1}{2}\sum_{i=1}^{12}\sum_{j=1}^{12}d_{i,j}^{-1}(x_i-\overline{x}_i^{(l)})(x_j-\overline{x}_j^{(l)})\right\},$$

其中 $\boldsymbol{D}=\hat{\Sigma}$为总的协方差矩阵，$d_{i,j}^{-i}$ 是 $\boldsymbol{D}$ 的逆矩阵 $\boldsymbol{D}^{-1}$ 中第 i 行第 j 列交点的元素.

现在若有一样本 $X=(x_1,x_2,\cdots,x_{12})$，假设其来自各组的可能性相同，则由概率论中的贝叶斯公式，X 来自第 l 组的概率（后验概率）为

$$P(l\mid X)=\frac{q_l p_l(x_1,x_2,\cdots,x_{12})}{\sum_{k=1}^{2}q_k p_k(x_1,x_2,\cdots,x_{12})},\tag{1.1}$$

后验概率是当样本 X 已知时，它落入第 l 组的概率，记为 $P(l|X)$，其概率作为样本归类的尺度. q_l 为第 l 组的先验概率，实际应用中用各组的样本频率为其估计值，即 $q_l=n_l/n,(l=1,2)$，$p_l(x_1,x_2,\cdots,x_{12})$由上述分布密度求出.

将待判样本$(x_1,x_2,\cdots,x_{12})$的观测值代入(1.1)，即可计算出两个概率值. 待判样本归属于概率值最大的那个组. 但由于(1.1)的分母为定值，故比较概率值的大小实际上是比较分子项的大小，即计算两个 $q_l p_l(x_1,x_2,\cdots,x_{12})$函数值，找出最大值.

将 $q_l p_l(x_1,x_2,\cdots,x_{12})$ 取对数，并将 p 维正态密度函数式代入 $p_l(x_1,x_2,\cdots,x_{12})$中且去掉与 l 无关的量，可得

$$f_l(x_1,x_2,\cdots,x_{12})=\ln q_l+C_{l,0}+\sum_{i=1}^{12}C_{l,i}x_i,\ (l=1,2)\tag{1.2}$$

其中 $C_{l,0}=-\frac{1}{2}\sum_{i=1}^{12}\sum_{j=1}^{12}d_{i,j}^{-1}\overline{x}_i^{(l)}\overline{x}_j^{(l)}$，$C_{l,i}=\sum_{j=1}^{12}d_{i,j}^{-1}\overline{x}_j^{(l)}$.

称(1.2)为两组的判别模型，即对任一样本 $X=(x_1,x_2,\cdots,x_n)$，如果有

$$f_g(x_1,x_2,\cdots,x_n)=\max\{f_1(x_1,x_2,\cdots,x_{12}),f_2(x_1,x_2,\cdots,x_{12})\},$$

那么将该样本判属于第 $g(g=1,2)$组.

为了解这 12 个指标能否区分两个组，需用广义的马哈拉诺比斯(Mahalanobis)D^2 统计量来进行检验. 其统计量为 $D^2=\sum_{i=1}^{12}\sum_{j=1}^{12}\sum_{l=1}^{2}n_l\cdot d_{i,j}^{-1}(\overline{x}_i^{(l)}-\overline{x}_i)(\overline{x}_j^{(l)}-\overline{x}_j)$，$D^2$ 服从 $P(m-1)$ 个自由度的 χ^2 分布. 若 D^2 大于计算后的临界值，则可断定这 12 个指标能够区分这两个组.

§2. 主因子筛选模型

2.1 初始模型

设 x_1 = 生境，x_2 = 土壤，x_3 = 黄鼠密度，x_4 = 黄鼠体蚤指数，x_5 = 黄鼠洞干蚤指数，x_6 = 气温，x_7 = 相对湿度，x_8 = 降水量，x_9 = 气压，x_{10} = 地表最低温度，x_{11} = 蒸发量，x_{12} = 日照. 由于生境和土壤均是定性数据，依据疫点分布规律，将其数值化后，取值分别为羊甸草甸 1，沙丘和固定沙丘 0.8，真草草甸 0.7，沙丘耕地 0.4，台地冲沟 0.3，平原耕地 0.2，沙丘和碱土 1，栗钙土 0.7，黑钙土、黄土、黄沙土 0.5，黄黏土 0.3.

由于鼠疫资料近似服从两组独立的正态分布，且协方差阵近似相等，将当年(发生组 $n_1=19$，不发生组 $n_2=23$)和当月(发生组 $n_1=21$，不发生组 $n_2=25$)12 个指标的资料(数据不全的样本点除外)，分别上机计算，得当年和当月鼠疫预测的数学模型为

当年发生：

$$y_1=-0.7932-114386.3866-134.8309x_1+743.8172x_2-171.6414x_3+0.5770x_4-25.0780x_5+415.6518x_6-79.5139x_7-1.9804x_8+246.8608x_9-155.5494x_{10}-2.8725x_{11}-3.0950x_{12},$$

当年不发生：

$$y_2=-0.6022-114804.7462-131.5888x_1+743.6978x_2-173.6449x_3+0.5299x_4-27.0977x_5+418.3459x_6-79.6728x_7-1.9933x_8+247.3093x_9-155.6549x_{10}-2.8842x_{11}-3.0964x_{12}.$$

当月发生：

$$y_1=-0.7842-57086.3017-352.5097x_1+612.4589x_2+8.3518x_3-39.8078x_4-55.2970x_5-78.1079x_6+7.8981x_7+3.1107x_8+114.4369x_9+89.1688x_{10}+1.8388x_{11}+2.1682x_{12},$$

当月不发生：

$$y_2=-0.6098-57563.7073-351.4638x_1+614.8011x_2+6.7191x_3-39.7516x_4-57.3169x_5-78.0158x_6+7.9537x_7+3.1096x_8+114.9153x_9+89.2913x_{10}+1.8382x_{11}+2.1678x_{12}.$$

由于当年的模型中，马氏统计量 $D^2=73.4>\chi^2_{0.005}(12)=28.3$；当月的模型中 $D^2=70.7>\chi^2_{0.005}(12)=28.3$，故 12 个指标均能分别鉴别鼠疫发生与不发生这两个组.

一般地说,建立判别模型和判别规则后,对原样本进行回判,用错判的样本数比上全体样本数作为误判概率的估计. 但是经验证明,这种方法估计的误判概率往往偏低,而改进的方法可用增加计算时间来求得准确的估计. 其做法是 $n_1+n_2=n$ 个样本中依次去掉 1 个样本,用余下的 $n-1$ 个样本建立判别函数,对去掉的样本进行判断,如此进行 n 次,用误判样本的比例作为误判概率的估计. 这种方法称为“刀切法”. 有人证明[1],这种方法比上面的方法以及其他方法要好.

用刀切法计算当年和当月的数学模型的判别正确的概率分别为 82.6%与 82.8%. 因此,两种模型均是可靠的.

2.2 逐步判别筛选因子模型

在判别问题中,对判别能产生影响的因素往往很多,但是影响有大有小. 当判别变量个数较多时,如果不加选择地用来建立判别模型,不仅计算量大,还由于因子之间的相关性,可能使求解逆矩阵的计算精度下降,建立的判别模型不稳定. 我们利用逐步增减判别法来达到该目的. 判别准则用贝叶斯判别函数. 其基本思路为:采用“增减”的算法,因子按其重要程度逐步引入,原因子的引入也可能由于其后新因子的引入使之丧失重要性而被剔除,每步引入或剔除因子,都作相应的统计检验,使最后的判别模型仅保留重要的因子.

引入和剔除因子的临界值 $F_1=F_2=2$,对原始数据重新上机计算,得当年和当月鼠疫预测的数学模型分别为

当年发生:

$$Z_1=-0.793\,2-78\,452.358\,8-32.385\,3x_3+16.254\,6x_5+48.001\,4x_6+160.201\,3x_9-0.941\,6x_{12},$$

当年不发生:

$$Z_2=-0.602\,2-78\,779.514\,0-33.783\,7x_3+14.370\,5x_5+49.277\,7x_6+160.509\,9x_9-0.936\,0\,x_{12},$$

当月发生:

$$Z_1=-0.784\,2-47\,318.677\,7-31.005\,3x_3-84.577\,9x_5+95.653\,6x_9+48.085\,6x_{10},$$

当月不发生:

$$Z_2=-0.609\,8-47\,772.289\,4-32.392\,2x_3-86.343\,3x_5+96.113\,7x_9+48.337\,4x_{10}.$$

采用 Bartlette 的 χ^2 分布近似式,检验主要因子的判别能力. 当年的模

型中 $\chi^2=35.4>\chi^2_{0.005}(5)=16.7$，当月的模型中，$\chi^2=38.3>\chi^2_{0.005}(4)=14.9$，故当年的主因子 x_3,x_5,x_6,x_9,x_{12} 及本月主因子 x_3,x_5,x_9,x_{10} 所构成的判别模型显著有效，即这些主因子有区分鼠疫发生与不发生的能力.

利用上述模型中检验主要因子重要性的 F 值见表 2.1.

表 2.1　影响鼠疫流行的主因子的 F 值

	x_3	x_5	x_9	x_{10}	x_{12}	x_6
本年	12.8	5.5	2.2		2.9	2.6
本月	23.4	11.9	12.1	7.8		

由表 2.1 得到影响鼠疫发生的主因子次序从大到小依次为：

黄鼠密度 x_3，黄鼠洞干蚤指数 x_5，气压 x_9，地表最低温度 x_{10}，日照时数 x_{12}，气温 x_6.

这六个因子可以作为预报鼠疫发生的主要因子.

参考文献

[1] 张尧庭，等．多元统计分析引论．北京：科学出版社，1982.

[2] 於崇文，等．数学地质的方法与应用．北京：冶金工业出版社，1980.

中国地方病防治杂志(中国地方病防治),
1990,5(3):142-146,138.

达乌尔黄鼠鼠疫预报的数学模型(Ⅱ)[①]

Mathematical Models for Forecast of Epizootic Plague of *Spermophilus Dauricus* (Ⅱ)

摘要 本文根据我国松辽平原 1952 年～1986 年达乌尔黄鼠(简称黄鼠)鼠疫疫点资料，在筛选出 6 个影响鼠疫流行的主因子后，建立两种鼠疫预报的数学模型.利用其模型对 1987 年～1989 年松辽平原鼠疫疫点资料进行拟合，得到了很好的拟合结果.

关键词 达乌尔黄鼠；鼠疫；预报模型；拟合.

§1. 预报模型

在达乌尔黄鼠鼠疫预报的数学模型(Ⅰ)中,根据我国松辽平原 1952 年～1986 年鼠疫流行与未流行的疫点资料,利用多元统计分析中基于贝叶斯法则下的多组判别分析方法,我们得到了影响鼠疫流行的 6 个主要预报因子.为方便起见,将主因子重新排列,依次为:黄鼠密度 x_1、黄鼠洞干蚤指数 x_2、气温 x_3、气压 x_4、地表最低温度 x_5、日照 x_6.采用与(Ⅰ)中相同方法,对当年(表 1.1 中未流行组与流行组)、当月(表 1.2 中未流行组与流行组)鼠疫疫点资料重新上机计算(计算步骤可参见《达乌尔黄鼠鼠疫预报的数学模型(Ⅰ)》中 **1.2** 方法),得到下面的模型.

① 吉林省卫生厅资助项目.

本文与王成贵、关秉钧、周方孝、陈克伟合作.

表 1.1 当年黄鼠鼠疫流行的主要因素

	点号	黄鼠密度/只·(hm^{-2})	黄鼠洞干蚤指数/只	气温/℃	气压/mb	地表最低温度/℃	日照/h	拟合结果	
								原组号	新组号
未发生点组	1	0.80	0.04	5.4	996.4	−2.9	3 092.6	1	1
	2	0.89	1.90	5.4	996.4	−2.9	3 092.6	1	1
	3	0.71	0.02	5.4	996.4	−2.9	3 092.6	1	1
	4	0.30	0.30	5.4	996.4	−2.9	3 092.6	1	1
	5	1.01	0.60	5.4	996.4	−2.9	3 092.6	1	1
	6	0.32	0.03	5.8	996.1	−2.3	2 893.1	1	1
	7	0.16	1.80	5.8	996.1	−2.3	2 893.1	1	1
	8	0.12	0.05	5.8	996.1	−2.3	2 893.1	1	1
	9	0.25	0.18	5.8	996.1	−2.3	2 893.1	1	1
	10	1.05	0.19	5.8	996.1	−2.3	2 893.1	1	1
	11	0.39	0.09	5.8	996.1	−2.3	2 893.1	1	1
	12	0.30	0.20	5.4	998.9	2.2	2 980.2	1	1
	13	0.05	0.16	5.4	998.9	2.2	2 980.2	1	1
	14	0.29	0.12	5.4	998.9	2.2	2 980.2	1	1
	15	0.51	0.22	3.4	992.3	−6.3	3 025.5	1**	2
	16	0.12	0.14	4.2	999.9	−4.3	2 925.7	1	1
	17	1.20	0.05	4.9	997.8	−2.3	2 836.2	1	1
	18	0.26	0.15	4.1	1 000.0	−3.3	3 186.4	1	1
	19	0.20	0.09	4.4	1 000.1	−3.0	2 805.9	1	1
	20	0.47	1.24	4.4	1 000.1	−3.0	2 805.9	1	1
	21	0.44	0.03	6.2	1 000.7	−2.6	2 957.1	1	1
	22	0.24	0.02	6.4	1 001.9	−2.8	2 913.6	1	1
	23	0.42	0.22	5.6	991.2	−3.6	3 030.5	1	1
	24	0.18	0.01	4.9	992.0	−3.4	2 912.3	1	1
疫点组	1	2.30	2.60	5.4	994.4	−4.5	2 864.2	2	2
	2	3.36	0.10	5.4	994.4	−4.5	2 864.2	2	2
	3	2.95	1.02	5.1	997.3	−2.5	2 949.6	2	2
	4	2.40	1.10	5.1	997.3	−2.5	2 949.6	2	2
	5	0.49	0.70	5.1	997.3	−2.5	2 949.6	2**	1
	6	2.31	0.69	5.1	997.3	−2.5	2 949.6	2	2
	7	8.20	0.90	4.0	996.9	−3.5	2 777.8	2	2
	8	3.10	2.20	4.4	995.7	−4.5	2 789.6	2	2
	9	1.60	0.17	4.9	995.4	−3.2	3 021.8	2**	1
	10	1.41	1.14	4.4	995.7	−4.5	2 789.6	2	2
	11	0.56	1.68	4.4	995.7	−4.5	2 789.6	2	2
	12	1.72	0.43	4.4	995.7	−4.5	2 789.6	2	2

续表

	点号	黄鼠密度/只·(hm^{-2})	黄鼠洞干蚤指数/只	气温/℃	气压/mb	地表最低温度/℃	日照/h	拟合结果	
								原组号	新组号
疫点组	13	0.50	1.14	4.4	995.7	−4.5	2 789.6	2	2
	14	3.50	0.30	4.4	995.7	−4.5	2 789.6	2	2
	15	0.64	1.39	5.4	990.2	−2.7	2 762.4	2	2
	16	2.25	0.99	4.7	992.4	−3.7	2 906.5	2	2
	17	1.50	0.07	5.5	996.1	−2.1	1 945.9	2	2
	18	2.50	0.29	3.9	997.7	−5.6	2 881.9	2	2
	19	2.37	0.52	3.7	992.0	−4.7	2 808.1	2	2
	20	2.30	1.01	5.4	994.4	−4.5	2 864.2	2	2
	21	2.60	0.39	4.4	995.7	−4.5	2 789.6	2	2
待判点组	1	0.41	0.19	4.7	996.4	6.3	2 753.3	1	1
	2	0.30	0.15	4.8	996.9	6.4	2 684.8	1	1
	3	0.87	0.59	4.1	995.7	6.4	2 934.7	1	1
	4	0.48	0.22	4.5	998.0	6.4	2 503.8	1	1
	5	0.08	0.11	4.8	992.3	6.3	2 712.4	1	1
	6	0.45	0.01	6.1	996.2	7.5	2 873.9	1	1
	7	0.29	0.14	5.8	992.2	7.4	2 810.2	1	1
	8	2.34	0.53	5.3	997.1	6.8	2 714.2	1	1
	9	0.91	0.47	6.1	996.6	7.8	2 817.2	1	1
	10	1.51	1.03	5.5	995.6	7.4	3 011.2	1	1

注:原组号 1 为未流行,拟合与原组号不同的点作标记“**”.

表 1.2　当月黄鼠鼠疫流行的主要因素

	点号	黄鼠密度/只·(hm^{-2})	黄鼠洞干蚤指数/只	气温/℃	气压/mb	地表最低温度/℃	日照/h	拟合结果	
								原组号	新组号
未发生点组	1	0.80	0.04	6.9	994.2	−3.3	280.2	1	1
	2	0.89	1.90	6.9	994.2	−3.3	280.2	1**	2
	3	0.71	0.02	14.1	987.2	4.4	267.4	1	1
	4	0.30	0.30	23.9	984.5	18.3	254.1	1	1
	5	1.01	0.60	20.8	987.8	12.3	312.4	1	1
	6	0.32	0.03	7.8	996.3	−3.1	258.8	1	1
	7	0.16	1.80	7.8	996.3	−3.1	258.8	1	1
	8	0.12	0.05	17.0	988.9	6.1	300.2	1	1
	9	0.25	0.18	17.0	988.9	6.1	300.2	1	1
	10	1.05	0.19	22.7	986.3	13.1	312.7	1	1
	11	0.39	0.09	23.6	985.2	18.3	277.2	1	1
	12	0.30	0.20	7.2	999.4	−1.7	238.8	1	1

续表

	点号	黄鼠密度/只·(hm^{-2})	黄鼠洞干蚤指数/只	气温/℃	气压/mb	地表最低温度/℃	日照/h	拟合结果	
								原组号	新组号
未发生点组	13	0.05	0.16	18.3	993.6	8.7	322.0	1	1
	14	0.29	0.12	20.5	986.4	13.6	294.2	1	1
	15	0.51	0.22	6.1	990.6	−3.2	249.6	1	1
	16	0.11	0.31	22.7	986.6	17.7	189.6	1	1
	17	0.25	0.51	7.4	997.2	−3.7	272.8	1	1
	18	0.12	0.14	19.5	987.7	11.9	254.1	1	1
	19	1.20	0.05	13.9	990.8	5.7	253.6	1	1
	20	0.26	0.15	17.1	994.9	7.0	341.3	1	1
	21	0.20	0.09	17.3	994.8	7.0	319.7	1	1
	22	0.47	1.24	6.7	1 000.8	−0.9	223.2	1	1
	23	0.44	0.03	8.2	1 001.3	−2.9	249.3	1	1
	24	0.24	0.02	8.5	999.0	−2.3	260.7	1	1
	25	0.42	0.22	22.2	982.0	12.9	333.1	1	1
	26	0.18	0.01	13.1	984.6	3.7	286.7	1	1
疫点组	1	2.30	2.60	4.8	994.2	4.0	250.7	2	2
	2	3.36	0.10	14.3	988.4	4.2	272.7	2	2
	3	2.95	1.02	15.0	991.1	5.0	304.0	2	2
	4	2.40	1.10	15.0	991.1	5.0	304.0	2	2
	5	0.49	0.70	15.0	991.1	5.0	304.0	2**	1
	6	2.31	0.69	15.0	991.1	5.0	304.0	2	2
	7	8.20	0.90	15.3	988.7	3.0	269.0	2	2
	8	3.10	2.20	21.0	986.6	11.7	286.0	2	2
	9	1.60	0.17	4.3	995.2	−5.1	264.6	2**	1
	10	1.41	1.14	4.9	990.7	−4.7	230.2	2	2
	11	0.56	1.68	4.9	990.7	−4.7	230.2	2	2
	12	1.72	0.43	20.5	986.6	11.7	286.0	2**	1
	13	0.50	1.14	14.6	989.4	3.3	287.8	2	2
	14	3.50	0.30	24.5	984.2	16.7	275.0	2	2
	15	0.64	1.39	22.0	981.0	17.0	236.7	2	2
	16	2.25	0.99	20.3	983.6	11.6	286.7	2	2
	17	1.50	0.07	7.1	980.8	−1.2	279.4	2	2
	18	2.50	0.29	5.4	994.6	−5.3	252.8	2	2
	19	1.09	5.25	22.8	988.4	14.1	290.5	2	2
	20	7.70	0.43	22.8	988.2	14.1	290.5	2	2
	21	2.37	0.52	21.5	979.2	15.8	213.9	2	2
	22	2.30	1.01	21.5	983.1	11.4	290.3	2	2
	23	2.60	0.39	21.0	986.6	11.7	286.0	2	2

续表

	点号	黄鼠密度/只·(hm^{-2})	黄鼠洞干蚤指数/只	气温/℃	气压/mb	地表最低温度/℃	日照/h	拟合结果	
								原组号	新组号
待	1	0.20	0.16	6.8	993.6	−2.8	240.0	1	1
	2	0.92	0.45	6.8	993.5	−2.2	256.6	1	1
	3	0.78	0.01	7.1	992.6	−2.5	248.5	1	1
	4	0.30	0.02	7.1	992.6	−2.5	248.5	1	1
	5	0.04	0.07	14.2	983.4	6.9	255.0	1	1
	6	0.23	0.05	14.7	989.6	4.8	250.0	1	1
	7	0.33	0.11	14.2	990.8	5.7	231.3	1	1
	8	0.08	0.15	22.4	985.9	13.1	298.8	1	1
	9	0.46	0.80	22.5	987.3	13.9	332.0	1	1
	10	0.46	0.03	23.7	989.0	18.8	209.8	1	1
判	11	0.15	0.12	8.9	996.3	−2.4	292.3	1	1
	12	0.77	0.25	8.5	996.5	−1.6	301.4	1	1
	13	0.31	1.85	8.5	996.5	−1.6	301.4	1	1
	14	0.38	0.19	9.2	994.6	−2.5	297.8	1	1
	15	0.88	0.40	9.2	994.6	−2.5	297.8	1	1
点	16	0.48	0.06	16.2	986.6	5.2	320.1	1	1
	17	0.38	0.22	16.3	990.2	5.4	333.2	1	1
	18	0.23	0.35	16.3	990.2	5.4	333.2	1	1
	19	0.62	1.58	15.3	994.6	6.4	342.3	1	1
	20	0.08	0.10	16.3	986.4	5.2	320.1	1	1
组	21	2.26	0.90	15.4	977.4	3.7	264.6	2	2
	22	4.20	2.24	15.7	965.7	3.4	316.0	2	2
	23	3.60	2.35	15.7	965.9	3.4	316.0	2	2
	24	1.33	1.24	16.9	994.9	4.7	327.0	2	2
	25	1.50	0.21	10.3	968.9	−3.5	305.9	2	2

注:原组号 1 为未流行,拟合与原组号不同的点作标记“**”.

1.1 当年的鼠疫预测判别模型

预测鼠疫流行模型

$$y=-0.7621-82406.5850-40.3056x_1-12.9427x_2+122.8109x_3+167.8138x_4-81.1607x_5-1.0438x_6.$$

预测鼠疫未流行模型

$$y=-0.6286-82652.2713-41.8215x_1-14.8980x_2+123.6846x_3+168.0411x_4-80.8548x_5-1.0372x_6.$$

1.2 当月的鼠疫预测判别模型

预测鼠疫流行模型

$$y=-0.7563-45255.2661-29.1883x_1-83.8055x_2-53.6137x_3+91.6797x_4+90.5898x_5+1.2829x_6.$$

预测鼠疫未流行模型

$$y=-0.6337-45674.2148-30.6339x_1-85.5748x_2-53.9417x_3+92.1049x_4+91.0809x_5+1.2957x_6.$$

在当年的预测判别模型中，马氏统计量 $D^2=71.6>\chi^2_{0.005}(6)=18.5$；在当月的预测判别模型中，$D^2=69.3>\chi^2_{0.005}(6)=18.5$，故6个主因子构成的当年与当月的鼠疫预测判别模型均能极为显著地鉴别鼠疫流行或未流行这两种情形.

§2. 拟合

将当年和当月流行或未流行鼠疫的疫点资料代入判别模型，计算对应于各组的判别数值，将其判属数值最大的一组，即进行拟合，我们得到当年和当月的未流行组和流行组的拟合结果见表1.1和表1.2右半部分，当年拟合率数据为93.3%，当月拟合率数据为91.8%.

作者对1987年～1988年当年鼠疫未流行的10个点(表1.1中待判别组)和1987年～1989年当月鼠疫未流行的20个点和流行的5个疫点(表1.2中待判别组1～20与21～25)，共35个待判疫点.分别利用本文中当年和当月的预测模型进行判别，拟合结果全部正确(见表1.1和表1.2).

§3. 讨论

3.1 鼠疫是由鼠疫杆菌引起的以动物做宿主、以蚤类等做媒介的自然疫源性疾病.根据古生物学的考证，鼠疫大约在5千万年前已在某些动物间流行.由于自然生态系统的决定，各种动物鼠疫都有特定的地理景观、宿主、媒介以及流行保存的规律，并在一定的条件下传染给人，造成人间鼠疫流行.鼠疫在历史上曾给人类带来巨大的灾难和不可估量的损失.目前世界上还有30多个国家存在鼠疫自然疫源地，新的疫源地还在不断地被发现.因此鼠疫对人类的威胁依然存在.

人类从古代经验医学时期开始用预测的手段同鼠疫进行斗争.在预测的实践中积累了一定的经验，对防治鼠疫起到了积极的作用.鼠疫的预测预报由经验医学发展到实验医学，目前已进入数理预报时期.本文根据我国松辽平原1952年～1986年鼠疫疫点资料.利用多元统计分析的多组判别分析方法,建立主因子筛选和预报鼠疫的数学模型,通过计算机运算,对鼠疫自然疫源性这一内涵极其丰富、性质极其复杂的生物现象提供预报信息.其当年和当月的预报率分别为93.3%,91.8%,特别是利用所求的数学判别预测模型,对1987年～1989年的35个鼠疫疫点资料进行预报,其结果全部正确.因此,鼠疫的预报已逐步由定性发展到定量.

本文模型资料来源于松辽平原,因此本模型主要适用于达乌尔黄鼠鼠疫自然疫源地.阿拉善黄鼠鼠疫自然疫源地的生态系统与达尔黄鼠鼠疫自然疫源地基本相同,故本模型也可适用.预报范围应以监调点为单位,一般应不少于5 000 hm^2～10 000 hm^2.

3.2 鼠疫动物病预报的数学模型,建模型时首先要确定哪些是影响鼠疫发生的关键因子.为了较有把握地找到这些关键因子,我们向国内有关专家和鼠疫防治工作者广泛征求意见,根据他们提出的因子及其隶属度,加以整理确定影响鼠疫发生的12个因子.由[1]知,我们用多组判别分析方法得到当年和当月的预报判别数学模型.在逐步判别筛选主因子过程中,我们根据F值的大小确定出6个主要预报因子.未选取的6个因子不等于对鼠疫流行不起作用,而是从主要作用及模型的建立角度看,可以省略,且不影响预报效果.

预报因子根据模型要求,生物因子应取自然状态下的典型值,气象因子不超过当地气象台(站)50 km～100 km,否则将影响模型的稳定性.

3.3 在判别预报模型中,对原点进行拟合时,当年资料共45个点(未发生点24个,疫点21个)其中未发生点15号,疫点5号,9号为判错点,判错率为6.67%;当月资料共49个点(未发生点26个,疫点23个),其中未发生点2号,疫点5号、9号和12号为判错点、判错率为8.16%,虽然判错的比例很小,但也应引起重视,判错的原因我们考虑到三点:

(1) 模型用的原始资料多来源于20世纪50年代,由于当时的技术水平所限,部分资料可能存在调查误差,因而影响主因子的典型值.

(2) 动物鼠疫的流行过程,要出现黄鼠种群的个体死亡,特别是动物鼠疫的流行末期,必然导致黄鼠种群空间数量下降,如原始资料调查于动物鼠疫流行的末期,由于黄鼠密度的降低而出现拟合的判错.

(3) 鼠疫动物病预报的数学模型,是对复杂的多层次鼠疫生态系统揭示的尝试,由于模型是人工的结构,总要比鼠疫生态系统贫乏得多,加之模型的资料选择有限,这些都会影响模型的准确性.因此,本模型有待今后继续完善,以提高预报率.

参考文献

[1] 王成贵,等. 达乌尔黄鼠鼠疫预报的数学模型(Ⅰ).中国地方病防治杂志,1989,4(S):50-52.

[2] 张尧庭,等.多元统计分析引论. 北京:科学出版社,1982.

[3] 伍连德,等. 鼠疫概论. 卫生署海港检疫处上海海港检疫所,1937.

[4] 耿贯一,等. 流行病学,第1版. 北京:人民卫生出版社,1979.

[5] 纪树立,等. 鼠疫. 北京:人民卫生出版社,1988.

[6] 巴甫洛夫斯基 E H,著. 王连生,等译. 虫媒传染病自然疫源地性的学说. 北京:科学出版社,1957.

Abstract According to the date of natural plague foci of *Spermophilus dauricus* in Songliao Plain from 1952 to 1986, six main factors were selected among those factors that can affect plague epidemic, and two mathematical models for prediction of plague epidemic were established. Using these two models, the data of Songliao Plain natural plague foci from 1987 to 1989 a good fitting result was obtained.

Keywords *Spermophilus dauricus*; plague; forecast model; fitting.

地方病通报(疾病预防控制通报),
1990,5(1):95-100.

达乌尔黄鼠鼠疫预报的数学模型(Ⅲ)①

Mathematical Models for Forecast of Epizootic Plague of *Spermophilus Dauricus* (Ⅲ)

摘要 根据我国松辽平原1952年～1986年达乌尔黄鼠(简称黄鼠)鼠疫疫点资料、利用多元统计分析中基于费歇(Fisher)准则下的两组判别分析方法、给出预报鼠疫是否流行的两种数学模型,利用回归一判别法,得到影响鼠疫流行的主要因子、模型及较好的模拟结果.

关键词 鼠疫;预报因子;两组判别分析;逐步回归分析.

我们曾利用多元统计分析中基于贝叶斯法则(把P维空间划分为多个互不相交的区域、使错判的平均损失最小)下的多组判别分析方法,给出了判别鼠疫是否流行的主要因子和模型[1],但该模型是在鼠疫流行与未流行的两总体服从正态分布及两协方差阵相等的前提下得到的,而这样的前提是很难遇到的[2],本文在不涉及这两个条件的前提下,进一步考虑预报模型的建立.

§1. 材料与方法

1.1 资料来源

预报鼠疫是否流行的第一步,是要确定哪些是影响鼠疫流行的主要

① 吉林省卫生厅资助项目.
收稿:1989-04-22;收修改稿:1989-07-01.
本文与王成贵合作.

因素. 而这些因素还应该是可提前观测或较容易获得的. 为了较准确地找到主要因素,我们向国内有关专家、鼠疫工作者广泛征求意见（通信调查),对获得的意见加以提炼集中，初步定为 12 个因素，因此，本文以我国松辽平原地区 1952 年～1986 年发生鼠疫动物病流行的 40 个疫点和 40 个未流行点的当年的 12 个因素的统计数据为基本资料(见表 1.1),其中鼠疫未流行点序号 1～23,43；流行疫点序号 24～42，44～45;其他点因缺资料太多，略去. 12 个因素按表 1.1 次序依次记为 x_1，x_2，…，x_{12}，其中 x_1，x_2，…，x_5 是当年鼠疫疫点数据，x_6，x_7，…，x_{12} 由查阅资料获得. 由于生境 x_1 和土壤 x_2 均是定性数据,依据疫点空间分布规律,将其数值化，取值分别为：羊草草甸 1,沙丘和固定沙丘 0.8，真草草甸 0.7,沙丘耕地 0.4，台地冲沟 0.3，平原耕地 0.2;沙土和碱土 1,栗钙土 0.7,黑钙土、黄土、黄沙土 0.5,黄黏土 0.3.

1.2　方法

由于鼠疫只有流行和未流行两种情况，用两组（未流行组 A 和流行组 B）判别分析建立预报的数学模型. 采用费歇准则，即判别的结果应使两组间区别最大,使每组内部的离散性最小. 在此准则下，建立线性判别模型

$$y=b_1x_1+b_2x_2+\cdots+b_{12}x_{12}, \tag{1.1}$$

其中 $b_1,b_2,\cdots,b_{12}$ 为待求的判别模型系数.

设 $\bar{x}_k(A)$，$\bar{x}_k(B)$为各组疫点判别因素的平均值,A 组与 B 组分别有 23 组和 19 组数据，由 (1.1)，可计算未流行组 A 与流行组 B 的两类重心分别为 $\bar{y}(A)$,$\bar{y}(B)$，并取加权平均数 $y_{AB}=\dfrac{23\cdot\bar{y}(A)+19\cdot\bar{y}(B)}{42}$为两组判别的综合指标. 对待判数据的判别方法是

(1) 若 $\bar{y}(A)>y_{AB}$,则对待判数据 $(x_{i,1},x_{i,2},\cdots,x_{i,12})$,若有 $y=c_1x_{i,1}+c_2x_{i,2}+\cdots+c_{12}x_{i,12}>y_{AB}$，则将该点判其属于 A 组；若 $y\leqslant y_{AB}$,则将其判属于 B 组.

(2) 若 $\bar{y}(B)>y_{AB}$，将 $y=c_1x_{i,1}+c_2x_{i,2}+\cdots+c_{12}x_{i,12}>y_{AB}$ 的点判其属于 B 组，$y\leqslant y_{AB}$ 的点判属于 A 组.

表 1.1　当年黄鼠鼠疫动物病流行因素资料

疫点编号	生境	土壤	黄鼠密度/只·(hm^{-2})	黄鼠体蚤指数/只	黄鼠洞干蚤指数/只	气温/℃	相对湿度/%	降水量/mm	气压/mb	地表最低温度/℃	蒸发量/mm	日照/h
1	沙丘	沙土	0.8	4.5	0.0	5.4	59	394.4	996.4	−2.9	1 762.0	3 092.6
2	羊草草甸	碱土	0.9	6.6	1.9	5.4	59	394.4	996.4	−2.9	1 762.0	3 092.6
3	沙丘	沙土	0.7	1.4	0.0	5.4	59	394.4	996.4	−2.9	1 762.0	3 092.6
4	沙丘	沙土	0.3	12.6	0.3	5.4	59	394.4	996.4	−2.9	1 762.0	3 092.6
5	羊草草甸	黄黏土	1.0	2.8	0.6	5.4	59	394.6	996.4	−2.9	1 762.0	3 092.6
6	羊草草甸	碱土	0.3	2.8	0.0	5.8	58	381.2	996.1	−2.3	1 997.4	2 893.1
7	沙丘	沙土	0.2	3.7	1.8	5.8	58	381.2	996.1	−2.3	1 997.4	2 893.1
8	羊草草甸	碱土	0.1	0.1	0.1	5.8	58	381.2	996.1	−2.3	1 997.4	2 893.1
9	沙丘	沙土	0.3	1.5	0.2	5.8	58	381.2	996.1	−2.3	1 997.4	2 893.1
10	平原耕地	沙土	1.1	1.2	0.2	5.8	58	381.2	996.1	−2.3	1 997.4	2 893.1
11	沙丘	沙土	0.4	7.8	0.1	5.8	58	381.2	996.1	−2.3	1 997.4	2 893.1
12	沙丘耕地	黄沙土	0.3	0.9	0.2	5.4	60	436.6	998.9	2.2	1 727.8	2 989.2
13	沙丘	沙土	0.1	2.2	0.2	5.4	60	436.6	998.9	2.2	1 727.8	2 980.2
14	羊草草甸	碱土	0.3	0.1	0.1	5.4	60	436.6	998.9	2.2	1 727.8	2 980.2
15	沙丘	沙土	0.5	2.3	0.2	3.4	59	578.8	992.3	−6.1	1 572.6	3 025.5
16	平原耕地	黑钙土	0.1	0.7	0.1	4.2	65	509.7	999.9	−4.4	1 468.3	2 925.7
17	羊草草甸	碱土	1.2	0.0	0.1	4.9	60	363.8	997.8	−2.8	1 952.2	2 836.2
18	羊草草甸	碱土	0.3	0.9	0.2	4.1	60	396.5	1 000.0	−3.4	1 764.4	3 186.4
19	羊草草甸	碱土	0.2	0.9	0.1	4.4	66	521.0	1 000.1	−3.0	1 633.9	2 805.9
20	羊草草甸	黄土	0.5	0.3	1.2	4.4	66	521.0	1 000.1	−3.0	1 633.9	2 805.9
21	沙丘	黄沙土	0.4	4.1	0.0	6.2	58	534.1	1 000.7	−2.6	2 114.8	2 957.1
22	沙丘	黄沙土	0.2	1.6	0.0	6.4	62	524.3	1 001.9	−2.8	2 010.7	2 913.6
23	羊草草甸	碱土	0.4	0.1	0.2	5.6	58	445.1	991.2	−3.6	1 691.3	3 030.5

续表

疫点编号	生境	土壤	黄鼠密度/只·(hm^{-2})	黄鼠体蚤指数/只	黄鼠洞干蚤指数/只	气温/℃	相对湿度/%	降水量/mm	气压/mb	地表最低温度/℃	蒸发量/mm	日照/h
24	固定沙丘	沙土	2.3	9.3	2.6	5.4	54	536.6	994.4	−4.5	1 765.3	2 864.2
25	固定沙丘	沙土	3.4	1.1	0.1	5.4	54	536.6	994.4	−4.5	1 765.3	2 864.2
26	固定沙丘	沙土	3.0	4.2	1.0	5.1	61	488.9	997.3	−2.5	1 721.6	2 949.6
27	固定沙丘	沙土	2.4	1.2	1.1	5.1	61	488.9	997.3	−2.5	1 721.6	2 949.6
28	固定沙丘	沙土	0.5	3.6	0.7	5.1	61	488.9	997.3	−2.5	1 721.6	2 949.6
29	固定沙丘	沙土	2.3	3.5	0.7	5.1	61	488.9	997.3	−2.5	1 721.6	2 949.6
30	羊草草甸	碱土	8.2	8.7	0.9	4.0	65	326.3	996.9	−3.5	1 463.1	2 777.8
31	羊草草甸	碱土	3.1	4.0	2.2	4.4	58	267.2	995.7	−4.5	2 040.9	2 789.6
32	羊草草甸	碱土	1.6	6.3	0.2	4.9	64	413.6	995.4	−3.2	1 617.1	3 021.8
33	真草草甸	栗钙土	1.4	5.4	1.1	4.4	58	267.2	995.7	−4.5	2 040.9	2 789.6
34	真草草甸	栗钙土	0.6	1.9	1.7	4.4	58	267.2	995.7	−4.5	2 040.9	2 789.6
35	真草草甸	栗钙土	1.7	4.9	0.4	4.4	58	267.2	995.7	−4.5	2 040.9	2 789.6
36	真草草甸	栗钙土	0.5	3.7	1.1	4.4	58	267.2	995.7	−4.5	2 040.9	2 789.6
37	真草草甸	栗钙土	3.5	3.4	0.3	4.4	58	267.2	995.7	−4.5	2 040.9	2 789.6
38	平原耕地	黑钙土	0.6	3.8	1.4	5.4	64	524.6	990.2	−2.7	1 728.1	2 762.4
39	羊草草甸	碱土	2.3	2.7	1.0	4.7	61	488.9	992.4	−3.7	1 671.8	2 906.5
40	台地冲沟	黑钙土	1.5	0.4	0.1	5.5	63	630.9	986.1	−2.1	1 945.9	1 945.9
41	真草草甸	栗钙土	2.5	0.2	0.3	3.9	61	545.7	997.7	−5.6	1 546.5	2 881.9
42	羊草草甸	碱土	2.4	0.1	0.5	3.7	66	539.7	992.0	−4.7	1 526.8	2 808.1
43	沙丘	沙土	0.2	/	0.0	4.9	61	631.9	992.0	−3.4	1 514.6	2 912.3
44	羊草草甸	碱土	2.3	/	1.0	5.4	54	536.6	994.4	−4.5	1 765.3	2 864.2
45	羊草草甸	碱土	2.6	/	0.4	4.4	58	267.2	995.7	−4.5	2 040.9	2 789.6

§2. 主因子筛选模型

2.1 初始模型

以当年的疫点资料说明模型建立方法.

(1) 设未流行组 A 和流行组 B 的数据分别为 $x_{i,1}(A), x_{i,2}(A), \cdots, x_{i,12}(A), (i=1,2,\cdots,23)$; $x_{i,1}(B), x_{i,2}(B), \cdots, x_{i,12}(B), (i=1,2,\cdots,19)$, 计算 A, B 两组各因素的均值 $\bar{x}_j(A)$, $\bar{x}_j(B)$ 和均值差

$$d_j=\bar{x}_j(A)-\bar{x}_j(B), (j=1,2,\cdots,12).$$

(2) 计算矩阵 $\boldsymbol{S}=(S_{k,l})$, 其中

$$S_{k,l}=\sum_{i=1}^{23}(x_{i,k}(A)-\bar{x}_k(A))\cdot(x_{i,l}(A)-\bar{x}_l(A))+\sum_{i=1}^{19}(x_{i,k}(B)-\bar{x}_k(B))\cdot(x_{i,l}(B)-\bar{x}_l(B)). \ (k,l=1,2,\cdots,12)$$

(3) 解线性方程组

$$S_{i,1}b_1+S_{i,2}b_2+\cdots+S_{i,12}b_{12}=d_i, \ (i=1,2,\cdots,12)$$

解之得判别系数 $b_1=-0.081\,05$, $b_2=-0.002\,98, \cdots, b_{12}=-0.000\,04$. 将 $b_1, b_2, \cdots, b_{12}$ 代入(1.1), 得当年鼠疫预报的数学模型

$$y_1=-0.081\,05x_1-0.002\,98x_2-0.050\,09x_3-0.001\,18x_4-0.050\,49x_5+0.067\,35x_6-0.003\,97x_7-0.000\,32x_8+0.011\,21x_9-0.002\,64x_{10}-0.000\,29x_{11}-0.000\,04x_{12}.$$

(4) 计算 A, B 两组数据的重心及判别的综合指标依次为

$$\bar{y}(A)=10.547\,20, \ \bar{y}(B)=10.370\,78, \ y_{AB}=10.467\,39.$$

(5) 两组判别分析:假设两组原始数据属于不同的总体,两组因素的平均值在统计上应有显著差异,否则判别没有意义,因此需进行统计检验, 其统计量为 $F=4.44>F_{0.01}(12,29)=2.87$, 故所求模型能够明显地鉴别鼠疫流行与未流行这两个组,

一般地说, 建立数学模型和判别规则后,对原流行病疫点和未流行点进行回判,用错判的疫点个数比上全体疫点数作为误判概率的估计.但是经验证明,这种方法估计的误判概率往往偏低,而改进的方法可用增加计算时间来求得较准确的估计. 其做法是在 42 个疫点中依次去掉 1 个点,用余下的 41 个点建立判别模型, 对去掉的疫点进行判断, 如此进行 42 次,用误判疫点的比例作为误判概率的估计.这种方法称为“刀切法”. 有资料表明[3], 这种方法比上面的方法以及其他方法要好.

用刀切法对表 1.1 数据 1～42 进行判别，疫点总数 42×42=1 764 为疫点数 42 乘判别次数 42，判别结果为 1 440 点判对，324 点判错，准确率达 1 440/1 764=81.6%，故所求模型是可靠的.

对当月鼠疫疫点数据（见表 2.1)，未流行点组 A 序号 1～25，流行疫点组 B 序号 26～46 的数据重复上述步骤，得当月的鼠疫预报的数学模型

$$z_1=0.023\,77x_1+0.053\,23x_2-0.037\,11x_3+0.001\,28x_4-0.045\,91x_5+0.002\,09x_6+0.001\,26x_7-0.000\,02x_8+0.010\,87x_9+0.002\,78x_{10}-0.000\,02x_{11}-0.000\,01x_{12}.$$

计算当月的 A，B 两组数据重心及判别综合指标依次为 $\bar{z}(A)=10.920\,48$，$\bar{z}(B)=10.779\,78$，$z_{AB}=10.856\,24$.

用刀切法对表 2.1 数据 1～46 进行判别，结果为 1 750 点判对，366 点判错，准确率为 1 750/2 116=82.7%，故所求当月的判别模型是可靠的. 又 $F=4.42>F_{0.01}(12,33)=2.78$，故所求模型能够显著地鉴别鼠疫流行与未流行这两个组.

2.2　回归—判别法筛选主因子

在判别问题中，影响鼠疫流行的因素往往很多，但影响有大有小. 当判别因素较多时，如果不加选择地用来建立判别模型，不仅计算量大，还由于因素间的相关性，可能使求解逆矩阵的计算精度下降，建立的判别模型不稳定. 如果能够使用较少的因素，达到与较多因素同样的目的，那么可以节省计算费用，还可为收集数据节约大量的人力和物力. 因此，适当地筛选因素的问题就成为一个很实际的问题. 我们利用回归—判别法来筛选因子. 将未流行点的因变量取 0 值，流行疫点的因变量取 1 值，引入和剔除因素的临界值 $F_1=F_2=2$，得到逐步回归筛选后的因素及检验主要因子重要性的 F 值表（见文献[1]中（Ⅰ）文表 2.1)，回归方程略. 由文献[1]中（Ⅰ）文表 2.1 知，影响鼠疫流行的主因子次序从大到小依次为：黄鼠密度 x_3，黄鼠洞干蚤指数 x_5，气压 x_9，地表最低温度 x_{10}，日照时数 x_{12}，气温 x_6. 这 6 个因子可以作为预报鼠疫流行的主要因子.

2.3　预报鼠疫流行的主因子数学模型

(1) 利用表 1.1 疫点数据，因素取 x_3，x_5，x_6，x_9，x_{10}，x_{12}，用判别分析方法（同 **2.1**)，重新上机计算，得当年预报鼠疫流行的主因子数学模型为

表 2.1　当月黄鼠鼠疫动物病流行因素资料

疫点编号	生境	土壤	黄鼠密度/只·(hm^{-2})	黄鼠体蚤指数/只	黄鼠洞干蚤指数/只	气温/℃	相对湿度/%	降水量/mm	气压/mb	地表最低温度/℃	蒸发量/mm	日照/h
1	沙丘	沙土	0.8	4.5	0.0	6.9	49	15.1	994.2	−3.3	217.5	280.2
2	羊草草甸	碱土	0.9	6.6	1.9	6.9	49	15.1	994.2	−3.3	217.5	280.2
3	沙丘	沙土	0.7	1.4	0.0	14.1	55	16.0	987.1	4.4	258.2	267.4
4	沙丘	沙土	0.3	12.6	0.3	23.9	77	221.3	984.5	18.3	232.0	254.1
5	羊草草甸	黄黏土	1.0	2.8	0.6	20.8	59	52.2	987.8	12.3	310.0	312.4
6	羊草草甸	碱土	0.3	2.8	0.0	7.8	40	16.8	996.3	−3.1	244.2	258.8
7	沙丘	沙土	0.2	3.7	1.8	7.8	40	16.8	996.3	−3.1	244.2	258.8
8	羊草草甸	碱土	0.1	0.1	0.1	17.0	43	22.1	988.9	6.1	382.9	300.2
9	沙丘	沙土	0.3	1.5	0.2	17.0	43	22.1	988.9	6.1	382.9	300.2
10	平原耕地	沙土	1.1	1.2	0.2	22.7	50	26.7	986.3	13.1	388.6	312.7
11	沙丘	沙土	0.4	7.8	0.1	23.6	75	217.5	985.2	18.3	245.5	277.2
12	沙丘耕地	黄沙土	0.3	0.9	0.2	7.2	52	25.4	999.4	−1.7	192.3	238.8
13	沙丘	沙土	0.1	2.2	0.2	18.3	37	10.6	993.6	8.7	390.4	322.0
14	羊草草甸	碱土	0.3	0.1	0.1	20.5	63	60.5	986.4	13.6	269.4	294.2
15	沙丘	沙土	0.5	2.3	0.2	6.1	51	54.6	990.6	3.2	197.1	249.6
16	平原耕地	黑钙土	0.1	2.4	0.3	22.7	82	205.3	986.6	17.7	186.6	189.6
17	平原耕地	黑钙土	0.3	4.8	0.5	7.4	40	19.3	997.2	−3.7	269.9	272.8
18	平原耕地	黑钙土	0.1	0.7	0.1	19.5	67	81.2	987.7	11.9	220.4	254.1
19	羊草草甸	碱土	1.2	0.0	0.1	13.9	51	45.8	990.8	5.7	301.6	253.6
20	羊草草甸	碱土	0.3	0.9	0.2	17.1	39	8.1	994.9	7.8	391.6	341.3
21	羊草草甸	碱土	0.2	0.9	0.1	17.3	45	6.4	994.8	7.0	370.0	319.7
22	羊草草甸	黄土	0.5	0.3	1.2	6.7	60	30.2	1 000.8	−0.9	187.7	223.2
23	沙丘	黄沙土	0.4	4.1	0.0	8.2	38	4.4	1 001.3	−2.9	301.3	249.3
24	沙丘	黄沙土	0.2	1.6	0.0	8.5	51	5.6	999.0	−2.3	304.5	260.7

续表

疫点编号	生境	土壤	黄鼠密度/只·(hm^{-2})	黄鼠体蚤指数/只	黄鼠洞干蚤指数/只	气温/℃	相对湿度/%	降水量/mm	气压/mb	地表最低温度/℃	蒸发量/mm	日照/h
25	羊草草甸	碱土	0.4	0.1	0.2	22.2	55	39.2	982.0	12.9	300.6	333.1
26	固定沙丘	沙土	2.3	9.3	2.6	4.3	40	11.9	994.2	−4.0	175.1	250.7
27	固定沙丘	沙土	3.4	1.1	0.1	14.3	48	19.0	988.4	4.2	254.8	272.7
28	固定沙丘	沙土	3.0	4.2	1.0	15.0	51	14.3	991.1	5.0	291.6	304.0
29	固定沙丘	沙土	2.4	1.2	1.1	15.0	51	14.3	991.1	5.0	291.6	304.0
30	固定沙丘	沙土	0.5	3.6	0.7	15.0	51	14.3	991.1	5.0	291.6	304.0
31	固定沙丘	沙土	2.3	3.5	0.7	15.0	51	14.3	991.1	5.0	291.6	304.0
32	羊草草甸	碱土	8.2	8.7	0.9	12.3	55	11.5	988.7	3.0	252.0	269.8
33	羊草草甸	碱土	3.1	4.0	2.2	21.0	57	29.1	986.6	11.7	348.4	286.0
34	羊草草甸	碱土	1.6	6.3	0.2	4.3	54	25.2	995.2	−5.1	149.6	264.6
35	真草草甸	栗钙土	1.4	5.4	1.1	4.9	37	15.1	990.7	−4.7	225.8	230.2
36	真草草甸	栗钙土	0.6	1.9	1.7	4.9	37	15.1	990.7	−4.7	225.8	230.2
37	真草草甸	栗钙土	1.7	4.9	0.4	20.5	57	42.1	986.6	11.7	348.4	286.0
38	真草草甸	栗钙土	0.5	3.7	1.1	14.6	43	6.4	989.4	3.3	381.1	287.8
39	真草草甸	栗钙土	3.5	3.4	0.3	24.5	67	51.9	984.2	16.7	301.5	275.0
40	平原耕地	黑钙土	0.6	3.8	1.4	22.0	82	234.6	981.0	17.0	162.3	236.7
41	羊草草甸	碱土	2.3	2.7	1.0	20.3	62	77.9	983.6	11.6	281.1	286.7
42	台地冲沟	黑钙土	1.5	0.4	0.1	7.1	56	28.4	980.8	−1.2	279.4	279.4
43	真草草甸	栗钙土	2.5	0.2	0.3	5.4	47	4.0	994.6	−5.3	214.5	252.8
44	固定沙丘	沙土	1.1	5.3	5.3	22.8	73	112.7	988.4	14.1	207.9	290.5
45	固定沙丘	沙土	7.7	7.0	0.4	22.8	73	112.7	988.2	14.1	207.9	290.5
46	羊草草甸	碱土	2.4	0.1	0.5	21.5	67	181.2	979.2	15.8	189.6	213.9
47	沙丘	沙土	0.2	/	0.0	13.1	54	32.3	984.6	3.7	277.7	236.7
48	羊草草甸	碱土	2.3	/	1.0	21.5	55	54.0	983.1	11.4	301.8	290.3
49	羊草草甸	碱土	2.6	/	0.4	21.0	57	29.1	986.6	11.7	348.4	286.0

$$y_2 = -0.035\ 25x_3 - 0.045\ 47x_5 + 0.020\ 32x_6 + 0.005\ 29x_9 + 0.007\ 11x_{10} + 0.000\ 15x_{12}.$$

未流行组 A 和流行组 B 两组数据重心及判别综合指标依次为

$$\bar{y}(A) = 5.787\ 93,\ \bar{y}(B) = 5.639\ 34,\ y_{AB} = 5.718\ 59.$$

显著性检验:由 $F=10.54>F_{0.01}(6,38)=3.32$，故判别模型能够显著地鉴别鼠疫流行与否.

对模型 y_2,利用原始数据拟合,判别结果为 43 点判对,2 点判错,拟合率为 95.6%.

(2) 对当月数据,类似于上面的方法，得当月预报鼠疫流行的主因子数学模型为

$$z_2 = -0.030\ 76x_3 - 0.037\ 64x_5 - 0.006\ 98x_6 + 0.009\ 05x_9 + 0.010\ 45x_{10} + 0.000\ 27x_{12}.$$

未流行组 A 和流行组 B 两组数据重心及判别综合指标依次为

$$\bar{z}(A) = 8.974\ 18,\ \bar{z}(B) = 8.853\ 43,\ z_{AB} = 8.917\ 50.$$

显著性检验:由 $F=10.32>F_{0.01}(6,\ 42)=3.27$，结论显著，对 z_2 利用原始数据拟合，结果为 46 点判对,3 点判错,拟合率为 93.9%.

§3. 讨论

本文所得到的数学模型均是在费歇准则下求出的，而该准则不涉及总体的分布. 也不需考虑两组协方差阵是否相等,因而具有更广泛的实用价值.

在两类情形的判别中. 利用费歇准则所求出的判别模型其结果简明. 在类别超过 2 时，判别模型的表达式个数将明显增加,故用该种方法处理 3 组以上的判别问题是不合适的，而在贝叶斯准则下的多组判别可避免出现上述问题.

参考文献

[1] 王成贵,等. 达乌尔黄鼠鼠疫预报的数学模型(Ⅰ)(Ⅱ)，中国地方病防治杂志,1989,4(S):50-52;1990,5(3):142-146,138.

[2] 肯德尔. 多元分析. 第 1 版. 北京：科学出版社,1983:185-216.

[3] 张尧庭，方开泰. 多元统计分析引论. 北京：科学出版社,1982:194-302.

Abstract Using the collected data of 1952～1986 in Songhuajiang-Liaoning Plain, discriminatory analyses between two groups are conducted to forecast the prevalence of epizootic plague in *Spermophilus dauricus*. Six primary factors and two mathematical models are given according to Fisher's formula.

Keywords plague; forecast factor; analysis of discriminatory; stepwise regression analysis.

地方病通报(疾病预防控制通报),
1990,5(4):19-22.

达乌尔黄鼠鼠疫预报的数学模型(Ⅳ)①

Mathematical Models for Forecast of Epizootic Plague of *Spermophilus Dauricus* (Ⅳ)

摘要 根据我国松辽平原1952年～1986年达乌尔黄鼠(简称黄鼠)鼠疫疫点资料,利用逐步回归分析,得到预报黄鼠鼠疫流行的又一数学模型,并给出强度等级预报.

关键词 动物鼠疫;达乌尔黄鼠;逐步回归分析;数学模型.

利用判别分析方法,我们已经建立了鼠疫预报的数学模型[1~3].但是,如何衡量鼠疫流行的强度等级呢?本文拟从多元回归分析的角度,给出预报鼠疫流行与否及其强度标准的数学模型,从而使预报鼠疫的模型更为具体化.

§1. 材料与方法

1.1 资料来源:本文采用资料见文献[3]中表1.1～表1.2.

1.2 将流行疫点的因变量取值为1,未流行点取值为0.多元回归模型为

$$y=b_0+b_1x_1+b_2x_2+\cdots+b_{12}x_{12},$$

其中 b_0 为常数项, $b_1,b_2,\cdots,b_{12}$ 为待求的回归系数.

---

① 吉林省卫生厅资助项目.

收稿:1990-04-26;收修改稿:1990-06-15.

本文与王成贵合作.

对待判数据的预报方法是:若 $y=b_0+b_1x_{i,1}+b_2x_{i,2}+\cdots+b_{12}x_{i,12}>0.5$,则将该疫点预报为流行;若 $y<0.5$,则预报为未流行: $y=0.5$ 时不能确定.

§2. 模型建立

鉴于多元回归分析是一元回归的直接推广,其思想与一元回归类似,为节约篇幅,初始模型建立的基本过程略去.

在回归问题中,影响鼠疫流行的因素往往很多,其贡献有大有小,且因素之间存在着多重交互效应. 为了得到一个稳定可靠的模型,需要从众多的因素中选出贡献大的因素,建立"最优"的回归方程.我们利用逐步回归分析来达到此目的.引入和剔除因素的临界值 $F_1=F_2=2$. 结果表明,影响鼠疫流行的主因子次序从大到小依次为:黄鼠密度 x_3,黄鼠洞干蚤指数 x_5,气压 x_9,地表最低温度 x_{10},日照时数 x_{12},气温 x_6. 这 6 个因子可以作为预报鼠疫流行的主要因子,见文献[1]中表 2.1.

当年预报鼠疫流行的主因子回归模型为

$$y=24.507\,84+0.148\,20x_3+0.191\,16x_5-0.084\,52x_6-0.022\,23x_9-0.029\,91x_{10}-0.000\,65x_{12}.$$

显著性检验:$F=10.54>F_{0.001}(6,38)=4.69$.

对模型 y,利用原始数据拟合,预报结果为 42 点报对, 3 点报错,符合率为 93.3%.

当月预报鼠疫流行的主因子回归模型为

$$z=44.465\,57+0.151\,74x_3+0.185\,72x_5+0.03443x_6-0.044\,63x_9-0.051\,55x_{10}-0.001\,35x_{12}.$$

显著性检验:$F=10.32>F_{0.001}(6,42)=4.69$. 对模型 z 利用原始数据拟合,预报结果为 46 点报对,3 点报错,符合率为 93.9%.

§3. 预报

我们对 1987 年～1988 年当年鼠疫未流行的 10 个点,1987 年～1989 年当月鼠疫未流行的 20 个点和流行的 5 个疫点(疫点编号分别为 1～20 与 21～25),共 35 个待测疫点,分别利用本文中当年和当月的预报回归模型进行预报,预报结果全部正确(见表 3.1 与表 3.2).

顺便指出,我们将表3.1与表3.2中数据分别利用文献[3]中模型进行预报,预报结果全部正确.

表3.1　1987年～1988年当年黄鼠鼠疫动物病流行因素资料

编号	实际情况	预测值	预测结果	黄鼠密度/只·(hm^{-2})	黄鼠洞干蚤指数/只	气温/℃	气压/mb	地表最低温度/℃	日照/h
1	N	0.075 4	N	0.41	0.19	4.7	996.4	6.3	2 753.3
2	N	0.073 3	N	0.30	0.15	4.8	996.9	6.4	2 684.8
3	N	0.165 9	N	0.87	0.59	4.1	995.7	6.4	2 934.7
4	N	0.232 2	N	0.48	0.22	4.5	998.0	6.4	2 503.8
5	N	0.120 4	N	0.08	0.11	4.8	992.3	6.3	2 712.4
6	N	−0.182 7	N	0.45	0.01	6.1	996.2	7.5	2 873.9
7	N	−0.023 2	N	0.29	0.14	5.8	992.2	7.4	2 810.2
8	N	0.369 7	N	2.34	0.53	5.3	997.1	6.8	2 714.7
9	N	−0.007 8	N	0.91	0.47	6.1	996.6	7.8	2 817.2
10	N	0.147 9	N	1.51	1.03	5.5	995.6	7.4	3 011.2

注.N表示未流行,Y表示流行,下同.

表3.2　1987年～1989年当月黄鼠鼠疫动物病流行因素资料

编号	实际情况	预测值	预测结果	黄鼠密度/只·(hm^{-2})	黄鼠洞干蚤指数/只	气温/℃	气压/mb	地表最低温度/℃	日照/h
1	N	0.235 9	N	0.20	0.16	6.8	993.6	−2.8	240.0
2	N	0.350 2	N	0.92	0.45	6.8	993.5	−2.2	256.6
3	N	0.324 1	N	0.78	0.01	7.1	992.6	−2.5	248.5
4	N	0.253 1	N	0.30	0.02	7.1	992.6	−2.5	248.5
5	N	0.160 4	N	0.04	0.07	14.2	988.4	6.9	255.8
6	N	0.265 3	N	0.23	0.05	14.7	989.6	4.8	250.0
7	N	0.199 7	N	0.33	0.11	14.2	990.8	5.7	231.3
8	N	0.197 6	N	0.08	0.15	22.4	985.9	13.1	298.8
9	N	0.230 9	N	0.46	0.80	22.5	987.3	13.9	332.0
10	N	0.043 7	N	0.46	0.45	23.7	989.0	18.8	209.8

续表

编号	实际情况	预测值	预测结果	黄鼠密度/只·(hm^{-2})	黄鼠洞干蚤指数/只	气温/℃	气压/mb	地表最低温度/℃	日照/h
11	N	0.081 5	N	0.15	0.12	8.9	996.3	−2.4	292.3
12	N	0.123 5	N	0.77	0.25	8.5	996.5	−1.6	301.4
13	N	0.350 8	N	0.31	1.85	8.5	996.5	−1.6	301.4
14	N	0.213 3	N	0.38	0.19	9.2	994.6	−2.5	297.8
15	N	0.328 2	N	0.88	0.40	9.2	994.6	−2.5	297.8
16	N	0.402 1	N	0.48	0.06	16.2	986.0	5.2	320.1
17	N	0.204 7	N	0.38	0.22	16.3	990.2	5.4	333.2
18	N	0.206 1	N	0.23	0.35	16.3	990.2	5.4	333.2
19	N	0.199 0	N	0.62	1.58	15.3	994.6	6.4	342.3
20	N	0.352 3	N	0.08	0.10	16.3	986.0	5.2	320.1
21	Y	1.336 8	Y	2.26	0.90	15.4	977.4	3.7	264.6
22	Y	2.358 6	Y	4.20	2.24	15.7	965.7	3.4	316.0
23	Y	2.288 0	Y	3.60	2.35	15.7	965.7	3.4	316.0
24	Y	1.732 5	Y	1.33	1.24	16.9	964.9	4.7	327.0
25	Y	1.612 5	Y	1.50	0.21	10.3	968.9	−3.5	305.9

§4. 鼠疫流行强度的预报

在求得预报鼠疫是否流行的多元回归模型后，根据回归预测值的大小，我们给出预测鼠疫是否流行及流行的强度等级. 这里的流行强度与鼠疫中所说的流行强度不同，一般流行强度是指阳性检出率，而本文考虑的是预测数值. 事实上，我们应将实际阳性检出率与预测值做比较分析，给出强度分类标准（首先用聚类分析分类，然后用判别分析判断分类是否合适）后，建立分类等级，但由于我们占有的流行疫点的阳性检出率只有极少点，因而暂不能进行比较分析.

当预测值<0.4 时，一般可以断定鼠疫未流行；当预测值>0.6 时，可以断定鼠疫流行. 从本文的预测结果看，犯错误的概率(即将未流行预测为流行或反之的情形)为 4/(42+46+10+25)=0.032 5<0.05 是一个

小概率事件,故上述所规定的范围是可行的. 当预测值落在(0.4,0.6)内时,下结论时应慎重,从模糊数学刻画事物的变化规律看,在鼠疫流行与未流行之间应有某种中间状态(事物的中介过程). 尤其是预测值在(0.45,0.55)内时,下结论是最模糊,最不清晰的. 此时,应加强疫点观测而不要匆忙下结论.

综上所述,根据预测值范围(−∞,0.2],(0.2, 0.4],(0.4, 0.6),[0.6, 0.8),[0.8,+∞)将强度依次分为最弱、较弱、中等、较强、最强 5 个等级,其结果见表 4.1. 从结果看,基本上将疫点预测为除中等以外的四个等级,中等比例为 11/123=8.9%是较小的,由此说明强度等级分类比较合适.

表 4.1　鼠疫预测强度等级

年代	数据类别	最弱	较弱	中等	较强	最强
1952～1986	当年	17	5	3	9	8
1952～1986	当月	14	11	5	8	8
1987～1988	当年	8	2	0	0	0
1987～1989	当月	7	10	3	0	5
合计		46	28	11	17	21

§5. 讨论

对于达乌尔黄鼠鼠疫预报的数学模型,从不同的角度考虑,若得到不同或差异较大的预测结果,则说明该模型不稳定;若结果差异很小,则说明该模型是基本稳定或稳定的. 在多元统计分析方法中,最能参与预测并能解决实际问题的主要有回归分析和判别分析. 我们利用这些方法,给出了几种预测的数学模型,无论从原始资料的符合结果,还是对 1987 年～1989 年的资料进行预测,与实际结果差异很小且报对正确率很高,说明模型是比较稳定的.

任何一种方法都有独特的方面. 利用多元回归预测值,我们对预测鼠疫流行划分了理论上的强度范围,它是否符合实际流行强度,有待于逐渐积累数据后再检验分析.

参考文献

[1] 王成贵，等.达乌尔黄鼠鼠疫预报的数学模型（Ⅰ）．中国地方病防治杂志，1989，4(S)：50-52.

[2] 王成贵，等.达乌尔黄鼠鼠疫预报的数学模型（Ⅱ）．中国地方病防治杂志，1990，5 (3)：142-146，138.

[3] 李仲来，王成贵.达乌尔黄鼠鼠疫预报的数学模型（Ⅲ）．地方病通报，1990，5 (1)：95-100.

Abstract Using the collected data of 1952～1986 in Songhuajiang-Liaoning Plain, multi-variate linear regression analysis is conducted to forecast the prevalence of epizootic plague in *Spermophilus dauricus*. Six primary factors and two mathematical models are given. The epidemic intensities are obtained.

Keywords epizootic plague; *Spermophilus dauricus*; stepwise regression analysis; mathematical model.

地方病通报(疾病预防控制通报)
1992,7(3):50-52.

达乌尔黄鼠鼠疫预报的数学模型(Ⅴ)①

Mathematical Models for Forecast of Epizootic Plague of *Spermophilus Dauricus* (Ⅴ)

摘要 根据我国松辽平原1952年~1986年达乌尔黄鼠(简称黄鼠)鼠疫疫点资料,利用最优回归子集法,得到预报黄鼠鼠疫流行的最优数学模型和不同预报因子下的数学模型.

关键词 动物鼠疫;达乌尔黄鼠;最优回归子集;数学模型.

利用判别分析与回归分析方法,我们已经建立了鼠疫预报的数学模型,它们是一种局部最优的数学模型[1~2].如何求出最优的数学模型?如果因子缺少某个或某几个,如何进行预报?本文将从全回归的角度,给出以上几种不同的数学模型,从而使预报鼠疫的模型更为实用化.

§1. 材料与方法

1.1 资料来源:本文采用资料见模型(Ⅲ)[2]中表1.1,表1.2.为方便起见,将主因子重新排序,依次为:黄鼠密度 x_1,黄鼠洞干蚤指数 x_2,气温 x_3,气压 x_4,地表最低温度 x_5,日照 x_6.

1.2 将流行疫点的因变量取值为1,未流行点取值为0,则6个主因子的一切可能的回归方程有 $2^6-1=63$ 个.从中找出一个最好的,称为最优回归子集模型.

为节约篇幅,我们仅给出含 i $(i=1,2,\cdots,6)$ 个因子中的最优的回归模型,结果见表1.1.

---

① 收稿:1991-03-04.
本文与王成贵合作.

表 1.1 回归模型

		b_0	b_1	b_2	b_3	b_4	b_5	b_6	R^2	Q
	(1)	0.175 70	0.221 02						0.412 7	6.577 4
	(2)	2.673 22	0.196 88					−0.000 85	0.499 3	5.607 9
当年	(3)	2.521 31	0.172 66	0.218 23				−0.000 83	0.575 5	4.754 9
	(4)	2.347 74	0.154 78	0.193 06			−0.055 14	−0.000 82	0.606 3	4.409 8
	(5)	21.647 34	0.157 00	0.188 74		−0.019 81	−0.046 84	−0.000 66	0.615 5	4.306 7
	(6)	24.507 83	0.148 20	0.191 16	−0.085 42	−0.022 23	−0.029 91	−0.000 65	0.624 6	4.204 0
	(7)	0.213 49	0.183 34						0.379 3	7.574 9
	(8)	0.105 71	0.171 71	0.183 15					0.489 4	6.232 0
当月	(9)	20.532 80	0.157 69	0.186 56		−0.020 62			0.534 8	5.677 4
	(10)	43.644 55	0.154 06	0.188 01		−0.043 83	−0.022 81		0.592 1	4.977 9
	(11)	44.039 34	0.153 08	0.188 33	0.010 00	−0.044 33	−0.031 62		0.592 7	4.970 8
	(12)	44.465 57	0.151 74	0.185 72	0.034 43	−0.044 63	−0.051 55	−0.001 35	0.595 7	4.933 6

为在表 1.1 中选出最优的回归模型，我们根据 Aitkin 提出的 R^2 充分集的范围进行选取，设 $R_0^2=1-(1-R_p^2)\left[1+\frac{pF_\alpha(p,n-p-1)}{n-p-1}\right]$，称满足 $(R^2>R_0^2)$ 的集为充分集. 在 R^2 充分集内的因子才有资格被选为最优子集. 然后在满足该子集中选 R^2（全相关系数）较大的，且增加因子后，R^2 增加幅度很小（或 Q 减少幅度很小）的原则下，选出最优回归模型.

在当年的模型中，$n=45$，$p=6$，$R_6^2=0.6246$，$F_{0.05}(6,38)=2.35$，$R_0^2=0.4853$. 因 $R_4^2=0.6063$ 较大，且 $R_5^2=0.6155$ 与 $R_6^2=0.6246$ 增加幅度很小（其差小于 0.01），故(4)为当年的最优回归模型，且(2)～(6)均可作为预报当年鼠疫是否流行的数学模型.

在当月的模型中 $n=49$，$p=6$，$R_6^2=0.5957$，$F_{0.05}(6,42)=2.32$，$R_0^2=0.4617$. (10)为当月的最优回归模型，且(8)～(12)均可作为预报当月鼠疫是否流行的数学模型.

§2. 预报

对待判数据的预报方法是：若预报值 $y>0.5$，则将该疫点预报为流行；若 $y<0.5$，则预报为未流行；$y=0.5$ 时不能确定.

对当年回归模型 (2)～(6)，利用原始数据拟合，45 个点中预报结果报对点数依次为 40，40，42，42，42，符合率分别为 88.9%，88.9%，93.3%，93.3%，93.3%. 对模型（Ⅳ）中表 3.1 数据[2]进行预报，报对点数依次为 9，9，10，10，10，预报正确率分别为 90%或 100%.

对当月回归模型(8)～(12)，利用原始数据拟合，49 个点中预报结果报对点数依次为 42，44，44，45，46，符合率分别为 85.7%，89.8%，89.8%，91.8%，93.9%. 对模型（Ⅳ）中表 3.2 数据[2]进行预报，报对点数依次为 23，25，25，25，25，预报正确率分别为 92%或 100%.

§3. 讨论

最优回归模型的求法，是随着电子计算机技术的飞速发展而产生的一套算法，目前已有取代逐步回归的趋势. 我们利用该法求出了最优模型. 从理论上讲应是全局最优的. 但由于测量数据的误差，最优子集法不一定能求得全局最优解. 但在实际问题中，最优回归模型一般比别的方法得到的模型更好.

从实用角度考虑,我们给出不同因子个数所选出的全部模型,这对实际工作者来说,可能使用起来更为方便.事实上,在实际工作中对于某些待判疫点,因某种原因未能测出某因素的数据而无法预报,使其应用受到限制.本文给出的模型不仅可以扩大预报的实际应用范围,而且还便于在各组模型间进行比较分析.

本文从纯数学角度,利用全回归法给出了预报鼠疫流行的最优回归模型,自然也可给出相应的最优判别模型(略).在模型(Ⅰ～Ⅳ)[1,2]中,我们从不同角度给出了几种数学模型,讨论了在满足某些前提及判别规则下,模型等价的问题.至此,该模型的讨论已逐渐趋于完善和实用化.

参考文献

[1] 王成贵,等.达乌尔黄鼠鼠疫预报的数学模型(Ⅰ).中国地方病防治杂志,1989,4(S):50-52;(Ⅱ).1990,5(3):142-146,138.

[2] 李仲来,王成贵.达乌尔黄鼠鼠疫预报的数学模型(Ⅲ).地方病通报,1990,5(1):95-100;(Ⅳ).1990,5(4):19-22.

[3] 方开泰,全辉,陈庆云.实用回归分析.北京:科学出版社,1988:233-273.

Abstract The mathematical models of the optimum regression subsets and the different forecast factors are given to forecast the prevalence of plague epizootic among *Spermophilus dauricus* on the collected data of 1952～1986 in the natural foci of plague in Songhuajiang-Liaoning Plain.

Keywords epizootic plague; *Spermophilus dauricus*; optimum regression subsets; mathematical model.

中国地方病防治杂志(中国地方病防治),
1994,9(5):260-261.

达乌尔黄鼠鼠疫预报的数学模型(Ⅵ)①

Mathematical Models for Forecast of Epizootic Plague of *Spermophilus Dauricus* (Ⅵ)

摘要 根据我国内蒙古自治区正镶白旗 1962 年～1991 年达乌尔黄鼠(简称黄鼠)鼠疫监测资料,利用多元回归分析,提出预报局部地区的黄鼠鼠疫流行的数学模型,拟合率为 100%,利用逐步回归,得到影响鼠疫流行的主要因子为黄鼠密度、洞干蚤指数、年降水量和年蒸发量.

关键词 鼠疫;达乌尔黄鼠;多元回归分析;逐步回归分析;数学模型.

关于达乌尔黄鼠鼠疫预报工作,文献[1～2]建立了松辽地区不同监测点的数学模型,但缺少对局部地区的预报研究,本文将对此进行探讨.

§1. 材料与方法

以我国内蒙古自治区正镶白旗乌宁巴图苏木的 1962 年～1991 年(缺 1964 年～1973 年资料)达乌尔黄鼠鼠疫流行病学调查和监测资料,以及该旗气象站 7 个气象因子为基本资料,数据见表 1.1. 预报因子取 x_1=黄鼠密度,x_2=黄鼠体蚤指数,x_3=黄鼠洞干蚤指数,x_4=年均气温,x_5=年均相对湿度,x_6=年降水量,x_7=年均气压,x_8=年均地表温度,x_9=年蒸发量,x_{10}=年总日照.

① 本文与张耀星合作.

表 1.1 1962 年～1991 年达乌尔黄鼠密度和气象资料

年度	黄鼠密度 /只·(hm^{-2})	黄鼠体蚤指数/只	黄鼠洞干蚤指数/只	年均气温/℃	年均相对湿度/%	年降水量 mm	年均气压/mb	年均地表温度/℃	年蒸发量 /mm	年总日照 /h	鼠疫动物病动态值
1962	2.08	3.65	0.76	1.3	60	232.1	864.8	3.7	1 791.5	2 884.7	0
1963	1.46	3.49	1.25	2.1	58	405.6	864.6	4.0	1 881.1	2 827.5	1
1974	5.98	3.80	0.87	1.3	57	406.1	863.6	3.0	2 009.0	2 933.3	1
1975	6.76	4.32	0.60	2.9	57	334.6	864.2	4.9	2 073.1	2 891.1	1
1976	2.03	4.26	0.11	1.5	60	413.1	863.3	2.9	1 672.4	2 804.8	0
1977	0.29	3.91	0.10	1.8	60	401.0	864.0	3.5	1 897.0	2 894.1	0
1978	0.31	3.55	0.20	2.1	60	465.3	864.2	3.4	1 804.7	3 069.0	0
1979	0.16	3.75	0.08	2.1	59	381.7	863.6	3.7	1 676.1	2 906.9	0
1980	0.22	3.94	0.41	1.8	54	235.4	864.0	3.9	2 003.5	2 974.3	0
1981	0.15	2.47	0.10	1.1	60	325.1	864.8	2.3	1 834.6	2 930.3	0
1982	0.29	2.06	0.20	2.0	59	380.0	864.5	3.4	1 745.3	2 958.7	0
1983	0.49	2.96	0.29	2.3	58	443.4	864.4	4.0	1 934.6	2 884.1	0
1984	0.92	2.94	0.22	1.2	58	388.1	863.6	3.3	1 809.6	2 827.2	0
1985	2.63	3.15	0.37	0.9	62	404.6	863.8	2.6	1 775.8	2 794.1	0
1986	2.27	3.05	0.69	1.6	60	360.5	864.6	3.1	1 818.8	2 842.6	0
1987	3.20	2.90	0.66	3.0	57	366.3	864.0	4.5	2 001.3	3 023.6	0
1988	3.58	3.70	0.60	2.1	56	343.1	864.5	3.9	1 842.3	3 006.4	0
1989	3.26	3.50	0.20	3.4	52	286.7	865.1	5.4	2 094.1	2 951.1	0
1990	1.97	2.69	0.21	3.0	59	364.6	864.1	4.7	1 733.2	3 027.6	0
1991	3.28	6.90	0.67	2.4	62	375.4	864.0	4.3	1 667.8	2 954.3	0

由于鼠疫动物病只有流行和未流行两种情形,若流行,y 取值为1;若未流行,y 取值为0. 以 $x_1 \sim x_{10}$ 为预报因子,在计算机上计算得多元线性回归的数学模型为

$$y=69.9554+0.0520x_1-0.0312x_2+0.5610x_3+0.0305x_4-0.0080x_5+0.0015x_6-0.0803x_7-0.0268x_8+0.00081x_9-0.00076x_{10}, \tag{1.1}$$

显著性检验:$F=1.82>F_{0.25}(10,9)=1.59$.

对待判数据的预报方法是:若 $y=0.5$,则将该年度预报为流行;若 $y<0.5$,则预报为未流行;$y=0.5$ 时不能预报,对(1.1)利用表1.1数据拟合,结果见表1.2. 拟合率为100%.

表1.2 多元回归拟合

年度	鼠疫动物病动态值	预测值	残 差
1962	0	0.029 9	−0.029 9
1963	1	0.700 1	0.299 9
1974	1	0.827 4	0.172 6
1975	1	0.627 4	0.372 6
1976	0	0.025 0	−0.025 0
1977	0	−0.027 0	0.027 0
1978	0	−0.073 9	0.073 9
1979	0	−0.213 2	0.213 2
1980	0	−0.041 2	0.041 2
1981	0	−0.233 6	0.233 6
1982	0	−0.139 3	0.139 3
1983	0	0.144 2	−0.144 2
1984	0	0.113 2	−0.113 2
1985	0	0.249 4	−0.249 4
1986	0	0.305 6	−0.305 6
1987	0	0.439 0	−0.439 0
1988	0	0.206 4	−0.206 4
1989	0	0.116 6	−0.116 6
1990	0	−0.122 9	0.122 9
1991	0	0.066 8	−0.066 8

在回归问题中,影响鼠疫流行的因素往往很多,其作用有大有小,为了得到一个较简单的模型,需从众多的因子中筛选出其作用大的因子,利

用逐步回归中的增减法，入选和剔除因子的临界值 F=1.5，计算结果为

$$y=-2.3225+0.0536x_1+0.5344x_3+0.0017x_6+0.0008x_9, \tag{1.2}$$

显著性检验：$F=6.38>F_{0.01}(4,15)=4.89$.

§2. 结果与讨论

按文[3]分类，本文预报区域属松辽平原达乌尔黄鼠鼠疫自然疫源地的察哈尔丘陵相对独立疫源地，因此，所建立模型主要适用于该地区，而本模型预报尚需继续积累数据后才能检验是否稳定.

(1.1)的结果表明，$x_1 \sim x_{12}$ 可预报黄鼠鼠疫动物病是否流行，拟合结果是不低的，但模型显著性检验水平较低($P<0.25$). (1.2)表明，该地区黄鼠鼠疫的流行与否主要受黄鼠密度、黄鼠洞干蚤指数、年降水量、年蒸发量制约. 文[4]曾建立了本地区 1975 年～1988 年鼠蚤因子与鼠疫检测的血凝阳性年份的模型，但该文缺气象因素，本文模型的建立弥补了这一不足，另外，建立某一局部地区的预报模型，由于鼠蚤因子均来自同一监测范围，气象资料来自一个监测站，资料具有连续性，故所建立的模型更加实用，与之相应，文[3]中各相对独立疫源地也应分别在鼠疫疫源地的核心地带，建立各自的预报模型.

在逐步回归中，入选和剔除因子的 F 值一般常取 2，按此标准，计算结果为

$$y=-0.2247+0.0724x_1+0.5244x_3, \tag{2.1}$$

显著性检验：$F=9.26>F_{0.01}(2,17)=6.11$. (2.1)中入选的因子是黄鼠密度和黄鼠洞干蚤指数，由于 (2.1) 中未入选气象因子，降低 F 值可得(1.2)，实际上，取 $F=1.69$，也可得(1.2).

参考文献

[1] 王成贵，等. 达乌尔黄鼠鼠疫预报的数学模型(Ⅰ). 中国地方病防治杂志，1989，4(S)：50-52；(Ⅱ). 1990，5 (3)：142-146，138.

[2] 李仲来，王成贵. 达乌尔黄鼠鼠疫预报的数学模型(Ⅲ). 地方病通报，1990，5 (1)：95-100；(Ⅳ). 1990，5 (4)：19-22；(Ⅴ). 1992，7 (3)：50-52.

[3] 关秉钧，王家瑞. 松辽平原达乌尔黄鼠鼠疫自然疫源地动物流行病学特点. 实用地方病学杂志，1986，1 (4)：37-39.

[4] 李仲来. 预测黄鼠鼠疫流行动态的数学模型. 内蒙古地方病防治研究，1992，17(2)：53-55.

Abstract Using the collected data of 1962～1991 in Xilin Guole League, Inner Mongolia Autonomous Region, the multivariate linear regression analysis has conducted to forecast the prevalence of epizootic plague at the parts of an area in *Spermophilus dauricus*. The corrective ratio has one hundred of percent. Four primary factors, that are, the density of *Spermophilus dauricus*, flea index in the hole, yearly rain fall and evaporation, have given according stepwise regression analysis method.

Keywords plague; *Spermophilus dauricus*; multiple regression; stepwise regression analysis; mathematical model.

中国地方病防治杂志(中国地方病防治),
2002,17(3):129-131.

达乌尔黄鼠鼠疫预报的数学模型(Ⅶ)[①]

Mathematical Models for Forecast of Epizootic Plague of *Spermophilus Dauricus* (Ⅶ)

摘要 目的 研究动物鼠疫的前瞻性预报.

方法和结果 建立吉林省通榆县1982年～1999年的达乌尔黄鼠(简称黄鼠)密度、洞干蚤指数、气温、气压、地表最低温度、日照时数的自回归模型,以及1954年,1955年,1958年,1982年～1999年的判别分析模型. 对2000年～2001年动物鼠疫作出预报.

结论 使用自回归模型和判别分析模型,可以进行动物鼠疫的前瞻性预报.

关键词 鼠疫;前瞻性预报;达乌尔黄鼠;自回归模型;判别模型.

[**中图分类号**]Q959.837;R516.8 [**文献标识码**]A

[**文章编号**]1001-1889-(2002)03-0129-03

作出动物鼠疫流行动态的前瞻性预报有重要意义. 关于达乌尔黄鼠鼠疫预报已做过若干研究[1～7],但基本上是回顾性预报. 文献[1]从影响鼠疫流行的12个因子中,利用逐步判别分析方法,筛选出6个因子,即黄鼠密度、洞干蚤指数、气温、气压、地表最低温度、日照时数作为预报鼠疫流行的主要因子,本文在此基础上,利用1982年～1999年通榆县按月(4月～7月)的监测资料,研究黄鼠密度、洞干蚤指数和气象因子与动物鼠疫流行的前瞻性预报.

---

① 国家自然科学基金资助项目(39570638).

收稿:2001-10-08.

本文与周方孝、李书宝、刘振才、梁宝成合作.

§1. 材料与方法

以 1982 年～1999 年吉林省通榆县黄鼠密度、洞干蚤指数和鼠疫流行年的数据及气象数据为统计资料，气象资料来自通榆县气象站. 利用时间序列分析中的自回归方法，分别建立黄鼠密度、洞干蚤指数、气温、气压、地表最低温度、日照时数的自回归模型，作出这 6 个因子的前瞻性预报. 再以动物鼠疫流行年(1954，1955，1958)和未流行年(1982～1999)的上述 6 个因子建立动物鼠疫是否流行的判别模型. 计算用 SAS 软件完成.

§2. 结果与讨论

在鼠疫流行动态预测中，称以时间顺序记载和排列的数字序列 x_1，x_2，…，x_n 为数字时间序列. 用时间序列做鼠疫流行动态预测，主要是研究与鼠疫流行动态有关的重要指标的时间变动趋势、季节变化、周期变化、不规则变化等规律. 它是属于一种外推的预测. 该法一般要求数据在 30 个～50 个及以上.

2.1 黄鼠密度(DS)的自回归模型($n=72$)

当 $p=1\sim6$ 时，AIC＝0.93，1.86，0.87，－4.26，－5.14，－3.14. 按 AIC 最小原则确定自回归模型阶数，取 $p=5$，且满足残差自相关为独立的条件($\chi^2=0.43$，$P=0.51$)，自回归模型 AR(5)为

$$DS_t=0.240\,95+0.381\,95DS_{t-1}-0.110\,52DS_{t-2}+0.050\,99DS_{t-3}+0.382\,85DS_{t-4}-0.211\,35DS_{t-5},\qquad(2.1)$$

拟合值略，2000 年 4 月～7 月，2001 年 4 月～7 月黄鼠密度的预测值见表 2.1 第 2 列.

2.2 洞干蚤指数(BT)的自回归模型($n=72$)

当 $p=1\sim5$ 时，AIC＝3.52，1.26，3.14，－6.38，－4.85. 按 AIC 最小原则确定自回归模型阶数，取 $p=4$，且满足残差自相关为独立的条件($\chi^2=1.13$，$P=0.57$)，自回归模型 AR(4)为

$$BT_t=0.155\,85+0.102\,58BT_{t-1}-0.150\,00BT_{t-2}-0.069\,41BT_{t-3}+0.391\,62BT_{t-4},\qquad(2.2)$$

拟合值略，2000 年 4 月～7 月，2001 年 4 月～7 月洞干蚤指数的预测值见表 2.1 第 3 列.

表 2.1　6因子的判别模型预测值和实测值

时间	黄鼠密度/只·(hm^{-2})	洞干蚤指数/只	气温/℃	气压/mb	地表最低温度/℃	日照时数/h	流行数值	未流行数值
预测值								
2000-04	0.46	0.20	9.0	992.4	−2.2	254.7	151 600.85	151 845.97
2000-05	0.58	0.12	14.9	990.6	4.8	260.9	287 334.19	287 370.74
2000-06	0.39	0.27	20.2	987.8	12.3	256.0	372 529.11	372 679.73
2000-07	0.44	0.36	25.1	987.9	19.8	254.4	102 694.12	102 715.52
2001-04	0.48	0.22	8.8	991.2	−2.2	255.5	151 197.58	151 435.66
2001-05	0.52	0.15	14.6	990.3	4.7	255.9	287 303.49	287 339.47
2001-06	0.44	0.22	20.1	988.0	12.2	255.6	372 597.03	372 749.14
2001-07	0.46	0.28	25.1	988.3	19.9	255.5	102 751.08	102 772.82
实测值								
2000-04	0.42	0.06	7.9	989.3	−2.8	198.4	151 724.29	151 986.03
2000-05	0.31	0.19	17.9	989.7	8.8	234.0	285 896.52	285 933.88
2000-06	0.08	0.05	24.4	987.4	14.2	267.9	373 303.29	373 493.87
2000-07	0.62	0.15	26.9	983.4	19.7	275.6	101 825.74	101 851.84

2.3　气温(*TP*)的自回归模型($n=72$)

当 $p=1\sim6$ 时，AIC＝469.93，436.90，392.89，329.15，317.25，319.09. 按 AIC 最小原则确定自回归模型阶数，取 $p=5$，且满足残差自相关为独立的条件($\chi^2=1.84$，$P=0.18$)，自回归模型 AR(5)为

$$TP_t=17.439\,61+0.187\,02TP_{t-1}-0.254\,58TP_{t-2}-0.255\,60TP_{t-3}+0.738\,28TP_{t-4}-0.430\,38TP_{t-5},\qquad(2.3)$$

拟合值略，2000 年 4 月～7 月，2001 年 4 月～7 月气温的预测值见表 2.1 第 4 列.

2.4　气压(*PS*)的自回归模型($n=72$)

当 $p=1\sim5$ 时，AIC＝379.57，352.87，353.14，339.30，340.60. 按 AIC 最小原则确定自回归模型阶数，取 $p=4$，且满足残差自相关为独立的条件($\chi^2=4.66$，$P=0.10$)，自回归模型 AR(4)为

$$PS_t = 1\,006.426\,07 - 0.077\,82 PS_{t-1} - 0.320\,15 PS_{t-2} - 0.080\,79 PS_{t-3} + 0.461\,40 PS_{t-4}, \quad (2.4)$$

拟合值略,2000 年 4 月～7 月,2001 年 4 月～7 月气压的预测值见表 2.1 第 5 列.

2.5 地表最低温度(TF)的自回归模型($n=72$)

当 $p=1,2,3,5$ 时,AIC=498.72,456.52,365.25,303.77;$p=4$ 或 6 时不收敛. 按 AIC 最小原则确定自回归模型阶数,取 $p=5$,且满足残差自相关为独立的条件($\chi^2=0.07$, $P=0.79$),自回归模型 AR(5)为

$$TF_t = 11.923\,53 + 0.050\,08 TF_{t-1} - 0.346\,10 TF_{t-2} - 0.349\,58 TF_{t-3} + 0.656\,70 TF_{t-4} - 0.388\,91 TF_{t-5}, \quad (2.5)$$

拟合值略,2000 年 4 月～7 月,2001 年 4 月～7 月地表最低温度的预测值见表 2.1 第 6 列.

2.6 日照时数(ST)的自回归模型($n=72$)

当 $p=1\sim4$ 时,AIC=703.34,701.18,701.39,702.02. 按 AIC 最小原则确定自回归模型阶数,取 $p=2$,且满足残差自相关为独立的条件($\chi^2=4.45$,$P=0.35$),自回归模型 AR(2)为

$$ST_t = 309.638\,43 + 0.026\,24 ST_{t-1} - 0.237\,62 ST_{t-2}, \quad (2.6)$$

拟合值略, 2000 年 4 月～7 月,2001 年 4 月～7 月日照时数的预测值见表 2.1 第 7 列.

2.7 动物鼠疫流行的判别模型($n=21$)

以动物鼠疫流行年(1954,1955,1958)和未流行年(1982～1999)的黄鼠密度、洞干蚤指数、气温、气压、地表最低温度、日照时数建立各月动物鼠疫是否流行的判别模型. 判别准则:将黄鼠密度、洞干蚤指数、气温、气压、地表最低温度、日照时数代入各月判别模型,若 $E>NE$,则判为流行;若 $E=NE$,则不能判定;若 $E<NE$,则判为未流行.

2.7.1 4 月动物鼠疫流行的判别模型

$$E = -150\,966 + 417.770\,3DS - 807.019\,6BT + 53.916\,0TP + 308.753\,0PS - 74.399\,7TF - 17.743\,7ST. \quad (2.7)$$

$$NE = -152\,258 + 363.574\,5DS - 958.867\,8BT + 58.303\,5TP + 310.367\,8PS - 67.091\,2TF - 17.875\,3ST. \quad (2.8)$$

2.7.2 5 月动物鼠疫流行的判别模型

$$E = -286\,925 + 92.666\,3DS + 107.882\,9BT - 185.573\,3TP +$$

$$587.2072PS-183.0002TF-14.7624ST. \qquad (2.9)$$

$$NE=-286\ 374+81.2546DS+56.4891BT-187.3238TP+586.7076PS-181.2154TF-14.7212ST. \qquad (2.10)$$

2.7.3 6月动物鼠疫流行的判别模型

$$E=-367\ 226-801.3714DS+142.0712BT+106.9717TP+745.9848PS+269.9015TF-8.9653ST. \qquad (2.11)$$

$$NE=-372\ 382-878.0073DS+69.9297BT+113.9369TP+751.4865PS+258.8512TF-9.4472ST. \qquad (2.12)$$

2.7.4 7月动物鼠疫流行的判别模型

$$E=-103\ 436+247.7154DS+218.7827BT+75.0824P+209.5289PS-106.0380TF-3.3582ST. \qquad (2.13)$$

$$NE=-102\ 694+233.4755DS+209.2344BT+77.1984TP+208.7399PS-103.9855TF-3.3862ST. \qquad (2.14)$$

模型(2.7～2.14)的显著性检验均为 $P<0.05$,拟合率均为 100%.

2.8 2000年～2001年4月～7月黄鼠鼠疫前瞻性预报

将 2000 年～2001 年 4 月～7 月黄鼠密度、洞干蚤指数、气温、气压、地表最低温度、日照时数的预测值(表 2.1 第 2 列～第 7 列)依次代入公式(2.7)～(2.14) 各月的模型之中,得 E 和 NE 值见表 2.1 第 8 列,第 9 列(预测值). 由于每月的 $E<NE$,故 2000 年～2001 年 4 月～7 月各月动物鼠疫均预报为未流行,即 2000 年～2001 年动物鼠疫均预报为未流行.

2.9 2000年鼠疫前瞻性预报验证

将 2000 年监测数据(表 2.1 实测值)代入公式(2.7)～(2.14)各月的模型之中,得 E 和 NE 值见表 2.1 第 8 列,第 9 列(实测值). 由于每月的 $E<NE$,故 2000 年 4 月～7 月各月动物鼠疫均预报为未流行,模型判别与实际观测结果相同.

2.10 讨论

黄鼠鼠疫流行动态的前瞻性预报分为两个步骤. 首先分别建立黄鼠密度、洞干蚤指数和气象因子的自回归模型,进行未来数月 6 项指标数值的预测. 再利用这 6 项指标的监测数值,建立动物鼠疫流行的判别模型. 将预测出的未来数月 6 项指标数值代入判别模型进行判别,从而得到黄鼠鼠疫流行动态的前瞻性预报结果.

有了以月为单位的黄鼠鼠疫流行动态的前瞻性预报结果,可以不建立含气象因子的年的动物鼠疫流行动态的前瞻性预报模型.

参考文献

[1] 王成贵,李仲来,关秉钧,等.达乌尔黄鼠鼠疫预报的数学模型(Ⅱ).中国地方病防治杂志,1990,5(3):142.

[2] 李仲来,王成贵.达乌尔黄鼠鼠疫预报的数学模型(Ⅲ).地方病通报,1990,5(1):95;(Ⅳ).1990,5(4):19;(Ⅴ).1992,7(3):50.

[3] 张耀星,李仲来.达乌尔黄鼠鼠疫预报的数学模型(Ⅵ).中国地方病防治杂志,1994,9(5):260.

[4] 王成贵,王鸿绪,黄德,等.用Fuzzy聚类分析预测黄鼠鼠疫动物病流行动态的探讨.中国地方病学杂志,1989,8(6):358.

[5] 李仲来.预测黄鼠鼠疫动物病流行动态的两个数学模型.中国地方病学杂志,1990,9(6):356.

[6] 李仲来.预测黄鼠鼠疫流行动态的数学模型.内蒙古地方病防治研究,1992,15(2):53.

[7] 石杲,秦丰程,刘艳华,等.黄鼠鼠疫流行的预报研究.中国媒介生物学及控制杂志,2000,11(3):184.

Abstract **Objective** To study on the prospective forecast of animal plague.

Methods and results The autoregressive models for density of *Spermophilus dauricus*, it's burrow track flea index, temperature, pressure, temperature in the field and sunshine time in Tongyu County, Jilin Province, during 1982～1999, were set up, and the discriminant models were obtained in 1954,1955,1958 and 1982～1999, respectively. The forecast of animal plague were given form 2000～2001.

Conclusion The prospective forecast of animal plague is possible using the autoregressive models and the discriminant models.

Keywords plague; prospective forecast; *Spermophilus dauricus*; autoregressive model; discriminant model.

中国地方病防治杂志(中国地方病防治),
2003,18(3):129-130.

达乌尔黄鼠鼠疫预报的数学模型(Ⅷ)①

Mathematical Models for Forecast of Epizootic Plague of *Spermophilus Dauricus* (Ⅷ)

摘要 目的 研究动物鼠疫的前瞻性预报.

方法 分别建立1957年～2000年吉林省通榆县达乌尔黄鼠(简称黄鼠)密度、体蚤指数和洞干蚤指数的自回归模型和判别分析模型.

结果 对2001年～2002年动物鼠疫做出了前瞻性预报.

结论 使用自回归模型和判别分析模型,可以进行动物鼠疫的前瞻性预报.

关键词 鼠疫;前瞻性预报;达乌尔黄鼠;自回归模型;判别模型.

[中图分类号]R181.2+5;R516.8 **[文献标识码]**A

[文章编号]1001-1889(2003)03-0129-02

做出动物鼠疫流行动态的前瞻性预报有重要意义.关于不含气象因子的达乌尔黄鼠鼠疫预报已做过若干研究[1~4],但基本上是回顾性预报.本文研究黄鼠密度、体蚤指数、洞干蚤指数与动物鼠疫流行动态的前瞻性预报.

§1. 材料与方法

以1957年～2000年(缺1967年～1971年,1975年～1977年)吉林

① 国家自然科学基金资助项目(39570638).
收稿:2002-12-02.
本文与周方孝,李书宝,刘振才,梁宝成,杨成军合作.

省通榆县黄鼠密度、体蚤指数和洞干蚤指数和鼠疫流行动态为统计资料(表 1.1).利用时间序列分析中的自回归方法,分别建立黄鼠密度、体蚤指数和洞干蚤指数的自回归模型.建立判别动物鼠疫流行的分析模型后,做出动物鼠疫的前瞻性预报.计算用 SAS 软件完成.

表 1.1 通榆县黄鼠鼠疫监测资料

年份	黄鼠密度/只·(hm^{-2})	体蚤指数/只	洞干蚤指数/只	年份	黄鼠密度/只·(hm^{-2})	体蚤指数/只	洞干蚤指数/只
1957	1.33	3.00	2.03	1984	0.43	1.88	0.17
1958	0.88	6.95	2.63	1985	0.57	2.96	0.28
1959	0.51	1.68	2.70	1986	0.27	4.37	0.30
1960	1.08	0.16	2.17	1987	0.31	4.36	0.19
1961	0.65	1.80	0.19	1988	0.69	4.18	0.44
1962	0.65	4.93	0.58	1989	0.74	4.38	0.49
1963	0.41	2.64	0.39	1990	0.75	4.61	0.23
1964	0.31	0.87	0.29	1991	0.74	4.98	0.41
1965	0.34	1.87	0.92	1992	0.66	3.66	0.31
1966	0.01	2.00	0.56	1993	0.66	4.57	0.32
1972	0.61	2.50	0.24	1994	0.64	2.36	0.68
1973	0.53	3.16	0.07	1995	0.56	1.44	0.39
1974	0.56	2.81	0.88	1996	0.83	4.05	0.39
1978	0.13	1.40	0.13	1997	0.70	2.84	0.27
1979	0.44	2.29	0.12	1998	1.02	1.87	0.16
1980	0.64	2.37	0.10	1999	0.44	3.23	0.30
1981	1.21	3.22	0.27	2000	0.47	2.10	0.11
1982	0.77	2.08	0.15	2001	0.45	1.37	0.27
1983	0.87	2.66	0.28				

§ 2. 结果

2.1 黄鼠密度(*DS*)的自回归模型($n=36$)

当 $p=1,2$ 时,AIC=9.28,10.96.按 AIC 最小原则确定自回归模型阶数(下同),取 $p=1$,且满足残差自相关为独立的条件($\chi^2=1.80$, $P=0.80$),自回归模型 AR(1)为

$$DS_t=0.439\ 34+0.305\ 71DS_{t-1}, \tag{2.1}$$

拟合值略,2001 年,2002 年黄鼠密度的预测值依次为 0.58 只/hm^2,0.62 只/hm^2.

2.2 黄鼠体蚤指数(*BF*)的自回归模型($n=36$)

当 $p=1,2$ 时，AIC = 125.63，162.48. 取 $p=1$($\chi^2=5.01$，$P=0.42$)，自回归模型 AR(1)为

$$BF_1=2.196\ 82+0.253\ 69BF_{t-1},\tag{2.2}$$

拟合值略，2001 年，2002 年黄鼠体蚤指数的预测值依次为 2.73 只，2.89 只.

2.3 黄鼠洞干蚤指数(*BT*)的自回归模型($n=36$)

当 $p=1$ 时，AIC=48.08；$p=2\sim4$ 时模型不收敛. 取 $p=1$($\chi^2=1.71$，$P=0.89$)，自回归模型 AR(1)为

$$BT_1=0.044\ 34+0.977\ 39BT_{t-1},\tag{2.3}$$

拟合值略，2001 年，2002 年黄鼠洞干蚤指数的预测值依次为 0.15 只，0.19 只.

2.4 动物鼠疫流行的判别模型($n=36$)

利用 1957 年～2000 年通榆县鼠疫监测资料，预测因子取黄鼠密度(*DS*)、体蚤指数 (*BF*)、洞干蚤指数(*BT*). 1958 年为鼠疫流行，其余年份为未流行. 采用贝叶斯准则，建立动物鼠疫流行的判别模型.

预测鼠疫流行的判别模型

$$E=-35.361\ 7+1.850\ 0DS+6.057\ 9BF+10.263\ 6BT,\tag{2.4}$$

预测鼠疫未流行的判别模型

$$NE=-5.074\ 0+5.929\ 8DS+2.001\ 4BF+1.645\ 9BT.\tag{2.5}$$

判别准则：将黄鼠密度、体蚤指数、洞干蚤指数代入模型 (2.4)(2.5)，若 $E>NE$，则判为流行；若 $E=NE$，则不能判定；若 $E<NE$，则判为未流行. 对 1957～2000 年的鼠疫监测资料的拟合率是 100%.

2.5 2001 年，2002 年鼠疫前瞻性预报

将 2001 年，2002 年黄鼠密度、体蚤指数、洞干蚤指数的预测值代入(2.4)(2.5)，得

2001 年：$E=-16.192\ 6<NE=4.290\ 9$，

2002 年：$E=-14.757\ 3<NE=4.699\ 2$，

故 2001 年，2002 年动物鼠疫均预报为未流行.

2.6 2001 年鼠疫前瞻性预报验证

将 2001 年度鼠疫监测数据(表 1.1)代入 (2.4)(2.5)，得 $E=-23.458\ 7<NE=0.780\ 7$，故判别为未流行，与预报结果相同.

§3. 讨论

黄鼠鼠疫流行动态的前瞻性预报分为两个步骤.

建立黄鼠密度、体蚤指数和洞干蚤指数的自回归模型后,分别预测出未来数年的这 3 项指标的数值.再利用这 3 项监测指标,建立动物鼠疫流行的判别模型.将预测出未来数年的 3 项指标数值代入判别模型进行判别,从而得到黄鼠鼠疫流行动态的前瞻性预报.

通榆县预报动物鼠疫是否流行的结果表明,仅考虑黄鼠密度、体蚤指数、洞干蚤指数,不考虑其他预报因子,拟合率是 100%.不足是动物鼠疫流行的年份只有 1 年,鼠疫流行与未流行年份的数量差距太大,这可能会影响所建立的模型的稳定性.

建立预测模型使用的指标是按月监测的黄鼠密度、洞干蚤指数和气象因子[5];本文建立预测模型使用的指标仅考虑黄鼠密度、体蚤指数、洞干蚤指数,不考虑其他气象因子,这是本文与文献[5]的区别.它们是同一个问题的两个不同方面,可将其预报结果综合考虑,以避免预测模型单一.

参考文献

[1] 王成贵,王鸿绪,黄德,等. 用 Fuzzy 聚类分析预测黄鼠鼠疫动物病流行动态的探讨. 中国地方病学杂志,1989,8(6):358.

[2] 李仲来. 预测黄鼠鼠疫动物病流行动态的两个数学模型. 中国地方病学杂志,1990,9(6):356.

[3] 李仲来. 预测黄鼠鼠疫流行动态的数学模型. 内蒙古地方病防治研究,1992,5(2):53.

[4] 石杲,秦丰程,刘艳华,等. 黄鼠鼠疫流行的预报研究. 中国媒介生物学及控制杂志,2000,11(3):184.

[5] 李仲来,周方孝,李书宝,等. 达乌尔黄鼠鼠疫预报的数学模型(Ⅶ). 中国地方病防治杂志,2002, 17(3):129.

Abstract Objective Studies on the prospective forecast of animal plague.

Methods The autoregressive models and the discriminate models with density of *Spermophilus dauricus*, it's body flea and burrow track flea index in Tongyu County, Jilin Province, during 1957～2000, were set up, respectively.

Results The forecast of animal plague were given from 2001 to 2002.

Conclusion The prospective forecast of animal plague is possible using the autoregressive models and the discriminate model.

Keywords plague; prospective forecast; *Spermophilus dauricus*; autoregression model; discriminate model.

中国地方病防治杂志(中国地方病防治),
2002,17(1):12-14.

吉林省人间布鲁氏菌病动态模型①

Dynamic Models of Human Brucellosis in Jilin Province

摘要　目的　研究吉林省 1950 年～2000 年人间布鲁氏菌病(简称布病)动态规律.

方法　分别建立人口布病新发病例和发病率的自回归模型.

结果　得到了吉林省人口的差分一阶自回归模型 ARIMA(2,1,0),新发病例和发病率动态的 3 阶自回归模型 AR(3).

结论　该省布病动态的总趋势是相对稳定的.

关键词　布鲁氏菌病;吉林省;新发病例;发病率;动态.

[**中图分类号**]R516.7;O159　　[**文献标识码**]A

[**文章编号**]1001-1889(2002)01-0012-03

吉林省人间布鲁氏菌病流行历史较久,危害严重,首次发现人间布病患者是 1938 年. 1950 年以前,吉林省人间布病病例的记录很不完整;进入 20 世纪 50 年代以来,逐渐积累了布病病例的较为详细的记录. 对其资料进行整理后,依据布病病例对其动态规律进行分析,并对未来动态进行预测,有一定的实际意义.

§1. 材料与方法

根据 1950 年～2000 年吉林省人口和人间新发布病病例统计资料

① 收稿:2001-09-25.

本文与吕景生,赵永利,江森林合作.

(表 1.1),利用时间序列分析中的自回归方法建立其动态模型.计算用 SAS 软件完成.

表 1.1 吉林省人间布病资料

年份	总人口/人	新发病例/例	发病率/(10 万)$^{-1}$	年份	总人口/人	新发病例/例	发病率/(10 万)$^{-1}$
1950	10 295 396	9	0.087 4	1976	20 925 529	88	0.420 5
1951	10 397 818	13	0.125 0	1977	21 173 636	38	0.179 5
1952	10 645 862	30	0.281 8	1978	21 493 283	48	0.223 3
1953	11 336 028	301	2.655 3	1979	21 845 970	25	0.114 4
1954	11 647 059	461	3.958 1	1980	22 106 507	16	0.072 4
1955	12 021 121	513	4.267 5	1981	22 327 572	13	0.058 2
1956	12 244 853	660	5.390 0	1982	22 511 493	6	0.026 7
1957	12 481 115	680	5.448 2	1983	22 695 009	8	0.035 3
1958	12 808 713	715	5.582 1	1984	22 915 369	6	0.026 2
1959	13 129 773	281	2.140 2	1985	23 115 369	6	0.026 0
1960	13 970 688	407	2.913 2	1986	23 152 985	8	0.034 6
1961	14 143 002	231	1.633 3	1987	23 533 317	10	0.042 5
1962	14 764 268	288	1.950 7	1988	23 574 036	14	0.059 4
1963	15 370 811	239	1.554 9	1989	23 809 776	7	0.029 4
1964	15 951 416	323	2.024 9	1990	24 047 873	9	0.037 4
1965	16 391 306	299	1.824 1	1991	24 288 351	6	0.024 7
1966	16 792 849	354	2.108 0	1992	24 531 198	6	0.024 5
1967	17 220 618	149	0.865 2	1993	24 776 509	3	0.012 1
1968	17 662 564	179	1.013 4	1994	25 024 274	45	0.179 8
1969	18 082 482	200	1.106 0	1995	25 274 516	42	0.166 2
1970	18 603 795	211	1.134 2	1996	25 527 264	113	0.442 7
1971	19 152 231	252	1.315 8	1997	25 782 536	52	0.201 7
1972	19 626 569	139	0.708 2	1998	26 040 361	48	0.184 3
1973	20 079 046	94	0.468 1	1999	26 300 764	118	0.448 7
1974	20 345 448	112	0.550 5	2000	26 563 771	44	0.165 6
1975	20 639 106	115	0.557 2				

§2. 结果

1949 年以来,吉林省积极开展人间布病防治工作,取得了很大成绩,新发病例下降幅度较大.据不完全统计,1950 年～2000 年共发现新发布病患者 8 034 例,但近几年呈上升趋势.按年代计算新发病例和发病率(表 2.1),20 世纪 50 年代~90 年代的 $\bar{x}\pm s$ 波动均呈两头高,中间低,变异系数 cv 分别是 114.78%,135.70%.20 世纪 80 年代的新发病例最低(年均 9 例),但 90 年代上升(年均 48 例),1994 年后($\bar{x}\pm s$)=(66±34)例,表明布病病例并未持续下降,故 21 世纪的布病防治仍是一个长期的任务.

表 2.1　吉林省不同年代人间布病新发病例和发病率($\bar{x}\pm s$)

年份	新发病例/例	发病率/(10 万)$^{-1}$
1951~1960	406.10±252.11(13~715)	3.276 1±2.018 1(0.125 0~5.582 1)
1961~1970	247.30±66.38(149~354)	1.521 5±0.459 3(0.865 2~2.108 0)
1971~1980	92.70±69.82(16~252)	0.461 0±0.367 8(0.072 4~1.315 8)
1981~1990	8.70±2.87(6~14)	0.037 6±0.012 4(0.026 0~0.059 4)
1991~2000	47.70±40.49(3~118)	0.185 0±0.155 7(0.012 1~0.448 7)
1950~2000	157.53±188.42(3~715)	1.076 5±1.509 1(0.012 1~5.582 1)

由于 2000 年人口数量是 1950 年的 2.6 倍,增长较快,但 90 年代的平均发病率是 50 年代的 1/18,布病发病率下降速度较人口增长速度快.在这 51 年中,1958 年新发病例最高(715 例),1993 年最低(3 例),如不考虑人口增长因素,以 1958 年为基点(100%):1959 年~1972 年(1960 年为 52.19%)定基比在 10%与 40%之间;1973 年~2000 年定基比均在 10%以下,其中 1982 年~1993 年在 1%以下(1988 年为 1.06%),1994 年后在 3%以上,有上升趋势.

1954 年以后,吉林省开始布氏菌的分离工作.以发病率 1/10 万为界,在 1953 年~1971 年(1967 年除外),发病率>1/10 万;1972 年~2000 年,发病率<1/10 万,现细分,1980 年~1993 年,发病率<0.1/10 万.

2.1　相关分析

由于人口与布病病例($r=-0.857\ 3$, $P=0.000\ 1$),与发病率($r=0.854\ 7$,$P=0.000\ 1$)均显著负相关,即随着人口增加,布病病例和发病率均为显著下降趋势.此时,布病病例与发病率($r=0.988\ 6$,$P=0.000\ 1$)的正相关有极显著意义.

2.2 吉林省人口增长的一阶差分自回归模型

布病病例的自相关系数 $r(i)=0.9447, 0.8872, 0.8284, 0.7717$，$i=1,2,3,4$，其余略去，其中 $r(i)$ 表示人口数量在 t 年份与 $t+i$ 年份的线性相关程度，i 为滞后年份. 由此看出，不同年份人口增长之间的自相关系数很高.

从表 1.1 看，人口增长数量为非平稳的时间序列，经过一阶差分处理使之化为平稳时间序列后，求自回归模型 $A(j)$：AIC＝1 338.22，1 332.36，1 332.86，$j=1,2,3$. 按 AIC 最小原则确定自回归模型阶数，取 $j=2$，且满足残差自相关为独立的条件（$\chi^2=1.13, P=0.90$），模型 ARIMA(2,1,0)为

$$(1-B)x_t = 309\,388.598 + \frac{a_t}{1-0.185\,68B-0.386\,13B^2}, \tag{2.1}$$

其中 B 为后移算子，a_t 为随机误差，以下相同；x_t 为人口数据. 整理(2.1)得

$$x_t = 132\,477.103\,8 + 1.185\,68x_{t-1} + 0.200\,45x_{t-2} - 0.386\,13x_{t-3} + a_t, \tag{2.2}$$

拟合值略，2001 年，2002 年人口的预测值依次为

26 845 633 人， 27 132 001 人.

2.3 吉林省人口对数增长的一阶差分自回归模型

对表 1.1 人口数量取对数压缩起伏量，再经过一次差分处理使之化为平稳时间序列，求自回归模型 $A(j)$：AIC＝－300.83，－307.71，－306.73，$j=1,2,3$. 取 $j=2$（$\chi^2=0.77, P=0.94$），模型 ARIMA(2,1,0)为

$$(1-B)\ln x_t = 0.017\,94 + \frac{a_t}{1-0.277\,77B-0.406\,44B^2}, \tag{2.3}$$

其中 x_t 为人口数据. 整理(2.3)得

$$\begin{aligned}\ln x_t = {} & 0.005\,67 + 1.277\,77\ln x_{t-1} + 0.128\,67\ln x_{t-2} - \\ & 0.406\,44\ln x_{t-3} + a_t,\end{aligned} \tag{2.4}$$

拟合值略，2001 年，2002 年人口的预测值依次为

26 896 319 人， 27 253 704 人.

2.4 吉林省人间布病新发病例的自回归模型

人间布病新发病例的自相关系数 $r(i)=0.8600, 0.7647, 0.5855$，

0.475 9,$i=1,2,3,4$,其余略去,即不同年份新发病例之间的自相关系数很高.

求自回归模型 $A(j)$:AIC=611.03,612.44,607.78,609.40,$j=1$,2,3,4. 取 $j=3$ ($\chi^2=2.47,P=0.48$),模型 AR(3)为

$$N_t=77.844\ 52+\frac{a_t}{1-0.830\ 10B-0.390\ 16B^2+0.355\ 03B^3}, \tag{2.5}$$

其中 N_t 为人间布病新发病例数. 整理(2.5)得

$$N_t=10.491\ 11+0.830\ 10\ N_{t-1}+0.390\ 16\ N_{t-2}-0.355\ 03N_{t-3}+a_t. \tag{2.6}$$

拟合值略,2001 年,2002 年新发病例的预测值依次为 76 例,49 例.

2.5 吉林省人间布病新发病例的对数自回归模型

对表 1.1 人间布病新发病例取对数压缩起伏量,再求自回归模型 $A(j)$:AIC=108.85,110.67,108.83,$j=1,2,3$;$j=4$ 不收敛. 取 $j=3$ ($\chi^2=3.05,P=0.38$),模型 AR(3)为

$$\ln N_t=2.190\ 81+\frac{a_t}{1-0.916\ 51\ B-0.324\ 76B^2+0.283\ 63B^3}, \tag{2.7}$$

其中 N_t 为人间布病新发病例数. 整理(2.7)得

$$\ln N_t=0.092\ 80+0.916\ 51\ \ln N_{t-1}+0.324\ 76\ \ln N_{t-2}-0.283\ 63\ \ln N_{t-3}+a_t, \tag{2.8}$$

拟合值略,2001 年,2002 年布病新发病例的预测值依次为 55 例,38 例.

2.6 吉林省人间布病发病率的自回归模型

人间布病新发病例的自相关系数

$r(i)=0.878\ 5,\quad 0.771\ 1,\quad 0.591\ 3,\quad 0.465\ 6,\quad i=1,2,3,4$,

其余略去,故不同年份发病率之间的自相关系数很高.

求自回归模型 $A(j)$:AIC=111.84,113.84,108.12,109.66,$j=1$,2,3,4. 取 $j=3$ ($\chi^2=5.09$, $P=0.17$),模型 AR(3)为

$$IR_t=0.550\ 09+\frac{a_t}{1-0.897\ 07B-0.340\ 27B^2+0.377\ 29B^3}, \tag{2.9}$$

其中 IR_t 为人间布病发病率. 整理(2.9)得

$$IR_t=0.076\,99+0.897\,07IR_{t-1}+0.340\,27IR_{t-2}-0.377\,29IR_{t-3}+a_t, \tag{2.10}$$

拟合值略,2001 年,2002 年布病发病率的预测值依次为

$$0.308\,7/10\text{ 万},\quad 0.241\,0/10\text{ 万}.$$

2.7 吉林省人间布病发病率的对数自回归模型

对表 1.1 人间布病发病率取对数压缩起伏量,再求自回归模型 $A(j)$:AIC=107.84,109.67,107.67,109.62,$j=1,2,3,4$. 取 $j=3$ ($\chi^2=3.13$,$P=0.37$),模型 AR(3)为

$$\ln(IR_t)=-2.424\,35+\frac{a_t}{1-0.903\,75B-0.326\,56B^2+0.287\,56B^3}, \tag{2.11}$$

其中 IR_t 为人间布病发病率. 整理(2.11)得

$$\ln IR_t=-0.138\,79+0.903\,75\ln IR_{t-1}+0.326\,56\ln IR_{t-2}-0.287\,56\ln IR_{t-3}+a_t, \tag{2.12}$$

拟合值略,2001 年,2002 年布病发病率的预测值依次为

$$0.214\,6/10\text{ 万},\quad 0.151\,6/10\text{ 万}.$$

2.8 预测

将模型(2.2)和(2.4)的人口预测值取算术平均,得 2001 年,2002 年人口的预测值依次为(26 845 633+26 896 319)÷2=26 870 976 人,(27 132 001+27 253 704)÷2=27 192 852.5 人. 将模型(2.6)和(2.8)的新发病例预测值取算术平均,得 2001 年,2002 年新发病例的预测值依次为(76+55)÷2=65.5 例,(49+38)÷2=43.5 例. 由此得 2001 年,2002 年发病率是

$$65.5/26\,870\,976=0.243\,8/10\text{ 万},\quad 43.5/27\,192\,852.5=0.160\,0/10\text{ 万}.$$

将模型(2.10)(2.12)和上述发病率的预测值再取算术平均,得 2001 年,2002 年发病率的预测值依次为(0.308 7+0.214 6+0.243 8)÷3=0.255 7/10 万,(0.241 0+0.151 6+0.160 0)÷3=0.184 2/10 万.

§3. 讨论

本文利用吉林省人间布病资料,建立时间序列动态模型,为掌握该省

人间布病动态提供理论依据. 由于每年均有布病病例发生,由模型(2.5)~(2.12),此状态将会持续很长时间. 补充每年的布病病例,重新建立类似于(2.6)和(2.8)的时间序列模型,即可对下一年的人间布病病例进行预测.

从模型(2.6)和(2.8)可以看出,由前 3 年的人间布病病例,可对下一年的布病病例进行预测;换一角度考虑,人间布病病例主要与前 3 年的病例关系密切. 由 2001 年,2002 年新发病例的预测值可得结论:吉林省人间布病动态的总趋势是相对稳定的.

从目前积累的资料看,尚未发现明显的人间布病波动的周期规律.

参考文献

[1] 项静恬,史久恩,周琴芳,等. 动态和静态数据处理:时间序列和数理统计分析. 北京:气象出版社,1991:179.

[2] 高惠璇,耿直,李贵斌,等编译. SAS 系统 · SAS/ETS 软件使用手册. 北京:中国统计出版社,1998:65.

Abstract **Objective** Studies on the dynamic laws of the human brucellosis in Jilin Province during 1950~2000.

Methods The autoregressive models of population, new cases and incidence rate for human brucellosis dynamics were set up.

Results Dynamic models ARIMA(2,1,0) of population, AR(3) of the new cases the incidence rates were obtained respectively.

Conclusions These general trends of the human brucellosis happened are relative stables.

Keywords brucellosis; Jilin Province; new cases; incidence rate; dynamics.

中国地方病防治杂志(中国地方病防治),
2002,17(2):73-76.

吉林省畜间布鲁氏菌病动态模型①

Dynamic Models of Animals Brucellosis in Jilin Province

摘要 目的 研究吉林省羊和牛的布鲁氏菌病(简称布病)的动态规律.

方法和结果 分别建立并得到了 1953 年～2000 年羊阳性数(率)、1956 年～2000 年牛阳性数(率)的自回归模型,以及羊阳性数(率)与羊免疫数(率),牛阳性数(率)与牛免疫数(率)的直线和指数回归模型.

结论 羊(牛)的免疫数(率)越高,羊(牛)的阳性数(率)越低.

关键词 布鲁氏菌病;羊;牛;吉林省;动态模型.

[**中图分类号**]R516.7 [**文献标识码**]A

[**文章编号**]1001-1889(2002)02-0073-04

吉林省畜间布鲁氏菌病流行历史较久,危害严重,1936 年在白城种羊场发现病羊.1953 年以前的畜间布病记录很少;以后逐渐积累了较为详细的记录.对其资料进行整理,依据其动态模型进行分析,并对未来动态进行预测,为掌握该省畜间布病动态提供理论依据,有一定的实际意义.

§1. 材料与方法

根据吉林省 1953 年～2000 年羊血清学阳性数和阳性率,羊免疫数

---

① 收稿:2001-10-30.

本文与吕景生、赵永利、江森林合作.

和免疫率,1956 年～2000 年牛血清学阳性数和阳性率,牛免疫数和免疫率为统计资料(表 1.1).求羊阳性数(率)与羊免疫数(率),牛阳性数(率)与牛免疫数(率)的直线和指数回归模型.利用时间序列分析中的自回归方法建立其动态模型[1,2].计算用 SAS 软件完成.

表 1.1　吉林省羊、牛布病资料

年份	羊				牛			
	阳性/只	阳性率/%	免疫/只	免疫率/%	阳性/头	阳性率/%	免疫/头	免疫率/%
1953	664	20.999 4	/	/	/	/	/	/
1954	1 302	19.226 2	/	/	/	/	/	/
1955	1 286	7.013 9	/	/	/	/	/	/
1956	6 185	1.627 9	/	/	2 330	2.126 1	/	/
1957	8 691	2.439 5	/	/	113	10.026 6	/	/
1958	3 486	1.670 8	234 045	62.204 2	7	17.500 0		
1959	1 661	2.074 1	283 876	52.004 2	5 244	10.893 7	16 111	1.917 1
1960	3 349	7.199 7	332 084	53.132 8	116	6.448 0	20 578	2.334 4
1961	10 576	8.109 1	237 087	38.835 8	2 762	33.249 1	34 987	4.002 8
1962	3 514	5.034 0	60 376	9.188 2	1 691	9.207 2	39 577	4.144 7
1963	3 112	7.098 4	1 626	0.193 9	5 087	8.990 2	26	0.002 5
1964	8 080	6.826 3	534	0.058 4	18 054	15.893 3	/	/
1965	27 837	7.648 8	199 382	22.391 0	1 169	10.511 6	/	/
1966	37 954	7.225 0	114 072	11.867 9	1 005	7.403 3	/	/
1967	2 432	0.774 9	275 414	29.566 8	596	15.738 1	/	/
1968	2 752	5.265 8	7 100	0.688 2	1 339	11.442 5	/	/
1969	965	4.378 8	81 204	7.481 8	1756	10.592 4	/	/
1970	13 369	2.811 0	441 385	39.865 5	41 506	8.720 6	71 600	5.872 2
1971	25 250	5.479 3	655 825	58.971 2	36 951	8.408 2	326 121	25.102 2
1972	4 977	1.526 2	864 170	72.091 7	11 381	5.208 3	748 677	61.402 0
1973	5 120	3.091 4	766 512	58.287 5	1 754	2.179 8	408 177	33.450 1
1974	661	1.679 3	304 476	23.508 6	2 051	4.443 7	212 994	18.083 8
1975	1 111	1.396 1	375 267	26.666 1	1 204	4.536 5	142 696	12.106 7
1976	1 555	1.028 0	636 192	49.464 0	1 581	3.795 6	389 961	33.344 1
1977	435	1.065 0	640 645	49.228 0	1 184	2.736 5	409 023	36.437 0
1978	623	0.641 7	618 515	49.973 4	1 113	2.362 9	712 463	65.485 6
1979	861	0.493 5	1 294 250	92.412 3	1 161	1.999 6	742 558	68.321 8
1980	1 264	0.434 0	1 245 225	82.500 7	1 044	1.432 8	696 286	73.664 2
1981	605	0.173 8	876 916	51.116 7	440	0.771 0	662 398	69.758 6

续表

年份	羊				牛			
	阳性/只	阳性率/%	免疫/只	免疫率/%	阳性/头	阳性率/%	免疫/头	免疫率/%
1982	670	0.153 6	1 459 992	90.491 0	299	0.366 0	764 428	80.232 0
1983	232	0.077 1	1 158 009	80.868 8	52	0.090 4	583 065	72.898 9
1984	243	0.117 8	1 252 229	90.820 9	93	0.118 6	798 064	76.552 6
1985	165	0.079 1	782 928	55.800 8	53	0.041 7	930 064	72.527 2
1986	127	0.045 6	1 248 068	90.781 4	88	0.066 7	1 023 157	72.587 2
1987	32	0.009 1	842 460	93.352 4	41	0.034 4	1 066 698	80.115 3
1988	12	0.002 8	1 626 200	96.083 4	42	0.030 8	1 086 030	83.374 3
1989	2	0.002 6	1 845 564	98.492 8	4	0.005 9	848 661	86.108 1
1990	18	0.003 9	759 004	97.602 8	12	0.011 2	600 320	92.537 3
1991	11	0.003 1	944 390	93.576 0	0	0	624 446	79.760 0
1992	11	0.002 7	1 058 893	85.581 9	2	0.001 4	728 928	72.130 0
1993	0	0	1 464 750	97.401 3	0	0	839 705	91.000 7
1994	26	0.009 5	1 264 012	95.454 0	3	0.001 6	907 203	72.942 5
1995	245	0.058 3	1 762 671	98.168 4	1	0.000 2	1 453 228	97.818 8
1996	184	0.053 2	1 746 830	91.160 4	0	0	1 233 555	76.047 6
1997	54	0.010 0	1 825 185	90.419 3	1	0.000 3	1 413 706	71.370 8
1998	20	0.002 5	1 401 721	87.109 7	0	0	1 563 382	95.392 0
1999	889	0.144 9	1 435 021	75.967 7	14	0.003 8	1 562 029	75.822 1
2000	26	0.003 5	1 589 702	91.738 9	36	0.009 6	1 487 416	79.120 4

§2. 结果

吉林省从 1953 年开始检疫，1958 年在通榆县进行免疫试点，1964 年在该县新华公社开展了全面检疫，畜间免疫和淘汰病畜等综合措施，后逐渐在全省推广. 从表 1.1 看，羊与牛的布病疫情已得到了有效的控制. 1981 年后，羊与牛的阳性率均已下降到 1%以下. 羊的阳性数：1953 年～1980 年中有 22 年在 1 000 只以上，1981 年～2000 年均在 1 000 只以下且有 11 年 <100 只. 从羊的阳性率看，1953 年～1977 年> 1%（1967 年除外），1978 年～1980 年在 0.4 %～0.7% ，1981 年～2000 年均在 0.2%以下且有 11 年<0.01%. 羊的免疫率：1958 年～1975 年在 0.06%～72.09%，1976 年～1978 年接近 50%，1979 年～2000 年均在 50%以上且每年免疫（$\bar{x}\pm s$）=（1 312 910± 339 300）只，免疫率 =（87.59 ±

12.48)%. 牛的阳性数：1956 年～1980 年中有 21 年在 1 000 头以上，1981 年～1982 年为 440 头和 299 头，1983 年～2000 年都 <100 头. 牛的阳性率：1956 年～1980 年都 >1%，1981 年～2000 年都在 0.1%以下且近 10 年都 <0.01%. 牛的免疫率：1959 年～1977 年的波动很大，1978 年～2000 年都在 65%以上. 羊和牛的阳性数(率)变化的总趋势呈下降趋势，但近几年呈上升趋势. 表明畜间病例并未持续下降，故 21 世纪的畜间布病防治仍是一个长期的任务.

按年代计算羊和牛的阳性数（率）和免疫数（率）(表 2.1)，20 世纪 50 年代主要是调查疫情分布，探索防治办法阶段. 以后进入主动防治，全面预防和全面控制阶段. 从 $\bar{x}\pm s$ 看出，随着 20 世纪 60 年代以后，羊和牛的免疫数(率)随着年代增高而上升，其阳性数(率)明显下降.

表 2.1　吉林省不同年代羊、牛布病资料($\bar{x}\pm s$)

类别	年　份	阳性/只	阳性率/%	免疫/只	免疫率/%
羊	1953～1960	3 328±2 806	7.781±7.955	283 335±49 022	55.78±5.59
	1961～1970	11 059±12 404	5.517±2.352	141 818±144 844	16.01±15.60
	1971～1980	4 181±7 590	1.684±1.541	740 108±323 826	56.31±21.96
	1981～1990	211±242	0.067±0.065	185 137±375 830	84.54±17.15
	1991～2000	147±274	0.029±0.046	449 318±296 670	90.66±6.57
	1953～2000	3 804±7 652	2.817±4.497	837 530±577 522	61.46±32.55
牛	1956～1960	1 562±2 278	9.399±5.698	18 345±3 159	2.13±0.30
	1961～1970	7 497±13 041	13.175±7.602	36 548±29 292	3.51±2.49
	1971～1980	5 942±11 344	3.710±2.075	478 896±288 273	42.74±22.48
	1981～1990	112±142	0.154±0.241	836 324±187 369	78.67±7.20
	1991～2000	6±11	0.002±0.003	118 360±368 462	81.14±9.90
	1956～2000	3 186±8 502	4.831±6.665	698 574±468 771	56.77±32.04

2.1　相关分析

羊的免疫数与阳性数($r=-0.420\ 0$, $P=0.005\ 1$)，羊的免疫率与阳性率($r=-0.764\ 4$, $P=0.000\ 1$)；牛的免疫数与阳性数($r=-0.348\ 1$, $P=0.037\ 3$)，牛的免疫率与阳性率($r=-0.708\ 3$, $P=0.000\ 1$)，得到羊和牛的免疫数(率)越高，其阳性数(率)越低.

羊与牛的阳性数($r=0.437\ 5$, $P=0.002\ 7$)，羊与牛的阳性率($r=$

0.720 7,P=0.000 1)均呈正相关,表明两种畜的阳性数(率)的波动规律比较一致.

2.2 一元直线回归模型

设 x_1=羊免疫数,y_1=羊阳性数;x_2=羊免疫率,y_2=羊阳性率;x_3=牛免疫数,y_3=牛阳性数;x_4=牛免疫率,y_4=牛阳性率,则

$$y_1=8\,707.924\,7-0.005\,830x_1,F=8.78,P=0.005\,1. \tag{2.1}$$

$$y_2=5.803\,7-0.062\,0x_2,\quad F=57.65,P=0.000\,1. \tag{2.2}$$

$$y_3=7\,990.985\,3-0.006\,786x_3,F=4.70,P=0.037\,3. \tag{2.3}$$

$$y_4=10.903\,0-0.135\,2x_4,\quad F=34.23,P=0.000\,1. \tag{2.4}$$

由模型(2.1)~(2.4)的 F 或 P 值知道,羊(牛)免疫率对羊(牛)阳性率的影响大于羊(牛)免疫数对羊(牛)阳性数的影响.

2.3 一元曲线回归模型

对常用的 7 种模型:直线模型 $y=a+bx$,指数模型 $y=a\exp\{bx\}$,幂函数模型 $y=ax^b$,对数模型 $y=a+b\ln x$,3 种双曲线模型

$$y=\frac{1}{a+bx},\quad y=\frac{x}{a+bx},\quad y=\frac{a+bx}{x},$$

将其化为线性模型后,取 F 值最大作为比较标准,试找出拟合效果较好的模型.模型为

$$y_1=6\,044.753\,6\exp\{-0.000\,002\,925\,x_1\},F=36.32,P=0.000\,1. \tag{2.5}$$

$$y_2=19.254\,3\exp\{-0.070\,6\,x_2\},\ F=79.95,P=0.000\,1. \tag{2.6}$$

$$y_3=3\,889.064\,8\exp\{-0.000\,004\,833\,x_3\}-1,F=34.41,\ P=0.000\,1. \tag{2.7}$$

$$y_4=34.107\,3\exp\{-0.100\,3\,x_4\}-0.000\,1,F=55.03,\ P=0.000\,1. \tag{2.8}$$

由于有 4 年未检出阳性牛,将所有年份的阳性牛的头数均加 1,目的是将取对数无意义的值改变为取对数后有意义,以便充分利用原始资料所提供的信息,最后对所得结果再减去 1,故可得(2.7).模型(2.8)(2.11)(2.12)的情况类似.

2.4 阳性羊只数(PS)的对数自回归模型

对表 1.1 阳性羊只数取对数压缩起伏量,由于 AIC=161.14,

160.85,162.41,$p=1,2,3$,取 $p=2$($\chi^2=5.48, P=0.24$),模型 AR(2)为

$$\ln PS_t=0.74361+0.64913\ln PS_{t-1}+0.23454\ln PS_{t-2},\tag{2.9}$$

其中 PS_t 为 t 年的阳性羊只数. 拟合值略,2001 年阳性羊只数的预测值为 86 只.

2.5 羊阳性率(RS)的对数自回归模型

对表 1.1 羊阳性率取对数压缩起伏量,当 $p=1$ 时,AIC=151.79;$p=2,3,4$ 不收敛,取 $p=1$ ($\chi^2=6.31, P=0.28$),模型 AR(1)为

$$\ln RS_t=0.01308+0.99565\ln RS_{t-1},\tag{2.10}$$

其中 RS_t 为 t 年的羊阳性率. 拟合值略,2001 年羊阳性率的预测值为

0.003 6/10 万.

2.6 阳性牛头数(PX)的对数自回归模型

对表 1.1 阳性牛的头数取对数压缩起伏量,因 AIC = 180.63,174.90,176.90,$p=1,2,3$,取 $p=2$ ($\chi^2=0.89, P=0.93$),模型 AR(2)为

$$\ln PX_t=0.51982+0.51219\ln PX_{t-1}+0.40286\ln PX_{t-2},\tag{2.11}$$

其中 PX_t 为 t 年阳性牛的头数+1. 拟合值略,2001 年牛布病阳性头数的预测值为 31 头.

2.7 牛阳性率(RX)的对数自回归模型

对表 1.1 牛阳性率取对数压缩起伏量,由于 AIC=160.00,148.99,148.51,150.40,$p=1,3,4,5$,$p=2$ 不收敛,取 $p=4$ ($\chi^2=2.01, P=0.37$),模型 AR(4)为

$$\ln RX_t=0.04029+0.63292\ln RX_{t-1}+0.81635\ln RX_{t-2}-0.21059\ln RX_{t-3}-0.29521\ln RX_{t-4},\tag{2.12}$$

其中 RX_t 为 t 年的牛阳性率+0.000 1. 拟合值略,2001 年牛布病阳性率的预测值为 0.041 9/10 万.

§3. 讨论

模型(2.5)~(2.8)说明,羊和牛的免疫数(率)与羊和牛的阳性数(率)关系满足指数模型,即随着羊和牛的免疫数(率)的增加,羊和牛的阳性数(率)按指数规律下降. 因此,应大力加强以畜间免疫为主的预防措施,畜间免疫率应达 90%以上.

本文利用吉林省羊与牛的布病疫情资料,建立时间序列动态模型,为

掌握全省畜间布病动态提供理论依据.由于多数年份均有畜间布病发生,由模型(2.9)~(2.12),此状态将会持续很长时间.补充每年的畜间布病阳性数(率),重建类似于(2.9)~(2.12)的时间序列模型,即可对下一年的畜间阳性数(率)进行预测.

从模型(2.9)~(2.12)可以看出,由前1年~前4年的畜间阳性数(率),可对下一年的布病病例进行预测;换角度考虑,畜间布病主要与前1年~前4年的阳性数(率)关系密切.

从目前积累的资料看,尚未发现明显的畜间布病波动的周期规律.

§4. 结论

羊的免疫数(率)越高,羊的阳性数(率)越低,且随着羊和牛的免疫数(率)的增加,羊和牛的阳性数(率)按指数规律下降.

羊免疫率对羊阳性率的影响大于免疫羊数对阳性羊数的影响.牛的结论类似.

参考文献

[1] 项静恬,史久恩,周琴芳,等. 动态和静态数据处理:时间序列和数理统计分析. 北京:气象出版社. 1991:179.

[2] 高惠璇,耿直,李贵斌,等编译. SAS系统·SAS/ETS软件使用手册. 北京:中国统计出版社,1998:65.

Abstract **Objective** Studies the dynamic laws of the sheep and ox brucellosis in Jilin Province.

Methods and Results The autoregressive models of the positive numbers (rate) for sheep in 1953~2000, and that for ox in 1956~2000, were set up, respectively. The linear and exponential regression models between the positive numbers (rate) and the immunity numbers (rate) for sheep, and that for ox were obtained.

Conclusions The higher the immunity number (rate), the lower the positive number (rate) for sheep, and also for ox.

Keywords brucellosis; sheep; ox; Jilin Province; dynamic model.

中华流行病学杂志，
2003,24(12):1 073.

吉林省羊间与人间布鲁氏菌病疫情关系及预测[①]

Relationship and Prediction of Brucellosis Epidemic Situation between Sheep and Human in Jilin Province

人间布鲁氏菌病(简称布病)来自于畜间.历史上,无论何时何地人间出现布病病例,一定在畜间有活动性疫源.但羊间布病疫情在多大程度上影响人间布病疫情,如何通过羊间疫情预测人间布病疫情未见报道.本文对此进行研究.

§1. 材料与方法

根据1953年～2000年吉林省人间新发布病病例(M)和发病率(MR)、羊血清学阳性数(S)和羊阳性率(SP)、羊免疫数(SI)和羊免疫率(SR)为统计资料,用回归方法建立模型.

§2. 结果与分析

(1) 相关分析:S与M($r=0.378, P=0.008$)和SP与MR($r=0.519, P=0.000$)的正相关有显著统计学意义,表明随着羊阳性数(率)的上升或下降,导致人间布病病例(发病率)的上升或下降.SI与S($r=-0.420, P=0.005$),SI与M($r=-0.658, P=0.000$),SR与SP($r=-0.764, P=0.000$),SR与MR($r=-0.499, P=0.001$),其负

① 收稿:2003-03-25.

本文与吕景生、赵永利、江森林合作.

相关均有很显著意义，得到羊的免疫数(率)越高，羊阳性数(率)和人间布病病例(发病率)越低.

(2) 一元直线回归模型

$M=130.409+0.009\,43S$，　$F=7.68$，$P=0.008$；

$M=264.874-0.000\,167SI$，$F=31.28$，$P=0.000$；

$MR=0.633+0.178SP$，　$F=17.01$，$P=0.000$；

$MR=1.772-0.016\,5SR$，　$F=13.62$，$P=0.001$.

故可以利用羊阳性数或免疫数对人间布病病例或发病率进行预测，且羊免疫数对人间布病病例的影响大于羊阳性数对人间布病病例的影响.

(3) 一元曲线回归模型

对常用的直线、指数、幂函数、对数及 3 种双曲线模型，将其化为线性模型后，取 F 值最大作为比较标准，找出拟合效果较好的模型. 模型为

$$M=2.951\,S^{0.492},\qquad F=56.60,P=0.000; \tag{2.1}$$

$$MR=0.596\,SP^{0.499},\qquad F=81.95,P=0.000; \tag{2.2}$$

$MR=2.565\exp\{-0.037\,6SR\}$，$F=45.29$，$P=0.000$；

羊免疫数与人间布病病例的曲线回归模型是直线，略去.

(2.1)和(2.2)可化简为 $M^2=9S$，$MR^2=0.4SP$，即人间布病病例的平方数近似等于羊阳性数的 9 倍，人间布病发病率的平方近似等于羊阳性率的 4/10.

(4) 二元直线回归模型

$M=168.194+0.007\,66S-0.000\,101\,SI$，$F=19.17$，$P=0.000$；

$MR=0.437+0.230SP-0.002\,04SR$，　$F=12.55$，$P=0.000$.

标准回归模型依次是

$M'=0.262S'-0.548SI'$，

$MR'=0.572SP'-0.061\,9SR'$，

故可以综合考虑羊阳性数(率)和免疫数(率)对人间布病病例(发病率)的预测. 羊免疫数对人间布病病例的作用是羊阳性数对其作用的 −2 倍；且羊血清学阳性数越高，人间布病病例数越高；羊免疫数越高，人间布病病例数越低. 羊阳性率对人间布病发病率的影响远远大于羊免疫率对人间布病发病率的影响.

遥感学报,
2003,7(5):345-349.

SARS 预测的 SI 模型和分段 SI 模型①

SI Models and Piecewise SI Model on SARS Forecasting

摘要 介绍及建立了对 SARS (severe acute respiratory syndrome) 临床诊断累计病例预测的非线性增长模型:SI (susceptible and infective) 模型和分段 SI 模型,并对北京市的 SARS 累计病例进行了预测. 分段 SI 模型转变点的 95%的置信区间在 4 月 21 日、22 日和 23 日内,表明我国政府采取了有力措施后,4 月 24 日以后,SARS 病例的增长率发生显著变化.

关键词 严重急性呼吸综合征(SARS);SI 模型;分段 SI 模型;转变点.

[中图分类号] R181.2/O21 **[文献标识码]** A

§1. 引言

2003 年 6 月以来,北京市的 SARS 疫情已经逐渐得到有效控制. 世界卫生组织已于 24 日宣布解除了对北京的旅游禁令,并将北京市从疫区名单中删除. 至此,全国已经没有再受到世界卫生组织旅游限制建议的省市,全国内地已没有被其列入近期有当地传播名单的省市. 在中国抵御传染病的历史上,这场对抗 SARS 的斗争,无论在人口、组织、经济、舆论规模,还是科学、技术规模上都是空前的. 这场斗争,由于有了党和政府的正

① 国家自然科学基金主任基金项目(40341002)和"863 计划"课题(2003AA208401).
收稿:2003-07-06;收修改稿:2003-07-10.
本文与崔恒建,杨华,李小文合作.

确领导,有了全国人民的共同努力,有了国内、国际科学家的忘我攻关和医务人员的舍身奉献,我国的SARS防治工作已经取得了阶段性重大胜利.但是,由于SARS的传染源、传染途径、传播机制等问题,短期内无法查清,这就需要在临床诊断病例资料的基础上,应用统计分析方法,研究SARS的流行趋势.鉴于SARS疫情已得到有效控制,本文在[1]的基础上,进行进一步的回顾性研究.

§2. 传染病传播的数学模型

早在1904年,Ross首次提倡将数学方法应用于疟疾等蚊虫传播疾病的控制.自1911年发表第一个传染病数学模型以来,经过许多研究,疟疾数学模型已从理论探讨进展到现场检验阶段.虽在实际应用方面还存在差距,但在虫媒传染病的数学模型研究中,疟疾的模型被认为是较好的.已建立的传染病模型还有艾滋病、麻疹、水痘、流行性感冒、血吸虫病等传染病的传播过程模型.我们不想从医学角度探讨每一种传染病的传播机理,只是研究最简单的传染病的传播蔓延过程.

假设传染病人通过空气、食物等接触将病菌传播给健康人,单位时间内一个病人可传染的人数为 k_0. 记时刻 t 的传染病病例是 $i(t)$,则

$$i(t+\Delta t)-i(t)=k_0 i(t)\Delta t,$$

即

$$\frac{\mathrm{d}i}{\mathrm{d}t}=k_0 i(t). \tag{2.1}$$

初始条件为

$$i|_{t=0}=i_0, \tag{2.2}$$

则方程(2.1)在(2.2)下的解是

$$i(t)=i_0\exp\{k_0 t\}. \tag{2.3}$$

该结果表明,传染病病例将按指数规律无限增加,这与实际情况是不符合的.实际上,如果不考虑传染病流行期间出生和迁移人数,一个地区的总人数可认为常数 $n=i(t)+s(t)$,$s(t)$ 为 t 时刻的健康人数. 又单位时间内一个病人能传染的人数与当时健康人数成正比,比例系数为 k(称为传染系数),那么(2.1)中的 k_0 应改为 $ks(t)$,故(2.1)可修改为

$$\frac{\mathrm{d}i}{\mathrm{d}t}=ki(t)[n-i(t)], \tag{2.4}$$

初始条件仍为(2.2). 用分离变量法可求得(2.4)在(2.2)下的解为

$$i(t)=\frac{n}{1+\left(\frac{n}{i_0}-1\right)\exp\{-knt\}}, \tag{2.5}$$

(2.5)即为 SI(Susceptible and infective)模型. 由(2.5),当 $t\to+\infty$时,$i(t)\to n$,这表明所有的人最终都要被传染. 但由于被传染的病例或经治愈后免疫(不考虑治愈后再被传染的病,如性病),或死亡,故病例最终应趋于零. 模型(2.4)的进一步修改称为 SIR 模型,从略.

§3. 北京市的 SARS 临床诊断累计病例的 SI 模型及预测

北京市的 SARS 临床诊断病例在全国占有相当高的比例. 从 2003 年 4 月 20 日到 6 月 24 日,北京市确诊的临床诊断病例占全国的 47.3%,因此,研究北京市临床诊断病例的变化与趋势,对于研究全国的疫情具有相当重要的意义. 我们利用传染病传播的 SI 模型进行研究.

t 从 3 月 1 日算起,4 月 20 日至 24 日的临床诊断病例,公布时间是截止到当日 20 时;26 日之后的病例,公布时间是截止到当日 10 时. 因此,4 月 24 日化为 $t=54.42$,4 月 26 日化为 $t=56$,依此类推. 所用数据来自卫生部网站.

将(2.5)化为

$$i(t)=\frac{n}{1+\exp\{a-rt\}}, \tag{3.1}$$

利用 SAS 的非线性模型进行拟合和预测.

根据北京市的 SARS 临床诊断累计病例,可以估计模型(3.1)中的参数 n,a,r 及预测(见表 3.1). 表 3.1 第 1 行为用(2003-04-20～2003-05-01)的 SARS 临床诊断累计病例,估计模型(3.1)中的参数.

预测 SARS 临床诊断累计病例 n 的 95%的置信区间,对次日和 10 日后的 SARS 临床诊断病例做出预测;依此类推. 在 6 月份,每隔 5 日给出预测值,其余略去. 图 3.1 给出了(2003-04-20～2003-06-24)的 SI 模型.

表 3.1 北京市的 SARS 累计病例 SI 模型的参数估计及预测

月-日	a	r	n	n 的 95%的置信区间	次日（实测）	10 日后（实测）
05-01	9.975 1	0.170 6	2 553.32	[1 819,3 287]	102(83)	38(39)
05-02	10.110 4	0.173 9	2 477.55	[2 023,2 932]	94(105)	30(43)

续表

月-日	a	r	n	n 的 95%的置信区间	次日（实测）	10 日后（实测）
05-03	10.053 6	0.172 6	2 505.01	[2 172,2 838]	89(62)	27(23)
05-04	10.229 4	0.176 7	2 431.49	[2 205,2 658]	78(94)	21(18)
05-05	10.197 6	0.176 0	2 442.83	[2 272,2 614]	71(63)	18(17)
05-06	10.229 1	0.176 7	2 432.62	[2 304,2 561]	63(89)	15(15)
05-07	10.118 2	0.174 2	2 465.95	[2 357,2 575]	58(87)	14(14)
05-08	9.936 1	0.170 3	2 519.72	[2 416,2 624]	55(41)	13(3)
05-09	9.893 0	0.169 3	2 532.06	[2 445,2 619]	49(50)	11(7)
05-10	9.866 8	0.168 8	2 539.11	[2 468,2 610]	44(38)	10(0)
05-11	9.870 0	0.168 8	2 538.30	[2 480,2 597]	39(39)	8(12)
05-12	9.870 4	0.168 8	2 538.21	[2 489,2 587]	34(43)	7(9)
05-13	9.846 0	0.168 3	2 543.50	[2 501,2 586]	29(23)	6(25)
05-14	9.844 8	0.168 3	2 543.73	[2 508,2 580]	25(18)	5(9)
05-15	9.860 3	0.168 6	2 540.79	[2 509,2 572]	22(17)	4(5)
05-16	9.880 7	0.169 0	2 537.13	[2 510,2 565]	19(15)	4(8)
05-17	9.902 1	0.169 5	2 533.54	[2 509,2 558]	16(14)	3(2)
05-18	9.920 9	0.169 8	2 530.56	[2 509,2 552]	13(3)	3(3)
05-19	9.951 8	0.170 4	2 525.92	[2 506,2 546]	11(7)	2(3)
05-20	9.981 9	0.171 0	2 521.64	[2 504,2 540]	9(0)	2(1)
05-21	10.018 8	0.171 8	2 516.65	[2 500,2 534]	8(12)	1(1)
05-22	10.042 6	0.172 2	2 513.55	[2 498,2 529]	7(9)	1(0)
05-23	10.059 0	0.172 5	2 511.52	[2 497,2 526]	6(25)	1(0)
05-24	10.040 0	0.172 2	2 512.75	[2 499,2 526]	5(9)	1(0)
05-25	10.037 2	0.172 1	2 514.09	[2 501,2 527]	5(5)	1(0)
05-26	10.025 6	0.171 9	2 515.42	[2 503,2 527]	4(8)	1(0)
05-27	10.010 0	0.171 6	2 517.03	[2 505,2 528]	3(2)	1(1)
05-28	9.999 3	0.171 4	2 518.19	[2 508,2 529]	3(3)	0(−1)
05-29	9.988 8	0.171 2	2 519.42	[2 509,2 530]	2(3)	0(0)
05-30	9.978 8	0.171 0	2 520.46	[2 511,2 530]	2(1)	0(0)
05-31	9.970 6	0.170 8	2 521.29	[2 512,2 531]	2(1)	0(1)
06-05	9.950 3	0.170 5	2 523.29	[2 516,2 531]	1(0)	0(−1)
06-10	9.946 5	0.170 4	2 523.64	[2 518,2 530]	0(1)	0(0)
06-15	9.946 9	0.170 4	2 523.61	[2 518,2 529]	0(−1)	0(0)
06-20	9.950 9	0.170 5	2 523.26	[2 519,2 528]	0(0)	0(0)
06-24	9.953 7	0.170 5	2 523.02	[2 519,2 527]	0(0)	0(0)

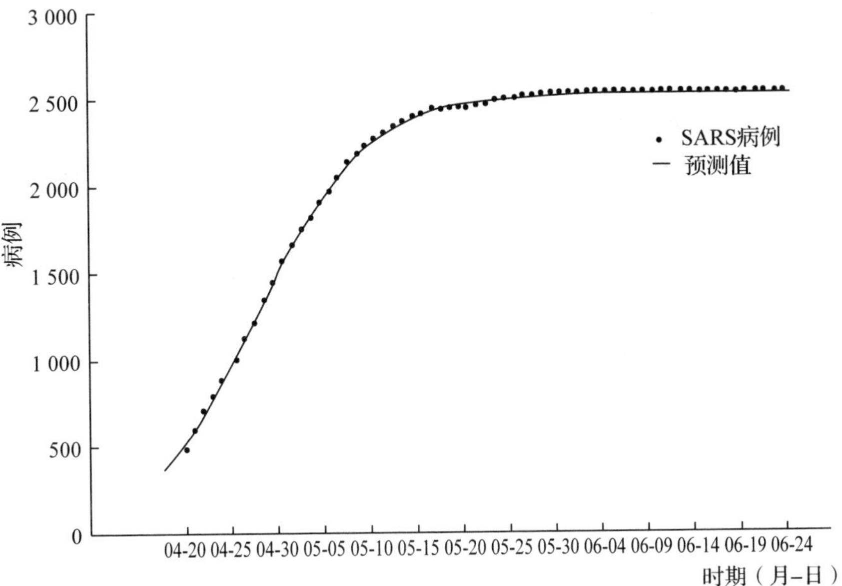

图 3.1　北京市的 SARS 累计病例的 SI 模型

§4. 北京市的 SARS 累计病例的分段 SI 模型

如果一个传染病 SI 模型增长特征的累计病例 $i(t)$在时刻 t_c 之前具有瞬时增长率 r_0，时刻 t_c 后它转变为 r_1，那么 SI 的动态模型可用如下的模型来描述：

$$\frac{\mathrm{d}i}{\mathrm{d}t}=\begin{cases} r_0 i\left(1-\dfrac{i}{n}\right), & t\leqslant t_c, \\ r_1 i\left(1-\dfrac{i}{n}\right), & t\geqslant t_c, \end{cases}$$

其中 n 是总病例数. 对于初始值 $i(t_0)=i_0$，上述模型可解出

$$i(t)=\begin{cases} \dfrac{n}{1+\dfrac{n-i(t_0)}{i(t_0)}\exp\{-r_0(t-t_0)\}}, & t\leqslant t_c, \\ \dfrac{n}{1+\dfrac{n-i(t_c)}{i(t_c)}\exp\{-r_1(t-t_c)\}}, & t>t_c, \end{cases}$$

其中

$$i(t_c)=\frac{n}{1+\frac{n-i(t_0)}{i(t_0)}\exp\{-r_0(t_c-t_0)\}},$$

它是由累计病例 $i(t)$ 在时刻 t_c 的连续性决定的. 上式所确定的函数 $i(t)$ 的导数在时刻 t_c 是不连续的. 它表明在时刻 t_c，增长率发生了转折性变化，致使 $i(t)$ 的增长速率在 t_c 有一个突然的改变. 它也是病例增加过程的一个重要参数，通常称 t_c 为变点(Change point，连续变点或一阶连续变点)[2]. 上述模型称为分段 SI 模型.

如何利用动态的临床诊断病例给出模型参数的估计是模型组建的重要环节. 当变点不存在时，它是一个普通的非线性模型，其参数通常可由非线性最小二乘法(如 Gauss-Newton 法等)给出估计. 当变点存在时，分段拟合的方法无法保证 SI 模型在变点的连续性，况且当变点未知时，选取的人为性很强. 我们在利用阶梯函数给出 SI 模型统一表达式的基础上，给出了得到模型所有参数的最小二乘估计的算法[3]，并用来描述分段 SI 累计病例动态模型.

记 $H(t-t_c)$ 为在 t_c 点具有单位跳跃函数

$$H(t-t_c)=\begin{cases}0, & t<t_c;\\ 1, & t\geqslant t_c,\end{cases}$$

则分段 SI 模型可改写为

$$\frac{\mathrm{d}i}{\mathrm{d}t}=[r_0+(r_1-r_0)(t-t_c)H(t-t_c)]i\left(1-\frac{i}{n}\right),$$

对其积分，模型可解出

$$\begin{aligned}i(t)&=\frac{n}{1+\frac{n-i(t_0)}{i(t_0)}\exp\{-[r_0(t-t_0)+(r_1-r_0)(t-t_c)H(t-t_c)]\}}\\&=\frac{n}{1+\exp\{\alpha+\beta t+\gamma(t-t_c)H(t-t_c)\}},\end{aligned}$$

其中 $\alpha=\ln\left\{\frac{n-i(t_0)}{i(t_0)}\right\}+r_0t_0,\quad \beta=-r_0,\quad \gamma=r_1-r_0.$

模型的参数可以由 SARS 累计的病例，利用非线性回归的 DUD 法[4]来估计. 对 4 月 18 日至 6 月 24 日按日的 SARS 临床诊断累计病例，4 月 18 日、19 日和 20 日的临床诊断病例均认为是截止到当日 20 时. 先求出非线性 SI 模型

$$i(t)=\frac{2\ 521.495\ 7}{1+\exp\{10.108\ 2-0.173\ 0t\}},$$

残差平方和 $Q=235.10$.

分段 SI 模型(图 4.1)为

$$i(t)=\frac{2\ 523.767\ 8}{1+\exp\{13.332\ 7-0.235\ 9t+0.066\ 7(t-51.896\ 3)H(t-51.896\ 3)\}},$$

$$t=48.42,49.42,\cdots,54.42,56,57,\cdots,115.$$

即

$$i(t)=\begin{cases}\dfrac{2\ 523.767\ 8}{1+\exp\{13.332\ 7-0.235\ 9t\}}, & t<51.896\ 3;\\[2ex] \dfrac{2\ 523.767\ 8}{1+\exp\{9.873\ 0-0.169\ 0t\}}, & t\geqslant 51.896\ 3,\end{cases}$$

残差平方和 $Q=129.36$,转变点 t_c 的 95%的置信区间是[51.01,52.79].

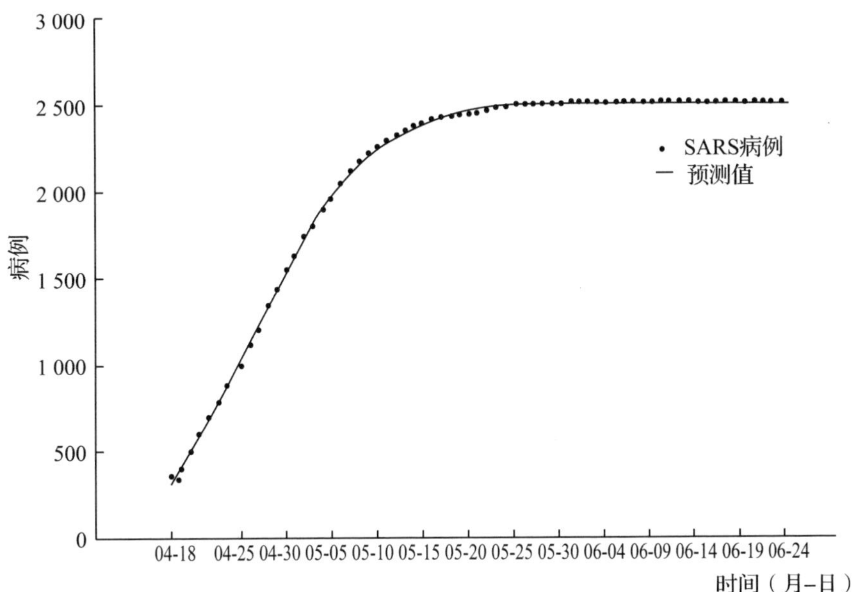

图 4.1　北京市的分段 SARS 累计病例 SI 模型

§5. 结论与讨论

在 SARS 流行时,文献[1]所做的预测是前瞻性研究;SARS 流行停止后,所做的预测是回顾性研究. 本文与文献[1]的区别主要在于此. 由于

SARS 的传染源、传染途径、传播机制等问题，短期内无法查清，数学与 SARS 的主要关系之一就是预测 SARS 临床诊断病例的上限和研究 SARS 的流行趋势.

对北京市的 SARS 临床诊断累计病例的 SI 模型，其预测临床诊断病例的结果在 5 月 25 日以前偏向于保守，参数 n，a，r 随时间的变化逐渐趋于稳定. 5 月 1 日前后，预测北京市的 SARS 临床诊断累计病例的上限是 3 287 例，从现在来看，当时的这一预测也是合理的，低于文献[1]的 SARS 临床诊断累计病例的上限 3 362 例. 北京市的 SARS 临床诊断累计病例为 2 521 例，均落在表 3.1 总病例 95％的置信区间内. 当然，最终所获得的总临床诊断病例是在强有力的控制措施下得到的，否则，模型的参数可能会有较大的变化.

由于瞒报、缓报和漏报，4 月 18 日以前的病例是不可信的. 利用表 3.1 最后一行（2003-04-20～2003-06-24）的 SI 模型，可以反推出 4 月 20 日之前的理论病例. 如 4 月 5 日、10 日、15 日的病例依次为 49 例、113 例和 250 例.

与文献[1]的 SARS 临床诊断累计病例拟合结果比较，在前一段，[1]的拟合效果优于 SI 模型，这是因为，在没有后期病例的时候，拟合的优劣就显得非常重要. 从 SARS 临床诊断累计预测的病例看，考虑次日预测与实测病例之差的绝对值之和，本文为 255 例，低于[1]近百例；考虑未来 10 日预测与实测病例之差的绝对值之和，本文为 89 例，低于[1]200 多例.

由于没有 4 月 18 日以前每日的 SARS 临床诊断累计病例，我们求出了 4 月 18 日后的非线性 SI 模型及分段非线性 SI 模型，分段 SI 模型的残差平方和 Q 低于 SI 模型 Q 的 105.74，当然，我们是以多估计两个参数为代价的. 如果有 4 月 18 日以前的病例，分段模拟的效果会更好. 从转变点 t_c 的 95％的置信区间是在 4 月 21 日、22 日和 23 日内，表明 4 月 20 日左右，我国政府采取了有力措施后，4 月 24 日以后，SARS 病例的增长率明显发生变化.

参考文献

[1] Cui Hengjian, Li Zhonglai, Yang Hua, Li Xiaowen. Nonlinear regression in SARS forecasting. J of Remote Sensing, 2003, 7(4): 245-250. [崔恒建,李仲来,杨华,李小文. SARS疫情预测预报中的分段非线性回归方法. 遥感学报,2003,7(4):245-250.]

[2] Krishnaiah P R, Miao B Q. Review about estimation of change points. In: Krishnaiah P R, Rao C R editors. Handbook of statistics. Amsterdam: Elsevier Science Publishers B V, 1988, 7: 375-402.

[3] Li Zhonglai. Fitting nonlinear models of ecology with DUD algorithm. Chin. J. of Ecology, 1997, 16(2): 73-77. [李仲来. DUD法拟合生态学中的非线性模型. 生态学杂志,1997,16(2):73-77.]

[4] Ralston M L, Jennrich R I. DUD, a derivative-free algorithm for nonlinear least squares. Technometrics, 1979, 20(1): 7-14.

Abstract Introduce and set up some kinds of nonlinear growth models, the SI (Susceptible and infective) model and piecewise SI model, for forecasting clinical diagnose cumulative SARS (Severe acute respiratory syndrome) cases in Beijing. The 95% confidence interval of the time change point on piecewise SI model is made well which includes 21, 22 and 23, in April. It means some control policies in Beijing at the end of this 24 in April play important role for anti-spread of SARS, and the changes of increase rate for SARS cases is quite significant.

Keywords severe acute respiratory syndrome (SARS); susceptible and infective model; piecewise susceptible and infective model; change point.

数学的实践与认识,
2005,35(3):99-104.

中国现代数学家寿命分析①

Analysis of the Life of Modern Chinese Mathematicians in 20th Century

摘要 根据212位中国现代数学家(117位逝世)的生存资料进行分析,得到如下结果.62位数学院士的期望寿命为84.68岁,标准误差为1.96岁;150位非院士数学家的期望寿命为79.26岁,标准误差为1.13岁.院士和非院士数学家的寿命差异有显著性意义($P=0.05$).分别给出院士和非院士数学家两个群体的寿命表.

结论 中国现代数学家属于长寿之列.脑部疾病、心脏疾病和癌症为数学家的主要死因.

关键词 寿命;死因;数学家;中国.

中国现代数学家的寿命是多少?影响他们寿命的主要死因是什么?与一般人群比较,长寿还是短寿?这是很多数学家、数学工作者感兴趣的问题之一.首先,如何选择中国的现代数学家呢?选择的标准是什么?我们不在这里给出现代数学家的定义,而以中国科学院院士中的数学家为一部分,《中国现代数学家传》[1]又为我们提供了一个名单为另一部分,取其全部,对其寿命进行分析,并对数学家的死亡原因进行研究,希望所得结果能对数学家有所帮助或启示.

§1. 中国现代数学家的期望寿命

由于时间及其他原因,1950年以后出生的入选人员极少,故本文仅

① 收稿:2003-10-10.

考虑1950年以前出生的人选.5卷本的《中国现代数学家传》共入选数学家201人,去掉3位非正常死亡人员,加上在《中国现代数学家传》未入传的14位中国科学院数学院士,共212人.就本文考虑的范围,可以这样说,20世纪30年代以前出生的多数数学家已经入选,30年代~40年代出生的还会有若干数学家入选.

在212位中国现代数学家中,截止到2003年8月31日,有117位数学家逝世,占55.19%;95位在世,占44.81%,前者大于后者,因此,计算寿命表有意义.

寿命表通常分男性和女性分别建立.但是,自古以来,有成就的女数学家的数量远少于男性,这并非女性缺少才智,而是由于女性除了自身的事业之外,还要抚育子女、照顾家庭,因而大多不能几方面兼顾.因此,在212位中国现代数学家中,仅有3位(其中2位逝世)女数学家,故本文所求寿命表几乎可以认为是男性数学家的寿命表.

212位数学家的平均期望寿命80.65岁,标准误差为0.96岁.由此得到结论,中国数学家属于长寿之列.数学家期望寿命的中位数是84岁,95%的置信区间是[82,86]岁,高于平均期望寿命3.35岁.虽然数学家从事数学研究,所耗费脑力劳动的强度,是别的行业不能比的,但其人均寿命,高于《北京日报》在2003年2月1日报道的北京市人均寿命为75.85岁的指标[2].

§2. 中国现代数学家中院士与非院士数学家期望寿命的比较

在212位数学家中,实际上可分为两个群体,即院士与非院士数学家.62位院士的期望寿命为84.68岁,标准误差为1.96岁;150位非院士数学家的期望寿命为79.26岁,标准误差为1.13岁.对数秩检验:$\chi^2=3.8231$,$P=0.0506$;Wilcoxon检验:$\chi^2=4.0205$,$P=0.0450$,院士与非院士数学家的期望寿命相差5.52岁,差异有显著性意义.因此,分别给出院士与非院士数学家两个群体的寿命表(见表2.1,表2.2).

表 2.1 中国现代数学家(不含院士)的寿命($n=150$)

年龄区间	死亡人数	健在人数	有效样本数	生存概率	死亡概率	剩余生存时间的中位数±标准误差	概率密度函数	风险函数
[36,37)	0	0	150.0	1.000 0	0	47.110 4±1.120 5	0	0
[37,38)	1	0	150.0	0.993 3	0.006 7	46.110 4±1.120 5	0.006 7	0.006 7
[38,39)	0	0	149.0	0.993 3	0.006 7	45.201 9±1.116 7	0	0
[39,40)	0	0	149.0	0.993 3	0.006 7	44.201 9±1.116 7	0	0
[40,41)	0	0	149.0	0.993 3	0.006 7	43.201 9±1.116 7	0	0
[41,42)	1	0	149.0	0.993 3	0.006 7	42.201 9±1.116 7	0.006 7	0.006 7
[42,43)	0	0	148.0	0.986 7	0.013 3	41.293 4±1.113 0	0	0
[43,44)	0	0	148.0	0.986 7	0.013 3	40.293 4±1.113 0	0	0
[44,45)	0	0	148.0	0.986 7	0.013 3	39.293 4±1.113 0	0	0
[45,46)	1	0	148.0	0.986 7	0.013 3	38.293 4±1.113 0	0.006 7	0.006 7
[46,47)	0	0	147.0	0.980 0	0.020 0	37.384 9±1.109 2	0	0
[47,48)	0	0	147.0	0.980 0	0.020 0	36.384 9±1.109 2	0	0
[48,49)	0	0	147.0	0.980 0	0.020 0	35.384 9±1.109 2	0	0
[49,50)	3	0	147.0	0.980 0	0.020 0	34.384 9±1.109 2	0.020 0	0.020 6
[50,51)	1	0	144.0	0.960 0	0.040 0	33.659 3±1.097 8	0.006 7	0.007 0
[51,52)	0	0	143.0	0.953 3	0.046 7	32.750 8±1.094 0	0	0
[52,53)	2	0	143.0	0.953 3	0.046 7	31.750 8±1.094 0	0.013 3	0.014 1
[53,54)	0	0	141.0	0.940 0	0.060 0	30.933 8±1.086 3	0	0
[54,55)	3	0	141.0	0.940 0	0.060 0	29.933 8±1.086 3	0.020 0	0.021 5
[55,56)	0	0	138.0	0.920 0	0.080 0	29.101 4±0.523 4	0	0
[56,57)	1	0	138.0	0.920 0	0.080 0	28.101 4±0.523 4	0.006 7	0.007 3
[57,58)	1	0	137.0	0.913 3	0.086 7	27.146 0±0.521 5	0.006 7	0.007 3
[58,59)	2	0	136.0	0.906 7	0.093 3	26.190 5±0.519 6	0.013 3	0.014 8
[59,60)	4	0	134.0	0.893 3	0.106 7	25.279 6±0.515 8	0.026 7	0.030 3
[60,61)	0	0	130.0	0.866 7	0.133 3	24.457 9±0.508 0	0	0
[61,62)	1	0	130.0	0.866 7	0.133 3	23.457 9±0.508 0	0.006 7	0.007 7
[62,63)	1	1	128.5	0.860 0	0.140 0	22.502 4±0.507 0	0.006 7	0.007 8
[63,64)	2	1	126.5	0.853 3	0.146 7	21.547 1±0.507 0	0.013 5	0.015 9
[64,65)	3	0	124.0	0.839 8	0.160 2	20.637 3±0.504 0	0.020 3	0.024 5
[65,66)	2	0	121.0	0.819 5	0.180 5	19.773 1±0.497 9	0.013 5	0.016 7
[66,67)	1	2	118.0	0.806 0	0.194 0	18.863 6±0.495 9	0.006 8	0.008 5
[67,68)	0	2	115.0	0.799 1	0.200 9	17.909 3±0.498 0	0	0
[68,69)	2	2	113.0	0.799 1	0.200 9	16.909 3±0.502 4	0.014 1	0.017 9
[69,70)	4	0	110.0	0.785 0	0.215 0	16.003 7±0.484 3	0.028 5	0.037 0
[70,71)	4	2	105.0	0.756 4	0.243 6	15.188 4±0.477 7	0.028 8	0.038 8
[71,72)	0	1	99.5	0.727 6	0.272 4	14.374 9±0.472 0	0	0

续表

年龄区间	死亡人数	健在人数	有效样本数	生存概率	死亡概率	剩余生存时间的中位数±标准误差	概率密度函数	风险函数
[72,73)	0	3	97.5	0.727 6	0.272 4	13.374 9±0.476 8	0	0
[73,74)	0	4	94.0	0.727 6	0.272 4	12.374 9±0.485 6	0	0
[74,75)	1	1	91.5	0.727 6	0.272 4	11.374 9±0.492 2	0.008 0	0.011 0
[75,76)	4	4	88.0	0.719 7	0.280 3	10.426 3±0.496 4	0.032 7	0.046 5
[76,77)	4	2	81.0	0.687 0	0.313 0	9.638 0±0.493 9	0.033 9	0.050 6
[77,78)	1	2	75.0	0.653 0	0.347 0	8.857 5±0.488 0	0.008 7	0.013 4
[78,79)	4	3	71.5	0.644 3	0.355 7	7.913 9±0.493 1	0.036 0	0.057 6
[79,80)	3	6	63.0	0.608 3	0.391 7	8.684 6±2.307 5	0.029 0	0.048 8
[80,81)	3	1	56.5	0.579 3	0.420 7	8.127 6±0.531 8	0.030 8	0.054 5
[81,82)	1	2	52.0	0.548 6	0.451 4	7.339 8±0.524 9	0.010 5	0.019 4
[82,83)	3	5	47.5	0.538 0	0.462 0	6.412 6±0.538 6	0.034 0	0.065 2
[83,84)	3	1	41.5	0.504 0	0.496 0	5.647 1±0.539 9	0.036 4	0.075 0
[84,85)	6	1	37.5	0.467 6	0.532 4	4.898 5±0.526 9	0.074 8	0.173 9
[85,86)	6	1	30.5	0.392 8	0.607 2	4.508 8±0.602 0	0.077 3	0.218 2
[86,87)	0	4	22.0	0.315 5	0.684 5	4.153 2±0.535 9	0	0
[87,88)	1	2	19.0	0.315 5	0.684 5	3.153 2±0.576 6	0.016 6	0.054 1
[88,89)	4	1	16.5	0.298 9	0.701 1	2.285 5±0.586 2	0.072 5	0.275 9
[89,90)	3	1	11.5	0.226 4	0.773 6	1.862 7±0.531 9	0.059 1	0.300 0
[90,91)	3	0	8.0	0.167 4	0.832 6	2.000 0±1.414 2	0.062 8	0.461 5
[91,92)	1	0	5.0	0.104 6	0.895 4	4.250 0±0.782 6	0.020 9	0.222 2
[92,93)	1	1	3.5	0.083 7	0.916 3	3.600 0±0.748 3	0.023 9	0.333 3
[93,94)	0	0	2.0	0.059 8	0.940 2	3.000 0±0.707 1	0	0
[94,95)	0	0	2.0	0.059 8	0.940 2	2.000 0±0.707 1	0	0
[95,96)	1	0	2.0	0.059 8	0.940 2	1.000 0±0.707 1	0.029 9	0.666 7
[96,97)	1	0	1.0	0.029 9	0.970 1		0.029 9	2.000 0

表 2.2 中国现代数学家中的院士寿命($n=62$)

年龄区间	死亡人数	健在人数	有效样本数	生存概率	死亡概率	剩余生存时间的中位数±标准误差	概率密度函数	风险函数
[51,52)	0	0	62.0	1.000 0	0	34.239 4±0.668 1	0	0
[52,53)	0	1	61.5	1.000 0	0	33.239 4±0.670 8	0	0
[53,54)	0	1	60.5	1.000 0	0	32.239 4±0.676 3	0	0
[54,55)	0	0	60.0	1.000 0	0	31.239 4±0.679 1	0	0
[55,56)	0	0	60.0	1.000 0	0	30.239 4±0.679 1	0	0
[56,57)	0	1	59.5	1.000 0	0	29.239 4±0.682 0	0	0
[57,58)	0	1	58.5	1.000 0	0	28.239 4±0.687 8	0	0

续表

年龄区间	死亡人数	健在人数	有效样本数	生存概率	死亡概率	剩余生存时间的中位数±标准误差	概率密度函数	风险函数
[58,59)	0	0	58.0	1.000 0	0	27.239 4±0.690 8	0	0
[59,60)	2	0	58.0	1.000 0	0	26.239 4±0.690 8	0.034 5	0.035 1
[60,61)	0	1	55.5	0.965 5	0.034 5	25.420 8±0.681 8	0	0
[61,62)	0	1	54.5	0.965 5	0.034 5	24.420 8±0.688 0	0	0
[62,63)	2	1	53.5	0.965 5	0.034 5	23.420 8±0.694 4	0.036 1	0.038 1
[63,64)	1	1	50.5	0.929 4	0.070 6	22.610 6±0.688 0	0.018 4	0.020 0
[64,65)	0	0	49.0	0.911 0	0.089 0	21.707 5±0.684 6	0	0
[65,66)	0	4	47.0	0.911 0	0.089 0	20.707 5±0.699 1	0	0
[66,67)	0	3	43.5	0.911 0	0.089 0	19.707 5±0.726 6	0	0
[67,68)	0	2	41.0	0.911 0	0.089 0	18.707 5±0.748 5	0	0
[68,69)	0	2	39.0	0.911 0	0.089 0	17.707 5±0.767 4	0	0
[69,70)	0	1	37.5	0.911 0	0.089 0	16.707 5±0.782 6	0	0
[70,71)	1	0	37.0	0.911 0	0.089 0	15.707 5±0.787 9	0.024 6	0.027 4
[71,72)	0	1	35.5	0.886 4	0.113 6	14.837 0±0.782 6	0	0
[72,73)	2	3	33.5	0.886 4	0.113 6	13.837 0±0.805 6	0.052 9	0.061 5
[73,74)	0	1	29.5	0.833 5	0.166 5	14.192 3±1.345 5	0	0
[74,75)	1	1	28.5	0.833 5	0.166 5	13.192 3±1.368 9	0.029 2	0.035 7
[75,76)	0	2	26.0	0.804 2	0.195 8	12.448 7±1.382 9	0	0
[76,77)	0	1	24.5	0.804 2	0.195 8	11.448 7±1.424 6	0	0
[77,78)	3	2	23.0	0.804 2	0.195 8	10.448 7±1.470 3	0.104 9	0.139 5
[78,79)	0	1	18.5	0.699 3	0.300 7	10.311 8±1.206 2	0	0
[79,80)	0	2	17.0	0.699 3	0.300 7	9.311 8±1.258 3	0	0
[80,81)	1	0	16.0	0.699 3	0.300 7	8.311 8±1.297 1	0.043 7	0.064 5
[81,82)	2	0	15.0	0.655 6	0.344 4	7.636 0±1.255 9	0.087 4	0.142 9
[82,83)	0	0	13.0	0.568 2	0.431 8	9.110 7±0.454 7	0	0
[83,84)	1	1	12.5	0.568 2	0.431 8	8.110 7±0.463 7	0.045 5	0.083 3
[84,85)	0	0	11.0	0.522 8	0.477 2	7.241 8±0.454 7	0	0
[85,86)	2	0	11.0	0.522 8	0.477 2	6.241 8±0.454 7	0.095 0	0.200 0
[86,87)	0	1	8.5	0.427 7	0.572 3	5.516 0±0.423 2	0	0
[87,88)	1	1	7.5	0.427 7	0.572 3	4.516 0±0.450 6	0.057 0	0.142 9
[88,89)	1	1	5.5	0.370 7	0.629 3	3.680 6±0.456 0	0.067 4	0.200 0
[89,90)	0	0	4.0	0.303 3	0.696 7	2.875 0±0.437 5	0	0
[90,91)	0	0	4.0	0.303 3	0.696 7	1.875 0±0.437 5	0	0
[91,92)	2	1	3.5	0.303 3	0.696 7	0.875 0±0.467 7	0.173 3	0.800 0
[92,100)	0	0	1.0	0.130 0	0.870 0			
[100,101)	1	0	1.0	0.130 0	0.870 0		0.130 0	2.000 0

数学家平均寿命较高,(1) 可能与他们在社会中的经济地位有关,由于数学家的绝大部分均为教授或研究员,相对来说,还是属于有较高的稳定收入群体;(2)享受公费医疗福利;(3) 有较强的自我保护意识;(4) 心理状态较好,等等.获得了院士称号的数学家,在以上几个方面,比非院士数学家更处于一种优越状态,这可能是院士与非院士数学家的期望寿命差异有显著性意义的主要原因.

§3. 中国现代数学家中,非院士数学家与北京师范大学数学系教职工期望寿命的比较

院士与非院士数学家期望寿命的差异有显著性意义,非院士数学家与北京师范大学数学系教职工的期望寿命差异有无显著性意义?笔者收集了 1949 年后在北京师范大学数学系退休、2003 年为 60 岁以上的教职工,退休后逝世和未退休时逝世的教职工的名单,共 104 人,已有 32 位逝世,不含非正常死亡教师.去掉北京师范大学数学系在《中国现代数学家传》中入选的院士 1 人和非院士数学家 10 人后,剩下 93 人,其中 27 人逝世,期望寿命为 75.72 岁,标准误差为 1.36 岁.对数秩检验:$\chi^2=1.1061$,$P=0.2929$;Wilcoxon 检验:$\chi^2=0.0377$,$P=0.8461$,结果表明,虽然北京师范大学数学系教职工和非院士数学家的期望寿命相差 3.54 岁,但差异无显著性意义.当然,此结果是否有一般性,需要在更大范围内进行比较研究.但就非院士数学家与重点高校的数学系教师的期望寿命而言,本文结果有一定的代表性.

§4. 中国现代数学家按出生年代与逝世年代的分析

按数学家的出生年代分类(表 4.1 左半部分),随着出生年代的增加,生存的期望寿命也随着增加.20 世纪 20 年代后未计算期望寿命,是因为逝世人数尚未达到半数.

按数学家的逝世年代分类(表 4.1 右半部分),随着出生年代的后移,死亡均值呈增加趋势,20 世纪 80 年代的死亡均值偏低,原因是由于陆家羲、张广厚和钟家庆均在 50 岁时英年早逝,王明淑在 53 岁逝世.1960 年以前共有 9 位数学家逝世,7 位为 60 岁(含)以下的数学家.

表 4.1　中国现代数学家按阶段分析

出生年代	出生	逝世	期望寿命±标准误差	逝世年代	逝世	均值±标准误差	范围
1870～1879	1	1	70	1930～1939	1	51	51
1880～1889	4	4	69.75±9.04	1940～1949	5	51.20±5.99	38～70
1890～1899	15	15	75.27±3.68	1950～1959	3	55.33±1.45	53～58
1900～1909	27	27	78.30±2.84	1960～1969	8	66.25±2.70	55～76
1910～1919	66	49	81.71±1.30	1970～1979	17	74.12±2.51	60～92
1920～1929	52	11		1980～1989	25	71.00±2.33	50～86
1930～1939	39	10		1990～1999	49	79.63±1.46	55～97
1940～1949	8	0		2000～2003	9	90.78±1.85	82～101
1870～1949	212	117	80.65±0.96	1930～2003	117	74.85±1.22	38～101

对中国现代数学家，按出生年代或逝世年代分类，随着出生年代的增加，生存的期望寿命呈增加趋势，这可能与社会进步、食物质量的改进、医疗条件的改善、生活水平的提高有关.

§5. 中国现代数学家中逝世的数学家寿命分析

117 位逝世的数学家平均寿命为 74.85 岁，标准误差为 1.22 岁；中位数为 76 岁，众数为 86 岁. 由表 5.1，按数学家逝世年龄分类，51 人的寿命≥80 岁，占 51/117＝43.59%. 从逝世的端点值看，李华宗由于慢性肾炎，于 38 岁逝世；苏步青由于多器官功能衰竭，于 101 岁时逝世，为国内外有记录的最长寿的数学家.

表 5.1　中国数学家逝世年龄分布

年龄	38	40～49	50～59	60～69	70～79	80～89	90～99	101
人数	1	2	13	21	29	38	12	1

117 位逝世的数学家的主要死因（分类有少量重复）：死于脑部疾病 13 人（脑出血 7 人，脑血栓 4 人，后脑蛛网膜大出血 1 人，帕金森氏综合征 1 人）；心脏疾病 12 人（心脏病 6 人，心脏衰竭 2 人，心肌梗死 2 人，冠心病 1 人，心肌炎 1 人）；癌症 9 人（肺癌 2 人，腹癌 1 人，肠癌 1 人，胃癌 1 人，其他癌症 4 人）；肺部疾病 5 人（肺破裂、肺感染与呼吸衰竭、肺气肿各 1 人，肺癌 1 人，肺病 1 人）；胃部疾病 3 人（胃癌，胃穿孔，胃大出血各 1

人)；摔倒死亡 3 人；其他疾病和未说明死因的从略. 由此看出，脑部疾病和心脏疾病是数学家的主要死因，其次为癌症.

3 位非正常死亡的数学家均为“文化大革命”中含冤逝世. 如果加上这 3 位，那么恰好为 120 位数学家逝世.

60 岁(含)以下逝世的数学家共有 22 位，他们的逝世给我国数学界造成了重大损失，如李华宗(38 岁)、曾炯之(42 岁)、王福春(46 岁)、陆家羲(50 岁)、张广厚(50 岁)、钟家庆(50 岁)、吴在渊(51 岁)、汤璪真(53 岁)、张宗燧(54 岁)等. 病因(按死亡年份顺序)为咯血，胃穿孔，肺病，慢性肾炎，急性胰腺炎，感冒引起并发症，腹癌，脑出血，瘫痪，冠心病，胰腺瘤，心脏病(2 人)，重症肌无力综合征，乙肝，癌症各 1 人，其他人死因不明. 这里列出病因的主要目的在于引起数学家的注意. 数学家是我们国家的宝贵人力资源，应当尽量减少他们的工作及家庭负担和精神压力，尽可能地减少数学家英年早逝的现象.

§6. 问题

由本文的研究，自然引出了我国应开展研究的一系列问题：分别从事理学、工学、农学、医学研究的科学家，哪个群体长寿？学理科与文科的人，哪个群体长寿？等等. 这需要进行大范围的研究，所得结果将会引起众多人的关心. 有研究表明[3]，学理工科的人寿命最长，其次为学医学的，再次为学文科的.

参考文献

[1] 程民德，主编．中国现代数学家传记，第 1～5 卷．南京：江苏教育出版社，1994，1995，1998，2000，2002.

[2] 李学梅．北京人健康水平创历史最高．北京日报，2003-02-01，第 5 版.

[3] 学理比学文寿命长？卫报，2003-08-05. 参考消息，2003-09-01，第 6 版.

Abstract According to the 212 survival (117 death) data of modern Chinese mathematicians in 20th century, the results are as follows. The expectation of life (EL) is 84.68 and the standard error (SE) is 1.96 for 62 academicians, and EL is 79.26 and SE is 1.13 for 150 modern Chinese mathematicians of non-academician. Moreover, the difference is significant between them ($P=0.05$) and their life tables are given respectively. Conclusions are that the life of modern Chinese mathematicians in 20th century are long life, and their main causes of death are brain diseases, heart diseases and cancers.

Keywords life; cause of death; mathematician; China.

抗日战争与民族精神的弘扬:北京师范大学纪念抗日战争胜利60周年文集.
北京:中央文献出版社,2005:415-422.

我收集日本法西斯的罪行

The Crimes of Japanese Fascists I Collected

摘要　作者研究鼠疫预测已经20年,其中之一就是研究日本第731部队所从事的细菌战地点的鼠疫预测问题.本文介绍了研究经过,并给出了收集的在抗日战争时期日本从事细菌战的令人发指、令人震撼的人体试验研究相关题目资料.根据人们关心发生在身边事情的原则,指出在北京,日本也有从事细菌战研究的部队,并叙述了作者老家北京市延庆县西羊坊惨案的情况.

我没有去过日本,但是经常听说日本首相小泉一次一次地参拜靖国神社,日本篡改教科书的问题,日本的右翼分子如何如何.1986年以来,由于我所研究课题的需要,逐渐积累了一些关于日本侵略我国所犯下的罪行资料,作为一个数学工作者,本来并未准备为纪念抗日战争胜利60周年写点什么,但日本人在近年来的表现,使得我决定要把我所知道的东西写出来.如果用一句话来形容日本侵华所犯罪行,特别是细菌战和人体实验的罪行,我认为,他们是全世界最坏的,是德国法西斯远不能比的.

§1. 我所知道的第731部队

我国将法定传染病分为甲、乙、丙三类共37种,鼠疫是世界上头号烈性传染病,它曾给人类造成巨大灾难.全世界有记载的死于鼠疫的人数有1亿多人.我想:我们中国人,很多人都知道日本臭名昭著的第731部队.第731部队就是主要研究以鼠疫菌为病原的细菌战,但具体接触的,恐怕不是很多.下面介绍我研究的课题中与第 731 部队所留下后遗症的另一件事情,这在关于第 731 部队的各种报道中是不多的.在我国,有 11 类鼠疫自然疫源地,其中之一就是松辽平原达乌尔黄鼠疫源地.在黄鼠疫源地中,又有一块全世界唯一的哈尔滨地区人为鼠疫疫源地,情况如下.

1950 年以前,哈尔滨郊区基本上属于农区,大部分土地已经开垦,原始植被已被破坏,但荒地和地格仍然与耕地交错成网,坟地星罗棋布,构成了适合达乌尔黄鼠(简称黄鼠)栖息的条件.由于日本在该地区秘密建立细菌武器研制中心第 731 部队,长期设立禁区,在驻地周围强占土地,驱逐居民,致使大片农田荒芜,杂草丛生,加以起伏的自然地貌,为黄鼠保持稳定的高数量创造了条件.1945 年 8 月 9 日,日本在投降前夕,为掩盖其向我国发动细菌战争的严重罪行,将设在哈尔滨市南郊平房地区北纬 45°25′,东经 126°40′的第 731 部队细菌工厂炸毁,致使大批染疫鼠蚤到处扩散,传染了平房及其周围地区的鼠类,引起了当地鼠间鼠疫流行并传染到人间[1,2],该地区发生鼠疫病人 135 人,死亡 124 人[3],由此形成了国际上唯一的一块人为鼠疫疫源地.该地区地理位置:南面和西面有金兀术运粮河,东有阿什河,北临松花江,形成了一块相对独立的地区,其中有鼠面积 64 305 hm^2,分布在 17 个乡镇,252 个自然村(屯).经 1957 年后持续地消灭黄鼠,使黄鼠密度控制在一个较低的水平.再加上开荒、造林、兴修水利、平坟、城市建设等改造措施,使原来的自然景观逐渐变为文化景观,破坏了黄鼠的栖息环境,在 1962 年～1982 年,黄鼠密度一直低于 0.3 只/hm^2,且未检出鼠疫菌.但是,在 1983 年～1994 年,又检出 27 份阳性血清,故该地区鼠疫疫源仍然存在[1,2,4,5].

正是由于上述原因,在哈尔滨市南郊平房的第 731 部队细菌工厂地区,有一个国家级鼠疫监测点.而对于这种地区的鼠类和蚤类种群进行分析,从研究意义上讲,可加深对人为鼠疫疫源地鼠类动态和鼠疫主要传播媒介的认识,为人类反生物战提供一定的借鉴经验并积累重要的鼠类和昆虫学资料,是一项有重要意义的研究项目.

我从 1986 年开始从事鼠疫预测研究,从 1991 年后开始从生态学角度,对鼠疫监测资料进行研究.1996 年～1998 年,我主持完成了国家自然科学基金课题《北方三种鼠疫动物病预警系统研究》.其中之一就是利用平房地区的鼠疫监测资料,先后发表了两篇论文[7,8].在写作论文的过程中，我查阅了大量与第731部队有关的资料.为了增加感性认识，借1998年去黑龙江省出差的机会，还专门访问了黑龙江省地方病研究所鼠防科，参观了第731部队遗址.

我们发表的这两篇论文，是完全从研究角度提出的.自然地，我也关心日本人从研究角度都做了什么.说起来令人发指，令我非常震撼.以下引用一段他们做的研究试验[8].他们不仅仅是研制细菌武器，还做了大量的人体多种试验，对研制细菌武器的人体试验，有

1.1 实验室内的人体实验

(1) 为筛选出杀伤力强的毒菌株，注射入人体进行观察.

(2) 致病菌在人体连续传代时可以增强其毒性和传染力.

(3) 用人进行疫苗的效果试验.

(4) 测验不同国家和种族的人对其细菌战剂的感染性.

(5) 测验患病者与健康者同居时传染的可能性.

(6) 如果发现某一受试者对其细菌战剂有抵抗力，就将其血液全部抽出以制造治疗时用的抗血清.

(7) 观察其细菌战剂受感染最佳的途径和剂量(口服或呼吸道感染等).

(8) 在人体试验其新的病毒(如出血热病毒).

1.2 在室外靶场上进行的人体试验

(1) 观察用飞机投下的细菌弹的杀伤效能.

(2) 观察在炸伤后，炸弹壳片上的破伤风芽孢菌和气性坏疽芽孢菌侵入伤口的致病情况.

(3) 观察跳蚤(装在特制的容器中)从飞机上投下对人的侵袭情况.

还有我们没有听说过的各种杀人手段的人体试验：

(4) 各种枪弹对人体的渗透能力.各种毒物对人的杀伤效果.各种毒气对人的杀伤效果.

(5) 研究打死人的最佳位点.如何吊死人、绞死人、倒吊人.

(6) 用烟熏死人.火焰烧死人.

(7) 触电.

日本人进行医学和生理学研究的人体试验：

(8) 人在不同真空下的情况.人在不同气压下的情况.

(9) 人能耐受饥饿的时间.人只食干粮不饮水的可活时间.人只喝水不吃干粮的可活时间.

(10) 人吹热风干燥后所剩下的体重.

(11) 血液代用品的观察.冻伤研究.水烫伤研究.

(12) 用正常人作各种外科开刀手术的学习.用正常人作高难度外科手术的练习.

(13) 人工受孕.

(14) 梅毒的传染与治疗.新的传染病做人体的观察.狂犬病的感染与观察.

(15) X 射线的超剂量照射.

(16) 开颅研究脑各部位的功能.脏器移植.接肢手术的试验.

(17) 研究各种新药的用药剂量和中毒剂量.各种毒药的剂量观察.麻醉药品的试用.

……

这些内容极骇人听闻,日本人知道,这些研究结果深具战争和医学的价值.在细菌武器研制中,使用活人做试验和活体解剖作观察,这是世界上任何地方都得不到的.称之为"超时代的研究",被认为推进了日本医学一个世纪([8]:108),是无价的研究成果([8]:22).这些结果没有公布,也不敢公布,只有侵华日军总司令冈村宁次曾不打自招地说过:"因使用了活人代替旱獭(注.一种老鼠)动物,当然会取得良好的效果.""特别是在冻伤治疗方面,获得在摄氏 37 ℃热水中浸泡是最好方法的结论,这是根据对活人进行生、杀、再生的宝贵试验而取得的结果."([8]:100)

我们知道南京大屠杀,知道德国在第二次世界大战中杀害大量犹太人,但我们很少知道上述极其令人发指的罪行.因为,上述很多试验结果,人类是不可能得到的.其部分试验结果充其量只能在动物中进行,而日本鬼子竟敢做出来,这是任何一个具有一点人性的人都不可能做出的.

§2. 北京也有日本从事细菌战的部队

人们所关心的一个主要方面就是发生在身边的事.我们常年生活在北京.北京有日本从事细菌战的部队吗?我曾经问过许多人,他们的回答都是不知道或没有听说过.为什么我们不知道?为什么我们知道第 731

部队？这是因为，苏联红军进攻东北，日本人来不及焚尸灭迹，只能将其细菌工厂的主要设施炸掉，仓皇溃逃回国．而北京（包括位于北京南部其他地区从事细菌研究的地方）就不同了，日本人有足够的时间，将原来所从事细菌研究的地方恢复原貌，有些地方甚至还粉刷一遍．因为这些地方都是属于绝密机构，等到国民党军队收复时，已经看不出来了．还有一个原因，就是对于当时的国民党政府，知道日本人从事细菌战的一些情况，也采取保密的方式，怕引起当地居民的恐慌．

北京有日本从事细菌战的部队吗？这早已是公开的事实了．只不过是我们不大注意这些报道．若干公开发表的材料都有不同程度的记载[8,9]．日本设在北京的细菌战部队称为：华北（北平）北支甲第 1855 部队，本部设在原北平先农坛，下设三个部门称为分遣队，后改为课．第二课（细菌生产课）设在前天坛生物制品所，这是从事细菌生产的；第一课（检验课）及病毒战剂研究室设在原北平协和医学院；第三课（细菌武器研究所）设在前北平静生生物调查所（在前北平图书馆西侧），这是从事细菌研究的．具体内容可参看文献[8]的第 5 章和[9]．

我们以文献[10]的标题和一段话作为本段的结尾：

侵华日军细菌战惨无人道，毒死我同胞至少 27 万．从中日学者调查考证结果表明：从 1933 年起到 1945 年日本战败，侵华日军在中国实施细菌战长达 12 年之久，遍布中国现属的 20 个省、自治区计 63 座城镇．

§3. 西羊坊惨案

我很留意发生在身边的事情并注意收集有关资料，尤其是亲人所经历过的事件．我出生在北京市延庆县张山营镇西羊坊村．在我们村北有一座纪念碑．碑的背面写着（姓名按汉语拼音重新排序）：

“1941 年 11 月 25 日，八百多名日伪军突然包围了西羊坊村，对其村进行了惨无人道的‘三光政策’，烧毁民房 243 间，杀害革命群众 22 名，即白长安、白长发、白长根、白长林、白长庆、白长雨、白长玉、白计元、白老写、白老雨、白留满、白万昶、白小四、白元华、陈德红、陈德绪、李六全、李三根、李所、马九所、马全柱、朱小篇．

这些革命群众是被日本侵略者或用刺刀挑开胸腹，或被洋狗撕咬等进行杀害的．虽然抗日战争胜利 50 周年了，为了不忘记过去，不忘先辈的革命斗争精神，教育青少年牢记日本侵略者在中国犯下的累累罪行，从历史中吸取教训，勿忘国耻，光我中华，特重立此碑.”

看了碑文，自然应该发表评论，由于日本人在我国造成的惨案太多了，以至于有专门记录惨案的著作出版，故在此将其写出.

因为我生在西羊坊村，对本村惨案的了解自然就多一些."文化大革命"中和"文化大革命"前，在村里的各种大会上，经常谈起此次惨案. 当时，我们村共有民房 248 间，日本鬼子烧毁了 243 间，只有 5 间民房未烧，是什么原因，在"文化大革命"中曾经专门进行调查，最终也未查出结果. 据母亲告诉我：当时正值寒冬，全村的人都投奔各自的亲戚家. 我家现在还有 3 间房是惨案发生后的 1942 年盖的，这种房子现存的就剩这 3 间了. 惨案使西羊坊村大伤元气. 还有一个情况是日伪军抓走我村的青壮年群众共 25 名，有 3 名借机逃跑了；有两名少年，后被取保放回.

参考文献

[1] 纪树立，主编. 鼠疫. 北京：人民卫生出版社，1988：19，41-42.

[2] 方喜业，主编. 中国鼠疫自然疫源地. 北京：人民卫生出版社，1990：155-161.

[3] 贺建国，石宝岘，张树德，等. 东北防治鼠疫 50 年回顾. 中国地方病学杂志，1999，18(1)：73-75.

[4] 邹立国，谢音凡，杨岩. 哈尔滨地区人为鼠疫疫源地现状浅析. 中国地方病学杂志，1988，7(6)：340，343，358.

[5] 邹立国，姜宁，张贺丽，等. 哈尔滨郊区黄鼠鼠疫疫点分布特点调查. 中国地方病学杂志，1991，10(5)：313-314.

[6] 李仲来，杨岩，陈曙光. 哈尔滨郊区人为鼠疫疫源地鼠类种群动态分析. 兽类学报，1999，19(1)：37-42.

[7] 李仲来，杨岩，陈曙光. 哈尔滨郊区人为鼠疫疫源地蚤类种群动态分析. 昆虫学报，2001，44(4)：507-511.

[8] 郭成周，廖应昌. 侵华日军细菌战纪实. 北京：北京燕山出版社，1997.

[9] 沈洋. 揭开侵华日军 1855 细菌部队之谜. 北京晚报，2001-01-18，第 26 版.

[10] 侵华日军细菌战惨无人道，毒死我同胞至少 27 万. 北京晚报，1999-11-29，第 2 版.

注 《中国新闻网》2022年7月2日文章题目《外媒:柳叶刀学者称新冠病毒可能源于美国生物实验室》,《柳叶刀》新冠疫情委员会给出的这篇报告不仅讲出新冠病毒的源头可能出自美国实验室,还给出泄露传播的初始原因,认为"关于自然和实验室溢出的假设都在起作用".两种可能的溢出途径中的自然溢出事件意味着病毒在与研究无关的自然事件中从动物传播到人类;而实验室溢出则是与实验室运作相关的释放,比如实验室废品处理和排污等,或者有人员和动物在研究中感染并带出了实验室.

由于研究动物鼠疫预报,我会注意到细菌战的一些相关内容和多种报道.2019年COVID-19的暴发流行,自然想到日本的第731部队,又想到美国的德特里克堡生物实验室(Fort Detrick Biological Laboratory),为美国陆军传染病医学研究所,是美国生物化学武器基地.

1942年4月,中国通过外交途径向全世界公布了卫生署署长金宝善关于日军在中国进行细菌战的书面报告.美国对此持怀疑态度.实际上,美国制订了细菌战计划,准备开发研究细菌武器.1943年4月15日,美国在马里兰州的德特里克堡建立了细菌战研究基地.不到8个月,研究已相当规模.在太平洋战争之前,美国的军事情报机关就发现了日本准备进行细菌战.在太平洋战争期间,美国发现了日军第731部队和石井四郎.美国政府认为,第731部队细菌武器的研究资料对美国开发研制细菌武器有重要价值,对保障美国安全尤其重要,并把这些细菌战资料看成是世界上尖端的东西.

1945年8月13日,日本战败前两天,石井四郎等2 500多名官兵逃回日本,隐藏起来.1946年1月,盟军最高司令部对敌情报部获悉石井四郎隐匿家乡的情报,通过日本政府把他软禁起来.石井四郎想把第731部队的研究成果移交给美国.经过交涉后,石井四郎等就将其在研制细菌武器时,以约3 000人活杀做试验观察的记录和在中国战场、后方实施细菌战屠杀中国军民,破坏农牧业生产时的经验,总结为4个文件,作为成果交给美国为条件以换取其本人及其部下约2 500人的生命安全.美国政府认为,这些研究成果其价值远远超过把石井四郎等定为细菌战犯更为重要.4个文件是:19人编写共60页的"用活人做细菌武器的实验报告书",20页的"对摧毁农作物的细菌战的研究",10人编写的"关于对牲畜进行细菌战的研究",石井四郎写的"20年来对细菌战的全面研究总结",还有8 000多张有关用细菌武器做活人实验和活人解剖的病理学标本和幻灯片等.

2001年和2007年,美国国家档案馆分批次解密了这些重要档案,公布了约计10万页关于日本战争罪行的档案.这些档案曾保存在美国战略情报局、中央情报局、军事情报局、联邦调查局等机构.

中国"美国解密日本细菌战档案调查研究课题组"对美国国家档案馆解密的这些

重要档案进行翻译、整理和实录工作.在此基础上,2015 年 8 月,受国家出版基金项目资助,在北京的中国和平出版社出版《侵华日军第 731 部队罪行实录丛书》30 种书籍共 63 册.进一步系统地整理和深入研究这批档案的工作正在进行.

第 731 部队的建立是日本自上而下的集团犯罪、国家犯罪.为什么要搞生物武器?有人将生物武器形容为"廉价原子弹".据有关资料显示,1969 年联合国化学生物战专家组评估:每平方公里 50%死亡率的成本,传统武器为 2 000 美元,核武器为 800 美元,化学武器为 600 美元,生物武器仅为 1 美元.

2019 年 8 月 26 日《参考消息》题目:日侵华毒气战及第 731 部队资料出版.据共同社 8 月 24 日报道,第二次世界大战结束 70 多年后,详细记载侵华日军在中国实施毒气战的新报告以及进行人体试验的第 731 部队相关资料陆续出版.资料正在由日本东京:不二出版社以《追击第五大队毒气战相关资料》《留守名簿关东军防疫给水部》等书名陆续出版.

网上的一句话:只有你想不到的,没有日军做不到的.

(2022 年 10 月加注)

三、数学史

Ⅲ. History of Mathematics

北京师范大学数学学科创建百年纪念文集.
北京:北京师范大学出版社,2015:1-13.

北京师范大学数学科学学院发展的特色、亮点与重大事件①

The Characteristic, Highlights and Major Events in School of Mathematical Sciences, Beijing Normal University

自1915年北京高等师范学校成立数理部、1922年成立数学系、2004年北京师范大学成立数学科学学院以来,经过几代人坚韧不拔的努力,今天的数学科学学院已经步入国内最优秀的数学院系的行列.近年来,学院始终坚持科学发展,走以内涵发展为主的道路,不断深化教学改革,人才培养质量稳步提高,科学研究发展势头强劲.数学学科的定位是:国内一流的人才培养基地;国际上有重要影响的科学研究基地;有良好声誉的社会服务基地.

数学科学学院的教学与科学研究至今已有一支具有相当学术素养的队伍;有一批确定的研究方向,形成了自己的风格和传统;获得了丰富而系统的、达到世界学科前沿的科研成果,其中有一些已经达到世界先进水平;在国内具有一定的学术地位,在国际上有一定的知名度;对国家的数学发展做出了一定的贡献.之所以能取得这样的成绩,是经过几代人的探索和努力,遭受了诸多的困苦和磨难.在数学学科创建百年之际,回顾学院数学教学和科研的历程,我们不应该忘记那些为学院的学术发展做出贡献的前辈们,珍惜来之不易的好局面,总结经验,更加努力地激励我们自己和来者,使我们的工作更上一层楼.

1923年,北京高等师范学校改称北京师范大学校.改称以后的办学

① 本文与严士健合作.

宗旨是“造就师范与中等学校教师及教育行政人员，并研究专门学术”，明确规定了师范大学有“研究专门学术”的任务. 在以后几十年的各个年代，为了培养高水平的中学教师和提高国家的普通教育水平，在北京师范大学数学科学学院有一大批老师以不同方式坚持了“研究专门学术”的方向.

20 世纪 20 年代的北京师范大学数学系的科学研究处在一种初创时代，对于原来毫无数学专题研究的系，为了建立数学研究的环境，当时的师生们做了很多基础性工作，例如建立学术组织、出版学术性杂志. 1916 年成立北京高等师范学校数理学会，“以研究数学物理，增进学识，联络感情为宗旨”，并且创办《数理杂志》. 该会是由当时的数理部首任主任刘资厚发起，数学教授冯祖荀、王仁辅、秦汾等作为数学会名誉干事参与指导. 至于数理学会的职员全部由学生担任，如当时的在校学生傅种孙、陈荩民先后担任过正、副会长，杨武之、汤璪真、靳荣禄等任《数理杂志》编辑. 1918 年已经成立了数理学会的一些高校开始考虑进行一些联合活动. 当时曾联合议决各学会之间进行交换杂志和稿件，难解问题可互相质疑，并且进行统一名词等工作，还考虑了发起成立全国数理学会的事宜. 可是 20 世纪 20 年代初期成立的这些数理学会和所举办的杂志，不仅没有发展，反而纷纷于 20 世纪 20 年代中后期停顿. 究其原因，存在着很多困难，例如军阀混战，政府克扣甚至停发学校经费，拖欠教师工资，既无办刊经费，又因百业凋零，书店不愿经销，杂志没有销路. 后来当局禁止集会，数理学会被无辜封闭. 对于我们今天的人来说，这些困难可以说是难以想象的. 在这种困难情况下，我校主办《数理杂志》最早，办刊时间达 10 年之久，为那个时代全国各校主办最久的杂志.

经过一些变动以后，1930 年前后，我国前几批培养的出国留学的大学毕业生以及直接出国留学的高中生先后学成回国，其中有一些到我校任教. 较早的有陈荩民、范会国、赵进义和杨武之，到 20 世纪 30 年代中后期有刘书琴和张德馨等. 他们在攻读学位期间，一般都开展了创新性的数学研究工作. 如赵进义、范会国和刘书琴在复变函数论方面进行了研究，而杨武之和张德馨则在数论方面进行了研究. 他们回国后，虽然条件受到很多限制，但仍然尽可能进行学术活动. 例如，积极地参加筹组中国数学会的工作和数学会的学术活动，报告学术论文；积极开设新课和著述，向学生和社会介绍现代数学的进展，为青年进入现代数学提供了条件. 抗日战争时期，学校西迁，校址和校名都不稳定，1939 年西北联合大学分为西北师范学院等 5 所院校，后来一般认为西北师范学院便是抗战时期的北平师范大学. 当时也有一些知名学者留学回国，如在德国 Leipzig 大学获得博士学位的代数几何学家李恩波就是这时回国的.

§1. 学院发展的特色

1.1 数学教育

北京师范大学数学系是我国开展数学教育研究最早的院系. 早在 1918 级数学物理部(第 3 届)学生中就开设了《初等数学研究》课程. 傅种孙非常热心于中学数学教育. 他倡议并组织翻译和编写了一套初等数学和教学法的教材，解决了全国高师联系中学课程的教材问题. 1933 年起，每年暑假北平师范大学举办中学数学教员暑期讲习会. 抗日战争期间，陕西省和西北师范学院继续举办，傅种孙一直是主要授课人. 他历年讲述，极少重复. 到 1945 年积累的讲题有 32 个，油印的 15 篇讲稿，《傅种孙数学教育文选》均已收录，内容是一般教员容易忽略，甚至错了还不自知的问题，又都是他自己的读书心得，不是一般书籍里所能见到的，所以十分珍贵.

傅种孙对中学数学的研究，堪为楷模. 他本人经常研究中学数学的问题. 许多初等数学的问题，虽然初等，但是解决起来却不那么容易；只用初等的方法，往往解决不了. 傅种孙博览群书，涉猎各个方面. 他自己很注意用高等数学之工具，去研究初等数学的问题. 在 20 世纪 50 年代前期，北京市编写了一套中学数学教学参考资料，请北京师范大学修改，傅种孙热情地接受了这一工作，亲自组织教师仔细修改，为当时提高中学教学质量起了良好作用. 1952 年院系调整以后，北京师范大学数学系成立了初等数学及教学法教研室. 傅种孙对政府向苏联学习的方针积极拥护，组织人力翻译了许多苏联数学书，如中学数学的习题集、初等代数专门教程、数与多项式、算术、初等几何、数学教学法等教材，在数学系开设了数的概念、初等代数、初等函数、平面几何、立体几何等课程；并积极选送青年教师去苏联学习. 特别是派出了数学教学法的研究生. 傅种孙经常为北京市的中学数学教师组织讲座，讲授与中学教学有关的数学问题，由他自己和系里其他教师主讲. 这些讲座促进了中学教师的业务提高，反映很好.

在 20 世纪 50 年代，数学教育专业学习苏联在系里开设了教学法课程，最早讲授这门课的是魏庚人和钟善基等，接下去主要由钟善基和曹才翰讲授.这门课共分5个部分：除通论外，还有算术教学法、三角教学法、代数教学法、几何教学法，主要讲中学数学各科的教学方法，对教材的研究相对弱些.后来加强了教材研究，在1960年发展成为中学数学教材教法.当时在傅种孙的积极倡导下还开设了初等数学研究课，由傅种孙、赵慈庚、钟善基、梁绍鸿等任教.在初等数学研究方面涌现了大量的译著和专著.1981年，在钟善基的积极组织下成立了中学数学教育研究室，并任首届研究室主任，积极开展中学数学教材教法的教学与研究工作，他将中学数学教材教法这门学科定位为实践性很强的理论学科.在1980年～1981年，13所院校组织编写了《中学数学教材教法》，曹才翰直接参加了策划、设计和编写工作.1982年钟善基、丁尔陞和曹才翰出版《中学数学教材教法》，该书由北京师范大学出版社出版，这本书是当时学科建设成果的代表著作，是国内数学教育研究的奠基性著作，它长时间地被高师院校用作本科的教材，受到了同行的一致好评.

20世纪80年代，随着数学教育学研究生的招生，客观上提出了进一步建设数学教育学科的要求.在1982年4月召开的中国教育学会中小学数学教学研究会第1届年会上，丁尔陞提出了建设数学教育学的构想.当时构想数学教育学为三角形结构，即由数学教学论、数学课程论、数学学习论构成，数学教育学是数学、教育学、心理学和辩证唯物主义哲学的交叉学科.之后曹才翰在1985年高师数学教育研究会的年会上进一步阐述了数学教育学的内容与结构，并提出了20个研究课题，这被认为是建设数学教育学的一个较完整的蓝图.作为国家教育委员会高校教学指导委员会数学学科教学论教材建设组组长的丁尔陞组织了数学教育学的编写工作.曹才翰和孙瑞清均参加了编写组，在他们的努力下，《数学教育学导论》于1992年出版.同时代的著作还有：曹才翰与蔡金法1989年出版《数学教育学概论》，该书获国家教育委员会教育科学优秀成果一等奖和全国教育理论著作优秀奖.随后全国出版了多部《数学教育学》，但其开拓性的工作却是我们学校完成的.

数学教育学科建设不只是写一部《数学教育学》，而是要建设成以数学教育学为中心的学科体系，除数学教学论、数学课程论、数学学习论以外，还包括数学教育评价、数学教育心理学、数学思想史、数学方法论、数学教育哲学等.当时的分工是钟善基侧重于数学教学论,丁尔陞侧重于数学课程论,曹才翰侧重于数学学习论,孙瑞清侧重于数学教育评价.在数学教学论方面,钟善基做了许多工作,发表了许多开拓性的论文,如"数学教学启发式""数学教学中,学生能力的培养""中学数学教学中,如何介绍古代数学成就""数学教学八原则初议"等.在数学课程论方面,丁尔陞做了大量的工作.早在1987年,他发表了"浅谈数学课程的设计",在1994年,又发表了"再谈面向新世纪的数学课程".他在数学课程论方面还主编《中学数学课程导论》(1994)和《现代数学课程论》(1997),其中《现代数学课程论》是全国教育科学"八五"规划国家教育委员会重点课题的研究成果,该成果被专家鉴定为:视野广阔,思路清晰,内容翔实,材料丰富,理论结合实际,对我国的数学课程改革与建设提出了许多有益的启示,具有开创性、创新性和现实意义等.在数学教育心理学方面,曹才翰在1999年出版他多年的研究成果《数学教育心理学》,该书被认为是开创了国内数学教育心理学研究的先河.在数学教育评价方面,孙瑞清在多年研究生教学和研究的基础上于1988年出版《数学教育实验与教育评价概论》,该书是国内当时同类书籍的优秀代表,至今仍有一定的参考价值.在数学思想方法的研究方面,钱珮玲编著《数学思想方法与中学数学》,该书把数学思想方法与中学数学有机地结合起来,对从事基础数学教学和研究的专家、学者与教师都有一定的参考价值.此外,在高师院校本科数学教育课教材建设方面也做了大量的工作,曹才翰在多年讲义的基础上于1990年出版《中学数学教学概论》,该书获得中国教育学会优秀专著奖,作为数学系的教材达10年之久,也被许多兄弟院校选为教材;丁尔陞在1990年为高等师范专科学校教学编写的教材《中学数学教材教法总论》,孙瑞清、朱文芳在1990年主编《现代中学数学教育原理》,也都有着相当大的影响.曹一鸣出版《中国数学课堂教学模式及其发展研究》《数学课堂教学系列实证研究》等著作,曹一鸣、马波主编教材《数学教学论》.朱文芳出版《中学生数学学习心理学》《中学数学教学心理学》《新课程远程研修丛书·初中数学》等著作或教材.钱珮玲、马波、郭玉峰等编写《高中数学新课程教学法》.

我校是最早招收数学教育研究生的学校.早在1963年,就招收了3名学生,但由于"文化大革命"的原因论文未能答辩."文化大革命"后的1981年(这也是最早的),数学系恢复了数学教育硕士生的招收工作.数学系最早设计了研究生的培养计划，制订了基础课、专业基础课和专业课的框架，这些研究成果得到了东北师范大学、华东师范大学、南京师范大学等师范院校的赞同与采纳.

对于基础教育，数学系一贯是积极投入的，而且做了大量的工作，可以说功不可没. 早在 1949 年，钟善基就参加了教育部《中学数学课程标准》和《工农速成中学数学教学大纲》的制订与编写工作，并作为特邀代表参加了 1951 年教育部召开的第 1 次全国中等教育会议. 1958 年，中共中央提出了教育为无产阶级政治服务、教育与生产劳动相结合的教育方针和教育要革命的口号，破除迷信，解放思想，在全国掀起了群众性的教育革命的热潮，数学系师生也积极投入，对中学数学教育的目的、任务、大纲、数学课程现代化进行了热烈的讨论，提出了改革方案，并编写了四年制教材. 1959 年，在 4 个适当(适当提高程度、适当缩短年限、适当加快进度、适当增加劳动)的精神下，研制了数学课程现代化的方案并编写了教材. 1960 年 2 月，丁尔陞在中国数学会第 2 次代表大会上发表了《对于中小学数学教材内容现代化的建议》，并组织人员编写了《九年一贯制学校数学教材》，在实验的基础上经过修改发展成为十年制数学教材. 九年制教材受西方新数运动的影响内容过深，删掉了欧氏几何是不恰当的，但强调函数，增加解析几何，把方程和函数及其图像联系起来却是好的经验和尝试，这些都在后来的通用数学教材(也是我系主编的)中被采纳. 1963 年，丁尔陞与孙瑞清在北京景山学校开始实验日本、德国、法国和苏联的中学数学教材，在此基础上于 1966 年初制订了我国的改革方案，但未及实验就开始了“文化大革命”.

“文化大革命”后的 1978 年 8 月，美籍华人项武义提出了一个《关于中学实验数学教材的设想》，着眼于未来的需要，根本改革中学数学教学内容. 教育部召集北京师范大学、中国科学院数学研究所、人民教育出版社、北京师范学院(现首都师范大学)、北京景山学校等单位研究确定，由北京师范大学牵头组成中学数学实验教材编写组来承担这个项目，丁尔陞任组长，钟善基、孙瑞清等均参加过这个组，这项改革实验研究历时 20 多年，《中学数学实验教材》在全国 23 个省市近 100 所学校经多轮实验，做过 5 次大的修改，提高本和普及本均通过了国家教育委员会中学数学学科审查委员会的审查，推荐试用并得到了很高的评价(具体评价可参见

《改革、实验、研究:〈中学数学实验教材〉科学实验纪实》,人民教育出版社,1994),该套教材获得国家教育委员会《中学数学实验教材》基金会1988年度编写、实验的特等奖.后来,该套初中数学教材由语文出版社出版,高中数学教材由北京师范大学出版社出版.

我们也积极参与九年制义务教育数学教学大纲的制订,曾提出一个方案(全国4个方案之一),曹才翰直接参加了4个方案的统一工作,并起草了教学大纲的教学目的部分,较以往的教学目的有了较大的创新和明确化,如明确提出了数学思想和数学方法及各能力的内涵.后来严士健建议增加了培养学生应用数学的能力与形成应用意识的要求,并建议在高考中增加实际应用性的考题,这对中学数学教学中克服忽视实际应用的弊端起到了很大的作用.钟善基主编了义务教育五四制初中数学教材,该套教材通过了国家教育委员会中学数学学科审查委员会的审查,并给予很高的评价,推荐试用.

面向21世纪的数学教学改革也备受我们的重视.严士健作为中国数学会副理事长兼数学教育委员会主任对基础教育改革做了大量的工作,近几年来,他发表了数篇文章论述面向新世纪的数学教育改革问题,如"中国数学教育要面向21世纪""数学教育的若干问题""数学思维与数学意识、创新意识、应用意识"等.在2001年6月由教育部发展中心组织召开的中美数学研讨会上,严士健还发表了题为"让数学成为每一个人的生活组成部分"的演讲,同时他还组织数学家座谈数学的发展及其对中小学数学课程的影响,并对数学课程标准的研制提出了许多重要的建议和意见,他作为组长直接参与了新世纪中学数学课程标准的研制工作.丁尔陞在1991年的数学教学研究会年会上发表"面向新世纪的数学教育:数学教育的前景与趋势",1994年又发表"再谈面向新世纪的数学课程"论述新世纪的数学课程.1995年,丁尔陞参与国家教育委员会新的高中数学大纲的研制工作,按大纲编写的数学教材在江西省、山西省和天津市实验,与此同时,他为北京市主编的重点高中数学实验教材在十几所重点中学实验已达5年,教材已全部出版.1998年丁尔陞参与制订了北京市21世纪基础教育《数学课程标准》,并根据该标准主编《北京市21世纪中小学数学教材》.

国家教育委员会于1997年面向一线教师,新设置了教育硕士专业学位并开始招生,招生之前,钱珮玲代表北京师范大学参加了该研究生课程设置和课程内容的研制和修订.1998年～2001年,钱珮玲主持高等师范教育面向21世纪教学内容和课程体系改革计划的“中学数学教学课程的改革与实践”项目.2000年～2002年,严士健主持了高中数学课程标准的研制.由刘绍学主编的《普通高中课程标准实验教科书,数学1～5》(人民教育出版社,2004)、严士健和王尚志主编的《普通高中课程标准实验教科书,数学1～5》(北京师范大学出版社,2004)在2004年9月1日开始在中学试用.学院十余位教师参加了新教材的编写工作.

数学系在数学教育研究会的组织和开展活动方面做了开创性的工作.1978年,在北京景山学校召开了几次数学教育现代化研讨会,并有外地同行参加.1979年酝酿成立了中小学数学教育现代化研究会,丁尔陞任理事长.研究会举办学术交流讨论会,上海、广东、东北、河北的同行参加,会上酝酿主张各地开展活动建立研究会,然后联合成立全国研究会.1979年11月,东北地区中学数学教育研究会成立,当即和中小学数学教育现代化研究会协议,于1980年在沈阳联合召开了学术讨论会,邀请各地代表参加并酝酿筹建全国研究会.1982年成立了中国教育学会数学教学研究会,当时邀请了华罗庚、苏步青、江泽涵做研究会的名誉会长,魏庚人任理事长,丁尔陞任常务副理事长,钟善基任秘书长.这个研究会主要是以教研员、中小学数学教师和师范院校数学教材教法教师为会员,从事数学教育的实践和理论研究.现在这个研究会更名为中国教育学会中学数学教学专业委员会.曹才翰与高师院校同行酝酿成立了高师院校数学教育研究会,他任第1届副理事长、第2届理事长;曹一鸣任第7届理事长.这个研究会的会员主要是高师院校数学系从事教材教法研究的教师,主要从事数学教育学科建设的研究.

在国际交流方面,在改革开放以来的30余年也做了大量的工作.特别是钟善基组织和日本的交流,从1979年开始直到现在每年轮流在中国和日本召开研讨交流会,后发展成为5国(中国、日本、美国、德国与法国)交流会.1991年,数学系成功地举办了国际数学教育北京会议,严士健任主席,钟善基任秘书长,参加会议的中外代表有300多人.1998年,成功举办了5国数学教育交流会.2008年7月,张英伯当选为国际数学教育委员会执行委员(9位执行委员之一).2009年12月17日～21日,学院主办的以“数学的发现之旅”为主题的第14届亚洲数学技术年会在我校召开.来自美国、澳大利亚、俄罗斯、日本、新加坡、韩国、马来西亚等28个国家和地区130多位国外代表,以及270多位国内代表出席了会议.2011年2月21日～24日,国际数学教育委员会执委会(ICMI)2011年例会在北京师范大学召开.全部9位执委出席了会议.代表们就如何开展国际数学教育的各项工作和即将举行的会议日程进行了深入沟通和讨论.这些国际交流促进了我国数学教育研究与世界的交流.

1.2 创办数学杂志

1918年4月,北京高等师范学校主办的《数理杂志》创刊.至1925年12月,共出刊4卷15期.《数理杂志》是中国数理出版物中最早的杂志,也是1949年以前出刊时间最长的数理杂志.该杂志刊登了一些优秀的作品.傅种孙发表在该杂志上的“大衍(求一术)”是国内用现代数学观点研究中国古算的首例;1921年～1922年的几期上,连载了傅种孙的“几何学的基础”,这是我国最早详细而且严格地介绍现代几何基础的文章.

1930年1月,北京师范大学主办的《数学季刊》创刊,它是我国高校最早的专门数学期刊.从创刊至1934年7月,共出刊2卷5期.

1936年8月,中国数学会主办的《数学杂志》创刊.从创刊至1939年11月,共出刊5期,是《数学通报》的前身.1951年10月23日,毛泽东主席为《中国数学杂志》题写刊名,这是毛主席为我国数学界杂志题写的唯一刊名.该刊是1936年中国数学会创办的《数学杂志》的继续.从1951年11月至1952年12月,共出刊5期.前两期的总编辑是华罗庚和傅种孙,以后总编辑为傅种孙.1953年起,《中国数学杂志》改为《数学通报》,郭沫若题写刊名.编辑部设在北京师范大学数学系.从1953年(3～4)号改为月刊.在1951年～1966年间共出刊158期,后停办.1979年7月复刊至今.

1.3 特色教材

1952年,张禾瑞编著的《近世代数基础》出版,这是我国第1部自编的近世代数教材.1978年进行了一次修订.这部教材选材适当,推理严谨,条理清晰,文字流畅,据不完全统计,截至2008年,该书已印刷40次,总印数已超过90万册.1988年1月,该书获全国高等学校优秀教材奖.作为数学系本科生的一门基础课,该书把着眼点放在使初学者对理论易于了解,对方法易于掌握上,以便使他们能在最短时间内获得阅读近世代数方面较深的书籍及文献的能力.注意到20世纪40年代国内名牌大学的数学教育实际情况,遵循近世代数学科固有的体系和科学性原则,在大量参考各国近世代数书籍的基础上,对题材的选择、编排和处理作了周密的考虑.力图做到抽象概念具体化,深奥理论浅显化,使得从没有接触过近世代数的读者能较快地理解,从中受益.顺便指出,在20世纪40年代之前,我国的数学书籍,不论是自编还是翻译的,多半使用文言文,该书首次完全使用了白话文,甚至口语化,这在当时应该说是开了这方面的先河,更方便读者.

1957年,张禾瑞和郝钢新编写的教材《高等代数》出版.这是我国编写的第1部高等代数教材,是一部结构清楚,论证严密,既有高观点又深入浅出的教材.自问世以来,一直被国内众多院校指定为数学系的教材.20世纪70年代后期,"文化大革命"结束,对《高等代数》重新改写,1979年出版了第2版.1983年,进行了第3次修订.每次修订都赋予该书以新的内容,应用范围更广.1988年1月,《高等代数》第3版获国家教育委员会高等学校优秀教材1等奖.1999年出版了第4版.2007年出版了第5版,并被列为普通高等教育"十一五"国家级规划教材.该书累计印数不少于75万册.

1958年11月,梁绍鸿著《初等数学复习及研究(平面几何)》由人民教育出版社出版.该书是国内初等几何方面的一部经典名著.在1977年之后曾多次重印,印数达100多万册.该书是学院教师中出版教材印数最多的书籍.2008年9月由哈尔滨工业大学出版社再版,增补了梁先生生前未曾公开发表的珍贵文稿《朋力点》,还附印了梁先生20世纪50年代发表在《数学通报》上的3篇几何文献.

1957年,闵嗣鹤和严士健合编的《初等数论》出版,1982年出版第2版,2003年出版第3版,累计印数约达40万册,至今每年还印1万~2万册,为国内高校广泛采用,特别是作为师范院校数学院系的初等数论教科书.

1.4 特级教师

1956年4月~5月,针对当时社会中出现的小学教师"三低"及普遍受歧视的情况,教育部接受毛泽东主席和周恩来总理的指示,研究并起草了《关于提高中小学教师待遇和社会地位的报告》,提出对有特殊贡献的优秀教师，给予特级待遇．1956 年，首先在北京评选了特级教师，数学系1920 届本科毕业生韩桂丛(字满庐)、1934 届本科毕业生王明夏、1943 届本科毕业生霍懋征等被评为我国的首批特级教师．上海在 1963 年评出了第 2 批特级教师．“文化大革命”期间，评选活动停止．1978 年，邓小平同志在全国教育工作会议上指示：“要研究教师首先是中小学教师的工资制度．要采取适当的措施，鼓励人们终身从事教育事业．特别优秀的教师，可以定为特级教师．”1978 年 10 月，教育部和国家计划委员会制定颁发《关于评选特级教师的暂行规定》，在全国开始评选特级教师工作．到现在为止，据不完全统计，学院至少有 150 多名校友被评为特级教师．

§2. 学院发展的亮点

北京师范大学数学科学学院系统地开展现代数学的科学研究进程是从傅种孙 1947 年国外考察回国担任系主任开始的．他是北京师范大学最早毕业而没有留学的本科生之一，他天资聪慧，成绩优秀，从 20 世纪 20 年代做本科生起，就热心服务．不论是北京师范大学数学会的筹组和杂志的创办，还是学术活动，他都是骨干．除了上述他首创用现代数学语言研究中国古代数学史，首先引进现代几何基础外，英国的罗素(Russell B)在 20 世纪 20 年代访问中国时，傅种孙向国人介绍数理逻辑，翻译《罗素算理哲学》(Introduction to Mathematical Philosophy)．由于这些突出的事迹和表现，1928 年，30 岁的傅种孙被北京师范大学聘为教授，这在当时是突出的．可能正是由于他和北京师范大学数学系有如此之深的渊源，从受聘担任数学系主任起，他就系统地筹划数学系的建设，全力推进提高数学系的学术水平和科学研究工作，聘请北京各校的著名学者，如江泽涵、段学复、闵嗣鹤、胡世华、王湘浩和徐利治等来校兼课；在举办速成中学师资培训班时，几乎遍请北京各高校的著名学者，来京开会的数学家以及后起之秀作学术报告，这些对于学生和青年教师开阔眼界是大有益处的．他大力进行师资队伍的建设，先后延请赵慈庚、汤璪真、秦元勋、张禾瑞、范会国、蒋硕民来系任教．汤璪真是研究绝对微分、微分几何和数理逻辑的专家；蒋硕民是著名数学家 Courant R 的学生，是中国偏微分方程研究的开拓者；张禾瑞的关于特征 p 的李代数的论文是这一领域的开创性论文之一，直到 20 世纪 80 年代人们在研究 Kac-Moody 代数时还引证它；范会国早在20世纪20年代就在复变函数论方面开展研究，是我国在这一方向的开拓者；赵慈庚对初等数学有很深理解，对数学分析的教学有独到之处．在20世纪50年代前期，数学系有傅(种孙)，范(会国)，张(禾瑞)，蒋(硕民)“四大金刚”之说．

2.1 早期育人

在1922年之前存在的北京高等师范学校数理部7年中，招收了5届数理部本科生(大专程度)，毕业124名学生；招收了一届数学“研究科”学生，毕业时授予5名“研究科”学生理学士学位，相当于现今的本科生．这129名毕业生中，数学人才最多，有一定知名度的数学家、数学教育家至少有：陈荩民、程廷熙、傅种孙、韩清波、靳荣禄、“五四运动第一勇士”匡互生、李恩波、刘景芳、刘熏宇、汤璪真、魏庚人、杨明轩、杨武之、张鸿图、张世勋等．根据学校的培养目标，这129名毕业生中的多数分散在现代中等学校数学教育中的第一线，为培养现代数学人才奋斗终生．这7年，无论从培养人才的数量或质量都居全国各公、私立高等学校的首位，也是北京师范大学数学学科创建百年历程中，培养人才最丰硕的阶段之一．

2.2 留学苏联

20世纪50年代国家面临大规模经济建设，需要培养大批人才．重要措施之一就是选派青年教师留学苏联．傅种孙积极响应，1953年他让系里所有符合年龄条件的青年教师都去检查身体，由此可见他盼望青年教师成长的心情之殷．他的这一举措，使得数学系派到苏联攻读副博士学位的教师数量在全国高校数学院系列第1位．从现在看，是一个非常有远见的做法，是改变数学系的师资结构，提高年轻教师学术水平的一个重要举措．数学系陆续派出教师刘绍学(1953-09～1956-07，是我国派到苏联留学生中数学专业的第1个副博士学位获得者)、孙永生(1954-09～1958-03)、袁兆鼎(1954-09～1958-06，是数学系派到苏联攻读计算数学研究生，是国内数学界到苏联学习计算数学的第1人)、丁尔陞(1956-11～1958-12，是国内数学界到苏联学习数学教学法唯一的研究生)、赵桢(1956-11～1960-05)等人到苏联学习．由于其他原因而未能派出者，如严士健，他还安排闵嗣鹤指导，后来又请华罗庚关照．这些青年教师回校后，很快成为数学系教学和科研的重要骨干力量．他规定所有年轻教师要进修近世代数、实变数函数论、几何基础，以提高专业水平．这一系列措施和教诲对于北京师范大学数学系，乃至一部分师范大学及师范学院的学术水平的提高都有积极作用，为日后开展研究也有一定的影响.

2.3 破格进人

王世强原在西北师范学院读书，1946 年来北平师范学院，1948 年本科毕业于数学系，当时傅种孙是系主任，他发现王世强有培养前途，立即提拔王世强为实习讲师，越级用人. 30 年后，王世强在数理逻辑上的成就，说明傅种孙有知人之明且果毅过人.

广西百色小学教师梁绍鸿，初中毕业后自学并研究几何多年，很有成就. 1949 年，梁绍鸿把自己写的《朋力点》寄给武汉大学刘正经，刘正经让梁绍鸿也把《朋力点》寄给傅种孙一份. 傅种孙看了，毫不迟疑地电请梁绍鸿来北京师范大学数学系任教，同时学习高等数学，对他进行培养. 1958 年 11 月，梁绍鸿著《初等数学复习及研究(平面几何)》由人民教育出版社出版. 曾作为高等师范院校平面几何课程的通用教材，培育了一大批基础扎实的中学数学教师.

2.4 科研发端

首先是王世强在 20 世纪 50 年代初开始进行数理逻辑的研究工作，发表了一批论文，其中关于命题演算的论文，得到汤璪真的帮助. 其次在 20 世纪 50 年代中期，严士健在华罗庚的指导下，进行了环上的线性群、辛群的自同构的研究，首次得到了它们的完整形式，还用自己提出的方法得到了 n 阶模群的定义关系. 刘绍学于 1956 年 7 月在莫斯科大学获得了副博士学位，他对结合环、李环、若当环和交错环做了统一的处理，获得完整的结果. 回国以后，在国内带动了环论的研究. 1958 年 3 月，孙永生在莫斯科大学完成了他的副博士学位论文《关于乘子变换下的函数类利用三角多项式的最佳逼近》，结果深刻，当时受到数学界前辈陈建功的称赞. 同年丁尔陞由于数学系认为教育改革工作需要而奉调回国. 1960 年 5 月，赵桢在奇异积分方程与广义解析函数方面完成了学位论文，获得副博士学位回国.

2.5 10 届研究班

全国院系调整以后，我国许多师范院校缺乏代数、几何方面的教师. 基于这种情况，从 1953 学年～1962 学年，数学系举办了 10 届研究班. 首先，张禾瑞指导主办的代数研究班，共办了 4 届，每届学制两年. 为了办好这几届代数研究班，他真可谓是呕心沥血.从教学计划制订到课程的设置，从教材的编写到课堂实际教学，一切都要由他负责.几年中，他为研究班学员开设了近世代数基础、线性代数(相当于模论)、体论、结合代数、李代数等课程.除近世代数基础已有他编写的书外，其他课程都编写了讲义.举办的研究班还有傅种孙主办的几何基础研究班，蒋硕民指导的数学分析研究班.研究班学员来自全国各地，有大学讲师、助教及应届毕业生、中学教师等.目标是培养师范院校高等代数、几何基础和数学分析方面的教师.研究班很注重学员独立工作能力的培养.这些学员毕业后分配到全国各地，在各自的岗位上都做出了可喜的成就，在教学和科研中起到了骨干作用，多人成为校系领导.时至今日，已培养出几代人.可以说，数学系在中华人民共和国成立初期，在我国高等师范院校数学系的教学和人才培养方面，做出了非常重要的贡献.

2.6 系统选课

由于1958年大跃进的影响，数学系在科研和教育改革等工作上，没有从实际出发，对理论联系实际理解简单化，追求解决实际问题和获得高、精、尖成果；对教育改革的困难估计不足，工作粗糙.致使这些回校工作的、有一定学术造诣的青年教师一直没有充分发挥作用，直到1961年夏季，全系科研工作基本没有进展.在当时全国“调整、巩固、充实、提高”的形势下，系党总支召集业务骨干，总结经验.认为数学系应该提高学术水平，开展科学研究，赶上世界先进水平.提出以业务骨干为核心，举办一批讨论班以培养青年教师；同时开设一些系统选课(类似于综合大学的“专门化”课，当时不允许北京师范大学开设“专门化”课)提高本科课程的水平，帮助高年级学生打好基础，开始进入科研.这样也可以促使业务骨干保持前进的势头，逐步培养助手，形成以他们为核心的学术集体等一系列措施.这些设想的提出和付诸实行，标志着数学系的科学研究进入了新的历史阶段.

根据系党总支的建议，1961年暑假后由王世强、刘绍学、孙永生、严士健、赵桢分别陆续开出了数理逻辑、环论、函数逼近论、概率论与随机过程、广义解析函数与奇异积分方程几个方向的系统选课，并分头先后组织了以王世强、刘绍学、孙永生、严士健、赵桢为首的讨论班.这些工作进行到有关人员下乡参加社会主义教育运动(简称“四清”运动)或学校开始

“四清”运动为止.在这段时间内，原来的骨干在科学研究上取得进展，获得新的成果；在他们的指导或帮助下，一批青年教师也进入科学研究领域，开始成长起来；在 1962 年～1965 年招收了研究生.这些成果多数是脱离了原来的留学或进修环境在北京师范大学数学系的环境下独立地获得的，说明我们完全可以独立地开展数学研究，培养青年走上科学研究的道路.这一切标志着北京师范大学独立地开展数学研究的开始，确立了自己的第 1 批科学研究方向，开始形成了函数逼近论、代数环论、数理逻辑、偏微分方程中的复函数论、概率论与数理统计等若干个研究集体.这是数学系走进现代数学研究最实质的一步，也是能够设立第 1 批博士点，批准 4 位首批博士生导师的基础.其背景是，我国在 1949 年后受苏联影响，可能一直到现在仍有影响，认为师范院校主要是培养中学教师，因此学校主要工作是教学研究，对各学科专业的学术研究并不重视，甚至认为是不务正业.据萧树铁讲，苏联对工科院校的基础理论研究也是这个态度.所以在 20 世纪 50 年代前期，综合大学办“专门化”，促进教师、学生进行本专业的专题学术研究，而师范院校是不允许的，直到 20 世纪 60 年代还是这样.当时我们趁“调整、巩固、充实、提高”的阶段，在系党总支的主要负责人和党员骨干教师的会上，提出了开设系统选课这一措施，以别于综合大学，容易得到同意.

由于“文化大革命”，数学系科研在 1966 年～1977 年间中断了 12 年.

2.7 科研春天

1978 年，当科学的春天降临时，数学系开始招收研究生，迅速恢复各类讨论班，逐渐形成了若干个研究方向.除“文化大革命”前已开始的研究方向外，代数环论转到代数表示论方向、数理逻辑转到模型论方向、概率论转到无穷粒子系统(亦称交互作用粒子系统)方向；新形成了调和分析、多重线性代数和矩阵分析、几何拓扑、测度值马氏过程、模糊数学、生物数学、常微分方程定性理论、偏微分方程现代方法、数学学科教学论等研究方向；函数论不仅开展调和分析方向的研究，还对逼近论方向进行了拓展；偏微分方程复函数论边值方向也向多变量做了努力.概率论与数理统计博士点考虑到数理统计方向研究比较薄弱，还请中国科学院系统科学研究所的成平代为培养博士生，建立了近代数理统计方向.这是我们进入当代数学前沿的又一关键点.同时各个学科还积极派出教师出国访问进修，如周美珂（罗马尼亚，1979-06～1981-02）、王伯英（美国，1979-09～1981-09）、陆善镇（美国，1980-07～1982-06）、朱汝金（美国，1980-08～1982-08）、陈公宁（美国，1980-09～1982-09）、李占柄（美国，1980-10～1982-01）、张阳春（美国，1980-10～1982-09），刘绍学到美国考察（1980-10～1981-04）等.

1980 年数学系派遣陆善镇赴美国进修. 程民德把他推荐到美国华盛顿大学圣路易分校数学系，在著名的调和分析学家 Weiss G 指导下做研究工作. 他于 1982 年 6 月回国，在华盛顿大学圣路易分校数学系进修了两年. 期间，他深入学习了调和分析新近发展的理论，为回国以后开展 Hardy 空间的实变理论以及 Zygmund-Calderon 理论的研究打好基础；与 Weiss G，Taibleson M 合作，证明了 Fefferman 在 1978 年提出的关于熵与 Fourier 级数的几乎处处收敛性的相互联系的猜想的高维情形. 回国后，我校于 1983 年将陆善镇越级晋升为教授，1984 年 1 月，国务院学位委员会批准陆善镇为博士生导师. 这在当时是北京师范大学博士生导师中最年轻的一位.

20 世纪 80 年代初，刘绍学感觉到环的结构理论作为研究生的培养方向不够宽泛，于是决心寻找一个具有世界先进水平的新方向. 经过四五年的反复调查、学习和比较，最后选定了代数表示理论. 目前，由北京师范大学培养出来的代数表示论研究人员在国内代数界享有很高的声誉，在国际代数表示论界具有很大的影响，是国际上这一领域的一支重要力量. 中国科学院系统科学研究所万哲先院士给刘绍学的信中说："桂林（1992 年中日环论）会议给我印象很深的是你们代数表示论搞得很有成绩，可以说这一分支已经在我国生根了，这是你的一大贡献."国际著名代数表示论专家德国的 Paderborn 大学的 Lenzing 说："代数表示论最近出了几个新人，几乎都是中国人."二十几年来，北京师范大学代数组在代数表示论科研方向上培养了一大批优秀的硕士生、博士生和博士后，其中二十多人已成为教授、博士生导师. 他们目前为国内一些重点院校的学术带头人. 由于出色的科研工作，该科研集体已获得多种奖励及科研基金. 如 1998 年惠昌常和邓邦明，彭联刚和肖杰分别获教育部科技进步奖 2 等奖，2007 年肖杰、彭联刚、邓邦明和林亚南获教育部高等学校科学技术奖自然科学奖 1 等奖. 肖杰和惠昌常分别于 1993 年和 1994 年获霍英东研究基金；郭晋云、彭联刚、章璞、邓邦明、刘玉明、胡维获德国洪堡基金；肖杰、彭联刚和章璞获国家杰出青年科学基金；惠昌常、肖杰和彭联刚入选教育部跨世纪人才培养计划，邓邦明获教育部第3届高校青年教师奖，肖杰和彭联刚进入国家973项目．惠昌常于2006年获德国洪堡基金会颁发的Bessel奖(Friedrich Wilhelm Bessel-Forschungspreis)．刘玉明于2007年获Marie Curie奖(Marie Curie International Incoming Fellowship)．

1999年北京师范大学成功举办第7届全国代数会，2000年成功举办第9届国际代数表示论会议，并由刘绍学和张英伯分别担任大会的执行主席和组委会主席．2005年成功举办国际会议International Asia-Link Conference on Algebras and Representations.

2.8 首批博导

1981年11月，基础数学和概率论与数理统计两个数学二级学科被批准为博士点，应用数学、学科教学论(数学)和自然科学史(数学)被批准为硕士点．1981年11月，王世强、孙永生、刘绍学和严士健被批准为首批博士生导师(理科还有黄祖洽(还未调入北京师范大学)、刘若庄、陈光旭、汪堃仁和周廷儒)．当时全国批准的基础数学的首批博士点共15个，博士生导师共51人；就一个单位的导师数排名数学系与吉林大学、南开大学并列第5名；概率论与数理统计的首批博士点共7个，博士生导师共9人．一般说来，数学系在学校的多种指标中一般占1/10或更低，此次批准数学系的4位博士生导师，提高了数学系在北京师范大学中的地位，且此举对数学系在全国数学界的地位奠定了重要基础，开创了近30多年来的良好局面．

2.9 国家重点学科

1988年7月22日，数学系基础数学和概率论与数理统计二级学科被批准为国家重点学科，占北京师范大学重点学科比例的2/7，这大大地提高和加强了数学系在学校中的地位，是北京师范大学数学系发展阶段的一个重要转折点．2007年8月，数学被认定为一级学科国家重点学科，这是近年来数学学科建设取得的又一亮点．

2.10 概率论创新群体

1977年，很多人都在考虑恢复已停顿了12年之久的科学研究问题．严士健等对非平衡统计物理的一些概率模型进行了分析．从钟开莱回国所做的报告中听到 Dobrushin 关于 Gibbs 随机场理论和平衡态统计物理中相变问题的概率论研究，严士健觉得有必要重新考虑恢复学术活动后的科研方向，同时也萌发了一种想法：在相变的概率论研究与非平衡相变研究之间能否有某种联系与沟通，由于这两方面在物理中都是很重要的研究对象，因此数学上的这种处理就可能是很有意义的. 随后在 1978 年组织讨论班开始学习关于 Gibbs 随机场的理论，1979 年看到 Liggett 在法国暑假概率论学校所做的关于无穷粒子马氏过程的综合报告，将相变模型动态化，也包括了极简单的非可逆的模型：接触过程，感觉这些内容也许与上述想法更加接近. 经过 20 余年的努力，严士健所领导的研究集体在粒子系统的可逆性和相变现象等方面获得大量国际领先的深刻成果，培养了大批优秀人才，被国际同行誉为“北京学派”.

2001 年，以陈木法为学术带头人的概率论研究群体获国家自然科学基金委员会的创新研究群体科学基金（全国所有学科第 1 批共 19 个创新群体），这是国内数学界第 1 个获此资助的数学研究群体. 该群体的主要研究方向为粒子系统、马氏过程与谱理论. 2004 年 11 月，该群体通过评审（全国共 17 个），再次获得 3 年资助. 2007 年 11 月获得第 3 期资助（2004 年全国获第 2 期资助的 17 个创新群体中有 16 个申请第 3 期资助，只有 4 个获得第 3 期资助）. 2006 年 4 月底，概率论创新群体获全国五一劳动奖状（集体奖）.

2002 年 8 月，概率论创新群体学术带头人陈木法在第 24 届国际数学家大会上做 45 分钟报告. 2003 年 11 月，陈木法当选为中国科学院院士，他是第 1 位本科、硕士和博士均在数学系毕业后当选的院士. 2009 年 10 月，陈木法当选为学校第 1 位发展中国家科学院院士（第三世界科学院院士）.

2.11 4 级倒立摆

模糊信息处理与模糊推理机国家专业实验室建立于 1989 年，是在国家计划委员会“重点学科发展项目”计划中，利用世界银行贷款（50 万美元）和配套资金（600 万元人民币）筹建的. 它是数学系模糊数学方向开创性研究工作的成果. 突出特点之一是将理论研究用于模糊推理机与模糊控制器的设计之中，1988 年，汪培庄的博士生张洪敏等研制成功我国首台模糊推理机并成功地进行倒立摆仿真实验，并将其应用于地膜生产线.

1988 年汪培庄主持国家自然科学基金重大项目《模糊信息处理，思维决策与机器智能》(135 万元人民币)，已于 1992 年通过验收. 1995 年后又研制成功总线级多功能模糊控制推理卡，电气化铁路输电线路几何参数模糊识别系统，并开发出模糊空调器样机等. 1992 年 9 月 9 日，江泽民总书记来我校视察工作时，到数学楼模糊信息处理与模糊推理机国家专业实验室，观看了模糊控制技术的演示.

2002 年 8 月 11 日，世界首例 4 级倒立摆实物控制系统控制在数学系实验成功，并具有很好的稳定性和即定位功能. 教育部于 8 月 28 日上午，在学校组织成果鉴定会，认为是一项原创性的具有国际领先水平的重大科技成果.《变论域自适应模糊控制理论及其在 4 级倒立摆控制中的应用》获 2002 年教育部自然科学奖 1 等奖. 2003 年 10 月 27 日，李洪兴领导的科研团体，采用高维变论域自适应控制理论，在世界上第 1 个成功地实现了平面运动 3 级倒立摆实物系统控制. 该项成果已达到国际领先水平. 2005 年 7 月 15 日，召开成果鉴定会.

2.12 进入 ESI 前 100 名

《基本科学指标》数据库(Essential Science Indicators，简称 ESI)是当今普遍用以评价大学和科研机构国际学术水平及影响的重要指标. ESI 根据学科发展的特点设置了 22 个学科，大致以 10 年为 1 个周期对全球所有大学及科研机构的 SCI，SSCI 论文及其引用情况等进行统计和比较，按论文总被引次数排列在前 1%的学科方可进入 ESI 学科排行，给出排名进入全球前 1%的大学及科研机构的排序，每两个月公布一次. 2012 年 6 月底，北京师范大学数学学科在世界上进入前 1%的 218 个数学院所中 ESI 排名第 99 名，进入前 100 名，2013 年 10 月排第 88 名是目前最靠前的名次.

§3. 学院发展中的重大事件

3.1 五四运动

1919 年 5 月 4 日，即在五四运动中，尤其是在开始阶段，我系的学生是先锋和主力，匡互生(1891-11-01～1933-04-22，1919 届数学物理部毕业生)被誉为“五四运动第一勇士”. 杨明轩(1891-06-13～1967-08-22，原名杨荃骏，1919 届数学物理部毕业生. 历任全国人民代表大会第 1 届～第 3

届代表和常委，第3届全国人民代表大会常务委员会副委员长，中国民主同盟中央主席，中国人民政治协商会议第3届委员会委员、第4届委员会常委，《光明日报》社社长等职）与陈荩民（1897-07-05～1981-03-07，1920届数学物理部毕业生，原名陈宏勋，曾任国立北洋工学院（泰顺北洋工学院）院长，1949年1月至1950年暑假，任北洋大学校务临时委员会主席（即校长））是“五四运动八勇士”之中的两勇士. 数理部在五四运动中起了极其重要的作用，使北京高等师范学校成为五四运动策源地之一.

3.2 四九血案

1948年4月9日凌晨，在北平师范大学发生了著名的“四九血案”的流血事件，国民党特务深夜闯入北平师范大学，逮捕了几个进步学生. 这件事发生后，北平师范大学教授会发表了支持学生运动的宣言，在会上有的教师反对支持学生罢课，但教授会主席傅种孙在会上仗义执言，并亲自起草了教授会罢教的4篇著名的宣言（得到了毛泽东主席的赞赏），得到了北平师范大学教授会和讲师助教会的拥护，发扬了正气. 同时推动了北平大学生的团结，向国民党进行了勇猛的冲击. 这件事在北平师范大学的校史中，以及在北平的学生运动中占有重要的地位.

3.3 倡议设立教师节

1984年12月9日，王梓坤任校长期间，倡议在全国开展尊师重教，设立教师节，促使全国人民代表大会常务委员会在1985年1月21日的第9次会议上做出决定，将每年的9月10日定为教师节.

3.4 首次取得数学奥林匹克团体总分第1名

1987年，受国家教育委员会和科学技术委员会的委托，数学系和北京师范大学附属实验中学联合招收高中理科（数学）实验班22人. 1988年，10人进入当年数学冬令营，9人入选由20人组成的国家队，其中4人成为由6人组成的国家代表队选手，参加在联邦德国举行的第30届数学奥林匹克竞赛，获得3枚金牌和1枚银牌. 此次比赛中国队共获得4金和2银，首次取得团体总分第1名. （数学）实验班22人全部推荐到全国重点大学. 主教练之一的数学系孙瑞清为我国获得国际数学奥林匹克团体冠军做出了突出贡献.

§4. 结语

2015年，北京师范大学将迎来数学学科成立100周年. 2013年1月，北京师范大学数学学科在全国数学一级学科评估中排第5名.

数学学科是很多问题的试金石,是反映问题最明显的学科.北京师范大学的数学学科要科学发展,就要稳步前进,小步快走.要以史为鉴,总结和吸取学科发展中的经验教训,在继承中求发展.学院要以数学学科现有的学科带头人为骨干,造就一支高水平的、年龄和学历结构合理、学缘协调、勇于创新的学术梯队,以适应学科的发展,特别要重视培养和引进有潜力的学科带头人.争取在未来的100年,取得更多的特色与亮点.

北京师范大学数学学科创建百年纪念文集.
北京:北京师范大学出版社,2015:140-144.

编著高等院校院/系史的几个问题

Several Problems in Editing College (Department) History of Colleges and Universities

1947年~1957年出生的人,应该上学时没有上学,家在农村的学生回乡劳动,在城里的学生多数去兵团、插队等.我是属于幸运者,1974年被推荐上大学,转眼已经41年.在北京师范大学数学学科创建百年之际,有很多事情值得回忆,这里我写一件事.

2001年底,在北京师范大学100周年校庆前,在数学系的系、所、党总支联席会上,讨论校庆活动时,时任数学系主任郑学安建议,让我负责出一部纪念册,内容类似于像北京大学数学系80周年系庆编的《北京大学数学系成立80周年纪念册》.当时,我明确表示不同意出版类似纪念册的宣传品.我认为,作为中国一所著名大学的重要系所,应该有一部正式出版的《北京师范大学数学系史》.可以这样说,为了在北京师范大学100周年校庆前出版数学系史,除了正常的教学,带研究生以及行政管理工作外,我中断了与我的研究方向有关的一切研究,包括编辑部退修的稿件.在全系教师及校友的大力支持下,在2002年8月学校100周年校庆前夕,《北京师范大学数学系史(1915~2002)》正式出版.

承蒙读者厚爱,北京师范大学数学系史出版后,得到了众多教师的肯定,尤其是高校数学院/系的领导和教师.之后,国内的一些数学院/系开始收集资料,成立编写队伍,出版数学院/系史.到目前为止,已经编写的数学系史有:赵万怀和王新民主编《陕西师范大学数学系发展概况》,陕西师范大学出版社,2004;《数学与统计学院院史》编写组编写《东北师范大学数学与统计学院史(1948～2006)》,2006(内部资料);牛平舟、陈立记和张勤海编著《山西师范大学校庆·学院卷:数学与计算机科学学院院史》,山西出版集团,山西人民出版社,2008;刘晓婷著《北京师范学院数学系史研究》,首都师范大学数学科学学院硕士论文,2008;史济怀主编《中国科学技术大学数学 50 年》,中国科学技术大学出版社,2009;李仲来主编《北京师范大学数学科学学院史(1915～2009)》第 2 版,北京师范大学出版社,2009;李仲来主编《北京师范大学数学科学学院史(1915～2015)》第 3 版,2015;重庆师范大学数学学院编《重庆师范大学数学学院史(1954～2014)》,重庆大学出版社,2014.

编写高等学校的院/系史(以下简称系史),对于深入探讨一个系的发展过程及其规律性,记述办学的成绩和经验,揭示和总结在工作中的失误和教训,是一项具有重要历史价值、学术价值和现实意义的工作.同时,对于课程设置和科学研究资料的收集和积累,以及加强该系的学科建设具有一定的实际意义;还可以促进系里的教学、科研、档案资料的建设.另外,由于许多资料的散失,趁老先生们健在,收集口头或书面资料,以弥补原有书面资料的不足,有重要意义.

系史的研究与写作涉及文学史、文化史、教育史、学术史、管理史等,是跨学科的研究.从目前的情况看,高等学校的《校史》,已经编写了数百部.但就系史(含近 10 年来由系升格的学院)的编写,已出版的较少.因此,系史的编写仅仅是开始.笔者认为:已经成立 50 周年以上的系,应该撰写系史.尤其是成立了近百年的系,现在至少应该抓紧史料的收集,百年的历史不写,以后再写将更困难.而如何撰写系史,是一个值得研究的课题,也完全可以作为一个项目来研究,它属于学校建设的范畴,但在多数高校,尚未提到学校的议事日程上.若干校领导对此认识不足:系史的编写是学术性的研究工作,是一种应该充分发掘的教育资源.就行政级别来讲,系史相当于县史,要形成系史自己的科学规范和概念体系,还要经过许多方面的研究,才能逐渐形成系史的特点.2015 年是北京师范大学数学学科创建 100 周年,借此机会,本文想就此做一些探讨.

高校院/系领导应该鼓励并资助各系写系史,尤其是知名院系,更应该写.通过系史来透视若干学科的历史变迁:各系的每一个历史发展阶段，包括几代学人的学术命运，都折射出特定时代的政治、社会和文化思潮的变化．如果高校主要的系写出系史，那么《校史》的写作或续编就变得容易多了．

§1. 系史资料的准备工作

系史不是写不写的问题，而是如何写的问题．首先，应该抓紧且多方面地收集系史资料，花力气进行大量的调查研究，这方面所花的时间应该占整个系史工作量的60％～70％．在收集系史资料时，除了利用学校的各种资源外，还应注意检索网上的资源，在核实后适当地加以使用．在收集史料的同时，以专题研究作为切入口，逐步地开展系史的研究，其方式较好．另外，系史资料的收集和积累非常重要，也非常不容易，是延续不断的．怎么把系史资料写好？收集和积累什么？这是很细致（或复杂）的问题，应有专人负责．就一个系来讲，应有人对积累历史资料这件事钻进去，经常提出一些想法和办法来，很多问题没有一个人来想，没有一个专家是不行的．各系应有一个积累历史资料的专家，这是一门很大的学问，要有一种热情，真正在这方面花力气．

§2. 系史的主编

在某一个特定的历史时期，特别是在有重要意义的某些校庆年份，系史的研究是校庆和系庆的一项重要工作，也是系里建设的一件大事．作为主编，有几个重要条件．主编应该有高度的责任感和崇高的使命感，不应是挂名主编．主编必须有广博的学问，其次是能够调动大家一起合作的人．并且应有思想准备，一旦某一方面出了问题，他就应该自己做．本人认为，主编最好是系负责人，或者是以前做过负责人，任职时间越长越好．一个没有亲身体验到系内工作如何运作的人，很难全面理解系里的工作．当然，主编也必须是一个有心人，肯投入、花力气等．若已经积累了比较系统的资料，或掌握了第一手资料，则研究起来就方便得多．主持系史研究的人，应有一定的名气．对于重点院校系史的主编，应该具有教授职称，如是博士生导师更好．

在有权招收科学史或与史学有关的博士点，可以将系史考虑为一篇博士生的论文题目，若作为一篇硕士生的论文题目，则可能显得大了一些.不宜找本科生写,档案中有些内容不宜让在学的学生知道,可以找他们协助做一些具体事情.

§3. 系史的写作

系史写作人员的学识和素质往往决定其质量.主要内容最好一人执笔.随时查阅资料,随时输入,是写史的好方法.在系史中,应注意三个环节:做了什么,如何做的,为什么这样做?

系史的写作,属于地方史的研究.它涉及系里的教学、科研和重大事件,多数情况下没有明确的标准,某些研究的问题,其目的性也不是很清楚.一个系,是由多个方向发展起来的,而一个系在学校,乃至全国的地位,是从各个方面的成就累积起来的.系史的写作,易于深入,易于发掘出新问题.它可以做得很细.有些问题的提法,适当模糊,倒是值得注意的.能用数字描述的,尽可能用之,但不可硬性量化.注意收集全国其他系的资料.写系史,不怕微观多,就怕宏观的提法多.敏感的政治事件可暂时略去,待有结论后再做考虑.注意回避或淡化某些问题,面面俱到既不可能,也无必要.

关于划分阶段问题.在20世纪,政治对各系的影响及其研究工作的影响是巨大的.可以说,中国高校诸系的命运是和中国的政治紧密结合在一起的.几乎可以按政治形势划分阶段,虽然政治和系里的建设是两回事,但作为行政单位,不可能脱离学校的领导.

在阶段划分之后,写作方式一般有两种.一种是按时间顺序排列,其优点是人为因素较少,缺点是可能会显得零乱,但这种写作方式似乎多一些.若按分门别类的方式来写,则涉及一个先后分类顺序,即如何排序的问题.20世纪80年代后可以考虑分类.

从所列条目看,教授和研究方向,无论从哪个角度看,都是能够比较客观地反映一个系的基本建设,不可缺少,但放在正文中,又会显得很啰唆.可以考虑专门列出教授条目.如果毕业生中有若干人(≥5)任中国科学院院士或工程院院士,可以增加院士风采条目.

§4. 系史的插图

插图是系史中不可缺少的重要组成部分,有着文字和表格等表达方式无法替代的作用.插图一般附在最前面,它是系史的一部分.所附照片应尽早收集,尽可能多方面地征求意见.它和写史一样,也需要反复若干次,且是一个非常敏感的问题,需要考虑方方面面,如排列次序问题,有谁无谁等.必须附历任系主任和系党总支书记(分党委书记)的照片.某些特殊年份的毕业生集体照片:如首届毕业生、院系调整后的首届毕业生、“文化大革命”中招收的首届工农兵学员毕业生、“文化大革命”后招收的首届毕业生、首届硕士毕业生、首届博士毕业生的集体照片等.毕业生中的院士、党和国家领导人的照片.

§5. 系史的附表和附录

若系史中没有附表和附录,则有可能显得单薄,但收集起来是一件非常细致且繁杂的工作.

附表的内容:按年的教职工数,研究生(硕士和博士研究生)数,本科、专科入学人数或毕业生人数,获学位人数,进修教师人数,访问学者人数,继续教育情况,教师发表论文数量,承担省部级以上科研项目和经费数.

附录的内容:大事记,博士生和硕士生指导教师名单,教职工名单和现在职人员名单,名誉教授名单,兼职教授名单,客座教授名单,国务院学位委员会委员和学科评议组成员名单,历届系领导名单,任省市级以上中国共产党代表大会代表,全国人民代表大会代表,中国人民政治协商会议委员会委员名单,博士后名单,博士和硕士研究生名单,博士后和博士研究生论文题目,国内访问学者名单,本科生入学名单或本科毕业生名单,本科生开设课程,教师著作目录,获科技奖项目,教学奖项目,著作获奖书目,获国家级和省部级荣誉称号名单.年级主任和班主任名单可以作为附录.

注意:名单的抄写和输入,非常容易出现错误.尽量避免名单中的错别字、重名和遗漏,在中华人民共和国成立前的名单还应注意是名还是字,这是一件非常细致的工作.例如,就北京师范大学数学系来讲,虽经多方面核实,在数学系工作过的人员有700多人,还可能有遗漏,其工作人员之多,远远出乎我们事前的估计.收集著作目录和论文题目并不容易,远比写几篇论文还费劲.可采用个人提供,国内外文献检索,检索校图书馆藏书,查阅全国总书目,检索国家图书馆全部书目的方式相互补充.

可以考虑加英文目录.在结尾,可考虑加人名索引.

§6. 系史的出版时间和经费

逢5年或10年的校庆都是学校要举办大的活动年份，在这些年份出版系史容易得到学校的支持.其次，建系50年或100年及其倍数的年份均是出版系史的好年份.

例如，对《北京师范大学数学科学学院史》，下次再版的最好时间为2022年，即数学系成立100周年的时候，同时该年正值校庆120周年.

系史的出版和经费一般不存在问题.有出版社的高校，出版系史肯定会得到学校和出版社的大力支持.

§7. 系史的难度

有人认为，校史是一所高校最难写的书.类似地，系史是一所高校院/系最难写的书.

校史出版后的议论不一定多，因为与某个院系有关的事情太少.校史虽然涉及的问题较多，但比较宏观.系史的写作是一个很敏感的问题，会触及许多人的神经，包括逝世教师的后代.系史是每一个系都应该研究的问题，研究它和研究其他史一样，有难度也有难处.它是一个多数人都认为重要，但多数人都不愿意做的事情.写得不好可能会费力不讨好.尤其是写近百年的系史，容易招惹是非.就像平常所比喻的，搞古代史，比作画鬼，因为谁都没有见到鬼，鬼倒是好画一些.搞现代史的现代性很强，有人比作画人，人是大家都知道的，画起来倒不容易了.

编写系史最大的难处是在系内物色一位有责任心的、细心的、肯投入的、不计名利的主编.在系内，靠行政手段找主编是很难的.

由于重点院校所在系的名人较多，因此，要求在系史中出现的史料档次较高，要经得住评论.对收集的史料，在可能的情况下，也应进行核实.校档案馆的资料，也可能有错误.

系史研究是一件功德无量的事.虽然现在付出很多，越往后看越重要.肯定地说，比写十篇论文重要.但是，一个系的系史，在名利场中，往往是被忽略的角落.现在各个高校对论文的评价都有若干指标，系史算什么科研成果，很难界定.若该系有研究科学史的教师，可能好办一点.如果主编不是从事科学史研究的人，除了收集史料，看大量有关学科的参考书外,一个人花几年时间编写系史,他的研究方向还是有相当损失的.如果没有人在一段时间内全身心地投入写作系史的话,系史很难写好.

§8. 系史出版后的反思

编写系史,是对系里工作所做的总结,而不是工作的结束.在系史出版后,注意听取各方面的意见并进行修改,即使吹毛求疵的人多也没有关系.不怕别人提意见,只要他提的有道理,不管是从哪种角度考虑的,我们都应该考虑采纳.当然,对提出的意见应进行核实.

编写北京师范大学数学系史的过程是我们深受教育的过程,老一辈数学家那种热爱祖国、热爱数学科学的执着精神感人之深,尤其是我系学生在五四运动中所起的重要作用.这种崇高精神代代相传,不断发扬光大,成为数学系的优良传统和宝贵的精神财富.

建议:学院、系和党委/总支联席会议应有记录;重要会议应有记录,如进人,人事调动,职称晋升,聘任博士生导师;找系主任和分党委书记(党总支书记)反映情况应有记录;每个负责人应有记事本;每学年应有简讯和大事记;有专人收集照片并应积累一批照片和影像资料,保存教学档案;教师退休和逝世应有记录.

北京师范大学数学系“老五届”研究

Research on Laowujie Students of the Department of Mathematics, Beijing Normal University

在中国高校的历史上，有3个大学生特殊群体："老五届"(1961级～1965级，即1966届～1970届，以下去掉双引号)是指1966年"文化大革命"暴发时的在校大学生；工农兵学员(1970级～1976级，或1972届～1980届，应称为工农兵大学生，现称为大学普通班，工农兵学员还包括在中专(中等专科学校)和中技(中等技工学校)招收的学生)是指1970年～1977年在校大学生；为了区别于"老三届"(1966届～1968届中学毕业生，以下去掉双引号)，把1977年恢复高考后的1977级～1979级(即1981届～1983届)本科生称为"新三级(届)"(以下去掉双引号).老五届、工农兵学员、新三届，虽然相隔时间不长，但在高等教育领域被认为是3个不同的时代.这3个群体，时间跨度23年(1961年～1983年).本文研究北京师范大学数学系老五届上大学前状况、大学学习状况、毕业分配及追踪毕业生退休前的工作状况，是回顾性研究.工农兵学员和新三届的研究见本文集《北京师范大学数学系工农兵学员研究》《北京师范大学数学系"新三届"研究》第414～434页.

目前关于老五届主要是当事人描述的回忆故事和感悟等[1～8]，有硕士论文对老五届进行研究[9].北京师范大学数学系(以下简称：数学系)1961级～1965级招本科生人数依次为90，106，134，144，150，学制为5年.本文将其作为一个样本，研究学生入学前的生源结构、入学后的学习状况、毕业后与退休前的工作岗位，给出个体化的描述，并对其总结和研究.

§1. 生源结构

老五届大学生是中国历史上非常特殊的一代知识分子群体，绝大多数在 1942 年～1946 年出生，在中华人民共和国成立后念小学和中学，1961 年～1965 年考入大学.

数学系 1961 级～1965 级本科招生 624 人中，男生 434 人，占 69.6%；女生 190 人，占 30.4%. 绝大多数新生入学年龄在 17 岁～20 岁，少数是 16 岁或大于 20 岁.

§2. 学习状况

数学系老五届本科生开设数学专业课程依次为 4，4，3，2，1 学年.

1966 届，1967 届本科生开设数学分析各共 6 学期；1968 届，1969 届各共 4 学期；1970 届共 2 学期（数学分析学了一半）. 其他数学课程按照教学计划开设.

1965 年 8 月月底至 1966 年 6 月，数学系 1966 届学生参加山西省沁县农村的社会主义教育运动，五年级时没有开设数学课程，故数学专业课程学习时间为 4 年.

1966 届～1969 届没有学军（军训）. 1970 届入学后在校内学军 4 周，在校内学习军事理论和队列训练等，在校外实弹射击.

“文化大革命”初期，数学系党组织和系行政均受到冲击，不久就陷于瘫痪状态. 系党总支部、系行政和各个教研室以及各种规章制度都遭到破坏，全系整个教学和科研工作陷于停顿；师生关系颠倒，学生做的事多为负面，其中两个本科生带头搞起全校的“劳改队”与“集训队”，在全校造成很坏影响. 一个本科生带头到大庆油田揪斗铁人王进喜，在工人队伍中造成很坏影响. “文化大革命”打乱学校的正常秩序，学生不读书，学业中断. 教授被打成“臭老九”，被安排扫马路、扫厕所等；教师到北京师范大学在山西省临汾市办的“五七干校”或校办工厂、农村等参加劳动，不能讲课. “文化大革命”中，有的学生受到批判，派别争端很大程度上伤害了学生间的团结和友谊.

“文化大革命”开始后，全国所有学校的招生和教学工作陷于停顿. 1966 年 6 月 4 日，《人民日报》公布了中共中央关于改组北京市委的决定. 1966 年 7 月 29 日，北京市“新市委”宣布，大、中学校放假半年闹革命，这就是通常说的“停课闹革命”. 1967 年 7 月 10 日，北京师范大学开始全校性复课闹革命，暂定 3 课：毛泽东思想课，斗、批、改课，学工、学农、学军课. 1967 年 10 月 14 日，中共中央、国务院、中央军委、中央文革小组发出《关于大、中、小学复课闹革命的通知》，要求全国各地大、中、小学一律立即开学，一边进行教学，一边进行改革. 此后，各地中、小学陆续复课. 一些大专院校也先后开始复课. 数学系没有恢复专业课程的教学.

1978 年 11 月至 1979 年 7 月，北京师范大学数学系举办通过考试录取高等学校师资进修班 59 人，俗称“回炉班”，学制 2 年，学生中有老五届毕业生 41 人，其余为大学普通班毕业生. 补修“文化大革命”期间未能完成的课程，弥补未完成的学业. 该班结业 46 人. 先后有 10 人考取硕士研究生. 数学系还有少数老五届毕业生考入其他高等学校师资进修班学习.

§3. 工作岗位

3.1 毕业后的工作岗位

1966 届～1970 届全国 72 万大学毕业生中，60 多万人没有直接分配. 1968 年 6 月 2 日，中央给出毕业生分配的指示是“四个面向”：面向农村，面向边疆，面向工矿，面向基层，接受再教育. 与知青上山下乡有些类似，但发工资.

数学系 1967 年 10 月 19 日至 11 月 21 日进行 1966 届本科毕业生分配工作. 从 1967 年 10 月开始发工资. 数学系 1966 届毕业生有 3 人留校，然后按照中央 1968 年 6 月“四个面向”的指示，1968 年 10 月至 1970 年 7 月到河北省怀来县沙城公社的北京军区第 4627 部队农场劳动锻炼两年后回校. 在 1972 年二次分配到校外单位.

1968 年 7 月 8 日开始进行 1967 届本科毕业生分配工作，从 1968 年 8 月发工资. 在军宣队(全称：中国人民解放军毛泽东思想宣传队)和工宣队(全称：首都工人毛泽东思想宣传队)进校之前恰结束分配.

1968 年 7 月 27 日至 8 月 29 日，军宣队和工宣队先后进驻学校，领导学校的“斗、批、改”. 1968 年 11 月由军宣队和工宣队负责 1968 届本科毕业生分配工作，从 1968 年 12 月开始发工资，本届毕业生在老五届中延长时间最短.

到1970年7月,因开始追查“五·一六”分子,上级领导决定学校1969届,1970届本科毕业生暂缓分配,1970年7月开始发工资,每月46元,且继续在校参加“批清”运动(即:批判极“左”思潮,清查“五·一六”).直到1972年3月～4月,这两届学生才开始毕业教育后分配工作.1969届毕业生在校时间接近8年,是中国近现代教育史上本科生在校期间最长的一届.这两届的部分毕业生在校期间已结婚生子,一家3口同时离校.

1969届,1970届毕业生离校时,没发毕业证书.1973年7月20日,国家下发文件,补发毕业证书并转正.1966届～1968届本科毕业生在1973年转正.

数学系老五届的本科生除转系3人,生病去世2人,非正常死亡2人,退学1人外,全部毕业,否则,在数学系,一些学生要留级,或不能正常毕业或退学,他们属于幸运之人.

数学系1966届、1969届、1970届本科毕业生分配在教育领域,专业对口,去的某些学校可能条件艰苦,但整体比较幸运.1967届,1968届本科毕业生受“四个面向”的指示,分配到全国的工厂、农村和军垦农场接受再教育一年左右,之后多数返回教育领域.

1978年恢复招收研究生,数学系老五届工作后考取硕士生人数依次为1,9,9,8,2,共29人;硕士毕业后考取博士生人数依次为0,1,2,1,0,共4人.

3.2 退休前的工作岗位

1978年,国家对大学毕业生专业不对口进行大幅度归队调整,老五届学非所用现象有所改变.

数学系老五届毕业生依次毕业人数为100,107,133,143,152,共计635人,其中女生194人,占30.6%.毕业人数多于入学人数(624人)的原因是以前留级,或休学,或外系转来的学生转到老五届后毕业.

追踪数学系老五届本科毕业生退休前的工作岗位见表3.1.在国内工作631人(占毕业生总人数的99.4%),国外工作的4人均为在国内工作若干年,在改革开放后出国(仅占毕业生总人数的0.6%).

数学系老五届本科毕业生退休前的工作岗位(职业状况),反映了他们工作30多年后的情况.数学系老五届在教育领域工作的毕业生467人,占毕业生总人数的73.5%.

表 3.1　数学系 1966 届～1970 届本科毕业生退休前的工作岗位　　人

届	中等学校	大学	图书馆	公务员	研究所	武装力量[①]	医院	出版	银行	公司	国外	无联系	合计
1966	33	39	0	7	2	0	0	0	0	4	2	13	100
1967	46	40	0	11	2	0	0	0	2	6	0	0	107
1968	53	41	0	9	4	2	1	1	2	14	1	5	133
1969	68	48	1	15	2	0	0	1	0	7	1	0	143
1970	63	36	0	18	3	1	0	3	0	3	0	25	152
合计	263	204	1	60	13	3	1	5	4	34	4	43	635
%	41.4	32.1	0.2	9.4	2.0	0.5	0.2	0.8	0.6	5.4	0.6	6.8	100.0

① 军队和公安部门各 1 人.

追踪数学系老五届本科毕业生在国内晋升高级职称和职务的情况如下,可能有遗漏.

数学系老五届本科毕业生到国内大学任教的共 204 人,其中晋升正高级职称的人数依次为 7,9,12,18,6,共 52 人,绝大多数晋升副高级职称.到中等学校(中学、中专、中技)工作的共 263 人,其中特级教师人数依次为 1,4,9,4,5,共 23 人;绝大多数晋升高级教师;任中等学校正校长人数依次为 5,4,8,9,9,共 35 人.任正处级及以上干部人数依次为 9,7,12,18,16,共 62 人,占 9.8%.任正高级职称、特级教师、中等学校正校长、正处级及以上干部,共 172 人次,占 27.1%.

§4. 结果讨论

本文研究的是北京师范大学数学系 1966 届～1970 届的全体本科毕业生($n=635$)的结果,样本量大,反映了学生整体的情况.

中华人民共和国成立前出生,“文化大革命”前入大学的数学系老五届在 2023 年的年龄区间[77,86]岁.他们在适龄期接受完整系统的基础教育,能考入北京师范大学,是同代人中的佼佼者.但大学教育不完整是老五届的一大特色.

由于数学系的老五届本科毕业生在校期间依次少学 1 年,1 年,2 年,3 年,4 年专业课程,在校期间参加“文化大革命”,搞了很多政治运动,这可能对以后从政的毕业生有帮助,对学习数学专业知识帮助不大.

数学系共有 1962 届，1966 届和 1967 届本科生各开设数学分析 6 学期，这在百余年的数学系是少见的. 延长开设数学分析两学期，主要目的是强调打好数学基础.

老五届的另外一个特色就是延迟毕业. 按每年 7 月份毕业计算，1966 届～1970 届延迟分配的月数依次为 16，13，5，33，21，平均每届延长 17.6 月. 这是中华人民共和国成立以来的不正常现象. 从历史上看，北京师范大学建校以来，只有 1942 届本科在抗日战争时期，受学校西迁影响，延长半年于 1943 年 1 月毕业.

受“文化大革命”影响，数学系老五届毕业生不同程度地推迟毕业，没有毕业会餐，没有话别. 除少数人外，毕业生们心情不好，有些人还戴着“五・一六”分子的帽子，而且派性明显. 只有 6 个班有毕业合影(共 17 个班).

老五届还有一个特色是分配.

1966 届本科毕业生推迟 1 年分配，专业对口. 数学系有些学生分配后，因为当地武斗，直到 1 年后武斗基本停止，于 1968 年暑假前报到.

1967 届和 1968 届本科毕业生受中央“四个面向”的指示，分配到农村、边疆、工矿、基层接受再教育，这在历届毕业生分配中是少有的. 由于基层缺少师资，很多毕业生在基层二次分配时还是从事教师工作. 没再分到教育领域工作的多数毕业生，一年左右转到教育口.

1969 届和 1970 届本科毕业生分配专业对口.

总起来看，数学系多数毕业生的分配在老五届 72 万毕业生中属于幸运的专业对口之列. 因为北京师范大学毕业生，无论分配到什么地方，该地总是需要教师. 数学系 1966 届～1969 届的研究生 7 人分配到工厂，专业不对口，其中 1 人退休前还是工人编制.

老五届本科毕业生分配以后，就处于分散的个体状态，难以有整体的关注与描述. 本文试图对其进行整体描述.

(1) 1969 届本科生陈木法(从 1965 级跳到 1964 级)晋升中国科学院院士，是老五届中最大的亮点，他是数学系 1970 年以前本科生中唯一入选的中国科学院院士和发展中国家科学院院士. 2002 年 2 月，以陈木法为学术带头人的概率论研究群体获国家自然科学基金委员会 2001 年度创新研究群体科学基金(全国所有学科第 1 批共 19 个创新群体)，这是国内数学界第 1 个获资助的数学研究群体且获得连续共 3 期(每期 3 年，3

期共 9 年)延续资助.

(2) 1968 届本科生方迎群是 1949 届～1970 届本科毕业生中唯一的全国先进工作者(与全国劳动模范同级别.另外两位是 1920 届的傅种孙和 1994 届的周瑾).

(3) 1966 届本科生刘民复曾任民革中央副主席兼秘书长,1967 届,1969 届的本科生楚泽甫和李世取晋升少将军衔.数学系的毕业生,除了首届数理部毕业生杨明轩任全国人民代表大会常务委员会副委员长外,从 1920 届以后,毕业生担任行政职务只升到副部级,到目前为止,这成了一道迈不过去的坎.

从老五届退休前的工作单位(不含无联系和国外人员)看,73.5%的毕业生在教育系统工作,为我国的教育事业做出了重要贡献;19.1%的毕业生(公务员、公司、研究所、出版、银行、武装力量、医院、图书馆)不在教育系统,最终的结果整体上更好.

老五届在中等学校工作的教师 263 人,其中特级教师 23 人,占老五届在中等学校工作的教师人数的 8.7%,依次占各年级在中等学校工作人数的 3.0%,8.7%,17.0%,5.9%,7.9%,1968 届占比最高;任中等学校正校长 35 人,占老五届在中等学校工作的教师人数的 13.3%,依次占各年级在中等学校工作人数的 15.2%,8.7%,15.1%,13.2%,14.3%,1966 届占比最高.1970 届有两人既是特级教师,又是中学正校长.

老五届本科毕业生在国内大学工作的教师 204 人,其中晋升正高级职称 52 人,占老五届本科毕业生在国内大学工作的教师人数的 25.5%,依次占各年级在国内大学工作人数的 17.9%,22.5%,29.3%,37.5%,16.7%.1969 届本科毕业生晋升教授(不含副教授,下同)比例在老五届毕业生中最高的原因是,教授 18 人中在北京师范大学数学系念研究生 7 人,两年制的高校师资进修班 2 人,进修生 3 人,他们在大学业务学习两年的基础上,学术水平得到提升.1970 届本科毕业生晋升教授比例在老五届毕业生中最低的原因是,他们在大学业务学习仅一年,考研究生的数学知识欠缺;晋升教授的有 3 人参加数学系两年制的高校师资进修班;其他在高校工作的多数毕业生没能获得业务提高的机会.

1966 届毕业生有 2 人留系,1972 年二次分配到校外单位.1967 届,1968 届本科毕业生没有留校.1968 年进两人是教育部寄存在数学系的援助非洲教师.1969届,1970届共11人留校:8人调离数学系,3人调到校外单位工作.陈木法从1965级跳到1964级,属于优秀学生,1969年毕业时未能留校是一缺憾.

1978年恢复研究生招生,老五届的多数人入学年龄已过32岁,其中考取硕士、博士研究生的人数分别为29,4;留数学系任教2人,调入家属1人.1966届毕业生在恢复考研时已毕业12年多,他们是单位的业务骨干或做行政领导工作,再加上家庭负担重,单位不愿意放人,所以考研的人太少,1970届毕业生考研的人太少的原因是数学基础薄弱.

从老五届任正处级及以上干部62人,中等学校正校长35人,共97人次,占97/635=15.3%,以及任公务员占9.4%看,毕业生从政优势明显.

从在公司工作的占毕业生总人数的5.4%看,毕业生经商的积极性不高.从老五届在研究所工作的占毕业生总人数的2.0%看,由于“文化大革命”中脱离科研时间长,再加上基础不扎实,从事科研短板明显.其他5类工作:出版、银行、武装力量、医院、图书馆共占2.3%很低.

虽然我有积累校友们资料的习惯,由于多种原因,追踪老五届校友退休前的职业状况仍会有疏漏.此工作得到数十位校友的大力协助,不一一列出姓名,在此表示衷心的感谢.

(本文于2024年2月完稿)

参考文献

[1] 观沧海,编.“末代大学生”的最后日子.济南:山东文艺出版社,1999.

[2] 孙永猛.下放部队农场的日子:一个“老五届”大学生的回忆.中外书摘,2000,(4):16-19.

[3] 观沧海,编.苦乐年华“老五届”三十年风云录.济南:山东文艺出版社,2005.

[4] 陆伟国.风霜雨雪忆年华:1962~1970.桂林:漓江出版社,2012.

[5] 奚学瑶,等主编.告别未名湖:北大老五届行迹.北京:九州出版社,2013.

[6] 孙兰芝,等主编.告别未名湖:北大老五届行迹2,3.北京:九州出版社,2014,2015.

[7] 黄介山.“老五届”一员的草原钢城岁月.广西文史,2014,(4):100-106.

[8] 李庆林,主编.难忘的青春:北工大“老五届”纪事.北京:当代中国出版社,2015.

[9] 阮学旺.“文革”时期“老五届”大学生的心理嬗变之探究.福建师范大学硕士论文,2007.

北京师范大学数学系教育革命实践小分队研究

Research on Educational Revolution Practice Team of the Department of Mathematics, Beijing Normal University

1970 年 6 月 27 日，中共中央转发北京大学、清华大学关于招生试点的请示报告后，高等学校开始招收工农兵学员. 1970 年和 1971 年全国分别试招 41 870 名和 42 420 名(1971 年没招生，1971 年入学的学生实际是 1970 年招生的). 经过试招之后，全国多数高校较大规模的招生从 1972 年开始. 1973 年各省、市、自治区有高考入学考试. 学制 2 年～3 年，有的学校学制是 3.5 年，4 年，如清华大学，中国科学技术大学. 全国 1970 年～1976 年共招收工农兵学员 940 714 名.

从 1973 年起，北京师范大学开始招收 3 年制工农兵学员. 1974 年 9 月 29 日，国务院科教组和财政部向全国各省市和自治区发出关于开门办学的通知，北京市革命委员会科教组在 10 月 8 日发出相应的通知. 在大力提倡开门办学，教育必须为无产阶级政治服务，必须同生产劳动相结合的前提下，以及在数学系的某些工宣队主要领导和某些教师的支持下，组织了由 5 名教师、15 名 1974 级学员组成的教育革命实践小分队(简称小分队)，到农村和工厂进行长期的开门办学.

工农兵学员的研究，已有的论述多为概述性质[1～6]，缺乏个体化的详尽描述. 招收工农兵学员这样的非常事件，不具有整体重复发生的可能性. 小分队是一个样本，是在特殊时代和在特殊条件下的政治产物. 从特殊的教育现象看，从积累史料的观点，是很有意义的. 下面从整体回顾，对其政治和业务学习、学工学农学军、教育实习、劳动锻炼、寒暑假、入学和毕业教育、毕业分配和退休前工作状态等给出小分队个体化的详细描述，并对其总结经验、教训和研究，对应用数学方向如何开门办学提出看法和做法.

§1. 生源结构

工农兵学员在入学时的年龄结构、文化程度和工作经历在可以预见的时期内从整体上很难出现.此处我们给出比较详细的入学资料和毕业后工作情况.1974 级工农兵学员入学时要求未婚.

小分队学员男生 7 人，女生 8 人.性别几乎持平.

学员上大学前：回乡知青 12 人，占 80%；兵团知青 2 人，占 13%；插队知青 1 人，占 7%.

学员上大学前工作经历：务农 5 人，民办教师、会计、出纳各 2 人，大拖拉机手、记工员、铁路工人、公社修配厂学徒工各 1 人.

由于要求上大学前必须有两年及以上工作经历，学员上大学前工作时间为 6 年，5 年，4 年，3 年的人数依次为 3，4，3，5，平均 4.3 年，中位数 3 年(5 人).

学员入学前共青团团员 9 人，占 60%；党员 5 人，占 33%；群众 1 人，占 7%.入学时中共党员的比例在数学系历届本科新生中所占比例最高.

学员入学前担任兵团连副政治指导员 1 人，村党总支/支部委员 2 人，村团支部书记 3 人，会计 2 人，民兵连长 1 人，表明约半数以上的学员上大学前在所在单位有一定的职务.

学员在 1948 年～1955 年出生，入学时平均年龄 21.2 岁，中位数 21 岁(5 人)，其中 1953 年，1954 年出生的学员数最多，依次为 5 人，4 人.

学员入学前文化水平：初中毕业生 12 人占 80%，为大多数；高中毕业生 3 人占 20%.

学员入学前“老三届”(1966 年～1968 年中学毕业生)4 人，其中老高二 1 人，老初三 1 人，老初一 2 人；其余为 1969 年～1972 年初中和高中毕业生.

小分队有党支部、团支部、班委会，一名兼职辅导员负责管理.学员 12 人有回乡知青的经历，学员 3 人家在北京，由于去兵团或农村插队，学员之间有着某种天然的农村情结，是学员15人共同的特点.学员之间的最大与最小的年龄差为7年.

上大学时，我有记流水账和部分日记的习惯.将每学年的各种情况，做一个详细的统计与分类，精确到半天.计算从1974年10月4日至1977年7月29日，见表1.1.其中第6学期我指导1976级学员测量实践24天，按照当时上课的比例折合为：业务课16天，政治学习和休息各4天.

学员全部时间从1974年10月4日入学算起，截至1977年7月29日毕业离校，15人中的8人在9月下旬入学报到，7人在10月4日入学报到，按后者统一计算，合计1 030天.

表1.1　北京师范大学数学系教育革命实践小分队学习时间分类

学期	第1学期/天	第2学期/天	第3学期/天	第4学期/天	第5学期/天	第6学期/天	合计/天	%
业务课	35.5	50.0	58.0	46.0	74.0	75.0	338.5	32.9
休息	35.0	46.0	32.5	47.0	41.0	23.0	224.5	21.8
政治活动	18.0	21.0	21.5	22.5	43.5	23.5	150.0	14.6
工厂	0.0	13.0	8.0	13.5	32.0	0.0	66.5	6.5
劳动	3.0	14.0	5.5	23.5	1.0	8.0	55.0	5.3
测量	32.5	0.0	16.0	0.0	0.0	0.0	48.5	4.7
学军	0.0	30.0	0.0	0.0	0.0	0.0	30.0	2.9
教育实习	0.0	0.0	0.0	28.0	0.0	0.0	28.0	2.7
入学/毕业教育	8.0[①]	0.0	0.0	0.0	0.0	15.0	23.0	2.2
备课	0.0	0.0	7.0	4.5	0.0	0.0	11.5	1.1
整党	0.0	10.0	0.0	0.0	0.0	0.0	10.0	1.0
参观学习	0.5	2.0	3.0	1.0	2.5	0.5	9.5	0.9
运动会	0.0	1.0	2.0	3.5	0.0	1.5	8.0	0.8
其他	7.5	6.0	3.5	2.5	2.0	5.5	27.0	2.6
合计	140.0	193.0	157.0	192.0	196.0	152.0	1 030.0	100.0

① 1974年9月24日～25日入学的同学，入学教育可计算为14天.

§2. 政治活动

主要指政治课、政治活动(不含晚上组织的活动)、政治学习和讨论，还包含入学/毕业教育、整党、参观学习.小分队政治活动共192.5天，占18.7%，明显偏高.

6 个学期政治课的内容依次为:《哥达纲领批判》10 次,《国家与革命》5 次,《政治经济学》13 次,《矛盾论》5 次,《实践论》3 次,《中共党史》26 次. 每次 2 节课,共 62 次 124 节课. 后 3 门课结束时要求写学习体会或总结,任课教师做讲评. 1977 年 4 月开始,学习辅导《毛泽东选集》第 5 卷 8 次,每次半天. 中共党史有铅印教材《学习中国共产党历史参考资料》第 1 册~第 6 册(共 314 页)和辅导材料. 其他的政治课教材均发给学员们正式出版的书. 其他的政治辅导材料共 129 种. 所发各种教材和辅导材料均免费.

小分队参加的政治学习包括:传达中央文件 12 次,之后要组织学习;学校大会 38 次、数学系大会 10 次、多种报告和辅导 36 次等. 多数会议安排在星期五下午. 因小分队开门办学很多时间在校外,以上统计的数字是不到两年时间的次数. 一些报告留下深刻印象,如 1975 年 10 月 17 日下午请我国首次攀登珠穆朗玛峰的登山队员索南罗布和阿布钦等作报告;1977 年 1 月 22 日请周恩来总理生前警卫员作报告和 1 月 26 日请周恩来总理专机人员作报告. 还有数学系两次组织去清华大学看大字报,每次半天等.

学员在校期间,积极要求进步,有学员 2 人加入中国共产党,1 人加入中国共青团. 毕业前,团员 8 人,党员 6 人.

10 天的整党. 由于老师工作之间的小摩擦,算不上大的矛盾,男、女党员同学之间交流多一些,就上纲上线,在下面做一些工作就可以解决. 数学系党总支决定整党 10 天,小题大做,搞得团员群众也奉陪,没有做成什么事,因故调走学员 1 人.

留下比较深刻印象的大型政治活动有:1976 年 9 月 18 日在天安门参加毛泽东主席追悼大会,1976 年 10 月 22 日参加庆祝粉碎"四人帮"的天安门游行. 1976 年 10 月 24 日,小分队党支部书记史志刚同学和我担任天安门百万群众庆祝华国锋任中共中央主席和中央军委主席,庆祝粉碎"四人帮"的大会标兵.

大学期间的集体活动丰富多彩,参观学习 9.5 天. 留下重要印象的有 1975 年 9 月 3 日去首都钢铁厂参观. 每学年参观约 3 天,远高于现在在校大学生组织参观学习的时间.

在突出政治的年代,政治学习经常围着运动转. 除了开展"批林批孔""反击右倾翻案风"运动外,学习毛泽东著《矛盾论》《实践论》给我们留下深刻印象,至今受用. 在校期间国家发生的一些大事,主要集中在 1976 年发生以下重大事件,终生难忘:周恩来总理、朱德委员长、毛泽东主席先后逝世,4 月 5 日的"天安门事件",7 月 28 日唐山发生的 7.8 级大地震,10 月 6 日中共中央粉碎"四人帮".

§3. 业务学习

业务课程:数学、物理、外语、体育(第 1 学年,因多数时间在校外,没有体育课.其余时间共上体育课 23 次,46 节课),总计 338.5 天,占全部时间的 32.9%,即业务课的比例接近 1/3,明显偏少,影响了学员毕业时的学习质量.加上政治活动占 18.7%,两者共占 51.6%.

在学校上课的特点是:除了二年级第 1 学期英语两节课和体育两节课都安排在上午之外,其他的课程都是上午或下午各安排一门,然后有两节是自习.星期六下午不排课,学校没有专门的清洁工,一般隔 3 个星期,16 时有大扫除.因为专业课上午、下午没有全部占满,晚上没有排课,所以课程安排的不紧张.还有一点:老师比较多,上课都是小班上课,这是现在所不能比的.只有在三年级第 2 学期临毕业前,全年级听《球面三角》,共讲 6 次大课.

另一个特点就是上课的每个班有一个固定教室,有点像中小学.原因是我们一年级时,全校工农兵学员 1 790 多人;二、三年级时,全校工农兵学员最多时 2 740 多人,教室有空余.1977 级本科入学后每个班就没有固定教室了.

看了我上大学所记的全部教材目录(见附录)和笔记,以及先学的《微积分》和后学的《高等数学》教材,相当于物理类的《高等数学》,但是级数、多元微积分、曲线积分和曲面积分内容,不如 20 世纪 80 年代物理系的《高等数学》学的内容多.学的《概率统计》比 20 世纪 80 年代物理类的《概率统计》要求低.学的《高等代数》相当于 20 世纪 80 年代化生地类学的《线性代数》.考虑到毕业生多数去中学,第 1 学年没有系统补习中学数学知识,1977 年 2 月～7 月的部分时间又将部分高中数学内容重补一次.按照对两年制的专科生应学习的课程而言,数学分析、高等代数、常微分方程的内容都涉及但不深入,没有讲理论部分,仅讲了一些应用,没有学习空间解析几何课程.只有平面解析几何有考试.

物理课学的力学、电学、无线电学内容比较多,掌握的比较好,其他的物理内容学的少.

在校期间,小分队绝大多数学员珍惜来之不易的上大学的机会,抓紧时间努力学习.

当时的教学计划,有些没有执行.不像现在,除了部分选修课,要严格执行教学计划,否则不能完成必要的学分.

与我们上大学时同年级的 1974 级 1 班～3 班比较,除学军、麦收和校内劳动外,3 年内 1974 级 1 班～3 班开门办学 3 次,约两三个月.我们小分队在大学的 3 年学习期间,由于开门办学,学习时断时续.应该说,我们确实也学到了一些知识.从整体看,投入多,产出少,投入与产出成反比.在我们学习专业基础知识的最好阶段,开门办学让我们付出了很大的代价.学员应以学为主.实际上,开门办学任务一个接一个,应该说,这与毛泽东主席的教导是有违背的.

§4. 学工、学农、学军(军训)

4.1 小分队学员的学工、学农、学军

3 年的开门办学记录见表 4.1.在农村和工厂的体力劳动在 §6 单独讨论.

表 4.1 北京师范大学数学系教育革命实践小分队开门办学情况

时间	地点	内容	天数
1974-10-22～1975-02-05	平谷县[①]华山公社华山大队	测量	107
1975-02-21～1975-04-14	平谷县华山公社农机厂	天车设计	53
1975-04-24～1975-05-24	中国人民解放军第 1583 部队	学军	30
1975-06-12～1975-06-21	平谷县华山公社大峪大队	麦收	10
1975-06-22～1975-08-02	平谷县华山公社大峪大队	学习拖拉机、水泵	42
小计			242
1975-10-06～1975-10-23	北京师范大学机电厂	修理电动机	18
1975-11-05～1975-11-20	密云县新城子公社遥桥峪大队	办测量班	16
1976-02-23～1976-03-13	北京铸石厂(一组)	正交试验	20
1976-02-23～1976-03-13	北京琉璃瓦厂(二组)	正交试验	
1976-04-19～1976-04-29	北京市良种场	种棉花	11
1976-06-17～1976-06-26	北京市良种场	麦收(正交试验)	10
小计			75
1976-10-10～1977-01-17	北京市东风无线电一厂	毕业实践	32[②]
1977-06-25～1977-07-01	北京师范大学大兴分校	劳动	7
小计			39
合计			356

① 北京市下属的县已全部改区,下同.

②实际在工厂天数.

学工和学农究竟解决了那些问题？应该说，在农业方面确实做得好一些.首先是平整土地前的测量工作.测量是几何、三角函数和代数3门课程的综合运用.就当时来说，谢宇老师带领我们5人（夏国华、王建军、李和平、吴庆贵和我）给平谷县华山公社后北宫大队测量的数百亩①地.当我们看到1974年12月16日《人民日报》第1版和《北京日报》第3版，刊登平谷县华山公社后北宫大队平整土地的照片时，心情很激动.我们还给平谷县华山公社前北宫大队、华山大队、大峪和小峪大队完成了896亩平整土地前的测量工作，2 727米环山公路勘测；给华山大队测量1 680米环山水渠，绘制了600多亩地形图等.通过这些实战任务，学员学习了水准仪、平板仪和经纬仪的原理和使用，以及有关部分初等数学知识.《北京师大》校报于1975年3月17日第15期用了1.5版的篇幅报道了这件事情，还有1版的照片，题目叫《华山脚下学"朝农"》.事实上，这与学朝农（朝阳农学院）没有什么关系，完全是追形势的题目.

在北京铸石厂、北京琉璃瓦厂和北京良种场所做的正交试验，也是理论联系实际做的不错的、比较成功的开门办学.我至今还保留着北京铸石厂和北京市良种场8个不同小麦品种的原始资料和分析结果.这些试验加强了我们对概率统计所学内容的理解和理论如何联系实际.有争议的是，从课题研究的角度考虑，是否需要把小分队带去，付出的代价太大.

物理课增加"三机一泵"：拖拉机、纺织机、电动机、水泵.在农村学开手扶拖拉机，上大学之前，虽然我不是手扶拖拉机手，但在农村我就会开.水泵也学了，主要学电动机的原理等，然后在北京师范大学机电厂劳动学习4次，每次半天，之后修理电动机.每个组3人，有老师1人带着我们修理电动机.先判断电动机在哪有毛病，找到后如何修理，最后把电动机修好，正常运转.老师还让我们每位同学讲一段有关电动机的内容给学员们听，大家提意见，老师做点评，我们觉得有收获.没学纺织机.

在华山公社农机厂搞天车设计，没有学到多少知识，浪费不少时间.在北京市东风无线电一厂，我们还给工厂解决了一个问题，并协助工厂做了一些其他有益的事情.

学军30天是在河北省邯郸市黄粱梦公社附近的中国人民解放军第

---

① $1\ hm^2=15$ 亩.

1583 部队(野战部队).部队为此投入的人力、物力和精力都很大,他们搬到营房的北部,把营房的南部腾出让我们住.学员单独开伙,部队的教官和我们一起用餐.数学系和天文学系编为一个连.学军配备的教官,我们的班、排、连长在部队依次是班长、副排长、连长.

学军练习内务整理、打背包、队列、刺杀、投弹、打坦克、拉练、掌握步枪战斗性能和打靶.第 1 次打靶每人 3 发子弹;第 2 次打靶每人 11 发子弹,最后两发是连续射击.

搞了 4 次紧急集合,有时是刚睡下,有时是快起床的时候.一次下雨,还要搞紧急集合.负责人被团长批评,说这种天气你把学员们拉出去,他们的被子淋湿了,回来怎么办? 这样,少搞 1 次紧急集合.

学军出发时,学员背着背包从北京师范大学走到永定门车站,学军结束返校时又从永定门车站走回来,沿路唱着歌.学军的时候还长途拉练一天走 30 千米.担心有的同学走不动,部队跟着一辆收容的卡车,结果这辆车只拉了晕倒的一人.即使有的同学生病不想走,也不好意思坐车.还有,从驻地走到邯郸市参观华北地区烈士陵园和邯郸市农业展览馆,往返走 18 千米.

学军收获:学到了解放军的铁的纪律,服从意识,时间观念,吃苦耐劳等.包括内务的整理,被子叠得有棱有角,回校后叠被子又恢复原状.

学军传承:1976 级及以后,期间断断续续有 9 年没有学军,学军在经历 14 年后正常化.现在有了军训基地后,学军时间定为两周,取消打靶,时间相对固定在新生到校的第 1 学期初.学校学军的军训基地在怀柔区、昌平区和顺义区.新生在军训基地学军的效果更好.

现在学军时间都是两周,时间比工农兵学员时期少了一半.主要是在队列方面用的时间多,还没打靶.一名大学生毕业之后,从来没有打过靶,这个感觉是不一样的.感觉 20 世纪 70 年代的学军,比现在效果要好.当时学员数量少,按现在大学生的数量,如到正式的野战部队学军,部队哪有那么多的营房和教官来训练学生.还有当时的学员吃苦耐劳,学军的强度远远大于现在的学军.

2004 年～2016 年,我多次去 3 个军训基地看望学生学军.总体感觉他们的吃住条件很好.但是两千多学生在一起训练,由于训练地点的限制,到处是学生,影响学军的效果.

4.2 我的学农

1976 年 3 月 22 日至 1976 年 4 月 18 日，小分队学员在延庆县共 4 个公社的 7 所中学顶班教育实习，替出 13 名中学数学教师，另有千家店中学两名高中数学教师和两名高二学生，共 17 人，由我给他们办了 3 个星期的测量短训班，做了 3 周中学教师的教师. 除讲课外，实地为千家店公社河南大队勘察并测量了一条长 1 820 米的环山水渠. 西店大队准备从村北一个水泉向村内修建管道，引水进村. 以前认为，村子地势高，水源低，这个愿望无法实现. 经我们测量，村内水位比水泉水位低 3 米多. 为此，我们测量了一条长 372 米的引水埋管路线，解决了该村的吃水问题，受到了大队队长和社员的欢迎. 在星期日，我还为千家店的中学生讲 3 小时的测量课，辅导由我指导的中学教师完成. 这可以算是我的教育实习.

这次办班最大的收获就是培养了我的独立工作能力. 最初中学教师认为派一名学员办班很不放心，但很快就对我的教学和实际工作能力表示满意. 县教育局带队的康玉珍老师还为我指导的测量班拍摄了一些照片，后来一个朋友告诉我，照片在延庆县举办的一个展览中展出，照片说明还给我吹了好多牛，他看了之后都感到很受教育. 现在回忆起来还真有意思，这应该算是我参加开门办学的一项成果.

在 1977 年 3 月 29 日至 4 月 21 日，可能是由于数学系的指导教师不够或其他原因，我临时被调到平谷县镇罗营公社关上大队指导数学系 1976 级 1 班 9 名学员实地测量环山渠和绘制地形图，做了 3 周学员的老师. 在休息时，还被一位中学教师叫去，给中学生辅导了半天的数学课. 小分队学员此时均在学校上课.

我参加的开门办学时间，比小分队其他学员多 52 天，这在数学系的学员中是一个特例. 我不仅熟练地掌握水准仪、经纬仪和平板仪等测量工具和技术，还能授课，用当时的话：工农兵学员上讲台. 若毕业时让我任测绘员，可能做到学以致用.

测量技术在我毕业留校后，还收到了一些效果. 1977 年 9 月 14 日～17 日去丰台区长辛店公社张郭庄大队，以我为主，与黄登航、杨福田、刘美和蒋人璧老师一起，测量了 355 亩地. 当时，数学系有几位教师在长辛店公社下放劳动，把我找去给当地解决平整土地前的测量问题. 之后再未用到测量技术.

§5. 教育实习

教育实习是作为师范院校学生必修的环节，对于工农兵学员也是如此. 4 周实习加 1 周实习前备课. 小分队在延庆县千家店、红旗甸、花盆、沙梁子共 4 个公社的 7 所中学顶班教育实习.

没有指导教师的“顶班教学”实习，对能力强的学员，是锻炼其独立工作能力的一种好的机会；对表达能力或组织能力差的学员，则可能影响中学教学.

§6. 劳动锻炼

农村劳动内容：在平谷县挖沟田、麦地施肥、割小麦、小麦脱粒；北京良种场种玉米、棉花、割麦子、小麦脱粒；北京师范大学大兴分校拔稻苗、插稻苗、垒堤、小麦脱粒等. 还有参加学校的挖防空洞和地下室的战备劳动.

在工厂劳动，对我们多数同学来讲，学到很多基本知识，开阔了眼界. 在平谷县华山公社农机厂，我们接触多种车床和机床；在北京师范大学机电厂修理电机；在北京铸石厂参加烧窑；在北京市东风无线电厂参加收音机装配的各个环节和最后的统调，收获很大.

1977 年 5 月 9 日的劳动值得一提. 全年级大部分同学去毛主席纪念堂参加义务劳动，是一件很有意义的大型组织活动.

劳动共 55 天，占 5.3%. 劳动多是当时学校的一大特点. 前两学年的每学期有两周劳动，如战备劳动，其他的如参加夏季麦收，参加农业劳动，在工厂劳动，还有其他义务劳动，以前学校没有物业，隔 3 周的星期六 16 时需要做全校大扫除等. 小分队有的学期劳动时间少于 12 天，多是因为安排数学系学员劳动时，小分队在校外. 如第 1 学期入学教育结束后，立即安排 1974 级学员劳动两周. 小分队学员劳动 3 天后，即赴平谷开门办学，没有参加校内的另外 9 天劳动.

1976 级学员入学后，改为每学期学生有 1 周劳动持续到 1991 级. 从 1992 级改为每学年学生有 1 周劳动持续到 2002 级. 从 2003 级开始，取消学生劳动. 现在的大学生缺少劳动观念和劳动锻炼.

§7. 寒假、暑假

除了星期日休息外,3 年大学有 3 个寒假,每个寒假放假两周. 前两个暑假每个暑假放假 3 周,最后一个暑假放假 1 周,共放假 13 周. 前两个暑假还要求在农村的同学,在生产队至少劳动 1 周,公社教育革命组还让我们去某些大队调研.

上大学期间的最后 1 个暑假,只放 7 天假,这可能是北京师范大学对留校生的要求,在中国高等教育历史上恐怕是最少的. 原来学校通知 1977 年 8 月 8 日报到后,去北京师范大学大兴分校劳动两周,因故取消.

2022 学年大学生暑假放 8 周,寒假放 5 周. 一年放 13 周假. 今非昔比! 可是,与 20 世纪 70 年代的农民相比,多数农村一年只放 3 天假:大年三十、正月初一和初二,有的农村一年不放假,这又怎么比?

§8. 入学和毕业教育

北京师范大学数学系 1974 级入学 123 人,分两批入学. 1974 年 9 月 24 日～25 日入学 88 人,占 71.5%,10 月 4 日入学 35 人(入学通知书写明"9 月 24 日～25 日入学"被划掉,改为"10 月 4 日"),占 28.5%. 同一届新生分两批入学的情况少见,表明学校在外地招生时遇到某些麻烦,把入学时间后延.

1974 年 9 月 24 日～25 日报到的学员入学后至 10 月 4 日的活动内容:9 月 26 日～30 日全校大会和数学系大会各一次,填几种表格半天,其余为学习、讨论、开座谈会. 10 月 1 日～3 日放假,4 日数学系召开落实政策大会.

1974 年 10 月 4 日学员到校后,5 日～15 日是全校入学教育. 5 日下午召开全校迎新大会(当时未称开学典礼). 入学教育的主要内容是:政治学习辅导,忆苦思甜,传达中央文件,介绍北京师范大学和北京市中小学情况, 公布教育方案,知名教师经验报告. 上午开大会,下午每个班分组学习讨论. 学习讨论占用入学教育一半时间.

1977 年 7 月 5 日下午毕业生检查身体. 14 日上午全校毕业动员,到 29 日离校,持续两周. 毕业教育的内容:忠诚党的教育事业报告,理想报告, 解放军的优良传统报告,表决心大会,参观展览,毕业鉴定,个人总结,其余是学习讨论.26 日上午毕业典礼,下午公布分配方案.27 日～28 日办理离校手续,29 日离校.有点浪费时间的是:表决心主要是让毕业生每个人表态去西藏工作,形式主义严重,结果分配时没有去西藏的任务.

按现在的新生入学教育和毕业教育,各两周的入学教育和毕业教育可以压缩在一周内完成.

§9. 其他活动

召开运动会:数学系 0.5 天,学校 5.5 天,还有 1976 年 5 月 22 日～23 日参加北京市高校大学生运动会,实无必要.除召开运动会外,包括开门办学(往返占用时间,讨论油盐伙食等,清理物品,从华山大队搬到大峪大队,打扫住房)等事,和北京师范大学附中座谈,观看学校组织的外单位来学校表演和比赛.还有 1976 年 7 月 28 日,唐山地震波及北京,我们有一周听有关部门地震的报告,学习地震知识.总起来看,3 年累计 27 天,占 2.6%,感觉有点多.

§10. 两种分类

把学工、学农和学军定义分别为在工厂、农村、部队共占用的时间见表 4.1(不含教育实习),合计 356 天,占全部时间的 34.6%.其中学工 123 天,占全部时间的 12.0%;学农 203 天,占全部时间的 19.7%;学军 30 天,占全部时间的 2.9%.

学员以学为主.上述定义学工、学农和学军的比例为 34.6%,挤掉很多宝贵的学习时间.

按社会分工分类:工(学工)、农(学农)、商(学商)、学(学生)、兵(学军).还差"学商".1976 年 9 月 26 日星期日,作为小分队组织的一项活动,全体学员去新街口副食商店当售货员一天,相当于体验生活.这样,作为在大学期间的经历,按照 20 世纪 70 年代社会分工:工农商学兵,我们或多或少都经历过.这对于我们接触社会,加强对社会的了解和开阔知识面,很有好处.

§11. 开门办学的研究

如何开门,开门后的关键是如何办学?

学员应以学为主.如果入学后开门办学很多,显然是错误的.但是,全面否定也是错误的.

开门办学促进学员了解中国社会实际,促进理论与实践相结合,锻炼了学员的意志,培养了学员吃苦耐劳的精神,增强了社会责任感.

从现在的观点看,开门办学究竟解决了那些问题?如§4所说,在农业方面确实做得好一些,这主要原因是在农业方面解决问题用到的是初等数学方法.学工做得好与差的都有.

就开门办学来说,它是有着自己特殊的、有待于克服的,往往是较大的困难.虽然现在不提开门办学,实际上,开门办学还有待加强.在我国高等学校数学系,加强数学联系实际是一项很困难的任务,脱离实际的旧学风有待于努力改革,这是一个说起来容易做起来难,大家都知道重要,但多数人都不愿意做的事情.从另一角度看,开门办学是一种困难程度较大的应用数学科学研究,它所承受的风险往往很大,因此,使部分,或相当一部分数学工作者望而生畏、望而却步.因此,不谈专业和研究方向,笼统地谈开门办学,是根本不现实的.

开门办学是一项有重要意义的、难度很大、风险更大,且成功率低,总效率高的高等教育改革.对数学学科而言,就是开展应用数学研究.虽然在21世纪,开门办学还是一个难题.我一直在考虑这个问题.就数学学科来讲,对本科生而言,学生应该学习比较系统的基础专业知识,开门办学所花的代价太大.而以任务带学科,对硕士生和博士生说来,也可以叫开门办学,用现在的话,改称联合培养,这可能是一种很好地培养应用数学方向研究生的方式之一.在我指导的研究生中,有24人采用联合培养方式.他们分别在中国科学院动物研究所、中国农业科学院作物育种栽培研究所、中国科学院遥感研究所、中国电力科学研究院、中国科学院电子学研究所、清华大学、我校地理与遥感科学学院做毕业论文.就我理解,这是一种开门办学的较好方式."开门"就是走出去,"办学"就是深入到某一领域,就某一问题进行比较深入的研究,使研究生真正感到有收获,在研究中培养他们的独立工作能力,对国家或研究项目做出贡献.当然,收获越多越好,贡献越大越好.应该指出,这种培养方式有风险,对学生,尤其是对导师提出很高的各种专业知识的要求.

§12. 毕业后工作单位

学员 14 人毕业时分配在北京师范大学工作 2 人，其余 12 人都分配在中学工作.

退休前学员的工作单位如下. 在北京师范大学工作：2 级教授和 5 级职员各 1 人. 在中学工作多数教初中，少数教高中：在北京师范大学第二附属中学 1 人，区第一中学 2 人，其他中学 5 人，小学 1 人，其中高级教师 7 人(含 1999 年在职逝世 1 人). 在大、中、小学工作共 11 人，占 78.6%，即近 80%的学员在教育系统工作. 中途调换工作单位：在中国建设银行、北京市属工厂、区劳动局工作各 1 人，占 21.4%. 在劳动局和银行工作的学员待遇很好，在工厂工作的学员后来工厂解散，工龄买断，退休后工资受影响.

§13. 结果讨论

在工人阶级领导一切的口号下，让最高学历是小学水平、基本上不懂或不熟悉高校工作的军宣队和工宣队领导高校，这种做法造成的直接结果就是读书无用论. 数学系工宣队领导人同意组建小分队，是一种强调实用主义的片面做法.

本文研究的是北京师范大学数学系的教育革命小分队的情况，特点是详细刻画，不足是样本量较小.

从工农兵中直接选拔大学生，是特殊历史时期的一项特殊社会实践. 由于其特殊性，工农兵学员的社会实践不具有普遍性，但是重视学员们入学前社会实践和实际工作能力的特点，具有人才培养的现代性，值得借鉴.

小分队学员虽然文化程度参差不齐，但大多数有较强的学习能力、工作能力和适应能力、与工农打成一片的能力. 他们大部分来校之前都做过干部，自我管理的能力较强.

在学工和学农中，师生们还是有不同程度的收获，加强了对数学应用于实际的理解，与工人和农民，以及师生之间，建立了深厚的感情. 尤其是师生之间所建立的感情，是现在不可能理解的，也不可能建立的. 用当时的话说，教师和学员是同一战壕里的战友，在共同的生活和战斗中，建立了牢不可破的革命友谊. 现在，本科生与教师的感情，在一定意义上说，已相当淡漠.

学员对农村情况很熟悉,学农对他们的知识面没有明显提高.学工加强了学员对工厂的了解,收获大于学农.

在工厂学工,如果你学的是一些精度比较高的工种,那么你只能观摩,做免费小工,帮师傅打杂,没有经过专门训练,在短时间不可能让你操作机器.但是有的工种,很快学会操作.比如我在农机厂,分给一个铣工师傅,他加工的工件,看了一个小时我就学会了,我上机操作,替他干活,我在工厂劳动6天,他在旁边休息6天.

学工和学农,体验生活,接触社会,对人生的成长大有好处.但是,1982年开始的土地划归个人管理,现在已不可能组织学生去农村学农.又因为现代工业生产高科技自动化,没有基础常识和基本训练的学生们学工只能添乱,大批大学生学工的可能性也不大.取消学工很正常.

学员们在农村劳动多是好手.在农村和学校劳动锻炼是作为劳动力使用,占用了宝贵的学习时间,是一件得不偿失的事情.上大学主要是为了学知识,学员中存在的看法是:要劳动,何必上大学?

2004年,全国有10个省、市、自治区启动选派大学生到村任职工作,即大学生村官,实际是学农的一种提升.2008年3月,中组部和教育部、财政部、人力资源社会保障部联合下发《关于选聘高校毕业生到村任职工作的意见(试行)》,在31个省、市、自治区和新疆生产建设兵团部署开展了大学生村官工作,并有相应的政策支持.到2023年,经过共15年的扎实推进,这项工作得到长足发展,取得显著成效.学农的另一种形式是国家鼓励大学生回乡创业.

学军可以训练大学生的组织纪律性和自我约束能力,这是当代大学生缺乏的,而且军队的组织形式基本没有变化,这就是20世纪70年代工农兵学员的学军为什么能延续下来的主要原因.

如果评价“文化大革命”中开门办学成绩的话,成绩占少数,这只代表我的观点.无论过去,现在和将来,要求所学的数学知识均做到理论联系实际,既不现实,也做不到.工农兵学员入学时没有考试,知识水平参差不齐,如果系统地从初中学起,学习3年,也能学到不少知识.但这全被开门办学和连续的政治运动给搞乱了.再加上仅平面解析几何有考试,其他课程没有考试,有的学员虽然上学3年,但毕业时所能掌握的知识有限.当然,当时的社会大环境也不允许你安心学习.另外,开门办学如果办得好的话,关键在教师.如果教师从未有过数学应用于实际的经验,开门办学很难成功.一位科研工作者或大学教师,如果他想深入了解某一方向或领域,必须安下心来,至少花上一两年时间,才有可能进入该领域,并取得初步成果."文化大革命"期间的教师很难做到这一点.这也是当时开门办学失败的主要原因之一.现在回想起来,数学系开门办学到过许多单位,为什么"文化大革命"结束后,除北京第二机床厂是成功的例子外[7],全都退回到学校.其重要原因就是:虽然有些教师协助农村和工厂开展了不少科研工作,取得了一定的成果,但开门办学的教师并没有真正进入角色,当然还有一些其他的原因.如需要时就到处找合作办学单位,不需要时就丢下,没有统筹考虑长远目标及如何从事数学的应用等.

开门办学没有错,而具体如何做,是值得考虑的.就数学学科而言,我认为对培养应用数学方向的研究生可能更合适.

不足:(1) 小分队第 1 学期在平谷县学习测量,第 3 学期又去密云县办测量班,工作是部分重复.(2) 小分队先在北京铸石厂和北京琉璃瓦厂搞正交试验设计,接着又去北京市良种场搞正交试验设计,虽然先在工业领域,后在农业领域,工作是重复的.(3)教育实习一般安排在最后的学年进行,小分队在第 4 学期教育实习,实习时间提前的有点早.

学员毕业后,全部分配在教育系统,他们在工作岗位上做出了自己的贡献.从退休前学员的工作单位看,78.6%的毕业生在教育系统工作,没有脱离本行,21.4%的毕业生调离教育系统,最终的结果并不差.

20 世纪 70 年代提出的上管改(上大学、管大学、用毛泽东思想改造大学),学员来自基层,需要的是文化知识的学习,对上大学学什么都没有搞清楚,管和改更是形式的提法.

(本文于 2022 年 12 月完稿)

参考文献

[1] 卞晋平,高芳.我的"工农兵学员"经历(上).纵横,2013,(5):55-59;(下).2013,(6):61-64.

[2] 李仲来.我在大学期间的故事.见:逸事——北京师范大学人文纪实.北京:光明日报出版社,2012:124-131.

[3] 肖灿先.我曾经是工农兵学员.百花洲,2018,(4):196-208,3.

[4] 袁树峰.我的工农兵学员生活.文史精华,2011,(7):36-42.

[5] 周武.我的"工农兵学员"经历.文史月刊,2007,(6):36-38.

[6] 李海鹏."文化大革命"时期的工农兵学员研究.北京师范大学硕士论文,2009.

[7] 李仲来,主编.北京师范大学数学科学学院史(1915~2015),第 3 版.北京:北京师范大学出版社,2015:40.

附录　大学用教材目录

[1]《初等数学》编写组.代数.上海:上海人民出版社,1973.

[2]《初等数学》编写组.几何.上海:上海人民出版社,1973.

[3] 刘培杰数学工作室.清华大学"工农兵学员"微积分课本.哈尔滨:哈尔滨工业大学出版社,2020.

[4]《高等数学》编写组.高等数学(理科,上册、中册),第 2 版.上海:上海人民出版社,1974;高等数学(理科,下册),第 1 版.上海:上海人民出版社,1973.

[5] 高等代数,第 1 册～第 3 册.北京师范大学油印讲义(以下简称讲义),16 开本,1974,共 54＋90＋56 页.

[6] 概率论与数理统计.讲义,16 开本,1974,共 190 页.

[7] 华中工学院《机械制图读本》编写组,编.机械制图读本.北京:科学出版社,1972.

[8] 测量讲义.16 开本,1974,共 28 页.

[9] 测量补充讲义.16 开本,1974,共 38 页.

[10] 马克思数学手稿.铅印讲义,16 开本,1974,共 142 页.

[11] 陈森.材料力学基础.北京:科学出版社,1974.

[12] 力学讲义.16 开本,1973,共 206 页.

[13] 电子计算机参考资料.讲义.16 开本,1974,共 180 页.

[14] 水泵参考资料.讲义.16 开本,1974,共 22 页.

[15] 手扶拖拉机参考资料.讲义.16 开本,1974,共 38 页.

[16] 电学讲义.16 开本,1974,共 180 页.

[17] 电机修理参考资料.讲义.16 开本,1974,共 60 页.

[18] 无线电实验讲义.16 开本,1974,共 98 页.

[19] 晶体管电路基础.讲义.16 开本,1974,共 200 页.

[20] 英语,第 1 册～第 2 册.讲义,16 开本,1974,共 80＋158 页.

[21] 英语(数学专业).讲义,16 开本,1974,共 80 页.

说明:① 政治课使用教材见§2.

② 大学一年级补习中学数学内容使用的青年自学丛书数学教材见[1～2].

③ 大学二、三年级使用清华大学编《微积分》油印教材,16 开本,1973,352 页,2020 年正式出版教材见[3],后改用[4].

④ 学习其他数学、物理、英语课程使用的教材和讲义见[5～21].

北京师范大学数学系工农兵学员研究

Research on Worker-Peasant-Soldier Students of the Department of Mathematics, Beijing Normal University

1966年～1972年，北京师范大学停止招生7年.1973年，学校开始招收3年制工农兵学员(1976年招生最后一级，其中8人推迟到1980年毕业)，这个事件至2023年已50年.工农兵学员的研究，已有的论述多为概述性质等[1～6]，有3篇硕士论文和1篇博士论文[7～10]对工农兵学员进行研究，缺乏个体化的详尽描述，尚未见到其他院校关于数学系工农兵学员比较系统的整体研究.北京师范大学数学系(以下简称数学系)1973级～1976级依次分别招收3年制工农兵学员人数为123,123,125,90，共461人，本文将其作为一个样本，研究学员入学前的生源结构、入学后的学习状况、毕业后与退休前的工作岗位，给出个体化的描述，并对其总结和研究.

§1. 生源结构

工农兵学员在入学时的年龄结构、文化程度和工作经历在可以预见的时期内不再整体出现.1976级工农兵学员中的藏族班学员有1人入学前未参加工作，也含在本文中.数学系1973级～1976级工农兵学员461人中，男生223人，占48.4%；女生238人，占51.6%；女生人数略高于男生.入学时中共党员111人，占24.1%，是数学系历届本科新生中所占比例的最高纪录.

数学系工农兵学员入学前的文化程度见表1.1.

表 1.1　数学系工农兵学员入学前文化程度　　人

年级	老三届						小六届		中师	合计
	老高三	老高二	老高一	老初三	老初二	老初一	高中	初中		
1973	9	6	22	29	26	13	6	11	1	123
1974	0	3	1	19	20	7	7	66	0	123
1975	0	0	3	12	20	16	20	53	0	124
1976	0	0	0	1	1	2	24	49	14	91
合计	9	9	26	61	67	38	57	179	15	461
%	2.0	2.0	5.6	13.2	14.5	8.2	12.4	38.8	3.3	100.0

(1) 老三届(1966 届～1968 届中学毕业生) 210 人，占 45.6%，其中高中生 44 人，占 9.6%，这是由于招生简章规定，学生入学年龄不超过 25 周岁，未婚，多数老三届高中生已结婚或年龄超过 25 周岁而不能入学. 初中生 166 人，占 36.0%.

(2)“小六届”(1969 届～1974 届中学毕业生，以下去掉双引号) 236 人，占 51.2%，其中高中生 57 人，占 12.4%；初中生 179 名，占 38.8%.

(3) 中师生 15 人，占 3.2%.

老三届的高/初中生称为老高/初中生，小六届的高/初中生称为新高/初中生(表 1.1). 高中和中师生 116 人，占 25.2%，初中生 345 人，占 74.8%，即约 3/4 的学员入学前为初中文化程度.

从数学系工农兵学员出生年看(表 1.2)，生源主要集中在 1949 年～1955 年出生的人，占 89.5%.

表 1.2　数学系工农兵学员出生年　　人

年级	1947	1948	1949	1950	1951	1952	1953	1954	1955	1956	1957	1958	1959	1962	合计
1973	9	11	31	26	22	10	5	7	2	0	0	0	0	0	123
1974	1	4	7	19	17	18	25	24	8	0	0	0	0	0	123
1975	0	1	0	19	20	22	26	14	19	4	0	0	0	0	125
1976	0	0	0	0	2	5	5	31	29	7	4	3	3	1	90
合计	10	16	38	64	61	55	61	76	58	11	4	3	3	1	461
%	2.2	3.5	8.2	13.9	13.2	11.9	13.2	16.5	12.6	2.4	0.9	0.65①	0.65①	0.2	100.0

① 为避免百分数合计是 100.1，1958 年，1959 年的百分数取 0.65.

数学系工农兵学员入学前的工作经历如有两种及以上均做统计见表1.3.1973级～1976级共有回乡知青231人,人数最多.插队知青86人和兵团知青79人(共165人),插队知青是兵团知青的1.1倍.但全国插队知青1 485.29万人是(国有农场)兵团知青291.19万人的5.1倍,插队知青推荐上大学的比例略大于兵团知青推荐上大学的比例.推荐上大学对兵团知青有利.对插队知青不利的其中条件之一可能是还有回乡知青与其竞争名额.队派教师(生产队分配给社员的工作,在本大队教书挣工分,国家有补助,下同)共63人,多于正式教师(事业编制,下同,共25人).入学前有正式编制的教师和工人56人.退役军人18人.

表1.3 数学系工农兵学员入学前的工作经历 人

年级	回乡知青	插队知青	兵团知青	队派教师	正式教师	工人	退役军人
1973	69	38	7	26	4	13	8
1974	58	23	31	10	1	9	3
1975	59	22	41	14	0	2	1
1976	45	3	0	13	20	7	6
合计	231	86	79	63	25	31	18

注:学员入学前的工作经历的总人次为533.

从数学系工农兵学员入学前的工作经历看,回乡知青最多,占50.1%;插队知青占18.7%;兵团知青占17.1%;队派教师占13.7%.

数学系工农兵学员入学前父亲的职业见表1.4.

表1.4 数学系工农兵学员入学前父亲的职业 人

年级	农业人口	工人	干部	技术干部①	教师	军人	合计
1973	57	39	13	9	4	1	123
1974	47	49	15	4	8	0	123
1975	51	53	11	6	4	0	125
1976	53	31	4	1	1	0	90
合计	208	172	43	20	17	1	461
%	45.1	37.3	9.3	4.4②	3.7	0.2	100.0

注:① 技术干部含研究人员、工程师、技术员、会计、医生、翻译、编辑等.教师属于干部单独列出.

② 为避免百分数合计是99.9,技术干部的百分数为4.34,取为4.4.

数学系工农兵学员的父亲是农业人口和工人的学员 380 人，占 82.4%，父亲是军人的学员 1 人，占 0.2%，即出身于工农兵家庭为大多数，占 82.6%. 父亲是干部（含技术干部、教师）的学员 80 人，占 17.4%.

如果按成分（1984 年取消）划分，出身于非剥削阶级家庭的学员 454 人，占 98.5%. 出身于剥削阶级家庭的学员（称为“可教育好的子女”）7 人（其中资本家出身 2 人，地主出身 2 人，富农出身 3 人），占 1.5%. 按招生规定，录取剥削阶级家庭的学员比例不超过 5%. 7 人中，3 人是插队知青（插队之前是城市户口），4 人是回乡知青. 插队之前是城市户口的“可教育好的子女”不能去生产建设兵团.

§2. 学习状况

工农兵学员学习状况分为两个方面，开门办学和在校学习. 开门办学是“文化大革命”时期出现的办学举措. 即学校师生走出校门，到工厂、农村、部队去学习或办学. 开门办学是工农兵学员上大学的重要学习形式. 下面对开门办学和在校学习给出描述.

2.1 开门办学的用时

开门办学的通知下发之前，数学系已安排开门办学. 这实际是在 1966 年毛泽东主席的“五七指示”下安排的，即“学生也是这样，以学为主，兼学别样，即不但学文，也要学工、学农、学军……”.

在数学系工宣队领导的支持下，组织了教师 5 人和 1974 级学员 15 人组成的教育革命实践小分队，到农村和工厂进行长期的开门办学见本文集《北京师范大学数学系教育革命实践小分队研究》第 397～413 页.

数学系一至三年级开门办学（本节不含教育革命实践小分队）依次为：

1973 级 1 次，4 次，2 次，共 7 次；1974 级 4 次，2 次，2 次，共 8 次；

1975 级 1 次，1 次，0 次，共 2 次；1976 级 1 次，0 次，0 次，共 1 次.

每学年按 52 周计算. 不含每年校内战备劳动或校外参加劳动 4 周；放寒假 2 周，暑假 3 周；共 9 周. 剩下 43 周共 301 天. 本节考虑数学系 4 个年级的开门办学，资料见表 2.1. 教育实习是必修环节，免于考虑.

表 2.1 数学系工农兵学员开门办学用时分布

年级	一年级/天	%[1]	二年级/天	%[1]	三年级/天	%[1]	合计/天	%[2]
1973	55.0	18.3	197.0	65.4	65.5	21.8	317.5	35.2
1974	159.0	52.8	66.5	22.1	47.0	15.6	272.5	30.2
1975	42.5	14.1	31.0	10.3	0	0	73.5	8.1
1976	23.0	7.6	0	0	0	0	23.0	2.5

① 用各年级天数/301 天得各年级在每学年开门办学用时的百分比.

② 用各年级总天数/(301×3)天得各年级三年开门办学用时的百分比.

由表 2.1,1973 级的一至三年级开门办学的用时呈中间高,两头低. 3 年开门办学的总用时 1.1 年,占 35.2%,对 3 年的教学影响显著.

1974 级的一至三年级开门办学的用时逐年下降,3 年开门办学的总用时 0.9 年,占 30.2%,对 3 年的教学影响显著.

1975 级的一至三年级开门办学的用时逐年下降,三年级无开门办学,3 年开门办学的总用时 0.2 年,占 8.1%,对 3 年的教学影响略显著.

1976 级一年级开门办学 23 天,二至三年级无开门办学,3 年开门办学的总用时 0.1 年,占 2.5%,对 3 年的教学影响不显著.

2.2 开门办学的内容

涉及与数学有关的内容主要是测量、优选法试验推广及正交试验设计等.测量、优选法试验推广等属于初等数学内容,正交试验设计等属于高等数学内容.

首先考虑学工.到的工厂有:北京低压电器厂、北京机床厂、北京技术推广站、北京木材厂、北京汽车修配厂、北京气象站、北京手扶拖拉机厂、北京轧钢厂、北京轴承厂、北京或郊区区县的农机修配厂、北京师范大学电机修配厂、中国地震局地壳应力研究所等.涉及的数学内容有微积分、优选法、正交试验等.教学要求学习的内容“三机一泵”:拖拉机、电动机、纺织机、水泵.由于北京郊区没有纺织机,学习变成“两机一泵”.与开门办学有关的工厂如电机修配厂、农机修配厂、手扶拖拉机厂等.修理拖拉机、电动机、水泵等农业机械.在工厂学工,如果学的是一些精度比较高的工种,那么只能看一看,当免费小工,帮师傅打杂,没有经过专门训练,在短时间内学员不能操作机器.但是有的工种,很快学会操作.

1973 级～1976 级数学系工农兵学员入学前有工人经历的共 31 人,

占这 4 级学员总人数的 6.7%,比例很低.

其次考虑学农.4 个年级全部搞过测量,是学农的唯一特色.主要任务是平整土地之前的测量任务;画某个公社或某个大队的地形图,或帮助做规划;测量水渠,如环山渠和饮水渠;修公路前的测量,修小型水库前的测量等.用到的知识主要是中学的数学知识.测量是几何、三角函数和代数等课程的综合运用.在北京良种场,主要考虑不同的品种和不同的施肥,哪种搭配产量最高,最初种植的时候就考虑正交试验设计,收割小麦之后用正交试验方法,分析哪种小麦在什么条件下产量最高.

最后考虑学军.1973 级,1974 级到河北省邯郸市中国人民解放军第 1583 部队,1975 级到河北省易县中国人民解放军第 38 军学军.按照前 3 届的安排,1976 级没有学军是不应该的.学军:练习内务整理、打背包、队列、刺杀、投弹、打坦克、拉练、紧急集合、参观、掌握步枪战斗性能和打靶.第 1 次打靶每人 3 发子弹;第 2 次打靶每人 11 发子弹,最后两发是连续射击.学军对学习解放军的铁的纪律,服从意识,时间观念,吃苦耐劳等,有很大帮助.学军对兵团知青(79 人)和退役军人(18 人)(共 97 人,占 21.0%)的必要性很小.

2.3 教学的用时

工农兵学员整体的教学安排是:除了学校安排的公共课外,一年级补习中学数学内容,二至三年级学习大学数学课程:数学分析,高等代数,解析几何,概率统计,微分方程,优选法等,1974 级开设球面三角,1976 级开设近世代数等.除劳动和多种大会、小会、政治学习、政治活动外,其余是学习时间.

由本节的分析可以看出,数学系 1973 级~1976 级的开门办学用时分成两类,1973 级,1974 级是一类,特点是开门办学用时都在一年左右,1973 级二年级和 1974 级一年级,开门办学用时最多,这与国务院科教组和财政部 1974 年发布的开门办学文件有关.开门办学对这两个年级的教学影响很大.

数学系 1975 级,1976 级的开门办学用时都在 9%以下.1976 级仅学习测量 3 周,从整体看影响很小.换句话说,1975 级,1976 级学员的大部分时间都在学校学习.1976 年 10 月 6 日粉碎“四人帮”,从 1977 年春季开学始, 1975 级和 1976 级的教学开始全面回归传统的数学教学,1975 级,1976 级各自的后两年在学校安心地学习大学的数学课程,相对正规的数学教学使他们具有一定的真才实学.

1976级的藏族班学生8人到数学系学习之前,于1974年8月至1976年10月在中央民族学院(现中央民族大学)两年预科学习.1974年8月之前,7人有工作经历.上大学之后,数学系对这些藏族学员非常关照,专门给他们派老师3人讲授4年的数学课,教学内容是中学数学.其他公共课程与1976级2班一起学习.

教育实习是师范院校学生必修的环节.数学系1973级～1975级学员多数在北京郊区县中学教育实习.时间是4周实习加1周实习前备课.其中有55人(占11.9%)入学前是队派或正式教师,教育实习对他们的锻炼较小.数学系没安排1976级学员教育实习是不应该的.

§3. 工作岗位

数学系1976届～1979届依次毕业工农兵学员人数为123,121,124,90,共计458人,未毕业3人.1976级工农兵学员毕业时分为两批,其中藏族班学员8人学制延长1年于1980年7月毕业,归为1979届.工农兵学员的工作岗位未见整体研究,其追踪有难度.本节根据数学系工农兵学员毕业分配的工作岗位、退休前的工作岗位(表3.1)进行总结和研究.11人无联系,缺失率2.4%,其结果可信度很高.

表3.1 数学系工农兵学员退休前的工作岗位 人

届	中等学校	小学、学前	大学	公务员	研究所	部队	医院	律师	公司	国外	无联系	合计
1976	62	2	23	15	0	0	0	1	13	6	1	123
1977	67	3	14	18	4	1	1	0	9	4	0	121
1978	67	6	16	16	1	0	0	0	5	3	10	124
1979	54	7	4	19	2	0	0	0	2	2	0	90
合计	250	18	57	68	7	1	1	1	29	15	1	458
%	54.6	3.9	12.5①	14.9①	1.5	0.2	0.2	0.2	6.3	3.3	2.4	100.0

① 为避免百分数合计是99.8,大学、公务员的百分数分别取为14.9,12.5.

3.1 毕业后的工作岗位

2023年全国高校招生总人数为913万人(其中本科生招生430万人).全国1966年～1969年没招生,1970年～1976年共招收工农兵学员

940 714 人，按 11 年平均计算，每年招生 8.5 万人，相当于 2023 年招生人数的 0.9%. 在国家统一分配的政策下，工农兵学员的分配没有任何困难.

数学系 1976 届～1979 届学员除了毕业时留本校工作依次为 12 人，7 人，5 人，0 人（在数学系、政教系、学校机关工作依次为 22，1，1 人）和分配到北京地区其他高校工作依次为 0 人，1 人，13 人，1 人之外，少数直接分配到指定的中学，其余回到原推荐单位再进行二次分配，并到中学工作. 委培生宁夏回族自治区 10 人，西藏自治区 8 人，内蒙古自治区 1 人回原自治区工作.

1978 年恢复招收研究生，数学系工农兵学员工作后考取硕士生的人数依次为 4，3，2，1，共 10 人，其中，国外 2 人；硕士毕业后考取博士生的人数依次为 0，3，2，0，共 5 人，其中，国外 3 人.

3.2　退休前的工作岗位

工农兵学员退休前的工作岗位（职业状况），反映了他们毕业后工作奋斗 30 多年后的情况. 数学系工农兵学员在教育领域（大、中、小、学前学校）工作的毕业生 325 人，占 1976 届～1979 届毕业生总人数的 71.0%，除委培生外，他们之中的多数为北京的基础教育做出了贡献. 其余是在中学工作后转行到其他单位.

工农兵学员毕业后留在国内大学任教或后来调入国内大学任教的共 57 人（不含国外大学），其中正高级职称 9 人（正高二级 2 人，正高三级 4 人），占毕业后留在国内大学任教或后来调入国内大学任教人数的 15.8%. 在高校数学界任教的人少，做领导、做行政或教辅的人多.

数学系工农兵学员留校的 24 人中：退休前在数学科学学院工作 5 人，在校内其他单位工作 15 人，调离学校 2 人，出国 2 人. 工农兵学员在数学系攻读硕士或博士学位毕业后留数学系工作 6 人中：退休前在学院工作 2 人，出国 3 人，调其他高校 1 人. 还有 1977 届工农兵学员 1987 年从外校调到校内工作 1 人.

从毕业后在中学、中专、中技、小学、学前任教的教师情况看，约 80% 的数学系毕业生在中学晋升高级教师. 从中学教学的角度，中学需要数学教师数量多，有 70%～80% 的教师在退休前一直任数学教师. 由于学员在高校补习了中学数学知识，加上毕业后自学，以及举办的多种辅导讲座和进修,经过毕业生的努力,能够胜任数学教学工作.

数学系工农兵学员毕业后在中学工作的不足是:没有毕业生被评为特级教师.一些毕业生认为,有的区县把工农兵学员学历认为是专科,这与1993年教育部关于工农兵学员学历的文件不符.

在中学工作若干年后脱离教育领域,到其他行业工作,最多的是公务员.涉及的有国家级、市级、区级单位.如教育厅和教育局、税务局、银行各5人,公安局4人,统计局3人,其他单位1人～2人:博物馆、中国人民广播电台、电教馆、工会、安监总局、信息中心、机械企管协会、机械局、计委、纪委、检察院、发改委、房改办、纺织局、工商局、环保局、科技局、劳动局、民政部、农机局、信访局、审计署、市政工程局、市场管理局、市委、区委、区政府、乡镇企业局等.多数人如鱼得水,发展很好.在教育领域和行政事业单位的毕业生工作稳定,退休工资较高.

20世纪80年代～90年代,企业待遇一般好于事业单位,事业单位的工农兵学员有些人调到企业或公司.2000年以后,随着国家政策的调整,有些公司(企业)倒闭或改制,大部分人下岗、买断、失业,部分毕业生退休工资较低.

数学系的工农兵学员毕业后,在国内工作几年后出国15人(其中公费出国1人),占全体毕业生的3.3%.科研工作做得最好的是杨英锐(美国终身教授,2007年10月受聘为清华大学伟伦特聘访问教授)和郑小谷(获新西兰气象科学最高学术成就奖:Edward Kidson奖章,2009年9月任北京师范大学全球变化和地球系统科学研究院首席科学家),晋升教授的还有孟晓青等.15人入学前的工作经历:插队知青10人,兵团知青4人,中学教师1人.15人中,其父亲是干部6人,高校教师(也是干部,单独列出)3人.他们毕业工作几年后出国发展,在一定程度上说明,家庭的影响起到较大作用.没有回乡知青出国发展的可能原因:英语水平低或家中不可能自费送其去国外留学.

委培的工农兵学员19人毕业后分别回3个自治区,他们比在内地工作的毕业生发展得更好.其中正处级及以上干部3人,任中学正书记/校长3人.1979届毕业生陈世杰1999年被宁夏回族自治区评为十佳校长(享受自治区级劳模待遇),2000年评为国家级骨干校长,2009年被中国地理学会评为全国科教先进校长.

数学系毕业的1976届～1979届工农兵学员退休前在大学任教的共61人，其中晋升正高级职称的人数按届依次为2,6,5,0，共13人，占1976届～1979届毕业生在大学工作人数的21.3%，大多数晋升副高级职称；在基础教育学校（中等学校及小学、学前学校）任教共268人，绝大多数晋升高级教师；任中学正校长或正书记的人数依次为3,1,1,3，共8人，占在基础教育学校任教人数的3.0%；任正处级及以上干部的人数依次为10,9,7,2，共28人，占1976届～1979届毕业生总人数的6.1%. 即：晋升正高级职称、任中学正校长或正书记、正处级及以上干部，共49人次，占1976届～1979届毕业生总人数的10.7%. 可能有个别遗漏.

§4. 结果讨论

1950年～1955年举办的工农速成中学（入学是小学水平），学员再升入高等学校学习，是1949年后招收工农兵学员的雏形. 工农速成中学升入北京师范大学数学系的30余名学员，样本量小.

本文研究的对象是北京师范大学数学系1973级～1976级（$n=461$）和1976届～1979届（$n=458$）的全体工农兵学员，样本量大，基本上反映了学员整体的情况. 从工农兵中直接选拔大学生具有时代的特殊性，重视学员们入学前社会实践和实际工作能力的特点，具有人才培养的现代性，值得借鉴.

学员入学前的生源结构以回乡知青231人为主，其次是插队知青86人和兵团知青79人，还有队派教师63人和正式教师25人，工人31人，等. 即工农兵学员入学前以从事农业劳动为主，工业劳动为辅，没有现役军人. 从名称角度，称为农工学员或工农学员更贴切. 若退役军人和兵团知青按兵计算，则不需改名称.

学员的父亲是农业人口的共208人（表1.4），占1973级～1976级全体工农兵学员人数的45.1%. 数学系1977级～1979级（新三级）本科招生106人，114人，129人，共349人，学生有5人，17人，22人的父亲是农业人口，共44人，占12.6%. 假设高考没有中断，两个百分比的差为32.5%，可以看作是改变（父亲是农业人口）工农兵学员命运的一种比例，人数约为461×32.5%≈150人.

数学系招收的工农兵学员，师生关系最好；与工农兵打成一片的能力强;有农村工作经历的学员比例高,社会关系简单.除了1973级入学的学员外,没有经过高考.3/4的学员入学前为初中程度.按照20世纪20年代北京师范大学招收生源是初中生的学制标准,预科2年和本科4年,为贯彻毛泽东主席"学制要缩短"的指示,学制压缩为20世纪70年代的3年,压缩的幅度太大,再加上开门办学,难以达到本科的教学目标.

从整体看,4个年级的开门办学用时按年级递减.从影响看,对前两届的影响大,对后两届的影响很小.1976年10月6日粉碎"四人帮"后,基本上取消开门办学,回归传统的数学教学,1975级,1976级学员学到了较多的数学知识.

4个年级有农村经历(即在农村劳动或做其他工作两年以上,下同)的学员人次占总人次的86.1%,他们对农村的情况熟悉,学农对他们的知识面没有明显提高.学工加强了学员对工厂的了解,收获大于学农.学工和学农体验生活、接触社会,对成长大有好处.但是,1982年开始的土地划归个人管理以及现代工业生产高科技自动化,大批大学生学工的可能性也不大.取消学工和学农很正常.

学军可以培养大学生的组织纪律性和自我管理能力,培养大学生团结和协作的精神,养成良好的生活和学习习惯,这是当代大学生缺乏的,而且军队的组织形式没有变化,20世纪70年代工农兵学员的学军延续下来了.这是开门办学留下的遗产之一.

开门办学最大的特点在于它的开放性和促进学生的全面发展,其活动丰富多彩,至今仍值得提倡和肯定,尤其是职业院校.

开门办学的几上几下,占用不少时间,有收获,但失去的更多,浪费了系统学习数学知识的大好时机,而且无法弥补.

学员毕业后分配在教育系统(大、中、小学和学前,下同),他们在工作岗位上做出了应有的贡献.从退休前学员的工作单位看,71.0%的毕业生在教育系统工作,没有脱离本行;其余毕业生调离教育系统,最终的结果整体上更好.

来自农村的工农兵学员除外,城市的来自插队知青和兵团知青的工农兵学员,毕业后的工作岗位看不出端倪,但之后的个人发展和退休前的工作岗位,有一定的比例与家庭背景有关.

1976届,1977届的工农兵学员退休前的工作岗位和工作能力整体上要好一些.原因之一:1981届,1982届高校毕业生去中学工作之前,1976届,1977届的毕业生已在中学工作5.5年～4.5年,已适应中学数学教学并站住脚,不适应的转岗.培养一名中学教师一般需要5年.1981届,1982届的本科毕业生分配后,对后两届学员工作岗位的冲击很大.

20世纪70年代提出的"上、管、改",学员对上大学要学什么数学知识都没有搞清楚,管和改是一种宣传口号.

虽然我有积累同学们资料的习惯,但由于多种原因,确定开门办学的精确时间,追踪数学系全体工农兵学员退休前的工作岗位和职称/职务难度大.为此,得到4届数十位同学和校友的大力协助,不一一列出姓名,在此表示衷心的感谢.

(本文于2023年6月完稿)

参考文献

[1] 卞晋平,高芳.我的"工农兵学员"经历(上).纵横,2013,(5):55-59;(下).2013,(6):61-64.

[2] 老久,锋子,主编.难言"大学生":"工农兵学员"酸甜苦辣实录.北京:红旗出版社,1994.

[3] 李仲来.我在大学期间的故事.见:逸事:北京师范大学人文纪实.北京:光明日报出版社,2012:124-131.

[4] 肖灿先.我曾经是工农兵学员.百花洲,2018,(4):196-208,3.

[5] 袁树峰.我的工农兵学员生活.文史精华,2011,(7):36-42.

[6] 周武.我的"工农兵学员"经历.文史月刊,2007,(6):36-38.

[7] 李江源.泛政治化教育中的个人.北京师范大学博士论文,2000.

[8] 李海鹏."文化大革命"时期的工农兵学员研究.北京师范大学硕士论文,2009.

[9] 刘慧.中国高等教育的怪胎:工农兵学员探析.山东大学硕士论文,2010.

[10] 石晶晶.1973～1976年报刊评论中的"交白卷事件"研究.南京师范大学硕士论文,2021.

北京师范大学数学系“新三届”研究

Research on Xinsanjie Students of the Department of Mathematics, Beijing Normal University

1977 年 12 月全国恢复高考后，1978 年 3 月和 10 月高校分别招收两届学生入学. 由于 1977 年高校无高考后的新生入学，为了方便起见，同时也为了排列学生年级时不出现断档，把 1978 年 3 月入学的本科生称为 1977 级(1981 届)，1978 年 10 月入学的本科生称为 1978 级(1982 届).

1977 年高考由各省、市、自治区组织命题，考生 573 万人，录取 27 万人，录取率 4.7%. 1978 年～1979 年全国统一命题，统一录取，考生依次为 610 万人，468 万人，分别录取 40.2 万人，28.4 万人，录取率分别为 6.6%，6.1%. 数学系新三届的本科生在 2022 学年多数已退休，有少数人继续工作或延迟退休.

大学招收新三级/届(谈入学和学习用新三级，谈分配和工作用新三届)是在我国社会转型时代，高等教育史上的一个特殊事件，不具有整体重复发生的可能性. 目前关于新三届的文章多是赞美之词等[1～22]，《时代建筑》杂志约稿描述新三届[11～21]，天津大学建筑学院对新三届的 94 人论述较详细[16]. 尚未见到关于国内数学系新三级/届比较系统的整体研究. 北京师范大学数学系(以下简称数学系)的新三级/届是一个样本，本文研究其学生入学前的生源结构，入学后的学习状况，毕业后与退休前的工作岗位，给出个体化的整体描述，其研究结果有重要意义.

§1. 生源结构

数学系 1977 级～1979 级招收 4 年制本科生依次为 106 人，114 人，129 人，共 349 人. 其中男生 237 人(占总人数的 67.9%)是女生 112 人(占总人数的 32.1%)的 2.1 倍. 已婚 35 人(占总人数的 10.0%).

数学系 1977 级新生(共 106 人)入学时分为两批，其中扩招 20 人(扩招录取 21 人，实际报到 20 人，含在 106 人中)推迟 1 个月入学. 1978 年 3 月～4 月，"文化大革命"后第 1 批本科生入学. 生源主要来自北京市 77 人及委培生：西藏自治区 20 人，宁夏回族自治区 5 人，云南省 4 人(内蒙古师范学院数学系本科生 2 人来校委培，回原校发毕业证，未统计在内).

1978 级，1979 级是在全国招生.

新生入学前的文化程度：高中毕业生 318 人(占总人数的 91.1%)，中等师范生 19 人(占总人数的 5.4%)；初中毕业生 12 人(占总人数的 3.4%). 其中老三届 55 人(占总人数的 15.8%).

数学系学生的出生年份见表 1.1，出生年份范围[1947，1965].

表 1.1 数学系 1977 级～1979 级本科生的出生年份 人

年级	1947	1948	1949	1950	1951	1953	1954	1955	1956	1957
1977	13	2	3	1	2	2	7	17	18	11
1978	11	10	7	4	1	1	2	10	7	9
1979	0	0	0	0	0	0	0	1	1	0
合计	24	12	10	5	3	3	9	28	26	20
%	6.9	3.4	2.9	1.4	0.9	0.9	2.6	8.0	7.5①	5.7

年级	1958	1959	1960	1961	1962	1963	1964	1965	合计
1977	15	8	7	0	0	0	0	0	106
1978	11	11	7	13	7	3	0	0	114
1979	2	8	10	37	39	26	4	1	129
合计	28	27	24	50	46	29	4	1	349
%	8.0	7.7	6.9	14.3	13.2	8.3	1.1	0.3	100.0

① 为避免百分数合计是 99.9，1956 年的百分数取 7.5.

1977 级～1979 级学生的年龄差依次为 14 岁，17 岁，11 岁，表明学生的年龄差异很大.年龄差异有阶层意义,无代际意义.1978级学生年龄差为17岁,是1949年后数学系历届本科生中年龄差异的最高纪录.3个年级学生入学年龄的平均值依次为23.6岁,23.5岁,18.4岁,出生年份的中位数依次为1956年,1957年,1962年,出生年份的众数依次为1956年(18人),1961年(13人),1962年(39人).

1977级,1978级学生的年龄分散,年龄最大的30岁,最小的14岁.1977级,1978级中,1950年～1953年出生的学生11人,占1977级,1978级招收人数的5.0%,其中多数人是老三届初中生.这4年出生的人在初中没有正规学习,没有念高中,在高考中得到体现,即多数不能考入大学.

1979级学生的年龄集中在1962年附近,即中学5年制,高考时学生入学年龄17岁.1955年,1956年出生的学生各1人,入学前均是中学数学教师.1958年出生的学生2人,1人是外系1978级转来,1人是1978年念高考复习班1年考入.1979年学生入学年龄没有超过25周岁,均未婚.

整体看表1.1,学生的年龄结构呈U字形,1977级,1978级学生的年龄分布明显分散且呈两极分化.左端1947年～1949年生的多数学生是老三届中的高中生,中间的是没有念高中的初中生,右端是念高中的学生.无1952年出生的学生,有些缺憾.

学生入学前的工作经历如有两种及以上均做统计,见表1.2.

表1.2　1977级～1979级本科生入学前的工作经历　　　人

年级	应届	回乡知青	插队知青	兵团知青	队派教师	正式教师	工人	退役军人	待业[①]	合计
1977	8	4	41	8	6	38	23	3	4	135
1978	38	16	29	1	12	34	8	0	7	145
1979	115	0	0	0	1	2	2	0	9	129
合计	161	20	70	9	19	74	33	3	20	409

注:① 未工作或复读.

1977级～1979级学生入学前有工作经历的依次为98人,76人,5人,共179人(占1977级～1979级招收人数的51.3%),依次占各年级学生总数的92.5%,66.7%,3.9%.

从入学前的工作经历看，正式教师和队派教师共 93 人，最多. 插队知青 70 人和兵团知青 9 人，共 79 人，插队知青是兵团知青的 7.8 倍. 但全国插队知青 1 485.29 万人是(国有农场)兵团知青 291.19 万人的 5.1 倍，插队知青考上大学的比例小于兵团知青考上大学的比例. 有工人经历的 33 人，数量较少. 有回乡知青经历的 20 人，占 1977 级～1979 级学生总数的 5.7%，即回乡知青通过高考上大学的人数接近一个小概率事件；占 1977 级，1978 级学生总数的 9.1%，即回乡知青通过高考上大学的人数是两个年级总数的不到 1/10.

1977 级～1979 级学生的父亲是农业人口的依次有 5 人，17 人，22 人，共 44 人，占 1977 级～1979 级学生总数的 12.6%，即父亲是农业人口的学生占 3 个年级学生总数的 1/8. 其余学生的父亲是非农业人口.

1977 级，1978 级学生上学前的经历复杂，3/4 的人入学前有多种工作经历，57 人(占 1977 级，1978 级学生总数的 25.9%)入学前没有工作经历.

1979 级中，应届生最多，有 115 人(占 1979 级学生总数的 89.1%)，待业(含复读)的 9 人(占 1979 级学生总数的 7.0%)，有工作经历(队派教师、正式教师、工人)的 5 人(占 1979 级学生总数的 3.9%).

§2. 学习状况

新三级学制为 4 年. 在校期间除了学习政治理论、物理、英语、体育等公共课程和每学期 1 周劳动外，其余时间学习数学专业课程. 1978 级学军两周，在校内理论学习和队列训练，到校外去实弹射击. 1977 级和 1979 级没有学军. 学军(军训)在 20 世纪 90 年代成为必修课程.

1977 级本科生程汉生，利用业余时间自修本科的数学课程，在王世强老师的指导下，学习数理逻辑，入学几个月后，考上了数学系 1978 级硕士研究生. 1978 级本科生陈志云和朱大钧，入学后补试了 1977 级的专业课考试，跳级到 1977 级学习.

1977 级学生入学后，补习一段中学数学内容，有些学生自愿到 1978 级学习，不是留级.

1977 级～1979 级学生开设的共同课程为：数学分析，高等代数，解析几何，近世代数，常微分方程，微分几何，理论力学，复变函数，实变函数，

$\mathbf{R}^n$ 中的微积分，概率统计，群论，泛函分析，偏微分方程.

开设其他的选修课程为：测度论与积分，常微分方程定性理论，代数数论，代数拓扑，典型群，点集拓扑，多重线性代数，广义函数，积分方程，几何基础，计算方法与实习，连续介质力学，奇异积分方程，射影几何，数理逻辑，数学教学法，算法语言，随机过程，有限元方法，有序群和有序环，组合数学，等.

1977 级学生写教案，有教育见习，个别学生讲课，多数没有讲课. 1978 级，1979 级学生有教育实习，在校内备课 1 周，实习 4 周. 1978 级有教学经历的不实习，分配到实习学校协助指导无教学经历的同学.

数学系对新三级的基础课程非常重视，派出优秀的老教师给学生上课. 讲授三门基础课的教师分别是：数学分析：董延闿、刘贵贤、柳藩；高等代数：郝锕新、张益敏、黄登航；解析几何：杨存斌、陈绍菱、曹才翰.

§3. 工作岗位

新三届毕业生依次为 90 人，111 人，119 人，共 320 人（入学 349 人），毕业率 91.7%. 毕业生由国家统一分配，很多单位都缺少青年教师，毕业生在历届毕业生中分配最好，多数毕业生分配到高校，少数在中等学校.

追踪新三届本科毕业后退休前的工作岗位见表 3.1. 至 2022 学年，新三届毕业生在国内工作 250 人（占新三届毕业生总人数的 78.1%）. 毕业后出国未归依次为 28 人（不含 1977 级 3 人未毕业退学出国未归，之后的本科生是毕业后出国），24 人，18 人，共 70 人（占新三届毕业生总人数的 21.9%）.

表 3.1 数学系 1981 届～1983 届本科毕业生退休前的工作岗位 人

届	中等学校	大学	公务员	公司	研究所	出版机构①	律师	国外	合计
1981	11	29	9	5	4	4	0	28	90
1982	15	52	5	15	0	0	0	24	111
1983	12	55	18	9	2	4	1	18	119
合计	38	136	32	29	6	8	1	70	320
%	11.9	42.5	10.0	9.0②	1.9	2.5	0.3	21.9	100.0

① 出版机构含出版社、报社、杂志社.

② 为避免百分数合计是 100.1，公司合计的百分数取 9.0.

追踪数学系新三届在国内晋升高级职称和职务的情况如下.

数学系在国内的1981届～1983届本科毕业生在国内大学任教的共136人,其中晋升正高级职称依次为12人,13人,21人,共46人,占新三届毕业生在国内大学任教人数的33.8%,绝大多数晋升副高级职称;在中等学校任教共38人,其中特级教师3人,占新三届毕业生在中等学校任教人数的7.9%,绝大多数晋升高级教师,任中学正校长4人,占新三届毕业生在中等学校任教人数的10.5%;任正处级及以上干部8人,9人,11人,共28人,占新三届毕业生在国内工作人数的11.2%.即任正高级职称、特级教师、中学正校长、正处级及以上干部,共81人次,占新三届毕业生在国内工作人数的32.4%.

§4. 结果讨论

全国新三级的录取率最高的是1978年的6.6%,而2022年高考录取率是93.7%,可见新三级新生的选拔质量是非常高.

从年龄看,1977级,1978级入学年龄不小于20岁的大学生164人,占这两个年级总数(220人)的74.5%,3/4的学生入学前有多种工作经历.这是特殊历史时期产生的特殊现象.

从新三级学生入学前的生源结构看,应届生161人,其中1979级115人,占全部应届生的71.4%,占1979级学生的89.1%.正式教师和队派教师共93人,所占比例次之,即高考对有教师经历的考生有利.务农(在农村劳动)的插队知青、回乡知青和兵团知青共99人.应届生、有教师(正式教师和队派教师)和知青(插队、回乡、兵团知青)经历的学生共353人,为全体学生的绝大多数.有工人经历(在工厂务工)的人数少.

经统计,新三级学生有44人的父亲是农业人口,占新三级学生总人数的12.6%,其余学生的父亲是非农业人口.我国是农业人口大国,当时的农业人口约占85%,表明高考对父母全在农村的家庭非常不利.

现在说的新三级/届这种提法不确切.1977级,1978级是过渡性的一个大学生群体,1979级是另外一个大学生群体,与前两级相比,1979级学生入学的平均年龄比1978级小5岁.这两个群体从入学年龄和入学前的社会阅历看,1979级与1977级和1978级有本质上的区别.

“文化大革命”中在校的大学生被称为老五届.“文化大革命”后招生入学的1977级～1981级,毕业时应称为“新五届”.但从最早提出新三级/届看[1],1983届已与1981届和1982届学生在入学前的经历和年龄差异太大,所以缩短年限提出来一个新三级/届.

综上所述,新三届中宜去掉1979级,改为新两届更合理.

数学系对新三级的课程教学非常重视,学生努力学习,刻苦钻研,学习风气浓厚.

学军可以培养大学生的组织纪律性和自我管理能力,培养大学生团结和协作的精神,养成良好的生活和学习习惯,这是当代大学生缺乏的,而且军队的组织形式没有变化,20世纪70年代工农兵学员的学军(军训)课程在80年代断断续续地开设,在90年代成为大学生的必修课程,是“文化大革命”中开门办学留下的遗产之一.

本科生毕业以后,就处于分散的个体状态,难以有整体的关注与描述.本文试图对其进行整体描述.

新三届学生毕业后分配在教育系统,他们在工作岗位上做出了重要的贡献.从退休前(到2023年约10%尚未退休)毕业生在国内的工作单位看,54.4%的毕业生在教育系统(大学和中等学校)工作,没有脱离本系统;23.7%的毕业生(公务员、公司、出版机构、研究所、律师)调离教育系统,发展得也很好.

新三届学生毕业工作后出国未归70人(占新三届毕业生总人数的21.9%),加上1977级3人未毕业退学出国未归,1981届,1982届本科生在国外工作的人数最多,人才流失严重.从整体看,新三届学生毕业工作后每年出国未归的人数是下降的,1984届～1989届毕业后出国未归69人,出国未归人数下降得更快.20世纪90年代出国未归的毕业生人数更少.令新三届出国未归的校友吃惊的是,毕业40多年后,国内的变化太大,国内与国外的工资差距越来越小.

1981届和1982届的多数大学生在受教育的最佳年龄处于动乱的环境中,学习的中学知识不成系统,有些知识和能力错过了最佳学习时间很难弥补.由于年龄上的优势,就数学系而言,1983届在学术上比1981届～1982届更有潜力,发展更好.例如北京师范大学数学系1983届的陈松蹊,他获理学学士学位后工作两年,1985年考入北京师范大学数学系硕士研究生,1988年获理学硕士学位后出国,1993年在澳大利亚国立大学获统计学博士学位.在国外工作数年后,2008年回国任北京大学教授,任光华管理学院商务统计与经济计量系主任,2010年创建北京大学统计科学中心,任首届联席主任.2021年11月,当选中国科学院院士,是数学系新三届的最大亮点.

由于多种原因,追踪新三届校友在国外的职业状况有困难.追踪新三届校友在国内的职业状况得到数十位校友的大力协助,不一一列出姓名,在此表示衷心的感谢.

(本文于2023年8月完稿)

参考文献

[1] 吉月木.新三届:创造跨世纪的辉煌.城市问题,1994,(6):57-58,15.

[2] 梅德平.新三届:跨世纪的史诗.人才开发,1995,(10):18-20.

[3] 韩雁群."新三届":跨世纪的栋梁.南都学坛,1996,(1):86-87.

[4] 赵元."新三届"大学生.人才开发杂志,1998,(8):16-18.

[5] 薛维君.说长道短"新三届".社会科学论坛,2001,(8):35-38.

[6] 萧费.彷徨与背叛:也谈"新三届".社会科学论坛,2001,(8):38-41.

[7] 范捷.平民化趋向:"新三届"理念和行为分析.社会科学论坛,2001,(8):41-43.

[8] 刘业雄,纪筱华.新三届:重建象牙塔.上海采风月刊,2004,(7):12-15.

[9] 王昕朋.我们新三届.书摘,2008,(11):42-45.

[10] 汤涌."新三届":时代的选民.晚晴,2013,(5):16-18.

[11] 张闳.桥与门"新三届"群体在当代文化中的位置.时代建筑,2015,(1):10-12.

[12] 周榕,戴春."新三届"建筑学人与当代中国建筑生态.时代建筑,2015,(1):13-17.

[13] 王建国,单踊,刘博敏,徐伟.转折年代"中国现代建筑教育摇篮"的继承者与开拓者们:以东南大学建筑学院"新三届"学生发展研究为例.时代建筑,2015,(1):18-25.

[14] 郑姗姗.装点江山,关爱社稷 清华"新三届"建筑学人综述.时代建筑,2015,(1):26-31.

[15] 支文军,徐蜀辰,邓小骅.承前启后,开拓进取 同济大学建筑系"新三届".时代建筑,2015,(1):32-39.

[16] 冯琳,宋昆.天津大学建筑学“新三届”溯往.时代建筑,2015,(1):40-44.

[17] 彭长歆,肖毅强,庄少庞.“新三届”华南建筑人与他们的时代 兼论华南工学院建筑学科的调适与重构.时代建筑,2015,(1):45-51.

[18] 徐苏宁.哈尔滨建筑工程学院的建筑“新三届”.时代建筑,2015,(1):52-56.

[19] 卢峰.建筑之路 重庆建筑工程学院的“新三届”.时代建筑,2015,(1):57-61.

[20] 王军.砺峥嵘岁月,谱时代华章 西冶“新三届”的求学之路与建筑历程.时代建筑,2015,(1):62-65.

[21] 王蔚.溯本于土,求道于耕 崔愷建筑 30 年评述.时代建筑,2015,(1):66-73.

[22] 张闳.“新三届”大学生群体的文化影响力.上海采风月刊,2015,(2):88-89.

四、应用统计、数学教育及其他

Ⅳ. Applied Statistics, Mathematics Education and Others

应用概率统计，
1994,10(4):387-390.

系统聚类递推公式的推广[①]

The Generalization of Hierarchical Cluster Recurrence Formulas

摘要 本文推广了系统聚类法的最短距离法、最长距离法、平均距离法、中间距离法、重心法、类平均法、离差平方和法、可变法、可变类平均法的递推公式，并给出了统一计算公式.

§1. 引言

聚类分析作为多元统计分析的三大常用方法之一，已成功地应用于众多领域. 对于常用的系统聚类法，用某种距离求出距离矩阵后. 当上半三角距离阵非主对角线的最小元素满足下列条件：设 $\boldsymbol{D}^2=(d_{ij}^2)$ 是距离阵，$d_{ij}^2=d_{ik}^2$ 或 $d_{ij}^2=d_{jk}^2(i<j<k)$，用最长距离法、中间距离法、重心法、类平均法、离差平方和法等方法聚类时，有可能出现结果不唯一的情形[1]. 出现该问题的原因是现在通用的递推公式一般仅适用于上半三角距离矩阵非主对角线最小元是唯一的情况；或最小元有两个以上，满足 $d_{i_1j_1}^2=d_{i_2j_2}^2=\cdots=d_{i_lj_l}^2$，$i_k<j_k$，且对所有的 $k,m(k,m=1,2,\cdots,l)$，i_k，j_k；i_k 与 j_k 分别互不相同. 也就是说，由于系统距离法是将性质最接近的两类合并为一个新类，但如果性质最接近的是 3 类或 3 类以上，现有的递推公式就可能不适用了. 本文对现在常用的一些聚类递推公式进行推广.

§2. 推广的系统聚类递推公式

设 $\boldsymbol{D}^2=(D_{ij}^2)_{nn}$ 是 n 个样品间的两两距离矩阵，n 个类 $G_1,G_2,\cdots,G_n$ 中，每个类只含一个样品，设 D_{ij}^2 表类 G_i 与 G_j 间的距离. 由于 $\boldsymbol{D}^2$ 是

① 收稿：1993-09-02；收修改稿：1994-01-25.

对称矩阵,故只需考虑上半三角矩阵非主对角线的最小元有 $k/2$ 个相等的情形,设为

$$D^2_{p_1p_2}, D^2_{p_3p_4}, \cdots, D^2_{p_{k-1}p_k}, \quad k \leqslant 2n. \tag{2.1}$$

在(2.1)任意相邻的 $D^2_{p_ip_{i+1}}$ 与 $D^2_{p_{i+2}p_{i+3}}$ 中,

$$p_i = p_{i+2}, \ p_{i+1} = p_{i+2}, \tag{2.2}$$

(2.2)中仅有一个式子成立.

在满足距离(2.1)中取足码满足(2.2)的相应的 l 个类,不妨记为

$$G_{p_1}, G_{p_2}, \cdots, G_{p_l}, \ 2 \leqslant l \leqslant n. \tag{2.3}$$

记新类为 $G_r = \{G_{p_1}, G_{p_2}, \cdots, G_{p_l}\}$,则 G_r 与任一类 G_k 的距离递推公式如下.

(1) 最短距离法

$$D^2_{rk} = \min_{1 \leqslant i \leqslant l}\{D^2_{p_ik}\}, \ k \neq p_1, p_2, \cdots, p_l, 1 \leqslant k \leqslant n, \text{下同}. \tag{2.4}$$

(2) 最长距离法

$$D^2_{rk} = \max_{1 \leqslant i \leqslant l}\{D^2_{p_ik}\}. \tag{2.5}$$

(3) 平均距离法

$$D^2_{rk} = \frac{1}{l}\sum_{i=1}^{l} D^2_{p_ik}. \tag{2.6}$$

(4) 中间距离法

$$D^2_{rk} = \frac{1}{l}\sum_{i=1}^{l} D^2_{p_ik} + \beta \sum_{1 \leqslant i < j \leqslant l} D^2_{p_ip_j}, \ -\frac{1}{l^2} \leqslant \beta \leqslant 0. \tag{2.7}$$

(5) 重心法　样品间采用欧氏距离,则

$$D^2_{rk} = \sum_{i=1}^{l} \frac{n_i}{n_r} D^2_{p_ik} - \sum_{1 \leqslant i < j \leqslant l} \frac{n_in_j}{n_r^2} D^2_{p_ip_j}, \tag{2.8}$$

其中 n_i 是类 G_{p_i} $(i=1,2,\cdots,l; l \geqslant 2)$ 中的样品个数,$n_1 + n_2 + \cdots + n_l = n_r$,下同.

(6) 类平均法

$$D^2_{rk} = \sum_{i=1}^{l} \frac{n_i}{n_r} D^2_{p_ik}. \tag{2.9}$$

(7) 离差平方和法(Ward 法) 若样品间采用欧氏距离,则

$$D^2_{rk} = \sum_{i=1}^{l} \frac{n_i + n_k}{n_r + n_k} D^2_{p_ik} - \frac{n_k}{n_r + n_k} \sum_{1 \leqslant i < j \leqslant l} \frac{n_i + n_j}{n_r} D^2_{p_ip_j}. \tag{2.10}$$

(8) 可变法

$$D^2_{rk} = \frac{1-\beta}{l} \sum_{i=1}^{l} D^2_{p_ik} + \beta \sum_{1 \leqslant i < j \leqslant l} D^2_{p_ip_j}, \ \beta < 1. \tag{2.11}$$

(9) 可变类平均法

$$D_{rk}^2=\sum_{i=1}^{l}\frac{n_i}{n_r}(1-\beta)D_{p_ik}^2+\beta\sum_{1\leqslant i<j\leqslant l}D_{p_ip_j}^2,\ \beta<1. \tag{2.12}$$

证明是简单的,从略.

特别,当 $l=2$ 时,(2.4)~(2.12)即为现在常用的系统聚类递推公式. 当 $l>2$ 时,使用(2.4)聚类与 $l=2$ 时聚类得到的结果相同.

§3. 系统聚类法的统一公式

递推公式(2.4)~(2.12)的统一公式为

$$\begin{aligned}D_{rk}^2=&\sum_{i=1}^{l}\alpha_iD_{p_ik}^2+\sum_{1\leqslant i<j\leqslant l}\beta_{ij}D_{p_ip_j}^2+\gamma\sum_{i=1}^{l}\left|D_{p_ik}^2-\min_{1\leqslant i\leqslant l}D_{p_ik}^2\right|+\\&\delta\sum_{i=1}^{l}\left|D_{p_ik}^2-\max_{1\leqslant i\leqslant l}D_{p_ik}^2\right|,\end{aligned} \tag{3.1}$$

其中 $\alpha_i,\beta_{ij},\gamma,\delta$ 是参数,取值见表 3.1,这就为编制计算机程序提供了方便.

表 3.1 系统聚类法参数

方法	$\alpha_i(i=1,2,\cdots,i)$	$\beta_{ij}(1\leqslant i<j\leqslant l)$	γ	δ
最短距离法	$\frac{1}{l}$	0	$-\frac{1}{l}$	0
最长距离法	$\frac{1}{l}$	0	0	$\frac{1}{l}$
平均距离法	$\frac{1}{l}$	0	0	0
中间距离法	$\frac{1}{l}$	$-\frac{1}{l^2}\leqslant\beta_{ij}=\beta\leqslant0$	0	0
重心法	$\frac{n_i}{n_r}$	$-\frac{n_in_j}{n_r^2}$	0	0
类平均法	$\frac{n_i}{n_r}$	0	0	0
离差平方和法	$\frac{n_i+n_k}{n_r+n_k}$	$-\frac{n_k(n_i+n_j)}{(n_r+n_k)n_r}$	0	0
可变法	$\frac{1-\beta}{l}$	$\beta_{ij}=\beta<1$	0	0
可变类平均法	$\frac{(1-\beta)n_i}{n_r}$	$\beta_{ij}=\beta<1$	0	0

§4. 一个例子

对 5 样品用欧氏距离的平方求出的距离矩阵 $\boldsymbol{D}^2$ 为(下半三角略)

$$\boldsymbol{D}^2=\begin{pmatrix}0 & 2 & 10 & 2 & 10\\ & 0 & 18 & 6 & 20\\ & & 0 & 4 & 10\\ & & & 0 & 10\\ & & & & 0\end{pmatrix}\begin{matrix}G_1\\G_2\\G_3,\\G_4\\G_5\end{matrix}$$

仅以最长距离法说明其步骤.

开始 5 样品自成一类$\{G_i\}$,$i=1,2,3,4,5$. 由于 $D_{12}^2=D_{14}^2=2$ 在 $\boldsymbol{D}^2$ 中最小,按通常的聚类方法,可将 G_1 和 G_2 并为新类 G_5 或将 G_1 和 G_4 并为新类 G_5',这样将得到两种不同的聚类结果(聚类图见文[1]). 采用(2.5),取新类 $G_5=\{G_1,G_2,G_4\}$,利用(2.5)得距离矩阵

$$\boldsymbol{D}_1=\begin{pmatrix}0 & 18 & 20\\ & 0 & 10\\ & & 0\end{pmatrix}\begin{matrix}G_6\\G_3.\\G_5\end{matrix}$$

用类似的方法,新类 $G_7=\{G_3,G_5\}$. 最后将 G_6 和 G_7 合并为 G_8. 聚类图从略. 这样,我们得到了唯一的聚类结果.

§5. 讨论

设 n 阶距离矩阵 $\boldsymbol{D}^2$ 中满足(2.1)的上半三角矩阵非主对角线的最小元有 k 个,按本文给出的递推公式,除最短距离法聚类结果唯一外,用其他方法聚类,一般地,应该有 $\sum\limits_{i=1}^{k}\mathrm{C}_k^i$ 种聚类方法.

(1) 本文未讨论哪一种结果更好或是否有更好的递推公式.

(2) $\sum\limits_{i=1}^{k}\mathrm{C}_k^i$ 种聚类方法可能得到多于 $\sum\limits_{i=1}^{k}\mathrm{C}_k^i$ 种聚类结果.

例如在§4 例中,$k=2$,取 $i=1,2$,用平均距离法聚类,聚类图见图 5.1~图 5.4,即得到 $4>\mathrm{C}_2^1+\mathrm{C}_2^2=3$ 种结果. 此例说明,在聚类过程中,计算新类与旧类的距离时,可能产生新的非主对角线元素与原有的最小元相等的情况.

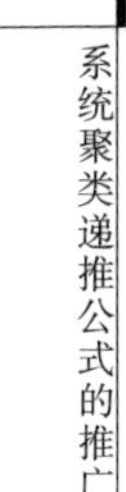

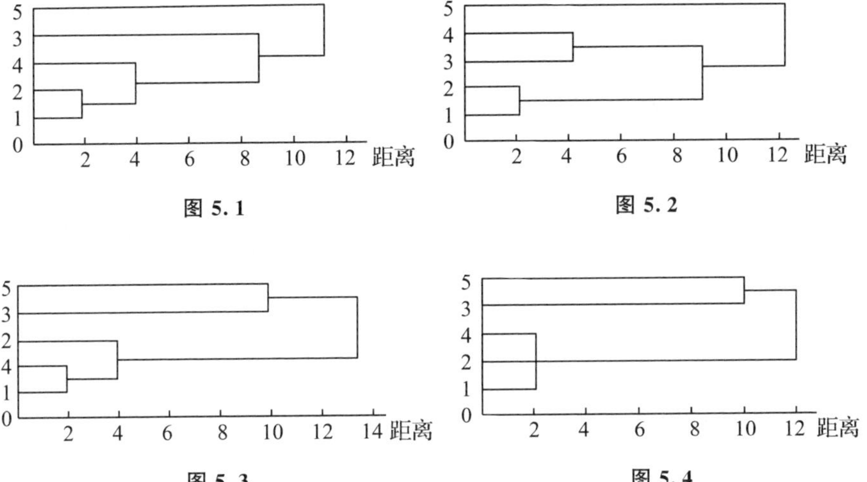

图 5.1　　图 5.2

图 5.3　　图 5.4

参考文献

[1] 李仲来.系统聚类分析中应注意的两类问题.数理统计与管理,1993,12(6):55-59.

[2] 方开泰,潘恩沛.聚类分析.北京:地质出版社,1982.

[3] 方开泰.实用多元统计分析.上海:华东师范大学出版社,1989.

Abstract　In this paper, we give the generalization hierarchical cluster recurrence formulas for nearest-neighbour method, furthest-neighbour method, average linkage method, median method, centroid method, group-average method, sum of squares method, flexible method and flexible group average methods, respectively, and an united computing formula of these clustering methods are also obtained.

数理统计与管理,
1993,12(6):55-59.

系统聚类分析中应注意的两类问题

Two Attentive Problems in Hierarchical Cluster Analysis Methods

摘要 给出了选用 9 种相似性度量,用最短距离法聚类,结果互不相同的一个有趣的例子.对该例,用欧氏距离求出距离矩阵后,除用最短距离法聚类结果唯一外,用最长距离法、重心法、类平均法、离差平方和法聚类,结果均不唯一.

关键词 聚类分析;相似性度量.

一般说来,同一组数据采用不同的相似性度量,可能得到相同的或不同的分类结果.产生不同结果的原因,主要是由于不同的指标所衡量的相似程度的物理意义不同,即不同指标代表了不同意义下的相似性.我们先考虑用常用的 9 种相似性度量求出距离(或相似)矩阵后,用最短距离法聚类结果互不相同的例.

对 5 个样本,每个样本有 4 个指标,数据矩阵见表 0.1.

表 0.1 数据矩阵

	A_1	A_2	A_3	A_4
1	4	5	3	2
2	5	5	2	2
3	2	4	4	4
4	3	5	3	3
5	2	4	5	1

§1. 对5个样本聚类

相似性度量依次取为

(1) 绝对值距离

$$d_{ij}=\sum_{k=1}^{4}|x_{ik}-x_{jk}|,\ i,j=1,2,\cdots,5.$$

其中 x_{ij} 表第 i 个样本的第 j 个指标，d_{ij} 表第 i 个样本与第 j 个样本间的距离，下同.

(2) 欧氏距离

$$d_{ij}=\left[\sum_{k=1}^{4}(x_{ik}-x_{jk})^2\right]^{1/2},\ i,j=1,2,\cdots,5.$$

(3) 切氏距离

$$d_{ij}=\max_{1\leqslant k\leqslant 4}|x_{ik}-x_{jk}|,\ i,j=1,2,\cdots,5.$$

(4) 马氏距离

$$d_{ij}^2=(\boldsymbol{x}(i)-\boldsymbol{x}(j))^{\mathrm{T}}\boldsymbol{V}^{-1}(\boldsymbol{x}(i)-\boldsymbol{x}(j)),\ i,j=1,2,\cdots,5.$$

其中 $\boldsymbol{x}(i)$ 为样本 i 的4个指标所组成的向量，$\boldsymbol{V}^{-1}$ 为样本协方差矩阵的逆矩阵.

(5) 兰氏距离

$$d_{ij}=\sum_{k=1}^{4}\frac{|x_{ik}-x_{jk}|}{x_{ik}+x_{jk}},\ i,j=1,2,\cdots,5.$$

(6) 斜交距离

$$d_{ij}=\frac{1}{4}\left[\sum_{k=1}^{4}\sum_{l=1}^{4}(x_{ik}-x_{jk})(x_{il}-x_{jl})r_{kl}\right]^{1/2},\ i,j=1,2,\cdots,5.$$

在数据标准化处理下，r_{kl} 为指标 A_i 与 A_j 之间的相关系数.

以上距离在聚类分析中经常用到，其中最常用的是欧氏距离，对距离(1)～(6)，利用表0.1数据分别求出距离矩阵(略)后，用最短距离法聚类(公式见(10))，结果见图1.1～图1.6. 显然，6种分类互不相同.

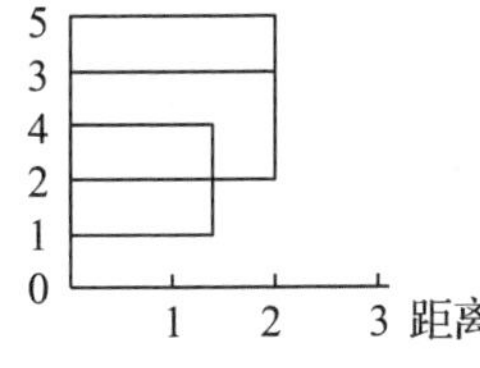

图1.1　绝对值距离—最短距离法

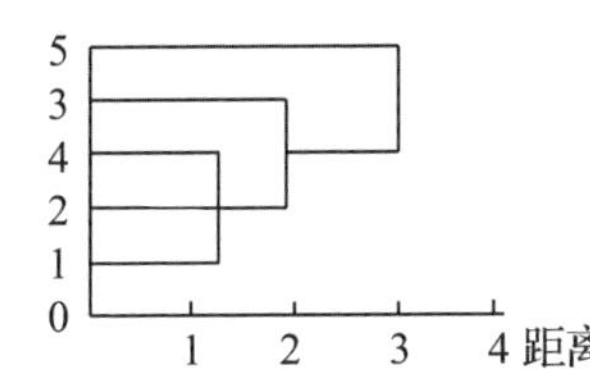

图1.2　欧氏距离—最短距离法

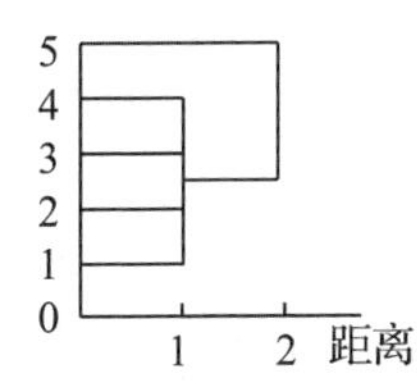

图1.3　切氏距离—最短距离法

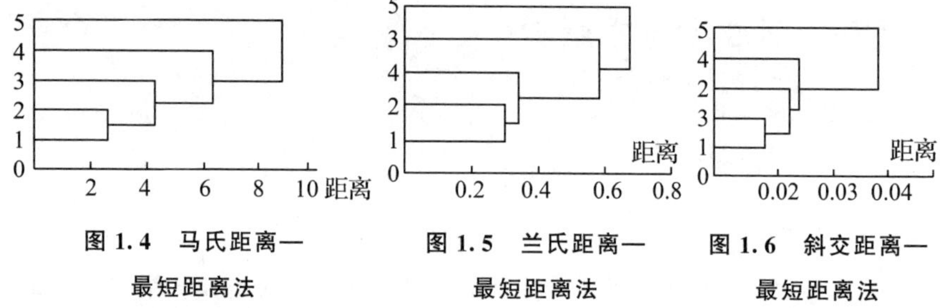

图 1.4 马氏距离—最短距离法　　**图 1.5 兰氏距离—最短距离法**　　**图 1.6 斜交距离—最短距离法**

§2. 对 4 个指标聚类

相似系数依次取为

(7) 夹角余弦

$$C_{ij}=\frac{\sum_{k=1}^{5}x_{ki}x_{kj}}{\left[\sum_{k=1}^{5}x_{ki}^{2}\sum_{k=1}^{5}x_{kj}^{2}\right]^{1/2}},\quad i,j=1,2,3,4.$$

(8) 相关系数

$$C_{ij}=\frac{\sum_{k=1}^{5}(x_{ki}-\overline{x}_{i})(x_{kj}-\overline{x}_{j})}{\left[\sum_{k=1}^{5}(x_{ki}-\overline{x}_{i})^{2}\sum_{k=1}^{5}(x_{kj}-\overline{x}_{j})^{2}\right]^{1/2}},\quad i,j=1,2,3,4.$$

其中 $\overline{x}_{i}=\frac{1}{5}\sum_{k=1}^{5}x_{ki}$.

(9) 指数相似系数

$$C_{ij}=\frac{1}{5}\sum_{k=1}^{5}\exp\left\{-\frac{3(x_{ki}-x_{kj})^{2}}{4s_{k}^{2}}\right\},\quad i,j=1,2,3,4,$$

其中 s_k^2 为第 k 个样本的方差.

由于相似系数矩阵 $\boldsymbol{R}=(r_{ij})$ 可能出现负值,从实际意义考虑,一种是将负相关理解为相关,此时用 $|r_{ij}|$ 代替 r_{ij}；一种是将负相关理解为不相关,此时用 $\frac{1+r_{ij}}{2}$ 代替 r_{ij}. 由于最短距离法等价于传递闭包法[1],用传递闭包法对变换后的相似矩阵聚类,结果见图 2.1～图 2.4. 显然,3 种分类所得的 4 种结果互不相同.

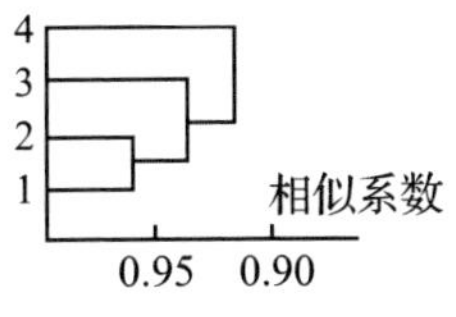

图 2.1　夹角余弦—传递闭包法

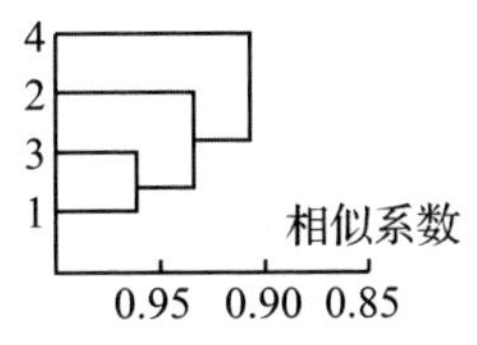

图 2.2　相关系数—传递闭包法

（负相关理解为相关）

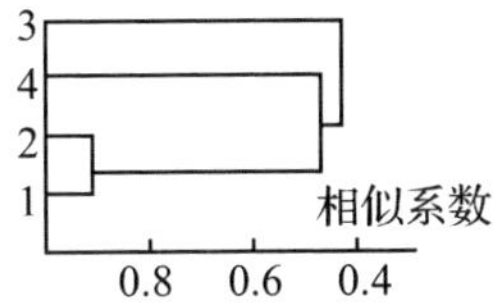

图 2.3　相关系数—传递闭包法

（负相关理解为不相关）

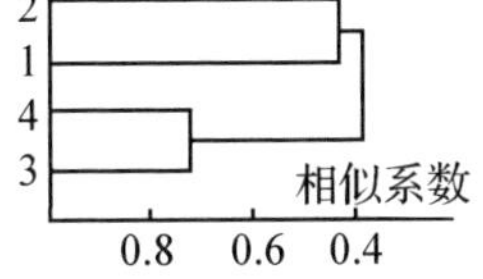

图 2.4　指数相似系数—传递闭包法

§3. 用不同的聚类递推公式聚类

令 d_{ij} 表样本 i 和 j 的距离，$G_1,G_2,\cdots$ 表示类，定义类与类之间的距离为两类最近样本的距离，用 D_{pq} 表类 G_p 与 G_q 的距离，则

$$D_{pq}=\min_{i\in G_p,j\in G_q} d_{ij}.$$

若将 G_p 与 G_q 合并成一新类，记为 G_r，$G_r=\{G_p,G_q\}$，则计算新类与其他类的距离的常用递推公式有

（10）最短距离法公式：$D_{rk}=\min\{D_{kp},D_{kq}\}$.

（11）最长距离法公式：$D_{rk}=\max\{D_{kp},D_{kq}\}$.

（12）重心法公式：$D_{rk}^2=\frac{n_p}{n_r}D_{kp}^2+\frac{n_q}{n_r}D_{kq}^2-\frac{n_p}{n_r}\cdot\frac{n_q}{n_r}D_{pq}^2$，其中 n_p,n_q 分别为类 G_p 与 G_q 的样本个数，$n_r=n_p+n_q$，下同.

（13）类平均法公式：$D_{rk}^2=\frac{n_p}{n_r}D_{kp}^2+\frac{n_q}{n_r}D_{kq}^2$.

（14）离差平方和法公式：

$$D_{rk}^2=\frac{n_k+n_p}{n_r+n_k}D_{kp}^2+\frac{n_k+n_q}{n_r+n_k}D_{kq}^2-\frac{n_r}{n_r+n_k}D_{pq}^2.$$

对表 0.1 数据用欧氏距离求出距离矩阵

$$\boldsymbol{D}=\begin{pmatrix}0.0 & 1.4 & 3.2 & 1.4 & 3.2\\1.4 & 0.0 & 4.2 & 2.4 & 4.5\\3.2 & 4.0 & 0.0 & 2.0 & 3.2\\1.4 & 2.4 & 2.0 & 0.0 & 3.2\\3.2 & 4.5 & 3.2 & 3.2 & 0.0\end{pmatrix}.$$

由于 $d_{12}=d_{14}=\min\limits_{i<j}\{d_{ij}\}$，可将样本 1 与 2 (或 1 与 4)归为一类，然后用聚类递推公式(10)～公式(14)聚类，结果见图 1.2，图 3.1～图 3.4 (或图 1.2、图 3.1′～图 3.4′)．将图 3.i 与图 3.i' ($i=1,2,3,4$)比较，可看出表 0.1 又提供了另一有趣的结果：当上半(或下半)三角距离矩阵的非主对角线至少有两个相同的最小元素时，则除用最短距离法聚类其结果唯一外，其余 4 种方法的分类均不唯一．因此，当用公式(11)～公式(14)聚类时，均需检查其中间步骤的每一个上(或下)半三角矩阵，看其非主对角线的最小元素是否至少有两个相等．若 $d_{ij}=d_{ik}=\min\limits_{i<j}\{d_{ij}\}$ (或 $d_{ji}=d_{ki}=\min\limits_{j>i}\{d_{ji}\}$)，应将样本 i 和 j 归类后的结果与 i 和 k 归类后的结果比较，看其结果是否唯一．

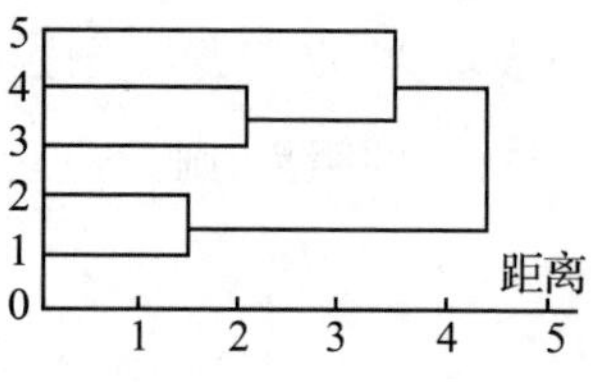

图 3.1　欧氏距离—最长距离法

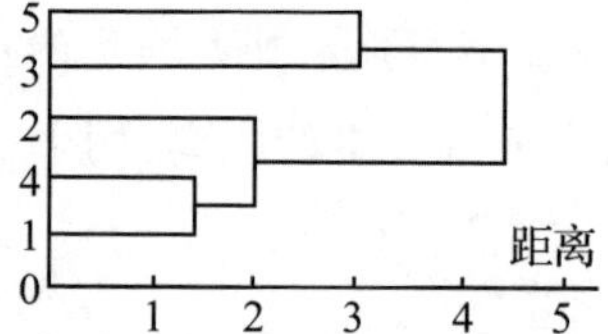

图 3.1′　欧氏距离—最长距离法

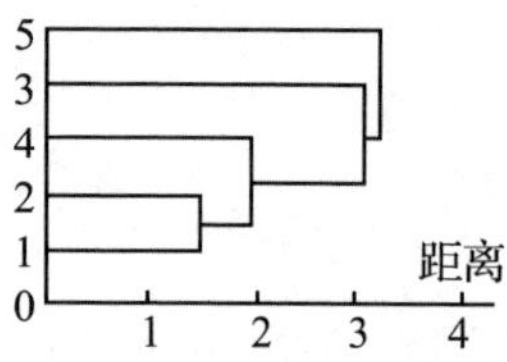

图 3.2　欧氏距离—重心法

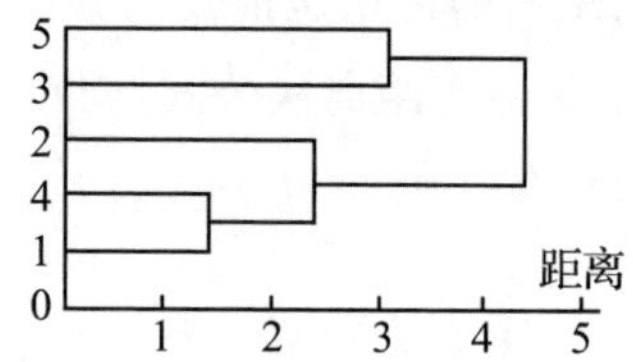

图 3.2′　欧氏距离—重心法

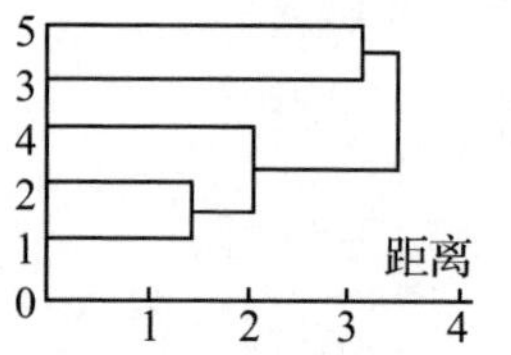

图 3.3　欧氏距离—类平均法

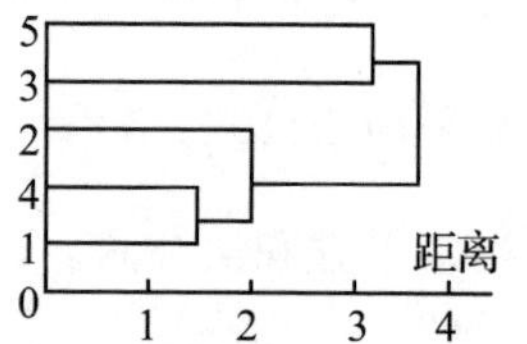

图 3.3′　欧氏距离—类平均法

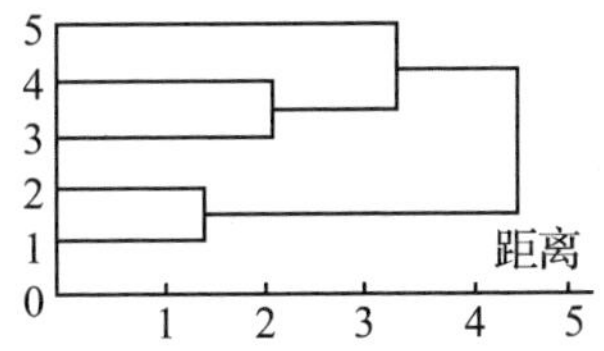

图 3.4　欧氏距离—离差平方和法

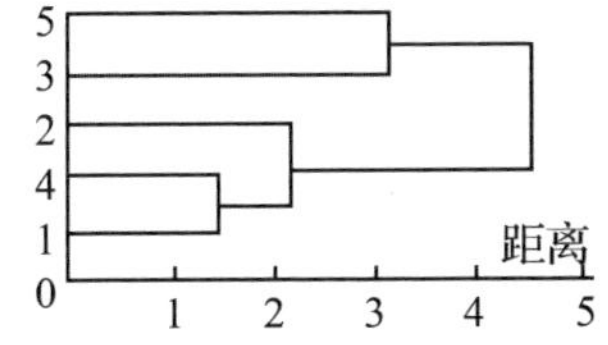

图 3.4′　欧氏距离—离差平方和法

中间距离法的聚类结果与重心法基本上相同，但该法很少用到，故略去.

对相似矩阵的讨论是类似的，从略.

再比较图 3.1～图 3.4、图 3.1′～图 3.4′，发现图 3.1～图 3.4 的分类不全相同，但用图 3.1′～图 3.4′的结果相同. 因此，本例又提供了另一有趣结果，上(或下)半三角距离矩阵的非主对角线 $d_{ij}=d_{ik}=\min\limits_{i<j}\{d_{ij}\}$ 时，先将类 G_i 与 G_j 合并后，用(11)～(14)聚类，结果相同；若先将类 G_i 与 G_k 合并后，用(11)～(14)聚类，结果互有差异.

如果考虑常用的 6 种距离、5 种聚类方法的各种组合，其分类有些与本文相同，但还有许多不同的分类，略去.

参考文献

[1] 杨义群. 关于聚类法的等价关系. 模糊数学，1989，(1)：70.

Abstract　In this paper, we give an interesting example. First, using nine similarity measures, we obtain distance matrices. And then, applying nearest-neighbour method, the cluster results are different each other. Second, using Euclidean distance, we obtain a distance matrix. Then, applying furthest-neighbour method, centroid method, group-average method and sum of squares method, except nearest-neighbour method, every method can obtain two cluster results.

Keywords　hierarchical cluster analysis; similarity measure.

数理统计与应用概率，

曲线回归变点模型及其求解①

The Modelling with Curve Regression Change Points and Its Solving Processes

摘要 提出在变点连续的分段曲线回归模型用一个解析式表示的3种方法，导出8个常用的曲线折线计算公式．在此基础上，利用非线性模型的正割法(DUD)确定参数和变点．最后，简介了几个应用实例表明本文方法应用的广泛性和可行性．

关键词 连续变点；分段曲线回归模型；非线性模型；DUD法．

[中图分类号] O174.11，O212.4，O242；(1991MR)26A15，62J02，65D10.

变点模型及其求解有重要的实际意义[1,2]．本文只考虑连续变点模型．该模型有几个尚未解决好的问题，一是在转变点的连续性约束如何表示，陈希孺称是一个不大好办的问题[2]；二是如何确定变点的位置，文献[1,2]介绍用逐步修正法，方法较繁且有可能求出局部极小解；三是主要讨论分段线性回归而未讨论一般的分段曲线回归，本文从应用角度，给出了一般曲线在转变点连续的几种表示方法、计算方法以及在计算机上实现的算法．

§1. 模型

定理1 设 $x_0<x_1\cdots<x_{n+1}$，$x_1,x_2,\cdots,x_n$ 是 $f(x)$ 的 n 个变点，

$$f(x)=\begin{cases}f_0(x), & x_0\leqslant x<x_1,\\ f_1(x), & x_1\leqslant x<x_2,\\ \cdots & \cdots\\ f_n(x), & x_n\leqslant x\leqslant x_{n+1}.\end{cases}\tag{1.1}$$

① 国家自然科学基金资助项目(39570638)．

收稿：1997-09-14；收修改稿：1997-11-15.

$f_i(x)$在$[x_i,x_{i+1}]$连续$(i=0,1,2,\cdots,n)$,满足

$$f_i(x_{i+1})=f_{i+1}(x_{i+1}),\ i=0,1,2,\cdots,n-1, \tag{1.2}$$

则 $f(x)$是$[x_0,x_{n+1}]$上的连续函数,且可表示为

$$f(x)=\sum_{i=0}^{n}f_i(u_i(x))-\sum_{i=1}^{n}f_i(x_i) \tag{1.3}$$

$$=\sum_{i=0}^{n}f_i(u_i(x))-\sum_{i=0}^{n-1}f_i(x_{i+1}), \tag{1.4}$$

其中

$$u_i(x)=x_i+(x-x_i)H(x-x_i)-(x-x_{i+1})H(x-x_{i+1}),\quad i=0,1,2,\cdots,n, \tag{1.5}$$

$$H(x-x_i)=\begin{cases}0,\ x<x_i,\\1,\ x\geqslant x_i.\end{cases}$$

证明 显然,$f(x)$是$[x_0,x_{n+1}]$上的连续函数. 由(1.5),

$$x_i+(x-x_i)H(x-x_i)-(x-x_{i+1})H(x-x_{i+1})$$

$$=\begin{cases}x_i, & x<x_i,\\ x, & x_i\leqslant x\leqslant x_{i+1},\quad i=0,1,2,\cdots,n,\\ x_{i+1}, & x>x_{i+1},\end{cases} \tag{1.6}$$

得到

$$f_i(u_i(x))=\begin{cases}f_i(x_i), & x<x_i,\\ f_i(x), & x_i\leqslant x\leqslant x_{i+1},\quad i=0,1,2,\cdots,n.\\ f_i(x_{i+1}), & x>x_{i+1},\end{cases} \tag{1.7}$$

故

$$\sum_{i=0}^{n}f_i(u_i(x))=\begin{cases}f_0(x)+\sum\limits_{j=1}^{n}f_j(x_j), & x_0\leqslant x\leqslant x_1,\\ f_i(x)+\sum\limits_{j=0}^{i-1}f_j(x_{j+1})+\sum\limits_{j=i+1}^{n}f_j(x_j), & x_j\leqslant x\leqslant x_{j+1},\\ \qquad j=1,2,\cdots,n-1. & \\ f_n(x)+\sum\limits_{j=0}^{n-1}f_j(x_{j+1}), & x_n\leqslant x\leqslant x_{n+1}.\end{cases}$$

注意到(1.2),有

$$\sum_{j=0}^{i-1}f_j(x_{j+1})+\sum_{j=i+1}^{n}f_j(x_j)=\sum_{j+1=1}^{i}f_{j+1}(x_{j+1})+\sum_{j=i+1}^{n}f_j(x_j)=\sum_{j=1}^{n}f_j(x_j),$$

$$\sum_{j=0}^{n-1} f_j(x_{j+1}) = \sum_{j=1}^{n} f_j(x_j),$$

因此，

$$f(x) = \sum_{i=0}^{n} f_i(u_i(x)) - \sum_{i=1}^{n} f_i(x_i).$$

此即(1.3).再利用(1.2),即可得(1.4).

由定理1,我们给出若干常用的曲线折线公式.

公式1 (直线折线公式) 若 $f_i(x)=a_i+b_ix$，$i=0,1,2,\cdots,n$,则

$$f(x) = a_0 + b_0 x + \sum_{i=0}^{n-1}(b_{i+1}-b_i)(x-x_{i+1})H(x-x_{i+1}), \tag{1.8}$$

且

$$a_j = a_0 - \sum_{i=0}^{j-1}(b_{i+1}-b_i)x_{i+1},\ j=1,2,\cdots,n. \tag{1.8'}$$

证明 由(1.3),我们有

$$f(x)= \sum_{i=0}^{n}\{a_i+b_1[x_i+(x-x_i)H(x-x_i)-(x-x_{i+1})H(x-x_{i+1})]\}- \sum_{i=1}^{n}(a_i+b_ix_i),$$

整理即得(1.8).再利用(1.2)可导出(1.8′).

公式2 (指数折线公式) 若 $f_i(x)=\exp\{a_i+b_ix\}$,$i=0,1,2,\cdots,n$,则

$$f(x) = \exp\{a_0 + b_0 x + \sum_{i=0}^{n-1}(b_{i+1}-b_i)(x-x_{i+1})H(x-x_{i+1})\}, \tag{1.9}$$

且

$$a_j = a_0 - \sum_{i=0}^{j-1}(b_{i+1}-b_i)x_{i+1},\ j=1,2,\cdots,n. \tag{1.9'}$$

证明 利用(1.8),两端取对数后,记 $\exp\{f(x)\}=f(x)$,即得(1.9).

公式3 (Logistic 折线公式) 若 $f_i(x)=\dfrac{K}{1+\exp\{a_i+b_ix\}}$,$i=0,1,2,\cdots,n$,则

$$f(x) = \frac{K}{1+\exp\left\{a_0+b_0x+\sum_{i=0}^{n-1}(b_{i+1}-b_i)(x-x_{i+1})H(x-x_{i+1})\right\}}, \tag{1.10}$$

且

$$a_j = a_0 - \sum_{i=0}^{j-1}(b_{i+1} - b_i)x_{i+1}, \ j = 1, 2, \cdots, n. \tag{1.10'}$$

公式 4（双曲线折线公式 1） 若 $f_i(x) = \dfrac{1}{a_i + b_i x}, i = 0, 1, 2, \cdots, n$，则

$$f(x) = \frac{1}{a_0 + b_0 x + \sum_{i=0}^{n-1}(b_{i+1} - b_i)(x - x_{i+1})H(x - x_{i+1})}, \tag{1.11}$$

且

$$a_j = a_0 - \sum_{i=0}^{j-1}(b_{i+1} - b_i)x_{i+1}, \ j = 1, 2, \cdots, n. \tag{1.11'}$$

公式 5（双曲线折线公式 2） 若 $f_i(x) = a_i + \dfrac{b_i}{x}, i = 0, 1, 2, \cdots, n, x \neq 0$，则

$$f(x) = a_0 + \frac{b_0}{x} + \sum_{i=0}^{n-1}\frac{(b_i - b_{i+1})(x - x_{i+1})H(x - x_{i+1})}{x x_{i+1}}, \tag{1.12}$$

且

$$a_j = a_0 - \sum_{i=0}^{j-1}\frac{b_i - b_{i+1}}{x_{i+1}}, \ j = 1, 2, \cdots, n. \tag{1.12'}$$

证明 因为 $f_i(x) = a_i + \dfrac{b_i}{x}, i = 0, 1, 2, \cdots, n$，在(1.8)右端，分别用 $\dfrac{1}{x}$ 代替 x，用 $\dfrac{1}{x_i}$ 代替 x_i，整理即得(1.12).

公式 6（分数指数折线公式） 若 $f_i(x) = \exp\left\{a_i + \dfrac{b_i}{x}\right\}, i = 0, 1, 2, \cdots, n, x \neq 0$，则

$$f(x) = \exp\left\{a_0 + \frac{b_0}{x} + \sum_{i=0}^{n-1}\frac{(b_i - b_{i+1})(x - x_{i+1})H(x - x_{i+1})}{x x_{i+1}}\right\} \tag{1.13}$$

且

$$a_j = a_0 - \sum_{i=0}^{j-1}\frac{b_i - b_{i+1}}{x_{i+1}}, \ j = 1, 2, \cdots, n. \tag{1.13'}$$

推论 1 在定理 1 中，$u_i(x)$ 可取为

$$u_i(x)=\frac{x_i+x_{i+1}+|x-x_i|-|x-x_{i+1}|}{2},\ i=0,1,2,\cdots,n. \tag{1.14}$$

定理 2 题设同定理 1，$f(x)$可表示如下，

$$f(x)=\frac{\prod_{i=0}^{n}f_i(u_i(x))}{\prod_{i=1}^{n}f_i(x_i)} \tag{1.15}$$

$$=\frac{\prod_{i=0}^{n}f_i(u_i(x))}{\prod_{i=0}^{n-1}f_i(x_{i+1})}, \tag{1.16}$$

其中 $x\neq 0, u_i(x)=x_i\left(\frac{x}{x_i}\right)^{H(x-x_i)}\left(\frac{x_{i+1}}{x}\right)^{H(x-x_{i+1})}$.

证明 类似于定理 1 的证明.

公式 7（幂函数折线公式） 若 $f_i(x)=a_ix^{b_i}, i=0,1,2,\cdots,n$，则

$$f(x)=a_0x^{b_0}\prod_{i=0}^{n-1}\left(\frac{x}{x_{i+1}}\right)^{(b_{i+1}-b_i)H(x-x_{i+1})} \tag{1.17}$$

且

$$a_j=a_0\prod_{i=0}^{j-1}x_{i+1}^{b_i-b_{i+1}},\quad j=1,2,\cdots,n. \tag{1.17′}$$

公式 8（对数折线公式） 若 $f_i(x)=a_i+b_i\ln x,\ i=0,1,2,\cdots,n$，则

$$f(x)=a_0+b_0\ln x+\sum_{i=0}^{n-1}\left[(b_{i+1}-b_i)H(x-x_{i+1})\ln\left(\frac{x}{x_{i+1}}\right)\right] \tag{1.18}$$

且

$$a_j=a_0+\sum_{i=0}^{j-1}(b_i-b_{i+1})\ln x_{i+1},\ j=1,2,\cdots,n. \tag{1.18′}$$

证明 对(1.17)取对数，分别用 $f(x)$代替 $\ln f(x)$，用 a_0 代替 $\ln a_0$，整理即得(1.18).

利用(1.3)(1.4)或(1.15)(1.16)还可导出若干折线公式，从略.

§2. 参数估计

在折点连续的分段曲线模型是一类非线性模型，由于本文给出了几

种统一的解析式,故可以利用非线性模型中的方法确定各参数,常用的方法如 Gauss-Newton 法[3],Marquardt 法[4]等,均需计算各参数的偏导数,而本文公式在变点的偏导数不存在.因此,文献[3,4]的方法不能使用.采用 Ralston 等[5]提出的正割法(DUD)确定各参数.与 Gauss-Newton 法和 Marquardt 法的区别是:它们的偏导数是由分析结果提供的,而 DUD 法的偏导数是从迭代过程得到.例如,若模型中只有一个参数要估计,关于第 $i+1$ 次迭代的导数可用以前两次迭代来估计

$$\mathrm{de}_{i+1}=\frac{N_i-N_{i-1}}{b_i-b_{i-1}},$$

当要估计 k 个参数时,该法使用以前的 $k+1$ 次迭代结果来估计偏导数.

§3. 模型计算

用 DUD 法确定在转变点连续的曲线模型时,需给出参数初值.

对公式(1.1)~公式(1.8),可经过变换,将其化为线性回归方程确定参数初值.以直线折线公式为例,设 $z_1=x$,$z_{i+2}=(x-x_{i+1})H(x-x_{i+1})$,$i=0,1,2,\cdots,n-1$,$z=f(x)$,$c_0=a_0$,$c_1=b_0$,$c_{i+2}=b_{i+1}-b_i$,$i=0,1,2,\cdots,n-1$,则(1.8)化为

$$z=c_0+c_1z_1+\sum_{i=0}^{n-1}c_{i+2}z_{i+2},\tag{3.1}$$

取可能的折点初值 $x_1,x_2,\cdots,x_n$,利用多元回归方程(3.1),可确定参数 $a_0,b_0,b_1,\cdots,b_n$,连同 $x_1,x_2,\cdots,x_n$ 作为(1.8)初值,采用 SAS 软件中的非线性模型中的 DUD 法进行计算,可确定(1.8)各参数.如结果不收敛,改变变点初值,直到收敛为止.再利用(1.8′),可以确定其他参数 a_1,$a_2,\cdots,a_n$.

为了便于讨论,约定分段函数的各段是不可约的,如果 $f(x)$有 k 个参数和 n 个变点,那么 $f(x)$有 $k+n$ 个参数.由于(1.1)有 n 个约束条件(即(1.2)),则 $k+n$ 个参数中有 $k+n-n=k$ 个自由参数需要估计.因此,使用本文定理和公式时有以下几点需要注意:

(1) 若 $f_i(x)$ $(i=0,1,2,\cdots,n)$ 是同一类型的常用函数,可利用公式(1.1)~公式(1.8),这是因为公式(1.1)~公式(1.8)恰有 k 个自由参数,或重新利用(1.3)(1.4)或(1.15)(1.16),导出其他公式.

(2) 若 $f_i(x)(i=0,1,2,\cdots,n)$ 是不同类型的函数,一般应使用推论 1.

在使用推论 1 之前，需要将其化为含有 k 个自由参数的表达式. 对某些类型的函数，使用(1.14)定义的(1.3)或(1.4)有一定的技巧. 例如，对

$$f(x)=\begin{cases}\exp\{a_0+b_0x\}, & x_0\leqslant x<x_1,\\ a_1+b_1x, & x_1\leqslant x\leqslant x_2,\end{cases}$$

应直接使用(1.3)，可直接将 5 个参数 a_0,b_0,a_1,b_1,x_1 的表达式化为 4 个自由参数 a_0,b_0,b_1,x_1 的表达式

$$f(x)=\exp\{a_0+\frac{b_0}{2}(x_0+x_1+|x-x_0|-|x-x_1|)\}+$$

$$\frac{b_1}{2}(x_1+x_2+|x-x_1|-|x-x_2|)-b_1x_1,$$

利用 DUD 法估计出此 4 个参数值后，再使用约束条件(1.2)求出 a_1.

如使用(1.4)，应同时使用约束条件(1.2)代入(1.4)后消去某参数. 例如，将 $a_1=\exp\{a_0+b_0x_1\}-b_1x_1$ 代入(1.4)，也可得到上述表达式.

若对 $f(x)=\begin{cases}a_0+b_0x, & x_0\leqslant x<x_1,\\ \exp\{a_1+b_1x\}, & x_1\leqslant x\leqslant x_2,\end{cases}$ 应直接使用(1.4).

(3) 到目前为止，具有一个连续变点的曲线折线是比较重要的. 当有两个或更多的变点的曲线折线需要确定，计算需要较多的时间.

§4. 应用

本文方法和常用的曲线折线公式在自然科学、社会科学领域将有多种应用. 作者曾利用遍取法(取遍一定间隔的可能变点，使剩余平方和最小)，用直线折线公式研究医学[6]、生理[7]、蚤类[8]模型. 利用本文方法，建立了我国国民收入增长的指数折线模型[9]、昆虫发育模型[10]以及鼠类种群数量增长的 Logistic 折线模型[11]等. 以上均为同一类型的常用函数模型. 下面给出一个不同类型模型的应用，材料取自[12]表 1. 对水稻伸长生长动态模型，文献[12]利用分段多项式-直线-多项式模型进行拟合. 由于该文将叶片长度分为 3 个阶段，对观测数据进行分段拟合，模型在交界点呈跳跃性间断. 为解决此问题，该文认为在每两个相连阶段之间，存在另一种生长形式，并用高次多项式进行拟合. 以下用本文方法进行拟合. 设所求的分段多项式-直线-多项式模型为

$$y=\begin{cases} a+bt+ct^2, & t_0 \leqslant t < t_1, \quad (4.1) \\ d+et, & t_1 \leqslant t < t_2, \quad (4.2) \\ f+gt+ht^2, & t_2 \leqslant t \leqslant t_3, \quad (4.3) \end{cases}$$

其中 y 是在时刻 t 叶片长度，t_1 和 t_2 是转变点，y 满足连续性约束条件

$$a+bt_1+ct_1^2=d+et_1, \tag{4.4}$$

$$d+et_2=f+gt_2+ht_2^2. \tag{4.5}$$

在条件(4.4)，条件(4.5)的约束下，模型(4.1)～模型(4.3)中的 10 个参数有 8 个是独立的，由推论 1，(4.1)～(4.3)可合并为一个表达式

$$y(t)=a+b[(1+t_1+|t-1|-|t-t_1|)\div 2]+c[(1+t_1+|t-1|-|t-t_1|)\div 2]^2+e[(t_1+t_2+|t-t_1|-|t-t_2|)\div 2]-et_1+g[(t_2+16+|t-t_2|-|t-16|)\div 2]+h[(t_2+16+|t-t_2|-|t-16|)\div 2]^2-gt_2-ht_2^2, \quad t_0 \leqslant t \leqslant t_3. \tag{4.6}$$

参数 d,f 可由下式确定

$$d=a+bt_1+ct_1^2-et_1, \tag{4.7}$$

$$f=d+et_2-gt_2-ht_2^2. \tag{4.8}$$

模型(4.6)的参数可以由水稻伸长生长动态的观测值，利用 SAS 软件中非线性模型的 DUD 法，得到水稻伸长生长的分段模型为

$$y=\begin{cases} 0.4631-0.3465t+0.1951t^2, & 1 \leqslant t < 5.7219, \\ -27.7458+5.6996t, & 5.7219 \leqslant t < 12.0442, \\ -57.7081+13.5483t-0.4451t^2, & 12.0442 \leqslant t \leqslant 16. \end{cases}$$

剩余平方和 $Q=2.5641$，转变点 t_1,t_2 的置信度为 95%的置信区间依次是[5.46，5.98]，[11.69，12.40].

文献[12]将叶片长度分为 3 个阶段后，为确定转变点，可能是对观测数据进行分段拟合，再根据拟合效果近似确定. 本文将转变点连同其他分段模型中的待估参数一起进行估计，在一定程度上避免了人为性. 由于文献[12]模型的剩余平方和 $Q=2.8399$ 大于本文模型的 $Q=2.5641$，因此，本文模型的拟合效果优于文献[12].

对国内外许多著作和杂志中与转变点有关的曲线，按使剩余平方和最小的原则拟合，大多数可应用本文方法求得优于该文的模型，从略.

参考文献

[1] Krishnaiah P R, Miao B Q. Review about estimation of change points. In: Krishnaiah P R, Rao C R editors. Handbook of statistics. Amsterdam: Elsevier Science Publishers B V, 1988,7:375-402.

[2] 陈希孺.变点统计分析简介.数理统计与管理,1991,(1):55-58;1991,(2):52-59.

[3] 方开泰,全辉,陈庆云.实用回归分析.北京:科学出版社,1988,141-183.

[4] Marquardt D W. An algorithm for least-squares estimation of nonlinear parameters. SIAM J Appl Math, 1963,11(2):431-441.

[5] Ralston M L, Jennrich R I. DUD, a derivative-free algorithm for nonlinear least squares. Technometrics,1978,20(1):7-14.

[6] 李仲来.折线回归在卫生统计中的应用.中国卫生统计,1994,11(3):26-27.

[7] Liu Zhilong, Li Zhonglai, Liu Laifu, Sun Ruyong. Intensity of male reproduction in Brandt's vole *Microtus brandti*. Acta Theriologica,1994,39(4):389-397.

[8] 李仲来,马立名.二齿新蚤和方形黄鼠蚤松江亚种存活力的进一步研究.寄生虫与医学昆虫学报,1996,3(1):44-49.

[9] 李仲来.我国国民收入增长模型研究.统计研究,1996,(2):45-47.

[10] 李仲来.DUD 法拟合生态学中的非线性模型.生态学杂志,1997,16(2):73-77.

[11] 李仲来,刘来福,张耀星.内蒙古察哈尔丘陵啮齿动物种群数量的波动和演替.兽类学报,1997,17(2):118-124.

[12] 姜妙男.水稻伸长生长的数学模型.生物数学学报,1995,16(2):54-63.

Abstract In this paper, three expression methods for the piecewise curve regression models on the continuous change point are introduced by an analytic representation, and eight computational formulas are derived from it. On the basis of this, the parameters and the change points are determined at the same time by the multivariate secant (DUD) method for the nonlinear model. Finally, some examples show that the solution methods presented in this paper have come into wide-ranging use and feasible.

Keywords continuous change point; piecewise curve regression model; nonlinear model; multivariate secant method (DUD).

(本文录用后停刊)

统计研究，
1996,(2):45-47.

我国国民收入增长模型研究[①]

National Income Growth Model in China

§1. 前言

众所周知，世界各国从落后到发达的过程，其经济增长轨迹大致相似，都符合S型曲线. 此曲线可分为三个阶段：一是初级阶段(准备期)，二是成长阶段(高速增长期)，三是成熟阶段(平稳发展期). 我国经济目前正处于高速增长期，由于缺少成熟阶段资料，显然不适合S型曲线. 采用指数模型拟合我国国民收入增长情况结果如何?

以《中国统计年鉴》1952年～1991年国民收入为基本资料，为方便，将年份减去1950，得年份编号顺序为2～41. 对指数模型

$$y=\exp\{b_0+b_1x\} \tag{1.1}$$

进行对数变换，即 $\ln y=b_0+b_1x$，对 b_0 和 b_1 进行最小二乘估计，得

$$y=\exp\{-0.777\,35+0.075\,74x\},\ x=2,3,\cdots,41, \tag{1.2}$$

其中最大残差5.861，最大相对误差36.37%，剩余平方和 $Q=101.333\,6$.

用上述方法求得的(1.2)，只是变量 $\ln y$ 的残差最小二乘解，一般说来已不是原变量 y 的残差最小二乘解. Gauss-Newton 法是对非线性模型普遍适用的回归方法，Marquardt 法则对其做了进一步的改进. 但上述两种方法均需计算待估计参数的导数. 为了避免导数的计算，Ralston 等提出了更方便的不用计算导数的DUD法. 为了与本文提出的模型相比较，采用DUD法计算，可得

$$y=\exp\{-2.290\,49+0.123\,23x\},\ x=2,3,\cdots,41, \tag{1.3}$$

---

① 国家自然科学基金资助课题(39570638).

其中最大残差 1.171，最大相对误差 78.01%，剩余平方和 $Q=16.4949$.

由以上分析和计算可看出，常用的拟合经济增长的指数和 S 型曲线并不能很好地拟合我国国民收入的增长情况，且出现较大的偏离. 这是因为，中国的经济模型结构发生了变化，即在不同时期内，描述国民收入增长模型的参数是不同的. 我们设想，我国的国民收入是按指数规律增长的，但不同的阶段服从不同的规律. 为此，本文提出一种分段指数模型，并对我国的国民收入进行模拟.

§2. 模型和参数估计

对 $(x_i, y_i)(i=1,2,\cdots,n; x_1<x_2<\cdots<x_n, y_i>0)$，考虑指数模型(1.1)有一个变点 k，使 $x_1<k<x_n$. 另外，引入两新点 x_0, x_{n+1}，使 $x_0\leqslant x_1, x_n\leqslant x_{n+1}$，此时令所求的指数曲线分段模型为

$$y=\begin{cases}\exp\{a_0+b_0x\}, & x_0\leqslant x\leqslant k,\\ \exp\{a_1+b_1x\}, & k<x\leqslant x_{n+1},\end{cases} \tag{2.1}$$

在变点 k，二曲线满足

$$\exp\{a_0+b_0k\}=\exp\{a_1+b_1k\}. \tag{2.2}$$

模型(2.1)的意义为：这 n 组数据分为前后两段，两段各服从一条指数曲线，其系数 a_0, b_0 与 a_1, b_1 是不同的. 一般的拟合方法是，把数据人为地分成两部分，然后分段进行拟合，这将产生以下问题：一是如何分段，人为的方法难免带有强烈的主观色彩. 二是若采用人为分段，则求出的模型在变点 k 一般不连续. 由于在变点连续的表达式未找到，只能采用逐步修正法[2]，这样求出的参数一般不是最优解. 本文首先给出在变点 k 连续的表达式(2.3)，然后给出一种估计参数的算法.

首先，在约束条件(2.2)下的(2.1)可由下列指数折线模型表示，即

$$y=\exp\{a_0+b_0x+(b_1-b_0)(x-k)H(x-k)\}, \tag{2.3}$$

其中 a_0, b_0, b_1, k 为待定参数，k 为变点，

$$H(x-k)=\begin{cases}0, & x\leqslant k,\\ 1, & x>k,\end{cases}$$

a_1 可由 $a_1=a_0-(b_1-b_0)k$ 导出. 显然由(2.3)也可导出(2.1)，且满足(2.2)的条件约束.

其次，考虑(2.3)的参数估计. 显然，(2.3)在 $x=k$ 点导数不存在(左、右导数都存在). 因此，凡涉及求导的曲线参数估计方法均不能用. 本

文利用 DUD 法确定(2.3)各参数.

为了确定参数初值,我们可采取如下方法做变换 $z_1=x$,$z_2=(x-k)H(x-k)$,$z=\ln y$,$c_0=b_1-b_0$,则(2.3)化为

$$z=a_0+b_0z_1+c_0z_2, \tag{2.4}$$

k 取可能变点范围内的一点,利用多元回归分析方法,可确定(2.4)各系数,将其作为(2.3)各参数的初值,利用 SAS 软件中非线性模型中的 DUD 法,可估计(2.3)各参数.

§3. 国民收入增长模型

对我国 1952 年～1991 年国民收入,求出增长模型并进行拟合,数据见表 3.1.

表 3.1　我国 1952 年～1991 年国民收入及拟合　　千亿元

年份	国民收入	预测值	残差	相对误差/%	年份	国民收入	预测值	残差	相对误差/%
1952	0.589	0.621	−0.032	−5.5	1972	2.136	2.103	0.033	1.6
1953	0.709	0.660	0.049	6.9	1973	2.318	2.235	0.083	3.6
1954	0.748	0.702	0.046	6.2	1974	2.348	2.376	−0.028	−1.2
1955	0.788	0.746	0.042	5.3	1975	2.503	2.525	−0.022	−0.9
1956	0.882	0.793	0.089	10.1	1976	2.427	2.684	−0.257	−10.6
1957	0.908	0.843	0.065	7.2	1977	2.644	2.852	−0.208	−7.9
1958	1.118	0.896	0.222	19.9	1978	3.010	3.032	−0.022	−0.7
1959	1.222	0.952	0.270	22.1	1979	3.350	3.222	0.128	3.8
1960	1.220	1.012	0.208	17.1	1980	3.688	3.425	0.263	7.1
1961	0.996	1.075	−0.079	−8.0	1981	3.941	3.871	0.070	1.8
1962	0.924	1.143	−0.219	−23.7	1982	4.258	4.482	−0.224	−5.3
1963	1.000	1.215	−0.215	−21.5	1983	4.736	5.189	−0.453	−9.6
1964	1.166	1.291	−0.125	−10.7	1984	5.652	6.008	−0.356	−6.3
1965	1.387	1.372	0.015	1.1	1985	7.020	6.956	0.064	0.9
1966	1.586	1.459	0.127	8.0	1986	7.859	8.054	−0.195	−2.5
1967	1.487	1.550	−0.063	−4.3	1987	9.313	9.325	−0.012	−0.1
1968	1.415	1.648	−0.233	−16.5	1988	11.738	10.796	0.942	8.0
1969	1.617	1.751	−0.134	−8.3	1989	13.176	12.500	0.676	5.1
1970	1.926	1.862	0.064	3.4	1990	14.384	14.472	−0.088	−0.6
1971	2.077	1.979	0.098	4.7	1991	16.117	16.756	−0.639	−4.0

由于变点 k 未知，取 $k=3,4,\cdots,40$，使剩余平方和

$$Q(k)=\sum_{i=1}^{n}(\ln z_i-a_0-b_0z_{i1}-c_0z_{i2})^2 \tag{3.1}$$

最小的指数折线方程的系数作为确定参数 a_0,b_0,c_0,k 的初值. 经计算，得 $k=30$ 时(3.1)最小，所求方程为

$$\ln y=-0.534\,8+0.057\,4x+0.091\,4(x-30)H(x-30).$$

故(2.3)初值分别取为 $a_0\in[-1,-0.01]$，步长 0.1；$b_0,c_0\in[0,0.1]$，步长 0.01；$k\in[29,31]$，步长取 0.1，用 SAS 软件的非线性回归分析中的 DUD 法进行计算，得分段指数曲线增长模型为

$$y=\exp\{-0.598\,0+0.061\,0x+0.085\,6\times(x-30.281\,5)H(x-30.281\,5)\}, \tag{3.2}$$

$x=2,3,\cdots,41$，其中剩余平方和 $Q=2.802\,3$，折点 k 的 95%置信区间为 [29.07,31.49]. 拟合结果见表 3.1. 相应于(3.2)的分段模型为

$$y=\begin{cases}\exp\{-0.598\,0+0.061\,0x\}, & 2\leqslant x\leqslant 30.281\,5,\\ \exp\{-3.188\,6+0.146\,5x\}, & 30.281\,5\leqslant x\leqslant 41.\end{cases} \tag{3.3}$$

将年份 x 作平移 $x-30.281\,5=t$，得(3.3)的另一形式

$$y=\begin{cases}\exp\{1.248\,3+0.061\,0t\}, & -28.281\,5\leqslant t\leqslant 0,\\ \exp\{1.248\,3+0.146\,5t\}, & 0\leqslant t\leqslant 10.718\,5.\end{cases} \tag{3.4}$$

相应于(3.4)的另一种分段指数模型为

$$y=\begin{cases}3.484\,3(1+0.062\,9)^t, & -28.281\,5\leqslant t\leqslant 0,\\ 3.484\,3(1+0.157\,8)^t, & 0\leqslant t\leqslant 10.718\,5.\end{cases} \tag{3.5}$$

§4. 讨论

张文[3]指出：经济变化的检测和估计是一个重要而困难的问题，并对经济结构变化和模型设定的统计方法做了综述. 姜文[4]考虑了几种变参数经济计量模型，但如何确定参数和变点并未解决. 刘文[5]对 1953 年～1986 年的国民收入做了指数回归，发现 1982 年后的历史趋势线(指数模型)和实际增长线的拟合明显不好. 这些结果启示我们，我国的经济结构发生了变化，且促使我们考虑分段指数拟合(2.1)，其中不大好办的问题就是连续性约束(2.2)如何表示. 为此，引入(2.3)后，解决了该问题.

比较指数模型(1.3)和分段指数模型(3.2)，(3.2)的剩余平方和 $Q=$

2.802 3 明显低于(1.3)的 $Q=16.4949$. 由(3.2),我国 40 年的国民收入分为 1952 年～1980 年、1981 年～1991 年两个阶段. 注意到变点的置信区间为 1979 年～1981 年,即我国实行改革开放政策以来,国民收入从 1979 年开始发生根本改变. 由(3.4)(3.5)可看出,从 20 世纪 50 年代～80 年代初,国民收入处于初级发展阶段,年均增长率为 6%;进入 80 年代后,随着改革开放政策的逐步深入,国民收入进入高速增长期,年均增长率为 16%.

从数量经济学角度,国民收入的时间序列 y 可分解为趋势变动 T、周期变动 C、不规则变动 I 三部分,由于是年度数据,无季节变动. 故本文所求出的国民收入分段指数曲线是趋势变动 T(准趋势或基本轨迹). 顺便指出,利用拟合后的残差,我们可以做周期分析(从略). 但利用表 3.1 可直接看出周期波动规律. 如从低残差算起,周期为 1952 年～1962 年,1962 年～1968 年,1968 年～1976 年,1976 年～1983 年,1983 年～1991 年,年数分别为 10,6,8,7,8;若从高残差算起,周期为 1959 年～1966 年,1966 年～1971 年,1971 年～1980 年,1980 年～1988 年,1988 年～1991 年,年数分别为 7,5,9,8,3. 有些年份之间还可细分.

参考文献

[1] Ralston M L, Jennrich R I. DUD, a derivative-free algorithm for nonlinear least squares. Technometrics, 1978, 20(1): 7-14.

[2] 陈希孺. 变点统计分析简介. 数理统计与管理, 1991, (1): 55-58.

[3] 张世英. 检验经济结构变化的模型设定的统计方法. 数理统计与应用概率, 1987, 2(1): 111-125.

[4] 姜近勇. 变参数经济计量模型. 数量经济技术经济研究, 1987, (4): 39-45.

[5] 刘树成. 投资周期波动对经济周期波动的影响. 数量经济技术经济研究, 1987, (10): 26-33, 13.

Abstract The paper provides a multi-stage indicator model of national income growth and solves the problems of continuous presentation of change points, parameter estimation as well as the realization of the multi-stage economic indicator model on computer. The paper also gives four equivalent types of multi-stage indicator models on GNP growth.

数学的实践与认识，
1988,(1):79-86.

双进组合三角在计算不定积分中的应用

The Application of a Combinatorial Triangle with Repetition in Calculating Indefinite Integral

摘要 杨辉三角(或 Pascal 三角)是由无重复组合系数构成的三角. 本文提出一种由有重复组合系数构成的,称之为双进组合三角;给出了这些系数的若干性质;证明了几个恒等式,其系数满足双进组合三角;并且讨论了它们在计算一类关于三角函数有理式,以及有理分式的不定积分中的应用.

§1. 预备知识

定义 双进组合三角指的是下面的图形

$$
\begin{array}{ccccccccccccc}
 & & & & & 1 & 1 & & & & & & \\
 & & & & 1 & 2 & 2 & 1 & & & & & \\
 & & & 1 & 3 & 6 & 6 & 3 & 1 & & & & \\
 & & 1 & 4 & 10 & 20 & 20 & 10 & 4 & 1 & & & \\
 & & & & & \cdots & \cdots & & & & & & \\
(\text{第 } n \text{ 行})C_n^0 & C_{n+1}^1 & C_{n+2}^2 & \cdots & C_{2n-1}^{n-1} & C_{2n}^n & C_{2n}^n & C_{2n-1}^{n-1} & \cdots & C_{n+2}^2 & C_{n+1}^1 & C_n^0 & \\
 & & & & & \cdots & \cdots & & & & & &
\end{array}
\tag{1.1}
$$

其中,$C_n^r=\dfrac{n!}{r!\ (n-r)!}$, $C_n^0=1$.

性质 1 $C_{n+r-2}^{r-1}+C_{n+r-2}^r=C_{n+r-1}^r$, $n\geqslant 2, r\geqslant 1$.

性质 2 $2C_{2r+1}^r=C_{2r+2}^{r+1}$, $r\in\mathbf{N}$.

性质 3 $C_r^0+C_{r+1}^1+C_{r+2}^2+\cdots+C_{2r}^r=C_{2r+1}^r$, $r\in\mathbf{N}$.

§2. 关于积分 $\int \dfrac{\mathrm{d}x}{\sin^m x\cos^n x}$ (m, n 是奇正整数)的计算

定理 1

$$\frac{1}{\sin^{2n+1}x\cos^{2n+1}x}=\mathrm{C}_n^0\frac{\sin x}{\cos^{2n+1}x}+\mathrm{C}_{n+1}^1\frac{\sin x}{\cos^{2n-1}x}+\mathrm{C}_{n+2}^2\frac{\sin x}{\cos^{2n-3}x}+\cdots+$$
$$\mathrm{C}_{2n-1}^{n-1}\frac{\sin x}{\cos^3 x}+\mathrm{C}_{2n}^{n}\frac{\sin x}{\cos x}+\mathrm{C}_{2n}^{n}\frac{\cos x}{\sin x}+\mathrm{C}_{2n-1}^{n-1}\frac{\cos x}{\sin^3 x}+\cdots+$$
$$\mathrm{C}_{n+2}^2\frac{\cos x}{\sin^{2n-3}x}+\mathrm{C}_{n+1}^1\frac{\cos x}{\sin^{2n-1}x}+\mathrm{C}_n^0\frac{\cos x}{\sin^{2n+1}x},\quad n\in\mathbf{N}. \tag{2.1}$$

此定理中展开式的系数恰为(1.1)中第 n 行所对应的组合数.

证明 为方便计,记 $\sin x=s$,$\cos x=c$,本节始终作此约定.则 $s^2+c^2=1$. 我们用数学归纳法证

$$\frac{1}{s^{2n+1}c^{2n+1}}=\sum_{i=0}^{n}\frac{\mathrm{C}_{n+i}^{i}s}{c^{2n-2i+1}}+\sum_{i=0}^{n}\frac{\mathrm{C}_{n+i}^{i}c}{s^{2n-2i+1}}.$$

考虑 $n=0$,则 $\dfrac{1}{sc}=\dfrac{s^2+c^2}{sc}=\dfrac{s}{c}+\dfrac{c}{s}$. 设 $n=k$ 时有

$$\frac{1}{s^{2k+1}c^{2k+1}}=\sum_{i=0}^{k}\frac{\mathrm{C}_{k+i}^{i}s}{c^{2k-2i+1}}+\sum_{i=0}^{k}\frac{\mathrm{C}_{k+i}^{i}c}{s^{2k-2i+1}}.$$

当 $n=k+1$ 时,

$$\frac{1}{s^{2k+3}c^{2k+3}}=\frac{1}{s^{2k+1}c^{2k+1}}\cdot\frac{1}{s^2c^2}=\left(\sum_{i=0}^{k}\frac{\mathrm{C}_{k+i}^{i}s}{c^{2k-2i+1}}+\sum_{i=0}^{k}\frac{\mathrm{C}_{k+i}^{i}c}{s^{2k-2i+1}}\right)\frac{1}{s^2c^2}$$
$$=\sum_{i=0}^{k}\frac{\mathrm{C}_{k+i}^{i}}{c^{2k-2i+3}s}+\sum_{i=0}^{k}\frac{\mathrm{C}_{k+i}^{i}}{s^{2k-2i+3}c}=\sum_{i=0}^{k}\frac{\mathrm{C}_{k+i}^{i}(s^2+c^2)}{c^{2k-2i+3}s}+\sum_{i=0}^{k}\frac{\mathrm{C}_{k+i}^{i}(s^2+c^2)}{s^{2k-2i+3}c}$$
$$=\left(\sum_{i=0}^{k}\frac{\mathrm{C}_{k+i}^{i}s}{c^{2k-2i+3}}+\sum_{i=0}^{k}\frac{\mathrm{C}_{k+i}^{i}c}{s^{2k-2i+3}}\right)+\sum_{i=0}^{k}\frac{\mathrm{C}_{k+i}^{i}(s^2+c^2)}{c^{2k-2i+1}s}+\sum_{i=0}^{k}\frac{\mathrm{C}_{k+i}^{i}(s^2+c^2)}{s^{2k-2i+1}c}$$
$$=\left(\sum_{i=0}^{k}\frac{\mathrm{C}_{k+i}^{i}s}{c^{2k-2i+3}}+\sum_{i=0}^{k}\frac{\mathrm{C}_{k+i}^{i}c}{s^{2k-2i+3}}\right)+\left(\sum_{i=0}^{k-1}\frac{\mathrm{C}_{k+i}^{i}s}{c^{2k-2i+1}}+\frac{2\mathrm{C}_{2k}^{k}s}{c}+\sum_{i=0}^{k-1}\frac{\mathrm{C}_{k+i}^{i}c}{s^{2k-2i+1}}+\frac{2\mathrm{C}_{2k}^{k}c}{s}\right)+$$
$$\sum_{i=0}^{k-1}\frac{\mathrm{C}_{k+i}^{i}(s^2+c^2)}{c^{2k-2i-1}s}+\sum_{i=0}^{k-1}\frac{\mathrm{C}_{k+i}^{i}(s^2+c^2)}{s^{2k-2i-1}c}$$
$$=\left(\sum_{i=0}^{k}\frac{\mathrm{C}_{k+i}^{i}s}{c^{2k-2i+3}}+\sum_{i=0}^{k}\frac{\mathrm{C}_{k+i}^{i}c}{s^{2k-2i+3}}\right)+\left(\sum_{i=0}^{k-1}\frac{\mathrm{C}_{k+i}^{i}s}{c^{2k-2i+1}}+\frac{2\mathrm{C}_{2k}^{k}s}{c}+\sum_{i=0}^{k-1}\frac{\mathrm{C}_{k+i}^{i}c}{s^{2k-2i+1}}+\frac{2\mathrm{C}_{2k}^{k}c}{s}\right)+$$

$$\left(\sum_{i=0}^{k-2}\frac{C_{k+i}^{i}s}{c^{2k-2i-1}}+\frac{2C_{2k-1}^{k-1}s}{c}+\sum_{i=0}^{k-2}\frac{C_{k+i}^{i}c}{s^{2k-2i-1}}+\frac{2C_{2k-1}^{k-1}c}{s}\right)+\cdots+$$

$$\left(\sum_{i=0}^{k-j}\frac{C_{k+i}^{i}s}{c^{2k-2i-2j+3}}+\frac{2C_{2k-j+1}^{k-j+1}s}{c}+\sum_{i=0}^{k-j}\frac{C_{k+i}^{i}c}{s^{2k-2i-2j+3}}+\frac{2C_{2k-j+1}^{k-j+1}c}{s}\right)+\cdots+$$

$$\left(\frac{2C_{k}^{0}s}{c}+\frac{2C_{k}^{0}c}{s}\right)$$

$$=C_{k}^{0}\cdot\frac{s}{c^{2k+3}}+(C_{k}^{0}+C_{k+1}^{1})\frac{s}{c^{2k+1}}+(C_{k}^{0}+C_{k+1}^{1}+C_{k+2}^{2})\frac{s}{c^{2k-1}}+\cdots+$$

$$(C_{k}^{0}+C_{k+1}^{1}+\cdots+C_{2k}^{k})\frac{s}{c^{3}}+2(C_{k}^{0}+C_{k+1}^{1}+\cdots+C_{2k}^{k})\frac{s}{c}+\cdots+$$

$$2(C_{k}^{0}+C_{k+1}^{1}+\cdots+C_{2k}^{k})\frac{c}{s}+(C_{k}^{0}+C_{k+1}^{1}+\cdots+C_{2k}^{k})\frac{c}{s^{3}}+\cdots+$$

$$(C_{k}^{0}+C_{k+1}^{1}+C_{k+2}^{2})\frac{c}{s^{2k-1}}+(C_{k}^{0}+C_{k+1}^{1})\frac{c}{s^{2k+1}}+C_{k}^{0}\frac{c}{s^{2k+3}}$$

$$=\left(\frac{C_{k+1}^{0}s}{c^{2k+3}}+\frac{C_{k+2}^{1}s}{c^{2k+1}}+\frac{C_{k+3}^{2}s}{c^{2k-1}}+\cdots+\frac{C_{2k+1}^{k}s}{c^{3}}\right)+\frac{2C_{2k+1}^{k}s}{c}+\frac{2C_{2k+1}^{k}c}{s}+$$

$$\left(\frac{C_{2k+1}^{k}c}{s^{3}}+\cdots+\frac{C_{k+3}^{2}c}{s^{2k-1}}+\frac{C_{k+2}^{1}c}{s^{2k+1}}+\frac{C_{k+1}^{0}c}{s^{2k+3}}\right)$$

$$=\sum_{i=0}^{k}\frac{C_{k+i+1}^{i}s}{C^{2k-2i+3}}+\frac{C_{2k+2}^{k+1}s}{c}+\frac{C_{2k+2}^{k+1}c}{s}+\sum_{i=0}^{k}\frac{C_{k+i+1}^{i}c}{s^{2k-2i+3}}$$

$$=\sum_{i=0}^{k+1}\frac{C_{k+i+1}^{i}s}{c^{2k-2i+3}}+\sum_{i=0}^{k+1}\frac{C_{k+i+1}^{i}c}{s^{2k-2i+3}}.$$

故由归纳法原理，对任意 $n\in\mathbf{N}$，定理 1 成立.

推论 1

$$\frac{1}{s^{2n+2}c^{2n+2}}=\sum_{i=0}^{n}\frac{C_{n+i}^{i}}{c^{2n-2i+2}}+\sum_{i=0}^{n}\frac{C_{n+i}^{i}}{s^{2n-2i+2}}.\tag{2.2}$$

证明 在(2.1)两端均乘 $\frac{1}{sc}$ 即得(2.2).

求形如

$$\int\frac{\mathrm{d}x}{\sin^{m}x\cos^{n}x}\tag{2.3}$$

(m,n 是奇正整数)的不定积分，已有递推公式. 但利用(2.1)，可使(2.3)的计算大大简化.

若 $m=n$，不妨设 $n=2k+1$，则有

$$\int \frac{\mathrm{d}x}{\sin^{2k+1} x \cos^{2k+1} x} = \sum_{i=0}^{k-1} \frac{\mathrm{C}_{k+i}^{i}}{(2k-2i)\cos^{2k-2i} x} - \sum_{i=0}^{k-1} \frac{\mathrm{C}_{k+i}^{i}}{(2k-2i)\sin^{2k-2i} x} + \mathrm{C}_{2k}^{k} \ln|\tan x| + C.$$

若 $m \neq n$,不妨设 $m < n$,则 $n-m$ 是偶数,设 $n-m=2k(k>0)$,则

$$\int \frac{\mathrm{d}x}{\sin^m x \cos^n x} = \int \frac{\mathrm{d}x}{s^m c^n} = \int \frac{s^{n-m}}{s^{m+(n-m)} c^n} \mathrm{d}x = \int \frac{s^{2k}}{s^n c^n} \mathrm{d}x$$

$$= \int \frac{s^{2k}}{s^{2l+1} c^{2l+1}} \mathrm{d}x \left(l = \frac{n-1}{2}\right) = \int s^{2k} \left(\sum_{i=0}^{l} \frac{\mathrm{C}_{n+i}^{i} s}{c^{2n-2i+1}} + \sum_{i=0}^{l} \frac{\mathrm{C}_{n+i}^{i} c}{s^{2n-2i+1}} \right) \mathrm{d}x$$

$$= \int \left(\sum_{i=0}^{l} \frac{\mathrm{C}_{n+i}^{i} s^{2k+1}}{c^{2n-2i+1}} + \sum_{i=0}^{l} \frac{\mathrm{C}_{n+i}^{i} c}{s^{2n-2i-2k+1}} \right) \mathrm{d}x$$

$$= -\int \sum_{i=0}^{l} \frac{\mathrm{C}_{n+i}^{i} (1-c^2)^k}{c^{2n-2i+1}} \mathrm{d}c + \int \sum_{i=0}^{l} \frac{\mathrm{C}_{n+i}^{i}}{s^{2n-2i-2k+1}} \mathrm{d}s.$$

上式第 1 项可利用二项式定理,将 $(1-c^2)^k$ 展开,然后乘 $\mathrm{C}_{n+i}^{i}/c^{2n-2i-1}$ 后再逐项积分;而第 2 项可直接计算.

例 1 计算 $I = \int \frac{\mathrm{d}x}{\sin^5 x \cos^7 x}$.

解 $I = \int \frac{s^2 \mathrm{d}x}{s^7 c^7} = \int s^2 \left(\frac{s}{c^7} + \frac{\mathrm{C}_4^1 s}{c^5} + \frac{\mathrm{C}_5^2 s}{c^3} + \frac{\mathrm{C}_6^3 s}{c} + \frac{\mathrm{C}_6^3 c}{s} + \frac{\mathrm{C}_5^2 c}{s^3} + \frac{\mathrm{C}_4^1 c}{s^5} + \frac{c}{s^7} \right) \mathrm{d}x$

$$= \int \left[\frac{c^2-1}{c^7} + \frac{4(c^2-1)}{c^5} + \frac{10(c^2-1)}{c^3} + \frac{20(c^2-1)}{c} \right] \mathrm{d}c + \int 20 s \,\mathrm{d}s + \int \left(\frac{10}{s} + \frac{4}{s^3} + \frac{1}{s^5} \right) \mathrm{d}s$$

$$= \frac{1}{6c^6} + \frac{3}{4c^4} + \frac{3}{c^2} - \frac{2}{s^2} - \frac{1}{4s^4} + 10\ln|\tan x| + c_1.$$

§3. 关于积分 $\int \frac{\mathrm{d}x}{(x+\alpha)^m (x+\beta)^n}$ $(\alpha \neq \beta, m, n \in \mathbf{N}^*)$ 的计算

计算积分

$$\int \frac{\mathrm{d}x}{(x+\alpha)^m (x+\beta)^n} \quad (\alpha \neq \beta, m, n \in \mathbf{N}^*), \tag{3.1}$$

一般需将 $\frac{1}{(x+\alpha)^m (x+\beta)^n}$ 分解为部分分式,此问题用待定系数法可完

全解决. 但是, 当 m 和 n 较大时, 其计算量是非常之大且有时很难求出其待定系数. 本节我们给一个定理, 利用此定理, 可使(3.1)以及与之有关的几类问题得到完满的解决.

引理 1

$$\frac{1}{(x+\alpha)(x+\beta)^n}=\frac{1}{(\beta-\alpha)^n(x+\alpha)}+\sum_{i=0}^{n-1}\frac{1}{(-1)^i(\alpha-\beta)^{i+1}(x+\beta)^{n-i}}\quad(\alpha\neq\beta).\tag{3.2}$$

证明 用数学归纳法证.

当 $n=1$ 时, 用待定系数法可证

$$\frac{1}{(x+\alpha)(x+\beta)}=\frac{1}{(\beta-\alpha)(x+\alpha)}+\frac{1}{(\alpha-\beta)(x+\beta)}.$$

设 $n=k$ 时有

$$\frac{1}{(x+\alpha)(x+\beta)^k}=\frac{1}{(\beta-\alpha)^k(x+\alpha)}+\sum_{i=0}^{k-1}\frac{1}{(-1)^i(\alpha-\beta)^{i+1}(x+\beta)^{k-i}},$$

当 $n=k+1$ 时,

$$\begin{aligned}\frac{1}{(x+\alpha)(x+\beta)^{k+1}}&=\frac{1}{(x+\alpha)(x+\beta)^k}\cdot\frac{1}{(x+\beta)}\\&=\left[\frac{1}{(\beta-\alpha)^k(x+\alpha)}+\sum_{i=0}^{k-1}\frac{1}{(-1)^i(\alpha-\beta)^{i+1}(x+\beta)^{k-i}}\right]\cdot\frac{1}{x+\beta}\\&=\frac{1}{(\beta-\alpha)^k}\left[\frac{1}{(\alpha-\beta)(x+\beta)}+\frac{1}{(\beta-\alpha)(x+\alpha)}\right]+\\&\quad\sum_{i=0}^{k-1}\frac{1}{(-1)^i(\alpha-\beta)^{i+1}(x+\beta)^{k-i+1}}\\&=\frac{1}{(\beta-\alpha)^{k+1}(x+\alpha)}+\sum_{i=0}^{k}\frac{1}{(-1)^i(\alpha-\beta)^{i+1}(x+\beta)^{k+1-i}}.\end{aligned}$$

由归纳法原理, (3.2)得证.

引理 2

$$\begin{aligned}\frac{1}{(x+\alpha)^{n+1}(x+\beta)^{n+1}}&=\frac{C_n^0}{(-1)^0(\alpha-\beta)^{n+1}(x+\beta)^{n+1}}+\\&\frac{C_{n+1}^1}{(-1)^1(\alpha-\beta)^{n+2}(\alpha+\beta)^n}+\frac{C_{n+2}^2}{(-1)^2(\alpha-\beta)^{n+3}(x+\beta)^{n-1}}+\cdots+\\&\frac{C_{2n-1}^{n-1}}{(-1)^{n-1}(\alpha-\beta)^{2n}(x+\beta)^2}+\frac{C_{2n}^n}{(-1)^n(\alpha-\beta)^{2n+1}(x+\beta)}+\end{aligned}$$

$$\frac{C_{2n}^{n}}{(-1)^{n}(\beta-\alpha)^{2n+1}(x+\alpha)}+\frac{C_{2n-1}^{n-1}}{(-1)^{n-1}(\beta-\alpha)^{2n}(x+\alpha)^{2}}+\cdots+$$
$$\frac{C_{n+2}^{2}}{(-1)^{2}(\beta-\alpha)^{n+3}(x+\alpha)^{n-1}}+\frac{C_{n+1}^{1}}{(-1)^{1}(\beta-\alpha)^{n+2}(x+\alpha)^{n}}+$$
$$\frac{C_{n}^{0}}{(-1)^{0}(\beta-\alpha)^{n+1}(x+\alpha)^{n+1}},\quad n\in\mathbf{N},\ \alpha\neq\beta. \tag{3.3}$$

注意,(3.3)各分子上的数恰为(1.1)中第 n 行的组合数.

证明 用数学归纳法证明.当 $n=0$ 时,(3.3)显然成立.

设 $n=k$ 时有

$$\frac{1}{(x+\alpha)^{k+1}(x+\beta)^{k+1}}$$
$$=\sum_{i=0}^{k}\frac{C_{k+i}^{i}}{(-1)^{i}(\beta-\alpha)^{k+i+1}(x+\alpha)^{k-i+1}}+\sum_{i=0}^{k}\frac{C_{k+i}^{i}}{(-1)^{i}(\alpha-\beta)^{k+i+1}(x+\beta)^{k-i+1}}.$$

当 $n=k+1$ 时,

$$\frac{1}{(x+\alpha)^{k+2}(x+\beta)^{k+2}}=\frac{1}{(x+\alpha)^{k+1}(x+\beta)^{k+1}}\cdot\frac{1}{(x+\alpha)(x+\beta)}$$
$$=\left[\sum_{i=0}^{k}\frac{C_{k+i}^{i}}{(-1)^{i}(\beta-\alpha)^{k+i+1}(x+\alpha)^{k-i+1}}+\sum_{i=0}^{k}\frac{C_{k+i}^{i}}{(-1)^{i}(\alpha-\beta)^{k+i+1}(x+\beta)^{k-i+1}}\right]\times$$
$$\left[\frac{1}{(\beta-\alpha)(x+\alpha)}+\frac{1}{(\alpha-\beta)(x+\beta)}\right]$$
$$=\sum_{i=0}^{k}\frac{C_{k+i}^{i}}{(-1)^{i}(\beta-\alpha)^{k+i+2}(x+\alpha)^{k-i+2}}+\sum_{i=0}^{k}\frac{C_{k+i}^{i}}{(-1)^{i}(\alpha-\beta)^{k+i+2}(x+\beta)^{k-i+2}}+$$
$$\sum_{i=0}^{k}\frac{C_{k+i}^{i}}{(-1)^{i+1}(\beta-\alpha)^{k+i+2}(x+\alpha)^{k-i+1}(x+\beta)}+$$
$$\sum_{i=0}^{k}\frac{C_{k+i}^{i}}{(-1)^{i+1}(\alpha-\beta)^{k+i+2}(x+\alpha)(x+\beta)^{k-i+1}}, \tag{3.4}$$

而

$$\sum_{i=0}^{k}\frac{C_{k+i}^{i}}{(-1)^{i+1}(\beta-\alpha)^{k+i+2}(x+\alpha)^{k-r+1}(x+\beta)}$$
$$=\frac{C_{k}^{0}}{(-1)^{1}(\beta-\alpha)^{k+2}}\left[\sum_{i=0}^{k}\frac{1}{(-1)^{i}(\beta-\alpha)^{i+1}(x+\alpha)^{k-i+1}}+\frac{1}{(\alpha-\beta)^{k+1}(x+\beta)}\right]+$$
$$\frac{C_{k+1}^{1}}{(-1)^{2}(\beta-\alpha)^{k+3}}\left[\sum_{i=0}^{k}\frac{1}{(-1)^{i}(\beta-\alpha)^{i+1}(x+\alpha)^{k-i}}+\frac{1}{(\alpha-\beta)^{k}(x+\beta)}\right]+\cdots+$$
$$\frac{C_{2k}^{k}}{(-1)^{k+1}(\beta-\alpha)^{2k+2}}\left[\frac{1}{(\beta-\alpha)(x+\alpha)}+\frac{1}{(\alpha-\beta)(x+\beta)}\right], \tag{3.5}$$

$$\sum_{i=0}^{k}\frac{C_{k+i}^{i}}{(-1)^{i+1}(\alpha-\beta)^{k+i+2}(x+\alpha)(x+\beta)^{k-i+1}}$$

$$=\frac{C_k^0}{(-1)^1(\alpha-\beta)^{k+2}}\left[\sum_{i=0}^{k}\frac{1}{(-1)^i(\alpha-\beta)^{i+1}(x+\beta)^{k-i+1}}+\frac{1}{(\beta-\alpha)^{k+1}(x+\alpha)}\right]+$$

$$\frac{C_{k+1}^1}{(-1)^2(\alpha-\beta)^{k+3}}\left[\sum_{i=0}^{k}\frac{1}{(-1)^i(\alpha-\beta)^{i+1}(x+\beta)^{k-i}}+\frac{1}{(\beta-\alpha)^{k}(x+\alpha)}\right]+\cdots+$$

$$\frac{C_{2k}^k}{(-1)^{k+1}(\beta-\alpha)^{2k+2}}\left[\frac{1}{(\beta-\alpha)(x+\alpha)}+\frac{1}{(\alpha-\beta)(x+\beta)}\right], \tag{3.6}$$

将(3.5)(3.6)代入(3.4),整理得

$$\frac{C_k^0}{(-1)^0(\beta-\alpha)^{k+2}(x+\alpha)^{k+2}}+\frac{C_k^0+C_{k+1}^1}{(-1)^1(\beta-\alpha)^{k+3}(x+\alpha)^{k+1}}+$$

$$\frac{C_k^0+C_{k+1}^1+C_{k+2}^2}{(-1)^2(\beta-\alpha)^{k+4}(x+\alpha)^{k}}+\cdots+\frac{C_k^0+C_{k+1}^1+\cdots+C_{2k}^k}{(-1)^k(\beta-\alpha)^{2k+2}(x+\alpha)^2}+$$

$$\frac{2(C_k^0+C_{k+1}^1+\cdots+C_{2k}^k)}{(-1)^{k+1}(\beta-\alpha)^{2k+3}(x+\alpha)}+\frac{C_k^0}{(-1)^0(\alpha-\beta)^{k+2}(x+\beta)^{k+2}}+$$

$$\frac{C_k^0+C_{k+1}^1}{(-1)^1(\alpha-\beta)^{k+3}(x+\beta)^{k+1}}+\frac{C_k^0+C_{k+1}^1+C_{k+2}^2}{(-1)^2(\alpha-\beta)^{k+4}(x+\beta)^{k}}+\cdots+$$

$$\frac{C_k^0+C_{k+1}^1+\cdots+C_{2k}^k}{(-1)^k(\alpha-\beta)^{2k+2}(x+\beta)^2}+\frac{2(C_k^0+C_{k+1}^1+\cdots+C_{2k}^k)}{(-1)^{k+1}(\alpha-\beta)^{2k+3}(x+\beta)}$$

$$=\sum_{i=0}^{k+1}\frac{C_{k+i+1}^{i}}{(-1)^i(\beta-\alpha)^{k+i+2}(x+\alpha)^{k-i+2}}+$$

$$\sum_{i=0}^{k+1}\frac{C_{k+i+2}^{i}}{(-1)^i(\alpha-\beta)^{k+i+2}(x+\beta)^{k-i+2}}.$$

由归纳法原理,(3.3)得证.

(3.3)可推广到 $m,n\in\mathbf{N}^*$ 的情形.

定理 2

$$\frac{1}{(x+\alpha)^m(x+\beta)^n}$$

$$=\sum_{i=0}^{m-1}\frac{C_{n+i-1}^{i}}{(-1)^i(\beta-\alpha)^{n+i}(x+\alpha)^{m-i}}+\sum_{i=0}^{n-1}\frac{C_{m+i-1}^{i}}{(-1)^i(\alpha-\beta)^{m+i}(x+\beta)^{n-i}}, \tag{3.7}$$

其中,$m,n\in\mathbf{N}^*$, $\alpha\neq\beta$.

证明 若 $m=n$,则引理 2 已证. 故不妨设 $m>n$,则

$$\frac{1}{(x+\alpha)^m(x+\beta)^n}=\frac{1}{(x+\alpha)^n(x+\beta)^m}\cdot\frac{1}{(x+\alpha)^{m-n}}.$$

对 $m-n=k(k\in\mathbf{N}^*)$用数学归纳法仿引理 1 和引理 2 的证明方法即可得证.

利用(3.7),则不定积分(3.1)的计算可得到完满的解决

$$\int\frac{\mathrm{d}x}{(x+\alpha)^m(x+\beta)^n}=\sum_{i=0}^{m-2}\frac{\mathrm{C}_{n+i-1}^{i}}{(-1)^i(1+i-m)(\beta-\alpha)^{n+i}(x+\alpha)^{m-i-1}}+$$

$$\sum_{i=0}^{n-2}\frac{\mathrm{C}_{m+i-1}^{i}}{(-1)^i(1+i-n)(\alpha-\beta)^{m+i}(x+\beta)^{n-i-1}}+$$

$$\frac{1}{(-1)^{m-1}(\beta-\alpha)^{n+m-1}}(\mathrm{C}_{n+m-2}^{m-1}\ln|x+\alpha|-\mathrm{C}_{n+m-2}^{n-1}\ln|x+\beta|)+C.$$

下面,我们将(3.1)加以推广.

(1) 计算

$$\int\frac{\mathrm{d}t}{(t^k+\alpha)^m(t^k+\beta)^n}\ (m,n\in\mathbf{N}^*,\alpha\neq\beta)$$

时,可利用(3.7)进行分解,这只需将 $x=t^k$ 代入(3.7)即可. 易验证(3.7)对 $x=t^k$ 也成立.

例 2 计算 $\int\frac{\mathrm{d}t}{t^6(1+t^2)}$.

解 在(3.7)中,取 $\alpha=0,\beta=1,m=3,n=1$,则有

$$\frac{1}{x^3(1+x)}=\frac{1}{x^3}-\frac{1}{x^2}+\frac{1}{x}-\frac{1}{1+x}.$$

设 $x=t^2$,则有

$$\frac{1}{t^6(1+t^2)}=\frac{1}{t^6}-\frac{1}{t^4}+\frac{1}{t^2}-\frac{1}{1+t^2}.$$

所以,

$$\int\frac{\mathrm{d}t}{t^6(1+t^2)}=-\frac{1}{5t^5}+\frac{1}{3t^3}-\frac{1}{t}-\arctan t+C.$$

(2) 计算

$$\int\frac{\mathrm{d}t}{(t^2+kt+\alpha)^m(t^2+kt+\beta)^n}\ (m,n\in\mathbf{N}^*,\alpha\neq\beta)$$

时,也可以利用(3.7)进行分解,这只需将 $x=t^2+kt$ 代入(3.7)即可. 易验证(3.7)对 $x=t^2+kt$ 也成立.

例 3 计算 $\int\frac{\mathrm{d}t}{(t^2+4t+3)^2(t^2+4t+5)}$.

解 在(3.7)中,取 $\alpha=3,\beta=5,m=2,n=1$,则有

$$\frac{1}{(x+3)^2(x+5)}=\frac{1}{2(x+3)^2}-\frac{1}{4(x+3)}+\frac{1}{4(x+5)}.$$

设 $x=t^2+4t$,则

$$\frac{1}{(t^2+4t+3)^2(t^2+4t+5)}$$

$$=\frac{1}{2(t+3)^2(t+1)^2}-\frac{1}{4(t+3)(t+1)}+\frac{1}{4[1+(t+2)^2]}.\qquad(3.8)$$

再利用(3.7),则(3.8)化为

$$\frac{1}{8(t+3)^2}+\frac{1}{4(t+3)}+\frac{1}{8(t+1)^2}-\frac{1}{4(t+1)}+\frac{1}{4[1+(t+2)^2]}.$$

所以 $\int\frac{\mathrm{d}t}{(t^2+4t+3)^2(t^2+4t+5)}$

$$=-\frac{1}{8(t+3)}-\frac{1}{8(t+1)}+\frac{1}{4}\ln\left|\frac{t+3}{t+1}\right|+\frac{1}{2}\arctan(t+2)+C.$$

(3) 计算

$$\int\frac{f(x)\,\mathrm{d}x}{(x+\alpha)^m(x+\beta)^n}\quad(m,n\in\mathbf{N}^*,\alpha\neq\beta,f(x)\text{ 是 }l\text{ 次多项式})$$

时,不妨设 $l<m+n$,则利用(3.7)可将被积函数分解为分式 $\frac{kf(x)}{(x+\alpha)^{m_i}}$ 和 $\frac{hf(x)}{(x+\beta)^{n_i}}$ 的线性组合,从而使原问题得到简化.

注 由于常系数线性微分方程可以应用 Laplace 变换的方法求解,如果像函数是某种类型的有理真分式,那么上述讨论的办法可平移到求解线性微分方程的过程之中,

笔者对赵慈庚先生为(1.1)命名表示感谢.

参考文献

[1] 华罗庚.从杨辉三角谈起.北京:人民教育出版社,1964.

[2] 柯召,魏万迪.组合论(上册).北京:科学出版社,1984.

[3] 中山大学数学力学系常微分方程组.常微分方程.北京:人民教育出版社,1978.

[4] 李仲来.介绍一种新的杨辉三角.数学通报,1987,(3):1-2,封底.

数学通报，
1988,(2):34-37.

由可重复组合数构成的组合三角

——杨辉三角的又一性质

Combination Triangle Consisting of Repeatable Combinations——A Property of the Yang Hui Triangle

从组合数学的观点，杨辉三角是由不可重复组合数构成的组合三角，本文讨论的是由可重复组合数构成的组合三角及其与二项式定理对应的结论和一些应用，进而讨论在某些限制条件下可重复组合三角的其他问题.

§1. 问题的提出

我们考虑杨辉三角. 杨辉三角是指下面的图形

$$
\begin{array}{ccccccccc}
 & & & & 1 & & & & \\
 & & & 1 & & 1 & & & \\
 & & 1 & & 2 & & 1 & & \\
 & 1 & & 3 & & 3 & & 1 & \\
1 & & 4 & & 6 & & 4 & & 1 \\
 & & & & \cdots\cdots & & & &
\end{array}
\tag{1.1}
$$

把(1.1)换成另一种写法，即全部元素均写为组合数的形式

$$
\begin{array}{ccccccccc}
 & & & & C_0^0 & & & & \\
 & & & C_1^0 & & C_1^1 & & & \\
 & & C_2^0 & & C_2^1 & & C_2^2 & & \\
 & C_3^0 & & C_3^1 & & C_3^2 & & C_3^3 & \\
C_4^0 & & C_4^1 & & C_4^2 & & C_4^3 & & C_4^4 \\
 & & & & \cdots\cdots & & & &
\end{array}
\tag{1.1}'
$$

(第 $2n$ 行)$C_{2n}^0 \quad C_{2n}^1 \quad C_{2n}^2 \quad \cdots \quad C_{2n}^n \quad \cdots \quad C_{2n}^{2n-2} \quad C_{2n}^{2n-1} \quad C_{2n}^{2n}$

……

其中 $C_n^r=\dfrac{n!}{r!\ (n-r)!}$;中央一列元素 $C_0^0,C_2^1,C_4^2,\cdots,C_{2n}^n\cdots$称为(1.1)的中轴线或中峰线:中轴线之右第 i 列元素 $C_{0+i}^{0+i},C_{2+i}^{1+i},C_{4+i}^{2+i},\cdots,C_{2n+i}^{n+i},\cdots$称为(1.1)的右 i 列($i\in\mathbf{N}^*$);右边缘斜排的一串数 $C_0^0,C_1^1,C_2^2,\cdots,C_k^k,\cdots$称为(1.1)的右腰;和它同向斜排的各串 $C_i^0,C_{i+1}^1,C_{i+2}^2,\cdots,C_{i+k}^k,\cdots(i\in\mathbf{N})$都称为右腰平行线,而 $C_i^0(i\in\mathbf{N})$称为该右腰平行线的始点;类似地,可定义左 i 列、左腰、左腰平行线及其始点.

(1.1)中第 n 行的 $n+1$ 个元素恰为从 n 个不同的元素中取其 $0,1,2,\cdots,n$ 个的无重复组合数. 所以,杨辉三角是由无重复组合数构成的组合三角. 自然地,可提出如下问题:是否存在着一种组合三角,它的第 n 行是由 n 个不同的元素中取 $0,1,2,\cdots$个的可重复组合数呢?

§2. 由可重复组合数构成的组合三角

关于可重组合数有一条定理是

定理 1 设 F_n^r 表从 n 个不同的元素中每次取 r 个,而每个元素容许重复且最多重复 r 次的组合数(称为 r 可重组合数,$r\in\mathbf{N}$),则

$$F_n^r=C_{n+r-1}^r(\text{规定 } F_n^0=C_{n-1}^0=1).$$

例如,设 $A=\{a,b,c\}$,则 $n=3$.

$F_3^1=C_{3+1-1}^1=C_3^1=3$ 个,即 a,b,c;

$F_3^2=C_{3+2-1}^2=C_4^2=6$ 个,即 aa,bb,cc,ab,ac,bc;

$F_3^3=C_{3+3-1}^3=C_5^3=10$ 个,即 $aaa,bbb,ccc,aab,aac,abb,acc,bcc,bbc,abc$;

$F_3^4 = \mathrm{C}_{3+4-1}^4 = \mathrm{C}_6^4 = 15$ 个，即 $aaaa$，$bbbb$，$cccc$，$aaab$，$aaac$，$abbb$，$bbbc$，$accc$，$bccc$，$aabb$，$aabc$，$aacc$，$abbc$，$bbcc$，$abcc$；

……

现在回答上面提出的问题.

可重组合三角是指下面的图形

$$\begin{array}{ccccccccc} & & & 1 & 1 & 1 & 1 & \cdots & \\ & & 1 & 2 & 3 & 4 & 5 & \cdots & \\ & 1 & 3 & 6 & 10 & 15 & 21 & \cdots & \\ 1 & 4 & 10 & 20 & 35 & 56 & 84 & \cdots & \\ & & & & \cdots\cdots & & & & \end{array} \tag{2.1}$$

或

$$\begin{array}{cccccccccc} & & & \mathrm{C}_0^0 & \mathrm{C}_1^1 & \mathrm{C}_2^2 & \cdots & \mathrm{C}_j^j & \cdots \\ & & \mathrm{C}_1^0 & \mathrm{C}_2^1 & \mathrm{C}_3^2 & \mathrm{C}_4^3 & \cdots & \mathrm{C}_{j+2}^{j+1} & \cdots \\ & \mathrm{C}_2^0 & \mathrm{C}_3^1 & \mathrm{C}_4^2 & \mathrm{C}_5^3 & \mathrm{C}_6^4 & \cdots & \mathrm{C}_{j+4}^{j+2} & \cdots \\ \mathrm{C}_3^0 & \mathrm{C}_4^1 & \mathrm{C}_5^2 & \mathrm{C}_6^3 & \mathrm{C}_7^4 & \mathrm{C}_8^5 & \cdots & \mathrm{C}_{j+6}^{j+3} & \cdots \\ & & & & \cdots\cdots & & & & \end{array} \tag{2.1$'$}$$

$$\mathrm{C}_n^0 \quad \mathrm{C}_{n+1}^1 \quad \mathrm{C}_{n+2}^2 \quad \cdots \quad \mathrm{C}_{2n-1}^{n-1} \quad \mathrm{C}_{2n}^n \quad \mathrm{C}_{2n+1}^{n+1} \quad \mathrm{C}_{2n+2}^{n+2} \quad \cdots \quad \mathrm{C}_{2n+j}^{n+j} \quad \cdots$$

$$\cdots\cdots$$

性质 1 将(1.1)′中每条右腰平行线上的元素逐个向上推移，使它们都与始点平列，排成横行，则(1.1)′化为(2.1)′. 反之，易由(2.1)′得(1.1)′.

性质 2 $\mathrm{C}_{n+r-1}^r = \mathrm{C}_{n+r-2}^{r-1} + \mathrm{C}_{n+r-2}^r$.（$n=2,3,\cdots,r\in\mathbf{N}^*$）

性质 3 $\mathrm{C}_r^0 + \mathrm{C}_{r+1}^1 + \mathrm{C}_{r+2}^2 + \cdots + \mathrm{C}_{2r}^r + \mathrm{C}_{2r+1}^{r+1} = \mathrm{C}_{2r+2}^{r+1}$.（$r\in\mathbf{N}$）

性质 4 (2.1)′中每一行上的组合数从左到右是递增的，除第一行以外，都是严格递增的，即

$$\mathrm{C}_{n-1}^0 < \mathrm{C}_n^1 < \mathrm{C}_{n+1}^2 < \cdots < \mathrm{C}_{n+r-1}^r < \cdots.$$

可重复组合数在组合数学中已有大量的应用，具体见于[2][3]各书. 不再讨论.

与杨辉三角有直接联系的是著名的二项式定理. 与可重复组合数构成的组合三角相关联的是二项式级数.

定理 2

$$(1-x)^{-(n+1)}=\sum_{r=0}^{+\infty}\mathrm{C}_{n+r}^{r}x^{r}.\ (|x|<1,n\in\mathbf{N})\qquad(2.2)$$

证明可参考有关的数学分析书,从略.

依次取 $n\in\mathbf{N}$,则(2.2)右端关于 x 的各项系数即为(2.1)′.

(2.2)在高等数学中的用途是大量的,讨论略去.

§3. 在有限制条件下由可重复组合数构成的组合三角

从 n 个不同的元素中取 r 个进行无重复组合,一般要限制 $r\leqslant n$,若 $r>n$,则规定 $\mathrm{C}_n^r=0$. 在可重复组合情形下,可重复组合数 C_{n+r-1}^r 里的 r 可以是任意非负整数. 进一步,可考虑:如果对 r 加以下限制,固定 $i(0\leqslant i\leqslant j)$,取 $r\leqslant n+i(n\geqslant1)$,换句话说,即在(2.1)′中,$j$ 是有限的非负整数,那么组合三角

$$\begin{array}{ccccccccc}
 & & & & \mathrm{C}_0^0 & \mathrm{C}_1^1 & \cdots & \mathrm{C}_j^j \\
 & & & \mathrm{C}_1^0 & \mathrm{C}_2^1 & \mathrm{C}_3^2 & \cdots & \mathrm{C}_{j+2}^{j+1} \\
 & & \mathrm{C}_2^0 & \mathrm{C}_3^1 & \mathrm{C}_4^2 & \mathrm{C}_5^3 & \cdots & \mathrm{C}_{j+4}^{j+2} \\
 & \mathrm{C}_3^0 & \mathrm{C}_4^1 & \mathrm{C}_5^2 & \mathrm{C}_6^3 & \mathrm{C}_7^4 & \cdots & \mathrm{C}_{j+6}^{j+3} \\
 & & & & \cdots\cdots & & & \\
\mathrm{C}_n^0 & \mathrm{C}_{n+1}^1 & \cdots & \mathrm{C}_{2n-1}^{n-1} & \mathrm{C}_{2n}^n & \mathrm{C}_{2n+1}^{n+1} & \cdots & \mathrm{C}_{2n+j}^{n+j} \\
 & & & & \cdots\cdots & & &
\end{array}\qquad(3.1)$$

显然存在.

易见,(3.1)也可由(1.1)′的各右腰平行线截至右 j 列之间的元素依次向上推移到使与该平行线始点平列而成.

类似于上段(2.2)的讨论,应存在某类函数,其某种展开式的系数是(3.1).有

定理 3 固定 $j(0\leqslant j\leqslant k)$,则

$$\frac{1}{(x+\alpha)^{n+j}(x+\beta)^n}-\sum_{i=0}^{n-1}\frac{\mathrm{C}_{n+i+j-1}^{i}}{(-1)^i(\alpha-\beta)^{n+i+j}(x+\beta)^{n-i}}$$

$$=\sum_{i=0}^{n+j-1}\frac{\mathrm{C}_{n+i-1}^{i}}{(-1)^i(\beta-\alpha)^{n+i}(x+\alpha)^{n-i+j}}.\ (\alpha\neq\beta,n\in\mathbf{N}^*)\qquad(3.2)$$

证明可参见[5].

在(3.2)中,依次取 $n\in\mathbf{N}^*$,则(3.2)右端关于

$$[(-1)^{i}(\beta-\alpha)^{n+i}(x+\alpha)^{n-i+j}]^{-1}$$

的各项系数即为(3.1).

在由可重复组合数构成的组合三角中,除(2.1)和(3.1)外,还有别的组合三角.事实上,双进组合三角(即[4]中新的杨辉三角),就是一种由可重复组合数构成的组合三角.它也可看作(3.1)中取 $j=0$ 构成的两个相同的组合三角拼凑而成.

§4. 结语

从不同的角度认识杨辉三角,可得出不同的组合三角.在(1.1)中,从左往右的元素按行依次构成由不可重复组合数形成的组合三角;从左上方依右腰平行线到右下方的元素依次构成由可重复组合数形成的组合三角;从左上角依右腰平行线到右下方的右 j 列之间的元素依次构成有限制的可重组合三角. 因此,可以看出,由不可重复数构成的组合三角与由可重复数构成的组合三角在同一个三角图形内的内在联系与区别.

参考文献

[1] 华罗庚.从杨辉三角谈起.北京:人民教育出版社,1964.

[2] 柯召,魏万迪.组合论(上册).北京:科学出版社,1984.

[3] 周振黎,康泰.组合数学.重庆:重庆大学出版社,1986.

[4] 李仲来.介绍一种新的杨辉三角.数学通报,1987,(3):1-2,封底.

[5] 李仲来.双进组合三角在计算不定积分中的应用.数学的实践与认识,1988,(1):79-86.

数学通报，
1988,(6):21-23.

I. J. Matrix 定理及推广
——初中代数中两个习题的引申
I. J. Matrix Theorem and Extension
——Extension of Two Exercises in Junior Algebra

初中数学第 2 册第 180 页第 2(5)题和第 4 册第 208 页第 9(4)题(中小学通用教材数学编写组,编. 全日制十年制学校初中课本,数学,第 2 册,第 4 册. 北京:人民教育出版社,1978),是分别计算

$$\frac{a}{(a-b)(a-c)}+\frac{b}{(b-c)(b-a)}+\frac{c}{(c-a)(c-b)}$$

及

$$\frac{a^2}{(a-b)(a-c)}+\frac{b^2}{(b-c)(b-a)}+\frac{c^2}{(c-a)(c-b)}.$$

首先,我们注意到,这两个式子关于 a,b,c 是轮换对称的. 其次,两式的变化仅是分子中 a,b,c 的幂次不同. 进一步,我们考虑下面的问题:若 a,b,c 的幂次均做相同的变化,会出现什么结论. 试计算一下,我们可以依次求出

$$\frac{1}{(a-b)(a-c)}+\frac{1}{(b-c)(b-a)}+\frac{1}{(c-a)(c-b)}=0,$$

$$\frac{a}{(a-b)(a-c)}+\frac{b}{(b-c)(b-a)}+\frac{c}{(c-a)(c-b)}=0,$$

$$\frac{a^2}{(a-b)(a-c)}+\frac{b^2}{(b-c)(b-a)}+\frac{c^2}{(c-a)(c-b)}=1,$$

$$\frac{a^3}{(a-b)(a-c)}+\frac{b^3}{(b-c)(b-a)}+\frac{c^3}{(c-a)(c-b)}=a+b+c.$$

以上结果是欧·乔·马特里克(I. J. Matrix)博士在某天的傍晚发现的. 上述结论是非偶然?能否推广到更一般的情况?这是在计算一些数学题目时应该想到的问题. 事实上,这是一般定理的一个特殊情况. 将上面结果推广为

定理 1 设 $x_1,x_2,\cdots,x_n$ 是 n 个互不相同的数,则

$$\sum_{j=1}^{n}\frac{x_j^r}{\prod\limits_{\substack{1\leqslant k\leqslant n\\ k\neq j}}(x_j-x_k)}=\begin{cases}0, & 0\leqslant r<n-1,\\ 1, & r=n-1,\\ \sum\limits_{j=1}^{n}x_j, & r=n,\end{cases}\tag{1}$$

其中 $r\in\mathbf{N}$.

证明 对 n 用数学归纳法证明.

显然,当 $n=1$ 时(1)成立.

设对 $n-1$ 时有

$$\sum_{j=1}^{n-1}\frac{x_j^r}{\prod\limits_{\substack{1\leqslant k\leqslant n-1\\ k\neq j}}(x_j-x_k)}=\begin{cases}0, & 0\leqslant r<n-2,\\ 1, & r=n-2,\\ \sum\limits_{j=1}^{n-1}x_j, & r=n-1.\end{cases}\tag{2}$$

(ⅰ)先考虑 $0\leqslant r\leqslant n-1$,

$$\begin{aligned}&\sum_{j=1}^{n}\frac{x_j^r}{\prod\limits_{\substack{1\leqslant k\leqslant n\\ k\neq j}}(x_j-x_k)}\\
&=\frac{1}{x_n-x_{n-1}}\cdot\left[\sum_{j=1}^{n}\frac{x_j^r(x_j-x_{n-1})}{\prod\limits_{\substack{1\leqslant k\leqslant n\\ k\neq j}}(x_j-x_k)}-\sum_{j=1}^{n}\frac{x_j^r(x_j-x_n)}{\prod\limits_{\substack{1\leqslant k\leqslant n\\ k\neq j}}(x_j-x_k)}\right]\\
&=\frac{1}{x_n-x_{n-1}}\left[\left(\frac{x_1^r}{\prod\limits_{\substack{1\leqslant k\leqslant n\\ k\neq 1,n-1}}(x_1-x_k)}+\frac{x_2^r}{\prod\limits_{\substack{1\leqslant k\leqslant n\\ k\neq 2,n-1}}(x_2-x_k)}+\cdots+\right.\right.\\
&\left.\frac{x_{n-2}^r}{\prod\limits_{\substack{1\leqslant k\leqslant n\\ k\neq n-2,n-1}}(x_{n-2}-x_k)}+\frac{x_n^r}{\prod\limits_{\substack{1\leqslant k\leqslant n\\ k\neq n,n-1}}(x_n-x_k)}\right)-\left(\frac{x_1^r}{\prod\limits_{\substack{1\leqslant k<n\\ k\neq 1}}(x_1-x_k)}+\right.\\
&\left.\left.\frac{x_2^r}{\prod\limits_{\substack{1\leqslant k<n\\ k\neq 2}}(x_2-x_k)}+\cdots+\frac{x_{n-2}^r}{\prod\limits_{\substack{1\leqslant k<n\\ k\neq n-2}}(x_{n-2}-x_k)}+\frac{x_{n-1}^r}{\prod\limits_{\substack{1\leqslant k<n\\ k\neq n-1}}(x_{n-1}-x_k)}\right)\right]\end{aligned}$$

$$\xlongequal{\text{利用(2)}}\frac{1}{x_n-x_{n-1}}\times\left[\begin{cases}0, & 0\leqslant r<n-2,\\ 1, & r=n-2,\\ x_1+x_2+\cdots+x_{n-2}+x_n, & r=n-1,\end{cases}\right.-$$

$$\left.\begin{cases}0, & 0\leqslant r<n-2,\\ 1, & r=n-2,\\ x_1+x_2+\cdots+x_{n-2}+x_{n-1}, & r=n-1,\end{cases}\right]$$

$$=\begin{cases}0, & 0\leqslant r<n-1,\\ 1, & r=n-1.\end{cases}$$

（ⅱ）当 $r=n$ 时，考虑

$$0=\sum_{j=1}^{n}\frac{\prod\limits_{1\leqslant k\leqslant n}(x_j-x_k)}{\prod\limits_{\substack{1\leqslant k\leqslant n\\ k\neq j}}(x_j-x_k)}=\sum_{j=1}^{n}\frac{x_j^n-(x_1+x_2+\cdots+x_n)x_j^{n-1}+p(x_j)}{\prod\limits_{\substack{1\leqslant k\leqslant n\\ k\neq j}}(x_j-x_k)},$$

其中 $p(x_j)$ 是一个 $n-2$ 次多项式，将上式变形并利用（ⅰ）得

$$\sum_{j=1}^{n}\frac{x_j^n}{\prod\limits_{\substack{1\leqslant k\leqslant n\\ k\neq j}}(x_j-x_k)}$$

$$=(x_1+x_2+\cdots+x_n)\sum_{j=1}^{n}\frac{x_j^{n-1}}{\prod\limits_{\substack{1\leqslant k\leqslant n\\ k\neq j}}(x_j-x_k)}+\sum_{j=1}^{n}\frac{p(x_j)}{\prod\limits_{\substack{1\leqslant k\leqslant n\\ k\neq j}}(x_j-x_k)}$$

$$=(x_1+x_2+\cdots+x_n)\cdot 1+0=x_1+x_2+\cdots+x_n.$$

综合（ⅰ）（ⅱ）及归纳法原理，(1)得证，

上面的这些公式，无论从方法上，还是技巧上，都是很有用处的，它是计算方法中“除法差分”的基础. 关于这方面的知识，我们不再介绍.

以下我们用复变函数理论证明(1). 它稍逊初等，但尤为漂亮. 不熟悉复变理论的读者只需注意下面的结论即可.

另证 利用留数定理，有

$$\sum_{j=1}^{n}\frac{x_j^r}{\prod\limits_{\substack{1\leqslant k\leqslant n\\ k\neq j}}(x_j-x_k)}=\frac{1}{2\pi\mathrm{i}}\int_{|z|=R}\frac{z^r\,\mathrm{d}z}{(z-x_1)(z-x_2)\cdots(z-x_n)},$$

其中 $R>\max\limits_{1\leqslant i\leqslant n}\{|x_i|\}$，$f(z)=\dfrac{z^r}{(z-x_1)(z-x_2)\cdots(z-x_n)}$，

则 $f(z)$ 的罗朗(Laurent)展开式在 $|z|=R$ 上一致收敛. 由

$$f(z)=z^{r-n}\left(\frac{1}{1-\frac{x_1}{z}}\right)\left(\frac{1}{1-\frac{x_2}{z}}\right)\cdots\left(\frac{1}{1-\frac{x_n}{z}}\right)$$

$$=z^{r-n}+(x_1+x_2+\cdots+x_n)z^{r-n-1}+(x_1^2+x_1x_2+\cdots)z^{r-n-2}+\cdots \tag{3}$$

逐项积分，由 $\frac{1}{2\pi \mathrm{i}}\int_{|z|=R}\frac{\mathrm{d}z}{z}=1$，故除 z^{-1} 的系数外，一切全都为零，故(1)得证.

利用上述方法及(3)，还可得到对任意 $r\in\mathbf{N}$ 的一般公式

$$\sum_{j=1}^{n}\frac{x_j^r}{\prod\limits_{\substack{1\leqslant k\leqslant n\\ k\neq j}}(x_j-x_k)}=\begin{cases}0, & 0\leqslant r<n-1,\\ \sum\limits_{\substack{j_1+j_2\cdots+j_n=r-n+1\\ j_1,j_2,\cdots,j_n\geqslant 0}}x_1^{j_1}x_2^{j_2}\cdots x_n^{j_n}, & r\geqslant n-1.\end{cases} \tag{4}$$

(其中，$\sum x_1^{j_1}x_2^{j_2}\cdots x_n^{j_n}$ 中的 $j_1,j_2,\cdots,j_n$ 是由满足不定方程 $j_1+j_2+\cdots+j_n=r-n+1$ 的非负整数解确定. 可以证明，其非负整数解的个数是 C_r^{r-n+1}，$r=n-1,n,n+1;\cdots$. 具体可参看[2]).

在定理的另证过程中，发现(1)的更深刻的结论，这是又一收获！显然，若用初等数学的方法得到对任意自然数均成立的(4)，将要花费多大的力气.

另外，定理 1 还可以利用高等代数中的多项式理论或行列式理论证明，在这里我们就不一一列举了.

作为本文的结束，我们再对 (4)作一个推广.

定理 2 设 $x_1,x_2,\cdots,x_n$ 是 n 个不为零的且互不相同的数，则

$$\sum_{j=1}^{n}\frac{x_j^r}{\prod\limits_{\substack{1\leqslant k\leqslant n\\ k\neq j}}(x_j-x_k)}=\frac{(-1)^{n-1}}{\prod\limits_{1\leqslant j\leqslant n}x_j}.\quad (r=-1) \tag{5}$$

证明 由数学归纳法可以证明

$$\frac{1}{\prod\limits_{1\leqslant j\leqslant n}(x+x_j)}=\sum_{j=1}^{n}\frac{1}{\prod\limits_{\substack{1\leqslant k\leqslant n\\ k\neq j}}(x_i-x_j)(x+x_j)}. \tag{6}$$

在(6)中取 $x=0$，整理即得(5).

参考文献

[1] Knuth D E. The art of computer programming, Vol. 1, Second edition. Addison-Wesley Publishers. Company, 1973: 34-35.

[2] 周振黎，康泰. 组合数学. 重庆：重庆大学出版社，1986：13-15.

注 1986 年秋的某一天，在乔洪文老师宿舍聊天. 我问，您现在干什么？他说，在备计算机课. 我说，我看看您备课的参考书. 我翻阅他的英文参考书. 1987 年 3 月，我在景山学校带 1987 届数学系本科生教育实习. 听完七年级(初中一年级)的课后，又去听八年级的课. 听课时翻看教材，看到两个年级的教材各有一个很类似的习题，想到在乔老师宿舍看到的参考书，即 D. E. Knuth 著 *The art of computer programming* 第 1 卷(第 2 版)有一个很类似的习题. 我将这个习题写给景山学校的老师看，问是否见过这个习题. 她们说，没有见过. 我将此习题和七、八年级数学课本看到的习题连在一起，写一篇短文《I. J. Matrix 定理及推广——初中代数中两个习题的引申》，做一个推广，在《数学通报》1988 年第 6 期发表. 未想到，这篇短文引发一系列推广，在中国知网上被 12 篇推广引用，感觉动静有点大.

《I. J. Matrix 定理的再推广》被收录到朱玉杨著《基础数论中一些问题的研究》(中国科学技术大学出版社，2017)第 4 章第 4.9 节第 199-201 页.

其他的几篇文章也涉及同一问题，例如：

杨学枝. 关于分式的“欧拉公式”的推广. 数学通讯，1988，(10)：4-5.

简超. Lagrange 公式的应用. 数学通讯，1989，(7)：3-5.

王进一，朱泓霖. 欧拉公式的推广与证明. 2016 年丘成桐中学数学奖优胜奖论文.

陈佑盈. 一个关于齐次对称多项式的恒等式. 数学传播，2019，43(3)：63-68.

还有网站“和乐数学，2020-10-24”中，林开亮和刘建新的《从矩阵博士的代数等式谈起》文称，自 1988 年起，国内至少有 15 篇文章讨论其推广. 最早的一篇似乎是李仲来老师 1988 年发表于《数学通报》的文章《I. J. Matrix 定理及推广——初中代数中两个习题的引申》.

惠昌常说，我的文章有很多推广，建议我把这些论文汇总，写一篇综述论文.

这篇文章引出几个有趣的问题. 第一，Matrix 定理，翻译为矩阵定理，是谁用数学的名词定义为论文作者？林开亮称，姓名的全称是 Irving Joshua Matrix. 第二，Matrix 是一个笔名，作者是谁？林开亮论证称，Matrix 是加德纳 1959 年虚构的一个人物而已. 第三，在网站“和乐数学”“lpl 求知获识，2021-12-09”中说，1994 年，《美国数学月刊》创刊 100 周年之际，美国数学协会出版了一本书，意译过来就是《月刊一百年》. 编者 John Ewing 选取了《美国数学月刊》100 年来刊登的近 100 篇文章，以让读者对《月刊》过去的一百年有大致的了解. 这里照猫画虎，林开亮《推荐 85 年历史〈数学通报〉上的 85 篇好文章》文，《I. J. Matrix 定理及推广——初中代数中两个习题的引申》排在第 32 篇.

(2022 年 10 月加注)

教育理论与实践,
1990,10(6):53-55.

教育评价中确定因素权重的两种方法①

Two Methods of Determining the Weight of Factors in Education Evaluation

§ 1.

在"教育评价中诸因素权重的确定"[1]一文中讨论了教育评价中诸因素如何确定权重的问题.即假定我们的评价对象涉及 n 个因素,由 m 个评委(专家)对这些因素的重要程度进行评定.认为最重要的因素就记为 1,认为第二重要的因素就记为 2,…,最不重要的因素记为 n.要求每一位评委对 n 个因素按其重要程度进行排序,每一个因素排在第几位的序号数又叫该因素的秩.把 m 个评委所给的秩加起来所得结果叫作该因素的秩和,用字母 R 表示.第 j 个因素的秩和用 R_j 表示.若用 α_j 表示第 j 个因素的权重,则[1]中得到权重分配的计算公式为

$$\alpha_j = \frac{2[m(1+n) - R_j]}{mn(1+n)}, \tag{1.1}$$

其中 m 为评委人数,n 为因素个数,R_j 为第 j 个因素的秩和($j=1,2,\cdots,n$).本文将其推广,得到两种确定因素权重的一般方法.

§ 2.

本节将(1.1)中的因素排序推广为间距不等的情形.(1.1)中要求评

① 本文与程书肖合作.

委对被评对象涉及的因素,按其重要程度依 1,2,…,n 的等距顺序进行排序,实际情况中并非均如此,例如,某评委认为两个或三个因素同等重要如何排序呢?类似体育比赛中排序的方法,我们认为可以这样排序:取同等重要的因素应占顺序号的平均数作为其序号数.假如第 3 个、第 4 个因素同等重要、其序号数就均取为(3+4)÷2=3.5,因素排序号为 1,2,3.5,3.5,5,6,…. 这就属于排序间距不等的情形.我们考虑其一般情形.

设评价对象涉及的因素依次为 $A_1,A_2,\cdots,A_n$,m 个评委的编号为 1,2,…,m,第 i 个评委对 n 个因素的评价依次为

$$a_{i1},a_{i2},\cdots,a_{in},\ (i=1,2,\cdots,m) \tag{2.1}$$

其中

$$1\leqslant a_{ij}\leqslant n,\ (i=1,2,\cdots,m;\ j=1,2,\cdots,n)$$

$$\sum_{j=1}^{n}a_{ij}=\frac{n(n+1)}{2},\ (i=1,2,\cdots,m) \tag{2.2}$$

则评价矩阵 $\mathbf{A}=(a_{ij})_{mn}$ 可写成表 2.1.记

$$R_j=\sum_{i=1}^{m}a_{ij},$$

表 2.1

	A_1	A_2	…	A_n	合 计
1	a_{11}	a_{12}	…	a_{1n}	$\frac{n(n+1)}{2}$
2	a_{21}	a_{22}	…	a_{2n}	$\frac{n(n+1)}{2}$
…	…	…	…	…	…
i	a_{i1}	a_{i2}	…	a_{in}	$\frac{n(n+1)}{2}$
…	…	…	…	…	…
m	a_{m1}	a_{m2}	…	a_{mn}	$\frac{n(n+1)}{2}$
秩和 R_j	$\sum_{i=1}^{m}a_{i1}$	$\sum_{i=1}^{m}a_{i2}$	…	$\sum_{i=1}^{m}a_{in}$	$\frac{mn(n+1)}{2}$

用 α_j 表第 j 个因素的权重，则权重分配的计算公式仍为(1.1). 证明与[1]类似，从略.

需要指出的是，(2.2)的意义为：第 i 个评委对因素的排序号的变化范围在 1 与 n 之间. 但无论怎样排序，序号之和，即(2.1)之和应为

$$1+2+\cdots+n=\frac{n(n+1)}{2}.$$

例 1 对某问题进行评价，评价因素取为 $A_1, A_2, \cdots, A_5$. 7 个评委对此问题进行调查后，得到评价矩阵表 2.2. 利用(1.1)计算因素权重见表 2.2 最后一行. 其显著性检验与[1]中方法相同，略去.

表 2.2

	A_1	A_2	A_3	A_4	A_5	合计
1	3	4	1.5	1.5	5	15
2	2.5	5	2.5	1	4	15
3	3.5	5	2	1	3.5	15
4	2	5	3	1	4	15
5	1	2	5	4	3	15
6	1	5	3	2	4	15
7	2.5	5	2.5	1	4	15
R_j	15.5	31	19.5	11.5	27.5	105
a_j	0.25	0.11	0.21	0.29	0.14	1.00

§ 3.

众所周知，由于评委们所从事的专业、经历、兴趣、爱好等各方面的原因，在确定因素顺序时，一般有某种偏爱. 在评价矩阵中，有时可明显看出某个评委与其他评委观点的差异. 以例 1 为例. 显然，第 5 个评委与其他评委的排序有较大差异. 为了排除这种差异，我们采取去掉一个最高序数和一个最低序数(类似于体育比赛中去掉裁判的一个最高分和一个最低分)的方法，用 α_j 表示第 j 个因素的权重，则权重分配的计算公式为

$$a_j=\frac{2[(m-2)(1+n)-R_j+\max\limits_{1\leqslant i\leqslant m}\{a_{ij}\}+\min\limits_{1\leqslant i\leqslant m}\{a_{ij}\}]}{n(1+n)(m-4)+2\sum\limits_{j=1}^{n}[\max\limits_{1\leqslant i\leqslant m}\{a_{ij}\}+\min\limits_{1\leqslant i\leqslant m}\{a_{ij}\}]}, \qquad (3.1)$$

其中 m 为评委人数，n 为因素个数，R_j 为第 j 个因素的秩和（$j=1,2,\cdots,n$），max 为最大，min 为最小，证明略去.

利用(3.1)，可得表 2.2 中 5 因素的权重，分别为

$$\alpha_1=0.25,\alpha_2=0.08,\alpha_3=0.22,\alpha_4=0.31,\alpha_5=0.14.$$

下面介绍一种利用(1.1)求得(3.1)的方法.

在表 2.2 中各列分别去掉一个最高序数和一个最低序数，其中 R'_j 为去掉两数后的秩和. 取 $m=7,n=5$，按(1.1)计算 α_j，再将 α_j 归一化，即得 5 因素的权重，其结果见表 3.1. 为区别 α_j 起见，归一化后的权重记为 α_j.

表 3.1

	A_1	A_2	A_3	A_4	A_5	合计
1	3	4	~~1.5~~	1.5	~~5~~	8.5
2	2.5	~~5~~	2.5	~~1~~	4	9.0
3	~~3.5~~	5	2	1	3.5	11.5
4	2	5	3	1	4	15.0
5	~~1~~	~~2~~	~~5~~	~~4~~	~~3~~	0.0
6	1	5	3	2	4	15.0
7	2.5	5	2.5	1	4	15.0
R'_j	11	24	13	6.5	19.5	74.0
α_j	0.253	0.080	0.226	0.313	0.140	1.013
α_j	0.25	0.08	0.22	0.31	0.14	1.00

§4.

在计算各因素的权重之前，需对评委们的评定结果进行显著性检验. 经确认评委们的意见基本上一致之后，可利用公式(1.1)进行权重分配. 若评委们的意见没有达到显著一致的程度，则利用公式(3.1)确定因素权重效果较好.

利用公式(1.1)确定评价矩阵（表 2.1）中各因素的权重，可利用表 4.1 来计算：

表 4.1

	A_1	A_2	…	A_n	合 计
1	b_{11}	b_{12}	…	b_{1n}	$\frac{n(n+1)}{2}$
2	b_{21}	b_{22}	…	b_{2n}	$\frac{n(n+1)}{2}$
…	…	…	…	…	…
i	b_{i1}	b_{i2}	…	b_{in}	$\frac{n(n+1)}{2}$
…	…	…	…	…	…
m	b_{m1}	b_{m2}	…	b_{mn}	$\frac{n(n+1)}{2}$
合计	$\sum_{i=1}^{m} b_{i1}$	$\sum_{i=1}^{m} b_{i2}$	…	$\sum_{i=1}^{m} b_{in}$	$\frac{mn(n+1)}{2}$
权重	α_1	α_2	…	α_n	1.00

其中　$b_{ij}=(n+1)-a_{ij}, (i=1,2,\cdots,m;\ j=1,2,\cdots,n)$,

$$\sum_{i=1}^{m} b_{ij}=m(n+1)-\sum_{i=1}^{m} a_{ij}=m(n+1)-R_j, (j=1,2,\cdots,n),$$

权重 $\alpha_1,\alpha_2,\cdots,\alpha_n$ 由 $\sum_{i=1}^{m} b_{i1},\sum_{i=1}^{m} b_{i2},\cdots,\sum_{i=1}^{m} b_{in}$ 归一化即得.

同理,利用公式(3.1)确定评价矩阵(表 2.1)中各因素的权重,可利用表 4.1,去掉每列的一个最大数和一个最小数后,再按列求和,最后进行归一化处理,即得因素权重.这些问题的计算就留给有兴趣的读者了.

作为本文的结束,再考虑(1.1)的一种推广.

导出权重公式(1.1)的关键在于利用

$$b_{ij}=(n+1)-a_{ij}, (i=1,2,\cdots,m,\ j=1,2,\cdots,n) \tag{4.1}$$

从分数的角度看,因素依重要性大小排序次序为 $1,2,3,\cdots,n$,其分数分别记为 $n,n-1,\cdots,2,1$. 有时,我们需要加大某些主要因素的权重,这时,(4.1)就不一定成立了.类似于田径比赛中的记分规则,第 1~8 名分数依次为 9,7,6,…,2,1,考虑将最主要因素记为 $n+1$ 分,其余因素依重要次序依次记为 $n-1,n-2,\cdots,2,1$ 分.则权重分配计算公式为

$$\alpha_j=\frac{4[m(1+n)-R_j+S_j]}{mn(1+n)}, (j=1,2,\cdots,n) \tag{4.2}$$

其中 m 为评委人数,n 为因素个数,R_j 为第 j 个因素的秩和,S_j 为第 j 列含 1 的因素个数.若某个评委评出两个第 1 名,则含 1 的个数就记为两列中,每列各为 0.5;若评出三个第 1 名,则含 1 的个数就记在三列中,每列各为 0.33;依此类推.

以例 1 为例,利用(4.2),可得表 2.2 中 5 因素的权重分别为

$$\alpha_1=0.25,\ \alpha_2=0.10,\ \alpha_3=0.21,\ \alpha_4=0.31,\ \alpha_5=0.13.$$

(4.1)还可推广为更一般的形式.从实用性考虑,讨论略去.

参考文献

[1] 程书肖.教育评价中诸因素权重的确定.教育理论与实践,1989,9(6):31-33.

数学通报,
1998,(11):35-37.

从点到直线距离公式的应用谈起①

Talking about the Application of the Distance Formula from Point to Line

在应用数学的历史发展中,初等数学发挥了巨大的作用,很多应用数学方法都由此提出.本文给出如何应用点到直线距离公式的一些思想,并给出其联系,从中可看到,有些数学结论的应用需经过某些处理,甚至经过 200 多年的探索才能应用.最后对中学教材中是否增加求直线型经验公式提出一点看法.

§1. 平面上过 n 个点能否求出一条直线

众所周知,过 1 个点可求出无数条直线;

过 2 个不同的点可求出唯一的一条直线;

过 3 个不在同一条直线上的点可求出一个圆;

……

显然,过 $n(n>2)$ 个点 $(x_i, y_i)(i=1,2,\cdots,n)$ 能否求出一条直线的结论一般是否定的.在实际应用中,问题的提法降低为:能否求出一条回归方程(直线经验公式)

$$y=a+bx, \tag{1.1}$$

(1.1)可以近似地描述这些点的变化趋势就够了.自然地,(x_i, y_i) 到

① 本文被中央电教馆资料中心教师进修资源(高中版)扩展资料收录,题目改为:直线型经验公式与最小二乘法.

(1.1)应满足点到直线距离最短的条件. 这使我们想起点(x_i, y_i)到直线 $Ax+By+C=0$ 的距离公式

$$d=\frac{|Ax_i+By_i+C|}{\sqrt{A^2+B^2}}, \tag{1.2}$$

因此,为求出(1.1),$(x_i, y_i)(i=1,2,\cdots,n)$应满足

$$d_1=\frac{\sum|y_i-a-bx_i|}{\sqrt{1+b^2}}=\text{最小}. \tag{1.3}$$

直观分析(1.3),从既有绝对值,又有根式的运算条件下确定参数 a 和 b 可能比较麻烦. 从数学常用的手法看,降低条件行不行?

§2. 降低条件能否得到解释

如何使(1.3)变得容易计算? 我们设法将所解问题的条件做些改变. 去掉$|y_i-a-bx_i|$是不行的. 这是因为,(1.3)必须含待定参数 a. $\sqrt{1+b^2}$用 1 近似代替,(1.3)化为

$$d_2=\sum|y_i-a-bx_i|=\text{最小}. \tag{2.1}$$

能否给出(2.1)的一种比较容易接受的解释? 考虑(2.1)的几何意义,它恰是点 $(x_i, y_i)(i=1,2,\cdots,n)$到直线(1.1)平行于 y 轴的距离之和,这样,我们使原问题得到简化.

虽然(2.1)的解释得到了,但有绝对值的运算求极值还是不好计算. 再改变条件,使用数学上常见的手段;转化为平方,使

$$d_3=\sum(y_i-a-bx_i)^2=\text{最小}. \tag{2.2}$$

在(2.2)中对 a 和 b 求偏导数后,令其为 0,解出

$$\begin{cases} a=\bar{y}-b\bar{x}, \\ b=\dfrac{l_{xy}}{l_{xx}}, \end{cases}$$

其中 $\bar{x}=\sum\frac{x_i}{n}$, $\bar{y}_i=\sum\frac{y_i}{n}$, $l_{xy}=\sum(x_i-\bar{x})(y_i-\bar{y})$, $l_{xx}=\sum(x_i-\bar{x})^2\neq 0$, 此即常用的最小二乘法,具体方法可见[1].

如部分国家 13 岁学生数学测验平均分数为(《参考消息》1992-04-09,第 3 版)见表 2.1.

表 2.1

国家	中国	韩国	瑞士	苏联	法国
授课天数 x	251	222	207	210	174
分数 y	80	73	71	70	64
国家	以色列	加拿大	英国	美国	约旦
授课天数 x	215	188	192	180	191
分数 y	63	62	61	55	46

其经验公式为

$$y=0.9071+0.3133x. \tag{2.3}$$

§3. 返回去再看看

将(2.1)转化为(2.2),得到了 a,b 的最小二乘估计,促使我们考虑:将(1.3)转化为

$$d_4=\sum\left(\frac{|y_i-a-bx_i|}{\sqrt{1+b^2}}\right)^2=\text{最小}, \tag{3.1}$$

即

$$d_4=\sum\frac{(y_i-a-bx_i)^2}{1+b^2}=\text{最小}. \tag{3.2}$$

(3.1)中参数 a,b 的估计(称为最小平方法),可在(3.2)中对 a 和 b 求偏导数后,令其为 0,解出

$$\begin{cases}a=\bar{y}-b\bar{x},\\ b=\dfrac{l_{yy}-l_{xx}+\sqrt{(l_{yy}-l_{xx})^2+4l_{xy}^2}}{2l_{xy}},\end{cases}$$

其中 $l_{yy}=\sum(y_i-\bar{y})^2$,$l_{xy}\neq0$,具体方法可见[2,3],对本文数据,经计算得 $\bar{x}=203$,$\bar{y}=64.5$,$l_{xx}=1\ 483$,$l_{yy}=838.5$,$l_{xy}=4\ 734$,回归方程为

$$y=-3.9854+0.3774x. \tag{3.3}$$

随之而来的问题是:使用 d_3 和 d_4 的区别是什么?类似于(1.1),可求出一个回归方程

$$x=c+dy, \tag{3.4}$$

约束条件为

$$d_6=\sum(x_i-c-dy_i)^2=\text{最小}. \tag{3.5}$$

c,d 的最小二乘估计值为

$$c=\bar{x}-d\bar{y},\ d=\frac{l_{xy}}{l_{yy}},\quad l_{yy}\neq 0.$$

以本文数据为例.经计算得

$$x=88.9231+1.7686y, \tag{3.6}$$

由(3.6)可导出

$$y=-50.2778+0.5654x. \tag{3.7}$$

显然,(2.3)与(3.7)不等,这是因为:(2.3)是以授课天数为自变量,在(2.2)最小的前提下得到的.而(3.7)是以分数为自变量,在(3.5)最小的前提下得到的,目标函数不一样,得到的直线自然不一样.当 x 与 y 地位对称时,特别是在实际问题中需要通过 x 可预测 y,以及通过 y 可预测 x 时,应使用在前提(3.2)下得到的经验公式.

约束条件(2.1)下(即最小一乘法[4,5])求解出参数 a,b 的问题已解决,其一般解法可借助于线性规划方法求解.这启发我们,约束条件(1.3)下求解参数 a,b 可通过类似的方法解决,事实上,可转化为带约束条件的非线性规划问题来求解(略).

从 Boscovich 在 1755 年～1757 年间研究最小一乘法开始,到 Gauss 在 40 年后引入最小二乘法至今,历时 200 余年,有些问题直到 20 世纪 50 年代,甚至 80 年代才解决.下面给出一张图,从图中可看到点到直线距离公式的几种形式及其联系,其中,点到直线距离公式扮演着中心角色,由它可想象出几种不同意义下的应用,其中(=)(≠)表示在使不同的 d_i 最小的前提下所求的回归直线相等(不等);↓表示考虑 d_i 转化成其他形式的一种思路.

$$\begin{array}{ccc}
y=a+bx & \text{回归直线} & x=c+dy \\
d_1=\sum\dfrac{|y_i-a-bx_i|}{\sqrt{1+b^2}} & (=) & d_8=\sum\dfrac{|x_i-c-dy_i|}{\sqrt{1+d^2}} \\
\downarrow & & \downarrow \\
d_2=\sum|y_i-a-bx_i| & (\neq) & d_7=\sum|x_i-c-dy_i| \\
\downarrow & & \downarrow \\
d_3=\sum(y_i-a-bx_i)^2 & (\neq) & d_6=\sum(x_i-c-dy_i)^2 \\
\downarrow & & \downarrow \\
d_4=\sum\dfrac{(y_i-a-bx_i)^2}{1+b^2} & (\neq) & d_5=\sum\dfrac{(x_i-c-dy_i)^2}{1+d^2}
\end{array}$$

目前各种高等数学教材在讲解求回归直线时，均直接引入 d_3，这对于学生来讲，难免有些困惑，为什么不使用点到直线距离公式？从本文不难看出其难点所在. 考虑点到直线距离，如果不考虑垂直距离，那么距离有无穷多种，当建立坐标系后，除点到直线垂直距离外，还有两种容易理解的点到直线距离，即平行于 x 轴或 y 轴的距离，它是我们在回归方程中用的距离.

§4. 中学教材中能否加上求直线经验公式

回归方程有多种应用. 以前的六年制重点中学高中数学教材《平面解析几何》，曾介绍用“选点法”和“平均值法”求直线型经验公式（现已去掉）. 这两种方法的结果一般不唯一，在无计算器时不失为可用的方法. 现在，有了计算器，最小二乘法则下求直线型经验公式可立即实现，尤其是带 LR(Linear Regression)功能键的计算器. 以 CASIO fx-180p 计算器为例（市场上出售这种计算器的型号至少已达 fx-6300p），数据取自本文例.

当然，另一种意见认为(2.2)的计算需用到高等数学，而用初等数学也可确定(2.2)的参数，事实上，

$$
\begin{aligned}
d_3 &= \sum[(y_i-\bar{y})-b(x_i-\bar{x})+(\bar{y}-a-b\bar{x})]^2 \\
&= \sum(y_i-\bar{y})^2+b^2\sum(x_i-\bar{x})^2-2b\sum(x_i-\bar{x})(y_i-\bar{y})+ \\
&\quad n(\bar{y}-a-b\bar{x})^2.
\end{aligned}
$$

设

$$r=\frac{\sum(x_i-\overline{x})(y_i-\overline{y})}{\left[\sum(x_i-\overline{x})^2\sum(y_i-\overline{y})^2\right]^{1/2}}=\frac{l_{xy}}{[l_{xx}l_{yy}]^{1/2}},$$

则

$$\begin{aligned}d_3&=l_{yy}+b^2l_{xx}-2bl_{xy}+n(\overline{y}-a-b\overline{x})^2\\&=l_{yy}(1-r^2)+(b\sqrt{l_{xx}}-r\sqrt{l_{yy}})^2+n(\overline{y}-a-b\overline{x})^2.\end{aligned}\tag{4.1}$$

由(4.1)看出，d_3 达到最小值，当且仅当第 2 项、第 3 项均为 0，故 a，b 的估计值为 $a=\overline{y}-b\overline{x}$，$b=\frac{l_{xy}}{l_{xx}}$.

另外，把 d_3 直接拆开 6 项后，可采用凑方法确定(2.2)的参数(略).

参考文献

[1] 邵品琮. 最小二乘法介绍. 数学通报，1963，(7)：27-30.

[2] Hung G Li. A generalized problem of least squares. The American Mathematical Monthly，1984，91(2)：135-137.

[3] 邵品琮. 关于修正最小二乘法的计算. 数学通报，1987，(8)：38-39.

[4] 方开泰，全辉，陈庆云. 实用回归分析. 北京：科学出版社，1988.

[5] 李仲来. 最小一乘法介绍. 数学通报，1992，(2)：42-45.

数学通报，
2001,(1):40-41.

从我国艾滋病人数增长规律谈起

Talking about the Law of the Increase of AIDS Number in China

在解题教学栏中，经常刊登一些从不同角度，用不同方法求解的题目. 这些题目多数是理论题或计算题. 应用问题如何求解？要回答这个问题，恐怕不是一两句话就能说清楚的. 本文仅从模拟角度研究一个应用问题：求我国艾滋病人数增长规律模型. 从中可以看到，同是数学问题，由于考虑问题的角度不同，在某种程度上所求结果会有一定的差异. 这对我们从事数学教学研究，可能会有某些启发.

§1. 模型的建立

资料取自中国 1985 年～1995 年艾滋病(AIDS, Acquired Immune Deficiency Syndrome，获得性免疫缺陷综合征)人数(《健康报》1996-11-27，第 2 版)，为方便计算，将年份减去 1980，得到表 1.1.

表 1.1

年份 x	5	6	7	8	9	10	11	12	13	14	15
人数 y	1	0	2	0	0	2	3	5	23	29	52

目标是求出其模型.

显然，用直线模型 $y=a+bx$ 拟合是不大合适，由于艾滋病是一种传染病，我们试用在一定时间范围内，描述传染病流行的指数模型求解，模型为

$$y=\exp\{a+bx\}, \tag{1.1}$$

由于(1.1)是一条曲线，通常是将(1.1)两端取对数，并记 $N=\ln y$，则(1.1)化为对数线性模型

$$N = \ln y = a + bx. \tag{1.2}$$

接下来的问题是确定(1.2)的参数 a 和 b,这只需将原始数据(x_i, y_i)中的 y_i 取对数,即用数据$(x_i, \ln y_i)$拟合直线模型 $N=a+bx$ 的方法求出要确定的参数,即 a 和 b 可用最小二乘法确定[1]

$$\begin{cases} a = \overline{N} - b\overline{x}, \\ b = \dfrac{l_{xN}}{l_{xx}}, \end{cases}$$

其中 $\overline{x} = \sum \dfrac{x_i}{n}, N_i = \ln y_i, \overline{N} = \sum \dfrac{N_i}{n}, l_{xN} = \sum (x_i - \overline{x})(N_i - \overline{N}),$

$l_{xx} = \sum (x_i - \overline{x})^2 \neq 0$. 然后变换(1.2) 可得模型(1.1).

由于 1986 年,1988 年,1989 年未发现艾滋病人,$\ln y_i$ 无意义,故用(1.2)不能求解. 一个自然想法,去掉病人数为 0 的年份,得到对数线性模型

$$N = \ln y = -2.398\,9 + 0.387\,8x. \tag{1.3}$$

由(1.3)可得

$$y = 0.090\,8\exp\{0.387\,8x\}. \tag{1.4}$$

去掉人数为 0 的年份,使我们对求得的模型感到不大满意. 这是因为,丢掉了一些有用的信息. 如何利用有限的资料,是求解应用问题中要经常注意的问题. 此时,不妨将艾滋病人数为 0 的 3 个年份的病人数改为 0.1,得对数线性模型

$$N = \ln y = -4.849\,8 + 0.554\,4x, \tag{1.5}$$

由(1.5)可得指数模型

$$y = 0.007\,830\exp\{0.554\,4x\}. \tag{1.6}$$

将某些年份病人数为 0 修改为 0.1(或 0.01,0.001 等),年份病人数不为 0 的不修改,虽然不大合理,但不失为一种可行的方法,其思想和类似的手法在某些问题中是常用的.

进一步考虑,将所有年份的病人数均加 0.1 是否更合理? 直观看,2.1 人是什么意思,让人感到难以理解. 将所有年份的病人数均加 1,可能更好. 所有年份的病人数均加 1 的对数线性模型

$$\ln(y+1) = -2.234\,6 + 0.374\,5x. \tag{1.7}$$

由(1.7)可得指数模型

$$y = 0.107\,0\exp\{0.374\,5x\} - 1. \tag{1.8}$$

将人数为 0 的年份的病人数均加 1 的目的是将取对数无意义的值改

变为取对数后有意义,将这种思想换个角度研究,我们注意到:将艾滋病人数累加得到表 1.2.

表 1.2

年份 x	5	6	7	8	9	10	11	12	13	14	15
人数 z	1	1	3	3	3	5	8	13	36	65	117

可避免某些年份病人数为 0 的现象,这样,问题转化为求艾滋病累加人数的对数线性模型

$$\ln z = -2.7097 + 0.4716x, \tag{1.9}$$

由(1.9)可得指数模型

$$z = 0.06656\exp\{0.4716x\}. \tag{1.10}$$

§2. 讨论

应用题不一定有标准答案. 平常在解理论题或计算题时,只能应用而且常常要全部应用已知条件才能做出解答,但求解应用题时,在模型形式固定的前提下,研究的余地很大:去掉某些不合乎要求的数值,如模型(1.3),修改或补充某些参数,如模型(1.5),变换研究问题的提法,如模型(1.7)和(1.9)等是常有的事. 在模型形式不固定的前提下,研究的余地更大. 因此,所求模型可能不唯一.

一些人认为:有了计算器或计算机,如果模型形式已知,只需要套用模型即可. 本文模型(1.5)~(1.10)的结果表明,如何很好地利用现成的模型和充分地利用现有资料,有时也是不容易的.

§3. 进一步的研究

上面求出的指数模型,均是将其转化为对数线性模型求解,能否对原始数据不做改变直接求解? 可以利用 DUD 法[3]或 Marquardt 法[2],在 SAS 软件上实现,留给感兴趣的读者.

参考文献

[1] 邵品琮. 最小二乘法介绍. 数学通报,1963,(7):27-30.

[2] Marquardt D W. An algorithm for least-squares estimation of nonlinear parameters. SIAM J Appl Math,1963,11(2),431-441.

[3] Ralston M L,Jennrich R I. DUD,a derivative-free algorithm for nonlinear least squares. Technometrics,1978,20(1):7-14.

数学通报,
2002,(7):42-43.

如何发现开普勒第三定律

How to Discover Kepler's Third Law

文献[1]谈到求解应用题时,在模型形式固定的前提下,求所研究问题解的几种思路和方法,若干读者认为很受启发.建议对[1]中讨论一节所提出的,在模型形式不固定的前提下,怎样找到较好的模型作一些介绍.为此,本文从拟合角度研究一个著名的应用问题:从一组观测资料出发,如何发现开普勒(Kepler,1571—1630)第三定律.

§1. 模型的建立

开普勒三定律

第一定律:行星绕太阳运行的轨道是椭圆,太阳位于椭圆的一个焦点上.

第二定律:连接行星与太阳的向径,在相等的时间内扫过的面积相等.

第三定律:行星在其轨道上运行周期的平方与该轨道的半长轴的立方成正比.

应用微积分的基本知识证明开普勒定律在最近出版的几本教材中已有论述,如文献[2,3]等.

以下从分析观测数据出发,找出经验公式(开普勒第三定律).

把地球作为比较的标准,地球与太阳的距离算成一个单位,它绕太阳公转一周的时间(周期)是一年.任一其他行星与太阳的距离为 D,绕太阳公转周期是 T 年.其天文观测数据如下表1.1[4].

表 1.1

	水星	金星	地球	火星	木星	土星	天王星	海王星	冥王星
D	0.387	0.723	1.00	1.52	5.20	9.54	19.2	30.1	39.5
T	0.24	0.615	1.00	1.88	11.9	29.5	84.0	165	248

首先,画出观测数据的图形(略).由于图形过(1,1),使我们想到幂函数模型

$$T=aD^b,\tag{1.1}$$

将(1.1)两端取对数,得到

$$\ln T=\ln a+b\ln D,\tag{1.2}$$

记 $y=\ln T$, $c=\ln a$, $x=\ln D$,则(1.2)化为对数线性模型

$$y=c+bx.\tag{1.3}$$

如果将(D,T)取对数画出其图形(略),那么图形非常接近一条直线.

其次,问题是确定(1.3)的参数 c 和 b,这只需将原始数据(x_i,y_i)取对数,即用数据($\ln x_i$,$\ln y_i$)拟合直线模型(1.3)的方法求出要确定的参数,c 和 b 可用最小二乘法确定[5].然后变换(1.2)可得模型(1.1).

经计算,所求对数线性回归模型

$$\ln T=0.000\,264\,6+1.499\,95\ln D,\tag{1.4}$$

由(1.4)可得幂函数模型

$$T=1.000\,3D^{1.499\,95}.\tag{1.5}$$

由于 $1.000\,3\approx1$, $1.499\,95\approx1.5$,故(1.5)可近似化为

$$T=D^{1.5},\tag{1.6}$$

(1.6)两端平方即得所求开普勒第三定律

$$T^2=D^3.\tag{1.7}$$

上面通过画出观测数据的图形,猜想到可能是幂函数模型.若将(D,T)取对数后再画出其图形,则图形与一条直线非常接近.当然,也可猜想到其他模型,如指数模型等.在某些情况下,可以利用常用的 7 种模型:

线性模型　$T=a+bD$,

幂函数模型　$T=aD^b$,

指数模型　$T=a\exp\{bD\}$,

对数模型　$T=a+b\ln D$,

三种双曲线模型 $T=\dfrac{1}{a+bD}$， $T=\dfrac{D}{a+bD}$， $T=\dfrac{a+bD}{D}$，

等，将其化为线性模型后求解，所用变换为

指数模型 $T=a\exp\{bD\}$，取对数得到 $\ln T=\ln a+bD$，取 $y=\ln T$，$c=\ln a$，化为线性模型 $y=c+bD$；

对数模型 $T=a+b\ln D$，取 $x=\ln D$，化为线性模型 $T=a+bx$；

双曲线模型 $T=\dfrac{1}{a+bD}$，取 $y=\dfrac{1}{T}$，化为线性模型 $T=a+bD$；

双曲线模型 $T=\dfrac{D}{a+bD}$，取 $y=\dfrac{1}{T}$，$x=\dfrac{1}{D}$，化为线性模型 $T=b+ax$；

双曲线模型 $T=\dfrac{a+bD}{D}$，取 $x=\dfrac{1}{D}$，化为线性模型 $T=b+ax$.

由于模型形式未知，我们经常以残差平方和(对线性模型，残差平方和为观测数据与估计值之差的平方和；对可化为线性模型的曲线，残差平方和为变换后的观测数据与估计值的平方和)最小作为比较标准，也可以取其他标准，如相关系数 r 最大，或复相关系数 R^2 最大，或 F 值最大，或 P 值最小等. 本文取以残差平方和最小为标准，顺便列出将原始模型线性化后所求的其他标准. 对本文数据，7 种模型见表 1.2(按残差平方和从小到大排序). 由表 1.2，应选模型

$$\ln T=0.000\,264\,6+1.499\,95\ln D,$$

转换后可得幂函数模型，其残差平方和与 0 已非常接近，相关系数已近似为 1，小数点后 6 位均为 9，拟合效果之好在通常所研究的问题中很少见.

表 1.2

模型	残差平方和	相关系数	F 值	P 值
$\ln T=0.000\,264\,6+1.499\,95\ln D$	0.000 04	0.999 999 65	9 903 233.2	0.000 1
$T=\dfrac{D}{1.555\,6-0.211\,3D}$	0.505 97	0.982 987 98	200.5	0.000 1
$\ln T=0.282\,2+0.159\,5D$	10.808 32	0.893 396 18	27.7	0.001 2
$T=\dfrac{1}{1.417\,1-0.049\,4D}$	11.010 74	−0.520 644 29	2.6	0.150 7
$T=-12.503\,9+6.108\,7D$	1 424.683 31	0.988 832 49	308.2	0.000 1
$T=-2.070\,2+42.855\,9\ln D$	20 432.155 00	0.825 511 88	15.0	0.006 1
$T=\dfrac{-56.068\,2+97.820\,1D}{D}$	45 184.385 27	−0.543 683 06	2.9	0.130 3

§ 2. 讨论

如何发现隐藏在数据里面的某种模型，是一门艺术，并需要一定的技术. 如果所求的模型是线性模型，那么方法简单且模型唯一. 但是，从事实际工作的人都知道，有些问题所求模型是非线性的，而非线性模型比线性模型复杂得多，要得到一个比较简单的非线性模型表达式并不容易. 因此，我们应该注意积累若干有用的模型. 本文介绍了含两个参数的 7 种模型，其他的模型如 $T=a\exp\left\{\frac{b}{D}\right\}$，$T=a+bD^2$，$T=a[1-\exp\{-bD\}]$等.

掌握与所研究数据有关问题的专业知识，掌握问题的来龙去脉，对建立模型可能会有较大帮助.

在选择模型时，一般是根据图形，猜想可能拟合的几种模型，然后按照某些标准选择所求模型，不必将所有知道的模型全部计算一遍，既烦琐也无必要.

选择模型越简单越好，模型的参数越少越好，参数最好有实际意义. 这样，所求的模型对实际问题或理论研究才可能有指导意义. 例如，开普勒根据第谷(Tycho，1546—1601)的长期天文观测数据，总结出行星运动的三大定律. 牛顿(Newton，1643—1727)建立了微积分的运算体系后，受开普勒三定律和重力的启发，成功地运用微积分，从开普勒三定律推导出万有引力定律，又反过来从万有引力定律推导出开普勒三定律.

即使仅使用计算器，常用的 7 种模型的实现也不存在任何实质上的困难.

本文所介绍的 7 种模型，除线性模型外，其他均是可化为线性模型的曲线模型，并非一般曲线模型的讨论. 非线性模型的讨论可参考[6,7].

本文是将原始模型线性化后，取以残差平方和最小为标准. 将所求线性化模型转化为原始模型后，与原始非线性模型的残差平方和是两回事，对本文数据按表 1.2 所列的 7 种模型顺序，原始非线性模型的残差平方和依次是 0.12，104 518.71，228 707.64，10 249.11，1 424.68，20 432.16，45 184.41. 读者不妨计算一下[1]，将会得到某种启发.

对文[1]中国 1985 年～1995 年艾滋病人数，将年份减去 1980，得到表 2.1.

表 2.1

年份 x	5	6	7	8	9	10	11	12	13	14	15
人数 y	1	0	2	0	0	2	3	5	23	29	52

由于有的年份 y 值为 0，将所有年份的病人数均加 1，对常用的 7 种模型，将其化为线性模型后，取相关系数 r 最大，或复相关系数 R^2 最大，或 F 值最大，或 t 值最小，或 P 值最小；或取原始模型的残差平方和最小，模型均为指数模型，详细计算结果留给感兴趣的读者. 因在一定时间范围内，传染病传播规律满足指数模型，故所求模型类型与平常的想象一致.

参考文献

[1] 李仲来. 从我国艾滋病人数增长规律谈起. 数学通报，2001，(1)：44-45.

[2] 萧树铁，主编. 一元微积分. 北京：高等教育出版社，2000.

[3] 邓东皋，尹小玲. 数学分析简明教程(上). 北京：高等教育出版社，1999.

[4] 王梓坤. 科学发现纵横谈新编. 北京：北京师范大学出版社，1993.

[5] 邵品琮. 最小二乘法介绍. 数学通报，1963，(7)：27-30.

[6] Ratkowsky D A，著. 洪再吉，韦博成，吴诚鸥，等译. 非线性回归模型. 南京：南京大学出版社，1986.

[7] Bates D M，Watts D G，著. 韦博成，万方焕，朱宏图，译. 非线性回归分析及其应用. 北京：中国统计出版社，1997.

数学的实践与认识，
2003,33(2):114-116.

椭圆-卡西尼卵形线[①]

Ellipse-Cassini's Oval

摘要 给出平面上到两个定点距离的调和平均值等于定值的点所满足的方程及其图形，称为椭圆-卡西尼卵形线，得到它的一些性质，以及其极值点所满足的方程与图形.

关键词 椭圆-卡西尼卵形线；卡西尼卵形线；椭圆.

平面上到两个定点 F_1,F_2 的距离的和与积等于定值的点 M 的轨迹分别为

$$|MF_1|+|MF_2|=2a,\ a>0, \tag{1}$$

$$|MF_1|\cdot|MF_2|=a^2,\ a>0, \tag{2}$$

(1)和(2)所构成的图形分别是椭圆和卡西尼(Cassini)卵形线.将(1)和(2)变形为

$$\frac{|MF_1|+|MF_2|}{2}=a, \tag{3}$$

$$\sqrt{|MF_1|\cdot|MF_2|}=a. \tag{4}$$

(3)和(4)可以分别理解为平面上到两个定点 F_1,F_2 的距离的算术平均值与几何平均值等于定值的点 M 的轨迹.(3)和(4)启发我们，平面内一个动点 M 到两个定点 F_1,F_2 的距离的调和平均值等于定值的点的轨迹是什么？我们称此轨迹为椭圆-卡西尼卵形线(简称椭-卡线)，这两个定点叫作椭-卡线的焦点，两焦点的距离叫作焦距.

---

① 收稿:2000-07-11.

本文与宋煜合作.

根据椭-卡线的定义,我们求其方程.

取过焦点 F_1,F_2 的直线为 x 轴,线段 F_1F_2 的垂直平分线为 y 轴,建立平面直角坐标系. 设 $M(x,y)$ 是椭-卡线上任意一点,其焦距为 $2c(c>0)$,M 与 F_1 和 F_2 的距离的调和平均值等于正常数 $\frac{1}{a}$,则 F_1,F_2 的坐标分别是 $(-c,0)$,$(c,0)$,椭-卡线就是集合

$$P=\left\{M\left|\frac{1}{\frac{1}{2}\left(\frac{1}{|MF_1|}+\frac{1}{|MF_2|}\right)}=a\right.\right\},$$

即

$$P=\left\{M\left|\frac{1}{|MF_1|}+\frac{1}{|MF_2|}=\frac{2}{a}\right.\right\}.$$

由于

$$|MF_1|=\sqrt{(x+c)^2+y^2},\ |MF_2|=\sqrt{(x-c)^2+y^2},$$

得方程

$$\frac{1}{\sqrt{(x+c)^2+y^2}}+\frac{1}{\sqrt{(x-c)^2+y^2}}=\frac{2}{a}. \tag{5}$$

化简得

$$[(x^2+y^2+c^2)^2-4c^2x^2]^2-a^2(x^2+y^2+c^2)[(x^2+y^2+c^2)^2-4c^2x^2]+a^4c^2x^2=0. \tag{6}$$

(6)称为椭圆-卡西尼卵形线的方程,其极坐标方程为

$$[\rho^4+c^4-2c^2\rho^2\cos 2\theta]^2-a^2(\rho^2+c^2)[\rho^4+c^4-2c^2\rho^2\cos 2\theta]+a^4c^2\rho^2\cos^2\theta=0, \tag{7}$$

其图形见图 1(在 Maple 环境下完成).

性质 1 椭-卡线的图形关于 x 轴,y 轴和坐标原点都是对称的.

性质 2 椭-卡线的顶点 $A(\sqrt{c(c-a)},0)$,$B(-\sqrt{c(c-a)},0)$,

$A_k\left(\frac{1}{2}(a+\sqrt{a^2+4c^2}),0\right)$,$B_k\left(-\frac{1}{2}(a+\sqrt{a^2+4c^2}),0\right)$. $k=1,2,3,4,5.$

性质 3 当 $x=0$ 时,椭-卡线的极值点为

$$(0,0),\ C_k(0,\sqrt{a^2-c^2}),\ C'_k(0,-\sqrt{a^2-c^2}),\ k=3,4,5.$$

给定 a 和 c,在 Maple 环境下,可以用 fsolve 命令得到极值点 G_k,H_k,G'_k,$H'_k(k=1,2,3)$的近似解.

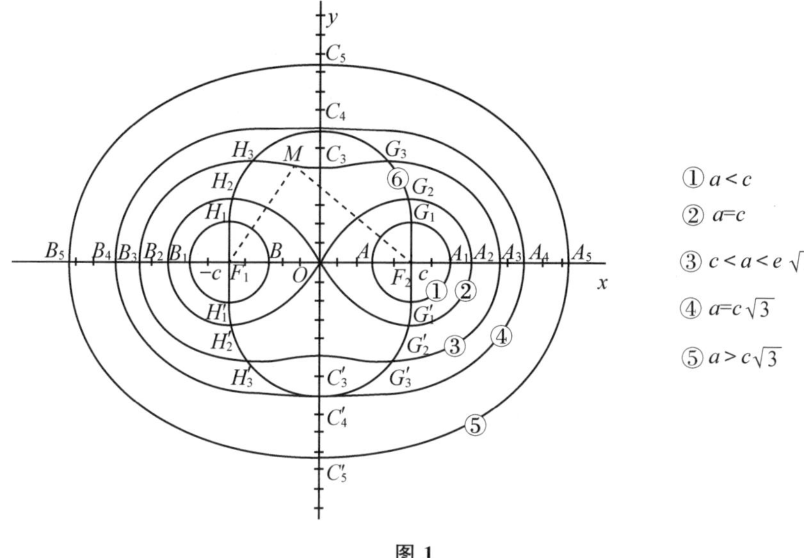

图 1

性质 4 当 a 从 0 变到$\sqrt{3}c$ 时，椭-卡线所有极值点构成一条卵形线(图 1 中曲线⑥)其方程为

$$(x^2-c^2)^2(2x^2+3y^2+2c^2)-y^6=0, -c\leqslant x\leqslant c. \tag{8}$$

证明 把(5)看作隐函数，对 x 求导，令 $y_x'=0$ 得

$$\frac{x-c}{\sqrt{[(x-c)^2+y^2]^3}}+\frac{x+c}{\sqrt{[(x+c)^2+y^2]^3}}=0. \tag{9}$$

显然$-c\leqslant x\leqslant c$，将(9)移项，平方，并化简可以得到(8).

由(1)和(2)可得

$$\frac{|MF_1|\cdot|MF_2|}{|MF_1|+|MF_2|}=\frac{a}{2}. \tag{10}$$

由(10)得

性质 5 平面内一个动点到两个定点的距离的调和平均值可以看作该动点到两个定点距离之积与距离之和的比值.

由性质 5，可以看出本文所求的椭-卡线与椭圆和卡西尼卵形线的联系与区别，故本文曲线由其命名.

椭-卡线可能在天文学和航天航空的研究中找到应用.

参考文献

[1] 邵檬. 卵圆与卵圆积分及其应用. 北京:科学技术文献出版社,1991.

[2]《数学手册》编写组. 数学手册. 北京:人民教育出版社,1979.

Abstract The path of a point was named the ellipse-Cassini's oval. which moved so that the harmonic average of its distance from two fixed points was a constant on a plane was a given. Its graph and some properties were obtained. Moreover, the function and graph of the extreme points were shown.

Keywords ellipse-Cassini's oval; Cassini's oval; ellipse.

数理统计与应用概率，
1992,7(3):246-254.

因子分析在数学系不同发展阶段课程设置上的应用[①]

Application of Factor Analysis to Investigate Courses Offered in Department of Mathematics during Different Development Stages

摘要 根据北京师范大学数学系3个年代的497名学生的11门～12门数学专业课成绩，利用正交、斜交旋转的因子分析方法，从能力培养的角度，对数学系不同历史发展阶段的能力培养及课程设置进行总体分析.

课程设置是高校教学计划的重要内容.一个系开设的课程，除传授本专业必需的知识之外，更重要的是通过它培养作为专门人才所必需的能力.以数学系为例，数学分析、高等代数等课程的设置，除了向学生传授必需的高等数学知识外，有关思维、推理、计算、表达等能力的培养也是其重要的目的.

但是，研讨课程在能力培养上的作用并非易事.这是因为：(1)能力本身是一个比较抽象的概念，它主要指人调节已经具备的知识、技能的概括性的心理活动系统；(2)能力的形成与增长是一个多因素作用和逐步积累的过程；(3)学生能力的大小往往是在从事一定时间的实际工作以后才能充分显示出来.在通常情况下，人们习惯于用各门课程的成绩来衡量一个学生对知识的掌握程度和能力的大小.这一传统的做法，虽然很难

---

① 北京师范大学理科青年科学基金项目.
收稿：1990-05.
本文与刘来福合作.

对学生已具备的各种能力做出比较客观的评价,但也不无可取之处.

事实上,高等学校通过多种教育、教学活动,使学生初步具备了从事有关专业工作所必需的知识和能力,尽管他们走上工作岗位之后,能力的发挥和继续增长还与其他许多因素(如非智力心理因素、工作环境、学习条件等)有关,但他们在校学习期间各门课程的成绩毕竟在一定程度上反映了他们专业工作能力发展的起点、水平和速度. 因此,这些能力应当在他们的各门课程的成绩中有所反映. 虽然对于学生个体来说,仅仅通过各门课程的成绩来评价他们的能力可能是远非客观的,但是,如果对大量的总体进行研究,以探讨课程在能力培养方面的作用,还是有可能的.

本文试图以北京师范大学数学系不同年代的近五百名学生的学习成绩为基本资料,采用因子分析方法,从能力培养的角度,对各年代数学专业本科教学计划中有关课程设置方面的问题做一些探讨,以期为改进或改革课程设置,加强能力培养提供依据. 结果表明,因子分析作为一种方法用来分析课程设置中有关能力培养方面的问题是可行的.

§1. 分析过程

自 1952 年以来,北京师范大学数学系教学大致分为 4 个阶段: (1) 1952 年~1958 年是院系调整后全面学习苏联时期; (2) 1959 年~1965 年是进行数学教材、教法的全面改革,到"调整、巩固、充实、提高"时期; (3) 1966 年~1976 年的"文化大革命"时期; (4) 1977 年至今,十年动乱后恢复高考及教学的正常秩序,教育逐步走向正规时期.

鉴于四个不同发展阶段,本文以北京师范大学数学系 1954 级 4 年制本科生 109 人(不含留级生和病休生,下同)、1960 级 5 年制本科生 217 人、1983 级~1984 级 4 年制本科生 171 人,在校期间所共同选修的数学专业课期终考试分数(不含补考分数)为原始资料,其中 1954 级,1960 级的成绩为五分制,1983 级~1984 级为百分制. 某些必修的专业课程,由于期终为考查成绩而未被选入. 1966 年~1976 年间因无考试成绩无法分析. 3 个时代所选课程名称可依次见表 1.1~表 1.3,其中 1954 级的初数复研、中数教法分别为初等数学复习与研究、中学数学教学法的缩写.

为排除学生成绩中的系统误差,分别将 4 个年级的成绩化为标准分数,又将 1983 级、1984 级的标准分数合并在一起再进行一次标准化后,作为 1983 级、1984 级的标准分数. 以此为基本资料,对 3 个不同年代分别做因子分析. 为了比较,在分析过程中同时进行了正交与斜交因子分析.

1.1 正交因子分析

在主因子解的基础上,通过方差极大正交旋转得到正交因子解[1]. 表 1.1～表 1.3 列出了 3 个年代正交因子解的载荷矩阵.

表 1.1 1954 级正交因子矩阵

课程名称	f_1	f_2	f_3	f_4	f_5	共同度
数学分析	0.513 5	0.169 1	0.336 7	0.204 7	0.068 0	0.452 2
高等代数	0.671 2	0.404 8	−0.010 0	0.174 7	−0.004 9	0.644 9
解析几何	0.501 1	0.053 7	0.085 2	0.133 3	0.281 5	0.358 2
普通物理	0.304 8	0.549 2	0.107 0	0.088 5	0.101 8	0.424 2
立体几何	0.413 7	0.184 7	0.139 2	0.432 3	0.030 0	0.412 4
初数复研	0.275 1	0.193 0	0.340 5	0.135 5	−0.102 5	0.257 7
初等代数	0.638 5	0.140 0	0.192 6	−0.061 1	0.094 9	0.477 1
近世代数	0.562 7	0.454 1	0.098 7	0.095 4	−0.092 3	0.550 1
初等函数	0.405 8	0.468 8	0.155 5	0.088 6	−0.103 5	0.427 2
中数教法	0.191 9	0.233 9	0.276 8	0.188 0	0.179 2	0.235 7
教育实习	−0.032 7	0.437 7	0.005 9	−0.022 3	0.216 6	0.240 1
因子影响	2.231 9	1.260 2	0.415 2	0.359 8	0.212 9	
相对重要性/%	49.8	28.1	9.3	8.0	4.8	

表 1.2 1960 级正交因子矩阵

课程名称	f_1	f_2	f_3	f_4	f_5	共同度
数学分析	0.675 1	−0.325 3	0.159 0	0.079 2	0.107 3	0.604 7
高等代数	0.377 2	−0.278 3	0.310 7	0.124 7	0.120 6	0.346 3
解析几何	0.541 2	−0.224 2	0.100 8	0.197 1	−0.078 0	0.398 2
普通物理	0.282 6	−0.390 1	0.243 0	0.097 1	−0.082 5	0.307 4
微分几何	0.620 0	−0.265 9	0.098 8	0.120 2	0.079 8	0.485 7
常微方程	0.371 1	−0.088 9	0.381 4	0.000 1	−0.010 8	0.291 2
复变函数	0.379 4	−0.263 3	0.056 2	−0.005 1	0.256 1	0.282 1
理论力学	0.509 5	−0.402 5	−0.032 1	0.222 9	0.125 3	0.488 0
实变函数	0.315 0	−0.550 9	0.068 3	0.081 2	0.074 4	0.419 5
数　　系	0.627 6	−0.184 9	0.113 6	−0.053 5	−0.068 7	0.448 6
概率统计	0.457 2	−0.529 0	0.148 0	0.005 6	−0.019 5	0.511 1
教育实习	0.214 3	−0.282 8	0.126 3	0.266 6	−0.015 2	0.213 2
因子影响	2.644 5	1.393 1	0.406 0	0.214 8	0.137 7	
相对重要性/%	55.1	29.0	8.5	4.5	2.9	

表 1.3 1983 级、1984 级正交因子矩阵

课程名称	f_1	f_2	f_3	f_4	f_5	共同度
数学分析	0.820 4	0.274 9	0.166 3	−0.091 3	0.157 9	0.809 5
高等代数	0.738 6	0.201 7	0.101 5	−0.208 6	−0.016 5	0.640 3
解析几何	0.521 9	0.028 1	0.458 2	−0.005 8	0.096 6	0.492 5
普通物理	0.694 7	0.107 1	0.172 3	−0.035 6	−0.130 0	0.542 0
射影几何	0.371 4	0.302 4	0.492 4	−0.133 7	−0.033 5	0.490 9
常微方程	0.577 3	0.472 4	0.174 2	−0.064 2	0.014 2	0.591 1
复变函数	0.618 8	0.454 8	0.125 5	−0.119 7	−0.001 5	0.619 9
近世代数	0.387 9	0.349 6	0.119 5	−0.194 6	0.250 3	0.387 5
实变函数	0.527 9	0.492 9	0.095 3	−0.134 1	0.000 4	0.548 6
概率统计	0.550 8	0.403 9	0.213 8	−0.040 3	0.125 6	0.529 7
算法语言	0.400 0	0.377 9	0.098 5	−0.379 9	0.053 0	0.459 7
教材教法	0.037 9	0.112 4	0.169 2	−0.311 3	0.019 2	0.140 0
因子影响	3.721 7	1.333 7	0.673 5	0.388 2	0.134 4	
相对重要性/%	59.5	21.3	10.8	6.2	2.2	

从表 1.1～表 1.3 可以看出，对于 3 个不同年代的学生，通过 11 门～12 门课程的学习，所培养的相互独立的“能力”主要有 5 种，按他们的重要性依次为 $f_1>f_2>f_3>f_4>f_5$. 我们将以绝对值大于 0.25 的因子载荷作为分析因子特征的依据，因为它们的平方和分别占 3 个年代总载荷平方和的 85.9%，89.2%，91.9%，反映了因子的主要信息.

f_1 在各年代均为重要因子，其相对重要性分别为 49.8%，55.1%，59.5%. 从各门课程的载荷看，除教材教法和教育实习之外，其余课程均大于 0.25 且同号，绝大多数课程在 0.35 以上. 因此它表明，f_1 是作为一名数学工作者所具备的最基本的抽象思维能力.

由于 f_2 独立于 f_1，其重要性在 21%～29%之间，而其余因子 f_3～f_5 所占的比例都在 10%以下. 但是，分析 f_2 的因子特征，发现各年代载荷在 0.35 以上的课程只 4 门～5 门，他们依载荷大小分别是：1954 级的普通物理、初等函数、近世代数、教育实习、高等代数；1960 级的实变函数、概率统计、理论力学、普通物理；1983 级、1984 级的实变函数、常微分方程、复变函数、概率统计、算法语言. 可见从能力的角度描述它们的特征是比较困难的. f_3～f_5 虽然有其能力特征，但由于它们所占比重甚低，对于所讨论的问题影响不大.

如上所述，用正交因子分析所得到的结果是不理想的. 除 f_1 外没有能分析出更多的独立于它的能力来，原因在于 f_1 所占比重太高并且独立于 f_1 的因子 f_2 所表征的能力是不存在的. 因此使我们意识到该法不适合于能力的分析，因为由这些课程所培养的各种能力之间很难被认为是相互无关的. 于是我们又使用了斜交因子分析做了进一步的探讨.

1.2 斜交因子分析

在取消了因子相互无关的限制后，我们对得到的 3 个年代的主因子解分别进行 Promax 斜交旋转，以使因子结构矩阵尽量简单[2]. 其斜交因子模型矩阵从略，斜交因子结构矩阵和相关矩阵见表 1.4～表 1.8. 这里仅考虑大于 0.35 的因子载荷，因为它们的平方和分别为总载荷平方和的 87.7%，83.4%，88.2%. 其能力分析如下.

表 1.4 1954 级斜交因子结构矩阵

课程名称	f_1	f_2	f_3	f_4	f_5	共同度
数学分析	0.626 7	0.655 1	−0.371 3	−0.278 9	0.159 2	0.452 2
高等代数	0.767 4	0.575 1	−0.324 5	−0.069 9	0.145 9	0.644 9
解析几何	0.475 7	0.463 8	−0.291 0	−0.230 8	0.407 5	0.358 2
普通物理	0.566 8	0.462 0	−0.247 8	0.217 5	−0.048 4	0.424 2
立体几何	0.542 5	0.534 2	−0.070 8	−0.185 6	0.119 0	0.412 4
初数复研	0.436 5	0.470 0	−0.260 3	−0.151 6	−0.092 4	0.257 7
初等代数	0.620 9	0.552 4	−0.534 9	−0.272 9	0.277 8	0.477 1
近世代数	0.721 3	0.555 4	−0.360 3	−0.014 5	−0.015 3	0.550 1
初等函数	0.618 7	0.497 1	−0.301 5	0.058 3	−0.118 4	0.427 2
中数教法	0.384 8	0.452 9	−0.180 9	−0.022 9	0.063 0	0.235 7
教育实习	0.193 9	0.142 9	−0.066 6	0.378 0	−0.062 5	0.240 1
因子影响	3.488 2	2.780 8	1.006 0	0.462 1	0.337 0	
相对重要性/%	43.2	34.4	12.5	5.7	4.2	

表 1.5 1960 级斜交因子结构矩阵

课程名称	f_1	f_2	f_3	f_4	f_5	共同度
数学分析	0.771 8	0.527 1	0.472 5	−0.254 2	0.201 2	0.604 7
高等代数	0.545 4	0.504 8	0.438 0	−0.262 7	0.155 5	0.346 3
解析几何	0.598 9	0.403 3	0.372 7	−0.198 1	0.351 1	0.398 2
普通物理	0.479 6	0.514 1	0.273 8	−0.371 9	0.264 8	0.307 4
微分几何	0.689 4	0.433 7	0.435 7	−0.211 2	0.224 3	0.485 7

续表

课程名称	f_1	f_2	f_3	f_4	f_5	共同度
常微方程	0.421 8	0.455 7	0.281 9	−0.053 5	0.098 8	0.291 2
复变函数	0.432 5	0.295 8	0.330 3	−0.208 6	−0.023 4	0.282 1
理论力学	0.664 9	0.378 2	0.460 5	−0.376 1	0.281 8	0.488 0
实变函数	0.567 5	0.475 7	0.318 3	−0.513 3	0.202 1	0.419 5
数　　系	0.608 4	0.414 8	0.239 8	−0.090 8	0.169 5	0.448 6
概率统计	0.663 1	0.579 3	0.299 3	−0.458 9	0.226 4	0.511 1
教育实习	0.386 6	0.337 5	0.340 8	−0.313 2	0.311 6	0.213 2
因子影响	4.091 0	2.433 6	1.583 8	1.124 0	0.616 0	
相对重要性/%	41.5	24.7	16.1	11.4	6.3	

表 1.6　1983 级、1984 级斜交因子结构矩阵

课程名称	f_1	f_2	f_3	f_4	f_5	共同度
数学分析	0.868 6	0.610 2	−0.333 3	0.125 0	0.263 8	0.809 5
高等代数	0.763 5	0.525 7	−0.425 1	0.139 4	0.130 2	0.640 3
解析几何	0.534 2	0.497 8	−0.271 6	−0.158 7	0.219 0	0.492 5
普通物理	0.671 3	0.431 9	−0.320 3	−0.018 4	−0.031 3	0.542 0
射影几何	0.561 9	0.666 9	−0.221 5	0.146 6	0.250 8	0.490 9
常微方程	0.758 6	0.629 9	−0.144 8	0.321 9	0.196 9	0.591 1
复变函数	0.782 5	0.622 1	−0.208 9	0.335 6	0.184 5	0.619 9
近世代数	0.544 6	0.507 2	−0.189 1	0.293 0	0.398 8	0.387 5
实变函数	0.721 1	0.598 3	−0.162 9	0.393 6	0.194 9	0.548 6
概率统计	0.707 4	0.600 5	−0.136 5	0.241 7	0.274 6	0.529 7
算法语言	0.583 7	0.567 6	−0.345 6	0.400 6	0.310 8	0.459 7
教材教法	0.150 6	0.291 4	−0.246 0	0.170 1	0.221 4	0.140 0
因子影响	5.258 0	3.694 5	0.842 7	0.786 9	0.688 9	
相对重要性/%	46.6	32.8	7.5	7.0	6.1	

表 1.7　1954 级(上三角)、1960 级(下三角)斜交因子相关矩阵

1.000 0	0.874 3	−0.547 1	−0.160 1	0.110 2
0.704 3	1.000 0	−0.546 7	−0.341 8	0.156 7
0.644 2	0.411 4	1.000 0	0.297 0	−0.204 6
−0.425 4	−0.556 4	−0.266 7	1.000 0	−0.430 5
0.332 2	0.280 7	0.304 9	−0.362 4	1.000 0

表 1.8　1983 级、1984 级(上三角)斜交因子相关矩阵

1.000 0	0.754 8	−0.286 5	0.327 5	0.206 2
	1.000 0	−0.274 7	0.459 8	0.518 0
		1.000 0	0.103 2	−0.187 2
			1.000 0	0.271 5
				1.000 0

f_1 和 f_2 在不同年代均为重要因子.依年代次序,其因子影响之和所占总载荷比例分别为 77.6%,66.2%,79.4%. 总体看有 3 个共同点. 一是各课程载荷均为正,除极个别外,载荷均在 0.35 以上,也就是说,各门课程与公因子 f_1 和 f_2 均有较高的正相关.二是 f_1 与 f_2 在不同年代分别有着最高的正相关 0.87, 0.70, 0.75 表明:两公因子间的关系是极为密切的. 三是由于 20 世纪 50 年代的 f_2 和 60 年代, 80 年代的 f_1 的数学分析载荷均为最大,表明两公因子与数学分析课的关系尤为紧密. 因此,f_1 和 f_2 是以数学分析为表征的,作为一名数学工作者所具备的,基本的抽象思维能力因子.

f_3～f_5 的 3 个公因子反映了不同年代的公共能力培养上的共同点与不同点. 共同点为

(1) 20 世纪 50 年代, 60 年代的公因子 f_5,由于其解析几何载荷较高,可称为形象思维能力因子,即这两个年代培养的学生其直观想象能力较强.

(2) 由于 50 年代 f_3 的初等代数、数学分析、近世代数和高等代数载荷较高,又由于在 f_1 和 f_2 中,载荷大的也是这 4 门课,只是顺序不同,因此,50 年代学生的演绎推理能力是很强的. 80 年代也有类似结论,这是因为其 f_3 和 f_5 中的高等代数和近世代数的载荷分别最大.

不同点为

(1) 由于 20 世纪 50 年代 f_4 仅有教育实习载荷大于 0.35,可称为教学教育能力因子,可见当时对学生的实习能力是足够重视.

(2) 20 世纪 60 年代 f_3,f_4 中数学分析类的课程载荷高,又 f_3,f_4 分别与 f_1,f_2 相关系数的绝对值均大于 0.41,而数学分析在 f_1,f_2 中载荷分别为前两名. 因此,60 年代数学系与数学分析联系密切的课程,对学生能力的培养起着相当大的作用.

(3) 由于 20 世纪 80 年代 f_4 的算法语言载荷最大,随着科学的发展和计算机的普及,这种能力的培养是不容忽视的.

§2. 结论与建议

从能力培养角度，对数学系不同年代的课程设置有如下结论与建议.

2.1 逻辑思维能力和演绎推理能力对于一个数学工作者，无论是研究人员，或是大、中学教师，都是最基本的、完全必需的. 在不同年代，虽然课程设置出入很大，但从结构矩阵中 f_1 和 f_2 的因子影响所占比例看，各门专业课程都是围绕这两种能力的培养安排的. 从不同年代的斜交因子相关矩阵看出，其主要公因子 f_1 与 f_2 之间的相关系数高达 0.70～0.87，这就提高了主要因子的地位. 由于影响大的公共因子间的相差很显著，因而，在主要能力的培养上是成功的.

2.2 作为一个数学工作者，所需的能力是多方面的. 但从不同年代的斜交因子相关矩阵看出，其影响大的主要公因子之间的相关性是很显著的，由此导致能力培养的过分单调性，这是不适合由于培养数学专业人才要求的. 例如，较强的形象思维能力及计算能力等，这些应当通过有关课程及其内容的调整，以增强培养能力的多样性.

2.3 从几门基础课的共同度(图 2.1)看，数学分析和高等代数在培养公共能力的作用，在不同年代作为数学系的重要基础课，是符合各个时代的实际情形.

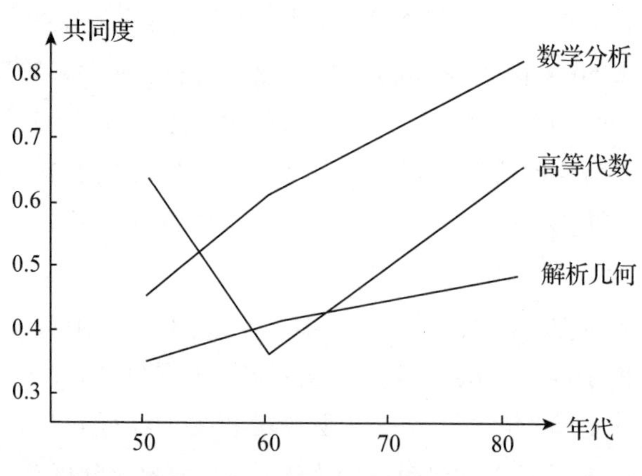

图 2.1 不同年代基础课的共同度

在 20 世纪 50 年代，高等代数共同度最高，且近世代数、初等代数共同度居第二、三位，而数学分析共同度仅居第四. 可见学生的代数能力较强，数学分析方法方面的能力较弱. 这是由于当时系主要领导特别强调重视学生代数方面的严格训练造成的. 但 60 年代则反之. 学生的数学分析能力最强(共同度第一),但代数能力弱(共同度居第八),而这是与当时的政治与社会因素以及不敢重视基础理论的学习而引起的. 在 80 年代,数学分析和高等代数对培养学生能力的贡献已与现行教学要求一致(共同度分别为第一、二位).

解析几何作为一门基础课,由于共同度均小于 0.5,故在各个年代对数学系学生公共能力的培养,其作用均是不显著的. 其原因可能是:在高等数学教学中,几何形象被忽视了. 作为基础课的解析几何已不能保持最低限度的分量. 而许多分析和代数课程特别强调自我演绎体系,而不重视形象思维的教学所致. 应通过改革教学内容和方法来达到强化几何形象的目的. 如何进行解析几何课程的改革,或是将该课程下放到中学,这一问题有待于在更大的范围内展开讨论.

2.4 从不同年代的课程设置(基础课除外)看,在 20 世纪 50 年代,大部分与中学数学内容联系密切的课程,随着教育改革和科学技术的发展,在 60 年代转为选修课. 而作为 50 年代考查内容的课程改为 60 年代的必修课. 从共同度看,在 60 年代,常微分方程,实、复变函数,概率统计,微分几何等课程的共同度在 0.28 与 0.51 之间,变动幅度较大且偏低. 在 80 年代,这些课程的共同度已趋于稳定且变化范围较小. 这说明上述课程设置已趋于成熟,从能力培养上已与现行教育大纲趋于一致.

2.5 教学教育能力对师范生来说是一种重要的能力,教材教法和教育实习在这方面的特殊作用是不容忽视的. 从不同年代的共同度看出,从公共能力培养的角度,其位置是不重要的. 其原因一是:课程设置中与教学法有关的课程很少,因此不可能显示其重要性;二是教材教法和教育实习是培养数学工作者特殊能力的两门课. 教学时数方面,从 20 世纪 50 年代的"中学数学教学法",即学习与研究苏联的教育、数学教育,钻研教材和中学数学教学大纲等内容共讲授了 3 个学期;到 60 年代的"数学教材教法",即从数学角度研究中学数学各个分支,以及各章节的地位、作用和教学目的及要求等内容共讲授 2 学期;过渡到 80 年代把研究教学方法放在教育研究的首位. 虽然课时已缩短为 1 学期,但从能力培养的角度看,也可达到上述目的,故这方面的改革是成功的.

参考文献

[1] 张尧庭,方开泰. 多元统计分析引论. 北京:科学出版社,1982.

[2] Cureton E E,D' Agostino R B. Factor analysis: An applied approach. London: Lawrence Erlbaum Associates, 1983.

[3] Harman H H. Modern factor analysis,3th ed. Chicago:University of Chicago press, 1976.

[4] 程书肖,李仲来. 教育统计方法 . 沈阳:辽宁大学出版社,1988.

[5] 刘来福,李仲来. 大学生能力培养分析. 北京师范大学学报(自然科学版),1989,(2):91-96.

Abstract The factor analysis with oblique rotation of factors was applied to investigate the abilities fostered in the scores on 11 or 12 mathematical courses of 497 students, Department of Mathematics, Beijing Normal University during the 1950s, the 1960s and the 1980s. The results from these years were compared and the current plan for courses and the abilities fostered was discussed further.

第 2 届中美教育评估研讨会论文选集，第 1 集.
1990：34-40.

评价专科生能力培养的一种方法

A Method of Evaluation of Abilities Fostered for Students

大学生能力的评估是各高校普遍关心的问题，但目前还无合适的指标来度量它，尤其是定量的研究，更无合适的途径. 这是因为衡量学生的能力培养是一件非常复杂的事情. 高校通过各种渠道，使学生初步具备了从事有关专业工作的基础理论和技能. 尽管在毕业之后，他们能力的发挥和继续增长还与其他许多因素关系密切（例如非智力因素、工作环境、学习条件、意志力等），但他们在校学习期间各门课程的成绩在一定程度上反映了他们将来能力发展的起点、规模和速度. 因此，学生的专业工作能力应该在其学校学习阶段的各门课程的成绩中有一定的反映. 虽然有很多原因，都会影响学生的成绩，但人们还是习惯于用成绩衡量一个学生学习的优劣、能力的高低. 因此，这些数据资料能为我们的教学评估提供什么信息？能对学生的能力培养评估提出什么有益的建议？都需要我们做深入的分析和探讨. 由于高等教育的效果一般须经过一段时间的实践检验才能做出评价，专科生能力的大小只有在从事一定时间的实际工作以后才能充分体现出来（通常需要 3 年以上时间）. 尽管通过在校成绩评估学生的能力对每个学生来说可能是不够全面的，但对大量的总体研究以探讨能力培养，可以通过课程设置来达到，且有一定规律可循的. 这是我们试图利用多元统计分析方法，找出其课程内部结构之间的培养学生各种能力的反映.

由于“能力”是蕴含于各门课程之中，通过教学活动传授给学生的一种抽象概念. 因此，如何从能力培养的角度来评价我国师范教育中，关于教学计划的课程设置是否合理，对现行的课程结构和内容的评价以及怎样改革，这将是教育评估中一个十分重要的课题.本文将试图使用因子分析的方法，从能力培养的角度，对我国高等师范专科学校数学系（三年制）现行教学计划中关于能力培养的问题进行一些探讨. 结果表明，因子分析作为一种方法用来评估课程设置中有关能力培养方面的问题是可行的.我们希望这一方法及其有关结果能对我国师范专科数学系教学质量的提高起到一定的参考作用.

§1. 分析过程

一个系课程的设置是一个有机的总体.各课程除内容本身逻辑上的关系之外，它们还围绕着能力的培养以不同的紧密程度相互关联着.每一门课程都将侧重于某种或某些能力的培养和训练.不同的课程所培养的能力可能是共同的，也可能彼此各异.于是，能够培养一些共同能力的课程间自然关系较为密切，而其他的课程与之相关的程度则较低.当然，各门课内容上的逻辑关系的紧密程度也与它们所培养能力的共同程度有着密切的联系.

考试分数是学生学习成绩的综合体现.我们将以学生在各门课考分上的相关系数来度量课程之间的相关性.将原始分数化为标准分来计算相关，以避免各课程评分高低的不一致性.对于 n 门课程，它们之间的相关系数 $r_{ij}(i,j=1,2,\cdots,n)$ 将构成一个 n 阶阵.如上所述，这 n 门课间的相关结构主要是由于它们所培养的 $m(<n)$ 个共同的能力（称为各门课的公因子）所致.因此，用因子模型描述这 n 门课的得分 $y_i(i=1,2,\cdots,n)$ 对 m 个公因子 $f_j(j=1,2,\cdots,m)$ 的依赖关系

$$\boldsymbol{Y}=\boldsymbol{AF}+\boldsymbol{BS},$$

其中 $\boldsymbol{Y}=(y_1,y_2,\cdots,y_n)^{\mathrm{T}}$ 为各门课的得分，$\boldsymbol{F}=(f_1,f_2,\cdots,f_m)^{\mathrm{T}}$ 为 $\boldsymbol{Y}$ 的公因子，$\boldsymbol{S}=(s_1,s_2,\cdots,s_n)^{\mathrm{T}}$ 为 $\boldsymbol{Y}$ 的特殊因子.不失一般性，可设 $\boldsymbol{Y}$，$\boldsymbol{F}$，$\boldsymbol{S}$ 的每个分量都被标准化了. $n\times m$ 阵 $\boldsymbol{A}$ 为公因子阵，n 阶对角阵 $\boldsymbol{B}$ 为特殊因子阵.

由于通常所考虑的各公共能力间彼此不一定独立，它们之间的相关关系由 m 阶方阵 $\boldsymbol{R}_{\boldsymbol{F}}$ 给出，称为因子相关矩阵.

注意到 $\boldsymbol{F}$ 与 $\boldsymbol{S}$ 的独立性，可得 $\boldsymbol{Y}$ 与 $\boldsymbol{F}$ 间的相关矩阵 $\boldsymbol{R}_{\boldsymbol{YF}}=(r_{y_if_i})=$

$\boldsymbol{AR}_F$，$r_{y_if_j}$ 为公因子 f_j 与课程 y_i 的相关系数. 故 $\boldsymbol{R}_{YF}$ 描述了每个公因子对各门课程的依赖程度，给出了各公因子的结构. 称 $\boldsymbol{R}_{YF}$ 为公因子结构矩阵. 据此可分析不同公因子所表示的能力特征. $\boldsymbol{R}_{YF}$ 列元素的平方和 $d_j^2 = \sum_{i=1}^{n} r_{y_if_j}^2$ 将给出公因子 f_j 对各门课程得分 $\boldsymbol{Y}$ 的总影响，可用来比较各个公因子的相对重要性.

由课程 y_k 的方差可以算出 $1 = D(y_k) = h_k^2 + b_k^2$，其中 $h_k^2 = \sum_{i=1}^{m}\sum_{j=1}^{m} a_{ki} y_{f_if_j} a_{kj}$ 表示 y_k 的方差中所有公因子的贡献，它反映了 y_k 对公因子的依赖程度，称之为课程 y_k 的共同度. b_k 为课程 y_k 与其特殊因子 s_k 的相关系数，故 b_k^2 为 y_k 本身特殊因子的“贡献”. 这些贡献可用以区分不同课程在能力培养上的区别.

§2. 计算步骤

2.1 本文以我国 4 所高等师范专科学校（简称师专，以笔画为序）：天津师专①、岳阳师专②、湖州师专③和湘潭师专④数学系 1985 级专科生共 311 人（三年制，不含留级生和病休生）在校期间所共同选学的 15 门数学专业必修课的期终考试分数（不含补考成绩）为基本资料进行分析研究. 其课程见表 2.1，其中逻辑代数与计算机课程简记为逻辑代数. 由于每所师专所开课程不同，考试方式（考试与考查）不同，故对每所师专取 11 门～13 门课程且不含考查成绩. 为方便起见，去掉学校名称，按各校人数来安排，学校 A_1 到 A_4 人数依次为 85，83，78，65.

2.2 计算主因子解后进行斜交因子旋转，公因子数取 $m=5$（步骤略）. 由于仅有 A_3 开设算法语言，故在表中将该课略去. $A_i(i=1,2,3,4)$ 的因子结构矩阵的元素分别由表 2.2～表 2.5 的第 i 列组成，为便于分析，忽略其原因子结构矩阵中列的次序. 于是，表 2.2～表 2.5 从左到右依次列出了 4 校的因子影响从大到小的公因子载荷. 由于 f_5 在 4 校公因子的影响均在 10%以下，除 A_1 中逻辑代数和 A_2 中物理的载荷较高外，其余载荷均较小，故将此表及讨论略去，这样做不影响结果分析.

---

① 现：并入天津师范大学

② 现：湖南理工学院

③ 现：湖州师范学院

④ 现：湖南科技大学

表 2.1 4 校公因子的共同度

课程名称	A_1	A_2	A_3	A_4	平均值	标准差
数学分析	0.833 8	0.846 7	0.828 0	0.625 7	0.783 6	0.105 5
高等代数	0.675 4	0.736 6	0.643 9	0.647 2	0.675 8	0.042 9
解析几何	0.517 0	0.543 0	0.635 0	0.463 2	0.539 6	0.071 8
普通物理	0.468 6	0.506 6	0.515 5	0.456 6	0.486 8	0.028 6
常微方程	0.479 1	0.571 2	0.729 5	0.648 2	0.687 0	0.107 0
高等几何	0.587 4	0.542 5	0.537 2	0.540 9	0.552 0	0.023 7
复变函数	0.506 8	0.557 6	0.581 7	0.647 9	0.573 5	0.058 6
近世代数	/	/	0.640 5	0.561 7	0.601 1	0.055 7
实变函数	0.438 0	0.571 4	0.636 9	/	0.548 8	0.101 4
概率统计	0.378 9	0.606 9	0.617 9	0.419 8	0.505 9	0.124 2
教材教法	0.436 2	0.648 0	0.532 7	0.465 1	0.520 5	0.094 1
初等代数	0.508 6	/	/	0.225 5	0.367 1	0.200 2
初等几何	0.517 9	/	/	0.268 8	0.393 4	0.176 1
逻辑代数	0.660 3	0.277 3	0.657 4	0.272 3	0.466 8	0.221 7

表 2.2 公因子 f_1 的因子载荷

课程名称	A_1	A_2	A_3	A_4
数学分析	0.900 6	0.884 9	0.869 3	0.635 4
高等代数	0.807 7	0.838 5	0.776 3	0.411 7
解析几何	0.636 9	0.659 8	0.698 4	0.382 8
普通物理	0.665 6	0.495 7	0.665 9	0.563 3
常微方程	0.599 4	0.727 2	0.772 1	0.764 8
高等几何	0.551 3	0.601 9	0.604 5	0.671 1
复变函数	0.644 0	0.637 4	0.667 0	0.780 2
近世代数	/	/	0.723 9	0.655 1
实变函数	0.360 1	0.717 6	0.714 4	/
概率统计	0.441 0	0.765 8	0.730 1	0.477 1
教材教法	0.556 3	0.686 3	0.716 7	0.327 0
初等代数	0.587 4	/	/	0.429 6
初等几何	0.362 7	/	/	0.455 6
逻辑代数	0.605 8	0.469 3	0.518 4	0.431 2
因子影响	4.867 3	5.257 2	6.311 5	4.022 8
相对重要性/%	41.4	45.3	60.8	61.1

表 2.3　公因子 f_2 的因子载荷

课程名称	A_1	A_2	A_3	A_4
数学分析	−0.278 0	0.754 1	0.305 5	0.224 0
高等代数	−0.309 7	0.738 5	0.259 6	0.538 1
解析几何	−0.301 2	0.624 3	0.073 0	−0.113 1
普通物理	−0.228 0	0.480 9	0.329 9	−0.366 8
常微方程	−0.114 0	0.731 1	0.519 0	−0.144 3
高等几何	−0.592 3	0.562 9	0.581 5	−0.365 1
复变函数	−0.369 1	0.532 9	0.271 1	−0.026 7
近世代数	/	/	0.442 8	−0.099 4
实变函数	−0.001 7	0.733 3	0.557 9	/
概率统计	−0.442 8	0.717 7	0.404 9	−0.104 9
教材教法	−0.512 4	0.642 0	0.361 0	0.284 7
初等代数	−0.395 2	/	/	−0.266 1
初等几何	−0.588 7	/	/	0.072 3
逻辑代数	−0.727 1	0.404 9	0.226 1	−0.076 4
因子影响	2.306 0	4.499 3	2.220 1	0.825 7
相对重要性/%	19.6	38.8	21.4	12.5

表 2.4　公因子 f_3 的因子载荷

课程名称	A_1	A_2	A_3	A_4
数学分析	0.359 3	0.336 3	−0.015 1	0.344 4
高等代数	0.248 6	0.148 0	−0.182 3	0.145 7
解析几何	0.140 1	−0.100 5	−0.121 1	0.078 6
普通物理	0.346 2	0.138 2	0.000 2	−0.102 7
常微方程	0.216 4	0.062 2	0.469 3	0.246 4
高等几何	0.679 0	0.157 0	−0.475 7	0.122 9
复变函数	0.434 9	0.523 9	−0.160 7	0.094 1
近世代数	/	/	−0.189 4	−0.121 6
实变函数	0.487 0	0.014 7	−0.098 1	/
概率统计	0.293 9	0.253 0	−0.443 0	0.452 5
教材教法	0.265 6	0.140 6	−0.310 5	0.399 3
初等代数	0.606 9	/	/	0.057 4
初等几何	0.265 0	/	/	0.147 6
逻辑代数	0.464 8	0.323 4	−0.068 3	0.248 2
因子影响	2.076 1	0.655 8	0.864 8	0.707 3
相对重要性/%	17.7	5.7	8.3	10.7

表 2.5 公因子 f_4 的因子载荷

课程名称	A_1	A_2	A_3	A_4
数学分析	0.305 7	0.178 6	0.153 1	−0.083 6
高等代数	0.448 3	0.104 6	0.122 8	0.028 0
解析几何	0.544 9	0.043 1	0.165 9	−0.494 0
普通物理	0.173 8	0.173 1	−0.001 4	0.056 7
常微方程	0.127 8	0.143 9	−0.204 6	−0.007 0
高等几何	0.306 2	0.479 0	−0.157 6	0.123 1
复变函数	0.471 3	0.078 4	−0.321 4	0.113 1
近世代数	/	/	−0.024 4	0.362 0
实变函数	0.110 9	0.188 1	−0.138 4	/
概率统计	0.160 9	0.025 7	0.008 4	0.042 4
教材教法	0.434 9	0.494 0	−0.040 3	0.438 5
初等代数	0.211 3	/	/	0.031 0
初等几何	0.245 4	/	/	0.012 1
逻辑代数	0.255 4	0.061 5	0.582 8	−0.040 1
因子影响	1.351 2	0.614 8	0.651 6	0.610 9
相对重要性/%	11.5	5.3	6.3	9.3

§3. 各校能力培养评价

从 4 校各门课程的共同度(表 2.1)看,在培养公共能力的作用,最突出的是数学分析,共同度平均值高达 0.78. 其次为高等代数,以及常微分方程、高等几何、复变函数、实变函数、近世代数,其共同度大于 0.55. 这表明,对师专数学系来说,这几门课程对于学生主要能力的培养,尤其是数学分析,起的作用是相当大的.因此,这几门课教学质量的高低,对于作为一个中学教师所应具备的高等数学的基本理论和基本技能方面的能力培养是非常重要的. 解析几何、教材教法和概率统计课程的特点是与中学课程联系非常密切,其共同度在 0.50～0.54 之间表明对学生的公共能力培养也是很重要的. 初等代数和初等几何作为中学数学内容的加深和提高,以及逻辑代数与电子计算机作为师专计算机课程的特殊训练,它们所提供的特殊能力的训练是必须重视的.

从表 2.2～表 2.5 可知,通过十余门课的学习,主要培养了 4 种不同的能力,按它们的重要性依次为 $f_1>f_2>f_3>f_4$. 由此可分析各种能力特征.

f_1 是各师专中最重要的因子，它们的作用在 5 个公因子的影响占 41%～61%之间. 从总体看共同点有二：一是各课程的因子载荷均为正且大于 0.33，其中载荷在 0.5 以上的占 3/4，换而言之，各门课程与公因子 f_1 有较高的正相关；二是它们与数学分析课的关系尤为密切. 由于 4 所师专的数学分析载荷均为最大，高等代数略次，因此，它们是以数学分析和高等代数为特征的作为一名未来的中学教师所应具备的基本的抽象思维能力和逻辑推理能力.

以下集中考虑公因子 f_2，f_3，f_4，这 3 个公因子反映了在能力培养上各校的特点. 由于学校 A_1 的逻辑代数、高等几何、解析几何分别在 f_2，f_3，f_4 中的载荷较高，故 f_2 可称为计算因子，f_3 和 f_4 称为形象思维因子. A_1 中各公因子载荷分别同号且公因子之间的相关性（表 3.1）较高，故 A_1 各因子之间的联系较密切，但在主要能力 f_1 的培养上不如其他学校. A_2 中 f_2 的数学分析、高等代数和实变函数的载荷在 0.73～0.75 之间且其他课程的载荷均较高（在 0.41 以上），又 f_1 和 f_2 有最高的相关 0.94，故基本上代表共同能力：即抽象思维能力和逻辑推理能力，A_2 中的这种能力明显高于其他学校. A_2 中 f_3 和 f_4 的因子载荷最大的分别是复变函数和教材教法，可称为计算因子和综合表达能力因子. A_3 中 f_2 和 f_3 的因子载荷最大的是高等几何，可称为形象思维因子. 由于仅有 A_3 开设算法语言且 f_4 中逻辑代数载荷最大，故 A_3 的学生在计算机方面的能力培养优于其他学校. A_4 中 f_2，f_3，f_4 的高等代数、概率统计、解析几何载荷较大，可分别称为逻辑推理因子、计算因子和形象思维因子.

从表 3.1、表 3.2 的总体情况看，因子 f_1，f_2，f_3 之间的相关系数是较高的，即 4 所师专占总影响 80%以上的公共能力培养之间的联系是比较密切的.

表 3.1　A_1（上三角），A_2（下三角）斜交因子相关矩阵

1.000 0	−0.437 5	0.434 5	0.438 9	0.329 7
0.936 8	1.000 0	−0.533 6	−0.414 1	−0.684 0
0.229 3	0.075 3	1.000 0	0.109 5	0.202 7
0.126 4	0.118 4	0.022 4	1.000 0	0.544 3
0.086 3	0.156 2	−0.123 4	0.464 5	1.000 0

表 3.2 A_3(上三角), A_4(下三角) 斜交因子相关矩阵

1.000 0	0.508 4	−0.266 4	−0.035 6	0.100 2
−0.262 9	1.000 0	−0.366 1	−0.217 2	−0.151 2
0.115 6	0.303 0	1.000 0	0.315 6	0.155 7
0.157 2	−0.011 7	0.003 6	1.000 0	−0.163 2
−0.310 1	0.475 7	0.407 5	−0.258 7	1.000 0

§4. 评价和建议

综合上面的讨论,对师专数学系学生的能力培养有如下评价:

4.1 抽象思维能力和逻辑推理能力对于一个专科生是基本的能力.结构分析表明 15 门专业课都是围绕着这两种能力的培养安排的.

4.2 数学分析和高等代数作为数学系的基础课,无论从学生的能力培养或对其他课程的影响都是重要的. 因而,必须重视这两门课程的教学质量和对学生的严格要求.解析几何作为一个基础课,培养专科生的形象思维能力是主要的,但在公共能力培养上明显低于数学分析和高等代数.

4.3 作为一名未来的中学教师,应具备的能力是多方面的.除了抽象思维和逻辑推理能力之外,还需较强的形象思维能力、计算能力和作为一名教师所需的综合表达能力等. 但从上面分析看,各校在这些能力的培养上是有一定差别的. 由于公因子 $f_1 \sim f_3$ 之间的相关性较高,因此能力培养过多地集中于几个主要公因子将导致学生不具备多方面的能力,这是不适合师专院校关于培养人才要求的.应该通过加强有关课程及其教学内容的调整和提高教学质量,以培养学生应具备的多种能力.

作为一名未来的中学数学教师,学生应切实学好两类课程,一是高等数学,二是初等数学与中学数学教学研究.初等代数和初等几何作为中数教材内容的加深和拓宽,它们所培养的学生应具有的特殊能力是不容忽视的. 由于各校间学生在这方面的能力差别较大,因此应加强关于该两门课程的研究.

解析几何、概率统计和教材教法与中学数学联系尤为密切,但这三门课的共同度在 0.5 左右,这表明专科生在这方面的能力培养,无论从公共能力还是特殊能力训练都不突出,换而言之,这些课程对学生能力培

养没有发挥出该课程的特色. 如何发挥其特色，是值得研讨的问题之一.

逻辑代数与计算机课程，对于学生能力的培养，在计算机飞速发展的时代，将发挥越来越大的作用. 从共同度看，A_2 和 A_4 是偏低的. 这可能与师资水平和学校条件有关. 因此，师专院校应加强学生对这方面的能力培养.

4.4 从 4 校公因子共同度的标准差看，各校学生能力的培养在主要课程上的差别是不明显的，由此得到另一结论：我国师专院校之间学生能力的培养基本上是一致的.

参考文献

[1] 李仲来，刘来福. 我国高师院校数学系课程设置探讨. 高等师范教育研究，1989，(3)：44-50.

[2] 张尧庭，方开泰. 多元统计分析引论. 北京：科学出版社，1982.

[3] Harman H H. Modern factor analysis，3rd ed. Chicago：University of Chicago press，1976.

Abstract Based on grades of 311 students on 11 or 13 math. courses in Dept. of Math. from four Colleges for teachers professional training in China. The math. courses offered in colleges for higher teacher eduction was approached by the factor analysis with oblique rotation of factors. The courses are：(1) Math. analysis，(2) Higher algebra，(3) Analystic geometry，(4) Physics，(5) Ordinary differential equation，(6) Higher geometry，(7) Function of a complex variable，(8) Modern algebra，(9) Function of a real variable，(10) Probability and statistics，(11) Research of teaching materials and methods as a teacher of middle school，(12) Elementary algebra，(13) Elementary geometry，(14) Logic algebra and electronic computer. The structrue matrix of oblique with 4 common factors and its correlation matrix were estimated. From the angle of abilities trained，the views about the courses offered in Dept. Math. are as follows.

(1) The abilities of logical thought and deductive inference are most basic. It is necessary for mathematical teachers. The structural analysis

show us clearly that, all of the courses have been arranged to train this two abilities.

(2) Math. analysis and Higher algebra are basic courses for Dept. of Math.. They are important either for training abilities or for studying other courses. We have to pay attention to these courses. Analystic geometry is also a basic. It should train the ability of thinking in images, but it is not outstanding in the common abilities.

(3) It is necessary to have all kinds of abilities for a mathematical teacher. For example, the logical thought ability, the deductive inference ability, the ability to compute, the ability of thinking in images, the ability to express for a teacher, etc.. There are differences for abilities trained among the Colleges for professional training, but the high correlation coefficients among the common factors f_1, f_2 and f_3 make these factors to concentrate a few abilities. Then it will reduce nondiversity of the abilities trained. We should adjuct the nondiversity of the abilities.

(4) From table 2. 1 we see that the courses, the standard deviations of communalities of which less than 0. 13, are Math. analysis, Higher algebra, Analytic geometry, Physics, Ordinary differential equation, Higher geometry, Function of a complex variable, Modern algebra, Function of a real variable, Probability and statistics, Research of teaching materials and methods as a teacher of middle school. It indicate that this courses tend to stable on training abilities. Then we can conclude that the courses are consistent at common abilities trained.

第2届中美教育评估研讨会论文选集,第1集.
1990:41-44.

职业技术师范院校招生考试改革试验评估[①]

Evaluation of Experiment in Reforming Entrance Examination Vocational Technical Teacher Colleges

§1. 问题的提出

目前,我国技工学校的教师一般可分为文化技术理论课教师和生产实习指导教师两大类.1980年以来,随着我国技工学校的大量发展,生产实习指导教师数量不足、水平不高的问题十分突出.据1988年底劳动部统计(资料来源:劳动部全国技工学校教师数量统计表),全国各类技校专职教师226 636人,在校学生1 160 828人.其中生产实习指导教师为24 312人,与在校生比例为1∶47.7(编制标准为1∶22).在生产实习指导教师中,具有大专以上学历的为3 021人,占12.4%,不具备规定学历的比例高达87.6%;并且缺编2万～3万余人.这种状况表明,为了提高教育质量,一方面,必须尽快提高在职实习指导教师的师资水平;另一方面,必须采取有力措施,不断地向技工学校输送合格的实习指导教师.

如何解决实习指导教师的生源呢?是从全国高校招生考试(简称全国高考)的考生中录取或是采用其他渠道?首先考虑前者.例如,天津职业技术师范学院(简称天津职院[②])1980级～1982级本科毕业生分配到

① 本文与陈榕林合作.

② 现:天津职业技术师范大学

技校后,担任理论课教师都能很好地胜任教学工作.但对承担生产实习教学,却感到困难很大,主要问题是操作水平不高,无法传授技能和技艺.为什么会出现这种现象呢?这从人的操作熟练效应反应可以得到答案.人的操作熟练效应在开始阶段,与实际操作次数几乎按比例上升,当熟练效应达到一定水平后,随着操作次数的增加,其熟练效应的提高不再很明显.这个事实表明,高中毕业生进校后,由于没有任何专业知识和操作技能,不用相当多的时间进行操作技能训练,是无法达到相当高的操作水平的;反之,如果用相当多的时间搞操作技能训练,那么必定要压缩理论教学的时间,从而影响理论教学.可是,生产实习指导教师专科的培养目标既要求有相当高的操作水平,又要求有一定高度的理论水平.因此,学制所规定的时间与培养目标的要求之间就出现了矛盾,故有必要进行生源和入学考试的改革.

§2. 招收实习教师专科的试验方法

为了探索技工学校机械加工实习指导教师的培养途径,经国家教委批准,天津职院从1983年起,进行了高等学校招生考试改革试验(简称技校高考),其生源为全国技校应、往届毕业生和在职人员及部分代培生[1].为了保证新生入学质量,入学考试及考试科目与全国高考不同,考试科目为政治、语文、数学、物理、机械基础、操作.其中设立后两科目是为了突出招收机械加工实习指导教师的特点,使他们的机械知识和操作技能在入学后就能够以技工学校的水平为起点进行学习.试题按高中文化水平命题,考试时间在全国高考后进行.考试命题、监考、阅卷等环节全部由天津职院统一管理与执行.最后根据考试成绩择优录取.在校学习期满,成绩合格者,授予大专文凭.

§3. 招收实习教师的效益研讨

评价一所职业高师的办学水平,在某种意义上,主要看社会效益,即不仅要考虑产出,也要考虑投入.从产出的观点,鉴于职业高师的特点,它应为技校培养当前所需的人才;从投入的观点,如果生源不同,相同的知识投入未必获得技校所需要的各类人才.

由于技校实习指导教师的生源与普通高校不同,我们首先考虑生源改革后的社会效益.

从 1983 年开始,在全国技校中招收实习指导教师专科的生源改革,受到了技校广大师生的拥护和支持,也受到了全国各界人士的关注. 到 1988 年暑假,已有 4 届毕业生,分到技校后担任生产实习指导教师,能够很好地完成教学任务,普遍受到欢迎. 办学实践有力地证明了改变生源,招收技工学校毕业生(高中毕业后进入技校)是提高职业高师办学的社会效益,解决教学中顾此失彼,全面完成培养目标的好办法. 因为生源的改变,解决了招收普通高中毕业生达到培养目标难以解决的一系列问题,最突出的表现有二:

一是从技校毕业生中招收专科生,学生职业心理素质好,专业思想容易解决,也比较牢固. 他们从入学时就知道自己从技校来,将来还要回到技校去,且熟悉技校情况,了解毕业后的任务,有未来工作的压力. 另一方面也有从技校升大学机会难得的自我鞭策,所以他们珍惜深造的机会,学风比较好,学习中善于联系实际提出问题,思想比较活跃,比普通高中毕业生多参加过一些社会实践,知识面较宽,并且关心环境的改善和学风建设. 他们到技校实习时,熟悉情况快,责任心强,对技校有亲切感;而从高中招来的学生(本科生和非生产实习指导教师专科的学生)则认为到技校当教师是大材小用,没有前途,这些从高中招来的学生虽然文化基础较好,但学习劲头和专业思想大多不如技校对口专业招来的学生.

二是技校毕业生虽然文化理论基础弱一些,但已经经过一定的实际操作训练,专业知识起点高,动手能力较强,比普通高中毕业生更容易达到理论与实践相结合的生产实习指导教师这个培养目标. 例如一位在职生,毕业后不久参加河南省车工技术比赛,荣获第一名;天津一位学生毕业后成为实习指导教师中的骨干,并被选为《车工技术电视教学录像》片中的主要表演者.

其次考虑技校高考改革后的社会效益.

全国高考是我国规模最大的国家考试,国家为此投入了大量的人力、物力和财力. 但如何评价高考的预测效度,即通过考生高考成绩预测其在大学学习成功的可能性,不少文章对此进行了研究. 例如,《用回归分析研究高考课程设置与计分比例问题》[1],利用回归分析的定量分析,得到"高考分数预测学生水平的能力很差,只有从大量考生总体考察时,才看出高考对大学成绩的影响，而现行方法得到的高考分数作为录取依据，存在'宏观有效，微观失真'的情况. "《现行高考知识与能力结构和高考改革》[1]，利用因子分析方法，探讨现行高考知识与能力结构. 因子分析基本思想是：在许多互为相关的课程中找出能反映这些课程内在联系和起主导作用的少数几个公共因子（综合因子），根据这些公共因子进行研究，既无损于原来多个因子所包含的信息，又便于对课程进行分类和解释. 该文指出：现行高考的预测水平效果一直不佳的重要原因是高校所招新生的能力与其专业要求不相符合. 如此等等. 因此高考改革已势在必行. 如何进行改革呢？一种方案是减少考试科目，例如上海市进行的试验：即高中各科进行统考；高校招生时仅考数学、语文和外语. 另一种是根据高校所招专业的特点设置考试科目. 由于技校高考是体现职业高师院校办学的社会效益的一个重要方面，我们试对技校高考作较为详细的研讨.

以天津职院 1984 年～1987 年录取机械加工实习指导教师专科学生的 6 门技校高考入学成绩为自变量 $X=(x_1,x_2,x_3,x_4,x_5,x_6)=$（政治，语文，数学，物理，机械基础，操作），跟踪其在大专一年级中两学期的各科成绩（不含体育课），以该学年的平均成绩作为在大专学习的有效标准 Y，其中 1984 级～1987 级学生人数分别为 75，60，44，94，共 273 人（某些学生因缺入学时或第一学年个别课程的成绩而未选入）. 对各届的成绩进行多元回归分析，分别得回归模型为

$$y_{1984}=108.3088+0.0880x_1-0.0819x_2+0.0739x_3+0.0989x_4+0.0187x_5-0.0032x_6,$$

$$y_{1985}=56.8720+0.2312x_1+0.2036x_2+0.0400x_3+0.1021x_4+0.2302x_5+0.0843x_6,$$

$$y_{1986}=89.5828+0.3290x_1-0.2906x_2+0.1865x_3+0.1353x_4+0.1168x_5+0.1059x_6,$$

$$y_{1987}=82.8503+0.0225x_1+0.0813x_2-0.0219x_3+0.0642x_4+0.1979x_5+0.0334x_6.$$

利用方差分析对上面 4 个回归模型分别进行显著性检验（方差分析表略），得 F 检验值 $F_{1984}=3.08$，$F_{1985}=4.97$，$F_{1986}=5.92$，$F_{1987}=8.12$. 查 F 表得 $F_{0.05}(6.68)=2.23<F_{1984}$，$F_{0.05}(6,53)=2.28<F_{1985}$，$F_{0.05}$(6,

37) = 2.35 < F_{1986}, $F_{0.05}(6,87) = 2.20 < F_{1987}$，说明 4 个方程均高度显著，即技校高考分数与第一学年的平均分数之间具备显著的线性关系.

进一步，考虑哪些技校高考科目与第一学年的学生平均成绩的关系最为密切. 作逐步回归分析，利用增减法，引入和剔除课程的检验临界值均取 2.5，得回归模型为

$y_{1984} = 108.7281 + 0.0709x_3 + 0.1100x_4$,

$y_{1985} = 67.9242 + 0.2091x_1 + 0.1819x_2 + 0.1264x_4 + 0.2188x_5$,

$y_{1986} = 86.3995 + 0.2366x_1 + 0.1905x_3 + 0.1606x_5$,

$y_{1987} = 89.8475 + 0.2061x_4 + 0.0661x_5$.

利用方差分析对 4 个筛选后的模型分别进行显著性检验（方差分析表略），查 F 表得 $F_{0.01}(2,72) = 4.97 < F^*_{1984} = 8.59$, $F_{0.01}(4,55) = 3.69 < F^*_{1985} = 7.08$, $F_{0.01}(3,40) = 4.31 < F^*_{1986} = 10.31$, $F_{0.01}(2,91) = 4.88 < F^*_{1987} = 23.27$，为了与筛选前的 F 值有区别，这里 F 记为 F^*. 故 4 个逐步回归后的模型有极为显著的线性关系.

由此可知，由于机械基础和物理在 4 届技校高考中有 3 次入选，因此，这两门课的考分对预测学生在大专学习时成功的可能性最大，且反映了机械加工专科生入学时的基本条件，即考生掌握本专业的基础知识以及所具有的初步分析问题和解决实际问题的能力. 其次为数学和政治，在 4 届中各有两次被选上，而这两门课分别反映了考生用数学概念进行抽象思维、逻辑推理和计算方面的能力以及政治思想水平. 操作则由于与其联系密切的课程在第二学年开设，其特点未显示出来. 由于该专业开设的均为工科课程，故语文预测性最差.

由上可知，天津职院根据招生专业的特点设置考试科目，与第一学年的学习成绩有显著的线性关系. 又从 F 值看，由于 $3.08 < 4.97 < 5.92 < 8.12$，即从 1984 年～1987 年 4 届的回归模型的 F 检验值依年度增长且呈上升的趋势，这说明技校高考试题的预测效度是逐年增加且越来越好. 因此，技校招生改革的效益是很好的.

§4. 结论和建议

通过对 4 届试办的技校实习指导教师专科的试验，从职业高师办学的社会效益考虑，对我国培养技校急需的实习指导教师的途径有如下

看法：

从技校毕业生和技校在职教师中招生，由高等职业技术师范院校进行正规培养技校实习指导教师的途径是成功的.

为加快培养技校实习指导教师的步伐，建议由国家教委统一领导，在全国几所职业高师院校中，对于不同类型的技校生，试办其他种类的技校实习指导教师专科，并及时总结经验，加以推广.

参考文献

[1] 天津职业技术师范学院教务处. 培养生产实习指导教师的探讨. 职业教育研究，1987，(2)：8-11.

[2] 席宁华，丁文健. 用回归分析研究高考课程设置与计分比例问题. 数理统计与管理，1986，(3)：18-22.

[3] 陈希镇. 现行高考知识与能力结构和高考改革. 数理统计与管理，1988，(2)：22-25，40.

Abstract Based on the experiment of Tianjin Vocational Technical Teachers Colleges, enrolling practicing advisors among technical schools, all over the country during 1984～1987, We explore how to speed up fostering practicing advisors of technical schools in the view of the social benefit of the education of vocational higher teachers colleges. The result is that the way of enrolling students from graduates or faculty members of technical schools, and regularly fostered by higher vocational technical teachers colleges for practicing advisors of technical school, is successful.

第 6 届大学数学课程报告论坛，
2008 年 11 月

生物学科本科生数学课程一条龙教学研究

Research on the One-Stop Teaching of Mathematics Course for Undergraduates in Biology

华罗庚的“一条龙”教学法，即由一位数学家牵头，针对该年级的学生设计出覆盖 3 年左右的课程体系，打破那种常规的分别开设课程，分别进行教学的惯例，把大学相关的基础知识，如微积分、高等代数、复变函数论、微分方程等，贯通为一个统一的教学整体，从而让学生打下牢固的数学知识基础，并能突出相应的学科特点，发扬该数学家的特长. 于是，在中国科学技术大学数学系，由华罗庚作为先导，从 1958 级开始实施“一条龙”教学法，称为“华龙”；1959 级，以关肇直为主导，称为“关龙”；1960 级，以吴文俊为主导，叫“吴龙”.

§1. 生物学科一条龙教学的必要性

高等数学（包括微积分、空间解析几何、微分方程、线性代数、生物统计等）是生物学科本科生必修的重要的基础课程. 它是培养生物专业人才对数学知识、数学素质需要的必然，也是教育适合社会发展、科学进步的结果. 20 世纪中叶以来，以分子生物学和计算机科学与技术为代表的新的科技革命不仅极大地加速了科学技术的发展，而且各个学科之间的相互交叉、渗透日益加剧. 在这个大趋势下，生物学科对数学知识、数学训练和人才的数学素质的要求日益增高. 生物学科人才的培养必须适应这些变化. 而高等数学课程体系直接反映培养目标，是提高人才素质，提高教育质量的核心环节之一.它也是教育内容改革、教材编写的基础.因此,开展生物学科高等数学课程体系和内容改革及教材编写的研究,直接影响到21世纪我国生物专业人才的素质.

从平衡生物学科数学基础训练与专业需要这一关系出发,统一考虑该学科高等数学课程的开设以及各类型数学课程的结构,实行一条龙教学就显得非常必要.由于数学基础训练与专业需求是一对矛盾,处理得好将会使数学与生物学科更紧密地结合,相互渗透,促进学科的发展和教学水平的提高.在不同的科学发展水平上,这一对矛盾将以不同的形式相互协调,达到平衡.生物统计就是数学与生物学相互渗透,相互协调的产物,它不仅促进了学科的发展,也直接影响到生物学科高等数学的课程体系和教学内容的改革.事实上,生物统计就是数理统计方法在处理生物观测资料上的应用.随着生命科学的飞速发展,越来越多的人希望使用统计学方法处理生物学科的观测资料.实践表明,正确使用生物统计方法的关键之一在于对所使用的方法的统计学原理的理解.只有掌握一定的生物统计理论和方法,将来从事生物实验数据分析时,才能够作出科学的推断.在教学中,如何通过短时间的学习,使学生运用并掌握生物统计的基本理论和方法处理生物学观测数据,提供必要的基本训练是教学中要考虑的重要问题.因此,结合生物学科发展的特点以协调数学基础训练与专业需求的关系,这是一个多年来存在的问题,这个问题的解决将会使得生物学科高等数学课程体系的安排有一个更科学的依据.

§2. 我校生物学科数学课程开设和教材编写的历史及现状

北京师范大学生物系开设高等数学已经有50年的历史.从1959年开始,开设两学期的简明微积分."文化大革命"后继续由若干位教师给本科生开设高等数学课程.1990年,由王存喜和宣体佐编写的生物学、地理学和化学系本科生用的《高等数学》在北京师范大学出版社出版.

高等数学所属专业领域主要为数学,生物统计所属专业领域主要为数理统计和生物学,也可以归为生物数学.北京师范大学数学系在国内是最早开展这一方向研究工作的单位之一.刘来福于1973年开始与生物系教师相结合共同探讨生物科学领域中与数学有关的问题.生物数学是生物学与数学之间的交叉学科.它以数学方法研究和解决生物学问题,并对与生物学科有关的数学方法进行理论研究.它是在生物学科的不同领域中应用数学工具对生命现象进行研究的学科.其一般方法是建立被研究对象的数学模型并对其进行定性和定量研究.

北京师范大学生物系开设生物统计已经有近30年的历史.从1982年9月开始,由刘来福为生物系本科生开设生物统计课程.随后,由刘来福和程书肖编写的本科生用的《生物统计》讲义在教学中试用几届,于1988年在北京师范大学出版社出版.出版后到2003年,一直作为生物系(1998年升格为生命科学学院)本科生的教材.1987级本科生的生物统计课程由刘来福开设,1993年(1992级)由范韶华开设,1988级后至今(除1992级之外)均由我开设.

在1999学年以前,高等数学和生物统计课程一直是由不同的教师开设.实际上,高等数学课程内容与生物学科专业知识是脱节的.我在连续讲授10届本科生的生物统计课程后,就开始统一地考虑生物学科的数学课程内容设置和教学安排.在一再压缩的有限课时内,将必要的基本概念、基本定理和基本方法传授给学生,并与生物学科的需要结合起来.为此,2000级～2007级,高等数学和生物统计课程均由我讲授.无论平时行政工作多忙,从未间断,能做到这一点也需要毅力.还有一点:我非常愿意教书.给可爱的大学一、二年级本科生讲课有很大的乐趣,他们就像我的孩子一样.

§3. 我校生物学科一条龙教学的实施和教材的编写

我从1986年开始从事预防医学课题研究,1989年开始在医学杂志上发表论文,1991年从生态学角度进行研究,1993年开始在生物学杂志上发表论文.已在医学杂志上发表论文66篇(独立和第一作者46篇),生物学杂志38篇(独立和第一作者30篇).已培养了26名生物数学研究生,对数学在生物学科中的应用有一定深度的了解和理解,我试图将其贯彻落实到生物学科的一条龙教学和教材的编写中,为此作了很大的努力.但是,如何结合生物学科的特点和需要,做到既能够联系生物学科专业知识,又要不牺牲数学知识的系统性,并且表达清楚其基本概念,是需要认真解决的一个重要问题.做得好了,就是在发展和宣传应用数学.在外院系教学则是一个完全可以充分利用的一个优越条件.

在对生物学科数学课程内容和体系统一考虑的前提下,做了以下处理.

对基本概念和理论,力争从生物背景出发,引出实际模型及概念,并进行一定的理论探讨.当然,也引入一些其他学科的例子来阐明基本概念和理论.教导学生从日常见到的生物现象中提出有意义的理论和实际问题,将其转化为高等数学问题后加以解决.尽可能地采用较生动有趣的材料讲解高等数学的基本原理.

注意与中学数学内容的衔接,减少与中学数学内容的重复.对中学教材中函数概念及若干性质,选择性介绍并加以深化,重点讲解与其有关的新概念和内容.

妥善处理微积分、线性代数和生物统计内容的重叠和衔接部分,尽量简化其知识结构,使前后的教学融为一体.

考虑到曲线积分和曲面积分在生命科学中用到的很少,删掉此类内容.三重积分的内容略去.

减少概率的教学内容,加强统计学的训练.在题材选取和处理上,突出应用和统计建模,重视数值计算和计算器的使用,注意适时引进现代统计知识,开阔学生的思路.

不仅把高等数学作为必需的知识来学习,更着重强调必要的数学思维的训练.

由于我的研究方向是生物数学,已经比较深地进入生物学科领域内从事生物数学的研究.这就逐渐加深了对数学和生物学的认识,以科研促教学,实施了独特的教学方法.在授课方式上,把高等数学、统计和生物学内容结合起来,将其应用在教学实践中,取得了很好的教学效果,深受学生爱戴和好评.

从 2000 级实施高等数学和生物统计课程一条龙教学开始,我就开始逐渐积累涉及生物学的若干资料和实例,及时对教学中的问题和经验进行总结,着手编写修订生物学科本科生使用的《高等数学》(上、下册)和《生物统计》教材.2007 年 4 月至 2008 年 3 月,3 部修订的教材先后在北京师范大学出版社出版,并开始使用.

目前国内见到的生地化、生化类、生物类的高等数学教材有 5 套,教材中多涉及物理和少量化学的例子,很难见到生物学的实例.其主要原因是缺少深入生物学科领域内从事生物学研究的应用数学工作者.本人修订的《高等数学》(上、下册)教材,增加了涉及生物学的若干实例和习题,这是本书区别于国内其他生物、化学、地理类《高等数学》教材的主要区别.

§4. 生物学科一条龙教学的几点想法

从生物学科8届本科生数学课程一条龙的教学实践看,这种教学方式在2004年就得到了学校的肯定.《生物学科大学数学和生物统计课程一体化改革》获北京师范大学教学成果奖一等奖.该项目曾申报2005年北京市高等教育教学成果奖.2008年,我校当时参加评奖的一位评委主动告诉我,我申请的项目是可以获奖的,但数学的评委不愿意占数学的获奖指标,生物学的评委不愿意占生物学的获奖指标,因此没有获奖.

就国内来讲,数学教师真正深入生物学领域进行研究是有难度的,而一直从事生物学科数学课程的一条龙教学,又从事生物学研究的人更少.我认为:院系在安排教学时,应考虑同一教师在3年～5年里能够稳定地上同一个院系的课,并参与到教材的编写或修订工作中去.若能够和所讲课的院系专业知识相结合,下一番力气,在该专业的学术期刊上,至少发表一篇论文,则更好.尽可能做到:不要一位教师今年在这个院系教高等数学,明年在那个院系教.这是说起来容易做起来难的事.

把生物学科本科生的基础课高等数学和生物统计的教学工作,由从事生物数学研究的一位教师承担,可以避免课程内容与专业知识分离现象,避免课程部分内容出现重复.在教学中,结合教学内容,适当地介绍所学知识在生物学科中的应用,结合讲解自己在生物数学中从事研究生物学的体会和对生物学科的认识,可以提高学生学习数学的兴趣.

针对不同专业,编写一体化教材,是一种方式[1].针对某一专业,编写一体化教材,实行一条龙教学,结合专业特点进行教学.后一种做法就复杂多了.

应鼓励从事应用数学研究的教师,或有应用数学背景的教师,从事非数学专业一条龙教学或参加高等数学教材的编写工作.

参考文献

[1] 韩旭里.大学数学课程整体融合的实践与比较.见:大学数学课程报告论坛组委会.大学数学课程报告论坛论文集2007.北京:高等教育出版社,2008:157-160.

应用数学难在什么地方?[①]

Where Is the Difficulty in Applied Mathematics?

这个报告很难讲,题目很大,只讲一些我的理解,不可能面面俱到.到现在为止,什么叫应用数学,换句话说,应用数学的定义是什么,现在也说不清楚,但见过各种各样的解释.不像数学中所研究的对象很清楚,应用数学的研究范围就不清楚,因为它的范围在不断地扩展,要给出一个严格的定义很困难.借用爱因斯坦的话,它的范围可定义为我们全部知识中,能够用数学语言表达的那个部分.

我们知道,应用数学是二级学科,但应用数学不像概率论与数理统计、运筹学与控制论、计算数学,它们的研究范围很清楚.应用数学有各种研究范围,哪些范围的研究是属于应用数学,大家可以看到各种标准.比如最近的几种提法,凡属于有应用的数学都属于应用数学的范围,这是早就有的.应用数学属于哪些领域,或者哪些领域里用到的知识属于应用数学,比如说,前几年有人提出,小学和中学的数学知识,还有大学里面的非数学专业所学的高等数学,都属于应用数学的知识范围.这篇论文把数学分成两块,这些内容属于应用数学;另一块叫作虚空数学,你可以尽可能地做,尽可能地欣赏,但是否有用现在说不清楚.后来我和严士健提起这件事,他说,这件事情要经过权威人士的论证,认可之后才可以说.还有一种提法,应用数学必须解决实际问题;它的逆否命题就是:不解决实际问题的数学就不属于应用数学,但是,此话又会得到很多人的反对.因为有人认为,数学越纯越好.

在中国高校里面,对数学刺激最大的是1958年的"大跃进",提倡或

① 2004年5月15日第5届生物数学学术年会分组报告:生物数学难在什么地方?之后又给应用数学的研究生报告数次,并改为此题目.

坚决走理论联系实际的道路，学校里的老师和学生到工厂和农村找题目做. 比如说数学系在一个月内解决了某些数学问题，有些解决的数学问题后来得到部分的应用. 从现在看，“大跃进”推动了数学理论联系实际. 1958 年，数学系搞计算机，当时叫数字计算机工厂，花了 180 万，这个数字在当时相当于一个地区的教学经费. 1958 年以后，虽然也搞一些理论联系实际，到 1961 年之后就偏少了.

在中国高校里面，数学理论联系实际的还有“文化大革命”期间的开门办学. 拿数学系来讲，在外面有十几个点，大部分的老师都下去了. 当时，数学系这么多的老师下去，也取得了一些成绩. 1977 级本科生入学后，外面的点就纷纷地撤回来，最后就留杨福田在北京第二机床厂的合作点，合作一直持续到杨福田退休之前. 他共带 8 名硕士生，做的题目都是跟工厂有关的题目. 说到这里，马上提出一个问题：数学系那么多老师出去搞开门办学，理论联系实际，为什么只留下一个？现在连这一个也没有了. 为什么一旦有风吹草动，就都撤回来？包括我们数学系的若干位大家，他们一直在搞开门办学. 这说明一个问题，搞应用数学难. 到现在为止，开门办学也不能说是错的. 2002 年 8 月 27 日 A2 版的《光明日报》上陈省身说的一段话：“应用数学由于其研究对象千变万化，复杂多样，研究起来非常困难，要做好是非常困难的. 纯粹的基础数学，由于目标单一明确，反倒变得简单起来.”当然这些话讲给搞纯数学的人听，他们一般不爱听. 因为从搞纯数学的人来看，从事应用数学的人是二流数学家. 去年我的一个学生问起我这件事，我说早就知道，这没有什么不正常.

有好多事情先看眼前周围的，再考虑长远的. 王梓坤在“文化大革命”中，没有受到大的冲击. 他做了两件理论联系实际的事情，一个是随机模拟，另外一个是地震预报，还出版一本书《概率论与统计预报及在地震与气象中的应用》. 我曾问王先生为什么回来. 他说，“文化大革命”时招收工农兵学员，学校怕部队把他调走，因为他在部队搞的随机模拟以及地震预报，是无人敢批判的，林彪的一号命令都没有把他赶下去. 后来回校后，出名了，就没有再做下去. 数学系的严士健和孙永生，都搞开门办学，但都撤回来，这就很说明问题，当然严士健是非常支持他们教研室的教师搞应用统计. 数学系经过 1958 年“大跃进”到“文化大革命”的开门办学，一直到 1978 年，经过 20 多年的数学理论联系实际，只留下一个点，这说明搞应用数学并不容易进去，当然，也确有人进去了，数学系的应用数学主要是在模糊数学和生物数学方向. 刘来福是“文化大革命”中给生物系上课，和徐汝梅合作，最开始是在数量遗传方向做研究，渐渐地进入生物领域.

现在，很多学生都愿意学习应用数学，一种观点是认为有用，还有一种观点认为搞应用数学容易. 为什么容易进来？我后面再说，但真正进来并不容易，一个人一辈子也就是进几个领域. 想在各个领域，应用数学处处开花，这种数学大师是不多见的.

应用数学和纯数学都是数学学科的分支，有共同的特征：研究的对象是数和图形及它们之间的关系等. 主要研究方法是逻辑推理和计算等.

不同点：纯数学强调问题主要来源于数学本身的发展，它要不断地提出新的问题，除了假设之外，问题来源是精确的. 我们说，数学家是靠假设吃饭的，有了假设，有了定义，才有了定理等. 只要没有矛盾，相互独立，就可以继续推导下去. 另一句话是说，数学家是靠定理吃饭的，有了定理，才有数学家的饭碗. 历史不能假设. 生物学不是靠假设吃饭的，首先要说明这个假设(假说)在生物界是否存在或近似存在. 我们在研究生物学现象的时候，一定要注意你研究的东西在生物界是否存在或近似存在，否则，你只能从数学的角度来欣赏，不能搬到生物界来. 我们研究的很多微分方程就属于这类问题. 原来生态学界对微分方程承认，比如说指数模型，Logistic 模型等. 但是现在，对很多微分方程的推广，生态学领域根本不承认. 以前对这个问题谈论的还较多，现在谈论的很少. 第一，这些东西的研究可能是有用的，因为我们无法拿有用和无用来衡量它，即使无用，也有人要做，自己欣赏就行，论文也能发表. 从应用的角度来讲，统计在各种学科中是应用最多的，数学的任何一个方向的应用都没有超过统计，换句话说，统计在各种领域都有不同程度的应用. 1999 年 9 月 24 日，陈希孺院士在北京师范大学数学系做报告时说，在统计的重要杂志上发表的论文有 95%的论文是和应用不沾边，也可能不是绝对的无关，可能你现在没有看出关系来. 因此，我们不能说，生物数学的研究论文都要有用.

纯数学强调所研究问题的一般化，应用数学强调特殊化，寻求具体问题的具体解决办法. 抓住实际问题的特殊性，建立特殊模型，给出特殊算法. 再将其统一考虑. 有一句话叫作问题决定方法：有了问题，再说用什么方法可能解决问题；而不是说，有了方法之后，再去找问题. 千万不要以为，现在有各种软件，有了问题以后，马上找到方法就解决了，如果碰到这种结果算幸运的. 一般地说，计算机软件可能解决数据的 80%问题，但总有 20%左右的问题，用计算机软件得出的结果不理想，或者某领域不承认，这就需要改造原来的方法，这就变成你的东西. 还有，同一个实际问题可以建立许多不同的模型，而这些数学模型在允许的近似程度下，最优解可能是一样的.

纯数学与应用数学的另一区别就是，应用数学恐怕很难说哪一部分是没有用的，什么都可能有用，但是你如果说，我现在学到的东西马上立竿见影，这种急功近利的想法，很多人都有. 应用数学家必须具有所研究问题的相当多的科学知识. 若知道问题的来龙去脉，及此问题在该学科所处的位置，则更好. 所掌握的知识面越宽越好，了解的学科越多越好. 你碰到一个问题，先把所掌握的知识想一遍，哪个能用先用上，虽然可能有其他方法，你不知道就不能用. 搞应用的人，最好有一目标，除非是为了拿到学位，以后和它再见了，你至少应在一个领域内能站住脚. 往往是在一个领域站住脚后，在另一个领域就更容易站住脚，这是比较难的. 具体地说，对该学科的理解程度，对该学科的很多知识，包括跟你搞的题目无关的知识，起码都应该了解，了解该领域对什么东西感兴趣，参观他们的实验室、设备、建筑，跟多种多样背景的人聊天，都会对你有帮助. 聊天时，如果你有该学科的一些问题，有意识地聊天效果更好. 随便聊，也会增加一些知识，没有坏处. 包括了解合作者的为人、家庭情况，也没有坏处. 对该领域的了解（知识、人员）程度，会在一定程度上影响到你被该领域的承认程度. 现在，有一个非常方便地了解渠道，就是上网. 你到任何一个单位与某人合作，先上网查一下这个单位和检索一下某人，就会搜索到若干信息，看看某人写了什么论文，发表在什么杂志，对哪些东西感兴趣，这在以前是办不到的.

再说数学问题的解决. 对数学来讲，如果你解决某人提出的某个公开问题，有人会注意到这个公开问题提出来已经有多少年. 如果是两年，他们觉得你解决了一个问题，因为作者没有解决；如果是约 5 年或 10 年，他们觉得你解决的问题有一定的难度；如果是约 100 年，这个问题就相当难了；如果是约 300 年，大家会觉得你解决的问题非常难. 就数学来讲，你解决的问题拖的时间越长越好，哪怕做几代人，或者十几代人，说明你做的题目越难.有些问题的解决需要几个世纪.定理的证明由精确的逻辑推理和每步的归纳和计算完成.Wiles 解决的 Fermat 大定理,大家觉得他水平高,马上就获奖了.

对应用数学,问题解决的提法正好相反,大部分的应用数学有时间限制.最简单的,如天气预报,预报未来 24 小时的天气,不能 48 小时后计算结果才出来,否则,你计算的结果没有价值.如果你没有在规定的时间里解决问题,他们觉得你没有用.你不能说,我做不完,我的学生接着做,像愚公移山一样,子子孙孙一直做下去,作为纯数学是可以的,作为应用数学是不行的.应用数学是一个与时俱进的学科,这是赶时髦的话.纯数学不需要与时俱进.最典型的例子就是计算机,计算机对纯数学有影响,但对应用数学的影响更大.如果没有计算机,应用数学能走多远还很难说.在 20 世纪 50 年代,要解一个 30 阶的方程,还要组织一、二百位数学毕业生计算几个月.现在,只是输入数据或连接数据库的时间.计算所花的时间比输入数据所花的时间还要少,除非是病态数据.时间限制对应用数学来讲,是一大难点.比如说,像预报 SARS 病例,说 3 个月后结果才能出来,那没有人感兴趣,首先领导不感兴趣,因为 3 个月后每天的病例都变成零了,SARS 流行一开始,希望预报出结果.别人可能觉得数学学科像一棵结满果实的大树,我有一个问题,你马上拿出一个办法把问题解决了,除非给问题的人是一位懂数学的人,否则他会认为,你应该这样.所得结果允许有一定的误差存在.应用数学追求一些不完全但简单的解决问题的办法.每一步的归纳和计算不一定严格,结果应由实际问题来检验.

应用数学强调问题来源于数学学科的外部,有强烈的实际背景.所研究的问题需要做大量的简化和具体化,需要忽略许多因素,资料可能不完全,且有各种测量误差.

在开始研究的时候,数据调查已经进行,或已完成.

所研究的对象模糊,觉得这可能或确实是一个数学问题.

所研究的对象清楚,但问题的提法模糊.

在数学里面所做的题目,提法清楚.题目经过反复推敲,题目中该去掉的条件都去掉了.如果你研究这些年的大学生数学建模竞赛的题目,有的题目的提法是模糊的,这就造成解决实际问题的困难.

应用数学还有一个麻烦,考虑的是实际问题的建模,对模型的求解及算法,即模型和算法的一体化.先要把问题转化为一个数学模型,可以是多种多样的,微分方程的、统计的,等.要忽略很多因素,应用数学问题都是在忽略很多非重要因素的前提下,考虑问题的主要因素做出的,否则,问题可能解不出来.要给出具体求解的办法和在计算机上实现的方法.这三个最好是同时完成,是最理想的、最难的,还要解释算出的结果.千万不要以为,对方给你一些资料,套用公式,结果就出来了.现在,有多种通用软件,如果能解决,就不需要找别人.他找你,就是解决不了,或者处理过程中发现结果不合适.

应用数学研究的目的是为了解决实际问题,要真正有用.一个人想在应用数学领域站住脚,必须解决那个领域的实际问题.第一,要真正地解决问题;第二,要不断地发表论文,人家提供的资料,要从各种角度研究,得到更多的结果,不断地给他们提建议,对方也希望你这样做.最好完全解决问题,如果不能完全解决,也要部分解决.另外不能解决的一部分,要告诉对方,在这个地方碰到什么困难,做研究的人都可以理解.如果不能给对方解决问题,这个领域根本进不去.

纯数学研究和其他学科不太一样,是个人行为,自己努力就行.办个讨论班,大家在一起讨论,不需要做人的工作.搞纯数学研究,基本上是一人,一般最多不超过三人完成,有人认为:纯数学的研究论文,如果超过三人,你要怀疑作者可能有问题.首先有挂名的,其次,某人在什么地方都伸一脚,也能体会到作者的做人.应用必须和别的单位合作.应用数学,比如去年人类基因研究的论文,作者占了一页.生物和医学杂志中的一篇文章,平均人数在4人左右.应用数学的一个难点就是合作.要想搞应用数学,多数需要与别人合作.如果你不与别人合作,你做的可能不是应用数学,只能自己欣赏.合作要甘当老二.

从事应用数学研究,如果没有甘当老二的思想准备,不要做应用数学研究.你在这个领域合作到一定程度,你可以当老大.如果你与别人合作,这个问题是你解决的,又有相关领域的背景知识,开始你可能是老二,不要渴望开始就是老大,当然,一开始当老大是最好的.但那个领域不认可你.最开始做老二是搞应用数学的一个必要条件.你在这个领域不断地发表论文,扩大影响,该领域认可你,编辑部也认可你,你可以当老大.除了在保密单位搞应用数学外,在任何一个领域搞应用数学,都应该在该领域发表论文,必须有这个目标.当然希望一开始就在国内最高档次的杂志上发表论文,而在国外发表论文还有一段距离,这是基本要求.搞应用数学的人,在应用数学领域上发表论文,都意味着两条:论文应该是优秀水平,可用可不用或中下水平的论文一般不能发表;你在该领域发表一篇论文,就意味着他们有一篇论文被淘汰,因为一本杂志的页数是定数,著名杂志的版面不增加页数.

合作的另一个问题就是私人关系与交往,如何把握好这个度.你与合作者的私人交往会影响到后续的合作.搞应用数学,打一枪换一个地方,我们不能说这种方法不可取,但若是不断地接触新领域,知识面开阔了,深度可能不够.

在应用领域感兴趣的专业杂志上发表论文的困难.论文在优秀水平才能发表.要在应用数学的某个领域站住脚,必须在那个领域发表论文(保密单位除外),只有在这个领域的重要期刊上发表论文,才可能对该领域有影响.一般地说,这个领域对谁进来非常敏感,就像注意外星人一样.如果在他们认可的杂志上不断地发表论文,就会逐渐地得到他们的认可,不要发表一篇论文就无影无踪了.

发表应用数学英文论文的困难.相对于其他学科来看,数学学科所用的英语在科技领域里可能是最简单的.在其他领域发表应用数学的英文论文,一定要注意细微的地方.比如说,有的地方宜称大小,不能称高低或强弱,等,你认为是可以的,但评审者认为你不规范.如果评审者认为小的地方不规范,就可能影响对整篇论文的评价.为什么有的人发表英文论文挂上老外,主要让他在英语上把关.如果不是这样,一定要把该领域发表的若干相关论文的语法和具体细微之处抠透,否则,审稿人可能认为你的论文内容可以,但英文不行导致退稿.当然,我们研究生的英语水平越来越高,在数学界认为英文不错的,和生物医学领域的英文比较,就可能不如别人.他们对英语论文要求的深度明显比数学论文要求的深得多,像生物学中的拉丁学名,都需要背.

搞应用数学还有一个困难是作为主持人在其他领域申请基金的困难.有一句话叫肥水不流外人田,基金就那么多钱,申请的项数远远大于获批基金的项数,申请人都想分一杯羹.申请基金的时候,除非你所申请项目的评分明显在优秀的水平,否则会落选.如果你与别人合作,那么是另一回事,你去干活,给你一些经费. 我们要做好这种思想准备. 搞应用数学的如果在数学学科申请基金,人家认为是另一回事.

对搞应用数学的评论,就国内来讲,是从纯数学的角度去评论的. 搞纯数学的人,很多人没有搞过应用数学,但是他还要评价你. 国内的应用数学研究处于劣势. 像北京师范大学数学系,基础数学这棵大树已经长好,应用数学只能往旁边长,你不可能跟它挤. 这种情况的改变需要若干年. 现在,搞纯数学的不会说搞应用数学没有用,如果他说了,别人会认为他是没水平. 搞纯数学的人也认为自己搞的有用. 但在评论应用数学时,可能有贬低的因素存在,这在很多高校和研究所或多或少有这种情况.

晋升职称的思想准备. 搞应用数学的,如果你做的情况和搞纯数学的类似,你晋升可能困难. 我听到一句话,很受启发: 当基础数学与应用数学提职时发生冲突的时候,基础数学先上,当出现空缺的时候,应用数学上. 当时,很多人听到之后就乐. 搞纯数学的容易得到提升,除非你在应用单位.

搞应用数学忌讳的东西,不要就问题搞问题,或把自己当成一个计算工具. 要避免这些,你要注意给对方提建议,尤其是击中对方要害的建议,他会认为你水平高,引起对方对你的重视. 如果你的建议能得到对方的赏识,合作就会继续下去. 如果提的建议对方认为太简单,也没有关系,因为毕竟是外行.

搞应用数学的结果要经过实践检验,搞纯数学的不需要实践检验. 搞应用数学的结果首先要合作者欣赏才行,是建立在该领域专业知识基础上的欣赏. 数学定理是发现物,数学模型与算法是创造物,是一种艺术品,其结果应由实践检验. 应用数学难就难在于此.

搞应用数学的,希望能够上升到数学理论,能对数学有所发展,讲老实话,有几个人能做到这样. 要有你自己改造之后的东西. 使用数学中的想法来发现新的"物理、化学、生物……定律",使用"物理、化学、生物……中的想法"来发现新的数学问题. 应选择既包含有趣的数学,又有重要的"物理学、化学、生物学……"意义的问题作为研究项目. 当然,寻找受益于高水平数学结果,又能激发数学进步的重要的"物理学、化学、生物学……"问题并不容易. 通过实践可以对基础理论和方法上的不足加以改进. 这事说起来容易做起来难. 现在搞研究的差不多都是搞纯数学的,搞应用数学的一定要解决真正有分量的问题，虽然对数学的贡献不是很大，但是确实在应用方面起了很大的作用．因为任何一种数学，都是质和量两方面的，都在起作用，往往是质在起作用．既然是应用，就要真正有用，要有特色，要对知识的某一方面有重大的影响．这是很难的．就国内的应用数学队伍，从整体上说，还是相当弱．这恐怕不是一天两天能发展起来．

中国的数学要真正生根的话，要在应用数学方面搞上去，这样的话，将数学和应用互相结合起来，互相促进，真正形成我们的科学体系．第一步要把应用搞上去，然后再抽象出理论，解决一些更深刻的问题．有了这些内涵，应用起来就有发展规律，就更广泛，再进入新的领域．现在，搞纯数学的人进入应用领域很困难，很多搞纯数学的人对应用数学不了解，只能发表一通感想，不能提出自己的见解，有些人连感想也说不出来；搞应用数学的人进入纯数学也比较难，这简直成了两个行业．这就牵涉另外一个难点：你要求搞应用数学的人熟悉某个领域，同时你还要在数学方面做出很像样的东西，得到纯数学家的欣赏，试想应该有多大本事．你要熟悉那个领域，就要花时间，你有多少能力这样做．搞纯数学的人，他不需要了解其他领域，本身就节约出时间．以后会注意到，搞应用数学的人是五花八门，这就很麻烦．当然，我们希望：不是要求所有的人都要从理论到应用，从应用到理论，但是起码得有一部分人做这件事，而且有一部分搞理论的人和搞应用的人可以讨论问题，形成这样的情况都不容易．

我们国内有一位典范，就是华罗庚．他最开始是搞纯数学，数论的工作已经做了几十年了还未过时，但国际上公认的工作是在多复变函数论，丘成桐评价中国数学在世界上有三个方向在国际上是领先的，这是其中一个方向．华罗庚是一位大师，在纯数学领域做出非常重要的工作．在晚年，转到应用数学．华罗庚最开始解决的是国民党兵工署署长俞大维（哈佛大学数学博士）碰到的一个应用数学问题，俞大维问了国内外的几位数学家都没解决．在四川的某个晚上，俞大维请华罗庚吃饭，吃饭时又提出了这个问题，华罗庚当时就认为是密码学问题．第二天华罗庚去厕所时，把问题解出来写在手纸上给了俞大维，俞非常吃惊．华罗庚晚年从事优选法，从现在看是非常简单的．王元在《华罗庚》一书中曾经谈到为什么华罗庚从事应用数学．华罗庚认识到优选法是一个立竿见影的方法，尤其是在很多领域处于落后状态的时候，优选法可以很快解决问题，现在看就不行了.华罗庚在晚年从事应用数学研究,世界上的顶尖数学家既从事纯数学研究,又从事应用数学研究,这在国内外少见.

王元在《华罗庚》一书中提出从事应用数学的三种方法:第一是从书中找问题;第二是应用问题已经完全转化为一个应用数学问题,从纯数学的角度来做,这是最理想的;第三是以课题带学科,就是在和别人做课题时,会碰到一些数学问题.在做课题时,可能没有办法完全解决这些问题,之后,从该过程中提出有价值的数学问题进行理论研究.

上面谈应用数学难在什么地方.还要说出易的地方,否则别人都不进来了.在各种领域中,从最基本的到所有层次的研究中,都有可研究的对象.有各种水平的应用数学工作值得研究.还有年纪大了,也可以进行研究.华罗庚在晚年就从事应用数学研究.搞应用数学是越老越值钱,搞纯数学的是越年轻越好.搞应用数学需要经验积累,是技术加艺术加专业知识,同样一组数据,你只看到的是一堆杂乱数据,你处理得不好,别人能处理得很好,处理的头头是道.对其他学科专业知识掌握的多少决定应用水平的高低,数学修养水平的高低决定写作论文档次的高低.搞应用数学的人到老了不会无事干,搞纯数学的多数人到老了一般是指导别人,自己是做不动了.

数学中很看不上的一种方法,在其他领域可能得到非常好的应用,还会被某领域公认为某一种方法,因为应用数学追求简单,越简单越好.纯数学越复杂越好,别人越看不懂越好,全世界只有几个人看懂更好.像Fermat大定理的解决,全世界能看懂的人不多.应用数学是大部分人都能看懂才好,这样,方法才能推广.

应用数学用某一方法解决某个问题,纯数学可能认为是低水平,在某一领域来看,他们并不认为是低水平.别的专业的一个概念,用数学描述清楚,要花力气.那个专业的老师常常说不清楚,这需要搞数学的人,或再进一步,懂该专业的人,结合起来,才能搞清楚.很多领域还没有认识到,他们研究的问题可以归为某种应用数学问题,应用数学还没有发挥作用.应用数学的前景是美好的.

高校基层党建工作创新研究:北京师范大学2009年党建研究课题文集.
北京:北京师范大学出版社,2011,3:1-10.

院系领导体制和运行机制研究①

Research on the Leadership System and Operation Mechanism of Colleges and Departments

院系领导体制和运行机制是现代大学制度的有机组成部分.加强院系领导体制和运行机制的研究,无论从理论,还是实践层面,都具有重要意义.2009年6月6日,将“院系领导体制和运行机制”在Google上搜索,约有118 000项内容.将“院系领导体制”在中文论文摘要中检索,有13篇论文入选;在全文中检索,有91篇论文入选,可见该问题已有研究.从内容看,做过院系领导的人写的论文很少,未做过院系领导的人写的论文较多,理论与实践的结合明显不够,这在某种程度上会降低研究的质量;相比较而言,院系领导体制的研究较多,运行机制的研究少见,本文研究将偏重于后者,并以高校的数学院系作为典型加以分析.

从我们的工作经验中也深感该课题研究的重大意义.我从1995年6月起担任数学与数学教育研究所副所长9年,到2004年4月担任院党委书记,在数学科学学院担任领导工作已近15年.应该说,对院系领导体制和运行机制有了一定程度的认识.在编写《北京师范大学数学系史》,以及担任院党委书记后,逐渐加深了对院系领导体制和运行机制的认识、理解.随着时间推移,有机会接触和主动了解到若干学校的一些学院书记和院长的合作情况,深感院系领导体制和运行机制对院系的改革发展具有深远的影响.

① 本文与魏炜合作.获2010年北京师范大学优秀党建创新成果奖.

§1. 院系领导的产生方式

院系正职的选配是学校建设，院系副职的选配是院系建设. 选配好院系正职干部，是学校科学发展的需要，更是学院科学发展的需要，直接关系到学校和学院的发展规划、目标的实现以及长远未来发展.

高校院系领导的产生方式经历了一个发展变化的过程，党政领导的产生方式又有所不同. 以前的系主任或院长的产生，是组织部在征求教师意见（民意测验）的基础上，由前任系主任或院长提名下届人选，组织部再次征求部分负责人和教职工代表的意见后，协商解决. 近年来，许多高校实行竞聘制，由学校组织部组织 11 人～13 人，由竞聘人员述职后投票确定院长人选. 院系行政领导副职的提名由书记和院长（系主任）提名推荐. 按照《中国共产党章程》的规定，基层委员会由党员大会或代表大会选举产生，总支部委员会和支部委员会由党员大会选举产生，提出委员候选人要广泛征求党员和群众的意见. 院党委正、副书记或党总支正、副书记的产生，多数是由院系党委或党总支推荐，经党员大会全体党员投票选举，学校党委任命. 目前的全体党员投票选举院党委委员制度，在很大程度上，取决于学生党员的投票选举结果. 有些院系，如在北京大学的某学院，原提名拟任书记或副书记的人选，未入选院党委委员，这种情况在一些院校时有发生. 可以这样说，院党委委员的选举，比院长的应聘有更大的不确定性.

改革开放以来，院系的副院长或副系主任的人数没有变化，保持稳定. 但随着高校工作重心的转移和形势的发展，党的领导副职在一定程度上已经被弱化. 从数量上看，北京师范大学数学系党总支副书记在 20 世纪 70 年代是 4 人，80 年代是 3 人，90 年代是 2 人，21 世纪初，院党委副书记是 1 人，已经不能再下降了. 否则，院党委书记就变成“光杆”书记了. 其他院系的情况基本类似. 但是，进入 21 世纪后，党员的人数大大地增加了. 2009 年底，数学科学学院的党员人数是 282 人，是 20 世纪 80 年代党员人数的两倍多，党务工作的职责和任务明显加重.

§2. 院系领导体制的发展

长期以来，高校院系的领导体制在实际运行时，党与政的领导关系多次频繁变更. 在 1956 年以前，是系主任负责制. 1957 年以后，逐渐转为系党总支负责制.1961 年,《教育部直属高等学校暂行工作条例(草案)》规定为系主任负责制,但实质上并没有真正改变党总支负责制.1978 年,在《全国重点高校暂行条例》中,实行党总支领导的系主任分工负责制.1983 年,根据教育部有关规定,实行系主任负责制.在 1996 年《中国共产党普通高等学校基层组织工作条例》和 1998 年《中华人民共和国高等教育法》中,对院系领导体制均未明确规定.但提出了党政共同讨论和决定单位内重大事项.当前主要有院长(系主任)负责制、院(系)分党委(党总支)领导下的院长(系主任)负责制和党政共同负责制等三种模式.

§3. 院系领导运行机制中存在的问题

在学院运行机制中,研究影响该机制各因素的结构、功能及其相互关系,以及这些因素产生的影响、发挥功能的作用过程和作用原理及其运行方式是非常重要的.各种因素的相互联系、相互作用,对于保证学院各项工作的目标和任务的真正实现,需要有一套比较协调、灵活和高效的运行机制.

中共中央于 1996 年颁发的《中国共产党普通高等学校基层组织工作条例》中明确规定了高校的领导体制为"党委领导下的校长负责制",但是院系一级实行何种领导体制,中央一直没有明确规定,只是强调院系党组织和行政要按划分的职责范围,既要有分工又要有合作,共同做好工作,这在一定程度上对于规范院系工作,进一步发挥院系党组织作用造成了一定的困难.长期以来,高校院系的领导体制在实际运行时,党与政的工作职责分工往往不太清晰,共同不负责有之、争着负责有之、谁强谁负责也有之;在界定党政负责权限时,以党代政有之,以政代党也有之.虽然书记与院长(系主任)有比较明确的分工,但是,院系工作的好坏往往取决于党政一把手相互之间的关系.他们之间关系如何,直接影响着学院(系)工作的成效.从院系的长期发展来看,只有明确党政工作的分工,加强书记和院长的合作,减少内耗,才能从根本上保证院系的良性发展.

通常说来,书记负责党的思想、组织、作风建设以及干部的教育和管理,而院长(系主任)负责教学、科研和行政管理方面的工作,把工作的重点放在课程的设置和学科建设上,致力于做好院系的教学和科研工作.但是这种做法可能会导致下面一些问题的出现.

3.1 以政代党

这种情况的出现，会导致权力偏废的情况，从而有一方不能够较好地发挥作用. 实际上，党政双方的领导对本单位都应当有领导权，根据职责不同而有所侧重. 以党代政的情况目前在高校院系领导体制中，已经很少出现，除非院长和书记是同一人. 以政代党的情况，相对说来较多. 主要表现在：书记兼任副院长或副系主任. 这又分为几种情况. 一般说来，如果书记是专职(即不从事教学和科研，下同)，兼任行政副院长的较多；还有书记兼任教学副院长的情况，这在某种意义上，是比较典型的以政代党. 对双肩挑的书记，书记兼任院系教学指导委员会主任的做法，可能是一种值得提倡的管理方式.

现在院系已经找不到院长兼任副书记的情况，这说明院系党政一把手，并不对等. A 书记认为："很多人听到你是院长，就认为你是搞业务的，听到你是书记，就认为你是搞政工的. 其实，书记所做的都是围绕着教学和科研做工作."

3.2 重政轻党

这种情况出现的原因有多种，由于领导的个人性格和办事作风的不同，久而久之，比较强势的一方习惯了作决定、拿主意，使得另外一方的作用越来越弱. 有时候，领导的职称、年龄、性别等都容易形成这种局面.

首先考虑职称. 院长(系主任)的职称是教授，这主要是考虑了院长(系主任)在学术界应有的学术影响力，书记的职称还没有达到都是教授. 这是造成重行政的重要原因之一. 在北京师范大学现任院系书记中，7 位不是教授，6 位是在任书记期间晋升教授 . 任书记期间晋升教授，可能影响书记在群众中的形象. 在全国重点院校的数学院系，除了南京大学数学系的秦厚荣书记是长江学者奖励计划特聘教授和国家杰出青年科学基金获得者外，院长是长江学者奖励计划特聘教授和国家杰出青年科学基金获得者(如北京大学数学科学学院王长平、南京大学数学系尤建功、中山大学数学与计算科学学院朱熹平、山东大学数学与系统科学学院刘建亚等)，或是国家杰出青年科学基金获得者(如清华大学数学科学系肖杰、中国科学技术大学数学系陈发来、四川大学数学科学学院彭联刚、吉林大学数学科学学院李勇等)的并不鲜见. 部属高校的华中师范大学数学与统计学院院长朱长江也是国家杰出青年科学基金获得者 . 重行政的理由就不用说了,但在学术上的一流并不等于管理上一流,甚至权力产生独断.北京大学陈平原说:“一个人的专业到达顶尖状态,就会有一个盲点.这种人当校(院)长,很容易刚愎自用.过于强烈的学术背景和突出的学术成绩,很容易使人产生偏见.第一流的学者当了校(院)长,很难对其他学科做出支持.”[(院)是作者所加]

目前,重点高校数学院系的书记,60%～70%是专职.像清华大学和北京师范大学的院系,“双肩挑”的书记占少数.专职书记的优点是可以全身心地投入到院系的党建工作中.但有一些明显的不足:

(1) 不能参加学术委员会、教学指导委员会、学位委员会、教授委员会.有些院校在某些方面做了一些硬性规定:以书记身份参加教授委员会或学术委员会等基层的委员会.这对书记说来,实际上也是很尴尬的.

(2) 专职书记若没有学术背景,则转岗就存在困难.“双肩挑”的书记则不然.这可能导致像B书记说的:上面说什么,专职书记就做什么,难与学院的中心工作结合,难以创新.

(3) 对从外院系或校部机关调来的书记,不了解学科的发展历史、现状和特点,容易说一些外行话,有些书记甚至连单位的教师都不全认识,思想政治工作难做.C院长认为,专职书记很难从教学与科研角度考虑问题,基本上是从管理或党务角度考虑问题.

(4) 很难调动教授做教学工作之外的一些必须做的事情.

3.3 党员比例

在院系党政领导中党员所占的比例也起到很大的影响作用.当院系党组织中书记和院长都是党员、副院长中党员占多数时,党建工作开展通常会较为顺利.他们考虑问题时会更多的站在党员的立场上,全方位、多角度、分层次地对待每一个问题,处理问题也比较全面,使得绝大多数教师受益.

3.4 专业优先

在某些矛盾比较突出的院系,书记处于相对弱势的情况下,谁任院长就优先发展自己的专业方向或某个学科,办学资源向自己的学科专业倾斜,这是比较明显或较为普遍的现象.这可能导致某些学科发展了,某些学科的学术梯队和人员结构较好;一些学科下滑了,出现明显的学术队伍断档或人才外流的情况.还有一种比较糟糕的情况,不同学科互相拆台和内斗,造成整个院系工作环境的恶劣,甚至会影响到教师和学生的工作、学习和科研氛围,结果是这些学科都没有得到很好的发展.这样的情况确实在国内某些高校的数学院系发生过,严重影响了院系的改革发展.

3.5 沟通不够

党政的协调配合是搞好院系的关键,这也与院长和书记的思想觉悟、人品、作风、年龄等因素密切相关.有的党政一把手个人素质不高,或是有的一把手个性较强,影响党政关系,配合不默契.在院长比书记年龄大10岁或以上,或院长不是中共党员等情况下,问题比较突出.D院长认为,产生这种情况的原因可能是:年龄大的院长不大愿意找书记去讨论工作;教师有问题时,不愿意去找年龄小的书记协商及解决问题.

3.6 抓权突出

由于党政职责不够清晰,有的学院党政领导则是谁强谁负责,谁的资格老谁负责;或者是好事争着负责,仓促决策,当出现问题时谁都不负责.在调查时,E院长认为,在一些院系,一些专职书记抓权现象比较严重.F院长认为,他们学院这种情况非常突出.书记是非数学专业调来的,什么事情都插手,什么事情都要管,合作起来非常困难.

3.7 性别因素

性别在数学院(系)的院长(系主任)上的表现特别突出.自古以来,有成就的女数学家的数量远少于男性,这并非女性缺少才智,而是由于女性除了自身的事业之外,还要抚育子女,照顾家庭,因而大多不能两者兼顾.至今选出来的50位中国科学院数学物理学部数学院士,只有胡和生1人是女性.在212位中国现代数学家中,仅有3位数学家是女性.在我国重点院校中,女教授徐瑞云曾任杭州大学数学系首任主任.目前我国重点院校数学院(系)中,数学学院(系)院长(系主任)是清一色的男性.

在师范大学中,华东师范大学数学系的书记是从事数学教育研究方向的女性.历史上,北京大学数学科学学院和清华大学数学系的书记全是男性,北京师范大学数学科学学院曾有两位女书记.我们专门了解过数学院系女书记的作用,G院长认为,男院长和女书记负责的数学院系,在工作中有一定的互补性,但女书记在学科建设中发挥的作用较少.在重点高校的数学院系,目前无女院长和男书记负责的情况.

§4. 院系领导机制和工作运行机制出现问题的原因

4.1 党政重分工轻合作

通常情况下,院系领导的工作分工是明确的,但可能形成分工即分家的局面.有些工作,例如,学生的培养,既要注意素质和道德修养的培养,又要重视教学科研能力的锻炼,只有两者结合,相辅相成,才能结出硕果.而党委和行政各管各的,如果必要的合作很少,那么可能达不到预期的效果.如果党的工作游离于院(系)的教学工作之外,党组织领导满足于当“门外汉”,对院系的各方面的了解情况仅凭道听途说,缺少亲身经历和直接感受,这样势必造成思想政治工作和党务工作脱离教学、科研和行政管理工作的实际,形成党政工作两张皮的现象,使思想政治工作如同“隔靴搔痒”,没有针对性,缺乏说服力,解决不了师生的思想问题,同时也调动不了他们的工作积极性,党政没有形成合力,工作的效果打了折扣.例如,F校本科学中文的人到数学院系任书记,可能没有本科学物理的人到数学院系任书记更合适一些.当然,我们数学系曾有本科学教育的人到数学系任书记的例子,这可能比本科学中文的人到数学院系任书记要好一些.有文科背景的人到另外一个文科院系任书记,可能优于有文科背景的人到理科院系任书记的情况.

4.2 存在着怕越权思想

一些院系党组织总是习惯于把自己的工作任务缩小到党务和思想工作的范围中,多一事不如少一事,怕承担责任和惹出麻烦,不愿意参与讨论院系的重大问题,把教学与科研等方面的工作看作分外事,不太愿意过问行政事务.在北京师范大学某部门召开的一次教学工作会议上,只有我和另一学院的G书记参加会议.在大会发言时,G书记首先说明,在这种会议上发言有点不好意思,但G是院教学指导委员会主任.同时,一些院系行政也受“党只管党”的模式的影响,在研究讨论教学、科研与行政管理等问题时,也就自觉或不自觉地不请党组织负责人参加,这样无形中造成党组织与行政的脱节.如G院长在分配“985工程”二期经费时,不与书记沟通就作出决定,显然违反了“三重一大”的有关规定,使得学院的工作受到了很大的影响.

4.3 党政一把手配合差

院系的党政一把手是保证真正实行党政共同负责制的关键人物,因此，对两个一把手的选择、配备以及他们之间的配合要求很高.如果他们对共同负责制认识不清、理解不深或是意识较弱，那么执行起来就可能出现问题.值得指出的是，院长(系主任)与书记的思想觉悟、人品、作风等也是非常重要的，有的行政领导对重要事情必须与书记事先协商、集体决策等不适应；少数党政一把手个人在工作中往往以个人意志代替集体研究，造成党政关系未理顺，配合不默契.特别是院(系)书记与非中共党员的院长(系主任)，年龄大的院长与年龄小的书记，如何密切配合还有待于进一步讨论.近年来，北京师范大学有的院系对重大事项，如进人、职称晋升等采取的院长和书记都要签字的做法，这也反映了党政一把手的配合亟待加强.

4.4 定制度后执行力不够

有些单位知道党政领导要共同负责，合作开展工作，建立相应的议事规则、会议制度，规章制度等，但却存在着执行制度不严、议事程序不清的问题.有的以时间紧，来不及讨论搪塞："大家都太忙了，没有时间开会讨论."以此为借口，绕着制度走；还有的虽然会议做出决定，但不严格执行或擅自更改等.这些都在一定程度上影响了制度的执行，给院系的整体工作和事业的发展造成了一定的影响.

§5. 探索建立高效的院系领导机制和工作运行机制

通过对各个院校的调研和我们长期工作中的探索与总结发现，比较好的院系领导机制和工作运行机制是实行党政领导共同负责制，即分工与合作相结合的共同负责制，不规定谁主要负责而是根据各自的职责范围，因时因事来调整工作中的主次关系.北京师范大学在 2009 年 6 月发布的《关于进一步加强和改进基层党组织建设的意见》中明确，党政联席会是学院的最高决策机构.党政之间既要明确职责，又要协同合作，形成学院党政相互配合、协调运转的工作机制.

实行党政领导共同负责制的领导体制，明确分党委(党总支)书记和院长(系主任)都是本单位工作的第一责任人，共同担负着贯彻落实党的教育方针、学校党委和行政的决定.分党委(党总支)是全院(系)的政治核心.书记是思想政治工作和党务工作的领导者和组织者.院长(系主任)是本单位行政工作的领导者和组织者.分党委(党总支)要参与院(系)行政重大问题的讨论决策，保证和监督党的路线、方针、政策及学校的决定在本单位的贯彻执行. 党政既要明确分工、各司其职，又要密切配合、互相支持. 分党委（党总支）书记要支持院长（系主任）在其职责范围内独立负责地开展工作. 院长（系主任）应尊重分党委（党总支）书记的意见和建议. 院长（系主任）和分党委（党总支）书记对本单位的全面工作负主要责任.

这种领导机制的建立和运行需要做到：

5.1 明确集体领导、明确分工、责任共担的领导体制

完善的制度是根本，要用规章制度把党政领导共同负责制明确下来. 首先要明确的是共同负责制，分党委（党总支）书记和院长（系主任）都是第一负责人，不存在谁主谁次，谁领导谁的问题. 其次，要把具体的工作明确分工，在这方面，不能按照传统习惯来界定，而是要根据本单位的实际情况，按照需要进行分工. 对于不是很明确的问题，可将其层次化. 另外，除了分工明确之外，合作的范围也要明确，党政领导共同负责制的实质在于加强合作，形成合力，在制度中要对合作做出明确的规定.

5.2 制定工作流程和规章制度来保证制度的贯彻实施

关系到院系改革发展和稳定等全局性的问题，主要包括：院系内党政管理机构、学术组织的设置建设；学校各项决定在院系贯彻落实的措施；院系总体发展目标、规划与建设方案；师资队伍与学科建设；人员的聘任、职称晋升；规章制度的制订、修订、废止；大宗经费使用等事项应坚持集体研究决定，共同负责，并保障师生和党员的参与权、决策权和知情权等.

对院务会（党政联席会）的流程等制订比较严格的规定，参加会议的人员为院系党政负责人，同时根据议题由党政负责人确定其他参加人员. 提交院务会（党政联席会）的议题一般由党政主要负责人共同研究决定. 凡未经院系党政主要负责人会前审议的议题，一般不要在会上讨论.

要保证决策的民主化、科学化和规范化，必须严格规范议事程序和决策程序. 一是院务会（党政联席会）召开的正式会议，到会者必须超过应到会人数的 2/3. 二是根据议题的需要确定会议主持人，主持人应是党政主要负责人. 三是对重大问题的决定必要时实行票决制，不能代投或提前投票，必须达到应到会人员的半数或 2/3 以上方为生效. 四是执行方案确定后要明确分工，责任到人，书记和院长（系主任）负有监督的责任.

5.3 建立监督和检查制度

学院领导班子成员都要严格遵守重大问题必须经院务会（党政联席

会)议决定的制度,严格遵守议事规则和决策程序.

院分党委(党总支)要组织开好领导班子民主生活会,每年对党政共同领导下的分工合作制度执行情况进行一次自查并向校党委报告.

充分发挥院系内监督的作用.院系领导班子定期向全院党员报告一次工作;党员领导干部要按规定过好双重组织生活,加强自身监督;领导班子成员之间要互相谈心,沟通情况,交流思想,开展批评与自我批评.

分党委(党总支)书记和院长(系主任)要充分尊重教职工的意见,依法保障师生员工参与权和监督权.要定期向职工报告工作,听取意见和建议.要坚持民主评议领导干部的制度,尊重和支持群众的意见.要发挥专家教授的作用,对教育教学质量、学术事务进行监督.有的院系建立教授会,就是一种有益的探索.对涉及群众切身利益的事项,要坚持公平、公正、公开原则,公开办事程序,自觉接受群众的监督.

5.4 班子内部的团结、沟通与配合

院系努力营造一个团结奋斗、和谐向上的良好氛围和环境,是党政领导班子团结的重要保障.党政密切配合,一靠共同的目标,二靠共同的理念,三靠相互尊重和支持.分党委(党总支)书记和院长(系主任)之间要事前征求意见,事后交流看法;要尊重和支持各自按规定行使职权,善于在不同问题上当主角或配角;要讲党性,顾全大局,成为凝聚领导班子团结的核心.党政领导成员之间,特别是主要领导,在讨论决定重要问题之前,要实事求是,要发扬民主,走群众路线,注意调查研究,听取各方面意见,在讨论问题时,每一个领导成员应充分发表自己的意见.一旦经过集体讨论形成决定后,每个成员必须无条件执行,任何个人无权擅自改变.如果有不同意见可以保留,可以向上级反映,也可以在下次会议上重议,但不准在群众中议论,犯自由主义,削弱组织战斗力.每个领导成员不得互相推诿和扯皮,应根据党政联席会、党委会或党总支委员会的决定,独立负责地做好自己的工作.

召开院(系)分党委(党总支)委员会会议时,一方面行政班子主要领导参加会议有利于减少摩擦,协调配合,从而使党组织的政治核心作用和行政班子的指挥作用都能得以较好发挥.另一方面坚持职责上分,思想上合;工作上分,目标上合;制度上分,关系上合.院系内重要决策以党政联席会为主;教学、行政的指挥以院长(系主任)为主,对校行政领导负责,

同时接受院系党组织的监督，院系党组织不直接包揽和干预；党的建设、思想政治工作以党组织为主. 院系党组织通过强有力的组织领导，充分发挥院系党组织的政治核心作用、战斗堡垒作用和党员先锋模范作用；通过深入细致的思想政治工作，保证行政指挥顺畅无误；通过深入细致的思想政治工作，团结带领广大群众，保证教书育人工作各项任务的顺利完成.

§6. 院系领导的奉献精神

奉献是人类纯洁和崇高的道德品质. 我们很难做到无私奉献，但要提倡院系领导有奉献精神. 就高校而言，从事管理学研究和教育学研究，尤其是从事教育管理研究的教师，担任院系领导职务，除了增加他们的经历和阅历之外，可以大大地增加他们对所从事研究学科的认识和深刻的理解，有助于将来个人更好地发展. 对其他学科“双肩挑”的院系领导，实际上是一种奉献. 就我校来讲，文科背景的“双肩挑”教师担任院系领导职务，在业务上的损失一般会少于理科背景的“双肩挑”教师，对数学学科的教师的损失则更为严重. 长期担任“双肩挑”的数学教师，可能会造成与研究方向的逐渐剥离. 对院系领导体制及运行机制的研究，在检验干部质量的高低时，应加强对院系领导的奉献精神的考核与研究.

参考文献

[1] 中共北京林业大学委员会. 高校院(系)领导体制和运行机制的探索与实践. 2008.

[2] 张圻海. 关于高校院(系)党政关系及领导体制的思考. 连云港化工高等专科学校学报，2001，(A1)：4-6.

[3] 程民德，主编. 中国现代数学家传记，第1～5卷. 南京：江苏教育出版社，1994，1995，1998，2000，2002.

[4] 胡浩民，钟强. 关于高校院(系)领导体制的几个问题. 党建研究，2007，(7)：39-40.

[5] 李玲，张志忠. 高校院(系)党组织领导体制建设的若干思考. 福州大学学报(哲学社会科学版)，2009，(2)：88-93.

在北京师范大学离退休工作交流会的发言，2007-05-25

数学科学学院离退休教师工作总结[①]

Summary on the Work of Retired Teachers in the School of Mathematical Sciences

关心离退休教师，为离退休教师办实事是一项得民心和聚民意的民心工程，也是一项构建和谐校园环境的需要. 我们学院这些老同志，在过去几十年的岁月里，为祖国的文化教育事业，为北京师范大学数学科学学院的发展和建设做出了重要贡献，在北京师范大学的历史上留下了光辉的一页，数学科学学院不会忘记他们.

§1. 目前状况

1990 年，我院有离退休教师 14 人. 1991 年～2000 年是我院教师退休高峰，为 69 人，2001 年～2007 年教师退休 12 人. 1995 年以来平均每年逝世退休教师 2 人. 到目前为止，我院教师的退休高峰已经过去，未来 10 年内变化很小，退休教师的年龄越来越大. 目前，离退休的 71 人中，大于或等于 80 岁的有 4 人；70 岁～79 岁的有 43 人；60 岁～69 岁的有 22 人，58 岁的有 2 人. 做好离退休教师工作，是院党委工作的一个方面. 下面主要对 2004 年 4 月以来的离退休教师工作做一汇报.

---

① 在北京师范大学离退休工作交流会结束后，离退休工作处将发言挂在网上，该文先后（以 2022 年 10 月 14 日检索为序）被百度文库、人人文库、豆丁网、道客巴巴、爱问共享资料、大文斗范文网、天天文库、白话文、原创力文档、应届毕业生网、范文网、瑞文网、淘豆网、短美文网、百度知道、工作总结网、百文网、114 教育在线、查字典文典网、优文网，等网站，作为离退休工作总结范文等收录.

2007 年 6 月 10 日，《北京师范大学校报》以“发挥离退休教师在学科建设中的作用”摘登本总结的部分内容.

§2. 重视发挥离退休教师在编写教材中的作用

院党委非常重视发挥退休教师在学院的学科发展和建设中的作用.教材建设是我院教学工作的重要内容之一.2005 年 1 月,学院准备对学院教师目前使用或誊印(出版社已经没有存书的教材)的北京师范大学出版社出版的部分教材进行修订后再版.计划用几年时间,出版数学和应用数学、数学教育、大学数学、数学学科硕士研究生 4 个系列的主要课程教材共 50 多部.离退休教师在一生的教学和科研工作中,积累了丰富的教学经验,把这些经验总结整理出来,对学院的教材建设是很有好处的.我们请了 16 位退休教师参加了此项编写和修订工作,目前已经有 4 部教材出版.

§3. 出版两套数学文集和召开两次文集首发式

将我院著名数学家、数学教育家的论文进行整理和编辑出版,是数学科学学院学科建设的一项重要的和基础性的工作,是学院的基本建设之一,是一件严肃的事情.文集的质量反映了我们学院某一学科,或几个学科,或学科群的整体学术水平.它对提高学院的知名度和凝聚力,激励后人,有重要的示范作用.而将原始论文经选编后结集出版,对于一名离退休教师是很重要的,或者说是非常重要的,因为文集是研究者的一种标志性的作品或精品,就个人价值意义而言,其作用远大于自己编写的著作或教材.对于学院出版一套数学文集的这种大的举措,其作用更大.因此,通过加强文化建设,形成浓厚的文化氛围,可以提高党组织的威信.我院由党委书记李仲来亲自任主编,编写了《王世强文集》《孙永生文集》《严士健文集》《王梓坤文集》《刘绍学文集》《汤璪真文集》《傅种孙数学教育文选》《钟善基数学教育文选》《丁尔陞数学教育文选》《曹才翰数学教育文选》和《孙瑞清数学教育文选》,主办了两次与数学科学学院发展有关的会议,充分体现了学院对学院著名离退休教师的关心,取得了很好的反响.

2005 年 12 月 17 日～18 日,傅种孙、钟善基、丁尔陞和曹才翰数学教育文选的首发式暨"中国数学教育发展的历史、现状与未来"研讨会在我院举行.来自全国各省市地区的 110 余名数学教育界的专家、教授、教研员、中学一线教师和出版社的代表出席了这次研讨会.会议主题是"回顾历史,继往开来,实现中国数学教育新发展",4 位教授的数学教育思想及其对我国数学教育发展的影响;中国数学教育的继承、借鉴、发展与创新等内容的研讨.

2005 年 12 月 25 日，在敬文讲堂隆重举行北京师范大学数学系成立 90 周年庆祝大会暨王世强、孙永生、严士健、王梓坤和刘绍学教授文集首发式. 时任校长钟秉林，12 名中国科学院院士：丁伟岳、丁夏畦、文兰、王元、石钟慈、严加安、杨乐、林群、郭柏灵、唐守正、王梓坤、陈木法，以及部分中国数学会常务理事，各大学数学出身的正、副校长，数学院系主任，长江学者计划特聘教授，国家杰出青年基金获得者，自然科学基金委数理学部负责人，中学特级教师及著名系友等二百余位专家、学者到会祝贺.

§4. 活跃离退休教师的晚年生活

三年来，院党委组织开展了丰富多彩的活动，如党委组织的参观北京西山的凤凰岭和西山农场；天安门城楼，前门，鼓楼和德胜门；河北易县 38 军某团进行了一天军训；河南省红旗渠、129 师纪念馆、将军岭；生命科学学院标本室；周恩来、邓颖超纪念馆；燕京啤酒厂，北京汽车制造厂；河北乐亭的李大钊纪念馆，晋察冀军区司令部驻地河北省阜平县城南庄参观学习，接受革命传统和爱国主义的教育；去五台山、东陵、西陵等地游览. 离退休教师（每次参加约 30 人）均可以参加这些活动. 经过精心准备，党委还于 2007 年 9 月 23 日举办了离退休教师的才艺展示. 这些活动丰富了离退休教师的晚年生活，增强了学院的凝聚力.

在教师节、春节前院领导都定期看望离退休老教师. 离退休老教师生病后及时进行探望，送去学院对他们的关心和慰问，增强他们战胜病魔早日康复的信心和决心. 每年元旦前后的团拜会都请离退休教师参加. 每年均照一张在职和离退休教师的全家福，离退休教师对此项活动极为重视，凡能出门的都来参加，人员一年比一年全. 学院还为每年 80 岁的教师过生日，在教师的重要年份（逢五逢十）的生日，院党委书记打电话祝贺教师生日快乐，健康长寿.

应该指出，学院每年为离退休教师的开支约为 9 万元，其中约 7 万元使用的是教师酬金. 这充分体现了学院对离退休教师的关怀.

§5. 对逝世教师的纪念活动和形式

1995 年以来，学院平均每年逝世 2 人. 近几年来，学院认为，除处理后事外，我们还应该形成一种惯例，对于逝世的教师，在全院教师大会上，或在全体党员大会上,介绍他们的基本情况,或为悼念这些逝世的教师及党员同志,默哀一分钟,以寄托我们的哀思和怀念.在2006年3月31日的党委换届选举会议上,院党委书记李仲来同志作总结报告时就这样作了.指出本届党委任职期间,逝世7人,有3位是共产党员,按逝世先后顺序,他们是朱同生、李天林和孙永生.朱同生逝世时尚未退休,担任着数学系的工会主席;孙永生是我院逝世的第一位博士生导师.并提议:为悼念这3位逝世的党员同志,默哀一分钟.另外,孙永生逝世后,在数学科学学院网上开辟专栏进行报道.

还有纪念逝世老先生的另外一种形式,是对于那些为数学科学学院作出重要贡献的老先生,整理他们的纪念文集,或印刷装订成册,或正式出版.当然,这要做一些预约、收集和整理工作.此类工作宜在老先生逝世之后做.《孙永生教授纪念文集》和《钟善基教授纪念文集》的悼念文章是在两位先生逝世后的约稿和部分未约稿.另外,还收集了单位和个人发来的唁电、传真、信件、E-mail,以及报纸报道,检索了在网上有关的内容,辑录在一起,作为对两位先生逝世的纪念和对其家属的安慰.学院还在《光明日报》《北京师范大学校报》上刊登逝世的消息,并在《数学通报》上以学院名义发表纪念文章.随着时间的推移,将会看到,这是我们学院一件有历史意义的工作.

谢宇1959年毕业于我系."文化大革命"后,在一些人对党,对共产主义失去信心的时候,她主动要求做班主任工作.她从学习、生活和思想上关心学生,大胆地按成才规律塑造学生.她以讨论班、活动小组、文艺社团等多种形式培养和锻炼学生,使我系学生活动丰富多彩,培养出许多优秀毕业生.由于谢宇在教书育人方面成绩突出,1986年获"全国五一劳动奖章".1999年8月6日,谢宇逝世.为了通过帮助贫困生和鼓励在校生了解社会而达到纪念谢宇老师和促进教育事业发展的目的,北京师范大学校友于2002年创立了谢宇教育基金会,该基金会是一个非营利机构.现阶段我们提供如下奖助:学生助学奖金、社会实践基金和特困补助金,已经实行了5年.这也是纪念逝世教师的另外一种好的形式.

§6. 与离退休教师有关的其他工作

2006年1月20日,院党委出面组织召开原数学系主任严士健、赵桢、王隽骧、刘来福、郑学安和现任院长保继光、党委书记李仲来的小型聚谈会.

2006年12月21日,院党委召开我系第一个党组织的党员聚谈会.当时党小组4人(王树人、丁尔陞、张可宽和齐振海(袁贵仁的导师))均出席.

2007年1月18日,院党委召开原数学系党总支书记王振稼、王树人、李英民、刘友渔、周美珂、邝荣雨、保继光、李勇,现任党委书记李仲来的小型聚谈会(池无量和刘继志缺席).

在3个座谈会上,离退休的老领导们回顾了历史,提出了许多有建设性的意见和建议,并对这种形式的聚谈会给予了充分的肯定.一些建议被采纳.

学院收集整理并核实了全体离退休教师的论文目录,对所有逝世教师的论文目录也进行了全面地收集和整理.

对学院的老先生做一些系列访谈.已经作访谈的9人:王世强、孙永生、严士健、王梓坤、袁兆鼎、钟善基、丁尔陞、王振稼、王树人,积累了一批重要的史料.王梓坤的访谈已经在2006年的校报上连载;钟善基、丁尔陞的访谈已经在2005年出版的数学教育文选上发表.

比较全面地收集整理了学院历届毕业生照片和不同时期人物和事件的老照片(含对位名单)有3千多幅,即将分册出版.其中收集到一批十分珍贵的照片,如胡耀邦同志和我系团员座谈后的照片,修建十三陵水库劳动中我系教师和同学与总指挥杨成武的合影,傅种孙与苏联英雄卓亚和舒拉的母亲的合影,1955年十一游行时的照片,严士健指导的我校第一位博士生陈木法博士论文答辩的照片等.

在出版了《北京师范大学数学系史》之后,又编写了学院党史:中国共产党组织在北京师范大学数学系的建设与发展:纪念数学系党总支成立50周年的文章.

学院建立了全体离退休教师有效的电话联系方式,尤其是空巢家庭.

近4年,每年将学院简讯发给离退休教师,向他们及时通报一年来学院的工作情况.

办好数学科学学院网上的"教师生活"栏目,及时将离退休教师的信息挂在上面.

最后指出,现在,社会的运行节奏在加快,学院招收的本科生和研究生数量已经大大增加,各种考核评估的任务越来越多,学院不可能照顾到离退休教师的方方面面,某些事情的处理,如果不能让他们满意,也请他们多多原谅.

中国高等教育研究论丛,成都:成都科技大学出版社,

1995,7(3):36-39.

与组合数有关的不定积分公式

Indefinite Integration Formulas with Combination Numbers

Abstract In this paper, from the viewpoint of combinatorial mathematics, the indefinite integration formulas with combination numbers for calculating $\int(ax+b)^{\frac{1}{2}}x^{-n}\mathrm{d}x$, $\int(2ax-x^2)^{\frac{1}{2}}x^{-n}\mathrm{d}x$, $\int(ax+b)^m(cx+d)^n\mathrm{d}x$ (m and n are nonzero integers), $\int(ax+b)^{\frac{1}{2}}(cx+d)^n\mathrm{d}x$ and $\int(ax+b)^{-\frac{1}{2}}(cx+d)^{-n}\mathrm{d}x$ are given respectively.

Keywords indefinite integration formula; combinatorial numbers.

The indefinite integration formulas of $\int x^n(ax+b)^{\frac{m}{2}}\mathrm{d}x$ ($n\neq 0$, $m=\pm 1, ab\neq 0$), $\int x^n(2ax-x^2)^{\frac{m}{2}}\mathrm{d}x$ ($n\neq 0, m=\pm 1, a\neq 0$), $\int(ax+b)^m(cx+d)^n\mathrm{d}x$ ($m\neq 0, n\neq 0$) and $\int(ax+b)^{\frac{m}{2}}(cx+d)^n\mathrm{d}x$ ($m=\pm 1$, $n\neq 0$) were given in [1]. We are, however, not quite satisfied with some of the results. Because there are recurrence formulas of integration and immediate computational formulas with combination numbers in some integration formulas, some of them are just given recurrence formulas of integration. In this paper, we obtain somewhat satisfactory results with immediate computational formulas with combination numbers.

§ 1. The formulas of integration of $\int x^n (ax+b)^{\frac{m}{2}} \mathrm{d}x$

(n is a nonzero integer, $m=\pm 1$, $ab\neq 0$)

We were obtained the recurrence formulas of integration and the immediate computational formulas of integration with combination numbers of $\int x^n \sqrt{ax+b}\,\mathrm{d}x$, $\int \frac{x^n}{\sqrt{ax+b}}\mathrm{d}x$ and $\int \frac{\mathrm{d}x}{x^n\sqrt{ax+b}}$ (the formulas of integration 127, 134, and 138) in [1]. But $\int \frac{\sqrt{ax+b}}{x^n}\mathrm{d}x$ has only recurrence formula (the integral formulas 130). we obtain

Formula 1 $\int \frac{\sqrt{ax+b}}{x^n}\mathrm{d}x$

$$=\frac{1}{1-n}\left\{\frac{\sqrt{ax+b}}{x^{n-1}}+\frac{a(2n-4)!}{2[(n-2)!]^2}\left[\frac{\sqrt{ax+b}}{b}\sum_{r=1}^{n-2}\frac{r!\,(r-1)!}{(2r)!\,x^r}\cdot\left(-\frac{a}{4b}\right)^{n-r-2}-\left(-\frac{a}{4b}\right)^{n-2}\int\frac{\mathrm{d}x}{x\sqrt{ax+b}}\right]\right\}(n=2,3,\cdots). \tag{1.1}$$

Proof $\int \frac{1}{x^n\sqrt{ax+b}}\mathrm{d}x=$

$$\frac{(2n-2)!}{[(n-1)!]^2}\left[-\frac{\sqrt{ax+b}}{b}\sum_{r=1}^{n-1}\frac{r!\,(r-1)!}{(2r)!\,x^r}\left(-\frac{a}{4b}\right)^{n-r-1}+\left(-\frac{a}{4b}\right)^{n-1}\int\frac{\mathrm{d}x}{x\sqrt{ax+b}}\right]. \tag{1.2}$$

Let $\sqrt{ax+b}=t$ $(t>0)$, then

$$\int\frac{1}{x^n\sqrt{ax+b}}\mathrm{d}x=2a^{n-1}\int(t^2-b)^{-n}\mathrm{d}t, \tag{1.3}$$

$$\int\frac{\sqrt{ax+b}}{x^n}\mathrm{d}x=\int\frac{2a^{n-1}t^2\mathrm{d}t}{(t^2-b)^n}=\frac{a^{n-1}}{1-n}\left[\frac{t}{(t^2-b)^{n-1}}-\int\frac{\mathrm{d}t}{(t^2-b)^{n-1}}\right]. \tag{1.4}$$

Using (1. 2) and (1. 3), we are obtained the formula of integration of $\int (t^2 - b)^{-m} \mathrm{d}t$, Let $m = n - 1$ again, (1. 1) is gotten.

§ 2. The formulas of integration of $\int x^n (2ax - x^2)^{\frac{m}{2}} \mathrm{d}x$ (n is a nonzero integer, $m = \pm 1, a \neq 0$)

We were obtained the recurrence formulas of integration combination numbers of $\int x^n \sqrt{2ax - x^2}\, \mathrm{d}x$, $\int \frac{x^n}{\sqrt{2ax - x^2}} \mathrm{d}x$ and $\int \frac{\mathrm{d}x}{x^n \sqrt{2ax - x^2}}$ (the formulas of integration 266, 268 and 269) in [1]. But $\int \frac{\sqrt{2ax - x^2}}{x^n} \mathrm{d}x$ has the only recurrence formula (the integral formulas 267). We have

Formula 2 $\int \frac{\sqrt{2ax - x^2}}{x^n} \mathrm{d}x = \frac{2\sqrt{|x - 2a|}}{\sqrt{2|a|}(2a)^{n-2}(2n-3)} \cdot$

$$\left[-\left(\frac{2a}{x}\right)^{n-3/2} + \frac{2^{2n-5}(n-3)!\,(n-2)!}{(2n-4)!} \sum_{r=0}^{n-3} \frac{(2r)!}{4^r (r!)^2} \left(\frac{2a}{x}\right)^{2r+1} \right] \operatorname{sgn} a + C. \tag{2. 1}$$

Proof Let $\sqrt{\pm x} = \sqrt{\pm (2a)} \sin u$ $(0 < u \leqslant \frac{\pi}{2})$. Using the integral formula of $\int \sin^{-(2n-4)} u \,\mathrm{d}u$, (2. 1) is obtained.

§ 3. The formulas of integration of $\int (ax + b)^m (cx + d)^n \mathrm{d}x$ (m and n are nonzero integers)

The recurrence formulas of $\int (ax + b)^m (cx + d)^n \mathrm{d}x$, $\int \frac{(ax + b)^m}{(cx + d)^n} \mathrm{d}x$ and $\int \frac{\mathrm{d}x}{(ax + b)^m (cx + d)^n}$ were given in all kind of mathematical handbooks. However, the immediate computational formulas of integration with combination numbers were not given, We have

Formula 3 $\int (ax+b)^m (cx+d)^n \mathrm{d}x$

$$=\sum_{j=0}^{n}\sum_{i=0}^{m}\frac{m!\ n!\ a^i b^{m-i} c^j d^{n-j} x^{i+j+1}}{(i+j+1)i!\ j!\ (m-i)!\ (n-j)!}+C. \quad (3.1)$$

Proof That's obviously matter.

There's new point from the combinatorical numbers in (3.1).

Let $m<n$, $ad-bc\neq 0$, we have

Formula 4 $\int \frac{(ax+b)^m}{(cx+d)^n}\mathrm{d}x$

$$=\sum_{r=0}^{n-2}\frac{a^r m!\ (bc-ad)^{m-r}}{c^{m+1} r!\ (m-r)!\ (r-n+1)(cx+d)^{n-r+1}}+$$

$$\frac{a^{n-1} m!\ (bc-ad)^{m-n+1}\ln|cx+d|}{c^{m+1}(n-1)!\ (m-n+1)!}+C.$$

$$(ad-bc\neq 0, m<n, \mathrm{C}_m^r=0, \text{when } r>m). \quad (3.2)$$

Proof First, we proof

$$\frac{(ax+b)^m}{(cx+d)^n}=\frac{1}{c^n}\sum_{r=0}^{n-1}\frac{a^r m!\ (bc-ad)^{m-r}}{r!\ (m-r)!\ c^{m-r}}\cdot\frac{1}{\left(x+\frac{d}{c}\right)^{n-r}}. \quad (3.3)$$

In fact, we know from algebra, if $m<n$ then

$$\frac{(ax+b)^m}{\left(x+\frac{d}{c}\right)^n}=\frac{A_0}{\left(x+\frac{d}{c}\right)^n}+\frac{A_1}{\left(x+\frac{d}{c}\right)^{n-1}}+\cdots+\frac{A_{n-1}}{\left(x+\frac{d}{c}\right)}.$$

Both side of equality are multiplied by $\left(x+\frac{d}{c}\right)^n$, we have

$$(ax+b)^m=A_0+A_1\left(x+\frac{d}{c}\right)+\cdots+A_{n-1}\left(x+\frac{d}{c}\right)^{n-1}. \quad (3.4)$$

Again, both side of (3.4) are calculated the derivates of i order respectively ($i=0,1,2,\cdots,n-1$). Let $x\to -\frac{d}{c}$, we have

$$A_r=\frac{1}{r!}\lim_{x\to -\frac{d}{c}}\frac{\mathrm{d}^r (ax+b)^m}{\mathrm{d}x^r}$$

$$=\frac{1}{r!}\lim_{x\to -\frac{d}{c}}\left[a^r m(m-1)\cdots(m-r+1)(ax+b)^{m-r}\right]$$

$$=\frac{c^{r-m} a^r m!\ (bc-ad)^{m-r}}{r!\ (m-r)!}, \quad (r=0,1,2,\cdots,n-1)$$

Thus, (3.3) is proved.

Integrating (3.3), (3.2) is obtained.

Formula 5 $\int \frac{\mathrm{d}x}{(ax+b)^m(cx+d)^n}$

$$=\frac{1}{a^m c^n}\{\sum_{r=0}^{m-2}\frac{a^{n-m+2r+1}c^{n+r}(n+r-1)!}{(-1)^r(1+r-m)r!\ (n-1)!\ (ad-bc)^{n+r}(ax+b)^{m-r-1}}+$$

$$\sum_{r=0}^{n-2}\frac{a^{m+r}c^{m-n+2r+1}(m+r-1)!}{(-1)^r(1+r-n)r!\ (m-1)!\ (bc-ad)^{m+r}(cx+d)^{n-r-1}}+$$

$$\frac{(-1)^{m-1}(ac)^{n+m-1}(n+m-2)!}{(bc-ad)^{n+m-1}(m-1)!\ (n-1)!}\ln\left|\frac{ax+b}{cx+d}\right|\}+C.\quad (ad-bc\neq 0)$$

(3.5)

Please see the proof in [4].

§4. The formulas of integration of $\int (ax+b)^{\frac{m}{2}}(cx+d)^n\mathrm{d}x$ (n is a nonzero integers, $m=\pm 1$)

We were obtained the recurrence formulas of integration and the immediate computational formulas of integration with combination numbers of $\int \frac{(cx+d)^n}{(ax+b)^{\frac{1}{2}}}\mathrm{d}x$ (The formulas of integration 155) in [1]. The recurrence formulas of integration of $\int [(ax+b)^{\frac{1}{2}}(cx+d)^n]\mathrm{d}x$ and $\int \frac{\mathrm{d}x}{(ax+b)^{\frac{1}{2}}(cx+d)^n}$ were obtained (the formulas of integration 153 and 154) in [1]. Now we give another formula of integration.

Formula 6 $\int \sqrt{ax+b}(cx+d)^n\mathrm{d}x$

$$=\frac{2\sqrt{ax+b}}{a^{n+1}}\sum_{r=0}^{n}\frac{n!\ (ad-bc)^{n-r}c^r(ax+b)^{r+1}}{r!\ (n-r)!\ (2r+3)}+C.\qquad (4.1)$$

Proof Let $cx+d=t$, using the formula of integration of $\int x^m(ax+b)\,\mathrm{d}x$, we obtain (4.1).

Formula 7 $\int \frac{\mathrm{d}x}{\sqrt{ax+b}(cx+d)^n}$

$$=\frac{(2n-2)!}{[(n-1)!]^2}\left[\frac{\sqrt{ax+b}}{ad-bc}\sum_{r=1}^{n-1}\left[\frac{a}{4(ad-bc)}\right]^{n-r-1}\frac{r!(r-1)!}{(2r)!x^r}+\left[\frac{a}{4(ad-bc)}\right]^{n-1}\int\frac{\mathrm{d}x}{\sqrt{ax+b}(cx+d)}\right].\quad (ad-bc\neq 0)\quad (4.2)$$

Proof Let $cx+d=t$, using (1.2), we obtain (4.2).

Formula 8 $\int\frac{\sqrt{ax+b}}{(cx+d)^n}\mathrm{d}x$

$$=\begin{cases}\frac{c}{(n-1)(ad-bc)}\left[\frac{\sqrt{(ax+b)^3}}{(cx+d)^{n-1}}+\frac{a(2n-5)}{2}\int\frac{\sqrt{ax+b}\,\mathrm{d}x}{(cx+d)^{n-1}}\right], \quad (ad-bc\neq 0)\quad (4.3)\\ \text{or}\\ \frac{1}{c(1-n)}\left\{\frac{\sqrt{ax+b}}{(cx+d)^{n-1}}+\frac{a(2n-4)!}{2[(n-2)!]^2}\cdot\left[\frac{\sqrt{ax+b}}{bc-ad}\sum_{r=1}^{n-2}\left(\frac{a}{4(ad-bc)}\right)^{n-r-2}\frac{r!(r-1)!}{(2r)!x^r}-\left(\frac{a}{4(ad-bc)}\right)^{n-2}\int\frac{\mathrm{d}x}{\sqrt{ax+b}(cx+d)}\right]\right\}. \quad (4.4)\\ (ad-bc\neq 0)\end{cases}$$

Proof (4.3) is clear. Let $cx+d=t$, using (1.1), we obtain (4.4).

§ 5. Further discussion

In this paper, we have given 4 types of new indefinite integration formulas which are immediate computational with combination numbers from the viewpoint of combinatorial mathematics. We have equality $H_n^r=\mathrm{C}_{n+r-1}^r(r\in\mathbf{N}^*)$, The formula 5 has given with H_n^r, the other formulas have given with C_n^r. By the way, some formulas can be given with H_n^r. Here we have not wanted to give detailed descriptions .

References

[1] Beyer W H, Selby S M. Standard math. tables, 24th edition. CRC Press, 1976.

[2] Gradshteyn I S, Ryzhik L M. Tables of integrals, series, and products. Academic press, New York, 1980.

[3] Organize into groups of Math handbook. Math Handbook. Pub House of people Education, Beijing, 1979 (in Chinese).

[4] Li Zhonglai. The application of a combinatorial triangle with repetition in calculating indefinite integral. Mathematics in practice and theory, 1988, (1), 79-86 (in Chinese).

摘要 本文从组合数学的观点,给出了不定积分

$$\int (ax+b)^{\frac{1}{2}} x^{-n} \mathrm{d}x, \int (ax+b)^{m} \cdot (cx+d)^{n} \mathrm{d}x\ (m \text{ 和 } n \text{ 是非零整数}),$$

$$\int (ax+b)^{\frac{1}{2}} (cx+d)^{n} \mathrm{d}x, \int (ax+b)^{-\frac{1}{2}} (cx+d)^{-n} \mathrm{d}x$$

的与组合数有关的计算公式.

关键词 不定积分公式;组合数.

附录

Appendix

论文和著作目录

Bibliography of Papers and Works

论文目录

[序号] 作者.论文题目.杂志名称,年份,卷(期):起页-止页.

[1] 李仲来.评定高师院校实习生数学教学工作成绩初探.数学通报,1986,(11):33-34.

[2] 李仲来.用倒代换计算不定积分需要注意的问题.数学学习/高等数学研究,1986,(4):34-35.

[3] 李仲来.从一道不定积分的提示谈起.数学学习/高等数学研究,1987,(4):7-8.

[4] 李仲来.介绍一种新的杨辉三角.数学通报,1987,(3):1-2,封底.

[5] 李仲来.谈学习高等数学时出现的初等数学中的两个问题.数学通报,1987,(7):36-39.

[6] 李仲来.Fuzzy 模和 Fuzzy 子模.喀什师范学院学报(自然科学版)/喀什大学学报,1987,(1):7-11.

[7] 李仲来,译.1986 年香港高级水平考试.数学通报,1987,(1):34-38.

[8] 程书肖,李仲来.如何正确使用两正态总体的 t 检验.教育研究,1988,(2):76-78.

[9] 李仲来.利用三角函数系的正交性计算积分举例.数学学习/高等数学研究,1988,(2):18-19.

[10] 李仲来.双进组合三角在计算不定积分中的应用.数学的实践与认识,1988,(1):79-86.

[11] 李仲来.由可重复组合数构成的组合三角——杨辉三角的又一性质.数学通报,1988,(2):34-37.

[12] 李仲来.I.J.Matrix定理及推广——初中代数中两个习题的引申.数学通报,1988,(6):21-23.

[13] 李仲来,陈榕林,程书肖,等.技校实习教师专科课程设置.职业教育研究,1988,(6):23-27.

[14] 张炳耀,李仲来,程书肖.主成分分析在学生总成绩评定中的应用.职业教育研究,1988,(3):23-26;吴畏,总主编.中国教育管理精览,第2卷.北京:警官教育出版社,1998:439-442.

[15] 陈榕林,李仲来,张炳耀.1988年机械基础入学考试试卷分析.职业教育研究,1989,(2):44-45.

[16] 李仲来.五四制初中课程设置与能力培养分析.学科教育/教育学报,1989,(4):29-33.

[17] 李仲来,刘来福.我国高师院校数学专业课程设置探讨.高等师范教育研究/教师教育研究,1989,(3):44-50;见:刘来福,著.刘来福文集:生物数学.北京:北京师范大学出版社,2013:390-400.

[18] 刘来福,李仲来.大学生能力培养分析.北京师范大学学报(自然科学版),1989,(2):91-96;见:刘来福,著.刘来福文集:生物数学.北京:北京师范大学出版社,2013:383-389.

[19] 罗珉,陈榕林,李仲来.我国技工学校教职工数量统计分析.职业教育研究,1989,(2):18-21.

[20] 王成贵,李仲来,关秉钧,等.达乌尔黄鼠鼠疫预报的数学模型(Ⅰ).中国地方病防治杂志/中国地方病防治,1989,4(S):50-52.

[21] 王成贵,李仲来,关秉钧,等.达乌尔黄鼠鼠疫预报的数学模型(Ⅱ).中国地方病防治杂志/中国地方病防治,1990,5(3):142-146,138.

[22] 李仲来,王成贵.达乌尔黄鼠鼠疫预报的数学模型(Ⅲ).地方病通报/疾病预防控制通报,1990,5(1):95-100.

[23] 李仲来,王成贵.达乌尔黄鼠鼠疫预报的数学模型(Ⅳ).地方病通报/疾病预防控制通报,1990,5(4):19-22.

[24] 李仲来.模糊聚类与系统聚类的结合分析.见:徐扬,余孝华,主编.中国系统工程学会模糊数学与模糊系统委员会第5届年会论文选集.成都:西南交通大学出版社,1990:438-440.

[25] 李仲来.模糊数学书目索引(1980～1989).模糊系统与数学,1990,5(2):98,37.

[26] 李仲来.评价专科生能力培养的一种方法.见:北京师范大学教务处,编.第2届中美教育评估研讨会论文选集,第1集.1990:34-40.

[27] 李仲来.确定因素权重的一种方法.学科教育/教育学报,1990,(4):25-26.

[28] 李仲来.预测黄鼠鼠疫动物病流行动态的两个数学模型.中国地方病学杂志/中华地方病学杂志,1990,9(6):356-358.

[29] 李仲来.组合数的积分表示及应用简介.数学通报,1990,(10):36-38.

[30] 李仲来,陈榕林.职业技术师范院校招生考试改革试验评估.见:北京师范大学教务处,编.第2届中美教育评估研讨会论文选集,第1集.1990:41-44.

[31] 李仲来,程书肖.教育评价中确定因素权重的两种方法.教育理论与实践,1990,10(6):54-56.

[32] 李仲来.确定因素权重的专家调查法.学科教育/教育学报,1991,(2):35-38.

[33] 李仲来.数学系高考效度分析.数理统计与管理,1991,10(S):131-134.

[34] 李仲来.最小一乘法下的回归分析在预防医学中的应用.中华预防医学杂志,1991,25(2):105-107.

[35] 李仲来,陈榕林,张炳耀.技校实习教师专科的教学质量评价.全国高等教育研究优秀论文集.见:徐扬,王爱民,薛瑞丰,申斌,主编.成都:成都科技大学出版社,1991:86-88.

[36] 李仲来,高琨.高校教学质量与生源的关系分析.全国高等教育研究优秀论文集.见:徐扬,王爱民,薛瑞丰,申斌,主编.成都:成都科技大学出版社,1991:1-4.

[37] 李仲来,马京然.学生成绩管理的数学分析系统研究.见:席酉民,等主编,中国系统工程学会编.全国青年管理科学与系统科学论文集,第1卷.西安:西安交通大学出版社,1991:393-396.

[38] 李仲来,王成贵.达乌尔黄鼠预报模型的路径分析.中国地方病防治杂志/中国地方病防治,1991,6(S):145-148.

[39] 张万荣,李仲来,刘纪有.鄂尔多斯长爪沙鼠鼠疫预报的数学模型(Ⅰ).中国地方病防治杂志/中国地方病防治,1991,6(5):260-262.

[40] 张万荣,李仲来,刘纪有.鄂尔多斯长爪沙鼠鼠疫预报的数学模型(Ⅱ).中国地方病防治杂志/中国地方病防治,1991,6(5):263-264.

[41] 张万荣,李仲来,徐万锦,等.动物鼠疫静息期降水与长爪沙鼠种群数量关系.中国媒介生物学及控制杂志,1991,2(5):309-311.

[42] 张万荣,李仲来,徐万锦,等.鄂尔多斯荒漠草原动物鼠疫流行与降水量的关系.中国地方病防治杂志/中国地方病防治,1991,6(6):323-326.

[43] 张万荣,刘纪有,李仲来,等.鄂尔多斯荒漠草原鼠类群落的演替及疫源地宿主的多样性.中国媒介生物学及控制杂志,1991,2(4):257-260.

[44] 李仲来.1991年～2000年长爪沙鼠鼠疫动物病动态预报.中国地方病防治杂志/中国地方病防治,1992,7(3):145-147.

[45] 李仲来.地方性氟中毒流行程度的综合评判数学模型.地方病通报/疾病预防控制通报,1992,7(3):74-76.

[46] 李仲来.高校理科高考效度分析.见:王爱民,徐扬,申斌,主编.全国高等教育研究论丛.成都:成都科技大学出版社,1992:54-58.

[47] 李仲来.高校理科普招生和代培生学习质量分析.见:王爱民,徐扬,申斌,主编.全国高等教育研究论丛.成都:成都科技大学出版社,1992:6-9.

[48] 李仲来.模糊相似矩阵的几种聚类方法.模糊系统与数学,1992,6(S):104-106.

[49] 李仲来.预测长爪沙鼠鼠疫动物病流行动态的降水数学模型.中国地方病防治杂志/中国地方病防治,1992,7(5):265-267.

[50] 李仲来.预测黄鼠鼠疫流行动态的数学模型.内蒙古地方病防治研究/内蒙古预防医学,1992,15(2):53-55.

[51] 李仲来.最小一乘法介绍.数学通报,1992,(2):42-45.

[52] 李仲来,杨存斌.女子七项全能的主成分回归分析.体育数学与体育系统工程,1992,2(1):26-30.

[53] 李仲来,杨存斌.女子七项全能运动的能力分析.北京体育师范学院学报/首都体育学院学报,1992,(1):15-19.

[54] 李仲来,刘来福.因子分析在数学系不同发展阶段课程设置上的应用.数理统计与应用概率,1992,7(3):246-254.

[55] 李仲来,王成贵.达乌尔黄鼠鼠疫预报的数学模型(Ⅴ).地方病通报/疾病预防控制通报,1992,7(3):50-52.

[56] 李仲来,张万荣.1901年～1991年鄂尔多斯地区动物鼠疫流行周期分析.中国地方病防治杂志/中国地方病防治,1992,7(2):91-92.

[57] 李仲来,张万荣.动物鼠疫静息期降水与长爪沙鼠种群的主成分回归关系.中国媒介生物学及控制杂志,1992,3(3):177-178.

[58] 李仲来,张万荣.鄂尔多斯长爪沙鼠动物鼠疫的动态预报.地方病通报/疾病预防控制通报,1992,7(4):44,50.

[59] 刘纪有,张万荣,李仲来.沙鼠鼠疫预测的数学模型及在鼠疫防制与研究中的意义.中国地方病防治杂志/中国地方病防治,1992,7(S):32-34.

[60] 秦长育,李仲来.阿拉善黄鼠鼠疫预报的数学模型.宁夏医学杂志,1993,15(1):21-24.

[61] 李仲来,张万荣.长爪沙鼠种群密度与气象因子的关系.兽类学报,1993,13(2):131-135.

[62] 李书宝,李仲来.达乌尔黄鼠数量的三种调查方法对比分析.中国地方病防治杂志/中国地方病防治,1993,8(3):169-170;见:高崇华,江森林,主编.动物鼠疫流行病学进展:李书宝论文集.中国地方病防治杂志编辑部,2001:152-153.

[63] 秦长育,李仲来.阿拉善黄鼠鼠疫流行周期及监测剖检数量探讨.地方病通报/疾病预防控制通报,1993,8(1):90-93.

[64] 李仲来.长爪沙鼠动物鼠疫预测方法的研究.地方病译丛,1993,14(3):1-4.

[65] 李仲来,王成贵,马立名.达乌尔黄鼠密度和气象因子与蚤指数的关系.中国媒介生物学及控制杂志,1993,4(4):282-283;见:中国地方病防治杂志/中国地方病防治,1996,11(马立名论文集):58-59.

[66] 李仲来.我国高师院校数学专业课程设置调查.见:王爱民,薛瑞丰,唐虎,李仲来,苗相甫,主编.中国高等教育研究论丛.成都:成都科技大学出版社,1993,3:2-4.

[67] 李仲来,张万荣.长爪沙鼠种群增长的数学模型.中国地方病防治杂志/中国地方病防治,1993,8(5):260-262.

[68] 刘志龙,李仲来.布氏田鼠肥满度的研究.中国媒介生物学及控制杂

志,1993,4(5):362-366.

[69] 李仲来.系统聚类分析中应注意的两类问题.数理统计与管理,1993,12(6):55-59.

[70] 张万荣,白凤贤,李仲来,等.主观评分的残缺数据分析.中国地方病防治杂志/中国地方病防治,1993,8(6):329-331.

[71] 李仲来.动物鼠疫监测数学模型的研究.地方病译丛,1994,15(4):5-9.

[72] 李仲来.高校理科数学高考效度研究.见:任子朝,主编.高考命题15年:研究·评价·改革.北京:北京师范大学出版社,1993:51-56.

[73] 李仲来.衡量高等数学在高校理科课程设置中作用的一种量化指标.见:王爱民,徐扬,唐虎,李仲来,主编.中国高等教育研究论丛.成都:成都科技大学出版社,1994,5:15-19.

[74] 李仲来.黄鼠数量与无鼠面积的关系.内蒙古地方病防治研究/内蒙古预防医学,1994,17(2):49-51.

[75] 李仲来.集值统计中确定样本落影分布的两种方法.模糊系统与数学,1994,8(S):104-106.

[76] 李仲来.系统聚类递推公式的推广.应用概率统计,1994,10(4):387-390.

[77] 李仲来.折线回归在卫生统计中的应用.中国卫生统计,1994,11(3):26-27.

[78] 李仲来.$y=a_1+b_1x$ 和 $x=a_2+b_2y$ 等值的回归方程.中国公共卫生,1994,10(7):318-319.

[79] 李仲来,白音孟和.蒙古旱獭密度预报的数学模型.地方病通报/疾病预防控制通报,1994,9(4):82-83.

[80] 李仲来,李书宝,唐玉红.四种坡度的黄鼠密度抽样研究.中国地方病防治杂志/中国地方病防治,1994,9(2):69-70;见:高崇华,江森林,主编.动物鼠疫流行病学进展:李书宝论文集.中国地方病防治杂志编辑部,2001:153-156.

[81] Liu Zhilong,Li Zhonglai,Liu Laifu,Sun Ruyong. Intensity of male reproduction in Brandt's vole *Microtus brandti*. Acta Theriologica,1994,39(4):389-397.

[82] 张耀星,李仲来.达乌尔黄鼠鼠疫预报的数学模型(Ⅵ).中国地方病防治杂志/中国地方病防治,1994,9(5):260-261.

[83] 李仲来.昆虫发育进度的非正态描述:分段指数曲线.昆虫知识/应用昆虫学报,1995,32(4):193-195.

[84] 李仲来.与组合数有关的不定积分公式.见:王爱民,唐虎,徐扬,李仲来,薛瑞丰,主编.中国高等教育研究论丛.成都:成都科技大学出版社,1995,7(3):36-39.

[85] 李仲来,李书宝,张耀星.黄鼠体蚤和巢蚤关系的研究.中国地方病防治杂志/中国地方病防治,1995,10(6):337-338;见:高崇华,江森林,主编.动物鼠疫流行病学进展:李书宝论文集.中国地方病防治杂志编辑部,2001:156-158.

[86] 李仲来,张万荣,马立名.蚤数量与宿主数量和气象因子的关系.昆虫学报,1995,38(4):442-447;见:中国地方病防治杂志/中国地方病防治,1996,11(马立名论文集):25-28.

[87] 秦长育,李仲来.阿拉善黄鼠疫源地动物鼠疫预报的数学模型.宁夏医学院学报/宁夏医科大学学报,1995,17(2):115-117.

[88] 李仲来.《数学通报》对我的激励.数学通报,1996,(10):34-35.

[89] 李仲来.我国国民收入增长模型研究.统计研究,1996,(2):45-47.

[90] 李仲来,马立名.二齿新蚤和方形黄鼠蚤松江亚种存活力的进一步研究.寄生虫与医学昆虫学报,1996,3(1):44-49.

[91] 李仲来,马立名.吉林省西部草原革螨数量聚类和寄主关系.华东昆虫学报/生物安全学报,1996,5(2):93-96.

[92] 李仲来,马立名.青藏高原北部革螨的数量和寄主关系.四川动物,1996,15(2):51-52.

[93] 李仲来,张炳耀.技校高考预测效度分析.见:王爱民,唐虎,徐扬,李仲来,薛瑞丰,袁哲,主编.中国高校科学.成都:成都科技大学出版社,1996,8(2):366-369.

[94] Li Zhonglai,Zhang Wanrong. The relationship between rainfall and *Meriones unguiculatus* population in the desert-grasslands in Ordosi.动物学研究,1996,17(1):40-44.

[95] 李仲来.DUD法拟合生态学中的非线性模型.生态学杂志,1997,16(2):73-77.

[96] 李仲来.数学系硕士考试效度分析.见:王爱民,栗方忠,唐虎,孙哲,李仲来,主编.中国高校科学.成都:成都科技大学出版社,1997,10

(1):273-275.

[97] 李仲来.我国 HIV/AIDS 增长模型研究.数理统计与管理,1997,16(S):178-182.

[98] 李仲来,李书宝,张万荣.运用数学模型监测预测鼠疫的研究.中国地方病防治杂志/中国地方病防治,1997,12(全国鼠疫防治工作战略研讨会文件汇编):40-43;见:高崇华,江森林,主编.动物鼠疫流行病学进展:李书宝论文集.中国地方病防治杂志编辑部,2001:161-164.

[99] 李仲来,刘来福,张耀星.内蒙古察哈尔丘陵啮齿动物种群数量的波动和演替.兽类学报,1997,17(2):118-124.

[100] 李仲来,吕景生,赵永利,等.数学模型在全国布病监测点疫情监测预报中的应用(Ⅰ).中国地方病防治杂志/中国地方病防治,1997,12(4):203-206.

[101] 李仲来,孙南屏,余晓辉.大学生 HBsAg 阳性率预测模型的研究.疾病监测,1997,12(4):143-144.

[102] 李仲来,张万荣.鄂尔多斯长爪沙鼠鼠疫动物病预报的前瞻性研究.中国地方病学杂志/中华地方病学杂志,1997,16(4):202.

[103] 李仲来,张万荣,胡全林.鄂尔多斯荒漠草原动物鼠疫流行与降水量的关系和预报.中国地方病防治杂志/中国地方病防治,1997,12(5):261-263.

[104] 李仲来,张耀星.黄鼠体蚤和宿主密度的年间动态关系.昆虫学报,1997,40(2):166-170.

[105] 米景川,李仲来,吕卫东,等.内蒙古北部荒漠草原沙鼠鼠疫流行强度的预报模型.中国地方病防治杂志/中国地方病防治,1997,12(2):109-112.

[106] 李仲来.从点到直线距离公式的应用谈起.数学通报,1998,(11):35-37.

[107] 李仲来.高原鼠兔体重生长动态模型的数值拟合.兽类学报,1998,18(3):196-201.

[108] 李仲来,李书宝,周方孝.黄鼠鼠疫流行范围和强度与鼠蚤关系的研究.中国地方病防治杂志/中国地方病防治,1998,13(3):135-136.

[109] 李仲来,刘来福.种群增长的分段指数模型及其参数估计.生物数

学学报,1998,13(1):22-25.

[110] 李仲来,马立名.二齿新蚤和方形黄鼠蚤松江亚种存活力的再次研究.寄生虫与医学昆虫学报,1998,5(3):174-178.

[111] 李仲来,张万荣.鄂尔多斯动物鼠疫动态预报.中国地方病学杂志/中华地方病学杂志,1998,17(4):223-225.

[112] 李仲来,张万荣,祁明义,等.长爪沙鼠贮食习性的研究.生态学杂志,1998,17(6):61-63.

[113] 李仲来,张耀星.布氏田鼠鼠疫流行周期和动态预报.中国地方病防治杂志/中国地方病防治,1998,13(4):193-194,255.

[114] 李仲来,张耀星.黄鼠巢蚤和宿主密度的年间动态关系.昆虫学报,1998,41(1):77-81.

[115] 李仲来,张耀星.黄鼠洞干蚤和宿主密度的年间动态关系.昆虫学报,1998,41(4):396-400.

[116] 李仲来,周方孝,李书宝.吉林省达乌尔黄鼠种群动态分析.动物学杂志,1998,33(1):35-37;见:高崇华,江森林,主编.动物鼠疫流行病学进展:李书宝论文集.中国地方病防治杂志编辑部,2001:229-232.

[117] 李仲来.布鲁氏菌病监测中的数学问题.中国地方病防治杂志/中国地方病防治,1999,14(1):23-25.

[118] 李仲来,陈德.长爪沙鼠寄生蚤指数和气象因子关系的研究.昆虫学报,1999,42(3):284-290.

[119] 李仲来,李书宝,张万荣,等.北方三种动物鼠疫预警系统研究.中国地方病防治杂志/中国地方病防治,1999,14(4):193-196;见:高崇华,江森林,主编.动物鼠疫流行病学进展:李书宝论文集.中国地方病防治杂志编辑部,2001:164-167.

[120] 李仲来,马立名.两种蚤在宿主体表分布的聚集度.昆虫知识/应用昆虫学报,1999,36(2):89-91.

[121] 李仲来,刘天驰.锡林郭勒草原布氏田鼠数量的周期性和啮齿动物群落的演替.动物学研究,1999,20(4):284-287.

[122] 李仲来,杨岩,陈曙光.哈尔滨郊区人为鼠疫疫源地鼠类种群动态分析.兽类学报,1999,19(1):37-42.

[123] 刘敬泽,姜在阶,李仲来,杨亦萍,孙儒泳.性信息素2,6-二氯酚在

长角血蜱交配行为中的作用.昆虫学报,1999,42(1):31-36.

[124] 冯景强,李仲来.分段线性模型在从业人员 HBsAg 阳性率预测中的应用.疾病监测,2000,15(4):149-151.

[125] 李仲来.从一道用洛必达法则求极限的题目谈起.高等数学研究,2000,3(3):25,43.

[126] 李仲来.实验条件下小型啮齿动物体重与体长模型的数值拟合.兽类学报,2000,20(2):157-160(摘要见:李仲来.啮齿类实验种群体重与体长模型的数值拟合.见:中国动物学会,主编.中国动物科学研究.北京:中国林业出版社,1999:1 212-1 213).

[127] 李仲来,李书宝,刘天驰,等.内蒙古三种地区啮齿动物调查方法研究.中国地方病防治杂志/中国地方病防治,2000,15(1):4-6;见:高崇华,江森林,主编.动物鼠疫流行病学进展:李书宝论文集.中国地方病防治杂志编辑部,2001:235-238.

[128] 李仲来,吕景生,赵永利,等.数学模型在全国布病监测点疫情预测中的应用(Ⅱ).中国地方病防治杂志/中国地方病防治,2000,15(5):273-275.

[129] 李仲来,张万荣,胡全林,等.内蒙古三种生境地区野外夜行鼠数量波动研究,四川动物,2000,19(4):222-224.

[130] 李仲来,张万荣,严文亮.长爪沙鼠体蚤和巢蚤数量研究.昆虫学报,2000,43(1):58-63.

[131] 李仲来.1950 年～1998 年中国和美国人间鼠疫动态模型.中国地方病学杂志/中华地方病学杂志,2001,20(3):190-191.

[132] 李仲来.从我国艾滋病人数增长规律谈起.数学通报,2001,(1):40-41;高中数学教与学(中国人民大学复印资料),2001,(6):67-68;见:杨旭,主编.中国科技发展精典文库 2003 卷(上册).北京:中国言实出版社,2003:503-504.

[133] 李仲来,刘天驰,牛勇.锡林郭勒草原布氏田鼠体蚤和巢蚤数量动态及蚤类群落演替,昆虫学报,2001,44(3):327-331.

[134] 李仲来,马巧云,马立名.方形黄鼠蚤松江亚种和二齿新蚤存活力的对数线性回归模型.寄生虫与医学昆虫学报,2001,8(3):170-174.

[135] 李仲来,杨岩,陈曙光.哈尔滨郊区人为鼠疫疫源地蚤类种群动态

分析.昆虫学报,2001,44(4):507-511.

[136] 李仲来.北京师范大学数理部第一届毕业生.数学通报,2002,(8):4-5.

[137] 李仲来.如何发现开普勒第三定律.数学通报,2002,(7):42-43.

[138] 李仲来.我与图书馆二三事.见,北京师范大学图书馆,编.百年情结:《我与北师大图书馆》征文文集.北京:北京师范大学出版社,2002:157-158.

[139] 李仲来.中国1901年～2000年人间鼠疫动态规律.中国地方病学杂志/中华地方病学杂志,2002,21(4):292-294.

[140] 李仲来,余根坚,陈德.秃病蚤蒙冀亚种与长爪沙鼠密度的状态空间模型.昆虫学报,2002,45(S):132-133.

[141] 李仲来,周方孝,李书宝,等.达乌尔黄鼠鼠疫预报的数学模型(Ⅶ).中国地方病防治杂志/中国地方病防治,2002,17(3):129-131.

[142] 吕景生,李仲来,赵永利,等.吉林省人间布鲁氏菌病动态模型.中国地方病防治杂志/中国地方病防治,2002,17(1):12-14.

[143] 吕景生,李仲来,赵永利,等.吉林省畜间布鲁氏菌病动态模型.中国地方病防治杂志/中国地方病防治,2002,17(2):73-76.

[144] 崔恒建,李仲来,杨华,李小文.SARS疫情预测预报中的分段非线性回归方法.遥感学报,2003,7(4):245-250.

[145] 李仲来,崔恒建,杨华,李小文.SARS预测的SI模型和分段SI模型.遥感学报,2003,7(5):345-349.

[146] 李仲来,吕景生,赵永利,江森林.吉林省羊间与人间布鲁氏菌病疫情关系及预测.中华流行病学杂志,2003,24(12):1 073.

[147] 李仲来,宋煜.椭圆-卡西尼卵形线.数学的实践与认识,2003,33(2):114-116.

[148] 李仲来,周方孝,李书宝,等.达乌尔黄鼠鼠疫预报的数学模型(Ⅷ).中国地方病防治杂志/中国地方病防治,2003,18(3):129-130.

[149] 龚也君,李仲来,马立名.方形黄鼠蚤松江亚种吸血活动的再次研究.寄生虫与医学昆虫学报,2004,11(1):47-49.

[150] 李本贵,阎俊,何中虎,李仲来.用AMMI模型分析作物区域试验中的地点鉴别力.作物学报,2004,30(6):593-596;见:何中虎,晏

月明,主编.中国小麦品种品质评价体系建立与分子改良技术研究.北京:中国农业科学技术出版社,2005:502-505.

[151] 李仲来,刘天驰,牛勇.锡林郭勒草原布氏田鼠体重和体长关系的研究.四川动物,2004,23(1):24-28.

[152] 李仲来,张丽梅.SARS 预测的数学模型及其研究进展.数理医药学杂志,2004,17(6):481-484.

[153] 何胜美,李仲来,何中虎.基于图像识别的小麦品种分类研究.中国农业科学,2005,38(9):1 869-1 875.

[154] 李仲来.傅种孙先生与北京师范大学.见:李仲来,主编.傅种孙数学教育文选.北京:人民教育出版社,2005:349-362.

[155] 李仲来.傅种孙先生与北京师范大学数学系.见:李仲来,主编.傅种孙数学教育文选.北京:人民教育出版社,2005:363-368.

[156] 李仲来.傅种孙先生教书育人.见:李仲来,主编.傅种孙数学教育文选.北京:人民教育出版社,2005:369-373.

[157] 李仲来.我收集日本法西斯的罪行.见:陈文博,郑师渠,主编.抗日战争与民族精神的弘扬:北京师范大学纪念抗日战争胜利 60 周年文集.北京:中央文献出版社,2005:415-422.

[158] 李仲来.中国现代数学家寿命分析.数学的实践与认识,2005,35(3):99-104.

[159] 赵慈庚,白尚恕,李仲来.傅种孙生平简介.见:李仲来,主编.傅种孙数学教育文选.北京:人民教育出版社,2005:文前 1-8.

[160] 李仲来.丁尔陞教授访谈录.见:李仲来,主编.丁尔陞数学教育文选.北京:人民教育出版社,2005:420-436;见:李仲来,主编.北京师范大学数学学科创建百年纪念文集.北京:北京师范大学出版社,2015:321-330.

[161] 李仲来.钟善基教授访谈录.见:李仲来,主编.钟善基数学教育文选.北京:人民教育出版社,2005:352-374;见:李仲来,主编.北京师范大学数学学科创建百年纪念文集.北京:北京师范大学出版社,2015:260-272.

[162] 李仲来.傅种孙、钟善基、丁尔陞和曹才翰教授的 4 部数学教育文选由人民教育出版社出版.数学通报,2006,45(1):封 3.

[163] 李仲来.深切悼念孙永生教授.数学通报,2006,45(4):1.

[164] 李仲来.深切悼念钟善基教授.数学通报,2006,45(6):1;数学教育学报,2006,15(3):71;见:张红,主编.永远的教师钟善基:钟善基纪念文集.2008:15-17.

[165] 李仲来.孙瑞清工作简介.见:李仲来,主编.孙瑞清数学教育文选.北京:人民教育出版社,2006:1-4.

[166] 李仲来.王世强、孙永生、严士健、王梓坤和刘绍学教授的5部数学文集由北京师范大学出版社出版.数学通报,2006,45(1):封底.

[167] 李仲来.写在中国数学教育发展的历史、现状与未来研讨会之后.数学通报,2006,45(纪念专刊):61-62.

[168] 李仲来.一道不定积分例题的解法.高等数学研究,2006,9(6):34.

[169] 李仲来.2006年北京师范大学数学建模竞赛试题A题.见:黄海洋,崔丽,刘来福,王颖喆.数学建模实验.北京:北京师范大学出版社,2014:169.

[170] 张媛媛,李仲来.中国古代科技人物寿命分析.数理统计与管理,2006,25(S):123-127.

[171] Li Huihui,Li Zhonglai,Wang Jiankang. Comparison of two statistical methods for detecting quantitative trait genes. Proceedings of the 6th Conference of Biomathematics,2008:212-218.

[172] Li Huihui,Ribaut J M,Li Zhonglai,Wang Jiankang. Inclusive composite interval mapping (ICIM) for digenic epistasis of quantitative traits in biparental populations. Theoretical and Applied Genetics,2008,116(2):243-260.

[173] 李仲来.纪念汤璪真校长诞辰110周年暨汤璪真文集首发式在我校举行.数学通报,2008,47(1):46-47.

[174] 李仲来.家书中的30年.半月谈内部版,2008,(1):52-53.

[175] 李仲来.主编寄语.见:李仲来,主编.白尚恕文集:中国数学史研究.北京:北京师范大学出版社,2008:1-2.

[176] 李仲来.主编寄语.见:李仲来,主编.刘绍学文集:走向代数表示论.北京:北京师范大学出版社,2008:1-2.

[177] 李仲来.主编寄语.见:李仲来,主编.王世强文集:代数与数理逻辑.北京:北京师范大学出版社,2008:1-2.

[178] 李仲来.主编寄语.见:李仲来,主编.王梓坤文集:随机过程与今日

数学. 北京:北京师范大学出版社,2008:1-2.

[179] 李仲来,孔毅,金蛟. 思想政治工作在学生社团的创新发展. 见:高校基层党建工作创新研究:北京师范大学 2006 年党建研究课题文集. 北京:北京师范大学出版社,2008:225-259.

[180] 刘洁民,李仲来.《白尚恕文集》序二. 见:李仲来,主编. 白尚恕文集:中国数学史研究. 北京:北京师范大学出版社,2008:1-10.

[181] Zhang Luyan, Li Huihui, Li Zhonglai, Wang Jiankang. Interaction between markers can be caused by the dominance effect of quantitative trait loci. Genetics, 2008, 180(2): 1 177-1 190.

[182] 李仲来. 祝贺王梓坤教授 80 华诞. 数学教育学报,2009,18(2):13-14.

[183] 李仲来. 中国共产党组织在北师大数学科学学院的建设与发展. 北京师范大学学报(社会科学版),2009,中华人民共和国成立 60 周年纪念专刊:27-32.

[184] 李仲来. 主编寄语. 见:李仲来,主编. 严士健文集:典型群·随机过程·数学教育. 北京:北京师范大学出版社,2009:1-3.

[185] 李仲来,魏炜. 在青年教师中党员发展问题研究. 见:高校基层党建工作创新研究:北京师范大学 2008 年党建研究课题文集,第 2 卷. 北京:北京师范大学出版社,2009:262-271.

[186] Li Huihui, Hearne S, Bänziger M, Li Zhonglai, Wang Jiankang. Statistical properties of QTL pinkage mapping in biparental genetic populations. Heredity, 2010, 105: 257-267.

[187] 李仲来. 傅种孙:中国数学教育的先驱. 见:顾明远,主编. 北京师范大学名人志:学子篇. 北京:北京师范大学出版社,2010:119-132; 改编通俗版见:顾明远,王淑芳,主编. 木铎金声:北师大先生记. 北京:北京师范大学出版社,2013:179-186.

[188] Zhang Luyan, Wang Shiquan, Li Huihui, Deng Qiming, Zheng Aiping, Li Shuangcheng, Li Ping, Li Zhonglai, Wang Jiankang. Effects of missing markers and segregation distortion on QTL mapping in F_2 populations. Theoretical and Applied Genetics, 2010, 121(6): 1 071-1 082.

[189] 郝锕新,张益敏,李仲来.《张禾瑞》. 见:王元,分卷主编. 20 世纪中国知名科学家学术成就概览,数学卷,第 1 分册. 北京:科学出版

社,2011,257-262.

[190] 李仲来,魏炜.院系领导体制和运行机制研究.见:高校基层党建工作创新研究:北京师范大学2009年党建研究课题文集,第3卷.北京:北京师范大学出版社,2011:1-10.

[191] 田会永,李仲来,王燕,罗佳宇,高鑫.基于强角点的SAR图像自动配准.科学技术与工程,2011,11(21):5 039-5 042.

[192] 李仲来.纪念张禾瑞教授诞辰100周年座谈会在我校举行.数学通报,2012,51(3):62.

[193] 李仲来.两套数学文集介绍和主编体会.高等数学研究,2012,15(4):121-125.

[194] 李仲来.我是一个特殊的本科生.北师大校友,2012,(2):41-42.

[195] 李仲来.我在大学期间的故事.见:逸事:北京师范大学人文纪实.北京:光明日报出版社,2012:124-131.

[196] 李仲来整理.王世强先生自述.见:讲述:北京师范大学大师名家口述史.北京:光明日报出版社,2012:483-500.

[197] 苏傲雪,范明天,李仲来,刘伟.基于动态贝叶斯网络的配电系统可靠性分析.华东电力,2012,(11):1 912-1 916.

[198] 袁向东,范先信,郑玉颖,李仲来整理.王梓坤先生回忆录.见:讲述:北京师范大学大师名家口述史.北京:光明日报出版社,2012:365-390.

[199] 李仲来.从100年校庆到110年校庆做点事情谈起.北师大校友,2013,(总78-79):150-152.

[200] 李仲来.纪念蒋硕民教授诞辰100周年座谈会在我校举行.数学通报,2013,52(6):62.

[201] 李仲来,亓振华.从北京师范大学开展“评优创先”到“创先争优”活动研究.见:高校基层党建工作创新研究:北京师范大学2012年党建研究课题文集,第6卷.北京:北京师范大学出版社,2013:105-116.

[202] 刘来福,李仲来,黄海洋.准确把握概念、认真做好选题.见:北京教育科学研究院,北京青少年科技创新学院,编.我们在科学家身边成长.北京:北京出版集团公司,北京出版社,2013:298.

[203] 苏傲雪,范明天,李仲来,刘伟.计及风力发电影响的配电系统可靠

性评估.电力系统保护与控制,2013,(1):90-95.

[204] 苏傲雪,范明天,张祖平,李仲来,周莉梅.配电系统元件故障率的估算方法研究.电力系统保护与控制,2013,41(19):61-66.

[205] 周晓磊,张博宇,丛显斌,李仲来,姚晓恒,等.达乌尔黄鼠疫源地动物鼠疫预警指标体系的建立.中国地方病防治杂志/中国地方病防治,2013,28(6):401-403.

[206] 周晓磊,张博宇,丛显斌,李仲来,姚晓恒,等.最优回归子集法在达乌尔黄鼠疫源地风险分级中的应用.中华流行病学杂志,2014,35(2):170-173.

[207] 周晓磊,张博宇,丛显斌,李仲来,姚晓恒,等.喜马拉雅旱獭疫源地动物鼠疫预测初步研究.中国地方病防治杂志/中国地方病防治,2014,29(6):401-402.

[208] 李仲来.北京师范大学数学学科创建100周年庆典隆重举行.数学通报,2015,54(12):57,封底.

[209] 李仲来.北京师范大学数学学科教材建设.见:北京市教育委员会,北京高等教育学会教材工作研究会,编.构建高等教育教材建设体系,提高高等教育教学与人才培养质量.北京:中国人民大学出版社,2015:78-81.

[210] 李仲来.编著高等院校院/系史的几个问题.见:李仲来,主编.北京师范大学数学学科创建百年纪念文集.北京:北京师范大学出版社,2015:140-144.

[211] 李仲来.我的老师孙永生先生.见:李仲来,主编.北京师范大学数学学科创建百年纪念文集.北京:北京师范大学出版社,2015:145-147.

[212] 李仲来.袁兆鼎教授访谈录.见:李仲来,主编.北京师范大学数学学科创建百年纪念文集.北京:北京师范大学出版社,2015:273-284.

[213] 李仲来.王树人同志访谈录.见:李仲来,主编.北京师范大学数学学科创建百年纪念文集.北京:北京师范大学出版社,2015:285-293.

[214] 李仲来.王世强教授访谈录.见:李仲来,主编.北京师范大学数学学科创建百年纪念文集.北京:北京师范大学出版社,2015:294-308.

[215] 李仲来.王振稼同志访谈录.见:李仲来,主编.北京师范大学数学学科创建百年纪念文集.北京:北京师范大学出版社,2015:309-320.

[216] 李仲来.孙永生教授访谈录.见:李仲来,主编.北京师范大学数学学科

创建百年纪念文集.北京:北京师范大学出版社,2015:331-348.

[217] 李仲来.严士健教授访谈录.见:李仲来,主编.北京师范大学数学学科创建百年纪念文集.北京:北京师范大学出版社,2015:349-379.

[218] 李仲来.王梓坤院士访谈录(二).见:李仲来,主编.北京师范大学数学学科创建百年纪念文集.北京:北京师范大学出版社,2015:390-400.

[219] 李仲来,严士健.北京师范大学数学科学学院发展的特色、亮点与重大事件.见:李仲来,主编.北京师范大学数学学科创建百年纪念文集.北京:北京师范大学出版社,2015:1-13.

[220] 李仲来,张辉.北京师范大学数学科学学院.科学新闻,2015,(12):92.

[221] 刘振才,周晓磊,张博宇,李仲来,鞠成,等.动物鼠疫预测模型及预警指标的建立.中国地方病防治杂志/中国地方病防治,2015,30(1):1-3.

[222] Zhou Xiaolei, Zhang Boyu, Cong Xianbin, Yao Xiaoheng, Ju Cheng, Li Zhonglai, et al. A prediction model for the animal plague in *Spermophilus dauricus* focus in China. Science Journal of Public Health,2015,3(5):612-617.

[223] 李仲来.20世纪对北京师范大学数学系贡献最大的人物——纪念傅种孙教授诞辰120周年.数学通报,2018,57(10):1-3,8.

[224] 李仲来.深切悼念王世强教授.数学通报,2018,57(3):62,66;王世强教授生平.北京师范大学校报,2018-03-15;见:周雪梅,刘长旭,主编.铎声回响:北师大人文记事.光明日报出版社,2020:234-236.

[225] 李仲来.数学大家 九三先贤——纪念汤璪真教授诞辰120周年.民主与科学,2018,(3):70-72.

[226] 李仲来.《科学发现纵横谈》版本.见:王梓坤,著.王梓坤文集,第1卷.北京:北京师范大学出版社,2018:498-499;补充修订后,见:王梓坤,著.科学发现纵横谈,第5版.北京:北京师范大学出版社,2023:455-457.

[227] 李仲来.《科学发现纵横谈》获奖名录.见:王梓坤,著.王梓坤文集,第1卷.北京:北京师范大学出版社,2018:500;见:王梓坤,著.科学发现纵横谈,第5版.北京:北京师范大学出版社,2023:458.

[228] 李仲来.《科学发现纵横谈》的文章被教科书、参考书、杂志等收录的目录.见:王梓坤,著.王梓坤文集,第1卷.北京:北京师范大学出版社,2018:501-526;补充修订后,见:王梓坤,著.科学发现纵横谈,第5版.北京:北京师范大学出版社,2023:459-486.

[229] 李仲来.默默耕耘 学人楷模:记数学家闵嗣鹤.老友,2019,(9):8-10.

[230] 李仲来.请吴文俊先生写序.见:纪志刚,徐泽林,主编.论吴文俊的数学史业绩.上海:上海交通大学出版社,2019:366-367.

[231] 李仲来.中国数学教育先驱傅种孙.老友,2019,(4):8-10.

[232] 李仲来.《赵桢文集》序言.见:李仲来,主编.赵桢文集:广义解析函数与积分方程.北京:北京师范大学出版社,2019:1-6.

[233] 李仲来.这一脉书缘皆因我们心中有"数".见:北京师范大学出版社,编.书说40年.北京:北京师范大学出版社,2020:124-131.

[234] 李仲来.从生物数学到北师大数学系史——我的数学史之路.见:徐泽林,主编.与改革开放同行:中国数学史事业40年.上海:东华大学出版社,2021:428-435.

[235] 李仲来.回忆北京师范大学数学学科成立百年庆典大会始末.北师大校友,2022,(4):28-29.

[236] 李仲来.深切悼念丁尔陞教授.数学通报,2023,63(1):封4,封3;数学教育学报,2023,32(1):102.

[237] 李仲来.北京师范大学数学系"老五届"研究.见,李仲来文集:数学生物学.北京:北京师范大学出版社,2024:389-396.

[238] 李仲来.北京师范大学数学系教育革命实践小分队研究.见,李仲来文集:数学生物学.北京:北京师范大学出版社,2024:397-413.

[239] 李仲来.北京师范大学数学系工农兵学员研究.见,李仲来文集:数学生物学.北京:北京师范大学出版社,2024:414-425.

[240] 李仲来.北京师范大学数学系"新三届"研究.见,李仲来文集:数学生物学.北京:北京师范大学出版社,2024:426-434.

[241] 李仲来.曲线回归变点模型及其求解.见,李仲来文集:数学生物学.北京:北京师范大学出版社,2024:448-456.

[242] 李仲来.生物学科本科生数学课程一条龙教学研究.见,李仲来文集:数学生物学.北京:北京师范大学出版社,2024:531-535.

[243] 李仲来.应用数学难在什么地方?见,李仲来文集:数学生物学.北

京:北京师范大学出版社,2024:536-545.
[244] 李仲来.数学科学学院离退休教师工作总结.见,李仲来文集:数学生物学.北京:北京师范大学出版社,2024:557-561.

报纸

[序号] 著者.文章题目.报纸名称,出版年-月-日.

[1] 李仲来.应添哪个"xiang".中国儿童报,1990-04-02.

[2] 李仲来.鼠疫向人们敲响警钟.中国林业报,1996-02-03.

[3] 李仲来.我校名誉教授苏步青院士逝世.北京师范大学校报,2003-03-31.

[4] 李仲来执笔.孙永生同志逝世.北京师范大学校报,2006-04-10.

[5] 李仲来.孙永生教授访谈录(节选).北京师范大学校报,2006-04-10.

[6] 李仲来执笔.孙永生教授逝世.光明日报,2006-04-13..

[7] 李仲来执笔.钟善基教授逝世.北京师范大学校报,2006-06-10.

[8] 李仲来.庆祝本报出刊1 000期座谈会与会人士发言摘要:会聚一堂 庆千期出刊 建言献策促校报发展.北京师范大学校报,2006-06-20.

[9] 李仲来整理.王梓坤先生回忆录.北京师范大学校报,(一)穷学生的求学路.2006-06-20;(二)走进大学.2006-06-30;(三)求学苏联.2006-07-10;(四)回国后的黄金时期.2006-09-05;(五)《科学发现纵横谈》的成书感触.2006-09-12;(六)北师大任校长的日子.2006-09-29;(七)我的大学情结.2006-10-12;(八)情牵数学事业的发展.2006-10-20.

[10] 李仲来执笔.钟善基教授逝世.光明日报,2006-07-27.

[11] 李仲来,党政合力,为建设高水平的数学科学学院而努力奋斗.北京师范大学校报,2006-10-30.

[12] 李仲来执笔.《数学通报》喜迎创刊70周年.北京师范大学校报,2006-11-10.

[13] 李仲来执笔.两教授分获教育部自然科学奖.北京师范大学校报,2007-04-20.

[14] 数学科学学院(李仲来执笔).发挥离退休教师在学科建设中的作用.北京师范大学校报,2007-06-10.

[15] 李仲来.密切联系实际 将学习十七大精神活动不断推向深入:院系所学习贯彻十七大精神座谈会摘要,科学发展 统筹兼顾.北京师范

大学校报,2007-12-01.

[16] 李仲来执笔.六师范大学共议数学学科建设.北京师范大学校报,2008-12-30.

[17] 李仲来.数学科学学院院史再版.北京师范大学校报,2009-10-15.

[18] 数学科学学院(李仲来执笔).《科学发现纵横谈》入选《中国文库》.北京师范大学校报.2009-11-10.

[19] 数学科学学院(李仲来执笔).陈木法教授当选第三世界科学院院士.北京师范大学校报,2010-01-10.

[20] 数学科学学院(李仲来执笔).数学科学学院纪念赵慈庚教授百年诞辰.北京师范大学校报,2010-03-20.

[21] 数学科学学院(李仲来执笔).大力推进基层党建创新 不断提高党建和思想政治工作科学化水平.北京师范大学校报,2010-10-20.

[22] 数学科学学院(李仲来执笔).数科院10位青年学者获洪堡基金资助.北京师范大学校报,2011-06-10.

[23] 李仲来整理.王世强先生自述.北京师范大学校报,(一)在流离转徙中成长.2011-10-20;(二)复校,从兰州到北平.2011-10-30;(三)聆听名师教诲的岁月.2011-11-10;(四)临汾放羊.2011-11-20;(五)我与新时代.2011-11-30.

[24] 数学科学学院(李仲来执笔).数学科学学院纪念张禾瑞教授百年诞辰.北京师范大学校报,2011-12-30.

[25] 李仲来.校友孙贤和当选美国电气与工程师学会会士.北京师范大学校报,2012-10-18.

[26] 李仲来.数学学科率先进入ESI前100位.北京师范大学校报,2012-10-18.

[27] 李仲来.陈木法院士等当选美国数学学会首届会士.北京师范大学校报,2012-11-10.

[28] 李仲来.对青年教师教学基本功比赛的几点建议.北京师范大学校报,2012-12-25.

[29] 李仲来.北师大队首获美国大学生数学建模竞赛特等奖.北京师范大学校报,2014-05-10.

[30] 李仲来.《中国科学:数学》出版专辑庆陆善镇教授75华诞.北京师范大学校报,2014-06-10.

[31] 李仲来,张蔚.严士健先生口述史.北京师范大学校报,(一)动荡年

月读书难.2014-09-15;(二)大学时代研究出的“世界第一”.2014-10-15;(三)不为人知的“数学”.2014-10-25;(四)桃李不言 下自成蹊.2014-11-10;(五)直逼教改:“亮剑”高考与奥数.2014-11-10.

[32] 李仲来.忆王世强先生.北京师范大学校报,2018-03-15.

[33] 数学科学学院(李仲来执笔).王世强教授生平.北京师范大学校报,2018-03-15.

[34] 教育基金会,数学科学学院(李仲来).校友陈金城、陈乔琪伉俪捐资100万元支持母校人才建设.北京师范大学校报,2018-05-02.

[35] 李仲来.范会国:来自海南的数学家.团结报,2019-03-28;范会国:海南走出去的数学家.海南日报(修改稿),2024-07-08.

著作

1. 主编北京师范大学数学科学学院史料丛书(北京师范大学出版社)

[序号] 著者.书名.版次(仅出版第1版的不标明).出版年份.

[1] 李仲来.北京师范大学数学系史(1915~2002),第1版.2002.

[2] 李仲来.北京师范大学数学科学学院硕士研究生入学考试试题(1978~2007),第1版.2007.

[3] 李仲来.北京师范大学数学科学学院论文目录(1915~2006),第1版.2007.

[4] 李仲来.北京师范大学数学科学学院史(1915~2009),第2版.2009.

[5] 马京然.北京师范大学数学科学学院师生影集(1915~1949).2012.

[6] 李仲来.北京师范大学数学科学学院史(1915~2015),第3版.2015.

[7] 李仲来.北京师范大学数学学科创建百年纪念文集.2015.

[8] 马京然.北京师范大学数学科学学院师生影集(1950~1980).2015.

[9] 李仲来.北京师范大学数学科学学院论著目录(1915~2015),第2版.2016.

[10] 李仲来.北京师范大学数学科学学院硕士研究生入学考试试题(1978~2017),第2版.2017.

[11] 李仲来.北京师范大学数学科学学院师生影集(1981~1999).2019.

[12] 马京然.北京师范大学数学楼.2019.

[13] 李仲来.北京师范大学数学科学学院师生影集(2000~2019).2020.

[14] 李仲来.北京师范大学数学科学学院志(1915~2020).2021.

2. 编著教材

[序号] 著者. 书名. 版次(仅出版第 1 版的不标明). 出版地:出版社,出版年份.

[1] 程书肖,李仲来. 教育统计方法. 沈阳:辽宁大学出版社,1988:281-374.

[2] 李仲来. 高等数学(一)(理工农医类),第 1 版. 北京:北京邮电大学出版社,2001;第 1 版. 天津:南开大学出版社,2002.

[3] 李仲来. 高等数学(二)(文史财经类),第 1 版. 北京:北京邮电大学出版社,2001;第 1 版. 天津:南开大学出版社,2002.

[4] 李仲来. 高等数学(一)(理工农医类),第 2 版. 北京:北京邮电大学出版社,2002;第 2 版. 天津:南开大学出版社,2003.

[5] 李仲来. 高等数学(二)(文史财经类),第 2 版. 北京:北京邮电大学出版社,2002;第 2 版. 天津:南开大学出版社,2003.

[6] 李仲来. 高等数学(一)(理工农医类),修订版. 北京:北京邮电大学出版社,2005;修订版. 天津:南开大学出版社,2005.

[7] 李仲来. 高等数学(二)(文史财经类),修订版. 北京:北京邮电大学出版社,2005;修订版. 天津:南开大学出版社,2005.

[8] 李仲来,刘来福,程书肖. 生物统计,第 2 版. 北京:北京师范大学出版社,2007.

[9] 李仲来,王存喜,宣体佐. 高等数学 C(上册),第 2 版. 北京:北京师范大学出版社,2007.

[10] 李仲来,王存喜,宣体佐. 高等数学 C(下册),第 2 版. 北京:北京师范大学出版社,2008.

[11] 李仲来,刘来福,程书肖. 生物统计,第 3 版(“十二五”普通高等教育本科国家级规划教材). 北京:北京师范大学出版社,2015.

[12] 李仲来,王存喜,宣体佐. 高等数学 C(上册),第 3 版(“十二五”普通高等教育本科国家级规划教材). 北京:北京师范大学出版社,2015.

[13] 李仲来,王存喜,宣体佐. 高等数学 C(下册),第 3 版(“十二五”普通高等教育本科国家级规划教材). 北京:北京师范大学出版社,2015.

3. 主编北京师范大学数学家文库(北京师范大学出版社)

[序号] 书名. 出版年份.

[1] 王世强文集:代数与数理逻辑. 2005.

[2] 孙永生文集:逼近与恢复的优化. 2005.

[3] 严士健文集:典型群・随机过程・数学教育. 2005.

[4] 王梓坤文集:随机过程与今日数学. 2005.

[5] 刘绍学文集:走向代数表示论. 2005.

[6] 汤璪真文集:几何与数理逻辑. 2007.

[7] 范会国文集:函数论与数学教育. 2008.

[8] 白尚恕文集:中国数学史研究. 2008.

[9] 王伯英文集:多重线性代数与矩阵. 2012.

[10] 罗里波文集:模型论与计算复杂度. 2013.

[11] 汪培庄文集:模糊数学与优化. 2013.

[12] 刘来福文集:生物数学. 2013.

[13] 陈公宁文集:解析函数插值与矩量问题. 2013.

[14] 陆善镇文集:多元调和分析的前沿. 2014.

[15] 李占柄文集:现代物理中的概率方法. 2017.

[16] 赵桢文集:广义解析函数与积分方程. 2019.

[17] 王昆扬文集:逼近与正交和. 2021.

[18] 张英伯文集:箭图和矩阵双模. 2021.

[19] 李仲来文集:数学生物学 . 2024.

4. 主编数学教育文选(人民教育出版社)

[序号] 书名. 出版年份.

[1] 傅种孙数学教育文选. 2005.

[2] 钟善基数学教育文选. 2005.

[3] 丁尔陞数学教育文选. 2005.

[4] 曹才翰数学教育文选. 2005.

[5] 孙瑞清数学教育文选. 2006.

[6] 王敬庚数学教育文选. 2011.

[7] 王申怀数学教育文选. 2012.

[8] 钱珮玲数学教育文选. 2012.

5. 主编王梓坤文集(北京师范大学出版社,2018 年)

[序号] 著者. 书名,卷序. 书名.

[1] 王梓坤. 王梓坤文集,第 1 卷:科学发现纵横谈.

[2] 王梓坤. 王梓坤文集,第 2 卷:教育百话.

[3] 王梓坤. 王梓坤文集,第 3 卷:论文(上卷).

[4] 王梓坤. 王梓坤文集,第 4 卷:论文(下卷).

[5] 王梓坤. 王梓坤文集,第 5 卷:概率论基础及其应用.

[6] 王梓坤. 王梓坤文集,第 6 卷:随机过程通论及其应用(上卷).

[7] 王梓坤. 王梓坤文集,第 7 卷:随机过程通论及其应用(下卷).

[8] 王梓坤,杨向群. 王梓坤文集,第 8 卷:生灭过程与马尔可夫链.

6. 主编北京师范大学数学科学学院纪念文集(《数学通报》编辑部)

[序号] 书名. 出版年份.

[1] 中国数学教育的先驱:傅种孙教授诞辰 110 周年纪念文集. 2007,46:增刊 2.

[2] 赵慈庚教授诞辰 100 周年纪念文集. 2010,49:增刊.

[3] 张禾瑞教授诞辰 100 周年纪念文集. 2013,2012 纪念专刊.

[4] 蒋硕民教授诞辰 100 周年纪念文集. 2013,2013 纪念专刊.

7. 主编数学及应用数学专业课程系列教材(北京师范大学出版社)

[序号] 著者. 书名,版次(仅出版第 1 版的不标明),出版年份.

[1] 邝荣雨,薛宗慈,陈平尚,蒋铎,李有兰. 微积分学讲义(第 1 册),第 2 版. 2005.

[2] 罗承忠 . 模糊集引论(上册),第 2 版. 2005.

[3] 王幼宁,刘继志. 微分几何讲义,第 1 版. 2005.

[4] 邝荣雨,薛宗慈,陈平尚,蒋铎,李有兰. 微积分学讲义(第 2 册),第 2 版. 2006.

[5] 邝荣雨,薛宗慈,陈平尚,蒋铎,李有兰. 微积分学讲义(第 3 册),第 2 版. 2006.

[6] 刘来福,曾文艺. 数学模型与数学建模,第 2 版. 2006.

[7] 严士健,刘秀芳. 测度与概率,第 2 版. 2006.

[8] 高红铸,王敬庚,傅若男.空间解析几何,第 3 版.2007.
[9] 罗承忠.模糊集引论(下册),第 2 版.2007.
[10] 孙永生,王昆扬.泛函分析讲义,第 2 版.2007.
[11] 王梓坤.概率论基础及其应用,第 3 版.2007.
[12] 陈公宁,沈嘉骥.计算方法导引,第 3 版.2009.
[13] 刘来福,黄海洋,曾文艺.数学模型与数学建模,第 3 版.2009.
[14] 高红铸,赵旭安,苏效乐.拓扑学.2010.
[15] 郑学安,邝荣雨,刘继志,等.数学分析(第 1 册),第 3 版.2010.
[16] 郑学安,邝荣雨,刘继志,等.数学分析(第 2 册),第 3 版.2010.
[17] 郑学安,邝荣雨,刘继志,等.数学分析(第 3 册),第 3 版.2010.
[18] 保继光,朱汝金.偏微分方程.2011.
[19] 王幼宁,刘继志.微分几何讲义,第 2 版.2011.
[20] 张秀平.组合数学.2011.
[21] 罗里波.模型论及其在计算机科学中的应用.2012.
[22] 杨淳.运筹学基础.2012.
[23] 张英伯,王恺顺.代数学基础(上册).2012.
[24] 邓冠铁.复变函数论.2013.
[25] 李勇.概率论.2013.
[26] 张英伯,王恺顺.代数学基础(下册).2013.
[27] 蔡俊亮,阎建平,赵武超.离散数学.2014.
[28] 黄海洋,崔丽,刘来福,王颖喆.数学建模实验.2014.
[29] 刘来福,黄海洋,曾文艺.数学模型与数学建模,第 4 版.2014.
[30] 房艮孙,钱珮玲,柳藩.实变函数论,第 2 版.2015.
[31] 张秀平.组合数学,第 2 版.2017.
[32] 高红铸,王敬庚,傅若男.空间解析几何,第 4 版.2018.
[33] 孙永生,王昆扬.泛函分析讲义,第 3 版.2018.
[34] 罗承忠,于福生.模糊集引论(上册),第 3 版.2019.
[35] 张英伯,王恺顺.代数学基础(上册),第 2 版.2019.
[36] 张英伯,王恺顺.代数学基础(下册),第 2 版.2019.
[37] 郑学安,薛宗慈,唐仲伟,主编.数学分析(第 1 册),第 4 版.2021.
[38] 郑学安,薛宗慈,唐仲伟,主编.数学分析(第 2 册),第 4 版.2021.
[39] 郑学安,薛宗慈,唐仲伟,主编.数学分析(第 3 册),第 4 版.2021.

8. 主编数学教育课程系列教材(北京师范大学出版社)

[序号] 著者. 书名. 版次(仅出版第1版的不标明),出版年份.

[1] 曹才翰,章建跃. 数学教育心理学,第2版. 2006.

[2] 孙瑞清,宋宝如. 数学教育实验与教育评价概论,第2版. 2007.

[3] 曹才翰,章建跃. 中学数学教学概论,第2版. 2008.

[4] 钱珮玲,邵光华. 数学思想方法与中学数学,第2版. 2008.

[5] 任子朝,孔凡哲. 数学教育评价新论. 2010.

[6] 王敬赓. 直观拓扑,第3版. 2010.

[7] 马波. 中学数学解题研究. 第1版. 2011.

[8] 章建跃. 中学数学课程论. 2011.

[9] 曹才翰,章建跃. 中学数学教学概论,第3版. 2012.

[10] 曹才翰,章建跃. 数学教育心理学,第3版. 2014.

[11] 钱珮玲,邵光华. 数学思想方法与中学数学,第3版. 2014.

[12] 朱文芳. 数学教育心理学. 2015.

[13] 郭玉峰. 数学学习论. 2015.

[14] 马波. 中学数学解题研究,第2版. 2017.

[15] 朱文芳. 数学教育评价理论与方法. 2019.

9. 主编公共课大学数学系列教材(北京师范大学出版社)

[序号] 著者. 书名. 版次(仅出版第1版的不标明),出版年份.

[1] 李仲来,刘来福,程书肖. 生物统计,第2版. 2007.

[2] 李仲来,王存喜,宣体佐. 高等数学C(上册),第2版. 2007.

[3] 李仲来,王存喜,宣体佐. 高等数学C(下册),第2版. 2008.

[4] 王颖喆. 概率与数理统计,第1版. 2008.

[5] 蔡俊亮,李天林. 高等数学B(上册),第2版. 2009.

[6] 蔡俊亮,李天林. 高等数学B(下册),第2版. 2009.

[7] 刘京莉. 高等数学C(上册),第1版. 2009.

[8] 蔡俊亮,李天林. 高等数学B(上册),第3版. 2014.

[9] 蔡俊亮,李天林. 高等数学B(下册),第3版. 2014.

[10] 李仲来,刘来福,程书肖. 生物统计,第3版. 2015.

[11] 李仲来,王存喜,宣体佐. 高等数学C(上册),第3版. 2015.

[12] 李仲来,王存喜,宣体佐.高等数学 C(下册),第 3 版.2015.
[13] 王颖喆.概率与数理统计,第 2 版.2016.

10. 主编数学学科硕士研究生课程系列教材(北京师范大学出版社)
[序号] 著者.书名.版次(仅出版第 1 版的不标明),出版年份.
[1] 陆善镇,王昆扬.实分析,第 2 版.2006.
[2] 周美珂.泛函分析,第 2 版.2007.
[3] 丁勇.现代分析基础,第 1 版.2008.
[4] 邓冠铁.复分析.2010.
[5] 王凤雨,毛永华.概率论基础.2010.
[6] 王梓坤.随机过程通论(上册),第 3 版.2010.
[7] 王梓坤.随机过程通论(下册),第 3 版.2010.
[8] 唐梓洲.黎曼几何基础.2011.
[9] 赵旭安.李群和李代数.2012.
[10] 丁勇.现代分析基础,第 2 版.2013.
[11] 张辉,保继光,唐仲伟.偏微分方程.2014.
[12] 杨大春,袁文.泛函分析选讲,第 1 版.2016.
[13] 丁勇.现代分析基础,第 3 版.2022.
[14] 杨大春,袁文.泛函分析选讲,第 2 版.2023.

11. 其他
[序号] 著者.书名.出版地:出版社,出版年份.
[1] 于光远,主编.中国小百科全书,第 7 卷,思想与学术.北京:团结出版社,1994:363-368.
[2] 刘纪有,张万荣,主编.内蒙古鼠疫.呼和浩特:内蒙古人民出版社,1997:307-319.
[3] 王伯恭,主编.中国百科大辞典(统计部分).北京:中国大百科全书出版社,1999.

后记

Postscript by the Author

整理出版北京师范大学数学科学学院的教授文集，是学院文化的基本建设之一.

2003 年 3 月，与数学系主任郑学安教授、数学与数学教育研究所所长刘永平教授商量，由我主编王世强、孙永生、严士健、王梓坤、刘绍学教授文集，并与北京师范大学出版社总编马新国教授协商同意后，将 4 位教授文集列入出版社的《教授文库》(严士健文集以前已列入《教授文库》的出版计划)，并给出版社打了报告. 因出版社换届，将此事推迟到新一届领导. 同时，开始整理王世强文集. 2003 年年底，出版社的新一届领导将 4 位教授的文集列入出版计划. 2005 年 5 位教授的文集出版. 2008 年 7 月后出版的其他教授的文集和重印的文集，经岳昌庆同志建议，在文集封底加《北京师范大学数学家文库》，并把 2002 年北京师范大学出版社出版的周先银文集《Collected Papers of Zhou Xianyin》收入. 到目前为止历经 20 年，《北京师范大学数学家文库》恰好出版 20 部文集. 2018 年，主编《王梓坤文集》8 卷本在北京师范大学出版社出版.

2006 年后出版的教授文集和重印的文集，对参考文献统一格式，并对正文中不规范的表达方式规范化.

范会国文集的数学家人名之译名和英文数学名词之译名，根据中国大百科全书出版社编辑部，中国大百科全书总编辑委员会《数学》编辑委员会编《中国大百科全书 · 数学》(中国大百科全书出版社，1988)使用的译名和齐玉霞《英汉数学词汇》第 2 版(科学出版社，1982)使用的为准进行修改，其他名词根据一般英汉或法汉字典选用.

根据出版社的要求，从李占柄文集开始，对文集格式做统一化处理，此工作量很大.

在北京师范大学工作的工农兵学员[北京师范大学1975～1979年留本校(不含附校)工农兵学员233人，外校分配到北京师范大学工作15人，共248人，约80%在北京师范大学工作到退休，不含工农兵学员攻读硕士或博士学位毕业后留校或1981年及以后调到北京师范大学工作的人员]，按晋职教授的年份排序，1992年：张英伯，1993年：高琼、罗钢(调清华大学)，1994年：李洪兴(调大连理工大学)、刘永平，1995年：倪晓建(调首都图书馆)、史静寰(调清华大学)，1996年：郭小凌(调首都博物馆)、俞启定，1997年：包华影、武尊民，1998年：李守福(2018年逝世)、刘北成(调清华大学)、李仲来、赵小冬，1999年：樊善国(2004年逝世)、刘大禾、赵新华，2000年：黄海洋，2001年：刘淑兰(2020年逝世)、刘小林，2002年：张德福，2004年：李奇.不含调入教授[钟秉林(2024年逝世)、白暴力、田桂森、许新宜、张曙光、周明全].在北京师范大学工作的工农兵学员中，数学科学学院晋升5位教授，人数最多.在校内晋升其他正高级职称系列(编审4人，教授级高工1人，研究馆员1人，研究员9人)的有2000年：李桂福、郑进保，2001年：张其友，2002年：呼中陶，2003年：李梓华(2012年逝世)、孙魁明，2004年：金雅玲、苗中正，2005年：刘淑玲、宋杰，2006年：倪花、屈文燕、张立成，2009年：李连江，2010年：李季.

除了调走的李洪兴外，现在的4位工农兵学员中，按年龄大小依次为张英伯、李仲来、黄海洋、刘永平.两男两女.

从上大学前的学历看，张英伯和我是老三届，即1966届～1968届中学毕业生.张英伯是老三届的头，即1966届高中毕业生；我是老三届的尾，即1968届初中毕业生.黄海洋和刘永平是小六届，即1969届～1974届中学毕业生.

从上大学前的经历看，两个城市姑娘，两个农村小伙；张英伯是兵团知青、黄海洋是插队知青，我和刘永平是回乡知青.

上大学时，我们同属于工农兵学员，属于“同类”同学.张英伯和黄海洋是毕业工作后考入北京师范大学数学系研究生，硕士毕业后留校工作；我和刘永平是本科毕业后留校工作.

从本科毕业后的学历看，张英伯在德国获博士学位，黄海洋和刘永平在北京师范大学获博士学位，他们同属于摘帽的工农兵学员.我属于未摘帽的工农兵学员.

我们 4 位工农兵学员，经过老师的培养和个人的努力，在学校诚实做人，认真做事，为学校的人才培养、科学研究、社会服务、文化传承，做出了贡献.

2002 年，由于工作需要，我主编《北京师范大学数学系史(1915～2002)》，该书出版后，我的科研工作没有重回原来的方向，转移到另外一个方向：数学史. 本来我的数学生物学论文可以发表的更多. 在数学生物学的研究中，我研究方向的问题没有枯竭，不需要转向. 我还有很多数学生物学研究的想法，包括未完成的论文. 人的精力有限，只好有所取舍. 事实上，从大的学科看，数学与科学技术史属于理学两个一级学科，研究的内容有相当大的距离. 本文集选择了数学史的几篇论文，虽然可以选择多篇数学史研究论文，但我认为会冲淡本文集的主题. 本文选择了关于北京师范大学数学系老五届、工农兵学员、新三届的 4 篇论文，从总体上研究了在高等教育领域被认为是 3 个不同时代的回顾性研究，这种研究和追踪退休前工作岗位和任职的研究少见.

感谢刘来福、汪培庄、程书肖老师对我的指导和帮助. 感谢孙儒泳、李小文、陈德、陈榕林、丛显斌、崔恒建、范明天、高鑫、江森林、龚也君、何中虎、李慧慧、李书宝、刘天驰、刘志龙、刘振才、吕景生、马立名、马巧云、秦长育、米景川、苏傲雪、陶毅、王成贵、王建康、许王莉、杨岩、余根坚、张炳耀、张博宇、张鲁燕、张万荣、张耀星、张祖平、周方孝、周晓磊，等同志的合作，他们给我很多帮助和支持，从他们那里我学到很多东西，在此表示感谢.

感谢北京师范大学出版社为本书的出版所做的大力支持.

借此机会，向我夫人赵小蕊表示感谢，感谢她给予我一贯的支持、关心和照顾.

华罗庚教授说："一个人最后余下的就是一本选集."(龚昇论文选集，合肥：中国科学技术大学出版社，2008) 这些选集的质量反映了我们学院某一学科，或几个学科，或学科群的整体学术水平. 而将北京师范大学数学科学学院著名数学家、数学教育家和科学史专家论文进行整理和选编出版，是学院学科建设的一项重要的和基础性的工作，是学院的基本建设之一. 它对提高学院的知名度和凝聚力，激励后人，有着重要的示范作用. 当然，收集和积累数学科学学院各种资料的工作还在继续进行.

李仲来

2024-04-08